现代声学科学与技术丛书

水中目标声散射

汤渭霖　范　军　马忠成　著

科学出版社

北　京

内 容 简 介

本书系统而深入地论述水中目标声散射的主要理论方法和现有成果，强调弹性声散射在水中目标散射中的作用。从主动声呐应用的角度出发，既照顾声呐工程应用的需求，又深入到结构声学的理论问题。内容包括基本概念和理论基础，基于Kirchhoff近似的目标几何声散射理论，弹性声散射中流体-固体耦合的共振和表面波特性，目标声散射预报的数值计算方法和近似计算方法，亮点模型和修正亮点模型，海洋波导中目标散射与传播的耦合以及模拟和海上试验的基本方法。

本书可供从事声学和水声学理论研究的科技人员以及有关专业的高年级本科生、硕士和博士研究生阅读，亦可供主动声呐设计师参考。

图书在版编目(CIP)数据

水中目标声散射/汤渭霖，范军，马忠成著. —北京：科学出版社，2018.1
(现代声学科学与技术丛书)
ISBN 978-7-03-054027-0

Ⅰ.①水… Ⅱ.①汤… ②范… ③马… Ⅲ.①水中目标-水声散射-研究 Ⅳ.①O427.2

中国版本图书馆CIP数据核字(2017) 第186165号

责任编辑：刘凤娟／责任校对：郭瑞芝
责任印制：赵 博／封面设计：陈 敬

科学出版社出版
北京东黄城根北街16号
邮政编码：100717
http://www.sciencep.com
北京科印技术咨询服务有限公司数码印刷分部印刷
科学出版社发行 各地新华书店经销
*
2018年1月第 一 版 开本：720×1000 B5
2025年1月第五次印刷 印张：22 插页：2
字数：424 000

定价：129.00 元

(如有印装质量问题，我社负责调换)

序

声波是水中唯一能远距离有效传递信息的物理场。利用声波进行水中探测、定位、导航、通信的设备通称为声呐。众所周知，声呐分为被动声呐和主动声呐两大类。被动声呐的信息源是目标发出的噪声，主动声呐的信息源是目标的回声或散射声。主动声呐工作时必须主动发射声波，隐蔽性差，而且承受双程传播损失，探测距离近。虽然存在这些缺点，但当舰艇辐射噪声大幅度降低导致被动探测距离急剧减小时，主动声呐可以探测噪声很低甚至“装死”不动目标的优点就突显出来，而像沉底和掩埋水雷以及海底沉物等类寂静目标，主动探测是唯一有效的探测方式。

目标的回声或散射是主动声呐的信息源。在声呐工作的三大要素：目标、传播信道和接收、处理设备中，目标信息是声呐工作的基础。从实际应用的角度，水中目标声散射的研究主要为主动声呐提供来自于回声的目标信息，特别是与目标的形状、尺度、结构和表面声学特性等有关的回声特征，这些特征不仅提供用于探测的目标强度 (TS) 值，而且提供用于目标分类和识别的基础信息。另一方面，从声学理论的角度，水中目标声散射涉及流体–固体界面波运动和振动–声耦合，是结构声学关注的对象。因此水中目标声散射的研究能够揭示声散射的物理机理，从而促进结构声学研究的深入发展。

由于水中声对抗技术的发展，对目标声散射的研究提出越来越高的要求。例如：① 随着声呐和现代电子及信号处理技术的发展，声呐的功能已经从单纯探测目标的有无发展到多目标的识别与跟踪。因此，对目标回声特性的要求已经不再局限于目标强度值，而是需要更精细的特征分析。② 随着声呐工作频率的不断下降，目标舰艇逐渐成为透声体，内部结构对散射特性的影响越来越显现出来。③ 随着水中声对抗越演越烈，目标声隐身已经成为水中作战平台和水中兵器的主要发展方向。低目标强度是声隐身的主要指标之一 (另两个指标是低辐射噪声和低自噪声)。借鉴隐形飞机的发展经验，低目标强度的获得主要依靠改变外形和敷设吸波材料。为此需要有精确的目标回声预报模型。

在这种需求背景下，水中目标声散射的研究受到越来越多的关注。在以往的水声学 (如 R.J. 尤立克著，洪申译，水声原理 (第三版)) 著作中，目标回声一章主要着眼于目标强度的计算与测量，采用从雷达中借鉴过来的、适合于刚性目标回声的估算公式。即使在声学理论 (如 P. M. Morse and K. U. Ingard, *Theoretical Acoustics*) 著作中，声散射的讨论也很少涉及目标的弹性以及流体与结构的振动–声耦合。实际上，对于水中固体结构，弹性散射是不可忽略的。当一个固体目标置于空气中时，的确可以看作刚性散射体，周围空气介质负荷可以忽略，因为固体材料的声阻抗要比空气的高几万倍。然而当固体目标置于水中时，其声阻抗只比周围介质大一个数量级，因此目标的弹性变得不可忽略。水中目标的弹性散射特征，如共振散射特征也是目标最重要的特征之一。近三十多年来，水中目标声散射的研究相当活跃，发表了大量的共振散射和环绕波理论的文献。同时，也发展了各种回声预报的理论和数值计算模型。

本书从主动声呐应用的角度出发讨论水中目标声散射。内容包括基本概念和理论基础，弹性结构声散射中流体–固体耦合的共振和表面波特性，理论建模的数值方法和近似方法，亮点模型和修正亮点模型，海洋波导中目标声散射，以及模拟和海上试验的基本方法。全书共 9 章。第 1 章是绪论，讨论目标散射与主动声呐的关系，并引入有关的名词术语和定义。第 2 章讨论目标声散射理论基础，散射场的微分方程描述和表面积分方程描述，一些规则形状目标的简正级数解，频率域间接法解瞬态信号声散射。第 3 章讨论水中目标几何声散射，主要是 Kirchhoff 近似或物理声学方法，及其在非刚性表面、反射界面附近目标、近距离和小分置角等各种情况下的应用。第 4 章讨论水中目标弹性声散射理论，导出共振散射理论 (RST) 和环绕波分析理论，分析共振频率极点与环绕波波数极点的物理意义。第 5 章讨论水中目标声散射与弹性表面波的联系，从平面界面到弯曲界面，从实心体到壳体，阐明各种情况下表面波的类型及其在声散射中的作用。第 6 章讨论水中目标声散射数值计算方法，包括结构有限元加声学边界元法，结构有限元加声学有限元法，T 矩阵法和波叠加法等精确的数值计算方法。第 7 章讨论水中目标声散射近似计算方法，包括亮点模型和修正亮点模型，基于 Kirchhoff 近似的板块元法，图形声学方法等。第 8 章讨论海洋波导中目标声散射，包括波导中回声计算的射线声学方法和波动声学方法，并分析浅海波导中主动声呐方程的适用性。第 9 章讨论水中目标声散射试验研究，提出声学相似性和缩比模型要求，介绍实验室和海上测量的方法及测试系统构成，最后介绍回声精细特征实验室测量方法和水中目标回声层析成像的原理。

本书是作者多年工作成果的总结，同时参考了国际上该领域较新的研究进展。本书初稿承蒙哈尔滨工程大学杨士莪院士、西北工业大学马远良院士和北京大学王仁乾教授审阅并提出宝贵意见，几位先生的鼓励增强了作者进一步修改完善的信心，在此表示衷心的感谢。船舶重工集团 726 研究所范威博士仔细审阅了后五章，并补充了 8.2 节 “波导中规则形状目标声散射镜像解析解” 和 9.6 节 “水中目标回声层析成像”，对此作者表示特别的谢意。此外，还要感谢西北工业大学雷波同志认真阅读初稿并提出许多具体修改意见。本书引用了作者所在课题组卓琳凯、郑国垠、陈燕和范威等博士论文的许多研究成果，在此一并致谢。

本书内容牵涉较广，既要照顾声呐工程应用的需求，又要深入到结构声学的理论问题。限于作者的水平，不当之处在所难免。至于选题内容、章节编排和讨论方式更可以商榷，敬请读者批评指正。

作　者

2017 年 3 月于上海

主要符号表

a	散射体尺度，如圆面的半径，圆柱和球的半径，椭圆的长半轴等
a_0	真空中板的最低阶反对称波
a_{0+}, a_{0-}	板两面有水时 a_0 波分裂成 $a_{0+}(A_0)$ 和 $a_{0-}(A)$ 两个波
b	散射体尺度，如圆柱壳和球壳的内半径，椭圆的短半轴等
$b_n(x)$	简正级数解的散射系数
c, c_1	流体介质中的声速
$c_{\rm L}, c_{\rm T}$	弹性介质的纵、横波速度
$c_{\rm ph}$，$c_{\rm g}$	波的相速度和群速度
$c_{\rm R}$	Rayleigh 波速度
d_{ij}	简正级数解系数行列式的元素
D	薄板弯曲刚度
$D_n(x)$	散射系数的分母
$D_n(x)=0$	复频率 x 平面上的特征方程, 根给出共振频率 x_{nl}
$D_\nu(x)=0$	复波数 ν 平面上的特征方程, 根给出特征波数 ν_l
E	杨氏模量
f	频率；作用力
$f(x)$	散射形态函数 (form function)
$[\boldsymbol{F}]$	有限元方法中结点载荷 (力) 矩阵
$G(\boldsymbol{r},\boldsymbol{r}')$	Green 函数
h	板或壳体厚度；$h'=h/a$ 壳体相对厚度; 目标深度
H	水深
$H(\boldsymbol{r},\omega)$	亮点模型传递函数
I	声 (光) 波强度；Kirchhoff 近似的积分
k, k_1	声波数，$k=\omega/c, k_1=\omega/c_1$
$k_{\rm L}, k_{\rm T}$	纵、横波波数，$k_{\rm L}=\omega/c_{\rm L}, k_{\rm T}=\omega/c_{\rm T}$
k_r, k_z, k_φ	r, z, φ 方向波数分量
$k_{\rm B}$	加肋结构的 Bloch 波数
K	沿平面表面波数分量，入射角 $\theta_{\rm i}$ 时 $K=k\sin\theta_{\rm i}$
$K_{{\rm R}_0}, K_{\rm R}$	真空中和水中弹性平面 Rayleigh 波波数

K_{S}	水中弹性平面 Stoneley 波波数
$[\boldsymbol{K}]$	有限元方法中结构刚度矩阵
$[\boldsymbol{k}]$	流体有限元刚度矩阵
L	目标尺度；波导中的水平距离
$[\boldsymbol{M}]$	有限元方法中结构质量矩阵
$[\boldsymbol{m}]$	流体有限元质量矩阵
O	坐标原点；坐标系
$p, p_{\mathrm{i}}, p_{\mathrm{s}}$	声压，入射声压，散射声压
s_0, s	$s_0(S_0)$ 表示真空中板的最低阶对称波；板两面有水时变成 s_0 和 s 两个波
S	散射表面
S_n	共振散射理论中的系数
$S_{lp}, S(\theta, \varphi; \theta_0, \varphi_0)$	信道中目标散射函数
T	板透射系数；信道传播因子
T_0	圆柱壳表面剪切波或扭转波
$\boldsymbol{u}$	位移矢量
$\boldsymbol{v}$	振速矢量
V	体积；反射系数
w	圆柱壳径向位移，W_n 是其模态展开系数
$x, x_1, x_{\mathrm{L}}, x_{\mathrm{T}}$	无因次频率，$x = ka, x_1 = k_1 a, x_{\mathrm{L}} = k_{\mathrm{L}} a, x_{\mathrm{T}} = k_{\mathrm{T}} a$
$y, y_{\mathrm{L}}, y_{\mathrm{T}}$	无因次频率，$y = kb$，$y_{\mathrm{L}} = k_{\mathrm{L}} b$，$y_{\mathrm{T}} = k_{\mathrm{T}} b$
Z	表面声阻抗
$Z^{\mathrm{a}},\ Z_n^{\mathrm{a}}, Z_{\mathrm{p}}^{\mathrm{a}}$	结构声阻抗，模态声阻抗，无限大平面辐射声阻抗
$Z^{\mathrm{M}}, Z_n^{\mathrm{M}}, Z_{\mathrm{p}}^{\mathrm{M}}$	弹性体机械阻抗，模态机械阻抗，无限大薄板机械阻抗
Z_r	肋骨机械阻抗
$\mathbb{Z},\ \mathbb{Z}_n, \mathbb{Z}_{mn}$	带流体负荷弹性体总阻抗，模态总阻抗；机械阻抗和声阻抗之和
β_l	第 l 类波的阻尼或衰减因子
ρ_{e}	弹性体密度
ρ_0, ρ_1	流体密度；流体密度与弹性体密度比 $\rho_0' = \rho_0/\rho_{\mathrm{e}}$，$\rho_1' = \rho_1/\rho_{\mathrm{e}}$
$\phi, \phi_{\mathrm{i}}, \phi_{\mathrm{s}}$	声波势函数，入射势函数，散射势函数
$\boldsymbol{\phi}, \boldsymbol{\phi}', \boldsymbol{\phi}_{\mathrm{i}}$	边界元方法中的势函数矢量，其法向导数矢量，入射势函数矢量
φ	球或圆柱坐标中的方位角
κ	流体介质中 z 方向波数 $\kappa^2 = k^2 - K^2$

$\kappa_{\mathrm{L}}, \kappa_{\mathrm{T}}$	弹性介质中 z 方向波数 $\kappa_{\mathrm{L}}^2 = k_{\mathrm{L}}^2 - K^2$，$\kappa_{\mathrm{T}}^2 = k_{\mathrm{T}}^2 - K^2$
λ	声波长; $\lambda = \pm$ 符号
σ	弹性材料泊松比，简记 $\sigma^{\pm} = \dfrac{1}{2}(1 \pm \sigma)$
λ_{e}，μ_{e}	弹性材料 Lame 常数
ω	角频率，单频信号时间因子 $\mathrm{e}^{-\mathrm{i}\omega t}$
Ω	立体角; 圆柱薄壳无因次频率 $\Omega = k_{\mathrm{p}} a$
ε_n	Neumann 因子 ($n = 0$ 时等于 1，$n > 0$ 时等于 2)
γ_{ij}	应变张量
$\tau, \tau_{\mathrm{i}}, \tau_{\mathrm{s}}$	信号脉宽，入射信号脉宽，散射信号脉宽
τ_{ij}	应力张量
$\delta(\boldsymbol{r})$	Dirac δ 函数
δ_{ij}	Kronecker δ 符号 ($i = j$ 时等于 1，其余为 0)；单位张量
$\theta_{\mathrm{i}}, \theta_{\mathrm{g}}, \theta_{\mathrm{s}}$	入射角，掠射角，散射角
$\theta_{\mathrm{R}}, \theta_{\mathrm{c}}$	Rayleigh 波临界角，其他各种波临界角
ν	沿弯曲弹性表面波复波数
$\nu_l = \nu_l^{\mathrm{R}} + \mathrm{i}\nu_l^{\mathrm{I}}$	第 l 类表面波复波数，$\nu_l^{\mathrm{R}}, \nu_l^{\mathrm{I}}$ 分别为实部和虚部
$\nu_{\mathrm{R}}, \nu_{\mathrm{S}}, \nu_{\mathrm{F}_i}, \nu_{\mathrm{W}_l}$	Rayleigh 型、Stoneley 型、Franz 型和 Whispering-Gallery 型复波数
Φ	弹性介质标量势函数；亮点模型中的相位
Ψ	弹性介质向量势函数 $\boldsymbol{A}$ 的某个不等于 0 的分量

目　录

第1章 绪　论

目标声散射是主动声呐的信息源。水中基于主动探测的声对抗中，目标声散射特征是工作的基础。一方面，根据目标声散射特征可以确定己方主动声呐的作用距离、探测概率和最佳识别策略等；另一方面，根据本舰 (艇) 声散射特征，通过采取隐身措施进行特征控制，提高本舰 (艇) 战斗力。这两方面都需要对目标声散射特征及其形成机理有深入的认识。

本章从总体的角度，介绍主动声呐与目标声散射的关系，特别是主动声呐方程中目标强度 (Target Strength，TS) 的作用。列举了声散射问题中重要的名词术语和定义，为全书的讨论打下基础。

1.1 主动声呐与目标声散射

水中目标包括军用的水面舰艇、潜艇、鱼雷、水雷和民用的沉船、失事航空器、鱼群、海底矿物、海岸、海底山等。探测的手段包括电磁 (光) 波、声波、磁场、水压场等，但是只有声探测可以达到远程。一般说来，电场、磁场、水压场等这些非声物理场，用灵敏的传感器都可以检测到，但可检测的距离大致与源本身的尺度在同一量级，因此都不能实现远距离探测。在水中只有声波能够传播几海里到上千海里 (浬)。声波被用来在水中进行远距离探测、定位、识别、导航、通信和遥感、遥控。声波是水中唯一能远距离有效传递信息的物理场。

声呐是利用声波进行水中探测、定位、导航、通信的设备的总称。声呐的工作方式分为两种：被动探测和主动探测。由探测设备被动地接收、分析目标发出的噪声实现对目标的探测、定位和识别，称为被动声呐。由探测设备主动发射声波，通过接收、分析目标回波 (即回声) 实现对目标的探测、定位和识别，称为主动声呐。被动声呐的信息载体不是目标的回波，不属于本书的讨论对象。图 1.1.1 画出接收–发射 (收–发) 合置主动声呐工作的示意图。收–发合置换能器以一定的波束图发射声波，经过海洋信道传播后到达目标并产生散射波，其中按原路径返回的声波回到换能器。转入接收状态的换能器接收回波信号并送入处理设备，得出有关目标的判决结果。

声呐的性能取决于目标、传播信道和接收、处理设备的特性。声呐方程就是将这三者联系在一起的一个关系式。无论是被动声呐还是主动声呐，无论系统的接

收、处理设备多么复杂，要完成一定的使命必须保证在其输入端满足

$$\text{信号级} - \text{干扰级} \geqslant \text{检测阈} \tag{1.1.1}$$

或

$$\text{最小可检测信号级} - \text{干扰级} = \text{检测阈} \tag{1.1.2}$$

这就是声呐方程的基本出发点。当然，信号级、干扰级和检测阈都与目标、传播信道和接收、处理设备的特性有关，特别是检测阈还与声呐的任务、使命有关。

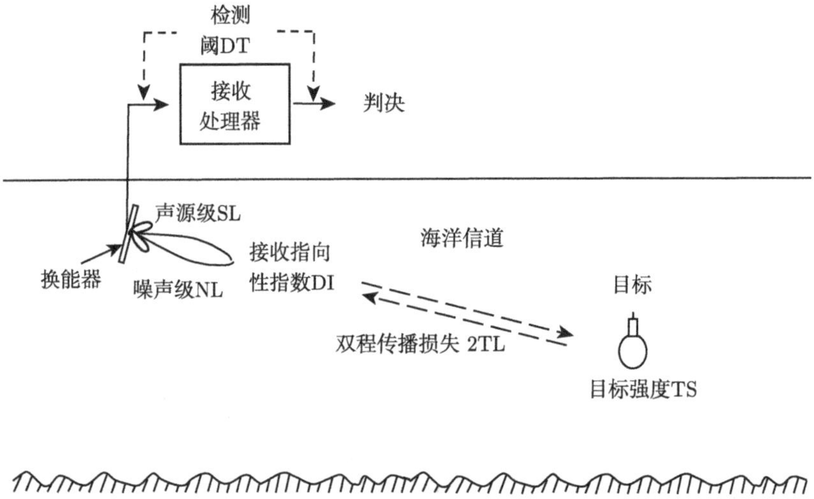

图 1.1.1 收–发合置主动声呐工作示意图

一般说来，主动声呐在探测远距离目标时的主要干扰是噪声。在噪声掩蔽背景下，收–发合置主动声呐的声呐方程是 [1]

$$\text{SL} - 2\text{TL} + \text{TS} = \text{NL} - \text{DI} + \text{DT} \tag{1.1.3a}$$

其中：SL 是发射声源的声源级；

TL 是从声源到目标或从目标返回到声源的传播损失；

TS 是目标强度；

NL 是接收器处的噪声级；

DI 是接收指向性指数；

DT 是检测阈；

EL = SL − 2TL + TS 是回声级；

NL − DI + DT 是噪声掩蔽级。

而主动声呐在探测近距离目标时主要干扰是混响。混响是主动声呐特有的一种干扰，它伴随主动声呐发射的声信号而产生。由于海洋及其边界的不均匀性，声

波在传播过程中遭遇这些不均匀性时发生散射。同时到达接收器的来自四面八方的所有散射能量的叠加就是混响。在混响背景下，主动声呐方程是 [1]

$$\mathrm{SL}-2\mathrm{TL}+\mathrm{TS}=\mathrm{RL}+\mathrm{DT} \tag{1.1.3b}$$

其中：RL 是等效平面波混响级；

RL + DT 是混响掩蔽级。

由于混响和噪声的统计特性不同，混响背景下的检测阈与噪声背景时不同。

目标强度 TS 是潜艇或其他目标反射声波能力的度量，其定义见 1.2 节。在其他参数不变的情况下，目标强度的大小决定了主动声呐的探测性能, 下面举例说明。

定义主动声呐的优质因素 [1]

$$\mathrm{TL}=[\mathrm{SL}+\mathrm{TS}-(\mathrm{NL}-\mathrm{DI}+\mathrm{DT})]/2 \tag{1.1.4}$$

它表示主动声呐完成探测使命所能承受的传播损失。显然，优质因素越大，探测距离越远。在其他条件不变的情况下，目标 TS 的下降直接导致主动声呐优质因素的下降。取传播损失的近似公式 [1]

$$\mathrm{TL}=20\lg r+0.011f^2r\times10^{-3} \tag{1.1.5}$$

其中，f 是频率，单位为千赫兹；r 是距离，单位为米。设主动声呐对目标强度 TS_0 的探测距离是 r_0，目标强度下降 ΔL 分贝后探测距离下降为 r_1，得到

$$\Delta L=40\lg\frac{r_0}{r_1}+2\times0.011f^2\left(r_0-r_1\right)\times10^{-3} \tag{1.1.6}$$

其中，$r_1/r_0\leqslant1$，反映探测距离的下降。图 1.1.2 是数值计算结果，设声呐工作频率是 5kHz 和 10kHz，原来的探测距离 r_0 是 5km 和 10km。由图可见，若目标强度下降 10dB，主动声呐的探测距离 r_1 下降为原来的 60%~70%，即缩短约 1/3。图 1.1.2 当然只是一个粗略估算结果，实际海洋中由于声速剖面和海底底质的作用，声传播规律不会像 (1.1.5) 式那么简单。

现代舰 (艇) 载主动声呐的工作频率一般在 1~10kHz，脉冲宽度为几百毫秒到秒，信号形式主要是单频脉冲 (CW) 和调频脉冲 (FM)。为了达到更远的探测距离和反隐身，主动声呐的工作频率可能降低到 500Hz 以下，脉冲宽度增加到数秒以上。另一方面，鱼雷主动声自导的工作频率一般在 20~30kHz，脉冲宽度为几毫秒到几十毫秒。

水中目标声散射的研究受到越来越多的关注是基于以下几个原因。

(1) 传统的声呐常常是主被动联合配置的，但是，因为主动探测方式承受双程传播损失，探测距离比较近，另外，主动声呐发射声波容易暴露自身，是一种非隐

蔽的探测方式，所以在隐蔽性要求高的情况下通常尽量避免使用主动声呐。但是随着潜艇辐射噪声的大幅度降低，被动探测距离急剧减小，而主动探测可以探测噪声低甚至“装死”不动的安静目标。在这种情况下，主动声呐越来越受到重视是理所当然的。另一方面，像沉底和掩埋水雷以及海底沉物等这样一些寂静目标，主动探测是唯一有效的探测方式。正是由于这样一种需求背景，水中目标回波的研究受到越来越多的关注。

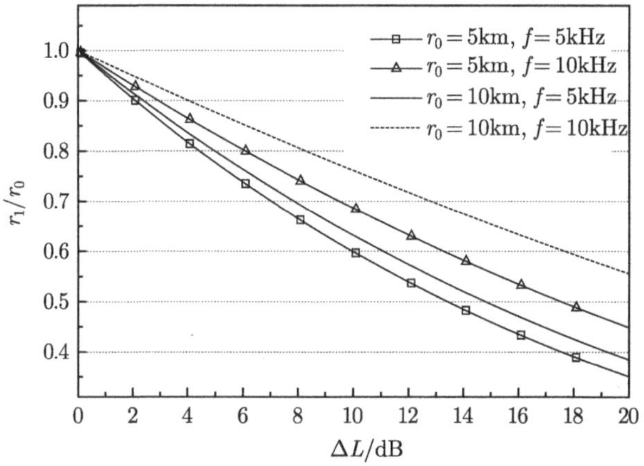

图 1.1.2　目标强度降低导致主动声呐作用距离下降

(2) 随着声呐和现代电子及信号处理技术的发展，声呐的功能已经从单纯探测目标的有无发展到多目标的识别与跟踪。因此，对目标回波特性的要求已经不是局限于 TS 值，而是需要更精细的特征分析。例如，时域或频域特征乃至于时–频域的联合特征等。这就要求对目标散射的研究更深入细致，如目标的弹性共振特性，加肋、隔舱等目标精细结构的散射特性等。

(3) 随着水中声对抗越演越烈，目标的声隐身已经成为水中作战平台和水中兵器的主要发展方向之一。声隐身主要包括低辐射噪声、低自噪声和低目标强度等三个方面。借鉴隐形飞机的发展经验，低目标强度的获得主要依靠外形的改变和吸波材料的敷设。为此需要有精确的目标回波预报模型，以便在线型设计时准确预报目标强度。

从实际应用的角度，水中目标散射的研究主要为主动声呐提供来自回声的目标信息。这些信息包括：目标运动引起的回声相对于发射声波的时间延迟，多普勒频移，尾流回声等外部特征；与目标本身尺度、形状、结构和表面声学特性有关的回声固有特征，例如，TS 值的方位分布特征，回声的亮点分布特征等。

从理论的角度，水中目标声散射的研究必须深入到流体–固体界面的波运动和振动–声耦合。因此这种研究有助于揭示散射的物理机理，同时也促进了流–固界面波运动的研究。

1.2 若干名词术语和定义

为了便于讨论，这里集中给出一些基本概念和定义。对这些概念和定义的理解需要在具体问题中逐步深化。

1. 目标强度 (TS) 和角检测率

TS 是一个声呐参数，它是声呐方程中描述目标回声强弱或目标反射能力的量。适应声呐方程的需要，这个量用分贝来度量。由于主动声呐的工作体制多数是收–发合置的，因此除非特别申明，否则目标强度总是指收–发合置的或反向散射的情况。

目标强度定义为距离目标等效声学中心 1m 处由目标反射回来的声强与远处声源入射到目标上的声强之比的分贝 (dB) 数

$$\mathrm{TS} = 10\lg\frac{I_{\mathrm{s}}|_{r=1}}{I_{\mathrm{i}}} \tag{1.2.1}$$

其中，I_{i} 是入射到目标上的声强，即设想目标不存在时该处的声强；$I_{\mathrm{s}}|_{r=1}$ 是离目标 1m 处的回波声强。声呐方程中的目标强度是定义在远场中的。任何一个有限尺寸的辐射或散射体，远场中的声波都服从球面扩展规律，且局部可近似为平面波，声强与声压 p 有简单关系 $I=|p|^2\big/\rho_0 c$，$\rho_0 c$ 是声介质的特性阻抗。因此上式中 1m 处的回波声强实际上是从远场中测量或计算的回波声强或声压按球面规律折算到 1m 距离的。由 $I_{\mathrm{s}}=I_{\mathrm{s}}|_{r=1}/r^2$，目标强度的定义也可以表述为

$$\mathrm{TS} \equiv 10\lg\left(\lim_{r\to\infty} r^2\cdot\frac{I_{\mathrm{s}}}{I_{\mathrm{i}}}\right) = 10\lg\left(\lim_{r\to\infty} r^2\cdot\left|\frac{p_{\mathrm{s}}}{p_{\mathrm{i}}}\right|^2\right) \tag{1.2.2}$$

这说明 1m 只是一个参考距离，并非实际测量距离。例如，有的声呐目标的尺寸达数米到数十米，不可能在 1m 处测量回波。因此，目标强度的值与参考距离有关。对同一目标，如果参考距离取为 0.1m，那么 TS 值将增加 20dB。所以，在做模型试验时，若模型缩小为原型的 $1/N$，距离单位应取 $(1/N)$m，这样测得的 TS 值等于原型按 1m 距离定义的 TS 值。

用简单的几何声学方法可以证明，半径为 am 的绝对反射球 (反射系数等于 ±1) 的目标强度是 [1]

$$\mathrm{TS} = 10\lg(a/2)^2 \tag{1.2.3}$$

因此半径 2m 即直径 4m 的绝对反射球的目标强度是 0dB。

另一点需要指出的是，目标强度实际上与入射脉冲的时间波形有关。由于大多数主动声呐采用长的连续波 (CW) 脉冲，因此若不加专门说明，目标强度是指稳态

即足够长脉冲时的值，所以它只是频率的函数。后面将另外定义瞬态情况下的目标强度。

目标强度作为一个声呐参数直接影响声呐方程的解，如作用距离。可是，目标强度与探测的方位角 φ 有关，图 1.2.1(a) 所示为圆柱形水雷目标强度的方位特性。通常潜艇的目标强度随方位角的变化呈“蝴蝶”形，正横方向的目标强度要比艏艉方向的大得多 [1]。所以当主动声呐探测潜艇时，在不同的方位，作用距离有很大差别。而在实际情况下，敌我对抗时相对方位是随机的，这时目标强度应该取多大？因此需要一个能从整体上描述目标强度的量。另一方面，随着水中声对抗技术的发展，目标的隐身问题越来越重要。当目标表面敷贴吸声覆盖层以后，目标强度和方位特性都发生变化。如果仅用某个固定方向的 TS 值来评价隐身处理的效果将会发生问题。为了解决这些问题，引入一个与检测有关的量——角检测率，这是一个能够从整体上描述所有角度内目标强度大小的相对量。

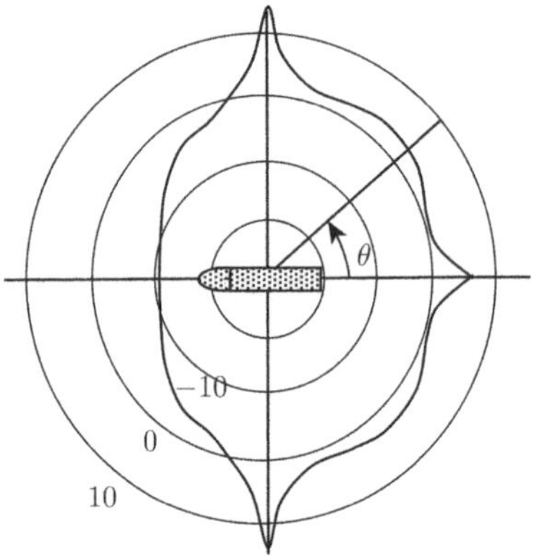

(a) TS值方位特性

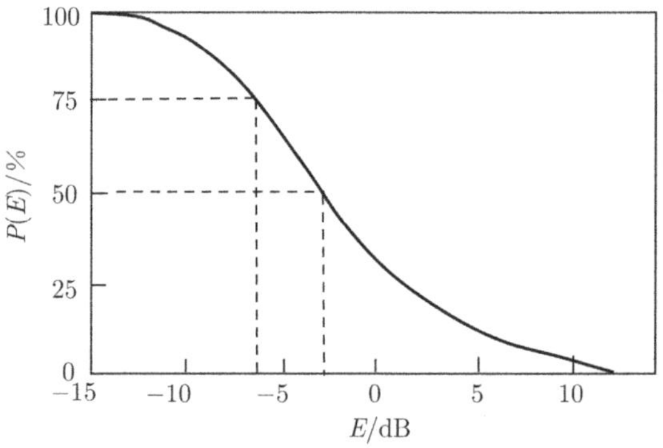

(b) 角检测率

图 1.2.1　圆柱形水雷 TS 值方位特性和角检测率

角检测率 $P(E)$ 定义为对目标强度的某个阈值 E，所有能够检测到目标 (即 $\mathrm{TS}\geqslant E$) 的那些角度的和与总探测角度之比。在平面探测情况下，总探测角度是 2π。设目标强度与探测角度的依赖函数是 $\mathrm{TS}(\theta)$，θ 是平面角。定义阶跃函数

$$\mathrm{H}(\theta,E)=\begin{cases}1, & \mathrm{TS}(\theta)\geqslant E\\ 0, & \mathrm{TS}(\theta)<E\end{cases}\tag{1.2.4}$$

角检测率可以表示为

$$P(E)=\frac{1}{2\pi}\int_0^{2\pi}\mathrm{H}(\theta,E)\mathrm{d}\theta\quad(\leqslant 1)\tag{1.2.5a}$$

这样定义的角检测率等价于下面的含义：当主动声呐探测目标时，假设目标的方位取向概率在 2π 角度内均匀分布，对阈值 E 能探测到目标的概率。对于空间问

题有

$$P(E)=\frac{1}{4\pi}\int_{\Omega}\mathrm{H}(\Omega,E)\,\mathrm{d}\Omega\quad(\leqslant 1)\tag{1.2.5b}$$

其中，Ω 是空间立体角，函数 $\mathrm{H}(\Omega,E)$ 的定义同 (1.2.4) 式。引入角检测率以后，目标强度的方位特性体现在角检测率与目标强度阈值之间的依赖关系上。这种依赖关系对确定的目标是唯一的，随目标的不同而不同。如图 1.2.1(b) 所示的情况，当检测率为 75%时目标强度的阈值等于 −6.5dB，当检测率为 50%时等于 −3.0dB。因此，为了达到较高的检测率，目标强度应该取较低的值，使得声呐能够在较大的角度范围内检测到目标。所以角检测率曲线从空间统计意义上反映目标强度及其方位特性对检测性能的影响。声呐设计师可以根据战术技术指标确定的角检测率取定目标强度。

另一方面，角检测率也可以描述潜艇在整体上的暴露率。同样目标强度时角检测率大的目标容易暴露。总体设计师可以根据隐蔽性要求限制目标强度的大小。利用角检测率曲线可以对各种舰艇的目标强度进行定量比较。例如，甲乙两艇在同一阈值下角检测率较大的那个显然容易暴露，因此隐身性能较差。

2. *反向散射截面或声呐散射截面* (SCS)——σ_{s}

在目标散射的理论研究中常用反向散射截面 σ_{s}，它是从雷达的电磁波散射中沿用过来的量。至今雷达目标的散射本领仍用雷达散射截面 (RCS) 来度量，因为分贝形式的雷达方程使用较少。

散射截面 σ_{s} 定义为目标向接收点附近单位立体角内散射的声功率与入射到目标上的声强度之比的 4π 倍。显然，散射截面的单位是 m^2。在远场中接收点附近取面积 $\mathrm{d}S$，它所对应的立体角是 $\mathrm{d}\Omega=\mathrm{d}S/r^2$，散射声功率是 $I_{\mathrm{s}}\mathrm{d}S$，按照散射截面的定义取 $\mathrm{d}\Omega=1$，即 $\mathrm{d}S=r^2$，所以

$$\sigma_{\mathrm{s}}=4\pi\lim_{r\to\infty}\left(r^2\frac{I_{\mathrm{s}}}{I_{\mathrm{i}}}\right)=4\pi\lim_{r\to\infty}\left(r^2\left|\frac{p_{\mathrm{s}}}{p_{\mathrm{i}}}\right|^2\right)\tag{1.2.6}$$

根据定义也可以把散射截面看作这样一个面积，在这个面积上的入射波声功率被均匀地散射到 4π 立体角内，即

$$I_{\mathrm{i}}\sigma_{\mathrm{s}}=\lim_{r\to\infty}\left(4\pi r^2 I_{\mathrm{s}}\right)$$

与 (1.2.6) 式等价。一个半径为 a 的理想反射球的散射截面等于它的几何截面 πa^2。任意物体的散射截面可以大于、也可以小于它的几何截面。

散射截面与目标强度有简单关系

$$\mathrm{TS}=10\lg\frac{\sigma_{\mathrm{s}}}{4\pi}\tag{1.2.7}$$

对于理论研究中经常遇到的无限长柱的二维问题，入射和反射声波都是柱面扩展的，立体角是 2π，因此散射截面退化为

$$\sigma_{\rm s}=2\pi\lim_{r\to\infty}\left(r\frac{I_{\rm s}}{I_{\rm i}}\right)=2\pi\lim_{r\to\infty}\left(r\left|\frac{p_{\rm s}}{p_{\rm i}}\right|^2\right) \tag{1.2.8}$$

它的单位是米。

3. *形态函数* (form function)

在理论研究中更多用到的量是形态函数。声学理论证明，无论辐射体和散射体的形状与结构多么复杂，在远场区中声压或势函数总是按球面波规律衰减，散射场的幅值依赖于频率或无因次频率 $x=ka$，k 是声波数，同时具有某个指向性。散射场总可以表示为

$$p_{\rm s}(x,\theta)=p_{\rm i}(x)f(x,\theta)\frac{a}{2}\frac{{\rm e}^{{\rm i}kr}}{r}$$

其中，$p_{\rm i}(x)$ 是入射波声压；θ 是散射角；${\rm e}^{{\rm i}kr}/r$ 是球面波传播因子；$a/2$ 是按特征尺度 a 归一化量，因为一个绝对反射球的反射声压幅值是 $a/2$。函数 $f(x,\theta)$ 已排除了目标的相对距离 a/r 及传播相位因子，它完全地描述了目标的远场散射特性，称为形态函数

$$f(x,\theta)=\frac{2r}{a}\frac{p_{\rm s}(x,\theta)}{p_{\rm i}(x)}{\rm e}^{-{\rm i}kr}=\frac{2r}{a}\frac{\phi_{\rm s}(x,\theta)}{\phi_{\rm i}(x)}{\rm e}^{-{\rm i}kr} \tag{1.2.9}$$

如果入射波是单位幅值平面波，有 $|p_{\rm i}|=1$ 或 $|\phi_{\rm i}|=1$，形态函数的模可以简写成

$$|f(x,\theta)|=\left|\frac{2r}{a}p_{\rm s}(x,\theta)\right|=\left|\frac{2r}{a}\phi_{\rm s}(x,\theta)\right| \tag{1.2.10}$$

形态函数与接收点角度 θ 有关，当 $\theta=\pi$ 时就得到反向散射形态函数 $f(x,\pi)$。因此，对于任意一个固定的角度，形态函数实质上就是散射场的频率响应函数。

对于散射体是无限长圆柱和圆柱壳体等二维问题，形态函数定义为

$$f(x,\theta)=\left(\frac{2r}{a}\right)^{1/2}\frac{\phi_{\rm s}(x,\theta)}{\phi_{\rm i}(x)}{\rm e}^{-{\rm i}kr} \tag{1.2.11}$$

形态函数与目标强度及反向散射截面有简单关系

$${\rm TS}=10\lg\left|\frac{a}{2}f(x,\pi)\right|^2 \tag{1.2.12}$$

$$\sigma_{\rm s}=\pi a^2|f(x,\pi)|^2 \tag{1.2.13}$$

所以，在几何声学近似下，一个绝对反射球的形态函数等于 1。

4. **单站 (收–发合置) 和双站 (收–发分置) 目标强度**

虽然传统的声呐配置是收–发合置的，又称单站或单基地 (monostatic)，但也有一些场合是收–发分置的，又称双站或双基地 (bistatic)。双基地声呐的发射声源、目标和接收站位形成一个三角形，且声源和接收站位之间的距离与作用距离可比拟。双基地声呐具有隐蔽性好、抗干扰能力强、系统配置灵活等优点，但也有定位较复杂、目标识别困难的缺点，双基地声呐的工作方式在航空吊放声呐、编队定位等场合有所应用。

在双基地声呐的声呐方程中出现双站目标强度，它定义为

$$\mathrm{TS}(\boldsymbol{r}_1,\boldsymbol{r}_2)=10\lg\frac{I_{\mathrm{s}}(\boldsymbol{r}_2)\left.\right|_{r_2=1}}{I_{\mathrm{i}}(\boldsymbol{r}_1)} \tag{1.2.14}$$

其中，$I_{\mathrm{i}}(\boldsymbol{r}_1)$ 是从 $\boldsymbol{r}_1$ 方向入射到目标所在处的声强度；$I_{\mathrm{s}}(\boldsymbol{r}_2)$ 是 $\boldsymbol{r}_2$ 方向的散射波强度。此式同样定义在远场中，因此要按球面扩展规律折算到 1m 处。

为简单起见，取入射方向是 $\theta=0$，散射方向为 θ 角。单位角度内的散射声功率与方向角 θ 有关。定义微分散射截面 (Differential Scattering Cross Sections, DSCS)$\mathrm{d}\sigma_{\mathrm{s}}$ 等于被散射到 θ 方向微分角度 $\mathrm{d}\theta$ 内的声功率所对应的入射波微分面积，换句话说，入射波中微分面积 $\mathrm{d}\sigma_{\mathrm{s}}$ 内的声功率被散射到 θ 方向微分角度 $\mathrm{d}\theta$ 内。

$$\mathrm{d}\sigma_{\mathrm{s}}=\frac{I_{\mathrm{s}}(\theta)|_{r=1}\,\mathrm{d}\theta}{I_{\mathrm{i}}(0)}=\lim_{r\to\infty}\left(r^2\frac{I_{\mathrm{s}}(\theta)\,\mathrm{d}\theta}{I_{\mathrm{i}}(0)}\right)\quad\text{或}\quad\frac{\mathrm{d}\sigma_{\mathrm{s}}}{\mathrm{d}\theta}=\lim_{r\to\infty}\left(r^2\frac{I_{\mathrm{s}}(\theta)}{I_{\mathrm{i}}(0)}\right) \tag{1.2.15}$$

在双站情况下，形态函数可以直接采用 (1.2.9) 式定义，因为 $f(x,\theta)$ 实际上表示入射方向 $\theta=0$，散射方向为 θ 时的形态函数。联系 (1.2.9) 式有

$$\frac{\mathrm{d}\sigma_{\mathrm{s}}}{\mathrm{d}\theta}=\left(\frac{a}{2}\right)^2|f(x,\theta)|^2\quad\text{或}\quad\left(\frac{2}{a}\right)^2\frac{\mathrm{d}\sigma_{\mathrm{s}}}{\mathrm{d}\theta}=|f(x,\theta)|^2 \tag{1.2.16}$$

即归一化微分散射截面就等于双站形态函数的平方。

回到前面对反向散射截面的定义，注意到那里假设入射波的声功率被均匀地散射到 4π 立体角内。因此才有

$$\sigma_{\mathrm{s}}=\int\mathrm{d}\sigma_{\mathrm{s}}=\int\lim_{r\to\infty}\left(r^2\frac{I_{\mathrm{s}}}{I_{\mathrm{i}}}\right)\mathrm{d}\Omega=4\pi\lim_{r\to\infty}\left(r^2\frac{I_{\mathrm{s}}}{I_{\mathrm{i}}}\right)$$

对于球和无限长圆柱，反向散射截面与微分散射截面之间存在关系式

$$\sigma_{\mathrm{s}}=\begin{cases}4\pi\left(\dfrac{\mathrm{d}\sigma_{\mathrm{s}}}{\mathrm{d}\theta}\right)_{\theta=\pi}, & \text{球}\\[2ex] 2\pi\left(\dfrac{\mathrm{d}\sigma_{\mathrm{s}}}{\mathrm{d}\theta}\right)_{\theta=\pi}, & \text{无限长圆柱}\end{cases} \tag{1.2.17}$$

5. 稳态和瞬态目标强度

现有声呐主要使用稳态信号，即单频长脉冲或各种调频长脉冲信号，脉冲宽度一般为几十到几百毫秒，甚至更长。另一方面，也有一些场合采用瞬态信号，如水中爆炸声、冲击脉冲声等。瞬态信号持续时间短，频谱宽，有利于目标识别。

数学上，严格的稳态要求信号持续时间 $t \to \infty$，入射和反射波都具有 $e^{-i\omega t}$ 的形式。波动方程取单频形式，即 Helmholtz 方程。所得解就是稳态解，与频率有关但与时间起止点无关。如果入射信号是一个短的时变信号，波动方程要取时域形式，反射波也是时变信号，就是瞬态解。

从实用的角度，可以用目标的亮点模型来说明稳态和瞬态回波的含义。根据这个模型，目标可以等效成一组空间分布的亮点，它们是镜反射点、棱角等反射亮点，每个亮点产生一个亮点回波。由于亮点的空间延伸，各亮点的回波有时延。如果入射声脉冲很窄，回波是由多个亮点回波组成的可分离的脉冲串，这就是瞬态回波。如果入射脉冲的宽度远大于最远一个有效亮点的时延，回波的主要部分由所有亮点回波共同参与干涉叠加而成，这就是稳态回波。图 1.2.2 是说明稳态和瞬态回波的示意图。设回波由三个主要亮点构成，有效亮点的最大延时是 τ_t。设入射脉冲宽度是 τ_0，回波的总宽度是 $\tau_0+\tau_t$。当 τ_0 很小时，各亮点的回波时间上不重叠，形成

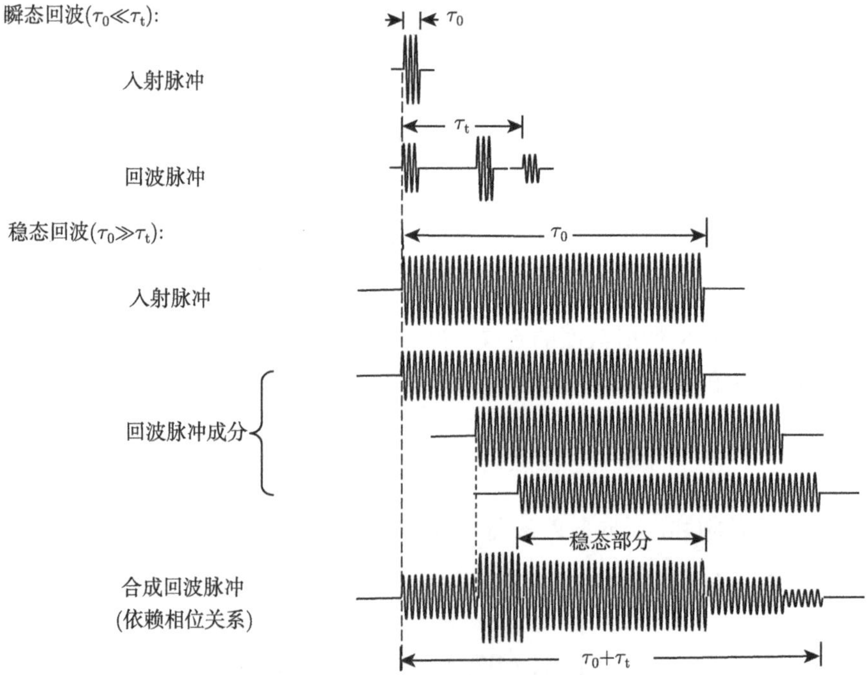

图 1.2.2　瞬态和稳态回波示意图

瞬态回波。当 $\tau_0 \gg \tau_t$ 时，各亮点的回波发生部分重叠，在重叠部分干涉叠加，形成稳态回波。总的回波脉冲由前沿部分、稳态部分和后沿部分组成。

当入射脉冲宽度变化时，前、后沿部分不变，只是稳态部分拉长或缩短。若入射脉冲足够长，由于亮点叠加形成的脉冲前、后沿只占整个脉冲的小部分，回波的强度主要由稳态部分决定。另一方面，因为叠加形成的稳态部分的幅度取决于各亮点回波的相位关系，所以当入射脉冲的频率变化时，相对相位变化，叠加幅度也会随之变化。所以随着频率的变化稳态强度不断起伏，形成稳态响应的频率特性。

根据瞬态和稳态回波的不同，需要另外定义瞬态目标强度。具有时变声压 $p_s(t)$ 的瞬态平面波的声强可以表示为

$$I = \frac{1}{\tau}\int_0^{\tau} \frac{p_s^2(t)}{\rho_0 c}\mathrm{d}t \tag{1.2.18}$$

其中，τ 是信号的有效脉宽。设入射信号的有效脉宽 τ_i、声压 $p_i(t)$，散射信号的有效脉宽 τ_s、声压 $p_s(t)$。根据 (1.2.1) 式的定义直接可得瞬态信号的目标强度

$$\mathrm{TS} = 10\lg\frac{\tau_i}{\tau_s} + 10\lg\frac{\displaystyle\int_0^{\tau_s} p_s^2(t)\,|_{r=1}\mathrm{d}t}{\displaystyle\int_0^{\tau_i} p_i^2(t)\,\mathrm{d}t} \tag{1.2.19}$$

瞬态信号可以看作许多频谱成分的叠加，因此可以用谱叠加的形式来定义瞬态目标强度。应用信号分析中的 Parseval 公式，瞬态目标强度可以表示为

$$\mathrm{TS} = 10\lg\frac{\tau_i}{\tau_s} + 10\lg\frac{\displaystyle\int_{-\infty}^{\infty} p_s^2(\omega)|_{r=1}\mathrm{d}\omega}{\displaystyle\int_{-\infty}^{\infty} |p_i(\omega)|^2\,\mathrm{d}\omega} \tag{1.2.20}$$

瞬态目标强度就是宽带目标强度。瞬态和稳态目标强度定义中的重要差别是有效脉宽的差别，对于瞬态情况 τ_s 可能远大于 τ_i，按此定义的瞬态目标强度可能远小于稳态的。注意，这里的定义与尤立克在《水声原理》[1] 中的定义不同。在该书中，将回波脉冲的展宽引起的目标强度降低归入声源级的降低，定义一个有效声源级 $\mathrm{SL_e} = \mathrm{SL} + 10\lg(\tau_i/\tau_s)$，于是有效目标强度 $\mathrm{TS_e}$ 就是 (1.2.19) 或 (1.2.20) 式的第二项，并保持 $\mathrm{SL_e} + \mathrm{TS} = \mathrm{SL} + \mathrm{TS_e}$。

6. 远场和近场，目标强度和回声强度

前面所给出的定义全都是从远场的角度出发的。在这种情况下，散射声压或势函数总是按球面波规律 r^{-1} 衰减。这就导致一个只取决于目标特性而与距离无关的目标强度定义。因为只有这样才能将回波声强从远距离折算到等效声中心 1m

处。目标的辐射或散射远场在理论上定义为离目标足够远处、声压振幅服从球面波衰减规律的区域，显然目标的形状不同远场距离会有所不同。声学理论给出远场距离的判据 [3](详细讨论见第 2 章)：

$$r \geqslant C\frac{L^2}{\lambda}, \quad r > L \tag{1.2.21}$$

其中，L 是目标的等效尺度，λ 是声波长，C 是个位数 1~10 的某个常数，与误差有关。若距离不满足远场条件，散射声压随距离可能出现忽大忽小的变化，这时不可能进行距离折算。严格说来，在近场区域内目标强度无定义，但是，在近场区域内各点的回声强度总是客观存在的，因为它不仅随方位变化而且随距离起伏，从某个点的回声强度无法折算到远距离处，因此这个回声强度只是当地值。为了与远场中定义的目标强度既有联系又有区别，另外定义一个量——回声强度 (Echo Strength, ES)

$$\mathrm{ES}\,(r,\theta) = 10\lg\left(r^2\left|\frac{p_\mathrm{s}}{p_\mathrm{i}}\right|^2\right) \tag{1.2.22}$$

此式形式上与 (1.2.2) 式类似，但是这里的 r 并不要求一定处于远场。这样定义的 ES 有下面的特点。

(1) 在近场区，ES 可以用来描述目标回声的相对强度。因为近场区中声场分布规律复杂，ES 的值不仅取决于目标特性而且还取决于目标参考点的选取、接收点的距离等。因此 ES 只能描述回声的相对强度。

(2) 在远场区，ES 与 TS 等同。因为进入远场区回声遵循球面扩展规律，(1.2.22) 式和 (1.2.2) 式相同，而且在远场区参考点的具体位置已经无关紧要。

这样定义的回声强度既适用于近场又适用于远场，而且在远场中等同于目标强度。当接收点从近场区逐渐移动到远场区时，ES 平滑地过渡到 TS。

图像声呐用很多个波束照射目标形成回声图像，每个波束只照射到目标的一部分。虽然就总的尺度而言，目标可能处在近场区，但是对单个波束，因为有效散射尺度小仍可能处在远场区，要根据 (1.2.21) 式来定，其中的 L 应取波束照射的有效尺度。

对于鱼雷主动声自导系统，有时用探测波束覆盖目标的情况来区分远程和近程。如果距离远到波束能够全部覆盖目标，属于远程。小于此距离波束只能够照射目标的一部分，或者说需要用多个波束才能覆盖目标。这主要发生在鱼雷主动声自导系统跟踪潜艇到较近距离时。例如，设探测波束宽度是 10°，要在正横方向完全覆盖尺度为 76m 的潜艇，距离至少大于 430m。这样，当距离较近时，目标被多个波束照射。每个波束输出的目标强度不同，形成近程的亮点分布。这时所说的远程和近程与上面定义的远场和近场是不同的概念。

参 考 文 献

[1] 尤立克 R J. 水声原理. 3 版. 洪申译. 哈尔滨: 哈尔滨船舶工程学院出版社，1990
[2] 汪德昭，尚尔昌. 水声学. 北京：科学出版社，1981
[3] 何祚镛，赵玉芳. 声学理论基础. 北京：国防工业出版社，1981

第 2 章　目标声散射理论基础

声散射是指声波在传播途径中遭遇界面 (如海面、海底)、障碍物或目标后产生的声场畸变，包括反射、透射、衍射或绕射等一系列现象。由于小振幅声波运动满足线性叠加原理，发生散射后总的声波由未受干扰的入射波和目标的散射波叠加而成。散射波与入射波在波的类型和传播方向上都可能不同。首先，散射波是入射波激发的，散射波可以看作散射物体受激发后再辐射的波 (reradiation waves)。其次，散射波的类型可能与入射波不同，例如，入射平面波能够在弹性体内激发起各种表面波并产生再辐射波。同时，散射波的传播方向也可能与入射波不同，沿特定方向传播的入射波经目标散射后产生向各个方向传播的散射波，其中包括沿原方向传播的前向散射波，返回声源的反向散射波 (即回波) 等。

目标声散射主要讨论声波遇到目标即障碍物时产生的散射声场。一般地说，只要目标表面和声波传播介质的声学特性不同就会产生散射。实际上，目标声散射是一个复杂的物理现象。当声波与目标 (通常是固体弹性体) 相互作用时会发生反射、透射，以及包括表面波的激发与再辐射等一系列物理过程。散射涉及流–固界面表面波运动和振动–声耦合 (vibro-acoustic interaction) 的所有现象。

虽然声波散射包含复杂的物理现象，但是在数学上可以模型化为一个数学物理问题：水中无论是入射波还是散射波都满足声波波动方程；目标中的波满足弹性体波动方程；界面、障碍物或目标表面上由边界条件衔接。本章讨论基本数学物理问题的构成，特别指出两种形式上不同、本质上等价的描述方法：微分方程方法和积分方程方法。

在声学和电磁学中，除了散射 (scattering) 这个词外还经常使用衍射和绕射两个词，在英文中，衍射和绕射是同一个词——diffraction。按照 Morse 和 Ingard 的说法 [1]，当散射物体的尺度大于声波长时常说声波被反射和衍射，最典型的例子是声波从半无限大边棱上的衍射。实质上散射和衍射的基本含义相同，都是描述波遭遇障碍物或目标后发生的物理现象，由于散射的含义更广泛，本书中一律用散射一词。

2.1　目标声散射场微分方程描述

声波是连续介质 (流体和固体) 中的一种运动形式。流体 (含气体) 中的声波表现为在压力变化 (声压) 作用下密度变化的传播，是疏密波。固体中的声波表现为在应力作用下弹性体应变的传播，本质上也是疏密波。流体中声波满足的方程是众所周知的标量波动方程，在声学教科书中有详细推导，这里仅作简要归纳。无源的理想流体 (忽略黏性) 运动的完备方程组是

$$\begin{cases} \text{连续性方程} & \dfrac{\partial \tilde{\rho}}{\partial t} + \nabla \cdot (\tilde{\rho} \boldsymbol{v}) = 0 \\ \text{运动方程} & \tilde{\rho} \dfrac{\partial \boldsymbol{v}}{\partial t} + \tilde{\rho} (\boldsymbol{v} \cdot \nabla) \boldsymbol{v} = -\nabla \tilde{P} \\ \text{状态方程} & \varPhi \left(\tilde{P}, \tilde{\rho}, \mathcal{S} \right) = 0 \end{cases} \tag{2.1.1}$$

其中，$\nabla = \boldsymbol{i}\partial/\partial x + \boldsymbol{j}\partial/\partial y + \boldsymbol{k}\partial/\partial z$ 是 Hamilton 算子；$\tilde{\rho}$ 是瞬时密度，$\tilde{P}$ 是瞬时压力，$\boldsymbol{v}$ 是介质质点振速，它们是流体力学中常用的三个量；此外，$\mathcal{S}$ 是热力学函数熵。对于常温条件下的小振幅声波运动，可以假设：① 运动是绝热等熵的，$\mathcal{S} = \mathcal{S}_0$ 是常数；② 压力变化——声压 $p = \tilde{P} - P_0$，密度变化 $\rho' = \tilde{\rho} - \rho_0$ 和质点振速 $\boldsymbol{v}$ 都是小量，P_0 和 ρ_0 是静态 (无声波运动) 时的压力和密度。在这些假设条件下从线性化状态方程导出

$$p = \left(\frac{\partial \tilde{P}}{\partial \tilde{\rho}} \right)_{\mathcal{S}_0} \rho' = c^2 \rho' \tag{2.1.2}$$

其中，$c^2 = \left(\partial \tilde{P} \big/ \partial \tilde{\rho} \right)_{\mathcal{S}_0}$，$c$ 是声速。将 (2.1.2) 式代入连续性方程和运动方程，略去高阶小量得到小振幅条件下的线性化方程

$$\begin{cases} \text{连续性方程} & \dfrac{1}{c^2} \dfrac{\partial p}{\partial t} + \rho_0 \nabla \cdot \boldsymbol{v} = 0 \\ \text{运动 (Euler) 方程} & \rho_0 \dfrac{\partial \boldsymbol{v}}{\partial t} = -\nabla p \end{cases} \tag{2.1.3}$$

由这两个方程不难导出声压满足的波动方程

$$\nabla^2 p(\boldsymbol{r}, t) - \frac{1}{c^2} \frac{\partial^2 p(\boldsymbol{r}, t)}{\partial t^2} = 0 \tag{2.1.4}$$

随时间变化的声压 $p(\boldsymbol{r}, t)$ 可以分解为各种频率成分的叠加，数学上通过 Fourier 变换得到频谱分解式

$$p(\boldsymbol{r}, t) = \int_{-\infty}^{\infty} p(\boldsymbol{r}, \omega) \, \mathrm{e}^{-\mathrm{i}\omega t} \mathrm{d}\omega \tag{2.1.5}$$

时间变化的声压被分解成用时间因子 $\mathrm{e}^{-\mathrm{i}\omega t}$ 表示的各种频谱分量的叠加，ω 是角频率 $\omega = 2\pi f$，f 是频率。反变换是

$$p(\boldsymbol{r}, \omega) = \frac{1}{2\pi} \int_{-\infty}^{\infty} p(\boldsymbol{r}, t) \, \mathrm{e}^{\mathrm{i}\omega t} \mathrm{d}t \tag{2.1.6}$$

将 (2.1.5) 式代入波动方程得到简谐情况下的 Helmholtz 方程

$$\nabla^2 p(\boldsymbol{r},\omega)+k^2 p(\boldsymbol{r},\omega)=0 \tag{2.1.7}$$

这里的 $p(\boldsymbol{r},\omega)$ 是给定频率 ω 的空间变化部分，$k=\omega/c=2\pi/\lambda$ 是声波数，λ 是声波长。简谐情况是今后主要讨论的情况，本书选用时间因子 $\exp(-\mathrm{i}\omega t)$，它在讨论过程中常可以略去。

声学研究中常引入声速度势 $\phi(\boldsymbol{r},t)$，无旋运动可以用标量势函数表示振速，得到

$$\boldsymbol{v}(\boldsymbol{r},t)=-\nabla\phi(\boldsymbol{r},t),\quad p(\boldsymbol{r},t)=\rho_0\frac{\partial\phi(\boldsymbol{r},t)}{\partial t} \tag{2.1.8}$$

因此速度势函数 $\phi(\boldsymbol{r},t)$ 可以唯一地确定声场。无源情况下，势函数满足与声压类似的波动方程

$$\nabla^2\phi(\boldsymbol{r},t)-\frac{1}{c^2}\frac{\partial^2\phi(\boldsymbol{r},t)}{\partial t^2}=0 \tag{2.1.9}$$

和简谐情况下的 Helmholtz 方程

$$\nabla^2\phi(\boldsymbol{r})+k^2\phi(\boldsymbol{r})=0 \tag{2.1.10}$$

这里的 $\phi(\boldsymbol{r})$ 也只包含空间变化部分。这时声压和振速是

$$p(\boldsymbol{r})=-\mathrm{i}\omega\rho_0\phi(\boldsymbol{r}),\quad \boldsymbol{v}(\boldsymbol{r})=\frac{1}{\mathrm{i}\omega\rho_0}\nabla p(\boldsymbol{r}) \tag{2.1.11}$$

与固体界面衔接时用声压和位移表示声场，位移是

$$\boldsymbol{u}(\boldsymbol{r})=\frac{1}{-\mathrm{i}\omega}\boldsymbol{v}(\boldsymbol{r})=\frac{1}{\rho_0\omega^2}\nabla p(\boldsymbol{r}) \tag{2.1.12}$$

显然，声压或势函数是描述小振幅声场的唯一物理量，振速或位移是由其导出的量。用声压或势函数描述声场是等价的，在本书的不同章节都会用到。

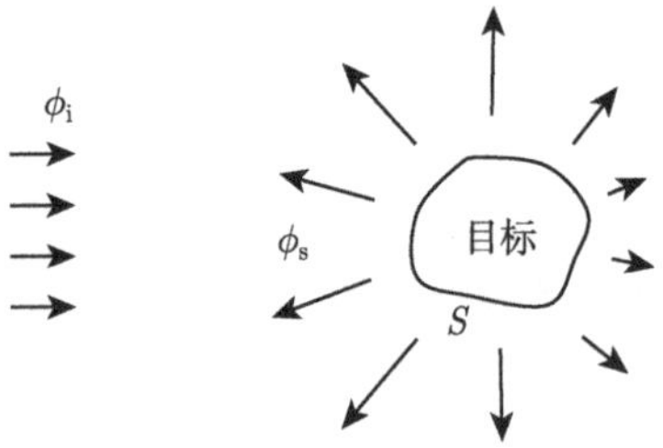

图 2.1.1　目标散射示意图

当声波入射到目标即障碍物时，散射波是由激励源——入射声波引起的。这时空间中总的声场可以分为入射场和散射场。其中，入射场就是当目标不存在时的声场，散射场是引入目标后产生的附加部分。图 2.1.1 是自由空间中表面为 S 的目标在入射声波 ϕ_{i} 激励下发生散射的示意图。设入射场的源点矢径是 $\boldsymbol{r}_0$，场点矢径是 $\boldsymbol{r}$，总声场势函数是 $\phi(\boldsymbol{r}_0,\boldsymbol{r})$，入射势函数是 $\phi_{\mathrm{i}}(\boldsymbol{r}_0,\boldsymbol{r})$，散射势函数是 $\phi_{\mathrm{s}}(\boldsymbol{r}_0,\boldsymbol{r})$，根据势函数的可加性有

$$\phi(\boldsymbol{r}_0,\boldsymbol{r})=\phi_{\mathrm{i}}(\boldsymbol{r}_0,\boldsymbol{r})+\phi_{\mathrm{s}}(\boldsymbol{r}_0,\boldsymbol{r}) \tag{2.1.13}$$

考虑均匀无界流体空间中目标的声散射，这是水声中的基本问题。发射、接收都在流体介质中，但是目标可以是阻抗表面体、弹性或黏弹性体。目标的特性由表面边界条件和目标体满足的振动方程描述。对于单频情况并省略时间因子, 入射声场势函数应该满足有源 Helmholtz 方程

$$\left(\nabla^2+k^2\right)\phi_{\mathrm{i}}\left(\boldsymbol{r}_0,\boldsymbol{r}\right)=-4\pi q\left(\boldsymbol{r}_0,\boldsymbol{r}\right) \tag{2.1.14}$$

其中，$q\left(\boldsymbol{r}_0,\boldsymbol{r}\right)$ 是空间分布的源函数。若声源是集中于 $\boldsymbol{r}_0$ 点的简单源，方程右边的源函数应该表示成 $-4\pi\delta\left(\boldsymbol{r}-\boldsymbol{r}_0\right)$，$\delta\left(\boldsymbol{r}-\boldsymbol{r}_0\right)$ 是 Dirac δ 函数，详见数学物理方法的书。点源在无界空间中产生的势函数是 $\phi_{\mathrm{i}}\left(\boldsymbol{r}_0,\boldsymbol{r}\right)=\mathrm{e}^{\mathrm{i}kR}/R$，$R=\left|\boldsymbol{r}-\boldsymbol{r}_0\right|$。平面波入射相当于源在无限远处，方程右面为 0。存在目标时整个空间中的总声场应该满足如下方程：

$$\left(\nabla^2+k^2\right)\phi\left(\boldsymbol{r}_0,\boldsymbol{r}\right)=-4\pi q\left(\boldsymbol{r}_0,\boldsymbol{r}\right) \tag{2.1.15}$$

将它减去 (2.1.14) 式后得到散射场满足的无源波动方程

$$\left(\nabla^2+k^2\right)\phi_{\mathrm{s}}\left(\boldsymbol{r}_0,\boldsymbol{r}\right)=0 \tag{2.1.16}$$

无限流体介质中简谐平面声波从目标的声散射可以归纳为下面的数学物理问题：

入射和散射声场分别满足 Helmholtz 方程

$$\begin{cases}\nabla^2\phi_{\mathrm{i}}\left(\boldsymbol{r}\right)+k^2\phi_{\mathrm{i}}\left(\boldsymbol{r}\right)=0\\ \nabla^2\phi_{\mathrm{s}}\left(\boldsymbol{r}\right)+k^2\phi_{\mathrm{s}}\left(\boldsymbol{r}\right)=0\end{cases} \tag{2.1.17}$$

总声场满足表面边界条件，几种可能的情况如下：

(1) $\left.\phi\left(\boldsymbol{r}\right)\right|_S=0$——Dirichlet 边值问题，对应绝对软表面散射；

(2) $\left.\dfrac{\partial\phi\left(\boldsymbol{r}\right)}{\partial n}\right|_S=0$——Neumann 边值问题，对应绝对硬表面散射；

(3) $\left.\left[\dfrac{\partial\phi\left(\boldsymbol{r}\right)}{\partial n}+\bar{Y}\left(S\right)\phi\left(\boldsymbol{r}\right)\right]\right|_S=0$——混合边值问题，$\bar{Y}$ 与表面导纳成比例，$\bar{Y}\rightarrow\infty$ 和 $\bar{Y}\rightarrow 0$ 分别对应绝对软和绝对硬表面散射，$\bar{Y}=$ 常数对应阻抗表面散射；

(4) 表面振动边界条件——对应弹性结构散射。

散射声场满足无限远辐射条件：

无限远辐射条件要求取解的形式是向外发散的或衰减的波，数学上可以表述为 Sommerfeld 辐射条件

$$\lim_{R\rightarrow\infty}\phi_{\mathrm{s}}=\lim_{R\rightarrow\infty}\int_S\left[\frac{\mathrm{e}^{\mathrm{i}kR}}{R}\frac{\partial\phi_{\mathrm{s}}}{\partial n}-\phi_{\mathrm{s}}\frac{\partial}{\partial n}\left(\frac{\mathrm{e}^{\mathrm{i}kR}}{R}\right)\right]\mathrm{d}S=0 \tag{2.1.18a}$$

上式中的积分是散射声场的 Helmholtz 积分，详见 2.3 节，其中的 R 是声场接收点到源的距离。将 S 取为球面，法线 n 就是半径方向，得到辐射条件

$$\lim_{R\to\infty} R\left(\frac{\partial\phi_{\rm s}}{\partial R}-{\rm i}k\phi_{\rm s}\right)\phi=0 \tag{2.1.18b}$$

另外一种简单的表示形式是

$$\lim_{R\to\infty} R\phi_{\rm s}<\infty \tag{2.1.18c}$$

这里仅要求散射场满足辐射条件，因为入射场来自空间某点或无限远处的源。

从表面边界条件可以看出，散射场是由入射场“激发”的。以刚硬边界为例，表面振速为零导致边界条件

$$\left.\frac{\partial\phi\left(\boldsymbol{r}_0,\boldsymbol{r}\right)}{\partial n}\right|_S=0 \quad 或 \quad \left.\frac{\partial\phi_{\rm s}\left(\boldsymbol{r}_0,\boldsymbol{r}\right)}{\partial n}\right|_S=-\left.\frac{\partial\phi_{\rm i}\left(\boldsymbol{r}_0,\boldsymbol{r}\right)}{\partial n}\right|_S \tag{2.1.19}$$

说明表面上产生了由入射波激励的“虚”法向振动速度 $v_{\rm n}=-\left.\partial\phi_{\rm i}/\partial n\right|_S$。散射场可以看作由这个“虚”法向振速产生的声辐射。由此可见，散射和辐射问题虽然有不同的产生原因和不同的应用背景，但是它们的处理方法在本质上是相同的。辐射问题是物体在已知作用力激励下产生的声场，而散射问题是物体在入射声波激励下产生的 (再) 辐射声场。后面将会看到，在散射和辐射中要处理的核心问题、流–固耦合的本征值问题是相同的。这样，在已知入射声场 $\phi_{\rm i}\left(\boldsymbol{r}_0,\boldsymbol{r}\right)$、表面几何形状和表面边界条件时原则上能够解出散射声场 $\phi_{\rm s}\left(\boldsymbol{r}_0,\boldsymbol{r}\right)$。

水中目标声散射的一个重要特点是，在水中大多数固体目标不能简单地看作刚性体，因为固体的声阻抗只比水的大一个数量级左右，而固体的声阻抗通常比空气的大四个数量级以上。所以在空气中固体目标的声散射可以足够精确地看作刚性体的散射，而在水中固体目标必须看作弹性或黏弹性目标。所以，在处理水中目标声散射问题时不可避免地要涉及弹性和黏弹性介质中的波动问题。

下面简要导出均匀各向同性理想弹性体中声波满足的矢量波动方程 [2]。在直角坐标中用 u_x, u_y, u_z 表示 x, y, z 方向的位移，位移矢量 $\boldsymbol{u}=(u_x,\ u_y,\ u_z)$，则线形变是

$$\varepsilon_{xx}=\frac{\partial u_x}{\partial x},\quad \varepsilon_{yy}=\frac{\partial u_y}{\partial y},\quad \varepsilon_{zz}=\frac{\partial u_z}{\partial z} \tag{2.1.20}$$

切形变是

$$\varepsilon_{xy}=\varepsilon_{yx}=\frac{\partial u_x}{\partial y}+\frac{\partial u_y}{\partial x},\quad \varepsilon_{yz}=\varepsilon_{zy}=\frac{\partial u_z}{\partial y}+\frac{\partial u_y}{\partial z},\quad \varepsilon_{xz}=\varepsilon_{zx}=\frac{\partial u_x}{\partial z}+\frac{\partial u_z}{\partial x} \tag{2.1.21}$$

体形变是

$$\varDelta=\nabla\cdot\boldsymbol{u}=\frac{\partial u_x}{\partial x}+\frac{\partial u_y}{\partial y}+\frac{\partial u_z}{\partial z} \tag{2.1.22}$$

弹性体中任意一个面上的应力包括法向应力和切向应力，例如，$x=$ 常数的面上作用有法向应力 τ_{xx} 和切向应力 τ_{xy}, τ_{xz}，三个坐标面共有 9 个应力分量，其中独立的分量是 6 个。均匀各向同性弹性体的本构方程即广义 Hooke 定律是

$$\begin{cases} \tau_{xx}=\lambda_{\mathrm{e}}\varDelta+2\mu_{\mathrm{e}}\varepsilon_{xx}, & \tau_{xy}=\tau_{yx}=\mu_{\mathrm{e}}\varepsilon_{xy} \\ \tau_{yy}=\lambda_{\mathrm{e}}\varDelta+2\mu_{\mathrm{e}}\varepsilon_{yy}, & \tau_{yz}=\tau_{zy}=\mu_{\mathrm{e}}\varepsilon_{yz} \\ \tau_{zz}=\lambda_{\mathrm{e}}\varDelta+2\mu_{\mathrm{e}}\varepsilon_{zz}, & \tau_{xz}=\tau_{zx}=\mu_{\mathrm{e}}\varepsilon_{xz} \end{cases} \tag{2.1.23}$$

在这种最基本情况下，弹性体的力学性能只需要用密度 ρ_{e} 和 Lame 常数 $\lambda_{\mathrm{e}}, \mu_{\mathrm{e}}$ 三个参数表征。描述应力–应变关系的两个 Lame 常数 λ_{e}, μ_{e} 也可以用工程上常用的杨氏模量 E 和泊松比 σ 表示，它们之间的换算关系是

$$\begin{cases} \lambda_{\mathrm{e}}=\dfrac{E\sigma}{(1+\sigma)(1-2\sigma)}, & \mu_{\mathrm{e}}=\dfrac{E}{2(1+\sigma)} \\ E=\dfrac{\mu_{\mathrm{e}}(3\lambda_{\mathrm{e}}+2\mu_{\mathrm{e}})}{\lambda_{\mathrm{e}}+\mu_{\mathrm{e}}}, & \sigma=\dfrac{\lambda_{\mathrm{e}}}{2(\lambda_{\mathrm{e}}+\mu_{\mathrm{e}})} \end{cases} \tag{2.1.24}$$

为了推广到其他正交曲线坐标系中，将本构方程写成张量形式。令 τ_{ij} 为应力张量，γ_{ij} 为应变张量，均匀各向同性弹性体的本构方程可以表示成

$$\tau_{ij}=\lambda_{\mathrm{e}}\varDelta\cdot\delta_{ij}+2\mu_{\mathrm{e}}\gamma_{ij} \tag{2.1.25}$$

其中，δ_{ij} 为 Kronecker δ 符号，当 $i=j$ 时为 1，其余为 0，这里表示单位张量。应变张量是

$$\gamma_{ij}=\frac{1}{2}\left(\frac{\partial u_i}{\partial x_j}+\frac{\partial u_j}{\partial x_i}\right) \tag{2.1.26}$$

在直角坐标系中，$\gamma_{xx}=\varepsilon_{xx}, \gamma_{xy}=(1/2)\,\varepsilon_{xy}, \cdots$。由 (2.1.25) 式可导出 (2.1.23) 式。

在没有外力作用时，弹性体中密度为 ρ_{e} 的介质微元的运动方程是

$$\begin{cases} \rho_{\mathrm{e}}\dfrac{\partial^2 u_x}{\partial t^2}=\dfrac{\partial\tau_{xx}}{\partial x}+\dfrac{\partial\tau_{yx}}{\partial y}+\dfrac{\partial\tau_{zx}}{\partial z} \\ \rho_{\mathrm{e}}\dfrac{\partial^2 u_y}{\partial t^2}=\dfrac{\partial\tau_{xy}}{\partial x}+\dfrac{\partial\tau_{yy}}{\partial y}+\dfrac{\partial\tau_{zy}}{\partial z} \\ \rho_{\mathrm{e}}\dfrac{\partial^2 u_z}{\partial t^2}=\dfrac{\partial\tau_{xz}}{\partial x}+\dfrac{\partial\tau_{yz}}{\partial y}+\dfrac{\partial\tau_{zz}}{\partial z} \end{cases} \tag{2.1.27}$$

将 (2.1.23) 式代入得到

$$\begin{aligned} \rho_{\mathrm{e}}\frac{\partial^2\boldsymbol{u}}{\partial t^2}&=(\lambda_{\mathrm{e}}+\mu_{\mathrm{e}})\nabla(\nabla\cdot\boldsymbol{u})+\mu_{\mathrm{e}}\nabla^2\boldsymbol{u} \\ &=(\lambda_{\mathrm{e}}+2\mu_{\mathrm{e}})\nabla(\nabla\cdot\boldsymbol{u})-\mu_{\mathrm{e}}\nabla\times(\nabla\times\boldsymbol{u}) \end{aligned} \tag{2.1.28}$$

根据向量场理论，位移向量总可以表示成

$$\boldsymbol{u}=\nabla\varPhi+\nabla\times\boldsymbol{A},\quad \nabla\cdot\boldsymbol{A}=0 \tag{2.1.29}$$

其中，Φ 是标量位移势函数，它所对应的分量是无旋的，因为恒有 $\nabla\times\nabla\Phi\equiv 0$，表示与转动无关的位移分量；$\boldsymbol{A}$ 是向量位移势函数，它所对应的分量散度恒为零，$\nabla\cdot(\nabla\times\boldsymbol{A})\equiv 0$，表示纯转动 (切向) 分量。将 (2.1.29) 式代入 (2.1.28) 式，向量波动方程被分解成两个方程：

$$\frac{\partial^2\Phi}{\partial t^2}=c_{\mathrm{L}}^2\nabla^2\Phi,\quad \frac{\partial^2\boldsymbol{A}}{\partial t^2}=c_{\mathrm{T}}^2\nabla^2\boldsymbol{A} \tag{2.1.30}$$

在单频情况下有

$$\begin{cases}\nabla^2\Phi+k_{\mathrm{L}}^2\Phi=0, & k_{\mathrm{L}}=\omega/c_{\mathrm{L}}\\ \nabla^2\boldsymbol{A}+k_{\mathrm{T}}^2\boldsymbol{A}=0. & k_{\mathrm{T}}=\omega/c_{\mathrm{T}}\end{cases} \tag{2.1.31}$$

其中，$c_{\mathrm{L}},c_{\mathrm{T}}$ 是无限弹性介质中的纵、横波速度

$$c_{\mathrm{L}}=\sqrt{(\lambda_{\mathrm{e}}+2\mu_{\mathrm{e}})/\rho_{\mathrm{e}}},\quad c_{\mathrm{T}}=\sqrt{\mu_{\mathrm{e}}/\rho_{\mathrm{e}}} \tag{2.1.32}$$

标量势 Φ 满足标量 Helmholtz 方程, 向量势 $\boldsymbol{A}$ 满足向量 Helmholtz 方程。$\nabla\cdot\boldsymbol{A}=0$ 是附加条件 (gauge condition)，用来保证从 Φ 和 $\boldsymbol{A}$ 的 4 个分量唯一地确定 $\boldsymbol{u}$ 的 3 个分量 [2]。

两种弹性介质界面上的边界条件是

$$\begin{cases}\text{切向应力连续}\\ \text{切向位移连续}\\ \text{法向应力连续}\\ \text{法向位移连续}\end{cases} \tag{2.1.33}$$

弹性体和流体界面上的边界条件是

$$\begin{cases}\text{切向应力等于 }0\\ \text{法向应力连续}\\ \text{法向位移连续}\end{cases} \tag{2.1.34}$$

弹性体在水中的散射波就是满足方程 (2.1.31) 和边界条件 (2.1.34) 的解。如果弹性体与空气相接触，通常将空气看作真空，边界条件减少到两个：切向应力等于 0，法向应力也等于 0，这时法向位移不限。例如，当声波在水中从中空弹性球壳散射时，外壁满足 3 个边界条件，内壁满足 2 个边界条件，共要满足 5 个边界条件。如果球壳内部充液体，则有 6 个边界条件。在有些实际问题中，目标可能是弹性薄板或薄壳，用薄板或薄壳理论描述目标的运动更加方便。这些情况将在遇到时再讨论。

弹性散射问题中目标的形状很少能够用直角坐标系描述，更多的是用诸如球、圆柱等各种正交曲线坐标系描述。这时波动方程可以直接用 (2.1.31) 式在相应坐标

系中的表示式，而本构方程也要用相应坐标系中的表示式。在球坐标和圆柱坐标系中应力、应变和向量波动方程的具体形式见本章附录 2A。

2.2 规则形状目标声散射简正级数解

满足边界条件的 Helmholtz 方程的解析解只有当表面可以用正交曲线坐标系描述时才可能获得，这时 Helmholtz 方程可以分离变量，解表示成一些特殊函数的级数和，这样的解称为简正级数解或 Rayleigh 级数解。数学物理方法的研究已经归纳出 11 种能够进行分离变量的形状，在辐射和散射问题中只有这 11 种形状的表面才能够获得严格解 [3]，常见的有圆柱面、球面、椭圆柱面、旋转抛物面、长旋转椭球面、扁旋转椭球面等。下面以最简单的球面和圆柱面为例引入简正级数解，其中有些内容已在声学教科书中讨论过，所以这里仅作简略叙述。

1. 平面波从球的散射

首先讨论平面波从空间固定球体的散射。取球坐标 (r,θ,φ)，坐标原点在球心 O，球半径为 a，如图 2.2.1 所示。设单位振幅的简谐平面声波沿 z 方向入射到球，略去时间因子后入射波可以表示成 $\mathrm{e}^{\mathrm{i}kz}=\mathrm{e}^{\mathrm{i}kr\cos\theta}$。显然问题不依赖于方位角 φ 只依赖于极角 θ，简化为二维问题。

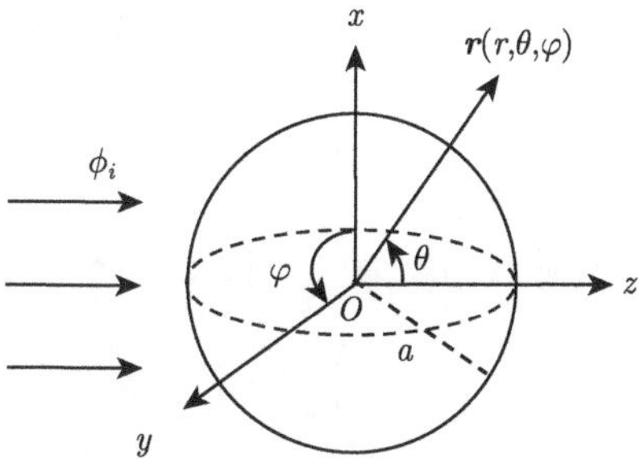

图 2.2.1 平面波从球的散射

将入射平面波按球面波分解 [4]：

$$\phi_{\mathrm{i}}(r,\theta)=\mathrm{e}^{\mathrm{i}kr\cos\theta}=\sum_{n=0}^{\infty}\mathrm{i}^n(2n+1)\,\mathrm{j}_n(kr)\,\mathrm{P}_n(\cos\theta) \tag{2.2.1}$$

其中，$\mathrm{j}_n(\cdot)$ 是 n 阶球 Bessel 函数，$\mathrm{P}_n(\cdot)$ 是 n 阶 Legendre 函数。同样地，散射波也不依赖于 φ。与入射波不同的是，散射波应该是向外发散的波，与略去的时间因子 $\mathrm{e}^{-\mathrm{i}\omega t}$ 配合，球坐标中依赖于 r 的解要取第一类球 Hankel 函数 $\mathrm{h}_n^{(1)}(kr)$：

$$\phi_{\mathrm{s}}(r,\theta)=\sum_{n=0}^{\infty}\mathrm{i}^n(2n+1)\,b_n\mathrm{h}_n^{(1)}(kr)\,\mathrm{P}_n(\cos\theta) \tag{2.2.2}$$

其中，b_n 是待定的散射系数，由球面上的边界条件确定。较简单的典型情况如下：

1) 刚性球

$$r=a,\quad \frac{\partial(\phi_{\mathrm{s}}+\phi_{\mathrm{i}})}{\partial r}=0\quad\Rightarrow\quad b_n(x)=-\frac{\mathrm{j}_n'(x)}{\mathrm{h}_n^{(1)\prime}(x)} \tag{2.2.3}$$

其中，$x=ka=\omega a/c$ 是无量纲频率，又称归一化频率。

2) 软球 (如水中气泡)

$$r=a,\quad \phi_{\mathrm{s}}+\phi_{\mathrm{i}}=0\quad\Rightarrow\quad b_n(x)=-\frac{\mathrm{j}_n(x)}{\mathrm{h}_n^{(1)}(x)}\tag{2.2.4}$$

3) 阻抗球

假设球面是局部反应表面，表面阻抗是

$$Z=\left.\frac{p}{v_r}\right|_{r=a}=-\frac{\rho_0 c}{Y}\tag{2.2.5}$$

Y 是比导纳，这里假设它与阶次 n 无关。根据声压和振速与势函数的关系得到边界条件

$$-\left.\frac{\rho_0\omega^2(\phi_{\mathrm{i}}+\phi_{\mathrm{s}})}{\mathrm{i}\omega\partial(\phi_{\mathrm{i}}+\phi_{\mathrm{s}})/\partial r}\right|_{r=a}=-\frac{\rho_0 c}{Y}\tag{2.2.6}$$

将势函数代入解出

$$b_n(x)=-\frac{\mathrm{j}_n'(x)+\mathrm{i}Y\mathrm{j}_n(x)}{\mathrm{h}_n^{(1)\prime}(x)+\mathrm{i}Y\mathrm{h}_n^{(1)}(x)}\tag{2.2.7}$$

当 $Z\to\infty$, $Y\to 0$ 时退化成刚性球，当 $Z\to 0$, $Y\to\infty$ 时退化成软球。

4) 液态球

假设球由密度 ρ_1、声速 c_1 的流体介质构成，内部声场表示为

$$\phi_1(r,\theta)=\sum_{n=0}^{\infty}\mathrm{i}^n(2n+1)e_n\mathrm{j}_n(k_1 r)\mathrm{P}_n(\cos\theta)\tag{2.2.8}$$

其中，$k_1=\omega/c_1$。边界条件为

$$r=a,\quad \rho_0(\phi_{\mathrm{s}}+\phi_{\mathrm{i}})=\rho_1\phi_1,\quad \frac{\partial(\phi_{\mathrm{s}}+\phi_{\mathrm{i}})}{\partial r}=\frac{\partial\phi_1}{\partial r}\tag{2.2.9}$$

得到确定系数 b_n, e_n 的联立方程

$$\begin{cases} k\left[\mathrm{j}_n'(x)+b_n\mathrm{h}_n^{(1)\prime}(x)\right]=k_1 e_n\mathrm{j}_n'(x_1)\\ \rho_0\left[\mathrm{j}_n(x)+b_n\mathrm{h}_n^{(1)}(x)\right]=\rho_1 e_n\mathrm{j}_n(x_1)\end{cases}$$

其中，$x_1=k_1 a$ 是内部液体对应的归一化频率。容易解出

$$b_n=-B_n/D_n,\quad e_n=C_n/D_n\tag{2.2.10}$$

$$B_n=\begin{vmatrix} k\mathrm{j}_n'(x) & k_1\mathrm{j}_n'(x_1)\\ \rho_0\mathrm{j}_n(x) & \rho_1\mathrm{j}_n(x_1)\end{vmatrix},\quad D_n=\begin{vmatrix} k\mathrm{h}_n^{(1)\prime}(x) & k_1\mathrm{j}_n'(x_1)\\ \rho_0\mathrm{h}_n^{(1)}(x) & \rho_1\mathrm{j}_n(x_1)\end{vmatrix}\tag{2.2.11a}$$

$$C_n=\begin{vmatrix} k\mathrm{h}_n^{(1)\prime}(x) & k\mathrm{j}_n'(x)\\ \rho_0\mathrm{h}_n^{(1)}(x) & \rho_0\mathrm{j}_n(x)\end{vmatrix}=\rho_0 k\frac{\mathrm{i}}{x^2}\tag{2.2.11b}$$

最后一式中利用了球 Bessel 函数的 Wronskian 行列式

$$\mathrm{j}_n(x)\,\mathrm{h}_n^{(1)\prime}(x)-\mathrm{j}_n^{\prime}(x)\,\mathrm{h}_n^{(1)}(x)=\mathrm{i}/x^2 \tag{2.2.12}$$

对于弹性球和球壳等更复杂的情况将在后面专门讨论，但是解的方法基本上相同，只要代以相应的边界条件就可以确定展开系数。

刚性球散射的严格解常作为标准问题。由散射系数得到刚性球的散射场

$$\phi_{\mathrm{s}}(r,\theta)=-\sum_{n=0}^{\infty}\mathrm{i}^n(2n+1)\frac{\mathrm{j}_n^{\prime}(x)}{\mathrm{h}_n^{(1)\prime}(x)}\mathrm{h}_n^{(1)}(kr)\,\mathrm{P}_n(\cos\theta) \tag{2.2.13}$$

介质中的总声场

$$\phi(r,\theta)=\sum_{n=0}^{\infty}\mathrm{i}^n(2n+1)\left[\mathrm{j}_n(kr)-\frac{\mathrm{j}_n^{\prime}(x)}{\mathrm{h}_n^{(1)\prime}(x)}\mathrm{h}_n^{(1)}(kr)\right]\mathrm{P}_n(\cos\theta) \tag{2.2.14a}$$

利用 $\mathrm{j}_n(kr)=\dfrac{1}{2}\left[\mathrm{h}_n^{(1)}(kr)+\mathrm{h}_n^{(2)}(kr)\right]$，可以改写成

$$\phi(r,\theta)=\frac{1}{2}\sum_{n=0}^{\infty}\mathrm{i}^n(2n+1)\left[\mathrm{h}_n^{(2)}(kr)-\frac{\mathrm{h}_n^{(2)\prime}(x)}{\mathrm{h}_n^{(1)\prime}(x)}\mathrm{h}_n^{(1)}(kr)\right]\mathrm{P}_n(\cos\theta) \tag{2.2.14b}$$

在远场情况下，利用球 Hankel 函数的渐近展开式

$$\mathrm{h}_n^{(1)}(kr)\underset{kr\gg1}{\longrightarrow}\frac{1}{kr}\mathrm{e}^{\mathrm{i}\left(kr-\frac{n+1}{2}\pi\right)} \tag{2.2.15}$$

按形态函数的定义 (1.2.9) 得到平面波从刚性球散射的形态函数

$$|f(x,\theta)|=\frac{2}{x}\left|\sum_{n=0}^{\infty}(2n+1)\frac{\mathrm{j}_n^{\prime}(x)}{\mathrm{h}_n^{(1)\prime}(x)}\mathrm{P}_n(\cos\theta)\right| \tag{2.2.16}$$

特别是取 $\theta=\pi,\mathrm{P}_n(-1)=(-1)^n$ 得到反向散射形态函数和散射截面

$$|f(x,\pi)|=\frac{2}{x}\left|\sum_{n=0}^{\infty}(2n+1)\frac{\mathrm{j}_n^{\prime}(x)}{\mathrm{h}_n^{(1)\prime}(x)}(-1)^n\right|,\quad \frac{\sigma_{\mathrm{s}}}{\pi a^2}=|f(x,\pi)|^2 \tag{2.2.17}$$

按定义，目标强度是

$$\mathrm{TS}(x)=10\lg\left|\frac{a}{2}f(x,\pi)\right|^2=10\lg\left|\frac{a}{x}\sum_{n=0}^{\infty}(2n+1)\frac{\mathrm{j}_n^{\prime}(x)}{\mathrm{h}_n^{(1)\prime}(x)}(-1)^n\right|^2 \tag{2.2.18}$$

图 2.2.2 是根据 (2.2.17) 式计算的刚性球目标散射截面随 $x=ka$ 变化曲线。根据经验，无限级数只要取最高项数 $n_{\max}\geqslant ka+5$ 就能够保证计算的精度。

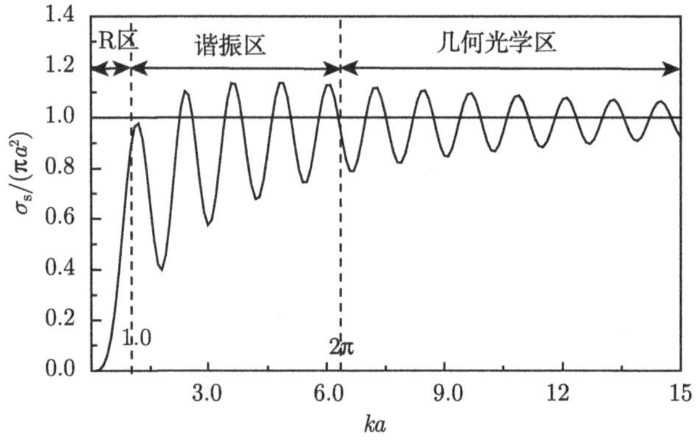

图 2.2.2 刚性球目标散射截面

2. 平面波从无限长圆柱的声散射

设平面波垂直入射到无限长圆柱，如图 2.2.3 所示。散射场与 z 轴无关且相对于方位角 φ 对称，简化成二维问题。入射波可以展开为 [5]

$$\phi_{\mathrm{i}}(r,\varphi)=\mathrm{e}^{\mathrm{i}kr\cos\varphi}=\sum_{n=0}^{\infty}\varepsilon_n\mathrm{i}^n\mathrm{J}_n(kr)\cos n\varphi \tag{2.2.19}$$

其中，ε_n 是 Neumann 因子，当 $n=0$ 时 $\varepsilon_n=1$，当 $n>0$ 时 $\varepsilon_n=2$；$\mathrm{J}_n(\cdot)$ 是 n 阶 Bessel 函数。类似于球的情况，散射波应该用第一类 Hankel 函数表示为

$$\phi_{\mathrm{s}}(r,\varphi)=\sum_{n=0}^{\infty}\varepsilon_n\mathrm{i}^n b_n\mathrm{H}_n^{(1)}(kr)\cos n\varphi \tag{2.2.20}$$

散射系数 b_n 由圆柱面上的边界条件确定。典型情况如下：

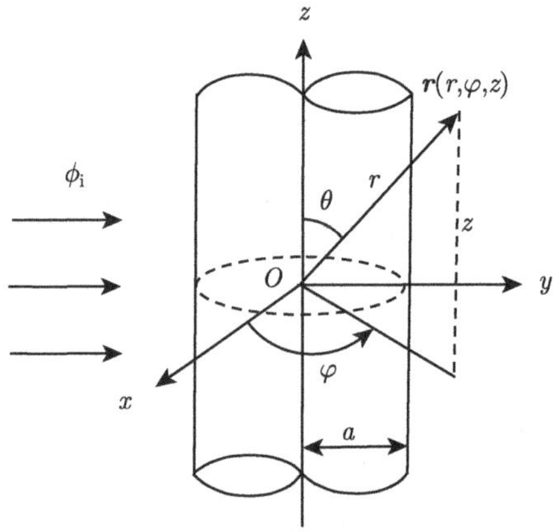

图 2.2.3 平面波从无限长圆柱散射

1) 刚性圆柱

$$r=a,\quad \frac{\partial\left(\phi_{\mathrm{s}}+\phi_{\mathrm{i}}\right)}{\partial r}=0 \Rightarrow b_{n}(x)=-\frac{\mathrm{J}_{n}^{\prime}(x)}{\mathrm{H}_{n}^{(1)\prime}(x)} \tag{2.2.21}$$

2) 软圆柱

$$r=a,\quad \phi_{\mathrm{s}}+\phi_{\mathrm{i}}=0 \Rightarrow b_{n}(x)=-\frac{\mathrm{J}_{n}(x)}{\mathrm{H}_{n}^{(1)}(x)} \tag{2.2.22}$$

3) 局部反应表面阻抗圆柱

$$Z=\left.\frac{p}{v_{r}}\right|_{r=a}=-\left.\frac{\rho_{0} \omega^{2}\left(\phi_{\mathrm{i}}+\phi_{\mathrm{s}}\right)}{\mathrm{i} \omega \partial\left(\phi_{\mathrm{i}}+\phi_{\mathrm{s}}\right) / \partial r}\right|_{r=a}=-\frac{\rho_{0} c}{Y} \tag{2.2.23}$$

$$b_{n}(x)=-\frac{\mathrm{J}_{n}^{\prime}(x)+\mathrm{i} Y \mathrm{J}_{n}(x)}{\mathrm{H}_{n}^{(1)\prime}(x)+\mathrm{i} Y \mathrm{H}_{n}^{(1)}(x)} \tag{2.2.24}$$

当 $Z \rightarrow \infty$, $Y \rightarrow 0$ 时退化成刚性圆柱，当 $Z \rightarrow 0$, $Y \rightarrow \infty$ 时退化成软圆柱。

4) 液态圆柱

假设圆柱由密度 ρ_1、声速 c_1 的流体介质构成，内部声场是

$$\phi_{1}(r, \varphi)=\sum_{n=0}^{\infty} \varepsilon_{n} \mathrm{i}^{n} e_{n} \mathrm{J}_{n}\left(k_{1} r\right) \cos n \varphi \tag{2.2.25}$$

边界条件为

$$r=a,\quad \rho_{0}\left(\phi_{\mathrm{s}}+\phi_{\mathrm{i}}\right)=\rho_{1} \phi_{1},\quad \frac{\partial\left(\phi_{\mathrm{s}}+\phi_{\mathrm{i}}\right)}{\partial r}=\frac{\partial \phi_{1}}{\partial r} \tag{2.2.26}$$

与液态球的情况类似，散射系数表示成 (2.2.10) 式并得到

$$B_{n}=\left|\begin{array}{cc} k \mathrm{J}_{n}^{\prime}(x) & k_{1} \mathrm{J}_{n}^{\prime}\left(x_{1}\right) \\ \rho_{0} \mathrm{J}_{n}(x) & \rho_{1} \mathrm{J}_{n}\left(x_{1}\right) \end{array}\right|,\quad D_{n}=\left|\begin{array}{cc} k \mathrm{H}_{n}^{(1)\prime}(x) & k_{1} \mathrm{J}_{n}^{\prime}\left(x_{1}\right) \\ \rho_{0} \mathrm{H}_{n}^{(1)}(x) & \rho_{1} \mathrm{J}_{n}\left(x_{1}\right) \end{array}\right| \tag{2.2.27}$$

$$C_{n}=\left|\begin{array}{cc} k \mathrm{H}_{n}^{(1)\prime}(x) & k \mathrm{J}_{n}^{\prime}(x) \\ \rho_{0} \mathrm{H}_{n}^{(1)}(x) & \rho_{0} \mathrm{J}_{n}(x) \end{array}\right|=\rho_{0} k \frac{2 \mathrm{i}}{\pi x} \tag{2.2.28}$$

最后一式中利用了柱 Bessel 函数的 Wronskian 行列式

$$\mathrm{J}_{n}(x) \mathrm{H}_{n}^{(1)\prime}(x)-\mathrm{J}_{n}^{\prime}(x) \mathrm{H}_{n}^{(1)}(x)=2 \mathrm{i} /(\pi x) \tag{2.2.29}$$

比较球和圆柱的解可以发现两者存在着相似性，球的解中是球 Bessel 和球 Hankel 函数，而圆柱的解中是柱 Bessel 和柱 Hankel 函数。

利用 Hankel 函数的渐近展开式

$$\mathrm{H}_{n}^{(1)}(k r) \underset{k r \gg 1}{\longrightarrow} \sqrt{\frac{2}{\pi k r}} \mathrm{e}^{\mathrm{i}\left(k r-\frac{n \pi}{2}-\frac{\pi}{4}\right)} \tag{2.2.30}$$

根据形态函数的定义 (1.2.11) 式，得到无限长圆柱散射形态函数

$$|f(x,\varphi)|=\frac{2}{\sqrt{\pi x}}\left|\sum_{n=0}^{\infty}\varepsilon_n\cos n\varphi\frac{\mathrm{J}_n'(x)}{\mathrm{H}_n^{(1)\prime}(x)}\right| \tag{2.2.31}$$

反向散射形态函数和散射截面是

$$|f(x,\pi)|=\frac{2}{\sqrt{\pi x}}\left|\sum_{n=0}^{\infty}\varepsilon_n(-1)^n\frac{\mathrm{J}_n'(x)}{\mathrm{H}_n^{(1)\prime}(x)}\right|,\quad \frac{\sigma_{\mathrm{s}}}{\pi a}=|f(x,\pi)|^2 \tag{2.2.32}$$

无限长刚性圆柱的散射截面随 ka 变化曲线如图 2.2.4 所示。

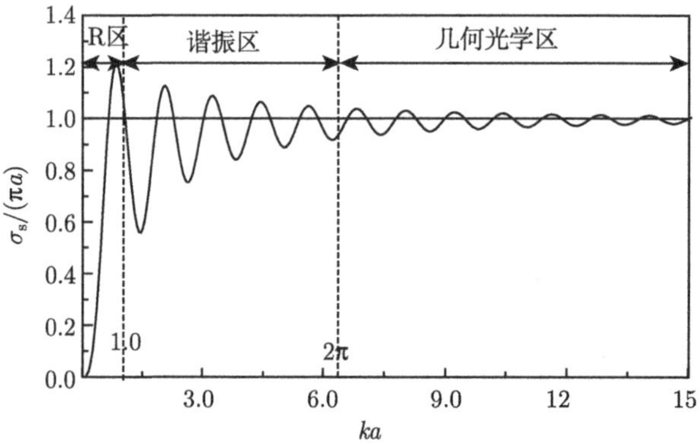

图 2.2.4 无限长刚性圆柱散射截面

若平面波倾斜入射到无限长圆柱，如图 2.2.5 所示。让入射平面波矢量处在 (r,z) 平面，它可以分解为 $k_r=k\cos\theta_{\mathrm{i}}$ 和 $k_z=k\sin\theta_{\mathrm{i}}$ 两个分量，θ_{i} 是入射角。入射声势可以展开为

$$\phi_{\mathrm{i}}(r,\varphi,z)=\mathrm{e}^{\mathrm{i}k_r r+\mathrm{i}k_z z}=\mathrm{e}^{\mathrm{i}k_z z}\sum_{n=0}^{\infty}\varepsilon_n\mathrm{i}^n\mathrm{J}_n(k_r r)\cos n\varphi \tag{2.2.33}$$

根据 Snell 定理，散射波沿 z 方向的波数分量应该等于入射波的 k_z，因此可以设散射声势

$$\phi_{\mathrm{s}}(r,\varphi,z)=\mathrm{e}^{\mathrm{i}k_z z}\sum_{n=0}^{\infty}\varepsilon_n\mathrm{i}^n b_n\mathrm{H}_n^{(1)}(k_r r)\cos n\varphi \tag{2.2.34}$$

利用圆柱面上的边界条件确定散射系数 b_n，例如，对于无限长刚性圆柱有

$$b_n=-\frac{\mathrm{J}_n'(k_r a)}{\mathrm{H}_n^{(1)\prime}(k_r a)} \tag{2.2.35}$$

其他几种边界条件下的散射系数也容易获得。设接收点 M 也处在 (r,z) 平面，$\varphi=0$，$r=R\cos\theta_{\mathrm{s}}$，$z=R\sin\theta_{\mathrm{s}}$，$R=\sqrt{r^2+z^2}$ 是斜距，θ_{s} 是反射角。在远场情况下利

用 Hankel 函数的渐近展开式得到

$$\phi_{\mathrm{s}}(r,\pi,z)=\sqrt{\frac{2}{\pi kR\cos\theta_{\mathrm{i}}\cos\theta_{\mathrm{s}}}}\mathrm{e}^{-\mathrm{i}\pi/4}\sum_{n=0}^{\infty}\varepsilon_n b_n(-1)^n\mathrm{e}^{\mathrm{i}kR\cos(\theta_{\mathrm{i}}-\theta_{\mathrm{s}})} \tag{2.2.36}$$

当 $\theta_{\mathrm{s}}=\theta_{\mathrm{i}}$ 时有

$$\phi_{\mathrm{s}}(R,\pi,\theta_{\mathrm{i}})=\sqrt{\frac{2}{\pi kR\cos^2\theta_{\mathrm{i}}}}\mathrm{e}^{-\mathrm{i}\pi/4}\mathrm{e}^{\mathrm{i}kR}\sum_{n=0}^{\infty}\varepsilon_n b_n(-1)^n \tag{2.2.37}$$

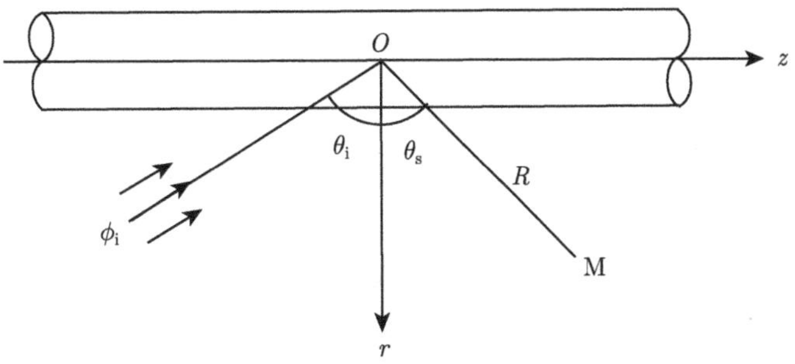

图 2.2.5 倾斜入射平面波从无限长圆柱散射

3. 球面波从球的散射

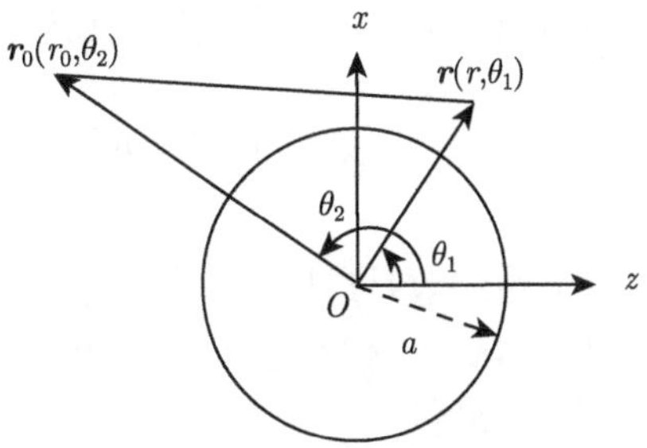

图 2.2.6 球面波从球的散射

上面讨论的情况入射波都是平面波，源位于无限远处。如果入射波是球面波，当目标与源的距离不十分远时，入射声场与源的距离有关。球面波入射时只有球的散射可能有严格解。以刚性球的散射为例，设产生球面波的点源矢径为 $\boldsymbol{r}_0$，接收点矢径为 $\boldsymbol{r}$，以 $\boldsymbol{r}$ 和 $\boldsymbol{r}_0$ 所在的平面截取球的一个剖面，让 z 轴也处在这个平面上，如图 2.2.6 所示。显然入射和散射波与截面所处的方位角 φ 无关。自由空间中点源产生的入射波 $\phi_{\mathrm{i}}=\mathrm{e}^{\mathrm{i}k|\boldsymbol{r}-\boldsymbol{r}_0|}/|\boldsymbol{r}-\boldsymbol{r}_0|$，利用加法定理得到与 φ 无关的展开式是 [6]

$$\phi_{\mathrm{i}}=\frac{\mathrm{e}^{\mathrm{i}k|\boldsymbol{r}-\boldsymbol{r}_0|}}{|\boldsymbol{r}-\boldsymbol{r}_0|}=\mathrm{i}k\sum_{n=0}^{\infty}(2n+1)\mathrm{P}_n[\cos(\theta_2-\theta_1)]\begin{cases}\mathrm{j}_n(kr)\mathrm{h}_n^{(1)}(kr_0), & 0<r<r_0\\ \mathrm{j}_n(kr_0)\mathrm{h}_n^{(1)}(kr), & 0<r_0<r\end{cases} \tag{2.2.38}$$

相应地设散射波势函数

$$\phi_{\mathrm{s}}(r,\theta_1)=\mathrm{i}k\sum_{n=0}^{\infty}(2n+1)b_n\mathrm{h}_n^{(1)}(kr)\mathrm{P}_n(\cos\theta_1) \tag{2.2.39}$$

再设源处在 z 轴上，$\theta_2=\pi$。取 $r<r_0$ 的入射波势函数

$$\phi_{\rm i}={\rm i}k\sum_{n=0}^{\infty}(2n+1)\,{\rm P}_n\left(-\cos\theta_1\right){\rm j}_n\left(kr\right){\rm h}_n^{(1)}\left(kr_0\right)$$

代入刚性边界条件 $\partial\left(\phi_{\rm s}+\phi_{\rm i}\right)/\partial r|_{r=a}=0$，考虑到 ${\rm P}_n\left(-\cos\theta_1\right)=(-1)^n\,{\rm P}_n\left(\cos\theta_1\right)$，解出散射系数

$$b_n=-\left(-1\right)^n\frac{{\rm j}_n'\left(x\right){\rm h}_n^{(1)}\left(kr_0\right)}{{\rm h}_n^{(1)\prime}\left(x\right)}\tag{2.2.40}$$

最终得到散射波势函数

$$\phi_{\rm s}\left(r,r_0,\theta_1\right)=-{\rm i}k\sum_{n=0}^{\infty}(2n+1)\left(-1\right)^n\frac{{\rm j}_n'\left(x\right)}{{\rm h}_n^{(1)\prime}\left(x\right)}{\rm h}_n^{(1)}\left(kr_0\right){\rm h}_n^{(1)}\left(kr\right){\rm P}_n\left(\cos\theta_1\right)\tag{2.2.41}$$

因子 ${\rm h}_n^{(1)}\left(kr_0\right)$ 和 ${\rm h}_n^{(1)}\left(kr\right)$ 分别反映入射波和散射波的球面衰减特性。反向散射时 $\theta_1=\pi$，得到

$$\phi_{\rm s}\left(r,r_0,\pi\right)=-{\rm i}k\sum_{n=0}^{\infty}(2n+1)\frac{{\rm j}_n'\left(x\right)}{{\rm h}_n^{(1)\prime}\left(x\right)}{\rm h}_n^{(1)}\left(kr_0\right){\rm h}_n^{(1)}\left(kr\right)\tag{2.2.42}$$

若收–发合置，$r=r_0$，进一步简化为

$$\phi_{\rm s}\left(r,\pi\right)=-{\rm i}k\sum_{n=0}^{\infty}(2n+1)\frac{{\rm j}_n'\left(x\right)}{{\rm h}_n^{(1)\prime}\left(x\right)}\left[{\rm h}_n^{(1)}\left(kr\right)\right]^2\tag{2.2.43}$$

球面波的散射声压与发射和接收距离都有关，因此无法按 (2.2.16) 和 (2.2.17) 式定义形态函数，但可以按 (1.2.22) 式定义回声强度 ${\rm ES}=10\lg\left(r^2|\phi_{\rm s}|^2\Big/|\phi_{\rm i}|^2\right)$。取 $\phi_{\rm i}={\rm e}^{{\rm i}kr}/r$ 得到

$${\rm ES}=10\lg\left(r^2\frac{k^2}{\left|{\rm e}^{{\rm i}kr}/r\right|^2}\left|\sum_{n=0}^{\infty}(2n+1)\frac{{\rm j}_n'\left(x\right)}{{\rm h}_n^{(1)\prime}\left(x\right)}\left[{\rm h}_n^{(1)}\left(kr\right)\right]^2\right|^2\right)\tag{2.2.44}$$

远距离处利用 ${\rm h}_n^{(1)}\left(kr\right)$ 的渐近展开式 (2.2.15) 得到

$${\rm ES}\xrightarrow[kr\gg1]{}10\lg\left|\frac{1}{k}\sum_{n=0}^{\infty}(2n+1)\frac{{\rm j}_n'\left(x\right)}{{\rm h}_n^{(1)\prime}\left(x\right)}\left(-1\right)^n\right|^2\tag{2.2.45}$$

等于平面波从刚性球反向散射的目标强度 (2.2.18)。因此，球面波的散射在远距离处趋于平面波的散射，因为当距离足够远时入射到目标上的球面波波阵面趋于平面，球面波入射与平面波入射没有区别。

4. 柱面波从无限长圆柱的散射 [7]

还有一种能够获得严格解的情况是柱面波垂直入射到无限长圆柱的散射。取坐标系如图 2.2.7 所示，入射柱面波和无限长圆柱的轴都垂直于纸面，轴心分别是 O' 和 O。显然这是二维问题。设入射柱面波是

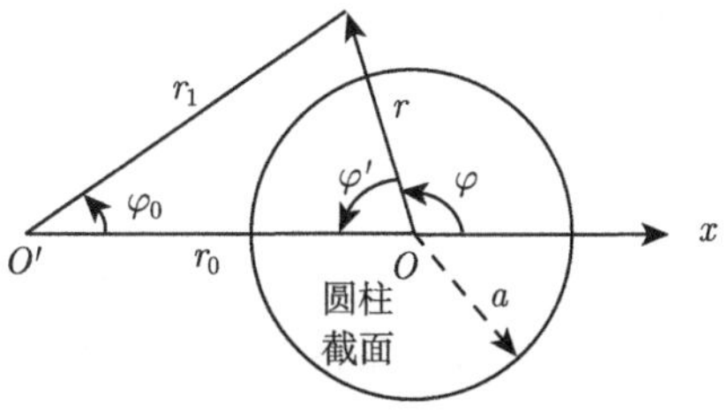

图 2.2.7 柱面波从无限长圆柱散射

$$\phi_{\rm i}\left(r_1,\varphi_0\right)=\sum_{n=-\infty}^{\infty}A_n{\rm H}_n^{(1)}\left(kr_1\right){\rm e}^{{\rm i}n\varphi_0} \tag{2.2.46}$$

散射柱面波可以一般地表示为

$$\phi_{\rm s}\left(r,\varphi'\right)=\sum_{n=-\infty}^{\infty}B_n{\rm H}_n^{(1)}\left(kr\right){\rm e}^{{\rm i}n\varphi'} \tag{2.2.47}$$

这是以圆柱坐标 (r,φ') 表示的解。为了利用 $r=a$ 处的边界条件计算散射声场，必须将轴心为 O' 的坐标系 (r_1,φ_0) 中的入射波转换成轴心为 O 的坐标系 (r,φ') 或 (r,φ) 中的形式，这可以应用圆柱函数的加法定理。对于图 2.2.7 中 r_1,r_0,r 三条边组成的三角形，有三角关系 $r_1=\sqrt{r_0^2+r^2-2rr_0\cos\varphi'}$，加法定理给出

$$
{\rm e}^{{\rm i}n\varphi_0}\mathcal{Z}_n\left(kr_1\right)=\sum_{m=-\infty}^{\infty}{\rm e}^{{\rm i}m\varphi'}\left\{\begin{array}{ll}{\rm J}_m\left(kr\right)\mathcal{Z}_{m+n}\left(kr_0\right), & r<r_0\\ \mathcal{Z}_m\left(kr_0\right){\rm J}_{m+n}\left(kr\right), & r>r_0\end{array}\right. \tag{2.2.48}
$$

其中，$\mathcal{Z}_n\left(\cdot\right)$ 是任意一类柱函数。利用加法定理可以将入射波表示成

$$\phi_{\rm i}\left(r,\varphi'\right)=\sum_{n=-\infty}^{\infty}A_n{\rm H}_n^{(1)}\left(kr_1\right){\rm e}^{{\rm i}n\varphi_0}=\sum_{n=-\infty}^{\infty}A_n\sum_{m=-\infty}^{\infty}{\rm J}_m\left(kr\right){\rm H}_{m+n}^{(1)}\left(kr_0\right){\rm e}^{{\rm i}m\varphi'} \tag{2.2.49}$$

将脚标 m 和 n 互换得到

$$\phi_{\rm i}\left(r,\varphi'\right)=\sum_{n=-\infty}^{\infty}{\rm J}_n\left(kr\right){\rm e}^{{\rm i}n\varphi'}\sum_{m=-\infty}^{\infty}A_m{\rm H}_{m+n}^{(1)}\left(kr_0\right) \tag{2.2.50}$$

对于刚性圆柱，由边界条件 $\partial\left(\phi_{\rm s}+\phi_{\rm i}\right)/\partial r|_{r=a}=0$ 求出系数

$$B_n=-\frac{{\rm J}_n'\left(x\right)}{{\rm H}_n^{(1)\prime}\left(x\right)}\sum_{m=-\infty}^{\infty}A_m{\rm H}_{m+n}^{(1)}\left(kr_0\right) \tag{2.2.51}$$

最终得到散射场

$$\phi_{\rm s}\left(r,\varphi'\right)=-\sum_{n=-\infty}^{\infty}\frac{{\rm J}_n'\left(x\right)}{{\rm H}_n^{(1)\prime}\left(x\right)}{\rm H}_n^{(1)}\left(kr\right){\rm e}^{{\rm i}n\varphi'}\sum_{m=-\infty}^{\infty}A_m{\rm H}_{m+n}^{(1)}\left(kr_0\right) \tag{2.2.52}$$

这个公式也可以改写成用 φ 表示的形式，由 $\varphi' = \pi - \varphi$，将脚标 n 换成 $-n$，利用对任意整数 n 的柱函数成立的关系式 $\mathcal{Z}_{-n}(z) = (-1)^n \mathcal{Z}_n(z)$，得到

$$\phi_{\mathrm{s}}(r,\varphi) = -\sum_{n=-\infty}^{\infty} \frac{\mathrm{J}_n'(x)}{\mathrm{H}_n^{(1)\prime}(x)} \mathrm{H}_n^{(1)}(kr)\,\mathrm{e}^{\mathrm{i}n\varphi} \sum_{m=-\infty}^{\infty} A_m \mathrm{H}_{m-n}^{(1)}(kr_0) \tag{2.2.53}$$

类似地可以得到软柱、阻抗柱的散射声场。

假设入射波是线源辐射的均匀柱面波，$\phi_{\mathrm{i}} = A_0 \mathrm{H}_0^{(1)}(kr_0)$，得到

$$\phi_{\mathrm{s}}(r,\varphi') = -A_0 \sum_{n=0}^{\infty} \varepsilon_n \frac{\mathrm{J}_n'(x)}{\mathrm{H}_n^{(1)\prime}(x)} \mathrm{H}_n^{(1)}(kr)\mathrm{H}_n^{(1)}(kr_0)\cos n\varphi' \tag{2.2.54}$$

或

$$\phi_{\mathrm{s}}(r,\varphi) = -A_0 \sum_{n=0}^{\infty} \varepsilon_n (-1)^n \frac{\mathrm{J}_n'(x)}{\mathrm{H}_n^{(1)\prime}(x)} \mathrm{H}_n^{(1)}(kr)\mathrm{H}_n^{(1)}(kr_0)\cos n\varphi \tag{2.2.55}$$

当 $kr_0 \gg 1$ 时，利用渐近展开式 (2.2.30) 得到

$$\phi_{\mathrm{s}}(r,\varphi) = -A_0' \sum_{n=0}^{\infty} \varepsilon_n \mathrm{i}^n \frac{\mathrm{J}_n'(x)}{\mathrm{H}_n^{(1)\prime}(x)} \mathrm{H}_n^{(1)}(kr)\cos n\varphi \tag{2.2.56}$$

与平面波从无限长刚性圆柱散射的公式相同，只不过入射波的幅值不是 1 而是 $A_0' = A_0\sqrt{2/(\pi kr_0)}\mathrm{e}^{\mathrm{i}(kr_0-\pi/4)}$。与球面波从球的散射情况类似，当入射波的距离足够远时都趋于平面波的散射，因为无论入射波原来的波阵面是什么形状，远距离上局部波阵面都趋于平面。

归纳图 2.2.2 和图 2.2.4 可以看出，刚性球和无限长圆柱的散射把整个无因次频率 ka 分成几个区域。

(1) 低频 Rayleigh 区，$0 < ka < 1$ 或 $a/\lambda < 0.16$。

当散射体尺寸远小于声波长时，从球散射场的 Rayleigh 简正级数解取 $ka \ll 1$ 时的零阶和一阶分量得到散射声强度的近似解

$$I_{\mathrm{s}}(r,\theta) = \frac{k^4a^6}{9}\left(1 - \frac{3}{2}\cos\theta\right)^2 \frac{I_{\mathrm{i}}}{r^2} \tag{2.2.57}$$

按定义，反向散射 $(\theta = \pi)$ 截面

$$\sigma_{\mathrm{s}} = 25\pi\frac{k^4a^6}{9} = 25\pi^3\frac{V_0^2}{\lambda^4} \quad 或 \quad \frac{\sigma_{\mathrm{s}}}{\pi a^2} = \frac{25}{9}(ka)^4 \tag{2.2.58}$$

其中，$V_0 = \dfrac{4}{3}\pi a^3$ 是散射球的体积。因此，在 Rayleigh 区，目标的反向散射截面与频率的四次方成正比或与波长的四次方成反比，所以图 2.2.2 中低端近似为与 $(ka)^4$ 成正比的直线。Rayleigh 区散射的另一个重要的特点是，反向散射截面基本上与

散射体的形状无关，只依赖于体积。因此，Rayleigh 区的目标强度计算没有原则性困难。

(2) 谐振区，$1 < ka < 2\pi$ 或 $0.16 < a/\lambda < 1.0$。

在这个区域中，由于各散射场分量之间的干涉作用，散射截面随频率迅速变化。σ_s 的计算非常困难，原则上必须通过波动方程的严格解，如简正级数解 (规则形状) 或积分方程解 (非规则形状)，来计算，至今无普适的近似方法。

(3) 几何光学区，$ka > 2\pi$ 或 $a/\lambda > 1.0$。

一般说来，对于刚性目标，当目标尺寸远大于波长时散射截面趋于常数，这就是光学区的高频极限。在光学区，光 (声) 线的概念成立，因此导出了物理光 (声) 学方法，又称 Kirchhoff 近似。这是雷达中计算 RCS 和声呐中计算 TS 的最基本方法，将在第 3 章中讨论。

这里所讨论的问题与雷达散射截面 RCS 计算中遇到的问题类似。在雷达技术中同样将频率分为三个区域 (具体的区分界限不是绝对的)，并且研究了三个区域中 RCS 估计的方法。雷达技术已经指出，谐振区中 RCS 的估计是最困难的。

2.3 声散射的 Helmholtz 积分公式和表面积分方程

声场由满足波动方程和边界条件的解描述。对于规则形状的表面，Helmholtz 方程的解可以用分离变量法表示成简正级数。对于任意形状的表面，分离变量法不适用，波动方程的解用 Kirchhoff 解法表示成表面积分的形式，这就是波动方程解的 Kirchhoff 积分公式，在单频情况下又称 Helmholtz 积分公式。在数学上，Helmholtz 积分公式从微分形式的波动方程导出，并被证明是唯一解。而在物理上，Helmholtz 积分公式表示波传播的 Huygens 原理。波的运动能够从一个波阵面推演出下一个波阵面，但是 Helmholtz 表面积分公式只能从表面上已知的声学量 —— 声压和振速预报表面以外其他点的声学量，不能建立表面上声学量之间的联系。实际上对于一个给定表面，它在声介质中的辐射特性是恒定的，因此表面上的声压和振速之间存在确定的关系。后面将会看到，这个关系可以用辐射声阻抗来表示。为了建立这种关系就要考察当外部场点趋近到表面上时的极限情况，结果得到表面上满足的积分方程，可以将其称为表面积分方程，以表示与表面积分公式的区别。

在声学教科书中一般都导出了辐射问题的 Helmholtz 积分公式，但是较少推导散射问题的 Helmholtz 积分公式，一般也没有深入讨论表面积分方程。而表面积分方程是应用边界元方法 (BEM) 解辐射和散射问题的基础。随着数值计算技术的快速发展，边界元方法能够计算任意表面形状的辐射和散射问题的优点越来越突出。表面积分方程是数学物理方程关于单层和双层势理论的结果，这里参照文献 [7] 采用比较简明的方法详细推导散射声场的 Helmholtz 积分公式和表面积分方程。

首先推导辐射声场的 Helmholtz 积分公式。如图 2.3.1 所示，设已知 S 面上的 ϕ 和 $\partial\phi/\partial n$，求 S 面外空间点 $\boldsymbol{r}$ 的声场，$\boldsymbol{n}$ 是表面外法线。S 面可以是实际声源的振动面，也可以是空间任何一个封闭面。取一个半径趋于无限大的面 S_∞，将 S 面和场点 $\boldsymbol{r}$ 包围起来。在所包围的空间体积 V 内不存在声源，所以声场 $\phi(\boldsymbol{r})$ 满足微分形式 Helmholtz 方程

$$\nabla^2\phi(\boldsymbol{r}) + k^2\phi(\boldsymbol{r}) = 0 \tag{2.3.1}$$

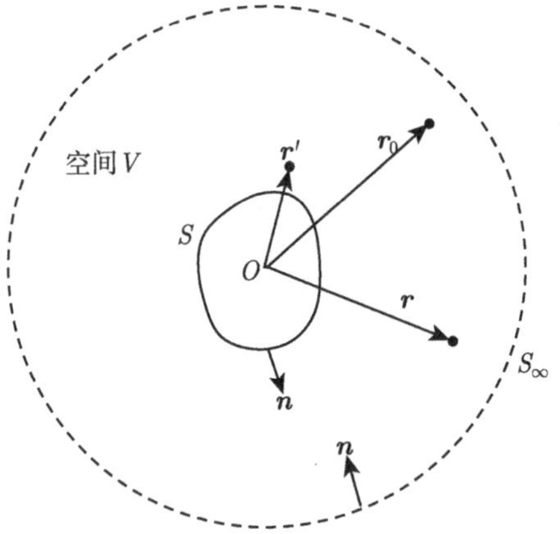

图 2.3.1　辐射和散射 Helmholtz 积分公式推导

为叙述清楚起见，另外引入积分动点 $\boldsymbol{r}'$，$\phi(\boldsymbol{r}')$ 也满足方程

$$\nabla^2\phi(\boldsymbol{r}') + k^2\phi(\boldsymbol{r}') = 0 \tag{2.3.1a}$$

定义一个辅助函数 ——Green 函数 $G(\boldsymbol{r},\boldsymbol{r}')$, 满足方程

$$\left(\nabla^2 + k^2\right)G(\boldsymbol{r},\boldsymbol{r}') = -4\pi\delta(\boldsymbol{r}-\boldsymbol{r}') \tag{2.3.2}$$

$\delta(\boldsymbol{r}-\boldsymbol{r}')$ 是 Dirac δ 函数，是数学物理中专门描述点电荷、点声源和集中点力的函数，这是一个集中在 $\boldsymbol{r}=\boldsymbol{r}'$ 点的奇异函数。对于任意一个在 $\boldsymbol{r}=\boldsymbol{r}'$ 点连续的函数 $f(\boldsymbol{r})$，若积分体积 V 中包含 $\boldsymbol{r}'$，则有

$$\int_V f(\boldsymbol{r})\,\delta(\boldsymbol{r}-\boldsymbol{r}')\,\mathrm{d}\boldsymbol{r} = f(\boldsymbol{r}')$$
$$\int_V f(\boldsymbol{r})\,\delta'(\boldsymbol{r}-\boldsymbol{r}')\,\mathrm{d}\boldsymbol{r} = -f'(\boldsymbol{r}')$$

最后一式中 δ' 是 δ 函数对宗量的导数。若积分体积 V 中不包含 $\boldsymbol{r}'$，δ 函数不起作用，两个积分均为 0。δ 函数的详细性质可参看数学物理方法的书。在无界空间中 Green 函数是

$$G(\boldsymbol{r},\boldsymbol{r}') = \mathrm{e}^{\mathrm{i}kR}/R, \quad R = |\boldsymbol{r}-\boldsymbol{r}'| \tag{2.3.3}$$

用 $G(\boldsymbol{r},\boldsymbol{r}')$ 乘 (2.3.1a) 式，$\phi(\boldsymbol{r})$ 乘 (2.3.2) 式并相减得到

$$G(\boldsymbol{r},\boldsymbol{r}')\nabla^2\phi(\boldsymbol{r}')-\phi(\boldsymbol{r}')\nabla^2 G(\boldsymbol{r},\boldsymbol{r}')=4\pi\phi(\boldsymbol{r}')\delta(\boldsymbol{r}-\boldsymbol{r}')$$

两边对 $\boldsymbol{r}'$ 积分，积分区域 V 由无限大表面 S_∞ 和散射体表面 S 围成。左边利用 Green 公式得到

$$\begin{aligned}&\int_V\left[G(\boldsymbol{r},\boldsymbol{r}')\nabla^2\phi(\boldsymbol{r}')-\phi(\boldsymbol{r}')\nabla^2 G(\boldsymbol{r},\boldsymbol{r}')\right]\mathrm{d}\boldsymbol{r}'\\&=-\int_{S+S_\infty}\left[G(\boldsymbol{r},\boldsymbol{r}')\frac{\partial\phi(\boldsymbol{r}')}{\partial n}-\phi(\boldsymbol{r}')\frac{\partial G(\boldsymbol{r},\boldsymbol{r}')}{\partial n}\right]\mathrm{d}S\end{aligned}$$

右边的负号是因为 $\boldsymbol{n}$ 相对于 $S+S_\infty$ 是内法线。对于包含 δ 函数的体积分，只有当 $\boldsymbol{r}'$ 处在 S 面外，即积分区域 V 中时 δ 函数才起作用，得到

$$\int_V\phi(\boldsymbol{r}')\delta(\boldsymbol{r}-\boldsymbol{r}')\mathrm{d}\boldsymbol{r}'=\begin{cases}\phi(\boldsymbol{r}), & \boldsymbol{r}\text{ 在 }S\text{ 面外}\\0, & \boldsymbol{r}\text{ 在 }S\text{ 面内}\end{cases}\tag{2.3.4}$$

由于波的无限远辐射条件，无限大球面 S_∞ 上的积分为 0，只剩 S 面上的积分。为避免混淆将 S 面上的 $\boldsymbol{r}$ 写成 $\boldsymbol{r}_\mathrm{s}$，得到辐射声场满足的 Helmholtz 积分公式

$$\int_S\left[\phi(\boldsymbol{r}_\mathrm{s})\frac{\partial G(\boldsymbol{r},\boldsymbol{r}_\mathrm{s})}{\partial n}-G(\boldsymbol{r},\boldsymbol{r}_\mathrm{s})\frac{\partial\phi(\boldsymbol{r}_\mathrm{s})}{\partial n}\right]\mathrm{d}S=\begin{cases}4\pi\phi(\boldsymbol{r}), & \boldsymbol{r}\text{ 在 }S\text{ 面外}\\0, & \boldsymbol{r}\text{ 在 }S\text{ 面内}\end{cases}\tag{2.3.5}$$

此公式的物理意义是，空间中任意一点的声场都是由 S 面上的次级声源发出的元波在该点贡献叠加而成的，元波由两部分组成，一部分是脉动 (单极子) 源，以点源球面波 $\mathrm{e}^{\mathrm{i}kR}/R$ 的形式辐射，源强度是 $-(\partial\phi/\partial n)\,\mathrm{d}S$；第二部分是偶极子源，以点偶极子 $\partial\left(\mathrm{e}^{\mathrm{i}kR}/R\right)/\partial n$ 的形式辐射，偶极矩是 $\phi\mathrm{d}S$，偶极子方向指向表面的法线方向。数学上脉动源产生的势称为单层势，偶极子源产生的势称为双层势。从推导过程可以看到，表面 S 并不一定是实际辐射表面，它可以是包围物体的任何虚拟表面。Helmholtz 积分公式反映了声波从一个表面向另一个表面的传播过程。

在此基础上再来推导散射问题的 Helmholtz 积分公式。仍采用图 2.3.1，只是在点 $\boldsymbol{r}_0$ 处增加一点源，讨论由源点 $\boldsymbol{r}_0$ 发出的声波经 S 面散射后在场点 $\boldsymbol{r}$ 产生的散射场 $\phi_\mathrm{s}(\boldsymbol{r}_0,\boldsymbol{r})$。由点源产生的入射场 $\phi_\mathrm{i}(\boldsymbol{r}_0,\boldsymbol{r})$、$S$ 面的散射场 $\phi_\mathrm{s}(\boldsymbol{r}_0,\boldsymbol{r})$ 和总声场 $\phi=\phi_\mathrm{i}+\phi_\mathrm{s}$ 分别满足下面的 Helmholtz 方程：

$$(\nabla^2+k^2)\begin{Bmatrix}\phi_\mathrm{i}(\boldsymbol{r}_0,\boldsymbol{r})\\\phi_\mathrm{s}(\boldsymbol{r}_0,\boldsymbol{r})\\\phi(\boldsymbol{r}_0,\boldsymbol{r})\end{Bmatrix}=\begin{Bmatrix}-4\pi\delta(\boldsymbol{r}-\boldsymbol{r}_0)\\0\\-4\pi\delta(\boldsymbol{r}-\boldsymbol{r}_0)\end{Bmatrix}\tag{2.3.6}$$

和 S 面上的边界条件及无限远辐射条件。下面的推导中让源点 $\boldsymbol{r}_0$ 总是处在 S 面外，而场点 $\boldsymbol{r}$ 可以处在 S 面外 (空间 V 中) 或 S 面内 (空间 V 外)，也可以处在

S 面上，如图 2.3.1 所示。同样引入积分动点 $\boldsymbol{r}'$ 和满足 (2.3.2) 式的 Green 函数 $G(\boldsymbol{r},\boldsymbol{r}')$，这里的 Green 函数就是不存在散射面时的入射波。

先看散射声场 ϕ_{s} 满足的积分公式。取方程 (2.3.6) 中间一式的改写形式

$$\left(\nabla^2+k^2\right)\phi_{\mathrm{s}}(\boldsymbol{r}_0,\boldsymbol{r}')=0 \tag{2.3.6a}$$

用 $G(\boldsymbol{r},\boldsymbol{r}')$ 乘 (2.3.6a) 式，$\phi_{\mathrm{s}}(\boldsymbol{r}_0,\boldsymbol{r}')$ 乘 (2.3.2) 式并相减得到

$$G(\boldsymbol{r},\boldsymbol{r}')\nabla^2\phi_{\mathrm{s}}(\boldsymbol{r}_0,\boldsymbol{r}')-\phi_{\mathrm{s}}(\boldsymbol{r}_0,\boldsymbol{r}')\nabla^2 G(\boldsymbol{r},\boldsymbol{r}')=4\pi\phi_{\mathrm{s}}(\boldsymbol{r}_0,\boldsymbol{r}')\delta(\boldsymbol{r}-\boldsymbol{r}')$$

两边对 $\boldsymbol{r}'$ 积分，左边利用 Green 公式将体积分变成 $S+S_\infty$ 面的积分并略去无限大球面 S_∞ 上的积分。右边的体积分考虑 δ 函数的作用，得到散射声场满足的 Helmholtz 积分公式

$$\int_S\left[\phi_{\mathrm{s}}(\boldsymbol{r}_0,\boldsymbol{r}_{\mathrm{s}})\frac{\partial G(\boldsymbol{r},\boldsymbol{r}_{\mathrm{s}})}{\partial n}-G(\boldsymbol{r},\boldsymbol{r}_{\mathrm{s}})\frac{\partial\phi_{\mathrm{s}}(\boldsymbol{r}_0,\boldsymbol{r}_{\mathrm{s}})}{\partial n}\right]\mathrm{d}S=\begin{cases}4\pi\phi_{\mathrm{s}}(\boldsymbol{r}_0,\boldsymbol{r}), & \boldsymbol{r}\text{ 在 }S\text{ 面外}\\ 0, & \boldsymbol{r}\text{ 在 }S\text{ 面内}\end{cases} \tag{2.3.7}$$

此公式与辐射声场的 Helmholtz 积分公式十分相像，因此物理意义也是相似的。空间中任意一点的散射声场都是由 S 面上的次级声源发出的元波在该点贡献叠加而成的，现在脉动源的强度是 $-(\partial\phi_{\mathrm{s}}/\partial n)\,\mathrm{d}S$，偶极子源的强度是 $\phi_{\mathrm{s}}\mathrm{d}S$。

再讨论入射声场，取入射声场满足的方程

$$\left(\nabla^2+k^2\right)\phi_{\mathrm{i}}(\boldsymbol{r}_0,\boldsymbol{r}')=-4\pi\delta(\boldsymbol{r}_0-\boldsymbol{r}') \tag{2.3.6b}$$

用 $G(\boldsymbol{r},\boldsymbol{r}')$ 乘 (2.3.6b) 式，$\phi_{\mathrm{i}}(\boldsymbol{r}_0,\boldsymbol{r}')$ 乘 (2.3.2) 式并相减得到

$$\begin{aligned}&G(\boldsymbol{r},\boldsymbol{r}')\nabla^2\phi_{\mathrm{i}}(\boldsymbol{r}_0,\boldsymbol{r}')-\phi_{\mathrm{i}}(\boldsymbol{r}_0,\boldsymbol{r}')\nabla^2 G(\boldsymbol{r},\boldsymbol{r}')\\&=4\pi\phi_{\mathrm{i}}(\boldsymbol{r}_0,\boldsymbol{r}')\delta(\boldsymbol{r}-\boldsymbol{r}')-4\pi G(\boldsymbol{r},\boldsymbol{r}')\delta(\boldsymbol{r}_0-\boldsymbol{r}')\end{aligned}$$

两边对 $\boldsymbol{r}'$ 积分，对左边利用 Green 公式得到

$$\begin{aligned}&\int_S\left[\phi_{\mathrm{i}}(\boldsymbol{r}_0,\boldsymbol{r}_{\mathrm{s}})\frac{\partial G(\boldsymbol{r},\boldsymbol{r}_{\mathrm{s}})}{\partial n}-G(\boldsymbol{r},\boldsymbol{r}_{\mathrm{s}})\frac{\partial\phi_{\mathrm{i}}(\boldsymbol{r}_0,\boldsymbol{r}_{\mathrm{s}})}{\partial n}\right]\mathrm{d}S\\&=4\pi\int_V\phi_{\mathrm{i}}(\boldsymbol{r}_0,\boldsymbol{r}')\delta(\boldsymbol{r}-\boldsymbol{r}')\,\mathrm{d}\boldsymbol{r}'-4\pi\int_V G(\boldsymbol{r},\boldsymbol{r}')\delta(\boldsymbol{r}_0-\boldsymbol{r}')\,\mathrm{d}\boldsymbol{r}'\end{aligned}$$

右边的第一项是

$$4\pi\int_V\phi_{\mathrm{i}}(\boldsymbol{r}_0,\boldsymbol{r}')\delta(\boldsymbol{r}-\boldsymbol{r}')\,\mathrm{d}\boldsymbol{r}'=\begin{cases}4\pi\phi_{\mathrm{i}}(\boldsymbol{r}_0,\boldsymbol{r}), & \boldsymbol{r}\text{ 在 }S\text{ 面外}\\ 0, & \boldsymbol{r}\text{ 在 }S\text{ 面内}\end{cases} \tag{2.3.8}$$

而对于右边的第二项，无论 $\boldsymbol{r}$ 处在 S 面外还是面内 $\delta(\boldsymbol{r}_0,\boldsymbol{r}')$ 都起作用，因为 $\boldsymbol{r}_0$ 总在积分区域内。因此总有

$$-4\pi\int_V G(\boldsymbol{r},\boldsymbol{r}')\,\delta(\boldsymbol{r}_0-\boldsymbol{r}')\,\mathrm{d}\boldsymbol{r}'=-4\pi G(\boldsymbol{r},\boldsymbol{r}_0)=-4\pi\phi_{\mathrm{i}}(\boldsymbol{r}_0,\boldsymbol{r}) \tag{2.3.9}$$

结合 (2.3.8)、(2.3.9) 两式得到入射声场满足的 Helmholtz 积分公式

$$\int_S\left[\phi_{\mathrm{i}}(\boldsymbol{r}_0,\boldsymbol{r}_{\mathrm{s}})\frac{\partial G(\boldsymbol{r},\boldsymbol{r}_{\mathrm{s}})}{\partial n}-G(\boldsymbol{r},\boldsymbol{r}_{\mathrm{s}})\frac{\partial\phi_{\mathrm{i}}(\boldsymbol{r}_0,\boldsymbol{r}_{\mathrm{s}})}{\partial n}\right]\mathrm{d}S=\begin{cases}0, & \boldsymbol{r}\text{ 在 }S\text{ 面外}\\ -4\pi\phi_{\mathrm{i}}(\boldsymbol{r}_0,\boldsymbol{r}), & \boldsymbol{r}\text{ 在 }S\text{ 面内}\end{cases} \tag{2.3.10}$$

这个结果反映了入射声场是假设散射体不存在时的场，这时 S 面是一个虚假的面，S 面内也存在场，它可以用表面上的 ϕ_{i} 和 $\partial\phi_{\mathrm{i}}/\partial n$ 描述，负号是因为现在规定的法线是外法线。另一方面，当 $\boldsymbol{r}$ 处在 S 面外时虚假 S 面产生的场应该为 0，空间中的场只有来自声源 $\boldsymbol{r}_0$ 的直达声场。

将散射声场和入射声场的 Helmholtz 积分公式结合在一起，就得到总声场满足的 Helmholtz 积分公式

$$\int_S\left[\phi(\boldsymbol{r}_0,\boldsymbol{r}_{\mathrm{s}})\frac{\partial G(\boldsymbol{r},\boldsymbol{r}_{\mathrm{s}})}{\partial n}-G(\boldsymbol{r},\boldsymbol{r}_{\mathrm{s}})\frac{\partial\phi(\boldsymbol{r}_0,\boldsymbol{r}_{\mathrm{s}})}{\partial n}\right]\mathrm{d}S=\begin{cases}4\pi\phi_{\mathrm{s}}(\boldsymbol{r}_0,\boldsymbol{r}), & \boldsymbol{r}\text{ 在 }S\text{ 面外}\\ -4\pi\phi_{\mathrm{i}}(\boldsymbol{r}_0,\boldsymbol{r}), & \boldsymbol{r}\text{ 在 }S\text{ 面内}\end{cases} \tag{2.3.11}$$

上面的第一式又常写成

$$\phi(\boldsymbol{r}_0,\boldsymbol{r})=\phi_{\mathrm{i}}(\boldsymbol{r}_0,\boldsymbol{r})+\frac{1}{4\pi}\int_S\left[\phi(\boldsymbol{r}_0,\boldsymbol{r}_{\mathrm{s}})\frac{\partial G(\boldsymbol{r},\boldsymbol{r}_{\mathrm{s}})}{\partial n}-G(\boldsymbol{r},\boldsymbol{r}_{\mathrm{s}})\frac{\partial\phi(\boldsymbol{r}_0,\boldsymbol{r}_{\mathrm{s}})}{\partial n}\right]\mathrm{d}S \tag{2.3.12}$$

根据上面的积分公式，只要同时已知表面上的 ϕ(对应声压) 和 $\partial\phi/\partial n$(对应法向振速) 或 ϕ_{s} 和 $\partial\phi_{\mathrm{s}}/\partial n$ 就可以计算表面外任意一点的声场，只需要进行面积分运算。因此这是计算任意形状表面声辐射和散射的基本公式，前提是要通过某种途径同时提供表面上的 ϕ 和 $\partial\phi/\partial n$。

下面进一步推导 Helmholtz 表面积分方程。这是当 $\boldsymbol{r}$ 处在 S 面上时所满足的方程。用 Helmholtz 积分公式计算散射声场必须同时给出表面上的 ϕ 和 $\partial\phi/\partial n$，然而在许多实际问题中，通常只已知入射到散射体表面的声压。因此，首先要根据这个已知条件求解表面上的 ϕ_{s} 和 $\partial\phi_{\mathrm{s}}/\partial n$，这就导致散射问题的表面积分方程。上面在推导 Helmholtz 积分公式时并没有允许 $\boldsymbol{r}$ 处在 S 面上，因为当 $\boldsymbol{r}$ 处在 S 面上时面积分在 $\boldsymbol{r}\to\boldsymbol{r}_{\mathrm{s}}$ 时产生奇异性，需要专门计算积分主值。

分别考虑散射场 ϕ_{s} 和入射场 ϕ_{i}。考察当场点 $\boldsymbol{r}$ 从外部趋向于表面 S 上的 $\boldsymbol{r}_{\mathrm{s}}$ 时，散射场的表面积分

$$\int_S\left[\phi_{\mathrm{s}}(\boldsymbol{r}_0,\boldsymbol{r}_{\mathrm{s}})\frac{\partial}{\partial n}\left(\frac{\mathrm{e}^{\mathrm{i}kR}}{R}\right)-\frac{\mathrm{e}^{\mathrm{i}kR}}{R}\frac{\partial\phi_{\mathrm{s}}(\boldsymbol{r}_0,\boldsymbol{r}_{\mathrm{s}})}{\partial n}\right]\mathrm{d}S$$

的值。当场点 $\boldsymbol{r}$ 趋于表面 S 上的 $\boldsymbol{r}_\mathrm{s}$ 时，Green 函数中的 $R=|\boldsymbol{r}-\boldsymbol{r}_\mathrm{s}|\to 0$，积分存在奇异性，要计算主值。将积分面上邻近 $\boldsymbol{r}$ 的小面元 ΔS 分离出来，面积分区域分成 S_0 和 ΔS 两部分。在大部分区域 S_0 中积分无奇异性，且当 $\Delta S\to 0$ 时 $S_0\to S$。在小区域 ΔS 中积分的第二项趋于 0，实际上无奇异性。因为当 $R\to 0$ 时 $\mathrm{d}S$ 以 $R^2\to 0$。奇异性发生在 ΔS 积分的第一项

$$\int_{\Delta S}\phi_\mathrm{s}(\boldsymbol{r}_0,\boldsymbol{r}_\mathrm{s})\frac{\partial}{\partial n}\left(\frac{\mathrm{e}^{\mathrm{i}kR}}{R}\right)\mathrm{d}S$$

当 $R\to 0$ 时可以令指数上的 $R=0$。只需考虑

$$\int_{\Delta S}\phi_\mathrm{s}(\boldsymbol{r}_0,\boldsymbol{r}_\mathrm{s})\frac{\partial}{\partial n}\left(\frac{1}{R}\right)\mathrm{d}S$$

当 $R\to 0$ 时的奇异性。图 2.3.2 画出奇异积分的几何关系。由图 2.3.2(a) 可知，对于凸光滑表面，$\boldsymbol{r}$ 在 S 面外时法线与直线 R 的夹角是锐角

$$\frac{\partial}{\partial n}\left(\frac{1}{R}\right)\mathrm{d}S=-\frac{1}{R^2}\frac{\partial R}{\partial n}\mathrm{d}S=\frac{\cos\theta\mathrm{d}S}{R^2}=\mathrm{d}\Omega \tag{2.3.13}$$

$\mathrm{d}\Omega$ 是面元 $\mathrm{d}S$ 所对应的立体角，这里 $\partial R/\partial n=-\cos\theta$。因此有

$$\lim_{\Delta S\to 0}\int_{\Delta S}\phi_\mathrm{s}(\boldsymbol{r}_0,\boldsymbol{r}_\mathrm{s})\frac{\partial}{\partial n}\left(\frac{1}{R}\right)\mathrm{d}S=\Omega\phi_\mathrm{s}(\boldsymbol{r}_0,\boldsymbol{r}) \tag{2.3.14}$$

其中

$$\Omega=\lim_{\Delta S\to 0}\int_{\Delta S}\frac{\partial}{\partial n}\left(\frac{1}{R}\right)\mathrm{d}S=\lim_{\Delta S\to 0}\int_{\Delta S}\mathrm{d}\Omega \tag{2.3.15}$$

是从 S 面外趋于表面时的立体角，对于凸光滑表面 $\Omega=2\pi$。如果表面上存在向外突出的尖角 Λ，$\Omega=4\pi-\Lambda$，如图 2.3.2(b) 所示。利用这个结果得到表面积分的主值

$$\lim_{R\to 0}\int_S=\int_S+\Omega\phi_\mathrm{s}(\boldsymbol{r}_0,\boldsymbol{r}) \tag{2.3.16}$$

从 (2.3.7) 式出发让场点 $\boldsymbol{r}$ 从外部趋向表面 S，利用 (2.3.16) 式得到

$$\int_S\left[\phi_\mathrm{s}(\boldsymbol{r}_0,\boldsymbol{r}_\mathrm{s})\frac{\partial G(\boldsymbol{r},\boldsymbol{r}_\mathrm{s})}{\partial n}-G(\boldsymbol{r},\boldsymbol{r}_\mathrm{s})\frac{\partial\phi_\mathrm{s}(\boldsymbol{r}_0,\boldsymbol{r}_\mathrm{s})}{\partial n}\right]\mathrm{d}S+\Omega\phi_\mathrm{s}(\boldsymbol{r}_0,\boldsymbol{r})=4\pi\phi_\mathrm{s}(\boldsymbol{r}_0,\boldsymbol{r}) \tag{2.3.17}$$

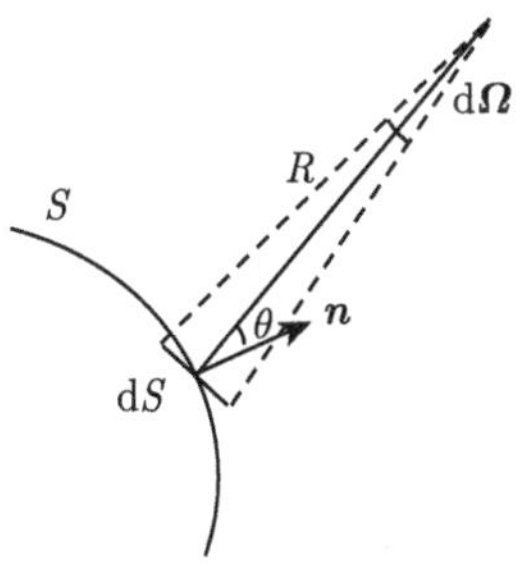

(a)凸光滑表面

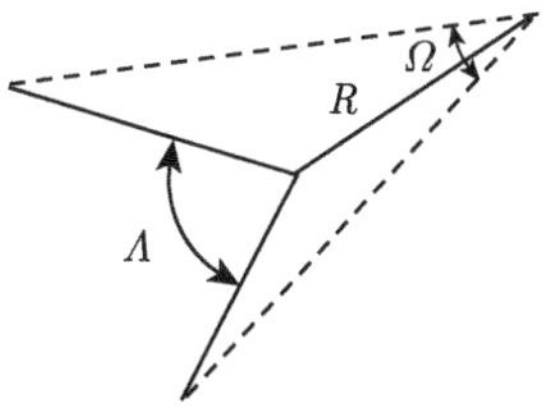

(b)表面向外突出尖角

图 2.3.2 奇异积分几何关系

或一般地写成：当 $\boldsymbol{r}$ 在 S 面上时有

$$C_0(\boldsymbol{r})\,\phi_{\mathrm{s}}(\boldsymbol{r}_0,\boldsymbol{r})=\int_S\left[\phi_{\mathrm{s}}(\boldsymbol{r}_0,\boldsymbol{r}_{\mathrm{s}})\frac{\partial G(\boldsymbol{r},\boldsymbol{r}_{\mathrm{s}})}{\partial n}-G(\boldsymbol{r},\boldsymbol{r}_{\mathrm{s}})\frac{\partial\phi_{\mathrm{s}}(\boldsymbol{r}_0,\boldsymbol{r}_{\mathrm{s}})}{\partial n}\right]\mathrm{d}S \tag{2.3.18}$$

其中

$$C_0(\boldsymbol{r})=\begin{cases}2\pi, & \text{凸光滑表面}\\ \Lambda, & \text{向外突出尖角 } \Lambda\\ 4\pi-\displaystyle\int_S\frac{\partial}{\partial n}\left(\frac{1}{R}\right)\mathrm{d}S, & \text{任意表面}\end{cases} \tag{2.3.19}$$

奇异积分本来是在 $R\to 0$ 的小邻域 ΔS 中进行的，现在扩展到整个表面 S，因为离开奇异点被积函数正比于 R^{-2}，所以奇异点以外区域对积分的贡献为 0。

对凸光滑表面，结合前面的 (2.3.7) 式得到散射场的完整表示式

$$\int_S\left[\phi_{\mathrm{s}}(\boldsymbol{r}_0,\boldsymbol{r}_{\mathrm{s}})\frac{\partial G(\boldsymbol{r},\boldsymbol{r}_{\mathrm{s}})}{\partial n}-G(\boldsymbol{r},\boldsymbol{r}_{\mathrm{s}})\frac{\partial\phi_{\mathrm{s}}(\boldsymbol{r}_0,\boldsymbol{r}_{\mathrm{s}})}{\partial n}\right]\mathrm{d}S=\begin{cases}4\pi\phi_{\mathrm{s}}(\boldsymbol{r}_0,\boldsymbol{r}), & \boldsymbol{r}\text{ 在 }S\text{ 面外}\\ 2\pi\phi_{\mathrm{s}}(\boldsymbol{r}_0,\boldsymbol{r}), & \boldsymbol{r}\text{ 在 }S\text{ 面上}\\ 0, & \boldsymbol{r}\text{ 在 }S\text{ 面内}\end{cases} \tag{2.3.20}$$

对于入射场用同样方法求主值并结合 (2.3.11) 式得到

$$\int_S\left[\phi_{\mathrm{i}}(\boldsymbol{r}_0,\boldsymbol{r}_{\mathrm{s}})\frac{\partial G(\boldsymbol{r},\boldsymbol{r}_{\mathrm{s}})}{\partial n}-G(\boldsymbol{r},\boldsymbol{r}_{\mathrm{s}})\frac{\partial\phi_{\mathrm{i}}(\boldsymbol{r}_0,\boldsymbol{r}_{\mathrm{s}})}{\partial n}\right]\mathrm{d}S+\Omega\phi_{\mathrm{i}}(\boldsymbol{r}_0,\boldsymbol{r})=0 \tag{2.3.21}$$

对凸光滑表面，得到

$$\int_S\left[\phi_{\mathrm{i}}(\boldsymbol{r}_0,\boldsymbol{r}_{\mathrm{s}})\frac{\partial G(\boldsymbol{r},\boldsymbol{r}_{\mathrm{s}})}{\partial n}-G(\boldsymbol{r},\boldsymbol{r}_{\mathrm{s}})\frac{\partial\phi_{\mathrm{i}}(\boldsymbol{r}_0,\boldsymbol{r}_{\mathrm{s}})}{\partial n}\right]\mathrm{d}S=-2\pi\phi_{\mathrm{i}}(\boldsymbol{r}_0,\boldsymbol{r}),\quad \boldsymbol{r}\text{ 在 }S\text{ 面上} \tag{2.3.22}$$

入射场在所有区域内的表示式是

$$\int_S \left[\phi_{\mathrm{i}}(\boldsymbol{r}_0,\boldsymbol{r}_{\mathrm{s}}) \frac{\partial G(\boldsymbol{r},\boldsymbol{r}_{\mathrm{s}})}{\partial n} - G(\boldsymbol{r},\boldsymbol{r}_{\mathrm{s}}) \frac{\partial \phi_{\mathrm{i}}(\boldsymbol{r}_0,\boldsymbol{r}_{\mathrm{s}})}{\partial n}\right] \mathrm{d}S = \begin{cases} 0, & \boldsymbol{r}\text{ 在 } S \text{ 面外} \\ -2\pi\phi_{\mathrm{i}}(\boldsymbol{r}_0,\boldsymbol{r}), & \boldsymbol{r}\text{ 在 } S \text{ 面上} \\ -4\pi\phi_{\mathrm{i}}(\boldsymbol{r}_0,\boldsymbol{r}), & \boldsymbol{r}\text{ 在 } S \text{ 面内} \end{cases} \tag{2.3.23}$$

上面的推导说明，Helmholtz 表面积分在 $\boldsymbol{r}$ 穿越表面时发生间断，这是由双层势的积分在表面上的奇异性造成的。

将散射场和入射场满足的 (2.3.20) 和 (2.3.23) 两式结合在一起，得到总声场的表示式

$$\begin{aligned} &\int_S \left[\phi(\boldsymbol{r}_0,\boldsymbol{r}_{\mathrm{s}}) \frac{\partial G(\boldsymbol{r},\boldsymbol{r}_{\mathrm{s}})}{\partial n} - G(\boldsymbol{r},\boldsymbol{r}_{\mathrm{s}}) \frac{\partial \phi(\boldsymbol{r}_0,\boldsymbol{r}_{\mathrm{s}})}{\partial n}\right] \mathrm{d}S \\ &= \begin{cases} 4\pi\phi_{\mathrm{s}}(\boldsymbol{r}_0,\boldsymbol{r}), & \boldsymbol{r}\text{ 在 } S \text{ 面外} \\ 2\pi\phi_{\mathrm{s}}(\boldsymbol{r}_0,\boldsymbol{r}) - 2\pi\phi_{\mathrm{i}}(\boldsymbol{r}_0,\boldsymbol{r}), & \boldsymbol{r}\text{ 在 } S \text{ 面上} \\ -4\pi\phi_{\mathrm{i}}(\boldsymbol{r}_0,\boldsymbol{r}), & \boldsymbol{r}\text{ 在 } S \text{ 面内} \end{cases} \end{aligned} \tag{2.3.24}$$

其中的第二式给出表面上满足的积分方程

$$\phi_{\mathrm{s}}(\boldsymbol{r}_0,\boldsymbol{r}) = \phi_{\mathrm{i}}(\boldsymbol{r}_0,\boldsymbol{r}) + \frac{1}{2\pi}\int_S \left[\phi(\boldsymbol{r}_0,\boldsymbol{r}_{\mathrm{s}}) \frac{\partial G(\boldsymbol{r},\boldsymbol{r}_{\mathrm{s}})}{\partial n} - G(\boldsymbol{r},\boldsymbol{r}_{\mathrm{s}}) \frac{\partial \phi(\boldsymbol{r}_0,\boldsymbol{r}_{\mathrm{s}})}{\partial n}\right] \mathrm{d}S \tag{2.3.25}$$

或

$$\phi(\boldsymbol{r}_0,\boldsymbol{r}) = 2\phi_{\mathrm{i}}(\boldsymbol{r}_0,\boldsymbol{r}) + \frac{1}{2\pi}\int_S \left[\phi(\boldsymbol{r}_0,\boldsymbol{r}_{\mathrm{s}}) \frac{\partial}{\partial n}\left(\frac{\mathrm{e}^{\mathrm{i}kR}}{R}\right) - \frac{\mathrm{e}^{\mathrm{i}kR}}{R} \frac{\partial \phi(\boldsymbol{r}_0,\boldsymbol{r}_{\mathrm{s}})}{\partial n}\right] \mathrm{d}S \tag{2.3.26}$$

此式就是根据表面上的振速 $\partial\phi/\partial n$ 求声压 ϕ (或反之) 的积分方程，其中入射声场 ϕ_{i} 是已知的激励源。根据这个方程求出的 $\partial\phi/\partial n$ 和 ϕ，再利用 Helmholtz 积分公式 (2.3.12) 可以计算空间任意一点的散射场。或者从表面积分方程解出的 $\partial\phi/\partial n$ 和 ϕ 先减去表面上的 $\partial\phi_{\mathrm{i}}/\partial n$ 和 ϕ_{i} 直接得到 $\partial\phi_{\mathrm{s}}/\partial n$ 和 ϕ_{s}，再用表面积分公式计算散射场。这就是边界积分方程方法和边界元法的基础。如果散射体是声波可透入的弹性结构，边界积分方程还要与结构振动方程联立求解。附录 2B 中以刚性球的散射为例证明微分方程解和表面积分公式解的等价性。

Helmholtz 积分公式和表面积分方程在文献中常合成更一般的形式

$$C(\boldsymbol{r})\,\phi(\boldsymbol{r}_0,\boldsymbol{r}) = 4\pi\phi_{\mathrm{i}}(\boldsymbol{r}_0,\boldsymbol{r}) + \int_S \left[\phi(\boldsymbol{r}_0,\boldsymbol{r}_{\mathrm{s}}) \frac{\partial}{\partial n}\left(\frac{\mathrm{e}^{\mathrm{i}kR}}{R}\right) - \frac{\mathrm{e}^{\mathrm{i}kR}}{R} \frac{\partial \phi(\boldsymbol{r}_0,\boldsymbol{r}_{\mathrm{s}})}{\partial n}\right] \mathrm{d}S \tag{2.3.27}$$

$$C(\boldsymbol{r})=\begin{cases}4\pi, & \boldsymbol{r}\text{ 在 } S \text{ 面外}\\ 4\pi-\int\limits_{S}\dfrac{\partial}{\partial n}\left(\dfrac{1}{R}\right)\mathrm{d}S, & \boldsymbol{r}\text{ 在 } S \text{ 面上}\\ 0, & \boldsymbol{r}\text{ 在 } S \text{ 面内}\end{cases}\tag{2.3.28}$$

令 $\phi_{\mathrm{i}}=0$ 就得到辐射问题的 Helmholtz 积分公式和表面积分方程。

在许多实际问题中，空间中除散射体外还存在界面，例如，海底或海面附近目标的散射，海洋波导中目标的散射等。在这些情况下可以导出相应的 Helmholtz 积分公式，将在有关章节讨论。

2.4 目标声散射近场和远场

声学基本理论指出，物体的辐射声场可以分成近场 (Fresnel) 区和远场 (Fraunhofer) 区，在两个区域中声场的性质和分析方法有很大不同。如果把声场看作由源面上不同点辐射的元波的叠加，近场中场点距离和辐射面尺寸可比拟，元波之间的相位差随距离和方位角变化剧烈，干涉图像复杂。在这个区域中声压和振速不同相，声阻抗是复数。在远场区中场点距离远大于辐射面尺寸，元波接近于平行声线传播，元波之间的声程差不随距离变化，使得远场中的干涉图像与距离无关，只与方位角有关，形成稳定的指向性。同时远场中的声压与元波一样随距离按球面波规律衰减，声压和振速同相，声阻抗趋于平面波阻抗。

近场和远场是声场不可分割的两个区域。近场是辐射和散射过程中振动–声耦合、界面上各种波发生相互作用的区域。反映振动–声耦合的辐射阻抗只能在近场中求得，辐射和散射的物理机理也只有通过近场分析才能揭示。远场是工程中比较关心的区域，因为声呐工程中的目标强度 TS 是一个只取决于目标特性而与距离无关的远场声呐参数。所以，针对不同的问题，对近场、远场的关注重点不同。

从散射声场满足的 Helmholtz 表面积分公式 (2.3.7) 看到，散射声场是表面在入射声波激励下产生的再辐射声场。物体辐射时表面上的声源是强度为 $\partial\phi/\partial n$ 的单层势和强度为 ϕ 的双层势，而散射时表面上的再辐射声源是强度为 $\partial\phi_{\mathrm{s}}/\partial n$ 的单层势和强度为 ϕ_{s} 的双层势。由此可见，散射和辐射是本质上相同的物理现象，辐射问题有关近场和远场的概念与规律同样适用于散射问题。

以无限大刚硬障板中的平面辐射器为例讨论声辐射的近场和远场，先不限制辐射面的形状，如图 2.4.1 所示。图中 $\boldsymbol{r}_{\mathrm{s}}$ 是辐射面上源点矢量，其最大值是 a。根据辐射问题的 Helmholtz 表面积分公式 (2.3.5)，已知表面上的源强度 —— 法向振速 $v_{\mathrm{n}}=-\partial\phi/\partial n$ 求辐射声场是典型的 Neumann 边值问题 [7]，只要求出满足条件

$$\partial G/\partial n|_{S}=0\tag{2.4.1}$$

的 Green 函数就可以通过表面积分计算声场

$$\phi(\boldsymbol{r}) = -\frac{1}{4\pi}\int_S G(\boldsymbol{r}, \boldsymbol{r}_\mathrm{s})\frac{\partial\phi(\boldsymbol{r}_\mathrm{s})}{\partial n}\mathrm{d}S \tag{2.4.2}$$

或

$$p(\boldsymbol{r}) = -\frac{\mathrm{i}\omega\rho_0}{4\pi}\int_S G(\boldsymbol{r}, \boldsymbol{r}_\mathrm{s})\,v_\mathrm{n}(\boldsymbol{r}_\mathrm{s})\,\mathrm{d}S \tag{2.4.3}$$

利用点源在无限大刚性平面的镜反射表示式，然后让点源趋于表面就可以导出满足 (2.4.1) 式的 Green 函数

$$G(\boldsymbol{r}, \boldsymbol{r}_\mathrm{s}) = 2\frac{\mathrm{e}^{\mathrm{i}kR}}{R}, \quad R = |\boldsymbol{r} - \boldsymbol{r}_\mathrm{s}| \tag{2.4.4}$$

代入方程 (2.4.3) 得到计算平面辐射声场的 Rayleigh 公式

$$p(\boldsymbol{r}) = -\frac{\mathrm{i}\omega\rho_0}{2\pi}\int_S v_\mathrm{n}(\boldsymbol{r}_\mathrm{s})\frac{\mathrm{e}^{\mathrm{i}kR}}{R}\mathrm{d}S \tag{2.4.5}$$

根据 Rayleigh 公式，声场可以看作分布于平面上的子波辐射的叠加，因为有无限大刚硬障板，子波在半平面内辐射强度是 $\mathrm{e}^{\mathrm{i}kR}/(2\pi R)$。由图 2.4.1，积分公式中 R 与 r, r_s 的几何关系是

$$R^2 = r^2 + r_\mathrm{s}^2 - 2r_\mathrm{s}r\cos\alpha \tag{2.4.6}$$

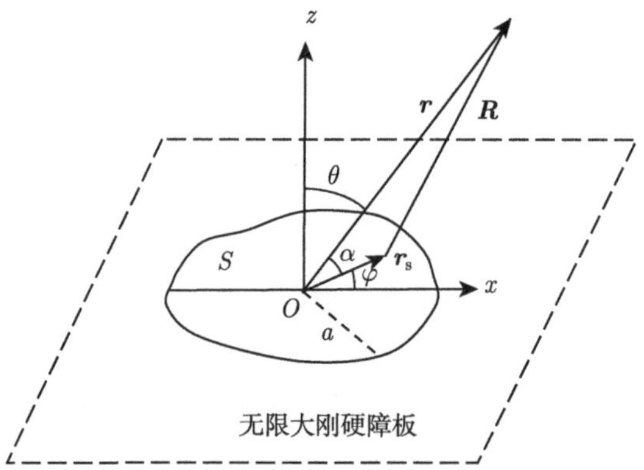

图 2.4.1 刚硬障板中任意形状平面辐射器

α 是中心声线与平面矢量 $\boldsymbol{r}_\mathrm{s}$ 的夹角，中心声线的方向余弦是 $(\sin\theta,\ 0,\ \cos\theta)$，矢量 $\boldsymbol{r}_\mathrm{s}$ 的方向余弦是 $(\cos\varphi,\ \sin\varphi,\ 0)$，两者点乘就得夹角余弦 $\cos\alpha = \sin\theta\cos\varphi$。在声场的不同区域，(2.4.6) 式可以取不同近似。声源附近不太远处，$r \sim R > a$ 时可以取近似

$$R \approx r\left(1 + \frac{r_\mathrm{s}^2}{2r^2} - \frac{r_\mathrm{s}\sin\theta\cos\varphi}{r}\right) \tag{2.4.7}$$

当距离足够远使得 $r \gg a > r_{\mathrm{s}}$ 时，括号中的第 2 项 $r_{\mathrm{s}}^2/r^2 \ll 1$ 可以忽略。只取一阶项得到

$$R \approx r - \boldsymbol{r} \cdot \boldsymbol{r}_{\mathrm{s}}/r = r - r_{\mathrm{s}} \sin\theta \cos\varphi \tag{2.4.8}$$

这个近似相当于假设从辐射面发出的元波接近于平行声线传播。将近似式 (2.4.8) 代入 Rayleigh 公式，再忽略元波幅度因子的差别，在分母中取近似 $R \approx r$ 并移出积分号外，得到足够远距离处的远场声压

$$p(r,\theta) \approx -\frac{\mathrm{i}\omega\rho_0}{2\pi r}\mathrm{e}^{\mathrm{i}kr} V(0)\, D(\theta) \tag{2.4.9}$$

其中

$$D(\theta) = \frac{V(\theta)}{V(0)} \tag{2.4.10}$$

是辐射指向性函数

$$V(\theta) = \int_{\varphi}\int_{r_{\mathrm{s}}} v_{\mathrm{n}}(r_{\mathrm{s}},\varphi)\, \mathrm{e}^{-\mathrm{i}kr_{\mathrm{s}}\sin\theta\cos\varphi} r_{\mathrm{s}} \mathrm{d}\varphi \mathrm{d}r_{\mathrm{s}} \tag{2.4.11}$$

$V(0)$ 是 $\theta = 0$ 时的函数值。在这个方向所有元波同相叠加形成极大值，用来对指向性函数归一化。对于均匀圆面辐射源的特殊情况，$v_{\mathrm{n}}(r_{\mathrm{s}},\varphi)$ 是常数 $\bar{v}_{\mathrm{n}}$，利用积分公式

$$\int_0^{2\pi} \mathrm{e}^{-\mathrm{i}\zeta\cos\varphi}\mathrm{d}\varphi = 2\pi \mathrm{J}_0(\zeta), \quad \int_0^a \mathrm{J}_0(\zeta)\,\zeta\mathrm{d}\zeta = a\mathrm{J}_1(a) \tag{2.4.12}$$

得到

$$V(\theta) = \bar{v}_{\mathrm{n}} \int_0^{2\pi}\int_0^a \mathrm{e}^{-\mathrm{i}kr_{\mathrm{s}}\sin\theta\cos\varphi} r_{\mathrm{s}}\mathrm{d}\varphi\mathrm{d}r_{\mathrm{s}} = 2\pi\bar{v}_{\mathrm{n}} a^2 \frac{\mathrm{J}_1(ka\sin\theta)}{ka\sin\theta} \tag{2.4.13}$$

容易看出 $V(0) = \bar{v}_{\mathrm{n}}\pi a^2$。最终得到远场辐射声压

$$p(r,\theta) \approx -\frac{\mathrm{i}\omega\rho_0\bar{v}_{\mathrm{n}}S}{2\pi r}\mathrm{e}^{\mathrm{i}kr}\frac{2\mathrm{J}_1(ka\sin\theta)}{ka\sin\theta} \tag{2.4.14}$$

$S = \pi a^2$ 是辐射面积，指向性函数

$$D(\theta) = \frac{2\mathrm{J}_1(ka\sin\theta)}{ka\sin\theta} \tag{2.4.15}$$

由 (2.4.9) 和 (2.4.14) 式看到，辐射远场随距离和角度的变化可以解耦，幅度以 $1/r$ 单调减小。随角度的变化可以用一个指向性因子 $D(\theta)$ 表示，它不随距离变化。

回过来再看 r 和 a 可比拟的近距离处，在相位因子中不能忽略二阶项 $kr_{\mathrm{s}}^2/(2r)$，同时在幅度因子中也要计及 R 的差别。在这种情况下，辐射声压的一般表示式是

$$p(r,\theta) = -\frac{\mathrm{i}\omega\rho_0\mathrm{e}^{\mathrm{i}kr}}{2\pi}\int_{\varphi}\int_{r_{\mathrm{s}}}\frac{v_{\mathrm{n}}(r_{\mathrm{s}},\varphi)}{R}\mathrm{e}^{-\mathrm{i}kr_{\mathrm{s}}\sin\theta\cos\varphi}\mathrm{e}^{\mathrm{i}kr_{\mathrm{s}}^2/(2r)} r_{\mathrm{s}}\mathrm{d}\varphi\mathrm{d}r_{\mathrm{s}} \tag{2.4.16}$$

幅度随距离 r 和角度 θ 的变化不能解耦，不存在 $1/r$ 单调减小的规律，所以不可能单独定义指向性。应当指出的是，真正的近场是指贴近辐射面处的场，这时关于 R 的任何近似都不能准确描述声场，需要直接通过 Rayleigh 公式的面积分计算声场。它可能导致复平面上的回路积分，其中一些奇异点的留数表示沿表面传播的波。

相位因子中可以忽略二阶项 $kr_s^2/(2r)$ 意味着其最大值 $ka^2/(2r) \ll \pi$，将此作为远场判断准则得到

$$r > C\frac{a^2}{\lambda}, \quad r > a \tag{2.4.17}$$

其中，C 是个位数 1~10 的某个常数，取决于声源形状、振速分布以及允许误差大小。另外，附加的条件 $r > a$ 也是容易理解的，因为上面的近似式是在 $r > a > r_s$ 的条件下得到的。在实际问题中相当于要求远场距离至少大于声源尺寸。

平面声源的 Rayleigh 公式只需要考虑单层势的作用就可以确定辐射声场，而在一般情况下还可能存在双层势的贡献，形如

$$\frac{1}{4\pi}\int_S \phi(\boldsymbol{r}_s)\frac{\partial G(\boldsymbol{r},\boldsymbol{r}_s)}{\partial n}\mathrm{d}S$$

自由空间中 $G(\boldsymbol{r},\boldsymbol{r}_s) = \mathrm{e}^{\mathrm{i}kR}/R$，有

$$\frac{\partial G(\boldsymbol{r},\boldsymbol{r}_s)}{\partial n} = \left(\frac{\mathrm{i}k}{R} - \frac{1}{R^2}\right)\mathrm{e}^{\mathrm{i}kR}\frac{\partial R}{\partial n} \tag{2.4.18}$$

在满足条件 $kR \sim kr \gg 1$ 的远场中，$1/R^2$ 项可以忽略，双层势贡献的声压按 $1/R \sim 1/r$ 规律变化。因此，在实际问题中 $kr \gg 1$ 也是远场的条件，这个条件导致远场计算可以采用一些近似方法。后面将会看到，这时指数上的值很大，积分可以用一种称为鞍点法或稳相法的近似方法计算。

从上面讨论可以归纳出远场的判断准则如下 [8]：

(1) 声压按球面扩展规律衰减，幅度以 $1/r$ 随距离增加单调减小；

(2) 声压幅度与极角 θ、方位角 φ 依赖关系不随 r 变化，可以定义指向性函数；

(3) 比声阻抗等于平面波特性阻抗 $\rho_0 c$，因为球面波在远场中波阻抗趋于平面波阻抗 $\rho_0 c$。

总的说来，声场的空间依赖性和阻抗特性在远场中比近场简单。

远场、近场的概念应用广泛。在理论上，远场、近场的处理方法有所不同。实际上，满足远场条件是进行声学测量的基本保证，除非专门进行近场测量。

散射与辐射问题近、远场的不同是，散射问题中增加了入射声，入射声也有近、远场之分。如果散射体处在入射声的近场中，入射到物体的声压不均匀，散射声场更加复杂。例如，2.2 节中讨论的球面波从球的散射，当距离较近时入射到球面上的声压幅度和相位都不均匀，且与距离有关。但是散射理论主要讨论处在入射声远

场中物体的散射，这时入射到物体的声波是足够大球面波阵面的一部分，可以看作局部平面波，这就是散射问题中经常假设入射波是平面波的原因。在这种情况下散射远场和辐射远场没有什么区别。

2.5 瞬态信号声散射时域解

第 1 章中已经指出，瞬态信号或脉冲信号具有持续时间短、频谱宽的特点。正因为其频谱宽，用它激发目标时回波中反映出各种频率成分的响应，不像稳态情况下只能得到单一频率的响应。利用一定带宽的回波响应有可能对目标进行识别。例如，有确定共振特性的目标，如果入射信号的频谱包含这些共振频率，散射过程中就会激发这些共振频率，利用散射波的共振特性可以识别目标的类型和几何尺寸。因为不同材料和尺寸的目标具有不同的共振特性。

另一方面，足够窄的脉冲信号常常在实验上和理论上用来研究目标的散射特性，如目标回波的亮点结构。当信号足够窄时，各个亮点产生的回波脉冲能够清晰地分开，根据其到达的时间可以识别出亮点的几何位置。再如，弹性目标散射时回波中包含各种类型的弹性散射波，瞬态情况下它表现为与几何亮点不同的回波脉冲 (稳态情况下表现为弹性共振)，根据其特点也可以分析弹性散射波的机理。因此，无论在实际应用上还是理论上，瞬态信号的声散射都是一个重要的问题。

当入射和散射波是随时间变化的瞬态信号时，声场满足时域波动方程

$$\nabla^2\phi(\boldsymbol{r},t)-\frac{1}{c^2}\frac{\partial^2\phi(\boldsymbol{r},t)}{\partial t^2}=0 \tag{2.5.1}$$

在空间和时间域中解波动方程称为时域直接方法。时域直接方法包括时域积分方程法和时域有限差分法等数值方法。

时域积分方程法是解时域波动方程在散射问题中的推迟积分解 [9]

$$\phi(\boldsymbol{r},t)=\phi_{\mathrm{i}}(\boldsymbol{r},t)+\frac{1}{4\pi}\int_S\left[\frac{\boldsymbol{n}\cdot\boldsymbol{R}}{R}\left(\frac{1}{R^2}+\frac{1}{Rc}\frac{\partial}{\partial t^*}\right)\phi(\boldsymbol{r}_{\mathrm{s}},t^*)-\frac{1}{R}\frac{\partial\phi(\boldsymbol{r}_{\mathrm{s}},t^*)}{\partial n}\right]\mathrm{d}S \tag{2.5.2}$$

式中，$\phi_{\mathrm{i}}(\boldsymbol{r},t)$ 是入射声势，$\phi(\boldsymbol{r}_{\mathrm{s}},t^*)$ 是辐射时刻的表面声势，$t^*=t-R/c$ 是源面上的辐射时刻相对于接收时刻的提前量，其中 R/c 正是声波从源点传播到接收点的时间，$\boldsymbol{R}=\boldsymbol{r}-\boldsymbol{r}_{\mathrm{s}}, \boldsymbol{n}$ 是表面的单位外法线矢量。

类似于稳态情况的 Helmholtz 积分公式，求解散射场需要同时知道表面上的 $\phi(\boldsymbol{r}_{\mathrm{s}},t^*)$ 和 $\partial\phi(\boldsymbol{r}_{\mathrm{s}},t^*)/\partial n$。当 $\boldsymbol{r}\in S$ 时，计算积分主值得到凸光滑表面积分方程

$$\phi(\boldsymbol{r},t)=2\phi_{\mathrm{i}}(\boldsymbol{r},t)+\frac{1}{2\pi}\int_S\left[\frac{\boldsymbol{n}\cdot\boldsymbol{R}}{R}\left(\frac{1}{R^2}+\frac{1}{Rc}\frac{\partial}{\partial t^*}\right)\phi(\boldsymbol{r}_{\mathrm{s}},t^*)-\frac{1}{R}\frac{\partial\phi(\boldsymbol{r}_{\mathrm{s}},t^*)}{\partial n}\right]\mathrm{d}S \tag{2.5.3}$$

此方程需要变化时间步长进行数值求解。由于计算误差的时间积累，长时间解容易发散，需要专门处理，见文献 [10], [11]。

解瞬态信号散射问题更多的是采用频域间接法。若目标散射的频域解能够获得，常常用频域间接法得到时域瞬态解。设脉冲的时间波形是 $\phi(t)$，利用 Fourier 变换式 (2.1.5) 和 (2.1.6) 得到频谱 $g(\omega)$。设目标的特征尺度是 a，如球的半径，令 $\bar{t}=ct/a$，$\omega t=ka\bar{t}$，将时间和频率都用无因次量表示，入射信号可以表示为

$$\phi_{\rm i}(\bar{t})=\int_{-\infty}^{\infty}g_{\rm i}(ka){\rm e}^{-{\rm i}ka\bar{t}}{\rm d}(ka),\quad g_{\rm i}(ka)=\frac{1}{2\pi}\int_{-\infty}^{\infty}\phi_{\rm i}(\bar{t}){\rm e}^{{\rm i}ka\bar{t}}{\rm d}\bar{t}\tag{2.5.4}$$

如果考虑信号与目标中心的距离 r，就有 $\bar{t}=(ct-r)/a$。上式相当于入射到 $r=0$ 点的波形。类似地，对于散射信号 $\phi_{\rm s}(t)$ 有

$$\phi_{\rm s}(\bar{t})=\int_{-\infty}^{\infty}g_{\rm s}(ka){\rm e}^{-{\rm i}ka\bar{t}}{\rm d}(ka),\quad g_{\rm s}(ka)=\frac{1}{2\pi}\int_{-\infty}^{\infty}\phi_{\rm s}(\bar{t}){\rm e}^{{\rm i}ka\bar{t}}{\rm d}\bar{t}\tag{2.5.5}$$

按照定义，反向散射形态函数是

$$f_{\infty}(ka)=\left(\frac{2r}{a}\right){\rm e}^{-{\rm i}kr}\frac{g_{\rm s}(ka)}{g_{\rm i}(ka)}\tag{2.5.6}$$

于是散射信号可以表示为

$$\phi_{\rm s}(\bar{t})=\left(\frac{a}{2r}\right)\int_{-\infty}^{\infty}{\rm e}^{{\rm i}ka(r/a)}f_{\infty}(ka)\,g_{\rm i}(ka){\rm e}^{-{\rm i}ka\bar{t}}{\rm d}(ka)\tag{2.5.7}$$

这样就可以根据目标散射的频域解，也就是形态函数通过 Fourier 积分求得时域解。

频域间接法在具体实施时可以用线性系统信号处理的常用方法。在线性声学的框架下，目标散射问题可以用声传递理论来描述。把目标看作一个线性时不变传递网络，将入射信号看作网络的输入，目标回波是网络的输出。因此，目标传递网络的冲激响应函数和频域响应函数是目标散射声场的另一种表述形式。

假设目标传递网络的冲激响应函数为 $h(\tau,\boldsymbol{r}_0,\boldsymbol{r},\boldsymbol{\rho})$，其中 τ 是时延，$\boldsymbol{r}_0$ 是入射声源矢径，$\boldsymbol{r}$ 是散射接收点矢径，$\boldsymbol{\rho}$ 是目标矢径，则目标信道的频域响应函数，即通常所说的目标传递函数为 $H(f,\boldsymbol{r}_0,\boldsymbol{r},\boldsymbol{\rho})$，而且其与目标信道冲激响应函数互为 Fourier 变换，变换对为时延 τ 和频率 f。考虑收–发合置系统 $\boldsymbol{r}_0=\boldsymbol{r}$，$h$ 和 H 可以简化为 $h(\tau,\boldsymbol{r},\boldsymbol{\rho})$ 和 $H(f,\boldsymbol{r},\boldsymbol{\rho})$。

目标回波信号产生的过程如图 2.5.1 所示。用 $x(t)$ 表示入射信号，$y(t)$ 表示回波信号，$X(f)$ 为入射信号的频谱函数，$Y(f)$ 为回波信号的频谱函数。目标瞬态回波可以表示为

$$y(t)=x(t)\otimes h(\tau,\boldsymbol{r},\boldsymbol{\rho})\tag{2.5.8}$$

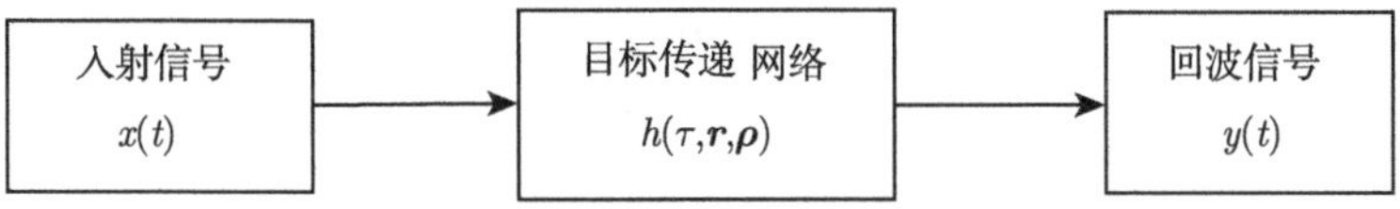

图 2.5.1　目标回波信号产生的过程

其中，$\otimes$ 表示卷积运算。根据信号处理中线性系统时间域响应和频率域响应相互对应的基本原理，可以得到目标的瞬态回波

$$Y(f) = X(f) \cdot H(f, \boldsymbol{r}, \boldsymbol{\rho}) \tag{2.5.9}$$

而且有

$$X(f) = \mathcal{F}[x(t)] \tag{2.5.10}$$

$$y(t) = \mathcal{F}^{-1}[Y(f)] \tag{2.5.11}$$

其中，$\mathcal{F}$ 和 $\mathcal{F}^{-1}$ 分别表示 Fourier 变换和逆变换。因此，根据 (2.5.9)~(2.5.11) 式辅以快速 Fourier 变换和逆变换，就可以间接求出目标瞬态回波。总之，如果目标的散射可以看作线性系统对于入射波的响应，那么根据线性系统的时间域响应和频率域响应相互对应的原理，瞬态回波可以由整个频率域的稳态响应通过 Fourier 变换求得。这种方法主要在频率域上求解而不是在时间域上求解，因此称为频域间接法。

显然，频域间接法需要先已知目标散射的频率响应，即频率域的形态函数。而且，脉冲越窄，频谱越宽，计算量越大。对于已有解析解的规则形状目标，诸如弹性球、弹性球壳的散射，可以假设入射脉冲窄到一周甚至于半周，通过数值试验研究窄脉冲的散射机理，也不失为一种理论研究手段。

附　录

2A. 球和圆柱坐标系中应力、应变和向量波动方程

球坐标 (r, θ, φ)：

散度 $$\nabla \cdot \boldsymbol{A} = \frac{1}{r^2}\frac{\partial}{\partial r}\left(r^2 A_r\right) + \frac{1}{r\sin\theta}\frac{\partial}{\partial\theta}(\sin\theta A_\theta) + \frac{1}{r\sin\theta}\frac{\partial A_\varphi}{\partial\varphi} \tag{2A.1}$$

梯度 $$(\nabla\Phi)_r = \frac{\partial\Phi}{\partial r},\quad (\nabla\Phi)_\theta = \frac{1}{r}\frac{\partial\Phi}{\partial\theta},\quad (\nabla\Phi)_\varphi = \frac{1}{r\sin\theta}\frac{\partial\Phi}{\partial\varphi} \tag{2A.2}$$

旋度 $$(\nabla\times\boldsymbol{A})_r = \frac{1}{r\sin\theta}\left[\frac{\partial}{\partial\theta}(\sin\theta A_\varphi) - \frac{\partial A_\theta}{\partial\varphi}\right] \tag{2A.3}$$

$$(\nabla\times\boldsymbol{A})_\theta = \frac{1}{r}\left[\frac{1}{\sin\theta}\frac{\partial A_r}{\partial\varphi} - \frac{\partial}{\partial r}(rA_\varphi)\right] \tag{2A.4}$$

$$(\nabla \times \boldsymbol{A})_{\varphi} = \frac{1}{r}\left[\frac{\partial}{\partial r}(rA_{\theta}) - \frac{\partial A_r}{\partial \theta}\right] \tag{2A.5}$$

$$\nabla^2 \Phi = \frac{1}{r^2}\frac{\partial}{\partial r}\left(r^2\frac{\partial \Phi}{\partial r}\right) + \frac{1}{r^2 \sin\theta}\frac{\partial}{\partial \theta}\left(\sin\theta\frac{\partial \Phi}{\partial \theta}\right) + \frac{1}{r^2 \sin^2\theta}\frac{\partial^2 \Phi}{\partial \varphi^2} \tag{2A.6}$$

$$\left(\nabla^2 \boldsymbol{A}\right)_r = \nabla^2 A_r - \frac{2}{r^2}A_r - \frac{2}{r^2 \sin\theta}\frac{\partial}{\partial \theta}(\sin\theta A_{\theta}) - \frac{2}{r^2 \sin\theta}\frac{\partial A_{\varphi}}{\partial \varphi} \tag{2A.7}$$

$$\left(\nabla^2 \boldsymbol{A}\right)_{\theta} = \nabla^2 A_{\theta} - \frac{1}{r^2 \sin^2\theta}A_{\theta} + \frac{2}{r^2}\frac{\partial A_r}{\partial \theta} - \frac{2\cos\theta}{r^2 \sin^2\theta}\frac{\partial A_{\varphi}}{\partial \varphi} \tag{2A.8}$$

$$\left(\nabla^2 \boldsymbol{A}\right)_{\varphi} = \nabla^2 A_{\varphi} - \frac{1}{r^2 \sin^2\theta}A_{\varphi} + \frac{2}{r^2 \sin\theta}\frac{\partial A_r}{\partial \varphi} + \frac{2\cos\theta}{r^2 \sin^2\theta}\frac{\partial A_{\theta}}{\partial \varphi} \tag{2A.9}$$

应变张量

$$\gamma_{rr} = \frac{\partial u_r}{\partial r}, \quad \gamma_{\theta\theta} = \frac{1}{r}\frac{\partial u_{\theta}}{\partial \theta} + \frac{u_r}{r}, \quad \gamma_{\varphi\varphi} = \frac{1}{r\sin\theta}\frac{\partial u_{\varphi}}{\partial \varphi} + \frac{u_r}{r} + u_{\theta}\frac{\cot\theta}{r} \tag{2A.10}$$

$$\gamma_{r\theta} = \frac{1}{2}\left(\frac{1}{r}\frac{\partial u_r}{\partial \theta} - \frac{u_{\theta}}{r} + \frac{\partial u_{\theta}}{\partial r}\right), \quad \gamma_{r\varphi} = \frac{1}{2}\left(\frac{1}{r\sin\theta}\frac{\partial u_r}{\partial \varphi} - \frac{u_{\varphi}}{r} + \frac{\partial u_{\varphi}}{\partial r}\right) \tag{2A.11}$$

$$\gamma_{\varphi\theta} = \frac{1}{2}\left(\frac{1}{r}\frac{\partial u_{\varphi}}{\partial \theta} - \frac{u_{\varphi}\cot\theta}{r} + \frac{1}{r\sin\theta}\frac{\partial u_{\theta}}{\partial \varphi}\right) \tag{2A.12}$$

柱坐标 (r, φ, z):

散度 $$\nabla \cdot \boldsymbol{A} = \frac{1}{r}\frac{\partial}{\partial r}(rA_r) + \frac{1}{r}\frac{\partial A_{\varphi}}{\partial \varphi} + \frac{\partial A_z}{\partial z} \tag{2A.13}$$

梯度 $$(\nabla \Phi)_r = \frac{\partial \Phi}{\partial r}, \quad (\nabla \Phi)_{\varphi} = \frac{1}{r}\frac{\partial \Phi}{\partial \varphi}, \quad (\nabla \Phi)_z = \frac{\partial \Phi}{\partial z} \tag{2A.14}$$

旋度 $$(\nabla \times \boldsymbol{A})_r = \frac{1}{r}\frac{\partial A_z}{\partial \varphi} - \frac{\partial A_{\varphi}}{\partial z} \tag{2A.15}$$

$$(\nabla \times \boldsymbol{A})_{\varphi} = \frac{\partial A_r}{\partial z} - \frac{\partial A_z}{\partial r} \tag{2A.16}$$

$$(\nabla \times \boldsymbol{A})_z = \frac{1}{r}\left[\frac{\partial}{\partial r}(rA_{\varphi}) - \frac{\partial A_r}{\partial \varphi}\right] \tag{2A.17}$$

$$\nabla^2 \Phi = \frac{1}{r}\frac{\partial}{\partial r}\left(r\frac{\partial \Phi}{\partial r}\right) + \frac{1}{r^2}\frac{\partial^2 \Phi}{\partial \varphi^2} + \frac{\partial^2 \Phi}{\partial z^2} \tag{2A.18}$$

$$\left(\nabla^2 \boldsymbol{A}\right)_r = \nabla^2 A_r - \frac{1}{r^2}A_r - \frac{2}{r^2}\frac{\partial A_{\varphi}}{\partial \varphi} \tag{2A.19}$$

$$\left(\nabla^2 \boldsymbol{A}\right)_{\varphi} = \nabla^2 A_{\varphi} - \frac{1}{r^2}A_{\varphi} + \frac{2}{r^2}\frac{\partial A_r}{\partial \varphi} \tag{2A.20}$$

$$\left(\nabla^2 \boldsymbol{A}\right)_z = \nabla^2 A_z \tag{2A.21}$$

应变张量

$$\gamma_{rr}=\frac{\partial u_r}{\partial r},\quad \gamma_{\varphi\varphi}=\frac{1}{r}\frac{\partial u_\varphi}{\partial \varphi}+\frac{u_r}{r},\quad \gamma_{zz}=\frac{\partial u_z}{\partial z} \tag{2A.22}$$

$$\gamma_{r\varphi}=\frac{1}{2}\left(\frac{1}{r}\frac{\partial u_r}{\partial \varphi}-\frac{u_\varphi}{r}+\frac{\partial u_\varphi}{\partial r}\right),\quad \gamma_{rz}=\frac{1}{2}\left(\frac{\partial u_z}{\partial r}+\frac{\partial u_r}{\partial z}\right),\quad \gamma_{\varphi z}=\frac{1}{2}\left(\frac{\partial u_\varphi}{\partial z}+\frac{1}{r}\frac{\partial u_z}{\partial \varphi}\right) \tag{2A.23}$$

2B. 积分方程法与分离变量法等价性——刚性球散射例

刚性表面散射的积分方程简化成

$$\phi(\boldsymbol{r}_0,\boldsymbol{r})=2\phi_{\mathrm{i}}(\boldsymbol{r}_0,\boldsymbol{r})+\frac{1}{2\pi}\int_S \phi(\boldsymbol{r}_0,\boldsymbol{r}_{\mathrm{s}})\frac{\partial}{\partial n}\left(\frac{\mathrm{e}^{\mathrm{i}k|\boldsymbol{r}-\boldsymbol{r}_{\mathrm{s}}|}}{|\boldsymbol{r}-\boldsymbol{r}_{\mathrm{s}}|}\right)\mathrm{d}S \tag{2B.1}$$

此时积分要取主值。式中的 $\boldsymbol{r}_0$, $\boldsymbol{r}$ 和 $\boldsymbol{r}_{\mathrm{s}}$ 如图 2B.1 所示，其中入射声源来自 $z=-\infty$。取 $\boldsymbol{r}_0$, $\boldsymbol{r}$ 构成的平面为对称平面 ($\varphi=0$，即 xz 平面)，球面上的矢量 $\boldsymbol{r}_{\mathrm{s}}$ 不一定在此平面上。入射平面波可以展开成

$$\phi_{\mathrm{i}}(\boldsymbol{r}_0,\boldsymbol{r})\big|_{r=a}=\sum_{n=0}^{\infty}\mathrm{i}^n(2n+1)\,\mathrm{j}_n(x)\,\mathrm{P}_n(\cos\theta)$$

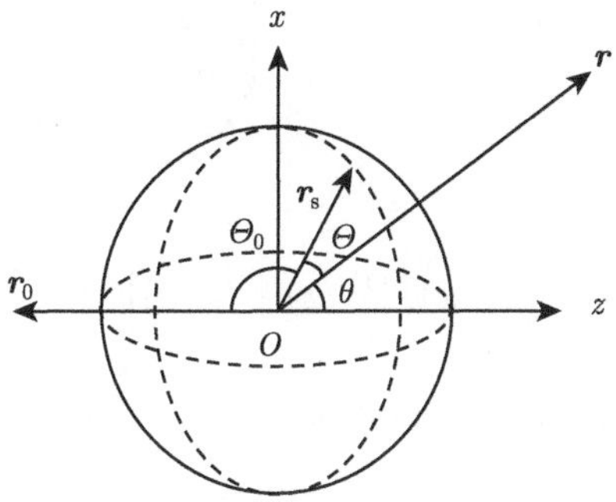

图 2B.1　刚性球散射积分方程解

$x=ka,\theta$ 是正 z 轴与 $\boldsymbol{r}$ 的夹角，也就是 $-\boldsymbol{r}_0$, $\boldsymbol{r}$ 之间的夹角。散射声场可以设为

$$\phi_{\mathrm{s}}(\boldsymbol{r}_0,\boldsymbol{r})=\sum_{n=0}^{\infty}\mathrm{i}^n(2n+1)\,b_n(x)\,\mathrm{h}_n^{(1)}(kr)\,\mathrm{P}_n(\cos\theta)$$

其中，$b_n(x)$ 是待求的量。表面上的总声场表示成

$$\phi(\boldsymbol{r}_0,\boldsymbol{r})\big|_{r=a}=(\phi_{\mathrm{s}}+\phi_{\mathrm{i}})\big|_{r=a}=\sum_{n=0}^{\infty}\mathrm{i}^n(2n+1)\left[b_n(x)\,\mathrm{h}_n^{(1)}(x)+\mathrm{j}_n(x)\right]\mathrm{P}_n(\cos\theta)$$

在面积分中，当 $\boldsymbol{r}$ 趋近于表面上的变点 $\boldsymbol{r}_{\mathrm{s}}$ 时有

$$\phi(\boldsymbol{r}_0,\boldsymbol{r}_{\mathrm{s}})=\sum_{n=0}^{\infty}\mathrm{i}^n(2n+1)\left[b_n(x)\,\mathrm{h}_n^{(1)}(x)+\mathrm{j}_n(x)\right]\mathrm{P}_n(\cos\Theta_0) \tag{2B.2}$$

Θ_0 是 $\boldsymbol{r}_0$, $\boldsymbol{r}_\mathrm{s}$ 之间的夹角。另一方面，有展开式 [5]

$$\frac{\mathrm{e}^{\mathrm{i}k|\boldsymbol{r}-\boldsymbol{r}_\mathrm{s}|}}{|\boldsymbol{r}-\boldsymbol{r}_\mathrm{s}|}=\mathrm{i}k\sum_{n=0}^{\infty}(2n+1)\,\mathrm{P}_n(\cos\Theta)\begin{cases}\mathrm{j}_n(kr)\,\mathrm{h}_n^{(1)}(kr_\mathrm{s}), & 0<r<r_\mathrm{s}\\ \mathrm{j}_n(kr_\mathrm{s})\,\mathrm{h}_n^{(1)}(kr), & 0<r_\mathrm{s}<r\end{cases}\tag{2B.3}$$

Θ 是 $\boldsymbol{r}$, $\boldsymbol{r}_\mathrm{s}$ 之间的夹角，Θ 和 Θ_0 都与 $\boldsymbol{r}_\mathrm{s}$ 有关。这个展开式在 $r=a$ 连续但其导数在 $r=a$ 不连续。表面上的导数值应该从邻近 r 外一点 r_+ 和 r 内一点 r_- 计算:

$$\begin{aligned}\frac{\partial}{\partial n}\left(\frac{\mathrm{e}^{\mathrm{i}k|\boldsymbol{r}-\boldsymbol{r}_\mathrm{s}|}}{|\boldsymbol{r}-\boldsymbol{r}_\mathrm{s}|}\right)&=\frac{1}{(r_+-r_-)}\left(\frac{\mathrm{e}^{\mathrm{i}k|\boldsymbol{r}_+-\boldsymbol{r}_\mathrm{s}|}}{|\boldsymbol{r}_+-\boldsymbol{r}_\mathrm{s}|}-\frac{\mathrm{e}^{\mathrm{i}k|\boldsymbol{r}_--\boldsymbol{r}_\mathrm{s}|}}{|\boldsymbol{r}_--\boldsymbol{r}_\mathrm{s}|}\right)\\&=\frac{1}{2}\left[\frac{\partial}{\partial r}\left(\frac{\mathrm{e}^{\mathrm{i}k|\boldsymbol{r}_+-\boldsymbol{r}_\mathrm{s}|}}{|\boldsymbol{r}_+-\boldsymbol{r}_\mathrm{s}|}\right)+\frac{\partial}{\partial r}\left(\frac{\mathrm{e}^{\mathrm{i}k|\boldsymbol{r}_--\boldsymbol{r}_\mathrm{s}|}}{|\boldsymbol{r}_--\boldsymbol{r}_\mathrm{s}|}\right)\right]_{r=a}\\&=\frac{\mathrm{i}k^2}{2}\sum_{n=0}^{\infty}(2n+1)\,\mathrm{P}_n(\cos\Theta)\left[\mathrm{j}_n'(x)\,\mathrm{h}_n^{(1)}(x)+\mathrm{j}_n(x)\,\mathrm{h}_n^{(1)\prime}(x)\right]\end{aligned}\tag{2B.4}$$

将 (2B.2)、(2B.4) 式代入积分方程，并利用积分关系式

$$\int_0^{2\pi}\mathrm{d}\varphi\int_0^{\pi}\mathrm{P}_m(\cos\Theta_0)\,\mathrm{P}_n(\cos\Theta)\sin\theta\mathrm{d}\theta=\begin{cases}\dfrac{4\pi}{2n+1}\mathrm{P}_n(\cos\theta), & n=m\\ 0, & n\neq m\end{cases}\tag{2B.5}$$

得到确定 $b_n(x)$ 的方程

$$\begin{aligned}&\sum_{n=0}^{\infty}\mathrm{i}^n(2n+1)\,\mathrm{P}_n(\cos\theta)\left[b_n(x)\,\mathrm{h}_n^{(1)}(x)+\mathrm{j}_n(x)\right]=\sum_{n=0}^{\infty}\mathrm{i}^n(2n+1)\,\mathrm{P}_n(\cos\theta)\\&\times\left\{2\mathrm{j}_n(x)+[b_n(x)\mathrm{h}_n^{(1)}(x)+\mathrm{j}_n(x)]\cdot\mathrm{i}x^2[\mathrm{j}_n'(x)\,\mathrm{h}_n^{(1)}(x)+\mathrm{j}_n(x)\,\mathrm{h}_n^{(1)\prime}(x)]\right\}\end{aligned}$$

利用正交性得到

$$\begin{aligned}&b_n(x)\,\mathrm{h}_n^{(1)}(x)+\mathrm{j}_n(x)\\&=2\mathrm{j}_n(x)+\mathrm{i}x^2\left[b_n(x)\,\mathrm{h}_n^{(1)}(x)+\mathrm{j}_n(x)\right]\left[\mathrm{j}_n'(x)\,\mathrm{h}_n^{(1)}(x)+\mathrm{j}_n(x)\,\mathrm{h}_n^{(1)\prime}(x)\right]\end{aligned}\tag{2B.6}$$

再利用球 Bessel 函数的 Wronskian 行列式 (2.2.12) 经过简单推导得到与简正级数解完全相同的结果

$$b_n(x)=-\frac{\mathrm{j}_n'(x)}{\mathrm{h}_n^{(1)\prime}(x)}$$

值得指出的是，当 $\mathrm{j}_n(x)=0$ 时，从 (2B.6) 式无法解出 $b_n(x)$。而 $\mathrm{j}_n(x)=0$ 正是球内 Dirichlet 问题的特征方程，这反映了积分方程在 $\mathrm{j}_n(x)=0$ 对应的特征值 (特征频率) 失效，第 6 章将对此问题作进一步讨论。

参 考 文 献

[1] Morse P M, Ingard K U. Theoretical Acoustics. New York: McGraw-Hill, 1968

[2] Graff K F. Wave Motion in Elastic Solids. Oxford：Clarenton Press, 1975

[3] Bowman J J, Senior T B A, Ualenghi P L. Electromagnetic and Acoustic Scattering by Simple Shapes. New York: Wiley, 1969

[4] 文献 [1] (8.2.1) 式，或 Abramowitz M, Stegun I A. Handbook of Mathematical Function. Washington, DC: U. S. Govt. Printing Office, 1964

[5] 文献 [1] (8.1.1) 式，或 Abramowitz M, Stegun I A. Handbook of Mathematical Function. Washington, DC: U. S. Govt. Printing Office, 1964

[6] 文献 [1] (7.2.31) 式，或 Abramowitz M, Stegun I A. Handbook of Mathematical Function. Washington, DC: U.S.Govt. Printing Office, 1964

[7] 沈杰罗夫 E Л. 水声学波动问题. 何祚镛, 赵晋英译. 北京: 国防工业出版社，1983

[8] Junger M C, Feit D. Sound, Structures and Their Interaction. 2nd ed. Cambridge, Massachusetts: The MIT Press, 1986

[9] Morse P M, Feshbach H. Methods of Theoretical Physics. New York: McGraw-Hill Book Company Inc., 1953

[10] Bennett C L, Mieras H. Time domain integral equation solution for acoustic scattering from fluid targets. J. Acoust. Soc. Am., 1981, 69(5): 1261-1265

[11] 董寻虎，汤渭霖. 用时域积分方程法计算不规则形状目标的瞬态声散射. 声学学报，1999, 24(3): 314-320

第 3 章　水中目标几何声散射

在 Rayleigh 等从事声散射研究的早期阶段，因为没有认识到目标弹性的作用，所以主要着眼于刚硬目标的散射。后来，由于水中气泡散射的需要，也研究声软目标的散射。在此基础上又进一步研究了阻抗表面目标的声散射。

这些非弹性目标的散射主要由表面的几何形状及阻抗特性决定，因此称为几何散射。在许多情况下，几何散射波是目标散射的主要部分。高频情况下，几何散射波满足几何散射规律。例如，常见的凸光滑曲面上的散射，形成 “亮点”，这是表面上这样一些点，在这些点上入射声波和散射声波满足几何反射定律。这些点是镜反射点。

对于潜艇、水雷这些水中军用目标，早期无一例外都是用金属外壳制造，而且所使用的声呐频率较高，因此比较接近于刚硬目标。在这种背景下，早期声散射的研究集中在几何散射也就不足为怪了。

3.1　Kirchhoff 近似和物理声学方法

像刚硬球、软球和无限长刚硬柱、软柱等一些可分离变量的规则形状的几何声散射已经有严格的解，见第 2 章。在实际问题中目标形状任意，有时候可能很复杂，分离变量法失效。讨论任意形状目标几何声散射的最常用近似方法是 Kirchhoff 近似。这种方法在光学中称为物理光学方法，以区别于几何光学方法，在声学中也可以称为物理声学方法。

设声波从 $\mathrm{M_1}$ 点入射到表面 S，入射声势是 ϕ_i，需要计算另一点 $\mathrm{M_2}$ 的散射声场 ϕ_s，如图 3.1.1 所示。让表面元 $\mathrm{d}S$ 到 $\mathrm{M_1}$、$\mathrm{M_2}$ 点的距离分别是 r_1 和 r_2，散射声场满足的 Helmholtz 积分公式是

$$\phi_\mathrm{s}(\boldsymbol{r}_2)=\frac{1}{4\pi}\int_S\left[\phi_\mathrm{s}\frac{\partial}{\partial n}\left(\frac{\mathrm{e}^{\mathrm{i}kr_2}}{r_2}\right)-\frac{\partial\phi_\mathrm{s}}{\partial n}\frac{\mathrm{e}^{\mathrm{i}kr_2}}{r_2}\right]\mathrm{d}S \tag{3.1.1}$$

其中，$\boldsymbol{n}$ 是表面的外法线。第 2 章已经指出，直接用 Helmholtz 公式解散射声场必然导致散射体表面的积分方程，因为只有同时给出表面上的 ϕ_s(对应声压) 和 $\partial\phi_\mathrm{s}/\partial n$(对应法向振速) 才能求出空间中的 ϕ_s。

为了避免解积分方程，提出了适用于高频 (短波长) 的 Kirchhoff 近似，文献 [1] 中给出 Kirchhoff 近似的理论基础。当散射表面的曲率半径远大于声波长时，从

射线的观点，散射表面可以分成亮区和影区，受到入射声波直接照射的区域称为亮区，入射声线照射不到的区域称为影区。如图 3.1.1 所示，从源点 M_1 看去，A_1 到 A_2 是亮区，其余是影区。对于刚性表面，不管是亮区还是影区，总有法向振速为零，即 $\partial(\phi_i+\phi_s)/\partial n=0$。另一方面，由于波长短，反射面的每个局部都可以近似成平面，亮区表面反射声势近似等于入射声势 $\phi_s=\phi_i$，影区表面总声势近似为 0。所以有

$$\begin{cases} \text{亮区面 } S_1 \text{ 上：} \quad (\phi_i-\phi_s)=0, \quad \dfrac{\partial(\phi_i+\phi_s)}{\partial n}=0 \\ \text{影区面 } S_2 \text{ 上：} \quad (\phi_i+\phi_s)=0, \quad \dfrac{\partial(\phi_i+\phi_s)}{\partial n}=0 \end{cases} \tag{3.1.2}$$

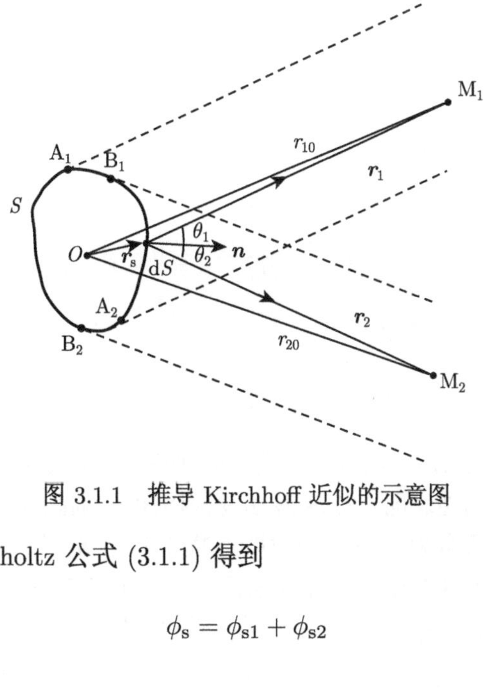

图 3.1.1 推导 Kirchhoff 近似的示意图

代入散射场的 Helmholtz 公式 (3.1.1) 得到

$$\phi_s=\phi_{s1}+\phi_{s2} \tag{3.1.3}$$

其中

$$\phi_{s1}=\frac{1}{4\pi}\int_{S_1}\left[\phi_i\frac{\partial}{\partial n}\left(\frac{e^{ikr_2}}{r_2}\right)-\frac{\partial\phi_i}{\partial n}\frac{e^{ikr_2}}{r_2}\right]dS \tag{3.1.4}$$

是亮区贡献，

$$\phi_{s2}=-\frac{1}{4\pi}\int_{S_2}\left[\phi_i\frac{\partial}{\partial n}\left(\frac{e^{ikr_2}}{r_2}\right)+\frac{\partial\phi_i}{\partial n}\frac{e^{ikr_2}}{r_2}\right]dS \tag{3.1.5}$$

是影区贡献。文献 [1] 中通过 Maggi 变换证明，影区贡献 ϕ_{s2} 与表面形状无关，只依赖于影区边界的形状。因此，刚性球的影区贡献与同样直径的刚性圆盘的影区贡献相同。文献 [2] 用这种方法计算了大球面被圆形声束部分照射时的回波强度。因

为假设在影区中声压和法向振速都为零，ϕ_{s2} 的贡献实际上很小。当观察点在亮区中时 ϕ_{s2} 可以忽略不计。现在雷达和声呐工程中应用的 Kirchhoff 近似直接假设影区贡献为 0，所以不计算 ϕ_{s2}。

由于雷达波的波长很短，Kirchhoff 近似首先广泛应用于目标的雷达散射截面 RCS 预报，并很快引入到声呐目标强度的预报。例如，尤立克《水声原理》表 9.1 列出的简单形状物体的目标强度就是借用雷达中用物理光学方法计算的结果 [3]。

经过不断的发展和改进，工程上应用的 Kirchhoff 近似基于两个基本假设 [4]。

假设一：散射表面可以分成亮区和影区，亮区产生声波的散射，影区不产生声波的散射。

假设二：亮区反射面的每个局部都可以看成平面，波的反射特性服从局部平面波反射规律。

这两个假设大大简化了 Helmholtz 公式，特别是第二个假设直接将表面上的 ϕ_s 和 $\partial\phi_s/\partial n$ 联系在一起，避免了解算积分方程。

考虑刚性表面的情况，两个假设导致在亮区表面上

$$\begin{cases} \phi_s = \phi_i \\ \dfrac{\partial(\phi_s + \phi_i)}{\partial n} = 0 \end{cases} \tag{3.1.6}$$

略去时间因子后入射波势函数是

$$\phi_i = \frac{A}{r_1}e^{ikr_1} \tag{3.1.7}$$

其中，A 是任意振幅。(3.1.6) 式的第一式表示刚性平面表面上入射波声压等于反射波声压，第二式表示刚性表面上振速为 0，反射波的法向振速与入射波的法向振速相互抵消。因此可以说散射波是一个虚振动源的 (再) 辐射，该源的声压等于入射波在表面上的声压，振速等于入射波在表面上振速的负值。

在远场条件下，设 $kr_1 \gg 1$，$kr_2 \gg 1$，有近似式

$$\frac{\partial\phi_s}{\partial n} = -\frac{\partial\phi_i}{\partial n} = -A\frac{ikr_1 - 1}{r_1^2}e^{ikr_1}\frac{\partial r_1}{\partial n} \approx A\frac{ik}{r_1}e^{ikr_1}\cos\theta_1 \tag{3.1.8}$$

再利用

$$\frac{\partial}{\partial n}\left(\frac{e^{ikr_2}}{r_2}\right) \approx -\frac{ik}{r_2}e^{ikr_2}\cos\theta_2 \tag{3.1.9}$$

其中，$\partial r_1/\partial n = -\cos\theta_1$，$\partial r_2/\partial n = -\cos\theta_2$，$\theta_1$，$\theta_2$ 分别是 r_1，r_2 与表面外法线的夹角。将这些结果代入 (3.1.1) 式得到

$$\phi_s(\boldsymbol{r}_2) = -\frac{ikA}{4\pi}\int_S \frac{e^{ik(r_1+r_2)}}{r_1 r_2}(\cos\theta_1 + \cos\theta_2)\,dS \tag{3.1.10}$$

这里及以后应用 Kirchhoff 近似公式时，积分面 S 都应理解为几何亮区面。对于收–发分置的情况，亮区是从 M_1 和 M_2 点同时能照射到的区域。如图 3.1.1 中 M_1 能照射到的亮区是 A_1 到 A_2，M_2 能照射到的亮区是 B_1 到 B_2，公共的亮区是 B_1 到 A_2。取目标上的参考点 O，令其到 M_1 和 M_2 点的距离分别为 r_{10} 和 r_{20}。考虑远场，可以在指数上取 $r_1=r_{10}+\Delta r_1$，$r_2=r_{20}+\Delta r_2$，分母上取 $r_1\approx r_{10}$，$r_2\approx r_{20}$，得到

$$\phi_s(\boldsymbol{r}_2)=-\frac{\mathrm{i}kA}{4\pi}\frac{\mathrm{e}^{\mathrm{i}k(r_{10}+r_{20})}}{r_{10}r_{20}}\int_S \mathrm{e}^{\mathrm{i}k(\Delta r_1+\Delta r_2)}(\cos\theta_1+\cos\theta_2)\,\mathrm{d}S \tag{3.1.11}$$

在收–发合置情况下，$r_1=r_2=r$，$r_{10}=r_{20}=r_0$，$\theta_2=\theta_1$，(3.1.10) 式变成

$$\phi_s(\boldsymbol{r})=-\frac{\mathrm{i}kA}{2\pi}\int_S \frac{\mathrm{e}^{\mathrm{i}k2r}}{r^2}\cos\theta_1\mathrm{d}S \tag{3.1.12}$$

其中，θ_1 随表面上的点而变。再考虑远场，可以在指数上取 $r=r_0+\Delta r$，分母上取 $r\approx r_0$, 得到

$$\phi_s(\boldsymbol{r})=-\frac{\mathrm{i}kA}{2\pi}\frac{\mathrm{e}^{\mathrm{i}k2r_0}}{r_0^2}\int_S \mathrm{e}^{\mathrm{i}k2\Delta r}\cos\theta_1\mathrm{d}S \tag{3.1.13}$$

因为远场中的声线 $\boldsymbol{r}$ 和 $\boldsymbol{r}_0$ 可看作平行声线，声程差可以近似为

$$\Delta r=r-r_0\approx \boldsymbol{r}_s\cdot\boldsymbol{r}_0/r_0 \tag{3.1.14}$$

其中，$\boldsymbol{r}_s$ 是面元 $\mathrm{d}S$ 的矢径。用 I 表示积分

$$I=\int_S \mathrm{e}^{\mathrm{i}k2\Delta r}\cos\theta_1\mathrm{d}S=\int_S \mathrm{e}^{2\mathrm{i}k\boldsymbol{r}_s\cdot\boldsymbol{r}_0/r_0}(\boldsymbol{n}\cdot\boldsymbol{r}_0/r_0)\,\mathrm{d}S \tag{3.1.15}$$

得到

$$\frac{\phi_s}{\phi_i}=-\frac{\mathrm{i}k}{2\pi r_0}\mathrm{e}^{\mathrm{i}2kr_0}I \tag{3.1.16}$$

按照定义，反向散射截面

$$\sigma_s=\lim_{r_0\to\infty}\left(4\pi r_0^2\left|\frac{\phi_s}{\phi_i}\right|^2\right)=\frac{k^2}{\pi}|I|^2 \tag{3.1.17}$$

利用 $k=2\pi/\lambda$，目标强度可以表示为

$$\mathrm{TS}=10\lg\frac{\sigma_s}{4\pi}=10\lg\left(\frac{1}{\lambda^2}|I|^2\right) \tag{3.1.18}$$

在收–发合置情况下，取声波入射–反射方向为 z 方向，目标的亮区在该方向占据的区域从 0 到 a。$\cos\theta_1\mathrm{d}S$ 是面元 $\mathrm{d}S$ 在声线的垂直面上的投影 $\mathrm{d}S_\perp$，$S_\perp$ 是与 z 有关的总投影面积。(3.1.15) 式可以写成

$$I=\int_0^a \mathrm{e}^{-2\mathrm{i}kz}\frac{\mathrm{d}S_\perp(z)}{\mathrm{d}z}\mathrm{d}z \tag{3.1.19}$$

此即为 Kerr 公式，广泛应用于雷达目标横截面的计算。

在收–发分置情况下由 (3.1.11) 式得到

$$\frac{\phi_{\mathrm{s}}(\boldsymbol{r}_2)}{\phi_{\mathrm{i}}(\boldsymbol{r}_1)} = -\frac{\mathrm{i}k}{2\pi r_{20}}\mathrm{e}^{\mathrm{i}kr_{20}}I_{12} \tag{3.1.20}$$

其中

$$I_{12} = \frac{1}{2}\int_S \mathrm{e}^{\mathrm{i}k(\Delta r_1+\Delta r_2)}(\cos\theta_1+\cos\theta_2)\,\mathrm{d}S \tag{3.1.21}$$

$\phi_{\mathrm{i}}(\boldsymbol{r}_1) = A\mathrm{e}^{\mathrm{i}kr_{10}}/r_{10}$ 是从源点 M_1 入射到目标的声势。按 (1.2.14) 式的定义得到 M_2 点的收–发分置双站散射截面和目标强度是

$$\sigma_{\mathrm{s}}(\boldsymbol{r}_1,\boldsymbol{r}_2) = \lim_{r_{20}\to\infty}\left(4\pi r_{20}^2\left|\frac{\phi_{\mathrm{s}}(\boldsymbol{r}_2)}{\phi_{\mathrm{i}}(\boldsymbol{r}_1)}\right|^2\right) = \frac{k^2}{\pi}|I_{12}|^2 \tag{3.1.22}$$

$$\mathrm{TS}(\boldsymbol{r}_1,\boldsymbol{r}_2) = 10\lg\left(\frac{\sigma(\boldsymbol{r}_1,\boldsymbol{r}_2)}{4\pi}\right) = 10\lg\left(\frac{1}{\lambda^2}|I_{12}|^2\right) \tag{3.1.23}$$

与 (3.1.17) 和 (3.1.18) 式相同，只要将 $|I|$ 换成 $|I_{12}|$。

物理上，Kirchhoff 近似表示面上的每一点都相当于在无限大平面障板上的简单源在 2π 立体角内辐射，所以是高频近似。原则上要求 $ka \gg 1$，a 是目标的特征尺度，如球形目标的半径或凸光滑目标的曲率半径。究竟 ka 多大可以应用 Kirchhoff 近似，将结合常见目标讨论。

假设影区对声波的散射不起作用，积分面只取亮区表面，造成积分在亮区–影区边界上不连续，边界产生虚假回波成分。这是 Kirchhoff 近似的严重缺陷，因为边界导致的虚假回波成分在实验中测量不到。另外，用于收–发分置情况时，如果 M_1 和 M_2 点对应的亮区不重叠或重叠很少，Kirchhoff 近似无法计算双站散射截面。所以这种方法不适用于分置角较大的情况。

3.2　凸光滑曲面上声散射——几何亮点概念及其数学基础

根据射线声学的观点，当声波从凸光滑曲面上散射时，到达接收点的散射波主要来自镜反射点的几何反射波。因为在镜反射点，入射声波和散射声波满足几何反射定律，$\theta_1=\theta_2$，这一点的反射波最强。与此同时，表面上其他点的镜反射波不能到达接收点，如图 3.2.1(a) 所示。显然，镜反射点与发射–接收点的空间配置有关。在收–发合置情况下，这个镜反射点就是表面法线与入射–反射方向重合的那一点，$\theta_1=\theta_2=0$，如图 3.2.1(b) 所示。在光散射的情况下，镜反射点的反射波看上去最亮，因此称为亮点 (hightlights)。在实际情况下产生强反射的可能是一个亮区。

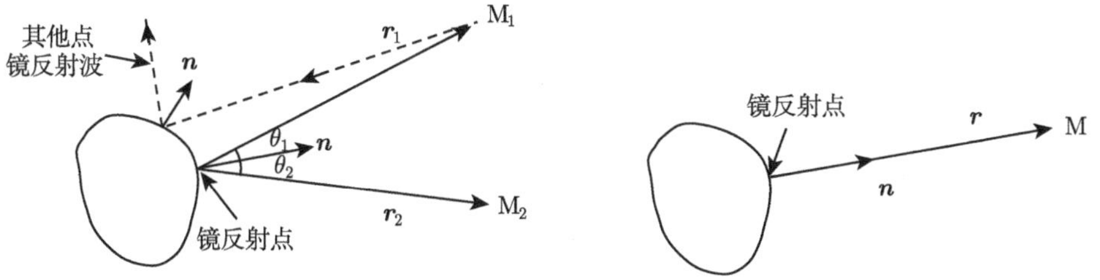

(a)收–发分置亮点,$\theta_1=\theta_2$　　(b)收–发合置亮点,$\theta_1=\theta_2=0$

图 3.2.1　凸光滑曲面上的声散射亮点

数学上，亮点的概念可以用鞍点法或稳相法积分描述。这种方法专门对形如下式的积分：

$$J=\int_a^b F(z)\,\mathrm{e}^{\mathrm{i}Mf(z)}\mathrm{d}z \tag{3.2.1}$$

计算当 M 很大以至于 $|Mf(z)|\gg 1$ 时的渐近值，其中 $F(z)$ 是 z 的慢变函数。此方法是近似计算的基本方法之一，例如，Bessel 函数在大宗量时的渐近展开式就是用这种方法导出的。在波动问题中，当归一化波数 ka 大时常导致 (3.2.1) 式的积分。

方法的基本原理如下。(3.2.1) 式的积分实际上包含下面两个积分：

$$\int_a^b F(z)\begin{Bmatrix}\cos Mf(z)\\ \sin Mf(z)\end{Bmatrix}\mathrm{d}z \tag{3.2.2}$$

当 $|Mf(z)|\gg 1$ 时，在大部分积分区域，被积函数的相位随 z 剧烈变化，积分的正负值相等而抵消。只有相位变化缓慢的区域对积分有贡献，而相位变化最缓慢的点就是满足 $\partial f(z)/\partial z=0$ 的点 z_0，这一点称为鞍点或稳相点，如图 3.2.2 所示。将函数在 z_0 附近展开有

$$\begin{aligned}f(z)&=f(z_0)+\frac{f''(z_0)}{2}(z-z_0)^2\\ F(z)&\approx F(z_0)+F'(z_0)(z-z_0)+\frac{F''(z_0)}{2}(z-z_0)^2\end{aligned} \tag{3.2.3}$$

其中，上标 ′ 和 ″ 表示对宗量的一阶和二阶导数。将 (3.2.3) 式代入 (3.2.1) 式得到积分

$$J=\mathrm{e}^{\mathrm{i}Mf(z_0)}\int_a^b\left[F(z_0)+F'(z_0)(z-z_0)+\frac{F''(z_0)}{2}(z-z_0)^2\right]\mathrm{e}^{-s(z-z_0)^2}\mathrm{d}z \tag{3.2.4}$$

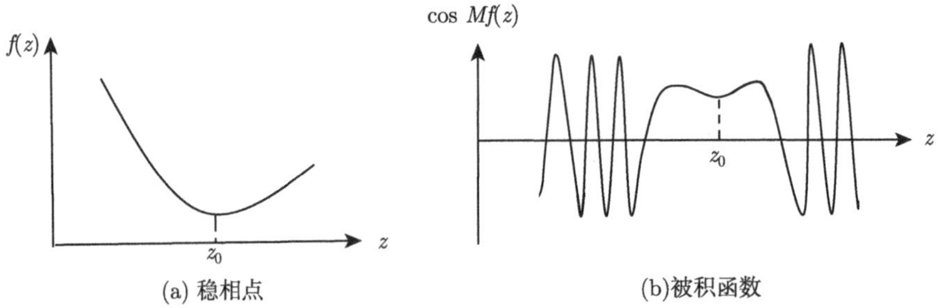

图 3.2.2　稳相点和被积函数的变化

其中，$s=-\mathrm{i}Mf''(z_0)/2$。只要 $z_0\in[a,b]$，将积分扩展到无限远对结果没有重要影响，可以取近似 $\int_a^b\approx\int_{-\infty}^{\infty}$。利用

$$\int_{-\infty}^{\infty}\mathrm{e}^{-sz^2}\mathrm{d}z=\sqrt{\pi/s},\quad \int_{-\infty}^{\infty}z\mathrm{e}^{-sz^2}\mathrm{d}z=0,\quad \int_{-\infty}^{\infty}z^2\mathrm{e}^{-sz^2}\mathrm{d}z=\frac{1}{2}\sqrt{\pi/s^3}\tag{3.2.5}$$

最终得到

$$J=\sqrt{\frac{\pi}{s}}\mathrm{e}^{\mathrm{i}Mf(z_0)}\left[F(z_0)+\frac{1}{4s}F''(z_0)\right]=\sqrt{\frac{2\pi\mathrm{i}}{Mf''(z_0)}}\mathrm{e}^{\mathrm{i}Mf(z_0)}F(z_0)\left[1+\frac{1}{4s}\frac{F''(z_0)}{F(z_0)}\right]\tag{3.2.6}$$

取一阶近似，并考虑到 $f''(z_0)$ 的符号得到

$$J\approx\sqrt{\frac{2\pi}{M|f''(z_0)|}}\mathrm{e}^{\mathrm{i}[Mf(z_0)\pm\pi/4]}F(z_0),\quad\begin{cases}\text{当 } f''(z_0)>0 \text{ 时，取 + 号}\\ \text{当 } f''(z_0)<0 \text{ 时，取 − 号}\end{cases}\tag{3.2.7}$$

将稳相法用到凸光滑曲面的回波 [5]，待求的积分是

$$I=\int_S\mathrm{e}^{\mathrm{i}k2\Delta r}\cos\theta_1\mathrm{d}S\tag{3.2.8}$$

取直角坐标系，让入射–反射方向是 z 轴，如图 3.2.3 所示。表面 S 用方程 $z=f(x,y)$ 描述。在远场情况下有

$$\Delta r=r-r_0\approx-f(x,y)$$

考虑到 $\cos\theta_1\mathrm{d}S=\mathrm{d}x\mathrm{d}y$，得到双重积分

$$I=\int_x\int_y\mathrm{e}^{-\mathrm{i}k2f(x,y)}\mathrm{d}x\mathrm{d}y\tag{3.2.9}$$

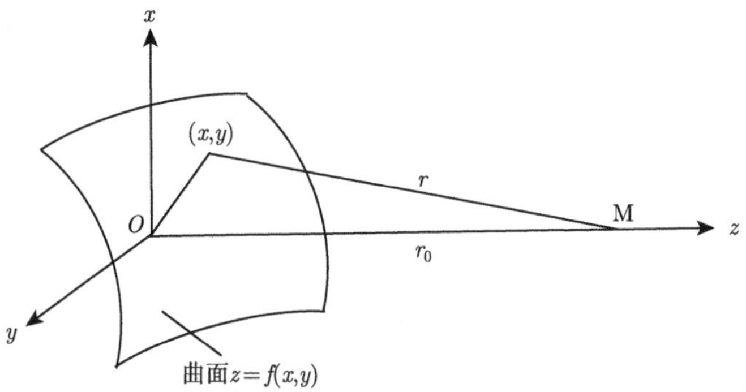

图 3.2.3 凸光滑曲面的回波计算

此积分可以用二维稳相法计算。稳相点 (x_0, y_0) 满足方程

$$\frac{\partial f(x,y)}{\partial x}=0,\quad \frac{\partial f(x,y)}{\partial y}=0 \tag{3.2.10}$$

将函数 $f(x,y)$ 在 (x_0,y_0) 附近展开，得到

$$f(x,y)=f(x_0,y_0)+\frac{1}{2!}\left[h_{11}\Delta x^2+2h_{12}\Delta x\Delta y+h_{22}\Delta y^2\right]+\cdots$$

为书写简单，已令

$$h_{11}=f''_{xx}(x_0,y_0),\quad h_{22}=f''_{yy}(x_0,y_0),\quad h_{12}=f''_{xy}(x_0,y_0)$$
$$\Delta x=x-x_0,\quad \Delta y=y-y_0$$

为避免交叉项的积分，作坐标变换

$$\Delta x=\xi_1\cos\vartheta-\xi_2\sin\vartheta,\quad \Delta y=\xi_1\sin\vartheta+\xi_2\cos\vartheta$$

得到

$$h_{11}\Delta x^2+2h_{12}\Delta x\Delta y+h_{22}\Delta y^2=\beta_{11}\xi_1^2+\beta_{22}\xi_2^2$$
$$\beta_{11}\beta_{22}=h_{11}h_{22}-h_{12}^2$$

代入 (2.2.9) 式得到积分

$$I=\mathrm{e}^{\mathrm{i}2k\Delta r_0}\int_{\xi_1}\int_{\xi_2}\mathrm{e}^{\mathrm{i}k\left(\beta_{11}\xi_1^2+\beta_{22}\xi_2^2\right)}\mathrm{d}\xi_1\mathrm{d}\xi_2\approx\frac{\pi}{-\mathrm{i}k\sqrt{\beta_{11}\beta_{22}}}\mathrm{e}^{\mathrm{i}2k\Delta r_0} \tag{3.2.11}$$

其中，$\Delta r_0=-f(x_0,y_0)$ 是稳相点 (亮点) 相对于原点的程差。根据微分几何有

$$\beta_{11}\beta_{22}=\left[\frac{\partial^2 f}{\partial x^2}\frac{\partial^2 f}{\partial y^2}-\left(\frac{\partial^2 f}{\partial x\partial y}\right)^2\right]\Bigg|_{x_0,y_0}=\frac{1}{R_1R_2} \tag{3.2.12}$$

$(R_1R_2)^{-1}$ 是凸光滑表面在稳相点的高斯曲率，R_1, R_2 是两个主曲率半径。得到

$$I \approx \frac{\pi}{-\mathrm{i}k\sqrt{\beta_{11}\beta_{22}}}\mathrm{e}^{\mathrm{i}2kz_0} = \frac{\mathrm{i}\pi\sqrt{R_1R_2}}{k}\mathrm{e}^{\mathrm{i}2k\Delta r_0} \tag{3.2.13}$$

代入 (3.1.16) 式可得

$$\frac{\phi_\mathrm{s}}{\phi_\mathrm{i}} = \frac{1}{2r_0}\sqrt{R_1R_2}\mathrm{e}^{\mathrm{i}kr_0}\mathrm{e}^{\mathrm{i}2k\Delta r_0} \tag{3.2.14}$$

目标强度

$$\mathrm{TS} = 10\lg\left(\frac{1}{\lambda^2}|I|^2\right) = 10\lg\frac{R_1R_2}{4} \tag{3.2.15}$$

所以，凸光滑曲面的目标强度取决于亮点处的两个主曲率半径。这可以解释目标曲率越大反射越强的现象。

(3.2.13) 式不适合于主曲率半径趋于无限大的情况，例如，表面是圆柱面时有一个主曲率半径是无限大。在这种情况下用稳相法计算积分时，要考虑表面上不同点的 r 之间的差别，取更精确的表示式

$$r = \sqrt{[r_0 - f(x,y)]^2 + (x^2+y^2)} \approx r_0 - f(x,y) + \frac{x^2+y^2}{2r_0}$$

$$\Delta r = r - r_0 \approx -f(x,y) + \frac{x^2+y^2}{2r_0}$$

稳相点 (x_0, y_0) 由下列方程给出：

$$\frac{\partial f(x,y)}{\partial x} - \frac{x}{r_0} = 0, \quad \frac{\partial f(x,y)}{\partial y} - \frac{y}{r_0} = 0 \tag{3.2.16}$$

这时有

$$h_{11} = f''_{xx} - \frac{1}{r_0}, \quad h_{22} = f''_{yy} - \frac{1}{r_0}, \quad h_{12} = f''_{xy}$$

$$\beta_{11}\beta_{22} = h_{11}h_{22} - h_{12}^2 = f''_{xx}f''_{yy} - f''^2_{xy} - \frac{1}{r_0}\left(f''_{xx} + f''_{yy}\right) + \frac{1}{r_0^2}$$

利用微分几何的结果

$$f''_{xx}f''_{yy} - f''^2_{xy} = \frac{1}{R_1R_2}, \quad \left(f''_{xx} + f''_{yy}\right) = \frac{R_1+R_2}{R_1R_2} \tag{3.2.17}$$

$$\beta_{11}\beta_{22} = \frac{1}{r_0^2}\left(1 - \frac{r_0}{R_1}\right)\left(1 - \frac{r_0}{R_2}\right) \tag{3.2.18}$$

考虑到凸表面两个主曲率半径都是负值，应该用绝对值表示。得到积分

$$I \approx \frac{\mathrm{i}\pi}{k\sqrt{(1 + r_0/|R_1|)(1 + r_0/|R_2|)}}\frac{1}{r_0}\mathrm{e}^{\mathrm{i}2k\left(-f(x_0,y_0) + \frac{x_0^2+y_0^2}{2r_0}\right)} \tag{3.2.19}$$

当 $r_0 \gg R_1$, $r_0 \gg R_2$ 时它退化为 (3.2.13) 式。(3.2.19) 式导致目标强度

$$\mathrm{TS} = 10\lg\frac{1}{4}\frac{|R_1R_2|}{(1+|R_1|/r_0)(1+|R_2|/r_0)} \tag{3.2.20}$$

由数学上的稳相法积分导出的亮点概念可以与衍射理论中 Fresnel 半波带方法联系起来。如图 3.2.4 所示，以发射–接收点为球心、到目标的最近距离 r_m 为半径作球面形波阵面，它与目标上最近点相切。然后半径依次增加 1/4 波长，即以 $r_\mathrm{m}+n\lambda/4\ (n=1,2,\cdots)$ 为半径作一系列波阵面。它们将目标表面分隔成一系列区域 S_n，相邻两个区域的反射波有程差 λ 或相位差 π，这些区域称为 Fresnel 半波带。整个表面的散射波由这些 Fresnel 半波带散射波叠加而成:

$$\phi_\mathrm{s} = \phi_1 - \phi_2 + \phi_3 - \cdots + \phi_n - \cdots (-1)^{N-1}\phi_N \tag{3.2.21}$$

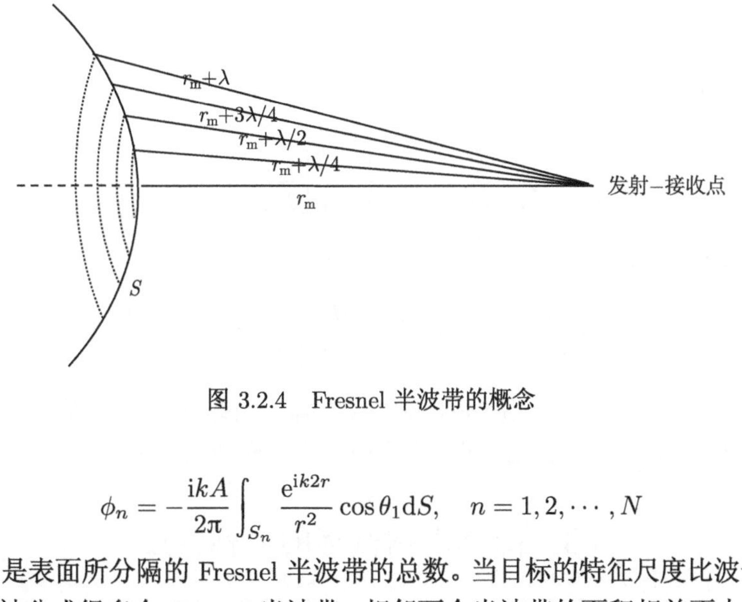

图 3.2.4 Fresnel 半波带的概念

其中

$$\phi_n = -\frac{\mathrm{i}kA}{2\pi}\int_{S_n}\frac{\mathrm{e}^{\mathrm{i}k2r}}{r^2}\cos\theta_1\mathrm{d}S,\quad n=1,2,\cdots,N \tag{3.2.22}$$

式中，N 是表面所分隔的 Fresnel 半波带的总数。当目标的特征尺度比波长大很多时，表面被分成很多个 Fresnel 半波带，相邻两个半波带的面积相差不大，其中的 $\cos\theta_1/r^2$ 也变化不大。因此可以取近似

$$\phi_n \approx \frac{1}{2}(\phi_{n-1}+\phi_{n+1}) \tag{3.2.23}$$

总散射场可以表示为

$$\phi_\mathrm{s} = \phi_1 - \frac{1}{2}(\phi_1+\phi_3) + \phi_3 - \frac{1}{2}(\phi_3+\phi_5) + \cdots \approx \frac{1}{2}\left[\phi_1 + (-1)^{N-1}\phi_N\right] \tag{3.2.24}$$

因此，总散射场等于第一个和最后一个 Fresnel 半波带的贡献之和的一半。如果目标的横向尺寸很大，最后一个半波带中的 $\theta_1 \to \pi/2$，其贡献可以忽略。于是散射声

场的主要贡献来自于第一个 Fresnel 半波带，且其中的 $\theta_1 \to 0$，得到

$$\phi_{\mathrm{s}} \approx \frac{1}{2}\phi_1 = -\frac{\mathrm{i}kA}{4\pi}\int_{S_1}\frac{\mathrm{e}^{\mathrm{i}k2r}}{r^2}\mathrm{d}S \tag{3.2.25}$$

显然，第一个 Fresnel 半波带的积分相当于稳相点附近的积分，其他相邻半波带的积分相互抵消，相当于非稳相点的积分。由此可见，在高频情况下对回波起主要作用的是第一个 Fresnel 半波带所占的区域。值得指出的是，第一个 Fresnel 半波带区域的大小与频率有关，频率越低这个区域越大。

附带指出，如果区间 $[a,b]$ 内不存在稳相点，(3.2.1) 式可以用分部积分表示，令

$$u = \frac{F(z)}{f'(z)},\quad v = \frac{1}{\mathrm{i}M}\mathrm{e}^{\mathrm{i}Mf(z)}$$

$$\mathrm{d}u = \left[\frac{F(z)}{f'(z)}\right]'\mathrm{d}z,\quad \mathrm{d}v = \mathrm{e}^{\mathrm{i}Mf(z)}f'(z)\,\mathrm{d}z$$

分部积分给出

$$I = \left.\frac{F(z)\,\mathrm{e}^{\mathrm{i}Mf(z)}}{\mathrm{i}Mf'(z)}\right|_a^b - \frac{1}{\mathrm{i}M}\int_a^b\left[\frac{F(z)}{f'(z)}\right]'\mathrm{e}^{\mathrm{i}Mf(z)}\mathrm{d}z \tag{3.2.26}$$

继续这个过程得到

$$I = \frac{\mathrm{i}}{M}\left[\frac{F(a)\,\mathrm{e}^{\mathrm{i}Mf(a)}}{f'(a)} - \frac{F(b)\,\mathrm{e}^{\mathrm{i}Mf(b)}}{f'(b)}\right] + 0\left(\frac{1}{M^2}\right) \tag{3.2.27}$$

所以如果表面不存在亮点，回波将主要由两个端点贡献，它们一般是亮区和影区的交界点或线，或几何上的棱角，可以看作另一类几何亮点。

3.3　简单声呐目标的目标强度

一个复杂的声呐目标常常可以分解成一些诸如球、椭球、圆柱、椭圆柱和棱边等简单目标的组合。由于这些目标的线型简单，有的可以直接将 Kirchhoff 近似积分 I 积出，有的可以利用稳相法结果，所以它们的目标强度具有解析表示式。

1. 刚性球

平面波从无限远处入射到半径为 a 的刚性球，问题与方位角 φ 无关。取球坐标系 (r,θ,φ) 的球心作为散射问题的参考点。入射方向与 z 轴的方向一致，只需讨论沿 z 轴的一个截面，如图 3.3.1 所示。回波就是反向 $(\theta=\pi)$ 散射波。几何关系是

$$\theta_1 = \pi - \theta,\quad \Delta r = -a\cos(\pi-\theta) = a\cos\theta$$

亮区是 $\theta=\pi/2\to\theta=\pi$。几何亮点是 $\theta=\pi$，

$$I=\int_S \mathrm{e}^{\mathrm{i}2k\Delta r}\cos\theta_1\mathrm{d}S=\int_0^{2\pi}\mathrm{d}\varphi\int_{\pi/2}^{\pi}\mathrm{e}^{\mathrm{i}2ka\cos\theta}\left(-\cos\theta\right)a^2\sin\theta\mathrm{d}\theta \tag{3.3.1}$$

令 $\zeta=\cos\theta$ 得到

$$I=2\pi a^2\int_0^{-1}\mathrm{e}^{\mathrm{i}2ka\zeta}\zeta\mathrm{d}\zeta=\frac{\mathrm{i}\pi a}{k}\left(\mathrm{e}^{-\mathrm{i}2ka}+\frac{1}{\mathrm{i}2ka}\mathrm{e}^{-\mathrm{i}2ka}-\frac{1}{\mathrm{i}2ka}\right) \tag{3.3.2}$$

相位因子反映了回波的传播途径，(3.3.2) 式表示的回波可以看作由两部分组成。第一部分是前两项之和，它们具有相同的相位因子 $-2ka$，即相对于球心有 $-2a$ 的程差，对应于球的顶点的回波。第二部分相对于球心无程差，对应于亮区与影区边界的回波，当 ka 大时其量级比第一部分要小得多。所以第一项就是几何亮点的回波，第三项是虚假回波，是人为划分的影区边界造成的。实际上并不存在边界，声波会从亮区绕行到影区。

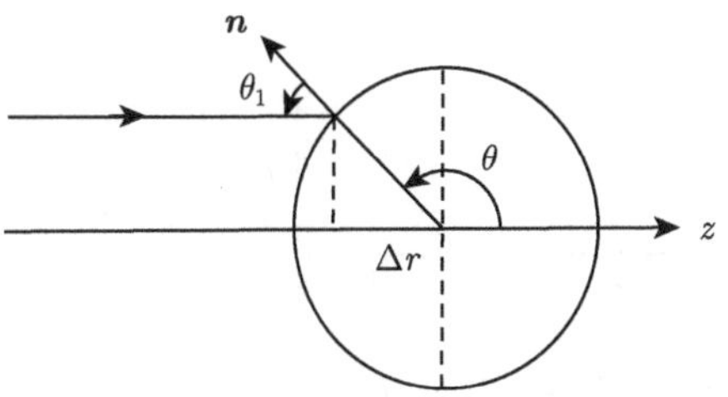

(a)球的单站散射波

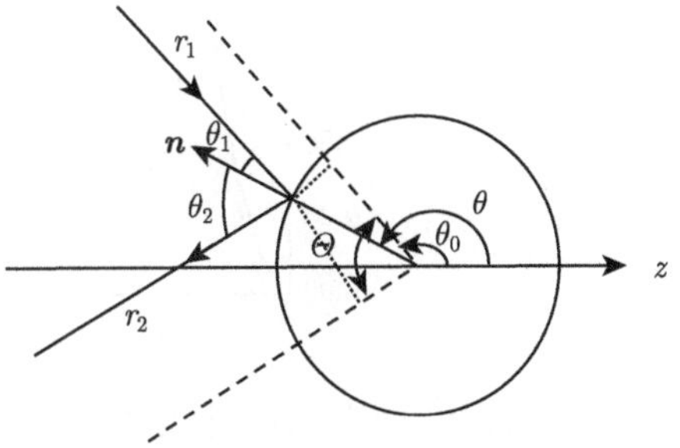

(b)球的双站散射波

图 3.3.1 刚性球的单站和双站散射波

由 (3.3.2) 式不难得到

$$\sigma_{\mathrm{s}}=\pi a^2\left[1-\frac{\sin 2ka}{ka}+\frac{\sin^2 ka}{(ka)^2}\right] \tag{3.3.3}$$

当 $ka\to\infty$ 时 $\sigma_{\mathrm{s}}\to\pi a^2$。因此，在高频极限时球的散射截面等于它的横截面，

$$\mathrm{TS}\to 10\lg\left(a^2/4\right) \tag{3.3.4}$$

上面的结果从 Kerr 公式也容易得到。球沿入射–反射方向的任一横截面都是圆，半径等于 $\sqrt{a^2-(a-z)^2}=\sqrt{2az-z^2}$，于是有

$$S_{\perp}(z)=\pi\left(2az-z^2\right),\quad \mathrm{d}S_{\perp}(z)/\mathrm{d}z=2\pi(a-z)$$

代入 (3.1.19) 式得到与 (3.3.2) 式完全相同的结果：

$$I=\frac{2\pi}{(2\mathrm{i}k)^2}\left(\mathrm{e}^{-2\mathrm{i}ka}+2\mathrm{i}ka-1\right) \tag{3.3.5}$$

图 3.3.2 给出用 Kirchhoff 近似计算的刚性球反向散射截面与严格的 Rayleigh 简正级数解比较。由图可见，在 $ka \geqslant 2\pi$ 的几何光学区，Kirchhoff 近似与严格解在数值上接近。随着 ka 的增加两者越来越接近并趋于 $\sigma_\mathrm{s}/(\pi a^2)=1$。但是，起伏周期始终不一致，说明 Kirchhoff 近似与严格解在相位上的差异。由此可见，Kirchhoff 近似计算出的回波相位是不准确的。在 Rayleigh 区，Kirchhoff 近似与严格解有很大差别，这种近似在 Rayleigh 区不适用。

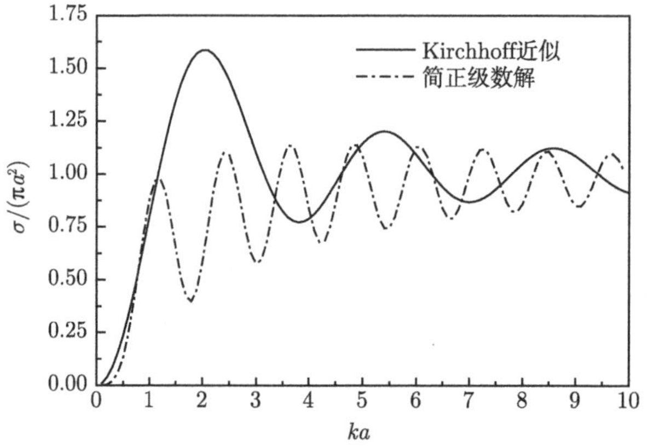

图 3.3.2　刚性球反向散射截面 Kirchhoff 近似与 Rayleigh 简正级数解比较

有时候要计算刚性球的双站散射波，不失一般性，让 z 轴处在入射–反射声线的角平分线上，分置角是 $\Theta=2(\pi-\theta_0)$，如图 3.3.1(b) 所示。这时有

$$\theta_1=\theta-\theta_0,\quad \theta_2=\Theta-\theta_1=2\pi-(\theta+\theta_0)$$
$$\Delta r_1=r_1-r_{10}=-a\cos\theta_1=-a\cos(\theta_0-\theta),\quad \Delta r_2=-a\cos\theta_2=-a\cos(\theta_0+\theta)$$

代入 (3.1.21) 式得到

$$I_{12}=\int_0^{2\pi}\mathrm{d}\varphi\int_{\pi/2+\theta_0}^{\pi}\mathrm{e}^{-\mathrm{i}2ka\cos\theta_0\cos\theta}\cos\theta_0\cos\theta a^2\sin\theta\mathrm{d}\theta \tag{3.3.6}$$

对 θ 的积分下限是由入射–反射声线共同的亮区决定的，如图所示的情况，积分下限对应的半径与 r_2 垂直，角度是 $\pi/2+\theta_0$。令 $\zeta=\cos\theta$ 得到

$$I_{12}=-2\pi a^2\cos\theta_0\int_{-\sin\theta_0}^{-1}\mathrm{e}^{-\mathrm{i}2ka\cos\theta_0\zeta}\zeta\mathrm{d}\zeta$$

$$=\mathrm{i}\frac{\pi a}{k}\left(\mathrm{e}^{\mathrm{i}2ka\cos\theta_0}+\frac{\mathrm{e}^{\mathrm{i}2ka\cos\theta_0}}{\mathrm{i}2ka\cos\theta_0}-\sin\theta_0\mathrm{e}^{\mathrm{i}2ka\cos\theta_0\sin\theta_0}-\frac{\mathrm{e}^{\mathrm{i}2ka\cos\theta_0\sin\theta_0}}{\mathrm{i}2ka\cos\theta_0}\right)\tag{3.3.7}$$

前两项由积分上限导出，反映亮点 $\theta=\pi$ 的贡献，后两项由积分下限导出，反映影区边界 $\theta=\pi/2+\theta_0$ 的贡献。删去影区边界产生的虚假成分，当 $ka\gg 1$ 时得到

$$I_{12}\approx \mathrm{i}\frac{\pi a}{k}\mathrm{e}^{\mathrm{i}2ka\cos\theta_0}=\mathrm{i}\frac{\pi a}{k}\mathrm{e}^{-\mathrm{i}2ka\cos(\Theta/2)}\tag{3.3.8}$$

当 $\theta_0\to\pi$ 或分置角 $\Theta\to 0$ 时

$$I_{12}\to \mathrm{i}\frac{\pi a}{k}\mathrm{e}^{-\mathrm{i}2ka}\tag{3.3.9}$$

其值等于单站情况的 I。将 (3.3.8) 式代入 (3.1.20) 式得到

$$\frac{\phi_r(\boldsymbol{r}_2)}{\phi_{\mathrm{i}}(\boldsymbol{r}_1)}\approx -\frac{a}{2}\frac{\mathrm{e}^{\mathrm{i}kr_{20}}}{r_{20}}\mathrm{e}^{-\mathrm{i}2ka\cos(\Theta/2)}\tag{3.3.10}$$

按定义

$$\sigma_{\mathrm{s}}(\boldsymbol{r}_1,\boldsymbol{r}_2)\approx \pi a^2\tag{3.3.11}$$

2. 圆板

由图 3.3.3，不失一般性，设入射声线处在 xz 平面内。圆板上任何一点的极坐标是 (r_{s},φ)，入射声线到达面元 $\mathrm{d}S$ 与圆心的程差 $\Delta r=-r_{\mathrm{s}}\cos\alpha,\alpha$ 是中心声线与矢量 $\boldsymbol{r}_{\mathrm{s}}$ 的夹角。入射声线的方向余弦是 $(\sin\theta,\ 0,\ \cos\theta)$，矢量 $\boldsymbol{r}_{\mathrm{s}}$ 的方向余弦是 $(\cos\varphi,\ \sin\varphi,\ 0)$，两者点乘就得夹角余弦 $\cos\alpha=\sin\theta\cos\varphi$。积分

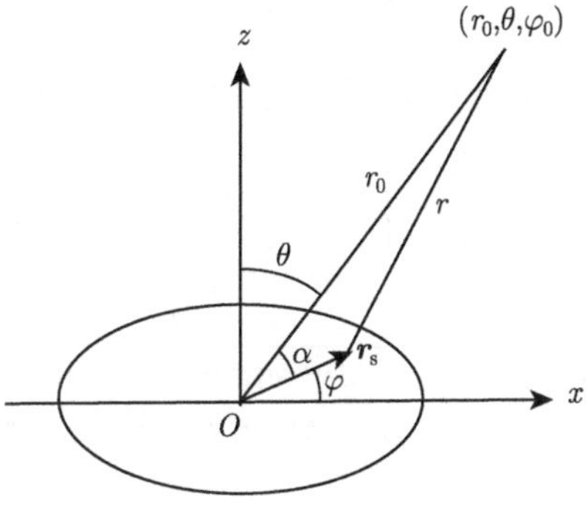

图 3.3.3 圆板的回波

$$I=\int_S \mathrm{e}^{\mathrm{i}2k\Delta r}\cos\theta\mathrm{d}S=\int_0^{2\pi}\mathrm{d}\varphi\int_0^a \mathrm{e}^{-2\mathrm{i}kr_{\mathrm{s}}\sin\theta\cos\varphi}\cos\theta\, r_{\mathrm{s}}\mathrm{d}r_{\mathrm{s}}$$

利用积分公式 (2.4.12) 得到

$$I=\pi a^2\cos\theta\frac{2\mathrm{J}_1(\xi)}{\xi},\quad \xi=2ka\sin\theta$$

又可以写成

$$I=\frac{\lambda a}{2\tan\theta}\mathrm{J}_1(\xi)=\frac{\lambda a}{4\tan\theta}\left[\mathrm{H}_1^{(1)}(\xi)+\mathrm{H}_1^{(2)}(\xi)\right]\tag{3.3.12}$$

当 $\beta \gg 1$ 时，将 Hankel 函数作渐近展开，得到

$$I=\frac{\lambda a}{4\tan\theta}\sqrt{\frac{2}{\pi\xi}}\left[\mathrm{e}^{\mathrm{i}\xi}\mathrm{e}^{-\mathrm{i}3\pi/4}+\mathrm{e}^{-\mathrm{i}\xi}\mathrm{e}^{\mathrm{i}3\pi/4}\right] \tag{3.3.13}$$

根据相位因子，回波可以看作由两个几何亮点回波叠加而成，这两个亮点是入射声线与 z 轴所组成的平面在圆板边缘的两个交点，较远的点相对于原点的声程差是 $2a\sin\theta$，较近的点相对于原点的声程差是 $-2a\sin\theta$。值得注意的是，相位因子中除了声程差引起的变化外还有固定的因子 $\pm3\pi/4$，它可以看作声波在亮点反射时产生的相位跳变。两个亮点的相位跳变不同。散射截面是

$$\sigma_{\mathrm{s}}=4\pi\left(\frac{\pi a^2}{\lambda}\right)^2\left[\frac{2\mathrm{J}_1(\xi)}{\xi}\right]^2\cos^2\theta \tag{3.3.14}$$

3. 矩形板

由图 3.3.4，取直角坐标系，x 和 y 轴分别平行于矩形板的两边。讨论一般情况，入射声线既不在 xOz 平面也不在 yOz 平面，与 z 轴夹角为 θ，所在平面有极角 φ。入射声线在球坐标中的方向余弦是 $(\sin\theta\cos\varphi_0,\sin\theta\sin\varphi_0,\cos\theta)$，板面上任意一点的方向余弦是 $(\cos\varphi,\sin\varphi,0)$，因此得到

$$\Delta r=r_{\mathrm{s}}(\sin\theta\cos\varphi_0\cos\varphi+\sin\theta\sin\varphi_0\sin\varphi)=x\sin\theta\cos\varphi_0+y\sin\theta\sin\varphi_0$$

$$\begin{aligned}I&=\int_{-L_x/2}^{L_x/2}\int_{-L_y/2}^{L_y/2}\mathrm{e}^{\mathrm{i}2k(x\sin\theta\cos\varphi_0+y\sin\theta\sin\varphi_0)}\cos\theta\mathrm{d}x\mathrm{d}y\\&=-\frac{\cos\theta}{4k^2\sin^2\theta\cos\varphi_0\sin\varphi_0}\left(\mathrm{e}^{\mathrm{i}kL_x\sin\theta\cos\varphi_0}-\mathrm{e}^{-\mathrm{i}kL_x\sin\theta\cos\varphi_0}\right)\\&\quad\times\left(\mathrm{e}^{\mathrm{i}kL_y\sin\theta\sin\varphi_0}-\mathrm{e}^{-\mathrm{i}kL_y\sin\theta\sin\varphi_0}\right)\end{aligned}$$

根据相位因子，斜入射情况下矩形板的回波存在四个几何亮点，它们正是板的四个棱角，因此对应的回波称为棱角波。计算目标强度时写成

$$I=\cos\theta L_xL_y\frac{\sin(kL_x\sin\theta\cos\varphi_0)}{kL_x\sin\theta\cos\varphi_0}\frac{\sin(kL_y\sin\theta\sin\varphi_0)}{kL_y\sin\theta\sin\varphi_0} \tag{3.3.15a}$$

当 $\varphi_0=0$ 时简化为

$$I=L_xL_y\cos\theta\frac{\sin(kL_x\sin\theta)}{kL_x\sin\theta} \tag{3.3.15b}$$

进一步得到散射截面

$$\sigma_{\mathrm{s}}=4\pi\left(\frac{L_xL_y}{\lambda^2}\right)\left[\frac{\sin(kL_x\sin\theta)}{kL_x\sin\theta}\right]^2\cos^2\theta \tag{3.3.16}$$

(3.3.14) 和 (3.3.16) 式的结果与尤立克《水声原理》表 9.1 的结果相同 [3]。

4. **有限长圆柱** [6]

当平面声波从无限远入射到有限长圆柱时，照射到的亮区包括圆柱的上端面和圆柱体的半侧面，如图 3.3.5 所示。设端面圆板的贡献是 I_1，圆柱侧面的贡献是 I_2。

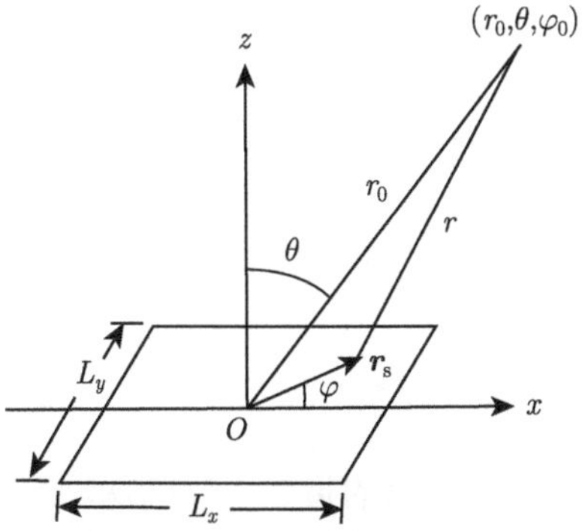

图 3.3.4　矩形板的回波

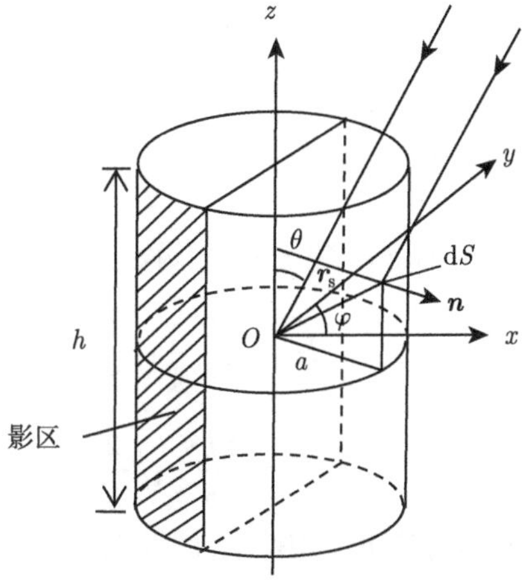

图 3.3.5　有限长圆柱面散射

将坐标原点取在圆柱的中心。仍设入射声线处在 xOz 平面内，其方向余弦是 $(\sin\theta, 0, \cos\theta)$，圆柱上面元 $\mathrm{d}S$ 的矢径是 $(a\cos\varphi, a\sin\varphi, z)$，斜距 $r_{\mathrm{s}} = \sqrt{a^2+z^2}$，$\varphi$ 是方位角，亮区 $\varphi = -\pi/2 \sim \pi/2$。不难求得程差 $\Delta r = a\sin\theta\cos\varphi + z\cos\theta$。另外，因法线 $\boldsymbol{n}$ 的方向余弦是 $(\cos\varphi, \sin\varphi, 0)$，所以法线与声线的夹角余弦 $\cos\theta_1 = \sin\theta\cos\varphi$。

端面圆板的回波可以利用前面结果，只要加上圆板中心相对圆柱中心回波的相位差，得到

$$I_1 = \frac{\lambda a}{2\tan\theta}\mathrm{J}_1(2ka\sin\theta)\,\mathrm{e}^{-\mathrm{i}kL\cos\theta} = \frac{2\pi a^2}{kh}\frac{\gamma}{\xi}\mathrm{J}_1(\xi)\,\mathrm{e}^{-\mathrm{i}\gamma} \tag{3.3.17}$$

其中，$\xi = 2ka\sin\theta$，$\gamma = kh\cos\theta$。另外，再计算圆柱侧面的贡献

$$I_2 = \int_{-\pi/2}^{\pi/2}\int_{-h/2}^{h/2}\mathrm{e}^{\mathrm{i}\xi\cos\varphi}\mathrm{e}^{\mathrm{i}2kz\cos\theta}\sin\theta\cos\varphi a\mathrm{d}\varphi\mathrm{d}z = a\sin\theta\, I_{21}I_{22}$$

其中

$$I_{21}/2 = \int_0^{\pi/2}\mathrm{e}^{\mathrm{i}\xi\cos\varphi}\cos\varphi\mathrm{d}\varphi = 1 - \frac{\pi}{2}\mathrm{S}_1(\xi) + \mathrm{i}\frac{\pi}{2}\mathrm{J}_1(\xi)$$

$$\mathrm{S}_1(\xi) = \frac{2\xi}{\pi}\int_0^{\pi/2}\sin(\xi\cos\varphi)\sin^2\varphi\mathrm{d}\varphi$$

是一阶 Struve 函数 [7]，

$$\mathrm{J}_1(\xi)=\frac{2\xi}{\pi}\int_0^{\pi/2}\cos(\xi\cos\varphi)\sin^2\varphi\mathrm{d}\varphi$$

是一阶 Bessel 函数。

$$I_{22}=\int_{-h/2}^{h/2}\mathrm{e}^{\mathrm{i}2kz\cos\theta}\mathrm{d}z=h\frac{\sin\gamma}{\gamma}$$

I_{21} 和 I_{22} 合成

$$I_2=\frac{\pi h}{2k}\frac{\sin\gamma}{\gamma}\xi\left[\frac{2}{\pi}-\mathrm{S}_1(\xi)+\mathrm{i}\mathrm{J}_1(\xi)\right] \tag{3.3.18}$$

利用 Bessel 和 Struve 函数在 $\xi\gg 1$ 时的渐近展开式得到

$$I_1=\frac{\pi a^2}{kh}\frac{\gamma}{\xi}\sqrt{\frac{2}{\pi\xi}}\left[\mathrm{e}^{-\mathrm{i}(\xi+\gamma-3\pi/4)}+\mathrm{e}^{-\mathrm{i}(\gamma-\xi+3\pi/4)}\right] \tag{3.3.19}$$

$$I_2=\frac{\pi h}{4k}\frac{\xi}{\gamma}\sqrt{\frac{2}{\pi\xi}}\left[\mathrm{e}^{-\mathrm{i}(\xi+\gamma-3\pi/4)}-\mathrm{e}^{-\mathrm{i}(\xi-\gamma-3\pi/4)}\right] \tag{3.3.20}$$

从相位因子可以看出，I_1 的两项表示圆端面的两个亮点的贡献，I_2 的两项表示圆柱侧面两个亮点的贡献，其中第一个亮点是侧面的上端，其相位因子与圆端面的一个相同，两者可以合为一个，第二个亮点是侧面的下端。这样，有限长圆柱面可以看作由三个亮点构成。

5. 旋转椭球面

由椭圆绕轴旋转形成的表面称为旋转椭球面，旋转椭球面可以用来近似潜艇艇体的艏部、舯部、声呐导流罩等。对于旋转椭球面，照射区域随入射方向的变化很复杂，无法直接积出 I。但是无论声波以什么角度入射，表面上总存在一个镜反射点，因此可以用稳相法作近似计算。

取入射声线和旋转轴 (设为 x 轴) 所构成的平面为 xy 平面，x 为椭圆的长轴方向、y 为短轴方向，入射声线与 x 轴夹角为 φ，如图 3.3.6 所示。绕 x 轴旋转椭球面满足

$$\text{标准方程}\ \frac{x_0^2}{a^2}+\frac{y_0^2}{b^2}+\frac{z_0^2}{b^2}=1\quad\text{或}\quad\text{参数方程}\begin{cases}x_0=a\cos u\\ y_0=b\sin u\cos v\\ z_0=b\sin u\sin v\end{cases} \tag{3.3.21a}$$

其中，a 为长半轴，b 为短半轴。入射声线所在的 $z_0=0$(对应 $v=0$) 平面上的椭圆满足

$$\text{标准方程}\ \frac{x_0^2}{a^2}+\frac{y_0^2}{b^2}=1\quad\text{或}\quad\text{参数方程}\begin{cases}x_0=a\cos u\\ y_0=b\sin u\end{cases} \tag{3.3.21b}$$

矢径 $r_\mathrm{s}=\sqrt{x_0^2+y_0^2}=\sqrt{a^2\cos^2 u+b^2\sin^2 u}$，方位角 α 满足 $\tan\alpha=y_0/x_0=\varepsilon\tan u$，$\varepsilon=b/a\leqslant 1$。椭圆上任意一点的切线方程是

$$\frac{x_0 x}{a^2}+\frac{y_0 y}{b^2}=1$$

取切线上任意两点 $(x_1,y_1),(x_2,y_2)$，容易得到

$$\tan\beta=\frac{-(x_1-x_2)}{(y_1-y_2)}=\frac{a^2}{b^2}\tan\alpha=\frac{1}{\varepsilon}\tan u \quad 或 \quad \tan\alpha=\varepsilon^2\tan\beta \tag{3.3.22}$$

角度 β 如图 3.3.6 所示。令亮点所对应的量是 β_0, α_0 和 u_0。由图示几何关系立即可得亮点 $\beta_0=\varphi$。

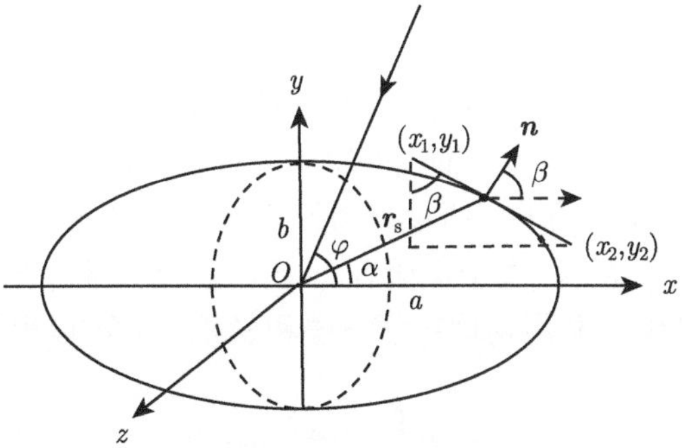

图 3.3.6 旋转椭球面回波

利用稳相法积分 (3.2.13) 式计算镜反射回波

$$I\approx\frac{\mathrm{i}\pi}{k}\sqrt{R_1R_2}\mathrm{e}^{\mathrm{i}2k\Delta r_0}$$

其中，R_1, R_2 是亮点处的两个主曲率半径，Δr_0 是亮点相对于中心 O 的声程差。微分几何给出旋转椭球面的高斯曲率

$$(R_1R_2)^{-1}=\frac{a^2}{\left(b^2\cos^2 u+a^2\sin^2 u\right)^2} \tag{3.3.23}$$

亮点相对于中心的程差是

$$\Delta r_0=-r_\mathrm{s}\cos(\varphi-\alpha_0)=-\sqrt{a^2\cos^2 u_0+b^2\sin^2 u_0}\cos(\varphi-\alpha_0)$$

因此得到

$$I=\mathrm{i}\frac{\pi}{k}\frac{b^2\cos^2 u_0+a^2\sin^2 u_0}{a}\mathrm{e}^{-2\mathrm{i}k\sqrt{a^2\cos^2 u_0+b^2\sin^2 u_0}\cos(\varphi-\alpha_0)} \tag{3.3.24}$$

其中

$$\tan u_0 = \varepsilon \tan\varphi, \quad \tan\alpha_0 = \varepsilon^2 \tan\varphi \tag{3.3.25}$$

实际上利用这两个关系可证

$$\Delta r_0 = -\sqrt{a^2\cos^2\varphi + b^2\sin^2\varphi}$$

最后得到

$$I = \mathrm{i}\frac{\pi}{k}\frac{b^2\cos^2 u_0 + a^2\sin^2 u_0}{a}\mathrm{e}^{-2\mathrm{i}k\sqrt{a^2\cos^2\varphi+b^2\sin^2\varphi}} \tag{3.3.26}$$

当长轴和短轴相等即 $a=b$，$\varepsilon=1$ 时，得到球面的相应值

$$I = (\mathrm{i}\pi a/k)\,\mathrm{e}^{-2\mathrm{i}ka}$$

6. 有限长椭圆柱面

有限长椭圆柱可以近似一类最简单的指挥台围壳。如图 3.3.7 所示，椭圆长半轴 a 沿 x 方向，短半轴 b 沿 y 方向, 侧面高 h 沿 z 方向。只讨论与 z 方向垂直入射的情况，声线处在 xy 截面内，所以只需计算侧面的回波，几何关系与图 3.3.6 相同，入射角用方位角 φ 表示。每个截面有一个亮点，整个椭圆柱面形成一条沿 z 方向的亮线 (见图中粗线)。利用物理声学方法和稳相积分可以得到亮线产生的回波。现在

$$I = h\int_l \mathrm{e}^{2\mathrm{i}k\Delta r}\cos\theta\mathrm{d}l \tag{3.3.27}$$

其中，l 是处于亮区的椭圆弧段。为了进行稳相积分，利用 $\tan\alpha = \varepsilon\tan u$ 将有关的量只用参数 u 表示：

$$\Delta r = -r_{\mathrm{s}}\cos(\varphi-\alpha) = -a\cos u\,(\cos\varphi + \varepsilon\tan u\sin\varphi)$$

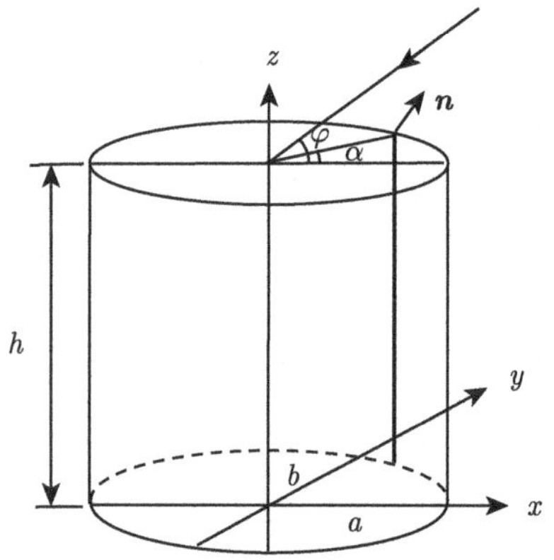

图 3.3.7　有限长椭圆柱面回波

面元 $\mathrm{d}l$ 法线 $\boldsymbol{n}$ 的方向余弦是 $(\cos\beta,\sin\beta)$，所以法线与声线的夹角余弦

$$\cos\theta=(\cos\beta,\sin\beta)\cdot(\cos\varphi,\sin\varphi)=\cos(\varphi-\beta)$$

弧长

$$\mathrm{d}l=\sqrt{(\mathrm{d}x_0)^2+(\mathrm{d}y_0)^2}=\sqrt{a^2\sin^2u+b^2\cos^2u}\mathrm{d}u$$

得到

$$I=h\int_u \mathrm{e}^{2\mathrm{i}k\Delta r}\cos(\varphi-\beta)\sqrt{a^2\sin^2u+b^2\cos^2u}\mathrm{d}u \tag{3.3.28}$$

其中的 β 暂时保留。为确定稳相点，计算

$$\frac{\partial\Delta r}{\partial u}=a\sin u\cos\varphi-a\varepsilon\sin\varphi\cos u$$

由 $\partial\Delta r/\partial u|_{u_0}=0$ 得到稳相点 u_0 满足 $\tan u_0=\varepsilon\tan\varphi$，对应的 $\beta_0=\varphi$，与几何上确定的值一致。进一步计算

$$\frac{\partial^2\Delta r}{\partial u^2}=a\cos u\cos\varphi+a\varepsilon\sin\varphi\sin u$$

取稳相点的值得到

$$\Delta r_0=-\sqrt{a^2\cos^2\varphi+b^2\sin^2\varphi}$$

$$\left.\frac{\partial^2\Delta r}{\partial u^2}\right|_{u_0}=\sqrt{a^2\cos^2\varphi+b^2\sin^2\varphi}$$

$$\sqrt{a^2\sin^2u_0+b^2\cos^2u_0}=\frac{ab}{\sqrt{a^2\cos^2\varphi+b^2\sin^2\varphi}}$$

代入一维稳相法公式 (3.2.7) 得到

$$I=\sqrt{\frac{\pi}{k}}\frac{hab}{\left(a^2\cos^2\varphi+b^2\sin^2\varphi\right)^{3/4}}\mathrm{e}^{-\mathrm{i}2k\sqrt{a^2\cos^2\varphi+b^2\sin^2\varphi}+\mathrm{i}\pi/4} \tag{3.3.29}$$

从本节讨论的这些简单目标的回波可以归纳出两类几何亮点。一类是凸光滑曲面，如球面、椭球面上的亮点。它是物理上的镜反射点，对应于数学上的稳相点。这类亮点强度大，对目标回波起主要作用。另一类是边缘和棱角产生的亮点，如矩形板的四个棱角。这类亮点强度弱，只有当不存在镜反射亮点时才对回波起重要作用。凸光滑曲面上的亮点位置随入射角变化，称为可移动亮点。棱角亮点的位置就是棱角的几何位置，不随入射角变化，称为固定亮点。

对于复杂形状的目标，Kirchhoff 近似的表面积分无法直接积出，这时可以采用数值积分进行计算，但是当 ka 较大时面积元的数目很大，通常的数值积分计算工作量很大。一种称为板块元的方法专门用来计算 (3.1.15) 式的面积分，在雷达和声呐技术中得到广泛应用，详见第 7 章。

3.4 物理声学方法的推广应用

由于物理声学方法的简单实用性，这种方法在雷达和声呐目标特性的分析中得到极其广泛的应用。有关目标回波的早期研究主要集中在提高和改进物理声学方法的计算上。

1. 非刚性表面的情况

物理声学方法原始导出的情况是刚性表面的声散射，但是对于水中目标声散射问题，水和固体界面常常不能看作刚性表面。例如，厚为几毫米的舰艇外壳在 10kHz 以上的高频时反射系数接近于 1，但是随着频率的降低，反射系数越来越偏离 1，表面特性越来越偏离刚性。此外，为了隐身，某些水中目标的外壳用塑料或玻璃钢制造，或者在金属表面敷设吸声覆盖层。在这些情况下，表面反射系数依赖于频率和入射角。因此，非刚性表面的情况有实际意义。文献 [8] 将物理声学方法推广到非刚性表面。

Kirchhoff 近似的核心是表面局部平面波近似，对于非理想反射面，如果表面上的声压及其法向导数仍可以用无限大平面上的平面波反射系数和声阻抗联系起来，就很容易将 Kirchhoff 近似推广到非刚性表面。

假设表面的反射系数是 $V(\theta)$，面声阻抗是 Z，在亮区中存在关系式

$$\left\{\begin{array}{l}\phi_{\mathrm{s}}=V(\theta_1)\,\phi_{\mathrm{i}}\\ \dfrac{\mathrm{i}\omega\rho_0(\phi_{\mathrm{i}}+\phi_{\mathrm{s}})}{\partial(\phi_{\mathrm{i}}+\phi_{\mathrm{s}})/\partial n}=-Z\end{array}\right. \tag{3.4.1}$$

用这个条件取代刚性表面条件，从 (3.1.1) 式得到

$$\phi_{\mathrm{s}}=\frac{1}{4\pi}\int_S\left\{V(\theta_1)\,\phi_{\mathrm{i}}\frac{\partial}{\partial n}\left(\frac{\mathrm{e}^{\mathrm{i}kr_2}}{r_2}\right)+\left[\frac{\mathrm{i}\omega\rho_0}{Z}(1+V(\theta_1))\,\phi_{\mathrm{i}}+\frac{\partial\phi_{\mathrm{i}}}{\partial n}\right]\frac{\mathrm{e}^{\mathrm{i}kr_2}}{r_2}\right\}\mathrm{d}S \tag{3.4.2}$$

利用前面已经得到的近似式 (3.1.8) 和 (3.1.9)，得到

$$\phi_{\mathrm{s}}=-\frac{\mathrm{i}kA}{4\pi}\int_S\frac{\mathrm{e}^{\mathrm{i}k(r_1+r_2)}}{r_1r_2}\left\{V(\theta_1)\cos\theta_2+\cos\theta_1-\frac{\rho_0c}{Z}[1+V(\theta_1)]\right\}\mathrm{d}S \tag{3.4.3}$$

在无限大平面界面上，无论界面多么复杂，平面波反射系数与表面声阻抗总可以用下式联系：

$$\frac{\rho_0c/\cos\theta_1}{Z}=\frac{1-V(\theta_1)}{1+V(\theta_1)} \tag{3.4.4}$$

将此关系式代入 (3.4.3) 式得到

$$\phi_{\mathrm{s}}=-\frac{\mathrm{i}kA}{4\pi}\int_S\frac{\mathrm{e}^{\mathrm{i}k(r_1+r_2)}}{r_1r_2}V(\theta_1)(\cos\theta_1+\cos\theta_2)\,\mathrm{d}S \tag{3.4.5}$$

在收–发合置情况下简化为

$$\phi_{\mathrm{s}}=-\frac{\mathrm{i}kA}{2\pi}\int_S\frac{\mathrm{e}^{\mathrm{i}2kr}}{r^2}V\left(\theta_1\right)\cos\theta_1\mathrm{d}S \tag{3.4.6}$$

或

$$\frac{\phi_{\mathrm{s}}}{\phi_{\mathrm{i}}}=-\frac{\mathrm{i}k}{2\pi r_0}\mathrm{e}^{\mathrm{i}kr_0}\int_S\mathrm{e}^{\mathrm{i}2k\Delta r}V\left(\theta_1\right)\cos\theta_1\mathrm{d}S \tag{3.4.7}$$

与刚性表面的结果相比，如果 S 面上的反射系数 $V\left(\theta_1\right)$ 是位置的缓变函数，应用稳相法时积分中多一个因子 $V\left(\theta_0\right)$，θ_0 是稳相点对应的角度。在收–发分置情况下，θ_0 就是几何镜反射角，在收–发合置情况下，稳相点处的声线与表面的法线重合，$\theta_0=0°$。因此得到

$$\mathrm{TS}=\mathrm{TS}_0+20\lg\left|V\left(0°\right)\right| \tag{3.4.8}$$

因为 $\left|V\left(0°\right)\right|\leqslant 1$，所以 $\mathrm{TS}\leqslant\mathrm{TS}_0$，$\mathrm{TS}_0$ 是刚性表面的目标强度。

当目标表面敷设吸声覆盖层时，如果能够提供贴和未贴覆盖层的表面反射系数曲线就可以用这种方法评估覆盖层的效果 —— 回声降低。

2. 目标处在界面附近的情况

另外一种常见的实际情况是目标处于界面附近，例如，水面舰船的声呐回波是目标处在水面附近的情况，沉底水雷的回波是目标处在海底沉积层附近的情况。文献 [9] 将物理声学方法推广到界面附近的情况。

存在界面且散射体与界面不接触的情况下散射问题的 Helmholtz 公式仍可以表示成

$$\phi_{\mathrm{s}}\left(\boldsymbol{r}_0,\boldsymbol{r}\right)=\frac{1}{4\pi}\int_S\left[\phi_{\mathrm{s}}\left(\boldsymbol{r}_0,\boldsymbol{r}_{\mathrm{s}}\right)\frac{\partial G\left(\boldsymbol{r},\boldsymbol{r}_{\mathrm{s}}\right)}{\partial n}-G\left(\boldsymbol{r},\boldsymbol{r}_{\mathrm{s}}\right)\frac{\partial\phi_{\mathrm{s}}\left(\boldsymbol{r}_0,\boldsymbol{r}_{\mathrm{s}}\right)}{\partial n}\right]\mathrm{d}S \tag{3.4.9}$$

但这时无界空间中的 Green 函数要改为有界面时的 Green 函数。作为最简单的情况，只考虑一个界面，如图 3.4.1 所示。$G\left(\boldsymbol{r},\boldsymbol{r}_{\mathrm{s}}\right)$ 应该取半无限空间中的 Green 函数：

$$G\left(\boldsymbol{r},\boldsymbol{r}_{\mathrm{s}}\right)=\frac{\mathrm{e}^{\mathrm{i}kr_1}}{r_1}+V\left(\theta_0\right)\frac{\mathrm{e}^{\mathrm{i}kr_2}}{r_2} \tag{3.4.10}$$

其中，$r_1=\sqrt{L^2+(H-h)^2}$ 是源点到 $\boldsymbol{r}_{\mathrm{s}}$ 点的直达距离，$r_2=\sqrt{L^2+(H+h)^2}$ 是虚源到 $\boldsymbol{r}_{\mathrm{s}}$ 点的距离，$V\left(\theta_0\right)$ 是平面波从界面的反射系数。对于刚性界面 $V=1$，对于绝对软界面 $V=-1$。在这两种情况下 Green 函数是严格的。对于非绝对界面，(3.4.10) 式只是近似形式，因为它忽略了界面上激发的各种表面波。

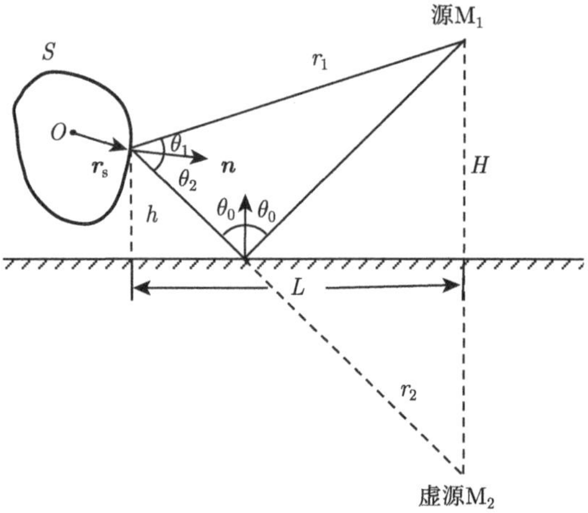

图 3.4.1　半无限空间 Green 函数

假设目标刚硬，在目标被照射的表面，入射和散射势函数满足 (3.1.2) 式。这时入射声波包括直达波和界面反射波：

$$\phi_{\mathrm{i}}\left(\boldsymbol{r}_{\mathrm{s}}\right)=\frac{\mathrm{e}^{\mathrm{i}kr_1}}{r_1}+V\left(\theta_0\right)\frac{\mathrm{e}^{\mathrm{i}kr_2}}{r_2} \tag{3.4.11}$$

形式上与 Green 函数相同。在远场条件下有近似式

$$\frac{\partial G}{\partial n}=\frac{\partial \phi_{\mathrm{i}}}{\partial n}=-\mathrm{i}k\left[\frac{\mathrm{e}^{\mathrm{i}kr_1}}{r_1}\cos\theta_1+V\left(\theta_0\right)\frac{\mathrm{e}^{\mathrm{i}kr_2}}{r_2}\cos\theta_2\right] \tag{3.4.12}$$

其中，$\cos\theta_1=-\partial r_1/\partial n$，$\cos\theta_2=-\partial r_2/\partial n$。将这些关系式代入 (3.4.9) 式得到

$$\phi_{\mathrm{s}}=-\frac{\mathrm{i}k}{2\pi}\int\left[\frac{\mathrm{e}^{\mathrm{i}2kr_1}}{r_1^2}\cos\theta_1+V\left(\theta_0\right)\frac{\mathrm{e}^{\mathrm{i}k(r_1+r_2)}}{r_1r_2}\left(\cos\theta_1+\cos\theta_2\right)+V^2\left(\theta_0\right)\frac{\mathrm{e}^{\mathrm{i}2kr_2}}{r_2^2}\cos\theta_2\right]\mathrm{d}S \tag{3.4.13}$$

积分所包含的三项有清晰的物理意义，说明散射声场由三部分组成。参照图 3.4.2，第一项是不存在界面作用的自由空间中目标的回波。第二项是直达波经过目标反射后再经过界面反射回到源点，或者是先从界面反射再经目标反射后沿直达途径返回源点的波，这两种波等价于收–发分置的双站散射波，两个站点是源点和它相对于界面的镜像，如图 3.4.2(b) 所示。因为其中一个途径经历界面反射，所以含有 $V(\theta_0)$ 一次项。第三项是目标的入射和反射波都经过界面反射途径传播的波，等价于虚源相对于目标的单站回波。因为两次经历界面反射，所以含有 $V(\theta_0)$ 平方项，如图 3.4.2(c) 所示。(3.4.13) 式中没有标明表面积分区域。按照 Kirchhoff 近似的假设，几何影区对散射波的贡献可以忽略，因此三项积分的区域是不同的。第一和第三项分别取从 $\mathrm{M_1}$ 点和 $\mathrm{M_2}$ 点看去处在亮区的那部分表面 $\mathrm{S_1}$ 或 $\mathrm{S_3}$，第二项取同时

从 M_1 点和 M_2 点看去都处在亮区的那部分表面 S_2。在远场情况下，(3.4.13) 式可以简化。令目标上的公共参考点 O 到界面的垂直距离是 h，由图 3.4.2(b) 可见，一般地 $r_1=r_{10}+\Delta r_1$，$r_2=r_{20}+\Delta r_2$，其中 r_{10} 和 r_{20} 分别是发射–接收点 M_1 和虚源 M_2 到公共参考点 O 的距离。当 M_1 和 M_2 点趋于无限远时，$r_{20}=r_{10}+2h\sin\theta_0$。因此有

$$r_1=r_{10}+\Delta r_1,\quad r_2=r_{10}+2h\sin\theta_0+\Delta r_2 \tag{3.4.14}$$

代入 (3.4.13) 式并忽略分母上的差别，得到远场表示式

$$\frac{\phi_{\rm s}}{\phi_{\rm i}}=-\frac{{\rm i}k}{2\pi r_{10}}{\rm e}^{{\rm i}kr_{10}}\left[I_1+{\rm e}^{{\rm i}2kh\sin\theta_0}V(\theta_0)I_2+{\rm e}^{{\rm i}4kh\sin\theta_0}V^2(\theta_0)I_3\right] \tag{3.4.15}$$

其中

$$\left\{\begin{aligned} I_1&=\int_{S_1}{\rm e}^{{\rm i}2k\Delta r_1}\cos\theta_1{\rm d}S\\ I_2&=\int_{S_2}{\rm e}^{{\rm i}k(\Delta r_1+\Delta r_2)}(\cos\theta_1+\cos\theta_2){\rm d}S\\ I_3&=\int_{S_3}{\rm e}^{{\rm i}2k\Delta r_2}\cos\theta_2{\rm d}S\end{aligned}\right. \tag{3.4.16}$$

按照定义得到界面附近刚性目标的形态函数和目标强度

$$\begin{aligned} &f_\infty(ka)=-\frac{{\rm i}k}{\pi a}\left[I_1+{\rm e}^{{\rm i}2kh\sin\theta_0}V(\theta_0)I_2+{\rm e}^{{\rm i}4kh\sin\theta_0}V^2(\theta_0)I_3\right]\\ &{\rm TS}=10\lg\left[\frac{1}{\lambda^2}\left|I_1+{\rm e}^{{\rm i}2kh\sin\theta_0}V(\theta_0)I_2+{\rm e}^{{\rm i}4kh\sin\theta}V^2(\theta_0)I_3\right|^2\right]\end{aligned} \tag{3.4.17}$$

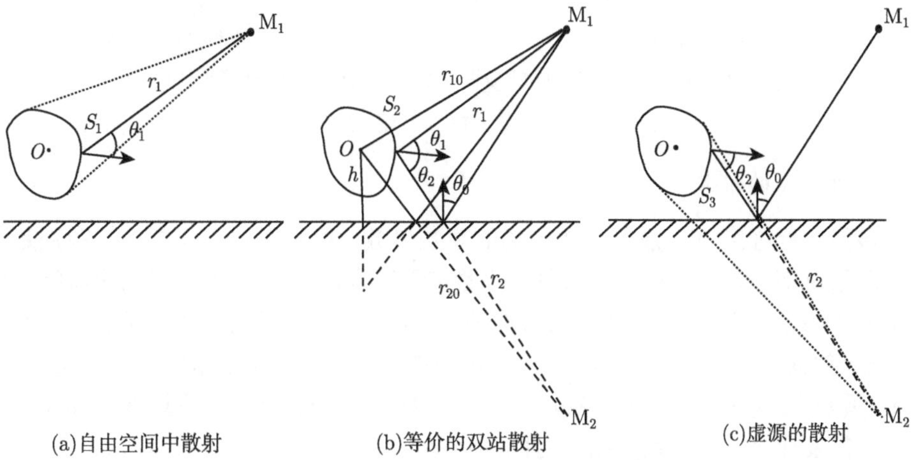

图 3.4.2 存在界面时 Kirchhoff 近似中三项的物理意义 [9]

上面的结果表明，界面的存在使得目标回波比自由空间中多了两个与界面反射有关的附加回波。由于海洋信道中的海面和海底界面都有随机性，所以界面附近目标的回波比自由空间中的回波有更大的随机起伏特性。如果将三类回波按能量叠加，那么当目标在界面附近时，目标强度将比自由空间中的大。

从亮点的概念考虑，界面的存在产生附加亮点。对于较规则的凸光滑表面，自由场中的一个固有亮点可能变成三个亮点，其中固有亮点是稳定的，两个附加亮点与界面反射有关，所以是不稳定的。另外，两个附加亮点分别存在时间延迟 $2h\sin\theta_0/c$ 和 $4h\sin\theta_0/c$。当脉冲较窄时，固有亮点和附加亮点可能分开。

文献 [9] 中以自由界面下刚性球的反向散射场为例，将上面得到的近似解与用镜像法导出的严格解 [10] 作了比较，如图 3.4.3 所示。严格解中的一组耦合系数由边界条件确定，需要解无限多个复矩阵方程。近似解可以得到解析表示式。虽然计算的复杂程度相差悬殊，但是两者符合得却很好。

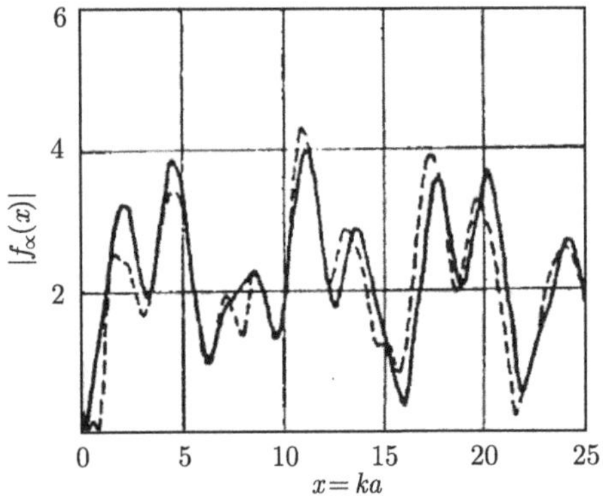

(a) $h=a$, $\theta_0=\pi/4$

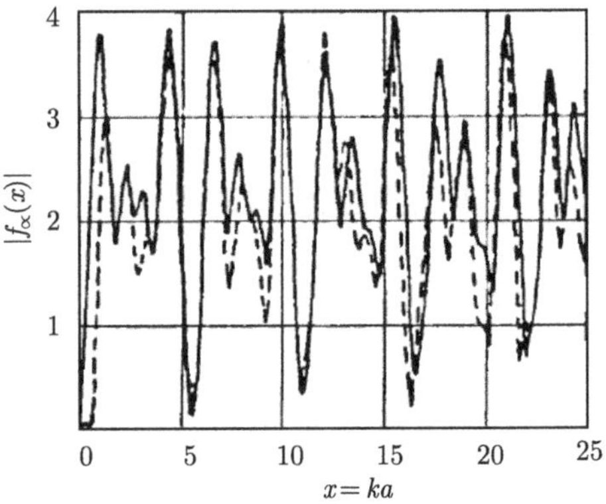

(b) $h=2a$, $\theta_0=\pi/4$

图 3.4.3 自由界面下刚性球反向散射近似解与严格解 [10] 比较 [9]

—— 物理声学近似解，－－ 镜像法严格解

3. 近距离的情况

虽然目标强度 TS 是定义在远场的声呐参数，但是在实际问题中，特别是在海上测量时不一定能保证远场条件。按照声学基本理论，(1.2.21) 式给出特征尺度为 L 的目标在声波长 λ 时的远场条件是 $r \geqslant CL^2/\lambda$，C 是与误差有关的个位数常数。直接照此条件估算，长度为 76m 的潜艇在 1kHz 频率的远场距离约 3.85km，在 5kHz 频率的远场距离约 19.25km，而在 10kHz 频率的远场距离竟达 38.5km。因此有时候需要计算不满足远场条件时的回声强度。

在不满足远场条件的情况下，重新推导 Kirchhoff 近似，代替 (3.1.8) 和 (3.1.9) 式，有

$$\frac{\partial \phi_{\mathrm{s}}}{\partial n}=-\frac{\partial \phi_{\mathrm{i}}}{\partial n}=A\frac{\mathrm{i}kr_1-1}{r_1^2}\mathrm{e}^{\mathrm{i}kr_1}\cos\theta_1 \tag{3.4.18}$$

$$\frac{\partial}{\partial n}\left(\frac{\mathrm{e}^{\mathrm{i}kr_2}}{r_2}\right)=-\frac{\mathrm{i}kr_2-1}{r_2}\mathrm{e}^{\mathrm{i}kr_2}\cos\theta_2 \tag{3.4.19}$$

得到

$$\phi_{\mathrm{s}}\left(\boldsymbol{r}_2\right)=-\frac{A}{4\pi}\int_S\frac{\mathrm{e}^{\mathrm{i}k(r_1+r_2)}}{r_1r_2}\left(\frac{\mathrm{i}kr_2-1}{r_2}\cos\theta_1+\frac{\mathrm{i}kr_1-1}{r_1}\cos\theta_2\right)\mathrm{d}S \tag{3.4.20}$$

这时亮区不能像图 3.1.1 中用平行声线来划分，应按实际声线来划分，如图 3.4.4 所示。显然，亮区的大小与距离有关。

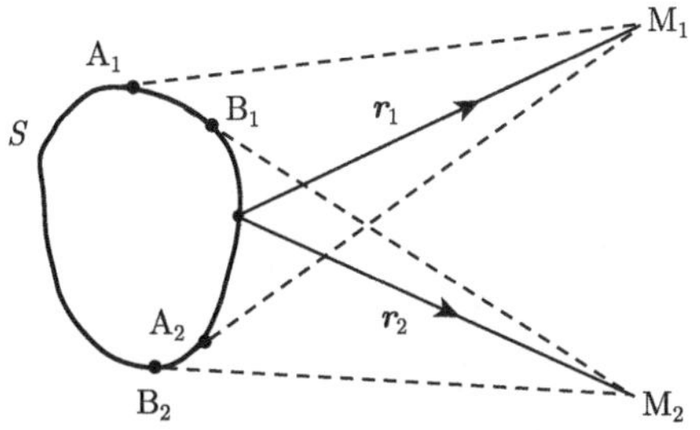

图 3.4.4 近场亮区划分

对于收–发合置的情况，有

$$\phi_{\mathrm{s}}=-\frac{A}{2\pi}\int_S\frac{\mathrm{e}^{\mathrm{i}2kr}}{r^2}\left(\frac{\mathrm{i}kr-1}{r}\cos\theta\right)\mathrm{d}S \tag{3.4.21}$$

原则上 (3.4.20) 和 (3.4.21) 两式适用于任意距离，只要是在 Kirchhoff 近似假设的前提下。这时被积函数中的距离因子不能直接提到积分号外，相位因子也不能按平面波近似计算。因为在近场中散射表面的不同部位到发射或接收点的距离之差可能与波长相比拟，声线不能看作平行的，这就使得近场的计算较复杂。

4. **小分置角双基地声呐目标强度**

3.1 节中已给出收–发分置、远场条件下双站散射势函数

$$\phi_{\mathrm{s}}\left(\boldsymbol{r}_2\right)=-\frac{\mathrm{i}kA}{2\pi}\frac{\mathrm{e}^{\mathrm{i}k(r_{10}+r_{20})}}{r_{10}r_{20}}I_{12} \tag{3.4.22}$$

和目标强度

$$\mathrm{TS}\left(\boldsymbol{r}_1,\boldsymbol{r}_2\right)=10\lg\left(\frac{1}{\lambda^2}\left|I_{12}\right|^2\right) \tag{3.4.23}$$

其中

$$I_{12}=\frac{1}{2}\int_S\mathrm{e}^{\mathrm{i}k(\Delta r_1+\Delta r_2)}\left(\cos\theta_1+\cos\theta_2\right)\mathrm{d}S \tag{3.4.24}$$

对于凸光滑曲面，当两个分置角 θ_1, θ_2 都远小于 π 时，分置目标强度近似等于源点和接收点相对于目标所张分置角 $\Theta = \theta_1 + \theta_2$ 的等分线上的合置目标强度 TS，这个结果在雷达中称为分置定理。根据分置定理可以利用合置目标强度计算方法估计分置目标强度。

分置定理的成立基于物理光学原理。凸光滑曲面的双站散射主要来自镜反射点的贡献，即分置情况下稳相点的贡献。如图 3.4.5 所示，当分置角 $\Theta \to 0$ 时，M_1 和 M_2 点逐渐靠拢并趋于合置亮点 M，所以当分置角 $\Theta \to 0$ 时分置目标强度趋于合置目标强度，小分置角时两者近似相等。前面对刚性球双站回波的计算已经说明，分置定理只是近似成立。当分置角小于 90° 时，还可以用 Kirchhoff 近似的数值积分估计。当分置角大于 90° 时，发射和接收点能照射到的公共亮区很少，计算误差变大。当分置角大于 π 形成前向散射时，连 Kirchhoff 近似也不再成立，必须用其他方法估计。

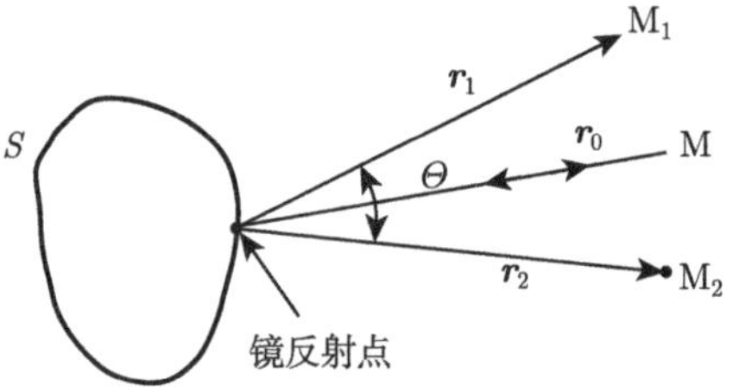

图 3.4.5　分置定理示意图

参 考 文 献

[1] Morse P M, Feshbach H. Methods of Theoretical Physics. New York: McGraw-Hill, 1953: 1551-1555

[2] Gaunaurd G C. Monostatic and bistatic cross sections of a large (capped) sphere partially insonified at a circular spot. J. Acoust. Soc. Am., 1977, 61(5): 1121-1132

[3] 尤立克 R J. 水声原理. 3 版. 洪申译. 哈尔滨: 哈尔滨船舶工程学院出版社，1990

[4] 汪德昭，尚尔昌. 水声学. 北京：科学出版社，1981

[5] 沈杰罗夫 E Л. 水声学波动问题. 何祚镛, 赵晋英译. 北京: 国防工业出版社，1983

[6] 汤渭霖，陈德智. 水中有限弹性柱的回波结构. 声学学报，1988, 13(1): 29-37

[7] Abramowitz M, Stegun I A. Handbook of Mathematical Function. Washington, DC: U.S.Govt. Printing Office, 1964

[8] 汤渭霖. 用物理声学方法计算非硬表面的声散射. 声学学报，1993, 8(1): 45-53

[9] 汤渭霖. 用物理声学方法计算界面附近目标的回波. 声学学报，1999, 24(1): 1-5

[10] Gaunaurd G C, Huang H. Acoustic scattering by a spherical body near a plane boundary. J. Acoust. Soc. Am., 1994, 96(4): 2526-2536

第 4 章　水中目标弹性声散射机理

声波从弹性目标上的散射涉及反射、透射、共振激发和再辐射等一系列复杂的物理过程。实际上，散射涉及流–固界面上的所有波动现象。

在 Rayleigh 等从事声散射研究的早期阶段，主要着眼于刚硬目标的散射，没有认识到物体的弹性对水中目标声散射的重要作用。正如 Hickling 回忆的："由于金属和水的声阻抗之比在 10~30，起先以为水中目标的弹性响应可以忽略，因此目标结构的复杂性用目标表面上多个声亮点回波来解释。可是，从球这样的规则形状目标的实验数据清楚地说明，这种解释是不能令人满意的。"[1] 后来通过对弹性球、圆柱、球壳等典型问题的理论和实验研究，逐渐认识到对于水中固体结构，弹性散射是不可忽略的。事实上，当一个固体目标置于空气中时的确可以看作刚性散射体，周围空气介质负荷可以忽略，因为固体材料的声阻抗要比空气的高几万倍。然而当固体目标置于水中时，其声阻抗只比周围水介质大一个数量级，因此目标的弹性变得不可忽略。这时必须考虑振动–声耦合，属于结构声学 (structural acoustics) 问题。水中结构的振动与声辐射必须考虑水介质负荷，而结构在空气中的振动就如同在真空中振动一样。可以说水中目标的散射和辐射问题的难度主要是由目标的弹性引起的。与此同时，水中目标的弹性散射特征也是目标最重要的特征之一。

当声波入射到弹性目标时散射波可以分离成两部分，第一部分由目标外表面的几何反射引起，包括镜反射波和各种棱角波，这部分散射波主要取决于目标的几何形状及表面的阻抗特性，因此称为几何散射波。第二部分由目标的弹性响应引起，其特性与材料的弹性参数关系密切，因此称为弹性散射波。几何散射波由目标表面的"直接"反射产生，所以反向散射波或回波到达时间就等于从目标到等效散射中心的双程传播时间，而弹性散射波不是"直接"产生的。入射波在弹性体中激发起弹性波 (体波或表面波)，这些弹性波在传播过程中按一定规律重新向周围介质辐射出弹性散射波，常称为再辐射波。在回波序列中，弹性散射波总要比目标上最靠近的那个几何亮点的几何散射波滞后一段时间。这样，当用较短的脉冲入射时，回波时序中可以区分出几何散射波和弹性散射波。最简单而明显的例子是弹性球的散射。实验证明，在水中没有一个球可以看作刚性的，即使它用阻抗非常高的材料制成。例如，铝的纵波阻抗是水的 11.6 倍，钢的纵波阻抗是水的 31 倍，而钨碳 (tungsten carbide，材料特性详见表 4.1) 纵波阻抗是水的 63 倍。当一个平面波脉冲入射到钨碳球时，如果它是声学上刚硬的，回波应该只有镜反射波。但是，水中实验结果却发现在镜反射波之后有一长串回波脉冲，它们就是弹性散射波，如图 4.0.1 所示 [2]。

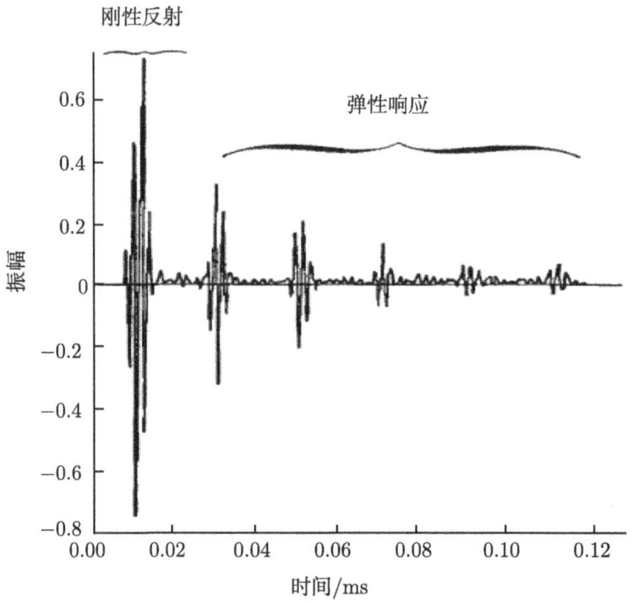

图 4.0.1 短脉冲从钨碳球的回波 [2]

另外，根据理论计算刚性球的形态函数随频率平滑变化，在高频段趋于常数 1，只有很小的波动，而按照弹性理论计算出来的各种金属球的形态函数在 ka 大于某个值以后出现强烈的峰谷起伏，这些起伏显然是由弹性引起的，具体例子详见 4.1 节。

弹性体声散射机理的研究主要借助于典型问题的 Rayleigh 级数解及由其导出的 Sommefeld-Watson 变换解。由于球、球壳、无限长圆柱和圆柱壳这些规则几何形状的声散射可以用分离变量法得到精确解，这为深入的机理分析奠定了基础。

4.1 规则弹性体声散射简正级数解

弹性体声散射问题的控制方程包括周围流体介质中的标量波动方程和弹性体内的矢量波动方程。两种形式的波动方程都只能在正交曲线坐标系中进行变量分离。因此，只有像球、球壳、无限长圆柱和圆柱壳等这些规则几何形状的弹性体才能够得到以简正级数表示的精确解。虽然这些形状十分理想，实际情况中很少严格符合，但是对它们的研究有重要意义。因为，① 通过对它们的研究能够深入揭示弹性体声散射的物理机理，阐明散射涉及的流–固界面上的波动现象，如后面将要讨论的共振和表面波激发与再辐射。② 所获得的严格解可以作为其他严格的或近似方法的基准。例如，用有限元加边界元方法计算非规则形状弹性体声散射时，通常先用弹性球的严格解检验方法和程序的适用性。所以，弹性球、球壳、无限长圆柱和圆柱壳的严格解是十分重要的基础理论。其他如椭球和旋转椭球也可以导出简正级数解，但在实际工作中因为椭球较难加工而很少应用，且椭球波函数计算复杂，因此理论研究也较少。

实弹性球和无限长弹性圆柱在平面波入射时的散射解最早由 Faran 在 1951 年导出 [3]，后来，Goodman 和 Stern 在 1962 年给出了球壳的散射解 [4]，圆柱壳的散射解首先由 Doolittle 和 Überall 于 1966 年给出 [5]。后来为了计算和分析，特别是共振散射理论研究的需要，这些解又多次重新给出。这里我们统一用 Gaunaurd 的表述体系列出 [6−10]。

1. **实弹性球** [6]

平面波从弹性球的散射可借用刚性球散射的图 2.2.1 表示。设入射方向与 z 轴的方向一致，回波就是反向 $(\theta=\pi)$ 散射波。入射波和散射波都与方位角 φ 无关并按 θ 对称，同时弹性体内的场也与 φ 无关并按 θ 对称，因此问题得到很大简化。

为了与已有的大量相关文献一致，本章中用声压 p 表示声场。在球体周围的水介质中总声场包括入射声压 p_{i} 和散射声压 p_{s}：

$$p_{\mathrm{i}}=\mathrm{e}^{\mathrm{i}kr\cos\theta}=\sum_{n=0}^{\infty}\mathrm{i}^n(2n+1)\,\mathrm{j}_n(kr)\,\mathrm{P}_n(\cos\theta) \tag{4.1.1}$$

$$p_{\mathrm{s}}=\sum_{n=0}^{\infty}\mathrm{i}^n(2n+1)\,b_n\mathrm{h}_n^{(1)}(kr)\,\mathrm{P}_n(\cos\theta) \tag{4.1.2}$$

其中，b_n 是由边界条件决定的散射系数。水介质中的总声压和法向位移是

$$\begin{cases} p=\displaystyle\sum_{n=0}^{\infty}\mathrm{i}^n(2n+1)\left[\mathrm{j}_n(kr)+b_n\mathrm{h}_n^{(1)}(kr)\right]\mathrm{P}_n(\cos\theta) \\ u_r=\dfrac{1}{\rho_0\omega^2}\dfrac{\partial p}{\partial r}=\dfrac{k}{\rho_0\omega^2}\displaystyle\sum_{n=0}^{\infty}\mathrm{i}^n(2n+1)\left[\mathrm{j}_n'(kr)+b_n\mathrm{h}_n^{(1)\prime}(kr)\right]\mathrm{P}_n(\cos\theta) \end{cases} \tag{4.1.3}$$

用标量势 $\varPhi$ 和向量势 $\boldsymbol{A}$ 表示的弹性体内的位移 $\boldsymbol{u}=\nabla\varPhi+\nabla\times\boldsymbol{A}$，但是弹性体内必须保证

$$u_\varphi=\frac{1}{r\sin\theta}\frac{\partial\varPhi}{\partial\varphi}+\frac{1}{r}\left[\frac{\partial}{\partial r}(rA_\theta)-\frac{\partial A_r}{\partial\theta}\right]\equiv 0$$

要求 $\varPhi$ 与 φ 无关，$A_\theta=A_r\equiv 0$，也就是 $\boldsymbol{A}$ 只有 A_φ 分量且与 φ 无关。标量势 $\varPhi$ 满足众所周知的标量波动方程，而向量波动方程变成下面形式：

$$\left(\nabla^2\boldsymbol{A}\right)_\varphi=\nabla^2A_\varphi-\frac{1}{r^2\sin^2\theta}A_\varphi=\frac{1}{c_{\mathrm{T}}^2}\frac{\partial^2A_\varphi}{\partial t^2}$$

因此 A_φ 并不满足熟知的标量波动方程。引入另一个标量势 $\varPsi$，令

$$A_\varphi = -\frac{\partial \varPsi}{\partial \theta} \tag{4.1.4}$$

得到

$$\nabla^2 A_\varphi = \left(\frac{\partial^2}{\partial r^2} + \frac{2}{r}\frac{\partial}{\partial r} + \frac{1}{r^2}\frac{\partial^2}{\partial \theta^2} + \frac{\cot\theta}{r^2}\frac{\partial}{\partial \theta}\right)\left(-\frac{\partial \varPsi}{\partial \theta}\right) = -\frac{\partial}{\partial \theta}\nabla^2\varPsi - \frac{1}{r^2\sin^2\theta}\frac{\partial \varPsi}{\partial \theta}$$

于是新引入的标量势函数 $\varPsi$ 满足

$$\frac{\partial}{\partial \theta}\nabla^2\varPsi = \frac{1}{c_{\mathrm{T}}^2}\frac{\partial}{\partial \theta}\left(\frac{\partial^2\varPsi}{\partial t^2}\right) \quad \text{或} \quad \nabla^2\varPsi = \frac{1}{c_{\mathrm{T}}^2}\left(\frac{\partial^2\varPsi}{\partial t^2}\right)$$

最终可以用两个标量势函数 $\varPhi$ 和 $\varPsi$ 描述弹性球相对于 θ 对称的运动，单频情况下分别满足方程

$$\left(\nabla_{r\theta}^2 + k_{\mathrm{L}}^2\right)\varPhi = 0, \quad \left(\nabla_{r\theta}^2 + k_{\mathrm{T}}^2\right)\varPsi = 0 \tag{4.1.5}$$

其中

$$\nabla_{r\theta}^2 = \frac{1}{r^2}\frac{\partial}{\partial r}\left(r^2\frac{\partial}{\partial r}\right) + \frac{1}{r^2\sin\theta}\frac{\partial}{\partial \theta}\left(\sin\theta\frac{\partial}{\partial \theta}\right) \tag{4.1.6}$$

用分离变量法解两个标量波动方程得到球内部的解

$$\varPhi = \sum_{n=0}^{\infty} \mathrm{i}^n (2n+1) C_n \mathrm{j}_n(k_{\mathrm{L}} r) \mathrm{P}_n(\cos\theta) \tag{4.1.7}$$

$$\varPsi = \sum_{n=0}^{\infty} \mathrm{i}^n (2n+1) E_n \mathrm{j}_n(k_{\mathrm{T}} r) \mathrm{P}_n(\cos\theta) \tag{4.1.8a}$$

由第二式得到

$$A_\varphi = -\sum_{n=0}^{\infty} \mathrm{i}^n (2n+1) E_n \mathrm{j}_n(k_{\mathrm{T}} r) \frac{\partial}{\partial \theta}\mathrm{P}_n(\cos\theta) \tag{4.1.8b}$$

有的文献取 (4.1.7) 和 (4.1.8b) 式作为解。系数 C_n, E_n 和 b_n 由 $r=a$ 的三个边界条件确定：

$$\tau_{rr} = -p, \quad \tau_{r\theta} = 0, \quad u_r = \frac{1}{\rho_0\omega^2}\frac{\partial p}{\partial r} \tag{4.1.9}$$

弹性球中的位移用两个标量势函数表示为

$$\begin{cases} u_r = \dfrac{\partial \varPhi}{\partial r} - \dfrac{1}{r\sin\theta}\dfrac{\partial}{\partial \theta}\left(\sin\theta\dfrac{\partial \varPsi}{\partial \theta}\right) = \dfrac{\partial \varPhi}{\partial r} + \dfrac{\partial^2}{\partial r^2}(r\varPsi) + rk_{\mathrm{T}}^2\varPsi \\ u_\theta = \dfrac{1}{r}\dfrac{\partial \varPhi}{\partial \theta} + \dfrac{1}{r}\dfrac{\partial}{\partial r}\left(r\dfrac{\partial \varPsi}{\partial \theta}\right) = \dfrac{1}{r}\dfrac{\partial \varPhi}{\partial \theta} + \dfrac{1}{r}\dfrac{\partial^2}{\partial \theta\partial r}(r\varPsi), \quad u_\varphi = 0 \end{cases} \tag{4.1.10}$$

根据第 2 章附录 2A 给出的弹性力学普遍表示式得出应力

$$\begin{cases} \tau_{rr} = -\lambda_{\mathrm{e}} k_{\mathrm{L}}^2 \varPhi + 2\mu_{\mathrm{e}} \dfrac{\partial^2 \varPhi}{\partial r^2} + 2\mu_{\mathrm{e}} \dfrac{\partial}{\partial r} \left[\dfrac{\partial^2}{\partial r^2} (r\varPsi) + k_{\mathrm{T}}^2 r \varPsi \right] \\ \tau_{r\theta} = \mu_{\mathrm{e}} \dfrac{\partial}{\partial \theta} \left\{ 2 \dfrac{\partial}{\partial r} \left(\dfrac{\varPhi}{r} \right) + 2 \dfrac{\partial}{\partial r} \left[\dfrac{1}{r} \dfrac{\partial}{\partial r} (r\varPsi) \right] + k_{\mathrm{T}}^2 \varPsi \right\} \end{cases} \tag{4.1.11}$$

代入边界条件化简后得到确定系数的联立方程

$$\begin{pmatrix} \rho_0' x_{\mathrm{T}}^2 \mathrm{h}_n^{(1)}(x) & d_{12} & d_{13} \\ -x\mathrm{h}_n^{(1)\prime}(x) & d_{22} & d_{23} \\ 0 & d_{32} & d_{33} \end{pmatrix} \begin{pmatrix} b_n \\ C_n \\ E_n \end{pmatrix} = \begin{pmatrix} -\rho_0' x_{\mathrm{T}}^2 \mathrm{j}_n(x) \\ x\mathrm{j}_n'(x) \\ 0 \end{pmatrix} \tag{4.1.12}$$

其中，$\rho_0' = \rho_0/\rho_{\mathrm{e}}$，$x = ka$，$x_{\mathrm{T}} = k_{\mathrm{T}} a$，$d_{ij}$ 中 $i = 1, 2, 3$，$j = 2, 3$，共 6 个元素列于本章附录 4A.1。由联立方程组解出散射系数

$$b_n = -B_n/D_n \tag{4.1.13}$$

$$B_n = \begin{vmatrix} \rho_0' x_{\mathrm{T}}^2 \mathrm{j}_n(x) & d_{12} & d_{13} \\ -x\mathrm{j}'_n(x) & d_{22} & d_{23} \\ 0 & d_{32} & d_{33} \end{vmatrix}, \quad D_n = \begin{vmatrix} \rho_0' x_{\mathrm{T}}^2 \mathrm{h}_n^{(1)}(x) & d_{12} & d_{13} \\ -x\mathrm{h}_n^{(1)\prime}(x) & d_{22} & d_{23} \\ 0 & d_{32} & d_{33} \end{vmatrix} \tag{4.1.14}$$

特别要指出，$D_n = 0$ 给出散射系数的极点方程，实质上就是置于流体中的弹性球的特征方程。

由于问题的典型性，实弹性球散射的研究已经十分透彻，包括理论计算、实验测量和机理分析。图 4.1.1 是本书计算的钢、铝、铜和钨碳球等几种金属球的反向散射形态函数

$$|f(x, \pi)| = \frac{2}{x} \left| \sum_{n=0}^{\infty} (2n+1) b_n (-1)^n \right| \tag{4.1.15}$$

形态函数的定义见 1.2 节，材料参数见表 4.1。应当指出，在已发表的各种文献中所取的材料参数常有些差别，但这些差别一般不大于百分之几，对计算结果的影响很小。因此，本书在引用其他文献的计算结果时只指明材料，不再列出材料参数。由图 4.1.1 看到，材料的弹性造成形态函数随频率振荡起伏，这是弹性共振引起的，而且这些共振一直延续到频率无限高。但是，形态函数的平均值总是 1，这是刚性背景的作用。

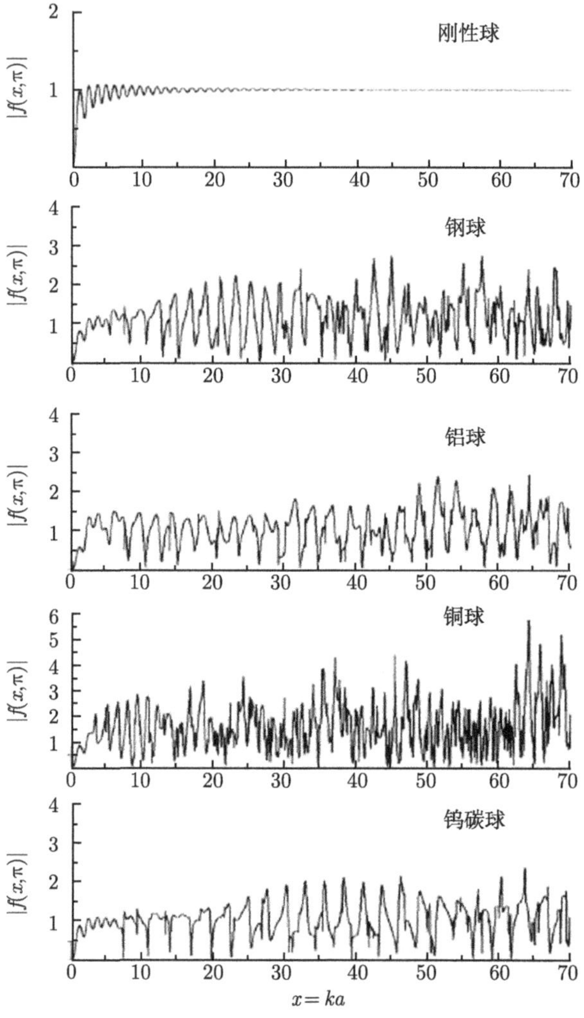

图 4.1.1　刚性球及钢、铝、铜和钨碳球的反向散射形态函数

表 4.1　各种材料基本参数

材料	密度/(g/cm^3)	纵波速度/(10^5cm/s)	剪切波速度/(10^5cm/s)
水	1.0	1.4825	
铝 (硬铝)	2.7	6.42	3.04
钢 (不锈钢)	7.9	5.940	3.10
黄铜	8.9	4.40	1.94
铅	11.4	2.17	0.70
钨碳	13.8	6.860	4.185

2. 弹性球壳 [7,8]

弹性球壳的散射可以从实弹性球的情况推广得到，这时多了内壁边界，同时球壳内的场要包含球 Neumann 函数。如果球壳内部充流体，内外壁共 6 个边界条件。如果内部真空，边界条件减为 5 个。

设球壳内半径为 b，在 $r < b$ 的内部空间中充满密度 ρ_1、声速 c_1 的另一种流体。球壳外的入射和散射场仍可用 (4.1.1) 和 (4.1.2) 式表示，球壳中和球壳内的场表示为

$$\left\{\begin{aligned}\varPhi &= \sum_{n=0}^{\infty} \mathrm{i}^n (2n+1)\left[C_n \mathrm{j}_n(k_\mathrm{L} r) + D_n \mathrm{y}_n(k_\mathrm{L} r)\right] \mathrm{P}_n(\cos\theta) \\ \psi &= \sum_{n=0}^{\infty} \mathrm{i}^n (2n+1)\left[E_n \mathrm{j}_n(k_\mathrm{T} r) + F_n \mathrm{y}_n(k_\mathrm{T} r)\right] \mathrm{P}_n(\cos\theta)\end{aligned}\right., \quad b \leqslant r \leqslant a \tag{4.1.16}$$

$$p_1 = \sum_{n=0}^{\infty} \mathrm{i}^n (2n+1) G_n \mathrm{j}_n(k_1 r) \mathrm{P}_n(\cos\theta), \quad r < b \tag{4.1.17}$$

球壳解中系数 C_n 和 D_n 的项以及系数 E_n 和 F_n 的项具有对偶性，差别只是函数 $\mathrm{j}_n(\cdot)$ 和 $\mathrm{y}_n(\cdot)$ 互换。球壳的边界条件是

$$\left\{\begin{aligned}\tau_{rr} &= -p \\ u_r &= \frac{1}{\rho_0\omega^2}\frac{\partial p}{\partial r} \\ \tau_{r\theta} &= 0\end{aligned}\right., \quad r = a; \qquad \left\{\begin{aligned}\tau_{rr} &= -p_1 \\ u_r &= \frac{1}{\rho_1\omega^2}\frac{\partial p_1}{\partial r} \\ \tau_{r\theta} &= 0\end{aligned}\right., \quad r = b \tag{4.1.18}$$

从边界条件解出的散射系数 b_n 仍可以表示成 (4.1.13) 式，其中

$$B_n = \begin{vmatrix} \rho_0' x_\mathrm{T}^2 \mathrm{j}_n(x) & \boxed{d_{12}} & d_{13} & \boxed{d_{14}} & d_{15} & 0 \\ -x\mathrm{j}_n'(x) & \boxed{d_{22}} & d_{23} & \boxed{d_{24}} & d_{25} & 0 \\ 0 & \boxed{d_{32}} & d_{33} & \boxed{d_{34}} & d_{35} & 0 \\ 0 & d_{42} & d_{43} & d_{44} & d_{45} & \rho_1' y_\mathrm{T}^2 \mathrm{j}_n(y_1) \\ 0 & d_{52} & d_{53} & d_{54} & d_{55} & -y_1 \mathrm{j}_n'(y_1) \\ 0 & d_{62} & d_{63} & d_{64} & d_{65} & 0 \end{vmatrix} \tag{4.1.19a}$$

$$D_n = \begin{vmatrix} \rho_0' x_\mathrm{T}^2 \mathrm{h}_n^{(1)}(x) & \boxed{d_{12}} & d_{13} & \boxed{d_{14}} & d_{15} & 0 \\ -x\mathrm{h}_n^{(1)'}(x) & \boxed{d_{22}} & d_{23} & \boxed{d_{24}} & d_{25} & 0 \\ 0 & \boxed{d_{32}} & d_{33} & \boxed{d_{34}} & d_{35} & 0 \\ 0 & d_{42} & d_{43} & d_{44} & d_{45} & \rho_1' y_\mathrm{T}^2 \mathrm{j}_n(y_1) \\ 0 & d_{52} & d_{53} & d_{54} & d_{55} & -y_1 \mathrm{j}_n'(y_1) \\ 0 & d_{62} & d_{63} & d_{64} & d_{65} & 0 \end{vmatrix} \tag{4.1.19b}$$

因为内部充满密度 ρ_1、声速 c_1 的流体，所以出现 $\rho_1' = \rho_1/\rho_e$，内壁边界条件导致行列式中出现 $y_1 = k_1 b$, $y_L = k_L b$, $y_T = k_T b$，行列式元素 d_{ij} 中 $i = 1, 2, \cdots, 6, j = 2, 3, \cdots, 5$，共 24 个，见本章附录 4A.2。这些元素虽然形式上有些复杂，但很有规律：①带有方框的 6 个元素正是实弹性球的 6 个元素，只不过原来的 d_{i3} 变成这里的 d_{i4}；②d_{i2} 和 d_{i3}，d_{i4} 和 d_{i5} 互为对偶，即其中的函数 $\mathrm{j}_n(\cdot)$ 和 $\mathrm{y}_n(\cdot)$ 互换；③d_{1j} 和 d_{4j}，d_{2j} 和 d_{5j}，d_{3j} 和 d_{6j} 形式相同，仅 a,b 互换。

如果球壳内部是真空，解式中 ϕ_1 或 G_n 消失，内壁边界条件变为 $\tau_{rr} = 0$, $\tau_{r\theta} = 0$，行列式去掉第 5 行第 6 列即可。

3. 无限长弹性圆柱 [9]

设平面波垂直入射到无限长弹性圆柱。仍借用球散射的图 2.2.1 表示，只要把图中的圆看作垂直于纸面的无限长圆柱的截面，球的极角 θ 改成截面上的方位角 φ。取柱坐标 (r, φ, z)，垂直入射时有 $u_z = 0$，u_r，u_φ 都相对于 φ 对称。将入射平面波按柱面波展开，水介质中的入射波和散射波可以表示为

$$p_{\mathrm{i}}(r, \varphi) = \mathrm{e}^{\mathrm{i}kr\cos\varphi} = \sum_{n=0}^{\infty} \varepsilon_n \mathrm{i}^n \mathrm{J}_n(kr) \cos n\varphi \tag{4.1.20}$$

$$p_{\mathrm{s}}(r, \varphi) = \sum_{n=0}^{\infty} \varepsilon_n \mathrm{i}^n b_n \mathrm{H}_n^{(1)}(kr) \cos n\varphi \tag{4.1.21}$$

水介质中的总声压和法向位移是

$$p(r, \varphi) = \sum_{n=0}^{\infty} \varepsilon_n \mathrm{i}^n \left[\mathrm{J}_n(kr) + b_n \mathrm{H}_n^{(1)}(kr)\right] \cos n\varphi \tag{4.1.22}$$

$$u_r(r, \varphi) = \frac{k}{\rho_0 \omega^2} \sum_{n=0}^{\infty} \varepsilon_n \mathrm{i}^n \left[\mathrm{J}_n'(kr) + b_n \mathrm{H}_n^{(1)\prime}(kr)\right] \cos n\varphi \tag{4.1.23}$$

用势函数 $\varPhi$ 和 $\boldsymbol{A}$ 表示的位移在柱坐标系中有

$$u_z = \frac{\partial \varPhi}{\partial z} + \frac{1}{r}\left[\frac{\partial (r A_\varphi)}{\partial r} - \frac{\partial A_r}{\partial \varphi}\right]$$

要求处处有 $u_z \equiv 0$，只有 $\varPhi$ 与 z 无关，$\boldsymbol{A}$ 只有 A_z 分量且与 z 无关。柱坐标系中有 $\left(\nabla^2 \boldsymbol{A}\right)_z = \nabla^2 A_z$，因此与球的情况不同，可以直接令标量势 $\varPsi = A_z$。最终仍可以用两个标量势函数 $\varPhi$ 和 $\varPsi$ 描述弹性圆柱的运动，它们分别满足方程

$$\left(\nabla_{r\varphi}^2 + k_{\mathrm{L}}^2\right)\varPhi = 0, \quad \left(\nabla_{r\varphi}^2 + k_{\mathrm{T}}^2\right)\varPsi = 0 \tag{4.1.24}$$

其中

$$\nabla_{r\varphi}^2 = \frac{\partial^2}{\partial r^2} + \frac{1}{r}\frac{\partial}{\partial r} + \frac{1}{r^2}\frac{\partial^2}{\partial \varphi^2} \tag{4.1.25}$$

分离变量法得到弹性圆柱内的解是

$$\begin{cases} \Phi(r,\varphi) = \sum_{n=0}^{\infty} \varepsilon_n \mathrm{i}^n C_n \mathrm{J}_n(k_{\mathrm{L}} r)\cos n\varphi \\ \Psi(r,\varphi) = \sum_{n=0}^{\infty} \varepsilon_n \mathrm{i}^n E_n \mathrm{J}_n(k_{\mathrm{T}} r)\cos n\varphi \end{cases}, \quad a \geqslant r \geqslant 0 \tag{4.1.26}$$

位移和应力是

$$u_r = \frac{\partial \Phi}{\partial r} + \frac{1}{r}\frac{\partial \Psi}{\partial \varphi}, \quad u_\varphi = \frac{1}{r}\frac{\partial \Phi}{\partial \varphi} - \frac{\partial \Psi}{\partial r}, \quad u_z = 0 \tag{4.1.27}$$

$$\begin{cases} \tau_{rr} = -\lambda_{\mathrm{e}} k_{\mathrm{L}}^2 \Phi + 2\mu_{\mathrm{e}}\left[\dfrac{\partial^2 \Phi}{\partial r^2} + \dfrac{\partial}{\partial r}\left(\dfrac{1}{r}\dfrac{\partial \Psi}{\partial \varphi}\right)\right] \\ \tau_{\varphi\varphi} = -\lambda_{\mathrm{e}} k_{\mathrm{L}}^2 \Phi + 2\mu_{\mathrm{e}}\left[\dfrac{1}{r^2}\dfrac{\partial^2 \Phi}{\partial \varphi^2} + \dfrac{1}{r}\dfrac{\partial \Phi}{\partial r} - \dfrac{\partial}{\partial r}\left(\dfrac{1}{r}\dfrac{\partial \Psi}{\partial \varphi}\right)\right] \\ \tau_{zz} = -\lambda_{\mathrm{e}} k_{\mathrm{L}}^2 \Phi \\ \tau_{r\varphi} = \mu_{\mathrm{e}}\left[2\dfrac{\partial^2}{\partial r \partial \varphi}\left(\dfrac{\Phi}{r}\right) - \left(\dfrac{\partial^2 \Psi}{\partial r^2} - \dfrac{1}{r}\dfrac{\partial \Psi}{\partial r} - \dfrac{1}{r^2}\dfrac{\partial^2 \Psi}{\partial \varphi^2}\right)\right] \end{cases} \tag{4.1.28}$$

边界条件给出与弹性球类似的方程

$$\begin{pmatrix} \rho_0' x_{\mathrm{T}}^2 \mathrm{H}_n^{(1)}(x) & d_{12} & d_{13} \\ -x\mathrm{H}_n^{(1)'}(x) & d_{22} & d_{23} \\ 0 & d_{32} & d_{33} \end{pmatrix} \begin{pmatrix} b_n \\ C_n \\ E_n \end{pmatrix} = \begin{pmatrix} -\rho_0' x_{\mathrm{T}}^2 \mathrm{J}_n(x) \\ x\mathrm{J}_n'(x) \\ 0 \end{pmatrix} \tag{4.1.29}$$

同时，方程的解仍可以表示成 $b_n = -B_n/D_n$，其中

$$B_n = \begin{vmatrix} \rho_0' x_{\mathrm{T}}^2 \mathrm{J}_n(x) & d_{12} & d_{13} \\ -x\mathrm{J}_n'(x) & d_{22} & d_{23} \\ 0 & d_{32} & d_{33} \end{vmatrix}, \quad D_n = \begin{vmatrix} \rho_0' x_{\mathrm{T}}^2 \mathrm{H}_n^{(1)}(x) & d_{12} & d_{13} \\ -x\mathrm{H}_n^{(1)'}(x) & d_{22} & d_{23} \\ 0 & d_{32} & d_{33} \end{vmatrix} \tag{4.1.30}$$

相应的 6 个元素见本章附录 4A.3。

4. 平面波垂直入射到无限长弹性圆柱壳 [10,11]

从圆柱推广到圆柱壳，内壁增加 3 个边界条件。散射声场的解形式上仍可以

用 (4.1.21) 和 (4.1.13) 式表示，只是其中

$$B_n = \begin{vmatrix} \rho_0' x_{\mathrm{T}}^2 \mathrm{J}_n(x) & \boxed{d_{12}} & d_{13} & \boxed{d_{14}} & d_{15} & 0 \\ -x\mathrm{J}_n'(x) & \boxed{d_{22}} & d_{23} & \boxed{d_{24}} & d_{25} & 0 \\ 0 & \boxed{d_{32}} & d_{33} & \boxed{d_{34}} & d_{35} & 0 \\ 0 & d_{42} & d_{43} & d_{44} & d_{45} & \rho_1' y_{\mathrm{T}}^2 \mathrm{J}_n(y_1) \\ 0 & d_{52} & d_{53} & d_{54} & d_{55} & -y_1\mathrm{J}_n'(y_1) \\ 0 & d_{62} & d_{63} & d_{64} & d_{65} & 0 \end{vmatrix} \tag{4.1.31a}$$

$$D_n = \begin{vmatrix} \rho_0' x_{\mathrm{T}}^2 \mathrm{H}_n^{(1)}(x) & \boxed{d_{12}} & d_{13} & \boxed{d_{24}} & d_{15} & 0 \\ -x\mathrm{H}_n^{(1)'}(x) & \boxed{d_{22}} & d_{23} & \boxed{d_{24}} & d_{25} & 0 \\ 0 & \boxed{d_{32}} & d_{33} & \boxed{d_{34}} & d_{35} & 0 \\ 0 & d_{42} & d_{43} & d_{44} & d_{45} & \rho_1' y_{\mathrm{T}}^2 \mathrm{J}_n(y_1) \\ 0 & d_{52} & d_{53} & d_{54} & d_{55} & -y_1\mathrm{J}_n'(y_1) \\ 0 & d_{62} & d_{63} & d_{64} & d_{65} & 0 \end{vmatrix} \tag{4.1.31b}$$

24 个元素见本章附录 4A.4。与球和球壳的情况相似，圆柱和圆柱壳的元素也有同样的对偶规律。

5. 平面波倾斜入射到无限长弹性圆柱 [12−14]

平面波倾斜入射到弹性圆柱时，在轴向激励作用下弹性体做三维运动。对于无限长弹性圆柱可以得到散射场的简正级数解。严格的结果由李太宝 (Li T B) 等 [12] 和 Veksler[13] 分别给出。这里采用文献 [14] 中用 Gaunuard 符号体系表示的形式。

流体中的入射和散射波仍可以采用平面波倾斜入射到无限长刚性圆柱时的 (2.2.33) 和 (2.2.34) 式

$$p_{\mathrm{i}}(r,\varphi,z) = \mathrm{e}^{\mathrm{i}k_z z}\sum_{n=0}^{\infty}\varepsilon_n \mathrm{i}^n \mathrm{J}_n(k_r r)\cos n\varphi$$

$$p_{\mathrm{s}}(r,\varphi,z) = \mathrm{e}^{\mathrm{i}k_z z}\sum_{n=0}^{\infty}\varepsilon_n \mathrm{i}^n b_n \mathrm{H}_n^{(1)}(k_r r)\cos n\varphi$$

其中，$k_r = k\cos\theta$，$k_z = k\sin\theta$。因此弹性体内的场也含有因子 $\exp(\mathrm{i}k_z z)$。表示位移 $\boldsymbol{u}$ 的标量势 $\varPhi$ 和向量势 $\boldsymbol{A}$ 满足方程 (2.1.31)。与垂直入射的情况相比，倾斜入射时 $u_z \neq 0$，向量势 $\boldsymbol{A}$ 有三个分量。考虑到 u_r，u_φ 仍应该相对于 φ 对称，得到弹性圆柱内的一组解 [12,14]

$$\left\{\begin{aligned}\Phi(r,\varphi,z)&=\mathrm{e}^{\mathrm{i}k_z z}\sum_{n=0}^{\infty}\varepsilon_n\mathrm{i}^n E_n\mathrm{J}_n(\alpha r)\cos n\varphi\\A_z(r,\varphi,z)&=\mathrm{e}^{\mathrm{i}k_z z}\sum_{n=0}^{\infty}\varepsilon_n\mathrm{i}^n F_n\mathrm{J}_n(\beta r)\sin n\varphi\\A_r(r,\varphi,z)&=\mathrm{e}^{\mathrm{i}k_z z}\sum_{n=0}^{\infty}\varepsilon_n\mathrm{i}^n G_n\mathrm{J}_{n+1}(\beta r)\sin n\varphi\\A_\varphi(r,\varphi,z)&=-\mathrm{e}^{\mathrm{i}k_z z}\sum_{n=0}^{\infty}\varepsilon_n\mathrm{i}^n G_n\mathrm{J}_{n+1}(\beta r)\cos n\varphi\end{aligned}\right. \tag{4.1.32}$$

其中

$$\alpha^2=k_{\mathrm{L}}^2-k_z^2,\quad \beta^2=k_{\mathrm{T}}^2-k_z^2 \tag{4.1.33}$$

边界条件比垂直入射情况多一个 $\tau_{rz}=0$:

$$\tau_{rr}=-(p_{\mathrm{i}}+p_{\mathrm{s}}),\quad u_r=\frac{1}{\rho_0\omega^2}\frac{\partial(p_{\mathrm{i}}+p_{\mathrm{s}})}{\partial r},\quad \tau_{r\varphi}=0,\quad \tau_{rz}=0 \tag{4.1.34}$$

由边界条件得到确定系数 b_n, E_n, F_n, G_n 的矩阵方程

$$\begin{pmatrix}\dfrac{a^2}{\rho_{\mathrm{e}}c_{\mathrm{T}}^2}\mathrm{H}_n^{(1)}(x_r) & d_{12} & d_{13} & d_{14}\\-\dfrac{x_r}{\rho_0\omega^2}\mathrm{H}_n^{(1)\prime}(x_r) & d_{22} & d_{23} & d_{24}\\0 & d_{32} & d_{33} & d_{34}\\0 & d_{42} & d_{43} & d_{44}\end{pmatrix}\begin{pmatrix}b_n\\E_n\\F_n\\G_n\end{pmatrix}=\begin{pmatrix}-\dfrac{a^2}{\rho_{\mathrm{e}}c_{\mathrm{T}}^2}\mathrm{J}_n(x_r)\\\dfrac{x_r}{\rho_0\omega^2}\mathrm{J}_n'(x_r)\\0\\0\end{pmatrix} \tag{4.1.35}$$

其中，$x_r=k_r a$。矩阵元素见本章附录 4A.5。散射系数仍表示成 $b_n=-B_n/D_n$，有

$$B_n=\begin{vmatrix}\rho_0' x_{\mathrm{T}}^2\mathrm{J}_n(x_r) & d_{12} & d_{13} & d_{14}\\-x_r\mathrm{J}_n'(x_r) & d_{22} & d_{23} & d_{24}\\0 & d_{32} & d_{33} & d_{34}\\0 & d_{42} & d_{43} & d_{44}\end{vmatrix},\quad D_n=\begin{vmatrix}\rho_0' x_{\mathrm{T}}^2\mathrm{H}_n^{(1)}(x_r) & d_{12} & d_{13} & d_{14}\\-x_r\mathrm{H}_n^{(1)\prime}(x_r) & d_{22} & d_{23} & d_{24}\\0 & d_{32} & d_{33} & d_{34}\\0 & d_{42} & d_{43} & d_{44}\end{vmatrix} \tag{4.1.36}$$

这个结果可以推广到平面波倾斜入射到无限长弹性圆柱壳的情况 [15]。若圆柱壳内部充液内壁增加 4 个边界条件，B_n 和 D_n 均为 8 阶行列式。若圆柱壳内部真空，内壁增加 3 个边界条件，B_n 和 D_n 均为 7 阶行列式。具体形式不再赘述。

6. 用阻抗形式表示散射场

从形式上可以发现，当散射场表示式中的分母 $D_n(x)=0$ 时，散射场达到共振。因此这是特征频率方程，这个方程可以用系统的阻抗来表示。

先看平面波垂直入射到无限长流体圆柱的情况。第 2 章中给出

$$D_n = \begin{vmatrix} k\mathrm{H}_n^{(1)'}(x) & k_1\mathrm{J}_n'(x_1) \\ \rho_0\mathrm{H}_n^{(1)}(x) & \rho_1\mathrm{J}_n(x_1) \end{vmatrix} = -k_1\mathrm{J}_n'(x_1)\mathrm{H}_n^{(1)'}(x)\frac{1}{\mathrm{i}c}\left[\mathrm{i}\rho_0 c\frac{\mathrm{H}_n^{(1)}(x)}{\mathrm{H}_n^{(1)'}(x)} - \mathrm{i}\rho_1 c_1\frac{\mathrm{J}_n(x_1)}{\mathrm{J}_n'(x_1)}\right] \tag{4.1.37}$$

括号中的第一项可以表示为外部流体介质引起的圆柱面 n 阶模态辐射声阻抗

$$Z_n^{\mathrm{a}} = \mathrm{i}\rho_0 c\frac{\mathrm{H}_n^{(1)}(x)}{\mathrm{H}_n^{(1)'}(x)} \tag{4.1.38}$$

定义为圆柱面向外辐射声压与表面法向振速之比。对称情况下，圆柱面外的辐射声压和位移可以一般地表示为

$$\begin{cases} p(r,\varphi) = \sum\limits_{n=0}^{\infty} p_n = \sum\limits_{n=0}^{\infty} \varepsilon_n \mathrm{i}^n A_n \mathrm{H}_n^{(1)}(kr)\cos n\varphi \\ u_r(r,\varphi) = \sum\limits_{n=0}^{\infty} u_{rn} = \dfrac{k}{\rho_0\omega^2}\sum\limits_{n=0}^{\infty} \varepsilon_n \mathrm{i}^n A_n \mathrm{H}_n^{(1)'}(kr)\cos n\varphi \end{cases}$$

当 $r=a$ 时的 n 阶模态辐射声阻抗 $Z_n^{\mathrm{a}} = p_n/(-\mathrm{i}\omega u_{rn})$ 就是 (4.1.38) 式。Z_n^{a} 与圆柱体的具体情况没有关系，与表面振速也没有关系。另一方面可以证明，(4.1.37) 式右端括号中的第二项是流体圆柱的 n 阶模态机械阻抗，定义为当流体圆柱外部为真空时作用在流体圆柱表面的 n 阶径向模态力与表面法向振速之比。实际上，具有自由表面的流体圆柱内部的声压和位移是

$$\begin{cases} p(r,\varphi) = \sum\limits_{n=0}^{\infty} p_n = \sum\limits_{n=0}^{\infty} C_n \mathrm{J}_n(k_1 r)\cos n\varphi \\ u_r(r,\varphi) = \sum\limits_{n=0}^{\infty} u_{rn} = \dfrac{k}{\rho_0\omega^2}\sum\limits_{n=0}^{\infty} C_n \mathrm{J}_n'(k_1 r)\cos n\varphi \end{cases}$$

流体圆柱的模态声阻抗是

$$Z_{n1}^{\mathrm{a}} = \left.\frac{p_n}{-\mathrm{i}\omega u_{rn}}\right|_{r=a} = \mathrm{i}\rho_1 c_1\frac{\mathrm{J}_n(x_1)}{\mathrm{J}_n'(x_1)} \tag{4.1.39}$$

由于力与声压的符号相反，所以模态机械阻抗是

$$Z_{n1}^{\mathrm{M}} = -\mathrm{i}\rho_1 c_1\frac{\mathrm{J}_n(x_1)}{\mathrm{J}_n'(x_1)} = -Z_{n1}^{\mathrm{a}} \tag{4.1.40}$$

由 $D_n = 0$ 得到散射问题的特征方程

$$\mathbb{Z}_n = Z_n^{\mathrm{a}} + Z_{n1}^{\mathrm{M}} = 0 \tag{4.1.41}$$

要求系统的模态总阻抗 $\mathbb{Z}_n$，即模态机械阻抗和模态声阻抗之和等于 0。

对于弹性圆柱的情况，利用 (4.1.30) 式给出的 D_n 又可以证明

$$\begin{aligned} D_n =&\rho_0' x_{\mathrm{T}}^2 \mathrm{H}_n^{(1)}(x) D_n^{(1)} - x\mathrm{H}_n^{(1)'}(x) D_n^{(2)} \\ =&\rho_0' x_{\mathrm{T}}^2 D_n^{(1)} \mathrm{H}_n^{(1)'}(x) \left[1/(\mathrm{i}\rho_0 c)\right] \left(Z_n^{\mathrm{a}} - Z_{n1}^{\mathrm{a}}\right) \end{aligned} \tag{4.1.42}$$

其中，Z_{n1}^{a} 是具有自由表面的弹性圆柱模态声阻抗

$$Z_{n1}^{\mathrm{a}} = \frac{\mathrm{i}\omega a\rho_{\mathrm{e}}}{x_{\mathrm{T}}^2}\frac{D_n^{(2)}}{D_n^{(1)}} \tag{4.1.43}$$

$$D_n^{(1)} = \begin{vmatrix} d_{22} & d_{23} \\ d_{32} & d_{33} \end{vmatrix}, \quad D_n^{(2)} = -\begin{vmatrix} d_{12} & d_{13} \\ d_{32} & d_{33} \end{vmatrix} \tag{4.1.44}$$

同样可以定义外部为真空的弹性圆柱的模态机械阻抗，它等于模态声阻抗的负值：

$$Z_{n1}^{\mathrm{M}} = -Z_{n1}^{\mathrm{a}} = -\frac{\mathrm{i}\omega a\rho_{\mathrm{e}}}{x_{\mathrm{T}}^2}\frac{D_n^{(2)}}{D_n^{(1)}} \tag{4.1.45}$$

于是又得到与 (4.1.41) 式相同的特征方程。

阻抗表示形式也可以推广到弹性圆柱壳、球壳等其他弹性体的声散射。实际上任意结构声散射或辐射的振动–声耦合问题的特征方程都可以表示成 (4.1.41) 式的形式，因为系统的总阻抗就是结构表面的辐射声阻抗和结构机械阻抗之和。

4.2 共振散射理论

共振散射理论 (Resonance Scattering Theory, RST) 是用来描述共振散射现象的一种数学方法。顾名思义，这种理论将散射场与目标的弹性共振现象——振动模态联系起来。数学上它将核散射理论中的方法 (Breit-Wigner 公式) 引入声散射中，导出了声共振散射理论。按照主要创立者的总结 [16]，奠基性的论文是文献 [17~19] 三篇。实际上，第一篇论文直接建立了共振散射理论，后两篇论文主要是将共振与表面波相联系，对共振现象做出了深入的解释。因此作者们指出，共振散射理论不仅提供了一个数学方法，而且也揭示了物理本质。

共振散射理论导出至今，仅在 *J. Acoust. Soc. Am.* 上已经发表了几百篇论文，分散在诸如 *IEEE*、*Acustica* 等其他杂志以及用非英语发表的论文也有数百篇之多，并且有多篇总结性文章和论文集。不过，20 世纪 90 年代末以后，有关共振散射理论的文章越来越少，表明这种方法已经趋于成熟。

下面导出共振散射理论。以弹性圆柱和圆柱壳为例，遵循 Flax 等的工作，将散射场 Rayleigh 级数解表示成

$$p_{\mathrm{s}}(r,\varphi)=\sum_{n=0}^{\infty}\varepsilon_n \mathrm{i}^n\frac{-B_n(x)}{D_n(x)}\mathrm{H}_n^{(1)}(kr)\cos n\varphi \tag{4.2.1}$$

其中

$$\begin{cases} B_n(x)=\rho_0' x_{\mathrm{T}}^2 \mathrm{J}_n(x) D_n^{(1)}(x)-x\mathrm{J}_n'(x) D_n^{(2)}(x) \\ D_n(x)=\rho_0' x_{\mathrm{T}}^2 \mathrm{H}_n^{(1)}(x) D_n^{(1)}(x)-x\mathrm{H}_n^{(1)'}(x) D_n^{(2)}(x) \end{cases} \tag{4.2.2}$$

对于实弹性圆柱，$D_n^{(1)}$，$D_n^{(2)}$ 是两个 2×2 行列式，见 (4.1.44) 式。注意行列式 $D_n^{(2)}$ 有一个负号，这样可以沿用前面给出的元素表示式。对于中空弹性圆柱壳，$D_n^{(1)}$，$D_n^{(2)}$ 是两个 4×4 行列式，同样 $D_n^{(2)}$ 也要加负号。散射系数

$$b_n(x)=-\frac{B_n(x)}{D_n(x)}=-\frac{\mathrm{J}_n(x)F_n-x\mathrm{J}_n'(x)}{\mathrm{H}_n^{(1)}(x)F_n-x\mathrm{H}_n^{(1)'}(x)} \tag{4.2.3}$$

其中

$$F_n(x)=\rho_0' x_{\mathrm{T}}^2\frac{D_n^{(1)}(x)}{D_n^{(2)}(x)} \tag{4.2.4}$$

与 (4.1.43) 式比较可知，F_n^{-1} 与模态机械阻抗成比例。系统的特征方程是

$$D_n(x)=0 \tag{4.2.5}$$

方法一：Flax 等最初提出的 RST[17]。仿照量子力学散射理论，将散射场写成

$$p_{\mathrm{s}}(r,\varphi)=\frac{1}{2}\sum_{n=0}^{\infty}\varepsilon_n \mathrm{i}^n(S_n-1)\mathrm{H}_n^{(1)}(kr)\cos n\varphi \tag{4.2.6}$$

其中，系数 S_n 与散射系数的关系是

$$S_n-1=2b_n(x) \tag{4.2.7}$$

如果弹性圆柱接近刚性体，像金属的实圆柱或厚圆柱壳，需要分离出刚性背景。根据刚性圆柱的 $b_n(x)=-\mathrm{J}_n'(x)\big/\mathrm{H}_n^{(1)'}(x)$，得到

$$S_n^{\mathrm{r}}=-\mathrm{H}_n^{(2)'}(x)\big/\mathrm{H}_n^{(1)'}(x)=\mathrm{e}^{2\mathrm{i}\delta_n^{\mathrm{r}}} \tag{4.2.8}$$

$$\tan\delta_n^{\mathrm{r}}=\mathrm{J}_n'(x)/\mathrm{Y}_n'(x) \tag{4.2.9}$$

如果弹性圆柱接近软性体，像非常薄的中空壳体，需要分离出软背景。得到

$$S_n^{\mathrm{s}}=-\mathrm{H}_n^{(2)}(x)\big/\mathrm{H}_n^{(1)}(x)=\mathrm{e}^{2\mathrm{i}\delta_n^{\mathrm{s}}} \tag{4.2.10}$$

$$\tan\delta_n^{\mathrm{s}} = \mathrm{J}_n(x)/\mathrm{Y}_n(x) \tag{4.2.11}$$

上标 r，s 分别表示与刚性背景和软背景对应的量。下面主要讨论刚性背景的情况。从散射系数中提出刚性背景得到

$$S_n = S_n^{\mathrm{r}}\frac{F_n^{-1} - z_n^{(2)-1}}{F_n^{-1} - z_n^{(1)-1}} \tag{4.2.12}$$

其中

$$z_n^{(1)} = x\mathrm{H}_n^{(1)'}(x)/\mathrm{H}_n^{(1)}(x), \quad z_n^{(2)} = x\mathrm{H}_n^{(2)'}(x)/\mathrm{H}_n^{(2)}(x) \tag{4.2.13}$$

$z_n^{(1)-1}$ 和 $z_n^{(2)-1}$ 分别与向外发散和向内会聚的柱面波的模态声阻抗成比例。将 $z_n^{(1,2)-1}$ 分成实部和虚部

$$z_n^{(1,2)-1} = \Delta_n^{\mathrm{r}} \pm \mathrm{i}\Lambda_n^{\mathrm{r}} \tag{4.2.14}$$

其中

$$\begin{cases} \Delta_n^{\mathrm{r}} = \dfrac{\mathrm{J}_n(x)\mathrm{J}_n'(x) + \mathrm{Y}_n(x)\mathrm{Y}_n'(x)}{x\left[\mathrm{J}_n'^2(x) + \mathrm{Y'}_n^2(x)\right]} \\ \Lambda_n^{\mathrm{r}} = -\dfrac{2}{\pi x^2}\dfrac{1}{\mathrm{J}_n'^2(x) + \mathrm{Y}_n'^2(x)} \end{cases} \tag{4.2.15}$$

当方程

$$F_n^{-1}(x) = \Delta_n^{\mathrm{r}} \tag{4.2.16}$$

满足时散射达到共振，由此解出一系列共振频率 x_{nl}^{r}，$l = 1, 2, \cdots$。x_{nl}^{r} 是第 n 阶模态的第 l 个共振。将 $F_n^{-1}(x)$ 在某个共振频率 x_{nl}^{r} 附近作 Taylor 级数展开：

$$F_n^{-1}(x) \cong \Delta_n^{\mathrm{r}} + b_{nl}^{\mathrm{r}}(x - x_{nl}^{\mathrm{r}}) \tag{4.2.17}$$

定义共振宽度

$$\Gamma_{nl}^{\mathrm{r}} = -2\Lambda_n^{\mathrm{r}}/b_{nl}^{\mathrm{r}} \tag{4.2.18}$$

将系数 S_n 表示成所有各个共振频率的展开式之和得到

$$S_n = S_n^{\mathrm{r}}\sum_{l=1}^{\infty}\frac{x - x_{nl}^{\mathrm{r}} - \mathrm{i}\Gamma_{nl}^{\mathrm{r}}/2}{x - x_{nl}^{\mathrm{r}} + \mathrm{i}\Gamma_{nl}^{\mathrm{r}}/2} \tag{4.2.19}$$

散射系数可以表示成

$$b_n(x) = \frac{1}{2}(S_n - 1) = \frac{1}{2}\left[(S_n^{\mathrm{r}} - 1) + S_n^{\mathrm{r}}\frac{2\mathrm{i}\Lambda_n^{\mathrm{r}}}{F_n^{-1} - \Delta_n^{\mathrm{r}} - \mathrm{i}\Lambda_n^{\mathrm{r}}}\right]$$

利用

$$S_n^{\mathrm{r}} = \mathrm{e}^{2\mathrm{i}\delta_n^{\mathrm{r}}}, \quad S_n^{\mathrm{r}} - 1 = \mathrm{e}^{\mathrm{i}\delta_n^{\mathrm{r}}}2\mathrm{i}\sin\delta_n^{\mathrm{r}}$$

得到

$$b_n(x)=\mathrm{i}\mathrm{e}^{2\mathrm{i}\delta_n^{\mathrm{r}}}\left(\frac{\Lambda_n^{\mathrm{r}}}{F_n^{-1}+\Delta_n^{\mathrm{r}}-\mathrm{i}\Lambda_n^{\mathrm{r}}}+\mathrm{e}^{-\mathrm{i}\delta_n^{\mathrm{r}}}\sin\delta_n^{\mathrm{r}}\right) \tag{4.2.20}$$

将其在共振频率附近展开得到共振散射公式

$$b_n(x)=\mathrm{i}\mathrm{e}^{2\mathrm{i}\delta_n^{\mathrm{r}}}\left(\sum_{l=1}^{\infty}\frac{\Gamma_{nl}^{\mathrm{r}}/2}{x-x_{nl}^{\mathrm{r}}-\mathrm{i}\Gamma_{nl}^{\mathrm{r}}/2}+\mathrm{e}^{-\mathrm{i}\delta_n^{\mathrm{r}}}\sin\delta_n^{\mathrm{r}}\right) \tag{4.2.21}$$

其中，第一项表示共振的贡献，第二项表示平滑的“背景”项，这里对应于刚性圆柱的散射。分离出刚性背景以后的“纯”共振散射场是

$$p_{\mathrm{s}}^{\mathrm{e}}(r,\varphi)=\sum_{n=0}^{\infty}\sum_{l=1}^{\infty}\varepsilon_n\mathrm{i}^n\frac{\mathrm{i}\Gamma_{nl}^{\mathrm{r}}/2}{x-x_{nl}^{\mathrm{r}}-\mathrm{i}\Gamma_{nl}^{\mathrm{r}}/2}\mathrm{e}^{2\mathrm{i}\delta_n^{\mathrm{r}}}\mathrm{H}_n^{(1)}(kr)\cos n\varphi \tag{4.2.22}$$

按照定义形态函数

$$f_\infty(\varphi)=\sum_{n=0}^{\infty}f_n(\varphi)=\frac{2}{(\mathrm{i}\pi x)^{1/2}}\sum_{n=0}^{\infty}\varepsilon_n b_n(x)\cos n\varphi \tag{4.2.23}$$

其中每一阶模态的形态函数称为分波形态函数。共振形式的分波形态函数是

$$f_n(\varphi)=2\mathrm{i}\varepsilon_n(\mathrm{i}\pi x)^{-1/2}\mathrm{e}^{2\mathrm{i}\delta_n^{\mathrm{r}}}\left(\sum_{l=1}^{\infty}\frac{-\Gamma_{nl}^{\mathrm{r}}/2}{x-x_{nl}^{\mathrm{r}}+\mathrm{i}\Gamma_{nl}^{\mathrm{r}}/2}+\mathrm{e}^{-\mathrm{i}\delta_n^{\mathrm{r}}}\sin\delta_n^{\mathrm{r}}\right)\cos n\varphi \tag{4.2.24}$$

方法二：汤渭霖用复变函数论中的奇异点展开法导出共振散射公式 [20]。考虑以刚性散射场为背景的情况，应用 Wronskian 行列式 (2.2.29) 直接从总的散射场中分离出刚性背景项，得到“纯”弹性散射场

$$p_{\mathrm{s}}^{\mathrm{e}}(r,\varphi)=p_{\mathrm{s}}(r,\varphi)-p_{\mathrm{s}}^{\mathrm{r}}(r,\varphi)=\sum_{n=0}^{\infty}\varepsilon_n\mathrm{i}^nA_n(x)\mathrm{H}_n^{(1)}(kr)\cos n\varphi \tag{4.2.25}$$

其中

$$A_n(x)=\frac{2\mathrm{i}\rho_0}{\pi\left[x\mathrm{H}_n^{(1)'}(x)\right]^2}\frac{1}{G_n(x)} \tag{4.2.26}$$

是纯弹性散射系数。函数 $G_n(x)$ 与 $D_n(x)$ 由下式联系：

$$D_n(x)=-x_{\mathrm{T}}^2x\mathrm{H}_n^{(1)'}(x)D_n^{(1)}(x)G_n(x) \tag{4.2.27}$$

当 x 是实数时，进一步将 $G_n(x)$ 分离成实部和虚部

$$G_n(x)=R_n(x)+\mathrm{i}I_n(x) \tag{4.2.28}$$

$$R_n(x)=\mathrm{Re}\{G_n(x)\}=\frac{D_n^{(2)}(x)}{x_{\mathrm{T}}^2D_n^{(1)}(x)}-\rho_0'\frac{\mathrm{J}_n(x)\mathrm{J}_n'(x)+\mathrm{Y}_n(x)\mathrm{Y}_n'(x)}{x\left[\mathrm{J}_n'^2(x)+\mathrm{Y}_n'^2(x)\right]}$$

$$I_n(x)=\mathrm{Im}\{G_n(x)\}=\rho_0'\frac{2}{\pi x^2}\frac{1}{\mathrm{J}_n'^2(x)+\mathrm{Y}_n'^2(x)} \tag{4.2.29}$$

于是纯弹性散射系数可以表示为

$$A_n(x)=\frac{-\mathrm{i}I_n(x)}{G_n(x)}\mathrm{e}^{\mathrm{i}2\delta_n^{\mathrm{r}}(x)} \tag{4.2.30}$$

其中，$\delta_n^{\mathrm{r}}(x)$ 见 (4.2.9) 式。(4.2.30) 式表明，函数 $G_n(x)$ 的虚部反映了流体负荷的作用。如果两种介质的密度比 ρ_0' 趋于 0，$A_n(x)\to 0$，流体负荷消失。因此 $I_n(x)/G_n(x)$ 实质上描述了再辐射效率，而指数项 $\exp\left[\mathrm{i}2\delta_n^{\mathrm{r}}(x)\right]$ 是表面弯曲引起的附加相位。

决定共振频率的极点方程 $D_n(x)=0$ 被分解为两个方程

$$\mathrm{H}_n^{(1)\prime}(x)=0 \tag{4.2.31}$$

$$G_n(x)=0 \tag{4.2.32}$$

前一个是背景项——刚性圆柱的极点方程，后一个是纯弹性散射的极点方程。

函数 $I_n(x)/G_n(x)$ 是复 x 平面上包含有无限多个简单极点的亚纯函数，因此可以应用 Mittag-Leffler 定理展开为

$$\frac{I_n(x)}{G_n(x)}=\sum_{l=1}^{\infty}\left(\frac{a_{nl}}{x-x_{nl}}+\frac{a_{nl}}{x_{nl}}\right) \tag{4.2.33}$$

其中

$$a_{nl}=\frac{I_n(x_{nl})}{\left[\partial G_n(x)/\partial x\right]_{x_{nl}}} \tag{4.2.34}$$

是亚纯函数 $I_n(x)/G_n(x)$ 在复数极点 x_{nl} 的留数。由此导出严格共振公式

$$p_{\mathrm{s}}^{\mathrm{e}}(r,\varphi)=\sum_{n=0}^{\infty}\sum_{l=1}^{\infty}\varepsilon_n\mathrm{i}^n(-\mathrm{i})\left(\frac{a_{nl}}{x-x_{nl}}+\frac{a_{nl}}{x_{nl}}\right)\mathrm{e}^{\mathrm{i}2\delta_n^{\mathrm{r}}(x)}\mathrm{H}_n^{(1)}(kr)\cos n\varphi \tag{4.2.35}$$

当 x 处在共振区内时，对散射场起主要作用的是与 x 邻近的那些共振模式。在这种情况下可以忽略展开式的第二项得到近似共振公式

$$p_{\mathrm{s}}^{\mathrm{e}}(r,\varphi)=\sum_{n=0}^{\infty}\sum_{l=1}^{\infty}\varepsilon_n\mathrm{i}^n\frac{-\mathrm{i}a_{nl}}{x-x_{nl}}\mathrm{e}^{\mathrm{i}2\delta_n^{\mathrm{r}}(x)}\mathrm{H}_n^{(1)}(kr)\cos n\varphi \tag{4.2.36}$$

很明显，(n,l) 阶模态的辐射效率由留数 a_{nl} 决定。下面我们证明，对于流–固界面留数近似地正比于复极点的虚部。记 x 平面上的复变量 $x=x^{\mathrm{R}}-\mathrm{i}x^{\mathrm{I}}$，这里 $x^{\mathrm{I}}\geqslant 0$，因为时间因子 $\exp(-\mathrm{i}\omega t)$ 中的 $\omega=cx/a$。方程 (4.2.32) 的根给出复极点

$$x_{nl}=x_{nl}^{\mathrm{R}}-\mathrm{i}x_{nl}^{\mathrm{I}},\quad n=0,1,2,\cdots;\quad l=1,2,\cdots \tag{4.2.37}$$

令 $x_{nl}^{\mathrm{R}}=x_{nl}^{0}+\tau_{nl}$，$x_{nl}^{0}$ 是当流体负荷不存在时的实根，满足 $D_n^{(2)}\left(x_{nl}^{0}\right)=0$，$\tau_{nl}$ 是复极点的实部与忽略流体负荷时的实根之间的差。对于大多数固体弹性体有

$$\tau_{nl}\ll x_{nl}^{\mathrm{I}}\ll x_{nl}^{\mathrm{R}} \tag{4.2.38}$$

因此留数可以近似为

$$a_{nl}\approx\frac{I_n\left(x_{nl}^{0}\right)}{\left[\partial G_n(x)/\partial x\right]_{x_{nl}^{0}}} \tag{4.2.39}$$

另一方面，将极点方程 (4.2.32) 在 x_{nl}^{0} 附近展开成

$$R_n\left(x_{nl}^{0}\right)+\mathrm{i}I_n\left(x_{nl}^{0}\right)+\left.\frac{\partial G_n(x)}{\partial x}\right|_{x_{nl}^{0}}\left(\tau_{nl}-\mathrm{i}x_{nl}^{\mathrm{I}}\right)\approx 0$$

当 $x\gg 1$ 时，应用 Bessel 函数渐近展开式可以说明 $R_n(x)\sim 0\left(1/x^2\right)$，$I_n(x)\sim 0(1/x)$，因此可取近似 $R_n\left(x_{nl}^{0}\right)\approx 0$。再忽略小量 τ_{nl} 后得到

$$x_{nl}^{\mathrm{I}}\approx\frac{I_n\left(x_{nl}^{0}\right)}{\left[\partial G_n(x)/\partial x\right]_{x_{nl}^{0}}} \tag{4.2.40}$$

由此证明留数近似等于复极点的虚部

$$a_{nl}\approx x_{nl}^{\mathrm{I}} \tag{4.2.41}$$

利用这个结果，共振散射公式写为

$$p_{\mathrm{s}}^{\mathrm{e}}(r,\varphi)=\sum_{n=0}^{\infty}\sum_{l=1}^{\infty}\varepsilon_n\mathrm{i}^n\frac{-\mathrm{i}x_{nl}^{\mathrm{I}}}{x-x_{nl}^{\mathrm{R}}+\mathrm{i}x_{nl}^{\mathrm{I}}}\mathrm{e}^{\mathrm{i}2\delta_n^{\mathrm{r}}(x)}\mathrm{H}_n^{(1)}(kr)\cos n\varphi \tag{4.2.42}$$

这个结果与仿照核共振理论原始导出的结果 (4.2.22) 式一致，只要让 $x_{nl}^{\mathrm{I}}=-\Gamma_{nl}^{\mathrm{r}}/2$。

留数的近似是一个重要结果，说明 (n,l) 阶模态的再辐射效率近似与复极点的虚部成正比。这就是说，只要求出特征方程的根，即复极点，就可以描述共振声散射特性。因为复极点的实部给出共振频率，虚部给出再辐射效率。作为这个近似的基本条件——复极点的实部 x_{nl}^{R} 与真空中的实根 x_{nl}^{0} 之间的差 τ_{nl} 可以忽略的条件在文献 [20] 中以数据说明。

实心球和中空球壳的共振散射与圆柱非常类似，计算公式可以相互对应。平面波从弹性球或球壳的散射场

$$p_{\mathrm{s}}(r,\theta)=\sum_{n=0}^{\infty}\mathrm{i}^n(2n+1)\frac{-B_n(x)}{D_n(x)}\mathrm{h}_n^{(1)}(kr)\mathrm{P}_n(\cos\theta) \tag{4.2.43}$$

其中

$$\begin{aligned}B_n(x)&=\rho_0' x_{\mathrm{T}}^2\mathrm{j}_n(x)D_n^{(1)}(x)-x\mathrm{j}_n'(x)D_n^{(2)}(x)\\D_n(x)&=\rho_0' x_{\mathrm{T}}^2\mathrm{h}_n^{(1)}(x)D_n^{(1)}(x)-x\mathrm{h}_n^{(1)\prime}(x)D_n^{(2)}(x)\end{aligned} \tag{4.2.44}$$

行列式 $D_n^{(1)}$, $D_n^{(2)}$ 取球或球壳所对应的值。在共振散射理论中又将散射场写成

$$p_{\mathrm{s}}(r,\phi)=\frac{1}{2}\sum_{n=0}^{\infty}(2n+1)\mathrm{i}^n(S_n-1)\mathrm{h}_n^{(1)}(kr)\mathrm{P}_n(\cos\theta) \tag{4.2.45}$$

类似于 (4.2.12) 式，将系数 S_n 表示成

$$S_n=S_n^{\mathrm{r}}\frac{F_n^{-1}-z_n^{(2)-1}}{F_n^{-1}-z_n^{(1)-1}} \tag{4.2.46}$$

其中

$$z_n^{(1)}=x\mathrm{h}_n^{(1)\prime}(x)\Big/\mathrm{h}_n^{(1)}(x),\quad z_n^{(2)}=x\mathrm{h}_n^{(2)\prime}(x)\Big/\mathrm{h}_n^{(2)}(x) \tag{4.2.47}$$

$z_n^{(1)-1}$ 和 $z_n^{(2)-1}$ 分别与向外发散和向内会聚的球面波的模态声阻抗成比例。F_n^{-1} 形式上与圆柱的 (4.2.4) 式相同，只不过行列式中的元素不同。$z_n^{(1)-1}$ 的实部和虚部是

$$\begin{aligned}\varDelta_n^{\mathrm{r}}&=\frac{\mathrm{j}_n(x)\mathrm{j}_n'(x)+\mathrm{y}_n(x)\mathrm{y}_n'(x)}{x\left[\mathrm{j}_n'^2(x)+\mathrm{y}_n'^2(x)\right]}\\\varLambda_n^{\mathrm{r}}&=-\frac{2}{\pi x^2}\frac{1}{\mathrm{j}_n'^2(x)+\mathrm{y}_n'^2(x)}\end{aligned} \tag{4.2.48}$$

刚性球的系数

$$S_n^{\mathrm{r}}=-\mathrm{h}_n^{(2)\prime}(x)\Big/\mathrm{h}_n^{(1)\prime}(x)\equiv\mathrm{e}^{2\mathrm{i}\delta_n^{\mathrm{r}}},\tan\delta_n^{\mathrm{r}}=\mathrm{j}_n'(x)/\mathrm{y}_n'(x) \tag{4.2.49}$$

形式上仍可以得到

$$b_n(x)=\frac{1}{2}(S_n-1)=\mathrm{i}\mathrm{e}^{2\mathrm{i}\delta_n^{\mathrm{r}}}\left(\sum_{l=1}^{\infty}\frac{\varGamma_{nl}^{\mathrm{r}}/2}{x-x_{nl}^{\mathrm{r}}-\mathrm{i}\varGamma_{nl}^{\mathrm{r}}/2}+\mathrm{e}^{-\mathrm{i}\delta_n^{\mathrm{r}}}\sin\delta_n^{\mathrm{r}}\right) \tag{4.2.50}$$

分离出刚性背景以后的“纯”共振散射场是

$$p_{\mathrm{s}}^{\mathrm{e}}(r,\phi)=\sum_{n=0}^{\infty}\sum_{l=1}^{\infty}(2n+1)\mathrm{i}^n\frac{\mathrm{i}\varGamma_{nl}^{\mathrm{r}}/2}{x-x_{nl}^{\mathrm{r}}-\mathrm{i}\varGamma_{nl}^{\mathrm{r}}/2}\mathrm{e}^{2\mathrm{i}\delta_n^{\mathrm{r}}}\mathrm{h}_n^{(1)}(kr)\mathrm{P}_n(\cos\theta) \tag{4.2.51}$$

用奇异点展开法得到的结果是

$$p_{\mathrm{s}}^{\mathrm{e}}(r,\phi)=\sum_{n=0}^{\infty}\sum_{l=1}^{\infty}(2n+1)\mathrm{i}^n\frac{-\mathrm{i}a_{nl}}{x-x_{nl}}\mathrm{e}^{2\mathrm{i}\delta_n^{\mathrm{r}}}\mathrm{h}_n^{(1)}(kr)\mathrm{P}_n(\cos\theta) \tag{4.2.52}$$

其中，$x_{nl}=x_{nl}^{\mathrm{R}}-\mathrm{i}x_{nl}^{\mathrm{I}}$，$a_{nl}\approx x_{nl}^{\mathrm{I}}$。

共振散射理论的最初应用是从散射形态函数中分离出各阶共振散射的贡献。图 4.2.1 是铝柱减去刚性背景项以后的分波 (partial wave) 形态函数 [9]，也就是纯弹性分波形态函数 $|f_n^{\mathrm{e}}|=\left|f_n-f_n^{\mathrm{rig}}\right|$。从图中可以确定 (n,l) 阶共振的频率和宽度。有些共振模态较宽，表明该阶模态的辐射效率较高，有些共振模态较窄，表明其辐射效率较低。那些窄的共振模态在计算和测量时容易丢失。

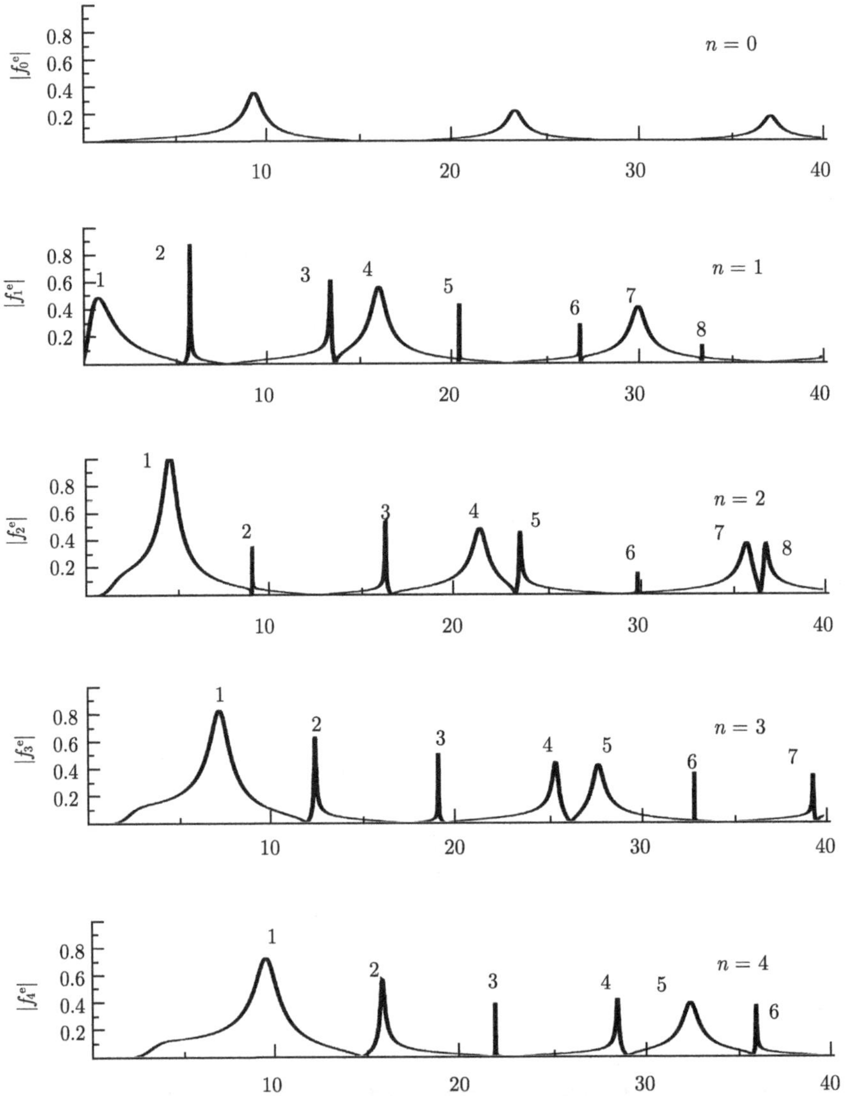

图 4.2.1　铝柱减刚性背景项后各阶分波形态函数 [9]

根据各阶分波的计算和分析最终可以确定共振模态在散射场中的贡献。图 4.2.2(a) 是铝柱的形态函数，图 4.2.2(b) 是铝柱减去刚性背景项以后的形态函数 [9]。两者对照就可以发现共振模态的贡献，图中用数字标出的峰或谷就是共振模态的位置。特别值得指出的是，各共振模态在总散射形态函数中对应谷点而不是峰值，这是因为共振模态产生的再辐射波与刚性背景项近似反相，叠加后形成谷点，需要通过回波形成机理的分析来解释。因此，共振散射理论不仅解释了散射场随频率起伏的物理机理，而且提供了从散射场中隔离和提取目标共振谱的理论基础。在此基础上发展了共振隔离与识别方法 (Method of Isolation and Identification of Resonances, MIIR)。

图 4.2.1 和图 4.2.2 是实心圆柱的情况。对于厚度为 $h=a-b$ 的圆柱壳，壳体厚薄应该用相对厚度 $h'=h/a$ 来衡量，h' 越小壳体越薄。对于薄壳，ka 较低 (对应 fh 较低) 时只存在低阶共振，在类似于图 4.2.1 的各阶分波形态函数中只出现 $(n,1)$ 阶共振峰。因此薄圆柱壳的形态函数显得比较有规律。图 4.2.3 是文献 [11] 计算的相对厚度 $h'=1/64$ 的 Armco 铁 (弹性参数与钢接近) 中空圆柱壳的形态函数，在 $ka<50$ 和 $ka\approx 80\sim 150$ 的频段内，形态函数呈现围绕 1 上下的等间隔峰谷变化。只在 $50<ka<80$ 出现另一种共振。图中标出两类共振阶次 $(n,0)$ 和 $(n,0($，它们分别对应压缩波 s_0 和弯曲波 a_0 共振 (详见第 5 章讨论)。图 4.2.3 显示所有薄圆柱壳和薄球壳散射形态函数的共同特点，因为这时只有最低阶压缩波和弯曲波共振起作用。

金属实心球或圆柱用刚性背景是合适的，因为它通常比较硬，但是刚性背景用于壳体不一定合适，壳体的背景与壳厚有关。厚壳接近刚性背景，薄壳接近软背景。最初认为 $b/a\leqslant 0.9$ 是厚壳，$b/a\geqslant 0.995$ 是薄壳。研究表明，这样简单的区分是不准确的。实际上，壳体的厚薄还与频率有密切关系。$h'=1\%$ 的壳体在低频时接近软壳，到高频时 (如 $ka>100$) 则又接近于硬壳。因此，一个合适的背景应该随着 ka 的增加从软背景逐渐过渡到硬背景。这种背景称为中间 (intermediate) 背景。

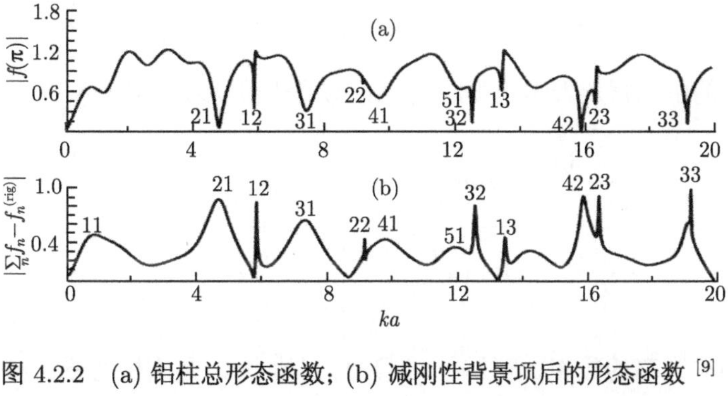

图 4.2.2 (a) 铝柱总形态函数；(b) 减刚性背景项后的形态函数 [9]

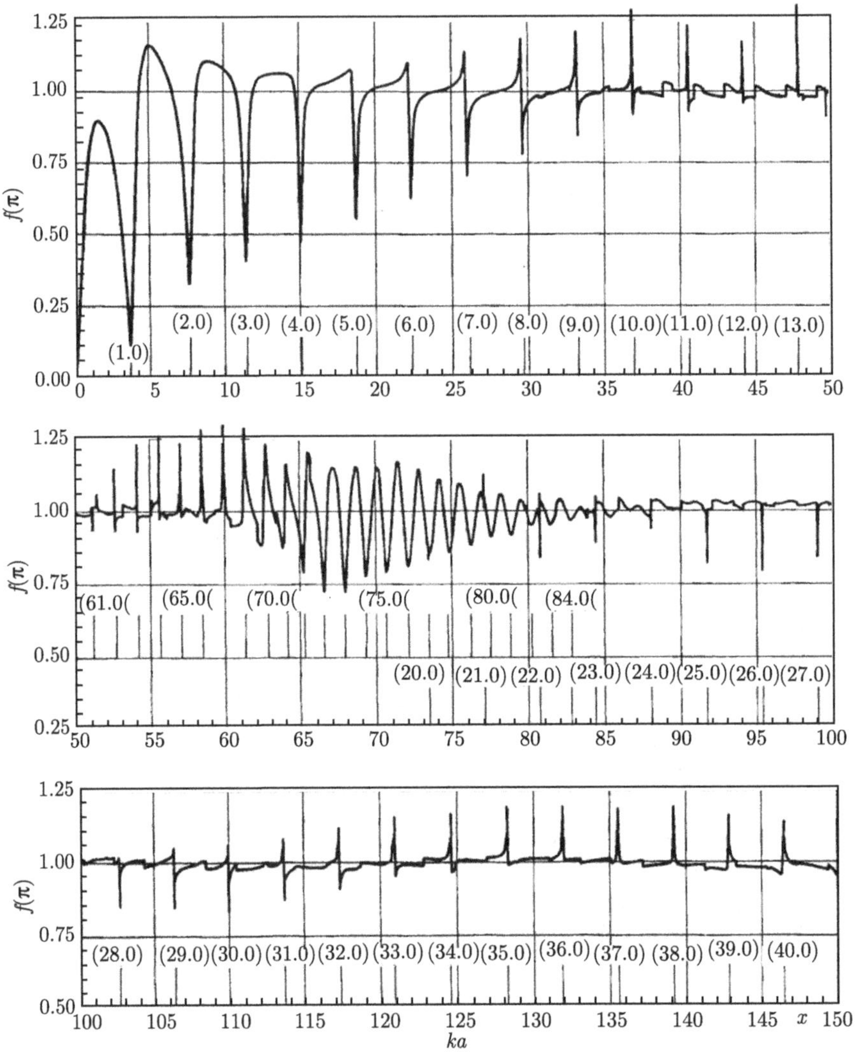

图 4.2.3　$h' = 1/64$ 的 Armco 铁圆柱壳的形态函数 [11]

比较好的中间背景表示式可能是 Werby 提出的形式 [21]：

$$b_n = -\frac{\dfrac{3\rho_0'}{1-(1-h)^3}\mathrm{Im}\left(\mathrm{i}\dfrac{\mathrm{h}_n^{(1)}(ka)}{\mathrm{h}_n^{(1)'}(ka)}\right)\mathrm{j}_n(ka) - \mathrm{j}_n'(ka)}{\dfrac{3\rho_0'}{1-(1-h)^3}\mathrm{Im}\left(\mathrm{i}\dfrac{\mathrm{h}_n^{(1)}(ka)}{\mathrm{h}_n^{(1)'}(ka)}\right)\mathrm{h}_n^{(1)}(ka) - \mathrm{h}_n^{(1)'}(ka)} \tag{4.2.53}$$

对于厚壳和非常高的频率，$b_n \to -\mathrm{j}_n'(ka)\big/\mathrm{h}_n^{(1)'}(ka)$ 是刚性背景。对于薄壳和低

频，$b_n \to -\mathrm{j}_n(ka)\Big/\mathrm{h}_n^{(1)}(ka)$ 是软背景。图 4.2.4 是 1%钢球壳取不同背景项以后的共振隔离结果。由图可见，减硬或软背景后的剩余形态函数都不能很好地隔离共振项，而减去中间背景后的图 4.2.4(d) 则能够较好地隔离出纯共振散射项。

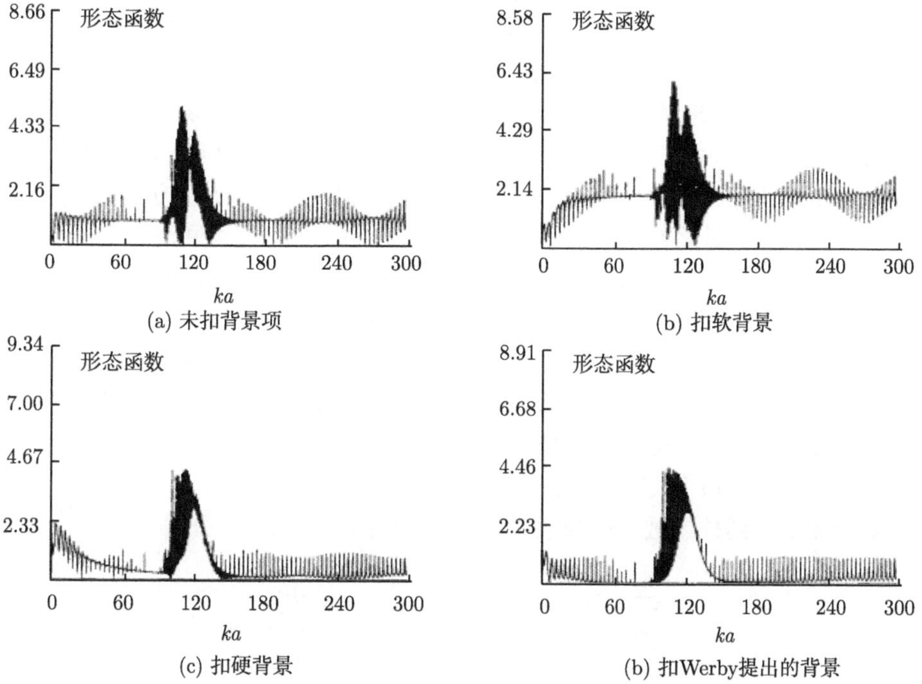

图 4.2.4 1%钢球壳取不同背景项以后的共振隔离结果 [21]

4.3 表面环绕波分析理论

Franz 在分析电磁波在地壳表面的波动现象时首先发现，存在沿界面传播的波，称之为蠕波或爬波 (creeping wave)。电磁波从导体圆柱散射相当于声波从刚性圆柱的散射，这时在圆柱周围的介质中存在一种慢速 (速度略小于周围介质中的波速) 传播的波，即为蠕波或爬波。而当目标是弹性体时，在弹性体表面存在速度较快的弹性类表面波，一般不称蠕波。由于在球面和圆柱面这样的光滑封闭表面上波是循环绕行的，因此称为环绕波 (circumferential wave)。环绕波的分析基于 SWT(Smmerfeld-Watson Transformation) 方法。Überall 等最早将这个方法引入水中目标声散射问题中，用 SWT 处理了刚性圆柱的散射 [22]。后来，Doolittle、Überall 和 Ugincius 将它推广到弹性圆柱和弹性圆柱壳体 [23,24]。他们的工作体现了水声的特点，因为水中弹性结构的表面波是流–固耦合的结果，它们对应复数波数域的极点。刚性球的环绕波分析见文献 [25]，关于弹性球的环绕波分析直到 1985 年才由 Williams 和 Marston 完成 [26]。Rumerman 于 20 世纪 90 年代初连续讨论了无限长和有限长薄圆柱壳的 SWT 解 [27,28]，壳体采用薄壳方程描述，所用的方法和结果原则上与前人的相同。他的贡献在于解决了 SWT 解的不连续性，这是通过计及极点对于最速下降途径积分的贡献来达到的。Rumerman 还对圆柱薄壳的机械阻抗进行了近似，使得复数极点及其留数的求解变得简单。

SWT 方法的提出基于两个原因：①用 Rayleigh 简正级数表示的散射解是一个无穷级数，当 ka 大时级数的收敛性差，需要计算的项数很多，计算工作量大；②级数解缺乏清晰的物理图像，难以进行回波结构的分析。SWT 方法虽然是一种数学变换方法，但是将散射场表示为各种波成分的叠加，使得回波的物理机理清晰。SWT 方法的基本途径是首先对简正级数进行 Sommerfeld-Watson 变换，原来对 n 求和的级数变成复 ν(对应 n) 平面上的一个回路积分，将积分路径变换成经过鞍点的最陡下降路径，沿此路径的积分给出镜反射波，路径变换过程中穿过的极点留数给出环绕表面传播的环绕波。这样，SWT 的分析结果给出散射波结构清晰的物理图像，并且能够与亮点模型结合起来。

方法一：Überall 等进行环绕波分析的传统方法 [23,24]

对于无限长圆柱或圆柱壳的散射，引入复平面上的 SWT 公式

$$\sum_{n=0}^{\infty}\varepsilon_n f(n)\equiv \mathrm{i}\mathcal{P}\int_C f(\nu)\,\mathrm{e}^{-\mathrm{i}\nu\pi}\frac{\mathrm{d}\nu}{\sin\nu\pi} \tag{4.3.1}$$

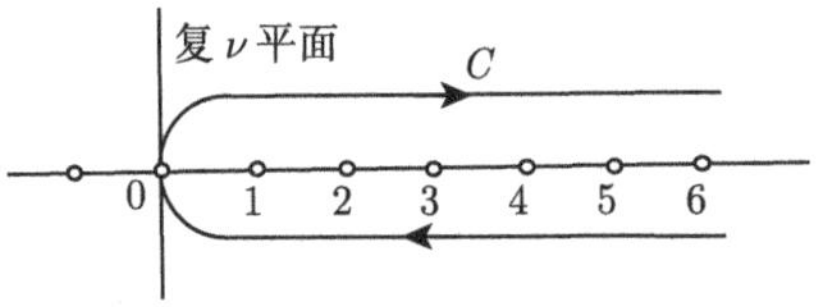

图 4.3.1　圆柱散射积分回路 C

$\mathcal{P}$ 表示在原点取主值，积分回路 C 在复 ν 平面上沿顺时针方向绕过正实轴，如图 4.3.1 所示。如果 $f(\nu)$ 在实轴上无极点，则回路内只有 $\sin\nu\pi=0$，$\nu=1,2,\cdots$ 给出的极点。根据留数定理立即可得 (4.3.1) 式。将散射场的简正级数解 (4.1.21) 代入得到

$$p_{\mathrm{s}}(r,\varphi)=\mathrm{i}\mathcal{P}\int_C\frac{\mathrm{d}\nu}{\sin\pi\nu}\mathrm{e}^{-\mathrm{i}\nu\pi/2}\frac{-B_\nu(x)}{D_\nu(x)}\mathrm{H}_\nu^{(1)}(kr)\cos\nu\varphi \tag{4.3.2}$$

其中，$B_\nu(x)$，$D_\nu(x)$ 形式上是将原来 n 阶散射系数中的两个行列式的阶次 n 换成复变量 ν 而得。不过，$D_n(x)$ 和 $D_\nu(x)$ 两个函数有很大差别。$D_n(x)$ 是定义在复无因次频率 $x=\omega a/c$ 平面上的函数，n 是等于正整数的参变量。在共振散射理论中，$D_n(x)=0$ 给出复共振频率 x_{nl}。$D_\nu(x)$ 是定义在复波数 ν 平面上的函数，参变量 x 是无因次 (实) 频率。在环绕波理论中，$D_\nu(x)=0$ 给出特征波数 $\nu_l(x)$，$l=1,2,3,\cdots$。

利用 Cauchy 定理，(4.3.2) 式积分可以变换为绕 $D_\nu(x)=0$ 所决定的极点的回路积分，最终导致蠕波解。为此，先要分析极点的分布情况。作为物理问题，只有第一象限的极点是有物理意义的，所以回路要避开第二、四象限的极点。对于实弹性圆柱和圆柱壳，取回路 $\overline{C}=(C',C_\infty,C_0,C_\infty,-C,C_\infty)$，如图 4.3.2(a) 所示。其中，回路 C_0 围绕第一象限的两类极点：分布在 ka 右边的斜线上，类似于刚性圆柱的 Franz 极点；分布在 ka 左边靠近正实轴的弹性类极点。回路 C' 从负实轴上方通过避开了第二象限的极点，它处于第四象限的部分避开了该象限中的极点。而回路 $-C$ 是反向围绕正实轴的回路。

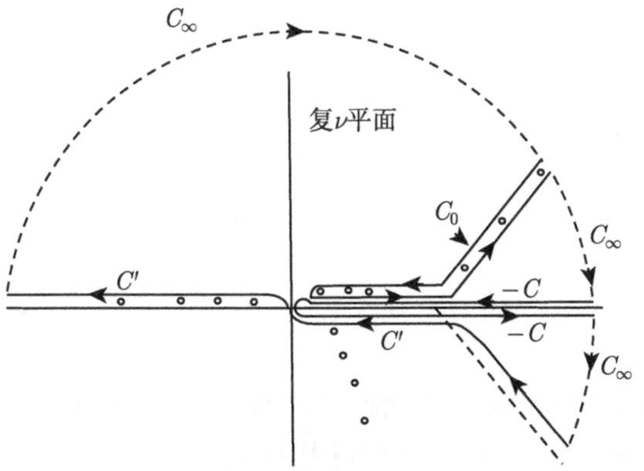

(a) 封闭回路 $\overline{C}$

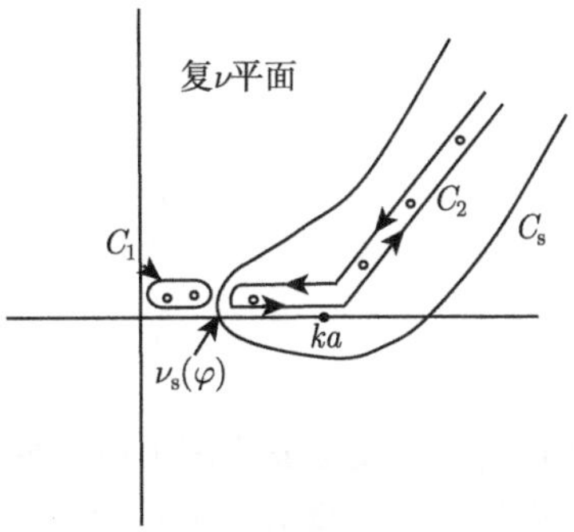

(b) 变换后回路

图 4.3.2 复平面上积分回路变换 [23]

闭合回路 $\overline{C}$ 中不包含极点，因此积分为 0。另外，回路 C_∞ 和 $-C$ 的积分趋于 0。利用 Cauchy 定理得到

$$p_s=p_{\mathrm{I}}+p_{\mathrm{II}} \tag{4.3.3}$$

$$p_{\mathrm{I}}=\mathrm{i}\mathcal{P}\int_{C'}\frac{\mathrm{d}\nu}{\sin\pi\nu}\mathrm{e}^{-\mathrm{i}\nu\pi/2}\frac{-B_\nu}{D_\nu}\mathrm{H}_\nu^{(1)}(kr)\cos\nu\varphi \tag{4.3.4a}$$

$$p_{\mathrm{II}}=\mathrm{i}\int_{C_0}\frac{\mathrm{d}\nu}{\sin\pi\nu}\mathrm{e}^{-\mathrm{i}\nu\pi/2}\frac{-B_\nu}{D_\nu}\mathrm{H}_\nu^{(1)}(kr)\cos\nu\varphi \tag{4.3.4b}$$

第一个积分表示“本底积分”，对于声波不能透入的刚性柱或软柱，此积分为 0。对于弹性柱或厚柱壳其值也很小，它表示穿透到弹性体内部再辐射出来的波，可以忽略这部分波，散射场由 p_{II} 表示。

在对 p_{II} 应用留数定理之前，考虑到物理上如果接收点不是位于几何影区内，应当存在一个几何镜反射波，因此首先要将它分离出来。由于镜反射波相应于过鞍点的积分，所以必定存在鞍点 $\nu_s(\theta)$，它将回路 C_0 分成两个独立的回路 C_1 和 C_2，如图 4.3.2(b) 所示。Franz 极点总是处于回路 C_2 中，Rayleigh 极点分成两组：

第 1 组极点 R_1　$\mathrm{Re}\nu < \nu_s$，位于 ν_s 左边的回路 C_1 中

第 2 组极点 R_2　$\mathrm{Re}\nu > \nu_s$，位于 ν_s 右边的回路 C_2 中

利用关系式

$$\cos\nu\varphi \equiv \mathrm{e}^{\mathrm{i}\pi\nu}\cos\nu(\pi-\varphi) - \mathrm{i}\mathrm{e}^{\mathrm{i}\nu(\pi-\varphi)}\sin\nu\pi, \quad 0 \leqslant \varphi \leqslant \pi \tag{4.3.5}$$

将回路 C_2 的积分再分成两部分。于是散射场 p_{II} 被分成三部分：

$$p_{\mathrm{II}} = p_1 + p_2 + p_{\mathrm{g}} \tag{4.3.6}$$

其中

$$p_1 = \mathrm{i}\int_{C_1}\frac{\mathrm{d}\nu}{\sin\pi\nu}\mathrm{e}^{-\mathrm{i}\nu\pi/2}\frac{-B_\nu}{D_\nu}\mathrm{H}_\nu^{(1)}(kr)\cos\nu\varphi \tag{4.3.7a}$$

$$p_2 = \mathrm{i}\int_{C_2}\frac{\mathrm{d}\nu}{\sin\pi\nu}\mathrm{e}^{-\mathrm{i}\nu\pi/2}\frac{-B_\nu}{D_\nu}\mathrm{H}_\nu^{(1)}(kr)\cos\nu(\varphi-\pi) \tag{4.3.7b}$$

$$p_{\mathrm{g}} = \int_{C_2}\mathrm{e}^{-\mathrm{i}\nu(\pi/2-\theta)}\frac{-B_\nu}{D_\nu}\mathrm{H}_\nu^{(1)}(kr)\,\mathrm{d}\nu \tag{4.3.7c}$$

现在，p_{g} 的被积函数在实轴上没有极点，因此可以将回路 C_2 变换成经过鞍点 $\nu_s(\varphi)$ 并绕过实轴一部分的新回路 C_s。对 B_ν, D_ν 中的柱函数利用 Debye 渐近式

$$\mathrm{H}_\nu^{(1,2)}(x) \approx \sqrt{\frac{2}{\pi x\sin\alpha}}\mathrm{e}^{\pm\mathrm{i}[x(\sin\alpha-\alpha\cos\alpha)-\pi/4]}, \quad |\nu| \sim |x| \gg 1 \tag{4.3.8}$$

其中

$$\nu = x\cos\alpha \tag{4.3.9}$$

得到

$$\begin{aligned} -\frac{B_\nu}{D_\nu} &= -\frac{\rho_0' x_{\mathrm{T}}^2 \mathrm{J}_\nu(x) D_\nu^{(1)} - x\mathrm{J}_\nu'(x) D_\nu^{(2)}}{\rho_0' x_{\mathrm{T}}^2 \mathrm{H}_\nu^{(1)}(x) D_\nu^{(1)} - x\mathrm{H}_\nu^{(1)\prime}(x) D_\nu^{(2)}} \\ &\cong -\frac{1}{2}\left[1 + \mathrm{i}V(\nu)\,\mathrm{e}^{-2\mathrm{i}x(\sin\alpha-\alpha\cos\alpha)}\right] \end{aligned} \tag{4.3.10}$$

其中

$$V(\nu) = \frac{\rho_0' x_{\mathrm{T}}^2 D_\nu^{(1)} + \mathrm{i}x\sin\alpha D_\nu^{(2)}}{\rho_0' x_{\mathrm{T}}^2 D_\nu^{(1)} - \mathrm{i}x\sin\alpha D_\nu^{(2)}} \tag{4.3.11}$$

再将 $\mathrm{H}_\nu^{(1)}(kr)$ 作远场渐近展开，容易找到鞍点

$$\alpha_s = \varphi/2, \quad \nu_s = x\cos(\varphi/2) \tag{4.3.12}$$

当 $\varphi=0$ 时鞍点是 $\nu_{\mathrm{s}}=x=ka$，当 $\varphi=\pi$ 时鞍点是 $\nu_{\mathrm{s}}=0$。过鞍点积分

$$p_{\mathrm{g}}\cong-\left[\frac{x\sin(\varphi/2)}{2kr}\right]^{1/2}V[x\cos(\varphi/2)]\,\mathrm{e}^{\mathrm{i}k[r-2a\sin(\varphi/2)]} \tag{4.3.13}$$

这是一个几何反射波。当 $\varphi=\pi$ 时就是回波

$$p_{\mathrm{g}}(\pi)\cong-\left(\frac{a}{2r}\right)^{1/2}V(0)\,\mathrm{e}^{\mathrm{i}k(r-2a)} \tag{4.3.14}$$

其中，$V(0)$ 就是表面的反射系数，对于刚性表面等于 1。可以证明，另外一个处在 ka 右边的鞍点对应于入射波。

再对 (4.3.7a)、(4.3.7b) 两式应用留数定理，得到

$$p_1=-2\pi\sum_{\nu_l\in\mathrm{R}_1}\frac{\cos\nu_l\varphi}{\sin\pi\nu_l}\mathrm{e}^{-\mathrm{i}\nu_l\pi/2}\frac{-B_{\nu_l}}{\dot{D}_{\nu_l}}\mathrm{H}_{\nu_l}^{(1)}(kr) \tag{4.3.15a}$$

$$p_2=-2\pi\sum_{\nu_l\in\mathrm{R}_2,\mathrm{F}}\frac{\cos\nu_l(\varphi-\pi)}{\sin\pi\nu_l}\mathrm{e}^{\mathrm{i}\nu_l\pi/2}\frac{-B_{\nu_l}}{\dot{D}_{\nu_l}}\mathrm{H}_{\nu_l}^{(1)}(kr) \tag{4.3.15b}$$

其中，$\dot{D}_{\nu_l}=(\mathrm{d}D_\nu/\mathrm{d}\nu)_{\nu_l}$。应用下面两个展开式:

$$\frac{1}{\sin\pi\nu_l}=-2\mathrm{i}\mathrm{e}^{\mathrm{i}\pi\nu_l}\sum_{m=0}^{\infty}\mathrm{e}^{2\mathrm{i}m\pi\nu_l} \tag{4.3.16}$$

$$\cos\nu_l\varphi=\frac{1}{2}\left(\mathrm{e}^{\mathrm{i}\nu_l\varphi}+\mathrm{e}^{-\mathrm{i}\nu_l\varphi}\right) \tag{4.3.17}$$

便可以将 p_1，p_2 表示成环绕波形式的解

$$p_1(r,\varphi)=2\pi\mathrm{i}\left(\frac{2}{\pi kr}\right)^{1/2}\mathrm{e}^{\mathrm{i}(kr-\pi/4)}\sum_{\nu_l\in\mathrm{R}_1}\sum_{\lambda=\pm}\sum_{m=0}^{\infty}\frac{-B_{\nu_l}}{\dot{D}_{\nu_l}}\mathrm{e}^{\mathrm{i}\nu_l(2m\pi+\varphi_\lambda)} \tag{4.3.18a}$$

$$\varphi_\pm=\pm\varphi$$

$$p_2(r,\varphi)=2\pi\mathrm{i}\left(\frac{2}{\pi kr}\right)^{1/2}\mathrm{e}^{\mathrm{i}(kr-\pi/4)}\sum_{\nu_l\in\mathrm{R}_2,\mathrm{F}}\sum_{\lambda=\pm}\sum_{m=0}^{\infty}\frac{-B_{\nu_l}}{\dot{D}_{\nu_l}}\mathrm{e}^{\mathrm{i}\nu_l(2m\pi+\varphi_\lambda)} \tag{4.3.18b}$$

$$\varphi_\pm=\pi\pm(\varphi-\pi)$$

级数的每一项表示一个沿圆柱面绕行的波，称为环绕波，环绕波的基本特点如下。

(1) 由复 ν 平面上的极点方程

$$D_{\nu_l}(x)=0 \tag{4.3.19}$$

确定极点

$$\nu_l=\nu_l^{\mathrm{R}}+\mathrm{i}\nu_l^{\mathrm{I}},\quad l=1,2,\cdots \tag{4.3.20}$$

每个极点产生一个环绕波，l 阶环绕波具有形式 $\exp\left[\mathrm{i}\left(\nu_l^{\mathrm{R}}\varphi-\omega t\right)-\nu_l^{\mathrm{I}}\varphi\right]$。若用 $\left(c_{\mathrm{ph}}\right)_l$ 表示相速度，β_l 表示以角度计的衰减，波的形式可以表示成

$$\exp\left[\mathrm{i}\left(\frac{\omega}{\left(c_{\mathrm{ph}}\right)_l}a\varphi-\omega t\right)-\beta_l\varphi\right]$$

由此可见，l 阶环绕波的相速度和衰减是

$$\left(c_{\mathrm{ph}}\right)_l=\frac{\omega a}{\nu_l^{\mathrm{R}}},\quad \beta_l=\nu_l^{\mathrm{I}} \tag{4.3.21}$$

(2) l 阶环绕波的幅度正比于 $B_{\nu_l}/\dot{D}_{\nu_l}$，即散射函数 B_ν/D_ν 在 ν_l 的留数。这里 B_ν 和 D_ν 都是复 ν 平面上的解析函数，ν_l 是 D_ν 的简单极点。

(3) 同一阶环绕波可以绕圆柱面不同的圆周数 $m=0,1,\cdots$，因此到达接收点的同一阶环绕波构成程差为 $2\pi a$ 的等间隔波列。如果这些波列的相位差是 2π 的整数倍 n，它们同相叠加形成共振。由此得到共振条件是

$$\omega\cdot\frac{2\pi a}{\left(c_{\mathrm{ph}}\right)_l}=2n\pi\quad 或\quad 2\pi a=n\lambda_l=\frac{2\pi\left(c_{\mathrm{ph}}\right)_l}{\omega}$$

λ_l 是 l 阶环绕波的波长。利用关系式 (4.3.21)，共振条件是

$$\nu_l^{\mathrm{R}}=n \tag{4.3.22}$$

对应的共振称为 (l,n) 阶共振。

(4) 环绕波成对出现，它们的绕行方向相反。这是因为入射平面波对称激发。当接收点处在 $\varphi=\pi$ 方向，即反向散射的情况，两列反向绕行的波合并成一列。

(5) 环绕波是一种沿表面传播的表面波，这可以从相位因子判断。若相速度小于液体声速 $\left(c_{\mathrm{ph}}\right)_l\leqslant c$，环绕波在液体表面一侧传播。声波接近于切线方向进入和离开圆柱附近的液体表面。若 $\left(c_{\mathrm{ph}}\right)_l>c$，则环绕波在圆柱体表面一侧传播。声波以临界角 $\varphi_l=\sin\left[c/\left(c_{\mathrm{ph}}\right)_l\right]$ 进入和离开圆柱体。

在讨论环绕波的几何图像时要区别 p_1 和 p_2 两组环绕波传播途径的差别。由 (4.3.9) 式可定义

$$\nu_l^{\mathrm{R}}=x\cos\alpha_l \tag{4.3.23}$$

α_l 是环绕波临界角的余角。同时由鞍点的定义 $\nu_{\mathrm{s}}=x\cos(\varphi/2)$，所以

对于 p_1，$\nu_l^{\mathrm{R}}<\nu_{\mathrm{s}}$，即 $\varphi<2\alpha_l$。传播相位因子是

$$\nu_l^{\mathrm{R}}(2m\pi+\varphi),\quad \nu_l^{\mathrm{R}}(2m\pi-\varphi)$$

对于 p_2，$\nu_l^{\mathrm{R}}>\nu_{\mathrm{s}}$，即 $\varphi>2\alpha_l$。传播相位因子是

$$\nu_l^{\mathrm{R}}(2m\pi+\varphi),\quad \nu_l^{\mathrm{R}}(2m\pi+2\pi-\varphi)$$

图 4.3.3 画出几何反射波和两组环绕波的传播途径，总共有 3 条声线到达接收点。在接收角 $\varphi<\pi$ 的情况下，第一条是从圆柱的上端入射的几何反射声线 p_{g}，图中

用点虚线表示。另外两条是以临界角入射到圆柱并沿表面绕行一段圆弧后再以临界角辐射到接收点的环绕波声线，根据绕行情况不同分别由 p_1, p_2 描述。

先看刚性圆柱的 Franz 波，这是流体类环绕波，声线接近于切线方向贴近圆柱表面绕行，如图 4.3.3(a) 所示。在 φ 方向能够接收到两组波，一组波从下端入射并绕过圆弧角 $\varphi+2m\pi$ 到达接收点，用实线表示。另一组波从上端入射并绕过圆弧角 $(2\pi-\varphi)+2m\pi$ 到达接收点，用虚线表示。

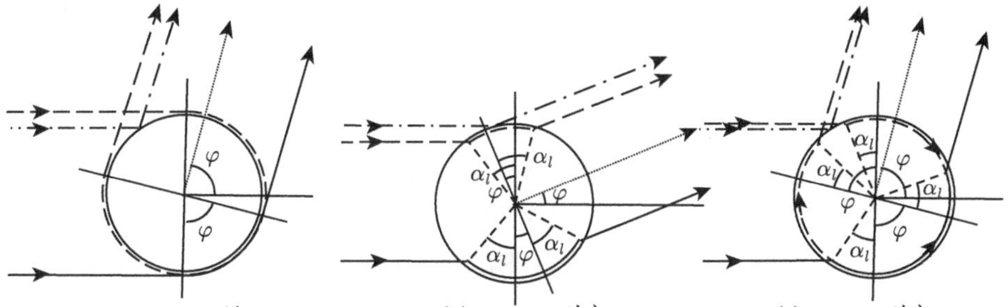
(a) Franz波 (b)$\varphi<2\alpha_l$, 对应p_1 (c)$\varphi>2\alpha_l$, 对应p_2

图 4.3.3 环绕波几何图像 [23]

与 Franz 波不同，弹性类环绕波以临界角 $\varphi_l=\sin\left[c/(c_{\text{ph}})_l\right]$ 进入和离开圆柱体，在圆柱体内部绕行一段弧长。图 4.3.3(b) 显示当临界角小于几何反射角 $(\pi-\varphi)/2$，即 $\varphi<2\alpha_l$ 的情况，环绕波由 p_1 描述。从下端入射的声线在圆柱表面绕行 $2\alpha_l+\varphi$ 后到达接收点，从上端入射的声线在圆柱表面绕行 $2\alpha_l-\varphi$ 后到达接收点。图 4.3.3(c) 显示当临界角大于几何反射角，即 $\varphi>2\alpha_l$ 的情况，环绕波由 p_2 描述。从下端入射的声线绕行情况与 p_1 类似，从上端入射的声线必须绕行 $2\pi+2\alpha_l-\varphi$，即将近一周后才可能再辐射到接收点。显然，Franz 波属于 p_2，反向散射的情况也属于 p_2。

方法二：汤渭霖用广义奇异点展开法导出环绕波表示式 [29]

仍然从简正级数解中隔离掉刚性背景项得到纯弹性散射场

$$p_{\text{s}}^{\text{e}}(r,\varphi)=\sum_{n=0}^{\infty}\varepsilon_n\mathrm{i}^n A_n(x)\mathrm{H}_n^{(1)}(kr)\cos n\varphi \tag{4.3.24}$$

其中

$$A_n(x)=\frac{-\mathrm{i}I_n(x)}{G_n(x)}\mathrm{e}^{\mathrm{i}2\delta_n(x)} \tag{4.3.25}$$

导出共振散射公式的奇异点展开法将函数 $I_n(x)/G_n(x)$ 在复 x 平面上共振极点 x_{nl} 附近展开。现在则将函数 $I_n(x)/G_n(x)$ 在复 ν 平面上波数极点 ν_l 附近展开，所以称为广义奇异点展开法。将函数 $I_n(x)/G_n(x)$ 看作复 ν 平面上函数 $I_\nu(x)/G_\nu(x)$ 的离散值，模态数 n 看作复 ν 平面上的离散变量，x 是实参量，函数 $I_\nu(x)/G_\nu(x)$

在复 ν 平面上有极点 ν_l。应用 Mittag-Leffler 定理展开得到

$$\frac{I_n(x)}{G_n(x)}=\sum_{l=1}^{\infty}\left(\frac{a_l}{n-\nu_l}+\frac{a_l}{\nu_l}\right) \tag{4.3.26}$$

其中，极点 ν_l 满足

$$G_{\nu_l}(x)=0 \tag{4.3.27}$$

这个方程包含了原始极点方程 (4.3.19) 中的纯弹性极点。a_l 是函数 $I_\nu(x)/G_\nu(x)$ 在极点 ν_l 的留数

$$a_l=\frac{I_{\nu_l}(x)}{\left[\partial G_\nu(x)/\partial\nu\right]_{\nu_l}} \tag{4.3.28}$$

将散射系数在复 n(对应这里的 ν) 平面上展开，在核散射理论中称为 Regge 展开，ν_l 称为 Regge 极点。(4.3.26) 式的主要贡献来自于 n 接近于 ν_l 的那些项，忽略展开式中的第二项并将其代入 (4.3.24) 式得到近似展开式

$$p^{\mathrm{e}}(r,\varphi;x)\approx\sum_{n=0}^{\infty}\sum_{l=1}^{\infty}\varepsilon_n\mathrm{i}^n\frac{-\mathrm{i}a_l}{n-\nu_l}\mathrm{e}^{\mathrm{i}2\delta_n(x)}\mathrm{H}_n^{(1)}(kr)\cos n\varphi \tag{4.3.29}$$

然后再对它应用 (4.3.1) 式作 SWT 得到

$$p^{\mathrm{e}}(r,\varphi;x)\approx\sum_{l=1}^{\infty}\int_C\frac{\mathrm{d}\nu}{\sin\pi\nu}\mathrm{e}^{\mathrm{i}(2\delta_\nu-\nu\pi/2)}\frac{a_l}{\nu-\nu_l}\mathrm{H}_\nu^{(1)}(kr)\cos\nu\varphi \tag{4.3.30}$$

积分回路中只包含第一象限中弹性类极点。应用关系式 (4.3.5)，(4.3.30) 式可以分成两部分：

$$p_1^{\mathrm{e}}(r,\varphi;x)=\sum_{l=1}^{\infty}\int_C\frac{\cos\nu(\pi-\varphi)}{\sin\pi\nu}\mathrm{e}^{\mathrm{i}(2\delta_\nu+\nu\pi/2)}\frac{a_l}{\nu-\nu_l}\mathrm{H}_\nu^{(1)}(kr)\,\mathrm{d}\nu \tag{4.3.31}$$

$$p_2^{\mathrm{e}}(r,\varphi;x)=\sum_{l=1}^{\infty}(-\mathrm{i})\int_C\frac{a_l}{\nu-\nu_l}\mathrm{e}^{\mathrm{i}(2\delta_\nu+\nu\pi/2-\nu\varphi)}\mathrm{H}_\nu^{(1)}(kr)\,\mathrm{d}\nu \tag{4.3.32}$$

第一个积分对于处在第一象限的极点总是收敛的，回路 C 可以在上半平面用一个无限大半径的半圆封闭。应用留数定理得到

$$p_1^{\mathrm{e}}(r,\varphi;x)=2\pi\mathrm{i}\sum_{l=1}^{\infty}\frac{\cos\nu_l(\pi-\varphi)}{\sin\pi\nu_l}\mathrm{e}^{\mathrm{i}\left(2\delta_{\nu_l}+\nu_l\pi/2\right)}a_l\mathrm{H}_{\nu_l}^{(1)}(kr) \tag{4.3.33}$$

再次利用展开式 (4.3.16) 和 (4.3.17) 及 Hankel 函数在远场中的渐近展开式得到环绕波形式的解

$$p_1^{\mathrm{e}}(r,\varphi;x)=\left(\frac{2}{\pi kr}\right)^{1/2}\mathrm{e}^{\mathrm{i}(kr-\pi/4)}\sum_{l=1}^{\infty}\sum_{m=0}^{\infty}\sum_{\lambda=\pm}2\pi a_l\mathrm{e}^{\mathrm{i}2\delta_{\nu_l}}\mathrm{e}^{\mathrm{i}\nu_l(2m\pi+\varphi_\lambda)} \tag{4.3.34}$$

这样导出的环绕波解与传统方法的结果一致，但是这里明确 l 阶环绕波的幅值与函数 $I_\nu(x)/G_\nu(x)$ 的留数 a_l 成比例。

下面我们证明函数 $I_\nu(x)/G_\nu(x)$ 的留数 a_l 近似等于复极点虚部的负值，成立的条件是复极点的实部 ν_l^{R} 远大于虚部 ν_l^{I}，并且与不存在流体负荷时的实极点 $\nu_l^{(0)}$ 之差是高阶小量。设 $\nu_l^{\mathrm{R}}=\nu_l^{(0)}+\tau_l$，要求 $\tau_l \ll \nu_l^{\mathrm{I}} \ll \nu_l^{\mathrm{R}}$。将极点方程 (4.3.27) 在 ν_l^{R} 附近展开得到

$$R_{\nu_l^{\mathrm{R}}}(x)+\mathrm{i}I_{\nu_l^{\mathrm{R}}}(x)+\left.\frac{\partial G_\nu(x)}{\partial \nu}\right|_{\nu_l^{\mathrm{R}}}\mathrm{i}\nu_l^{\mathrm{I}}\approx 0$$

由于不存在流体负荷时的实极点 $\nu_l^{(0)}$ 满足 $R_{\nu_l^{(0)}}(x)=0$ 且 ν_l^{R} 十分接近于 $\nu_l^{(0)}$，所以 $R_{\nu_l^{\mathrm{R}}}(x)\approx 0$，于是得到

$$\nu_l^{\mathrm{I}}\approx-\frac{I_{\nu_l^{\mathrm{R}}}(x)}{\left[\partial G_\nu(x)/\partial \nu\right]_{\nu_l^{\mathrm{R}}}}$$

进一步作近似，考虑到 $\nu_l^{\mathrm{I}}\ll\nu_l^{\mathrm{R}}$ 得到

$$\frac{I_{\nu_l^{\mathrm{R}}}(x)}{\left[\partial G_\nu(x)/\partial \nu\right]_{\nu_l^{\mathrm{R}}}}\approx\frac{I_{\nu_l}(x)}{\left[\partial G_\nu(x)/\partial \nu\right]_{\nu_l}}=a_l$$

最终证明

$$\nu_l^{\mathrm{I}}\approx -a_l \tag{4.3.35}$$

这个证明过程与共振散射理论中证明留数近似等于复频率极点的虚部 $a_{nl}\approx x_{nl}^{\mathrm{I}}$ 十分类似。成立的条件是，流体负荷对固体结构的振动和声辐射影响小，以至于有流体负荷时复极点的实部与真空中的实极点非常接近，同时虚部也远小于实部。在复平面上复极点十分靠近实轴同时虚部又远小于实部。弹性类极点通常满足这个条件，除了极薄的壳体。与复频率极点类似，复波数极点的实部给出环绕波传播波数，虚部给出环绕波辐射效率。但是，这个结论不适合于 Franz 波，因为 Franz 极点的虚部与实部同一量级，不满足前述条件。(4.3.35) 式中的负号是因为根据物理意义复频率极点具有负虚部 (见 (4.2.37) 式)，而复波数极点具有正虚部 (见 (4.3.20) 式)。可以证明方程 (4.3.35) 表示的 SWT 的第二部分是几何散射波，详见文献 [25]，这里不再赘述。

弹性球和球壳的环绕波分析与弹性圆柱有类似之处，也有较大的不同，下面只就刚性球的情况作简要分析 [25]。平面波入射到刚性球散射时的总声场是

$$\begin{aligned}p(r,\theta)=&\sum_{n=0}^{\infty}\mathrm{i}^n(2n+1)\left[\mathrm{j}_n(kr)+b_n\mathrm{h}_n^{(1)}(kr)\right]\mathrm{P}_n(\cos\theta)\\=&\frac{1}{2}\sum_{n=0}^{\infty}\mathrm{i}^n(2n+1)\left[\mathrm{h}_n^{(2)}(kr)+S_n\mathrm{h}_n^{(1)}(kr)\right]\mathrm{P}_n(\cos\theta)\end{aligned} \tag{4.3.36}$$

其中，$S_n(x) = -\mathrm{h}_n^{(2)\prime}(x)/\mathrm{h}_n^{(1)\prime}(x)$，即 (4.2.49) 式的 $S_n^{\mathrm{r}}(x)$。

适用于 Legendre 函数的 SWT 公式是

$$\sum_{n=0}^{\infty} F_n \mathrm{P}_n(\cos\theta) = \frac{1}{2\mathrm{i}}\int_C F_{\mu-1/2}\frac{\mathrm{P}_{\mu-1/2}(-\cos\theta)}{\cos\pi\mu}\mathrm{d}\mu \tag{4.3.37}$$

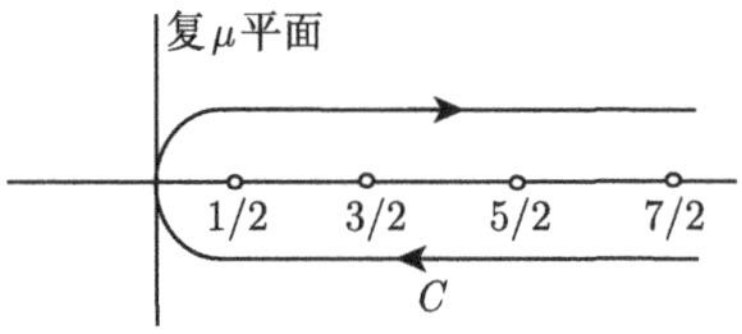

图 4.3.4　球散射积分回路 C

回路 C 围绕 $(\cos\pi\mu)^{-1}$ 的正极点，$\mu = n+1/2, n=0,1,\cdots$，如图 4.3.4 所示。因为 $\mu = 0$ 不是极点，回路可以在 0 和 1/2 之间穿过实轴。得到经过变换后的声场表示式

$$\begin{aligned} p(r,\theta) =& \frac{1}{2\mathrm{i}}\int_C \frac{\mu\mathrm{d}\mu}{\cos\pi\mu}\mathrm{e}^{\mathrm{i}(\pi/2)(\mu-1/2)} \\ &\cdot\left[\mathrm{h}_{\mu-1/2}^{(2)}(kr) + S_{\mu-1/2}\mathrm{h}_{\mu-1/2}^{(1)}(kr)\right]\cdot \mathrm{P}_{\mu-1/2}(-\cos\theta) \end{aligned} \tag{4.3.38}$$

用下面的恒等式变换 Legendre 函数：

$$\begin{aligned} \mathrm{P}_{\mu-1/2}(-\cos\theta) &= \mathrm{e}^{-\mathrm{i}\pi(\mu-1/2)}\mathrm{P}_{\mu-1/2}(\cos\theta) - 2\mathrm{i}\cos\pi\mu \mathrm{Q}_{\mu-1/2}^{(-)}(\cos\theta) \\ \mathrm{Q}_\nu^{(\pm)}(\cos\theta) &= \frac{1}{2}\left[\mathrm{P}_\nu(\cos\theta) \mp (2\mathrm{i}/\pi)\mathrm{Q}_\nu(\cos\theta)\right] \end{aligned} \tag{4.3.39}$$

Q_ν 是第二类 Legendre 函数。总声场可以分解成两部分：

$$p = p_{\mathrm{g}} + p_{\mathrm{c}} \tag{4.3.40}$$

其中

$$p_{\mathrm{g}} = -\int_C \mu\mathrm{d}\mu\mathrm{e}^{\mathrm{i}(\pi/2)(\mu-1/2)}\left[\mathrm{h}_{\mu-1/2}^{(2)}(kr) + S_{\mu-1/2}\mathrm{h}_{\mu-1/2}^{(1)}(kr)\right]\mathrm{Q}_{\mu-1/2}^{(-)}(\cos\theta) \tag{4.3.41}$$

$$p_{\mathrm{c}} = \frac{1}{2\mathrm{i}}\int_C \frac{\mu\mathrm{d}\mu}{\cos\pi\mu}\mathrm{e}^{-\mathrm{i}(\pi/2)(\mu-1/2)}\left[\mathrm{h}_{\mu-1/2}^{(2)}(kr) + S_{\mu-1/2}\mathrm{h}_{\mu-1/2}^{(1)}(kr)\right]\mathrm{P}_{\mu-1/2}(\cos\theta) \tag{4.3.42}$$

p_{g} 表示入射波从球顶点的几何反射波；p_{c} 表示沿球面环绕的蠕波，它可以用函数 $S_{\mu-1/2}$ 在复 μ 平面上的极点留数和表示。利用展开式

$$\mathrm{h}_n^{(1)}(kr) \sim (\mathrm{i})^{-(n+1)}\mathrm{e}^{\mathrm{i}kr}/(kr) \tag{4.3.43}$$

得到远场时

$$p_{\mathrm{c}} = \frac{\mathrm{e}^{\mathrm{i}kr}}{2kr}\int_C \frac{\mu\mathrm{d}\mu}{\cos\pi\mu}\mathrm{e}^{-\mathrm{i}\pi(\mu-1/2)}\left[\frac{h_{\mu-1/2}^{(2)\prime}(x)}{h_{\mu-1/2}^{(1)\prime}(x)} + 1\right]\mathrm{P}_{\mu-1/2}(\cos\theta) \tag{4.3.44}$$

极点方程是

$$\mathrm{h}_{\mu-1/2}^{(1)'}(x)=0 \tag{4.3.45}$$

方程的根 $\mu_l, l=1,2,3,\cdots$ 给出极点

$$\nu_l(x)=\mu_l(x)-1/2, \quad l=1,2,3,\cdots \tag{4.3.46}$$

用留数和表示得到

$$p_{\mathrm{c}}=\pi\frac{\mathrm{e}^{\mathrm{i}kr}}{2\mathrm{i}kr}\sum_{l=1}^{\infty}(2\nu_l+1)\frac{\mathrm{e}^{-\mathrm{i}\pi\nu_l}}{\sin\pi\nu_l}\frac{\mathrm{h}_{\nu_l}^{(2)'}(x)}{\dot{\mathrm{h}}_{\nu_l}^{(1)'}(x)}\mathrm{P}_{\nu_l}(\cos\theta) \tag{4.3.47}$$

其中，$\dot{h}_{\nu_l}^{(1)'}(x)=\partial\mathrm{h}_{\nu}^{(1)'}/\partial\nu\Big|_{\nu_l}$。利用渐近公式，当 $\nu\sin\theta\gg 1$ 时

$$\mathrm{P}_{\nu}(\cos\theta)\approx\left(\frac{1}{2\pi(\nu+1/2)\sin\theta}\right)^{1/2}\sum_{\lambda=\pm}\mathrm{e}^{\mathrm{i}\lambda[(\nu+1/2)\theta-\pi/4]} \tag{4.3.48}$$

$$\frac{1}{\sin\pi\nu_l}=-2\mathrm{i}\mathrm{e}^{\mathrm{i}\pi\nu_l}\sum_{m=0}^{\infty}\mathrm{e}^{2\mathrm{i}m\pi\nu_l} \tag{4.3.49}$$

代入 (4.3.47) 式得到蠕波或环绕波表示形式

$$p_{\mathrm{c}}=-\pi\frac{\mathrm{e}^{\mathrm{i}kr}}{kr}\sum_{l=1}^{\infty}\left(\frac{2\nu_l+1}{\pi\sin\theta}\right)^{1/2}\frac{\mathrm{h}_{\nu_l}^{(2)'}(x)}{\dot{\mathrm{h}}_{\nu_l}^{(1)'}(x)}\sum_{m=0}^{\infty}\sum_{\lambda=\pm}\mathrm{e}^{\mathrm{i}2m\pi\nu_l}\mathrm{e}^{\mathrm{i}\lambda[(\nu+1/2)\theta-\pi/4]} \tag{4.3.50}$$

$\lambda=\pm$ 表示沿 θ 正反方向传播的两列表面波，振幅因子 $\sin^{-1/2}\theta$ 表示在球的南、北两极的会聚作用。现在 l 阶环绕波的角度传播常数是 $\nu_l+1/2$，所以相速度是

$$(c_{\mathrm{ph}})_l=\frac{\omega a}{\nu_l^{\mathrm{R}}+1/2} \tag{4.3.51}$$

对应的波长是

$$\lambda_l(x)=\frac{(c_{\mathrm{ph}})_l}{f}=\frac{2\pi a}{\nu_l^{\mathrm{R}}+1/2} \tag{4.3.52}$$

在这种情况下达到共振 ($\nu_l^{\mathrm{R}}=n$) 时球面周长等于整数个波长加半波长，仅依靠波传播时的相位移达不到相位匹配。由于表面波在每个会聚点承受 $\pi/2$ 相位损失 (相当于 1/4 波长的相位移)，因此环绕一周增加相位损失 π(相当于半波长的相位移)，保证了相位匹配。

4.4 共振频率极点与环绕波波数极点

共振散射理论和环绕波理论从不同的侧面揭示了弹性目标声散射的机理，本质上也是弹性结构声辐射的机理，因为散射和辐射只是激励方式不同而已。共振散射理论将目标的散射用一系列弹性共振项来描述，这些弹性共振项在频率域的分布——共振谱反映了目标的固有特性。环绕波理论将目标散射用一系列环绕波来

描述，这些环绕波在时域上的分布也是目标的固有特性。因此，共振散射理论适合于在频率域中研究目标散射——稳态问题，环绕波理论适合于在时间域中研究目标散射——瞬态问题。共振和表面波是揭示弹性目标振动和声散射 (辐射) 机理的两个物理现象。它们之间存在紧密的联系。

1. 共振频率极点和共振散射特性

共振特性用特征方程

$$D_n(x) = 0 \tag{4.4.1}$$

在复无因次频率 $x = ka$ 平面上的根 x_{nl} 描述，其中的 $n = 0, 1, \cdots$ 是阶次，$l = 1, 2, \cdots$ 是类别，当 $x = x_{nl}$ 时弹性目标达到 (n, l) 阶共振。方程 $D_n(x) = 0$ 的根就是散射系数在复 x 平面上的极点。极点分为流体类 (Franz 类) 和弹性类 (Rayleigh 类) 极点，它们对散射场的贡献不同。Franz 类极点受散射体弹性的影响很小，它们的贡献构成散射的背景项。Rayleigh 类极点主要受弹性的影响，它们的贡献产生弹性共振散射项。

先来看 Franz 类极点。图 4.4.1(a) 是刚性圆柱的极点在复 x 平面上的分布，即 $\mathrm{H}_n^{(1)'}(x) = 0$ 根的分布 [10]。虚线连接给定模态数 n 的极点，用 $n = 0, 1, 2, \cdots$ 标识。实线连接同一类型波对应的极点，用 $l = 1, 2, \cdots$ 标识。除 $n = 0$ 和 $(1, 1)$ 阶极点外，其余极点的分布很有规律。图 4.4.1(b) 是刚性球的极点在复 x 平面上的分布，即 $\mathrm{h}_n^{(1)'}(x) = 0$ 根的分布 [26]。除 $n = 0$ 外，其余极点的分布与刚性圆柱类似。由于物理上的要求，x 极点具有负虚部。

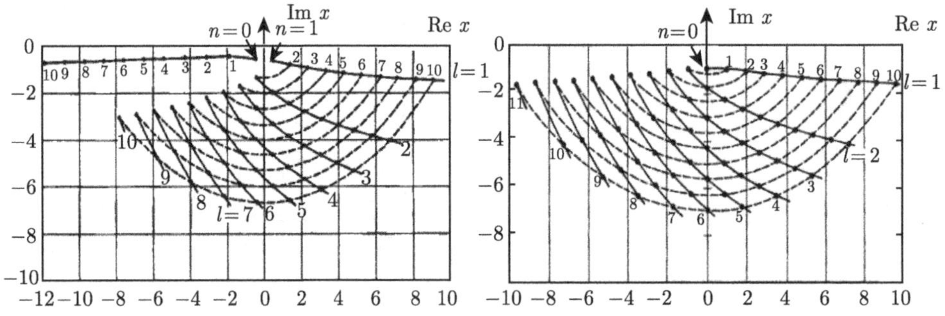

(a)刚性圆柱极点分布[10]　　(b)刚性球极点分布[25]

图 4.4.1　刚性圆柱和刚性球的极点分布

下面着重讨论 Rayleigh 类极点的贡献。图 4.4.2(a) 是 $b/a = 2/3$ 的中空厚铝柱壳的弹性类极点分布图 [10]。$l = 1$ 是 Rayleigh 极点，$l > 1$ 是高阶 Whispering-Gallery 极点，图中只画出 $l \leqslant 3$ 的极点。有关这些波的特性将在第 5 章中讨论。数值比较发现除了 $l = 1$ 的 Rayleigh 极点外，水中高阶弹性类极点与真空中弹性极点

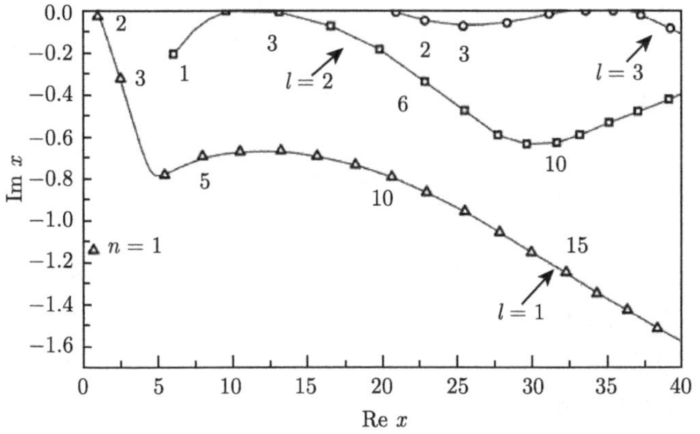

(a)$b/a=2/3$中空厚铝柱壳的弹性类极点分布图

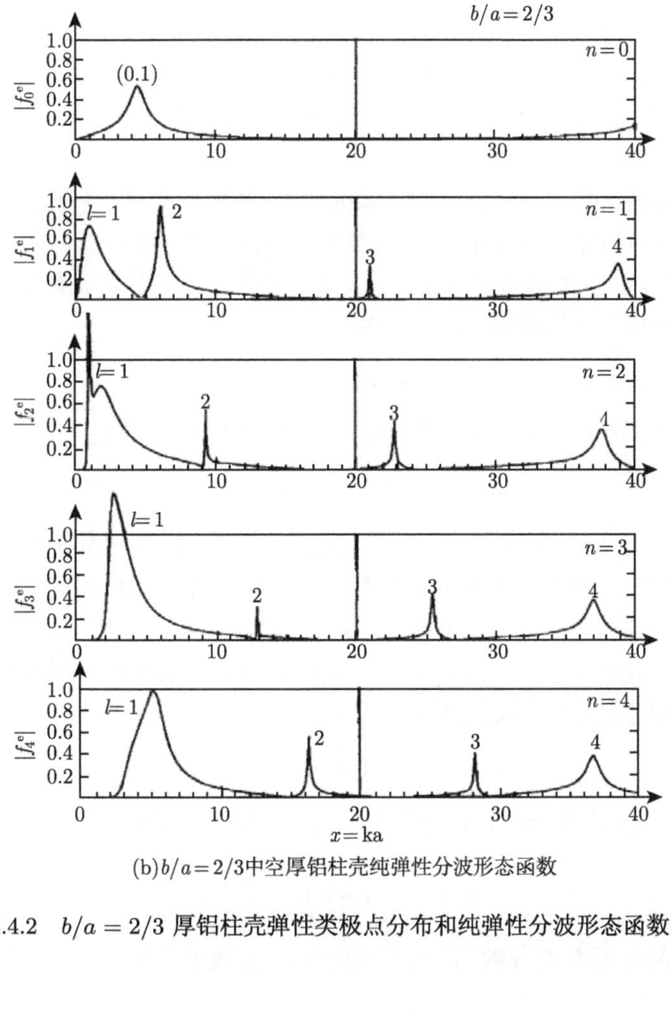

(b)$b/a=2/3$中空厚铝柱壳纯弹性分波形态函数

图 4.4.2 $b/a=2/3$ 厚铝柱壳弹性类极点分布和纯弹性分波形态函数 [10]

($D_n^{(2)}(x)=0$ 的根) 非常接近。水中 $l=1$ 的极点有较大的虚部，表明广义 Rayleigh 波有较大的辐射效率。而 $l>1$ 的高阶极点的虚部普遍较小，说明高阶环绕波的辐射效率低。但是高阶极点的实部大，共振频率高，所以是形态函数高频振荡的产生原因。图 4.4.2(b) 是前几阶纯弹性分波形态函数图，即扣除刚性背景后的分波形态函数图 [10]。将极点分布图 4.4.2(a) 与分波形态函数图 4.4.2(b) 对照起来分析可以更深入了解共振散射特性。

正如 4.2 节中证明的，极点在实轴上的位置对应分波形态函数中该阶共振峰的位置，极点在虚轴上的大小反映共振峰的宽度，而共振峰的宽度实际上反映辐射斜率。对于所讨论的壳体，在 $\mathrm{Re}x<40$ 范围内存在 $l=1\sim4$ 阶波，更高阶波截止。$l=1$ 阶极点的虚部和实部之比较大，当 x 大时比值近似为常数，说明在 x 和 n 大时共振峰的相对宽度近似不变。高阶极点的虚部随阶次 n 变化，例如，$l=2$ 阶波在 $n=2,3,4$ 时虚部很小，所以分波形态函数中相应的共振峰窄，n 从 7 到 14 时虚部变大共振峰变宽，但是图 4.4.2(b) 只给出 n 从 0 到 4 的前 5 阶分波形态函数，所以没有显示出来。$l=3$ 阶波在 $\mathrm{Re}x<40$ 范围内极点虚部都很小，相应的共振峰都很窄。$l=4$ 阶波在 $\mathrm{Re}x<40$ 范围内只有几个极点，且虚部稍大，所以相应的共振峰也稍宽。

共振散射理论除了揭示散射的物理机理外，也可以提供一种近似计算方法。假如已经计算出所讨论的 x 范围内一组复共振极点的值，就可以用共振散射公式计算近似散射场。x 越大极点个数越多，壳体越厚极点数也越多。所以对于薄壳只要已知少数几个极点就能够估计散射特性。

2. 环绕波波数极点和环绕波特性

另一方面，环绕波分析中表面波的类型用波数域特征方程

$$D_\nu(x)=0 \tag{4.4.2}$$

在复波数 ν 平面上的根 ν_l ,$l=1,2,\cdots$ 来描述，其中的 x 是实无因次频率。方程 $D_\nu(x)=0$ 在复 ν 平面上的根就是散射系数在复 ν 平面上的极点。要深入理解环绕波特性，需要仔细分析复 ν 平面上极点大小和分布。

首先讨论液体类极点。由于 $\rho_0'=\rho_0/\rho_\mathrm{e}$ 是小量，金属弹性圆柱可以近似为刚性圆柱，得到刚性圆柱的极点方程

$$\mathrm{H}_\nu^{(1)'}(x)=0 \tag{4.4.3}$$

当 $x\gg1$ 时，利用柱函数 Debye 渐近展开式 (4.3.8) 求出极点

$$\nu_l=x+\left(\frac{1}{6}x\right)^{1/3}\mathrm{e}^{\mathrm{i}\pi/3}q_l' \tag{4.4.4}$$

其中，q_l' 是 Airy 函数的导数 $A'(q)$ 的根，Airy 函数定义为

$$A(q)=\frac{1}{2}\int_{-\infty}^{\infty}\exp\left[\mathrm{i}\left(qu-u^{3}\right)\right]\mathrm{d}u \tag{4.4.5}$$

$A'(q)$ 的前三个根是 $q_1'=1.469, q_2'=4.685, q_3'=6.952$。因此极点在图 4.3.2 中分布在第一象限内 ka 右边的斜线上。这类极点称为 Franz 极点，它所对应的波称为 Franz 波。其主要特点如下：

(1) 总有 $\nu_l^{\mathrm{R}}\geqslant ka$，也即 $(c_{\mathrm{ph}})_l\leqslant c$，因此是在流体表面一侧传播，相速度略小于流体中声速的一种“慢”表面波，所以又称为蠕波；

(2) 波的衰减随着 ka 的增加而增加得很快，因为 $\nu_l^{\mathrm{I}}=\frac{1}{2}\cdot 3^{1/2}\left(\frac{1}{6}ka\right)^{1/3}q_l'$，所以只有低阶次且 ka 小 (<10) 的 Franz 波才起作用；

(3) 对于刚性圆柱只有 Franz 极点，且全部分布在 ka 的右边，所以，无论 φ 多大，鞍点 $\nu_{\mathrm{s}}=ka\cos(\varphi/2)$ 都在极点的左边，积分回路变形时不出现图 4.3.2(b) 中的回路 C_1，环绕波只有 Franz 波；

(4) 阶次越高，相速度越小，而衰减越大。

计算表明，金属弹性圆柱或圆柱壳的 Franz 极点与刚性圆柱的差别很小。也就是说，材料的弹性性能及壳体厚度对 Franz 极点影响很小。

除 Franz 极点外，弹性圆柱还有另一类极点——弹性类极点。图 4.4.3 是文献 [23,30] 给出的水中实铝圆柱弹性类极点在复 ν/x 平面上的分布图，$x\equiv ka$ 作为参数标在每个极点旁边。最低阶极点是 Rayleigh 极点，因为当 $ka\to\infty$ 时它趋于平面界面上的 Rayleigh 极点，高阶极点统称为 Whispering-Gallery 极点，其物理意义将在第 5 章中讨论。由图可见，随着 ka 增大，第一象限中高阶极点数增加。这相当于高阶极点所对应的波有截止，只有 ka 超过截止值时才能存在。

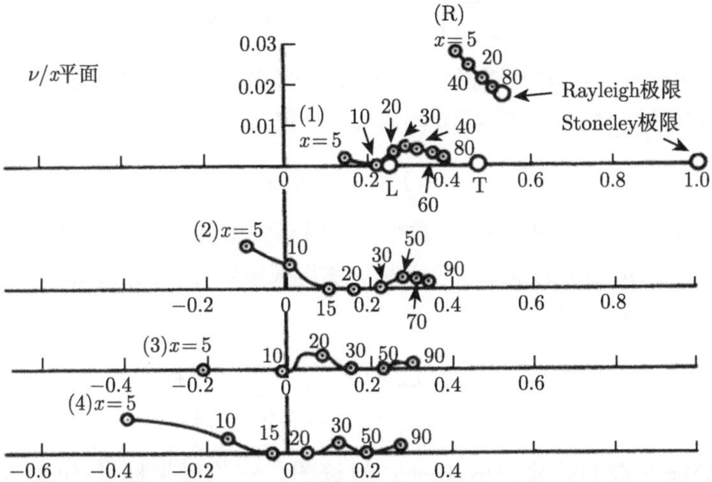

图 4.4.3 水中实铝圆柱的 Rayleigh 和 Whispering-Gallery 极点，$x=ka$[30]

根据环绕波分析理论，l 阶环绕波的特性取决于复波数 ν_l 以及散射系数在极点 ν_l 的留数。特别对于弹性类环绕波，留数近似等于复波数 ν_l 虚部的负值，在这种情况下复波数 ν_l 描述了环绕波的全部特性。例如，根据图 4.4.3 的弹性类极点分布图就可以分析各阶环绕波的特性。复 ν 平面上更完整的极点分布图将在第 5 章中讨论各种极点对应的表面波物理机理时给出。

由此可见，复波数极点的计算是环绕波分析的基础，正像复共振频率极点的计算是共振散射理论的基础一样。实际上，流–固耦合振动和声特征方程的求解是整个问题的基础，由于流体负荷的存在，特征方程具有复数根。求解特征方程复数根的困难来自于两个方面，一是需要在二维复平面上搜索根，二是特征方程中包含复宗量或复阶次特殊函数。例如，圆柱和圆柱壳的共振散射特征方程中包含复宗量 x 的 Bessel 函数，环绕波分析特征方程中包含复阶次 ν 的 Bessel 函数。球和球壳的情况需要计算复宗量或复阶次的球 Bessel 函数。对于第一个问题，广泛采用且较有效的方法是绕数积分方法，即根据复平面上沿一条闭合路径的围道积分值来确定闭合区域内函数的极点。文献 [31,32] 应用了这种方法，文献 [33] 较详细描述了绕数积分方法在特征方程求根中的应用。对于第二个问题，复阶次 Bessel 或球 Bessel 函数的计算采用某种渐近展开式。绕数积分方法求复数根的基本原理见本章附录 4B。

为避免在复平面上搜索根，也可以根据 Regge 轨迹间接求出各类波的相速度频散曲线。所谓 Regge 轨迹是指 n 相对于共振频率或 ka 值的轨迹曲线。首先从物理概念出发建立共振极点和波数极点之间的联系。表面波特性用相速度和群速度频散曲线来描述。相速度是波的等相位面传播的速度，与复波数的关系是

$$(c_{\mathrm{ph}})_l = \begin{cases} \omega a/\nu_l^{\mathrm{R}}, & \text{圆柱} \\ \omega a/(\nu_l^{\mathrm{R}}+1/2), & \text{球} \end{cases} \tag{4.4.6}$$

群速度是窄带脉冲声波的传播速度，实际上反映声能量的传播速度。群速度依赖于脉冲的中心频率，设脉冲的中心频率为 ω，按定义，群速度

$$(c_{\mathrm{g}})_l = (\mathrm{d}\omega/\mathrm{d}k)_l \tag{4.4.7}$$

从物理上理解，当表面周长等于整数个波长时环绕波达到共振，这时复波数的实部满足 $\nu_l^{\mathrm{R}} = n$，对应的共振属于 (l,n) 阶。令共振频率 ω_{nl} 对应的波数 $k_{nl} = \omega_{nl}/c$，共振频率时的相速度满足

$$\frac{(c_{\mathrm{ph}})_l}{c} = \begin{cases} k_{nl}a/n, & \text{圆柱} \\ k_{nl}a/(n+1/2), & \text{球} \end{cases} \tag{4.4.8}$$

然后通过分波共振的计算画出 Regge 轨迹图，它的横坐标是 (n,l) 阶共振频率 $(ka)_{nl}$，纵坐标是 n。将图中的共振峰按 l 归类后，根据 (4.4.8) 式就可计算出相

速度 $(c_{\mathrm{ph}})_l/c$。例如，上面的图 4.4.1 中将 $n=0,1,2,\cdots$ 相应的根连在一起就对应某阶表面波 l。

利用 Regge 轨迹图求出各类表面波相速度频散曲线的方法比较容易在实验中实现，因为利用共振隔离和识别方法 (MIIR) 可以从实验数据中测定共振频率。图 4.4.4 是文献 [34] 给出的 $b/a=0.8$ 空铝柱壳的 Regge 轨迹图。图中 + 是实验点，实心圆是共振散射理论计算结果，空心圆是从严格弹性理论的特征方程解出的结果。

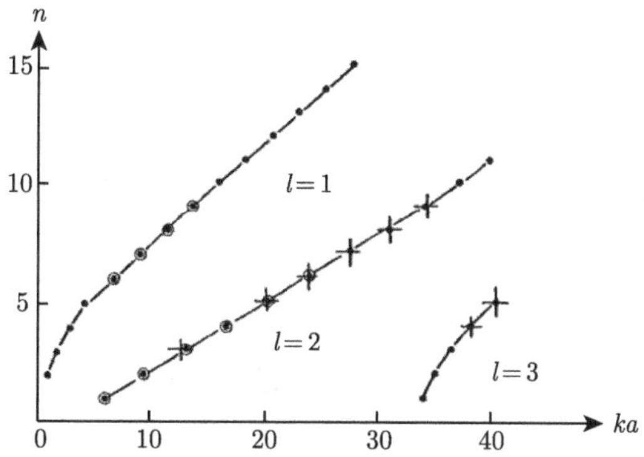

图 4.4.4 $b/a=0.8$ 空铝柱壳 Regge 轨迹图 [34]

这种方法与直接求解复波数极点 ν_l 的结果不同的是：① 只能得到离散值，② 难以得到复波数的虚部。鲍小玲等在画 Regge 轨迹图的同时画出共振峰的宽度，相当于获得了与虚部大小有关的知识 [35]。

倾斜入射时 Regge 轨迹与入射角有关。图 4.4.5(a) 是鲍小玲等计算的实铝圆柱在各种入射角时的 Rayleigh 型 ($l=1$) 波 Regge 轨迹 [36]，横坐标是 $k_{\mathrm{T}}a$。取

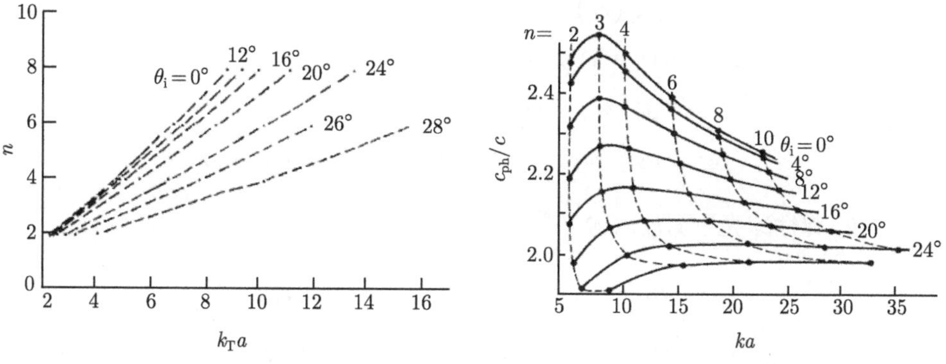

(a)Regge轨迹图

(b)相速度频散曲线

图 4.4.5 倾斜入射时实铝圆柱 Rayleigh 型 ($l=1$) 波特性 [36]

圆柱轴为 z 轴，设入射角为 θ_{i}，$k_z = k\sin\theta_{\mathrm{i}}$，$k$ 是水中波数。螺旋表面波波数是 $\left(k_\varphi^2 + k_z^2\right)^{1/2}$，共振时 $k_\varphi a = n$，因此共振时螺旋表面波波数是 $\left[(n/a)^2 + k_z^2\right]^{1/2}$，相速度是

$$\frac{c_{\mathrm{ph}}}{c} = \frac{\omega/\left[(n/a)^2 + k_z^2\right]^{1/2}}{\omega/k} = \frac{ka}{\left[n^2 + (ka\sin\theta_{\mathrm{i}})^2\right]^{1/2}} \tag{4.4.9}$$

这时表面波的螺旋角

$$\alpha = \arctan\left(k_\varphi/k_z\right) \tag{4.4.10}$$

图 4.4.5(b) 是对应的相速度频散曲线，横坐标是 ka，与图 4.4.5(a) 不同。虚线连接的是相同 n 的点。

从散射现象机理研究角度，表面环绕波是更基本的物理现象。共振只是在某些离散频率上表面环绕波达到相位匹配的结果。因此，为了深入认识声散射的物理机理，必须了解流-固界面上各种表面环绕波的特性。第 5 章将专门研究这个问题。

附　　录

4A. 实心球、球壳和实心圆柱、圆柱壳的特征行列式元素

$$x_{\mathrm{L}} = k_{\mathrm{L}}a,\quad x_{\mathrm{T}} = k_{\mathrm{T}}a,\quad y_{\mathrm{L}} = k_{\mathrm{L}}b,\quad y_{\mathrm{T}} = k_{\mathrm{T}}b$$

4A.1. 实弹性球平面波入射 [6]

$$d_{12} = \left[2n(n+1) - x_{\mathrm{T}}^2\right]\mathrm{j}_n(x_{\mathrm{L}}) - 4x_{\mathrm{L}}\mathrm{j}_n'(x_{\mathrm{L}})$$

$$d_{13} = 2n(n+1)\left[x_{\mathrm{T}}\mathrm{j}_n'(x_{\mathrm{T}}) - \mathrm{j}_n(x_{\mathrm{T}})\right]$$

$$d_{22} = x_{\mathrm{L}}\mathrm{j}_n'(x_{\mathrm{L}})$$

$$d_{23} = n(n+1)\,\mathrm{j}_n(x_{\mathrm{T}})$$

$$d_{32} = 2\left[\mathrm{j}_n(x_{\mathrm{L}}) - x_{\mathrm{L}}\mathrm{j}_n'(x_{\mathrm{L}})\right]$$

$$d_{33} = 2x_{\mathrm{T}}\mathrm{j}_n'(x_{\mathrm{T}}) + \left[x_{\mathrm{T}}^2 - 2n(n+1) + 2\right]\mathrm{j}_n(x_{\mathrm{T}})$$

4A.2. 弹性球壳平面波入射 [7,8]

$$d_{12} = \left[2n(n+1) - x_{\mathrm{T}}^2\right]\mathrm{j}_n(x_{\mathrm{L}}) - 4x_{\mathrm{L}}\mathrm{j}_n'(x_{\mathrm{L}})$$

$$d_{13} = \left[2n(n+1) - x_{\mathrm{T}}^2\right]\mathrm{y}_n(x_{\mathrm{L}}) - 4x_{\mathrm{L}}\mathrm{y}_n'(x_{\mathrm{L}})$$

$$d_{14} = 2n(n+1)\left[x_{\mathrm{T}}\mathrm{j}_n'(x_{\mathrm{T}}) - \mathrm{j}_n(x_{\mathrm{T}})\right]$$

$$d_{15} = 2n(n+1)\left[x_{\mathrm{T}}\mathrm{y}_n'(x_{\mathrm{T}}) - \mathrm{y}_n(x_{\mathrm{T}})\right]$$

$$d_{22} = x_{\rm L}{\rm j}_n'(x_{\rm L})$$

$$d_{23} = x_{\rm L}{\rm y}_n'(x_{\rm L})$$

$$d_{24} = n(n+1)\,{\rm j}_n(x_{\rm T})$$

$$d_{25} = n(n+1)\,{\rm y}_n(x_{\rm T})$$

$$d_{32} = 2\left[{\rm j}_n(x_{\rm L}) - x_{\rm L}{\rm j}_n'(x_{\rm L})\right]$$

$$d_{33} = 2\left[{\rm y}_n(x_{\rm L}) - x_{\rm L}{\rm y}_n'(x_{\rm L})\right]$$

$$d_{34} = 2x_{\rm T}{\rm j}_n'(x_{\rm T}) + \left[x_{\rm T}^2 - 2n(n+1) + 2\right]{\rm j}_n(x_{\rm T})$$

$$d_{35} = 2x_{\rm T}{\rm y}_n'(x_{\rm T}) + \left[x_{\rm T}^2 - 2n(n+1) + 2\right]{\rm y}_n(x_{\rm T})$$

$$d_{42} = \left[2n(n+1) - y_{\rm T}^2\right]{\rm j}_n(y_{\rm L}) - 4y_{\rm L}{\rm j}_n'(y_{\rm L})$$

$$d_{43} = \left[2n(n+1) - y_{\rm T}^2\right]{\rm y}_n(y_{\rm L}) - 4y_{\rm L}{\rm y}_n'(y_{\rm L})$$

$$d_{44} = 2n(n+1)\left[y_{\rm T}{\rm j}_n'(y_{\rm T}) - {\rm j}_n(y_{\rm T})\right]$$

$$d_{45} = 2n(n+1)\left[y_{\rm T}{\rm y}_n'(y_{\rm T}) - {\rm y}_n(y_{\rm T})\right]$$

$$d_{52} = y_{\rm L}{\rm j}_n'(y_{\rm L})$$

$$d_{53} = y_{\rm L}{\rm y}_n'(y_{\rm L})$$

$$d_{54} = n(n+1)\,{\rm j}_n(y_{\rm T})$$

$$d_{55} = n(n+1)\,{\rm y}_n(y_{\rm T})$$

$$d_{62} = 2\left[{\rm j}_n(y_{\rm L}) - y_{\rm L}{\rm j}_n'(y_{\rm L})\right]$$

$$d_{63} = 2\left[{\rm y}_n(y_{\rm L}) - y_{\rm L}{\rm y}_n'(y_{\rm L})\right]$$

$$d_{64} = 2y_{\rm T}{\rm j}_n'(y_{\rm T}) + \left[y_{\rm T}^2 - 2n(n+1) + 2\right]{\rm j}_n(y_{\rm T})$$

$$d_{65} = 2y_{\rm T}{\rm y}_n'({\rm y}_{\rm T}) + \left[y_{\rm T}^2 - 2n(n+1) + 2\right]{\rm y}_n(y_{\rm T})$$

注：原载于文献 [7] 的附录有 3 个元素打印错误，校正于文献 [8] 又出现一个符号错误。

4A.3. 无限长弹性圆柱平面波垂直入射 [9]

$$d_{12} = \left(2n^2 - x_{\rm T}^2\right){\rm J}_n(x_{\rm L}) - 2x_{\rm L}{\rm J}_n'(x_{\rm L})$$

$$d_{13} = 2n\left[x_{\rm T}{\rm J}_n'(x_{\rm T}) - {\rm J}_n(x_{\rm T})\right]$$

$$d_{22} = x_{\rm L}{\rm J}_n'(x_{\rm L})$$

$$d_{23} = n{\rm J}_n(x_{\rm T})$$

$$d_{32} = 2n\left[{\rm J}_n(x_{\rm L}) - x_{\rm L}{\rm J}_n'(x_{\rm L})\right]$$

$$d_{33} = 2x_{\rm T}{\rm J}_n'(x_{\rm T}) + \left(x_{\rm T}^2 - 2n^2\right){\rm J}_n(x_{\rm T})$$

4A.4. 无限长弹性圆柱壳平面波垂直入射 [10]

$$
\begin{aligned}
d_{12} &= \left(2n^2 - x_{\mathrm{T}}^2\right) \mathrm{J}_n\left(x_{\mathrm{L}}\right) - 2x_{\mathrm{L}} \mathrm{J}_n'\left(x_{\mathrm{L}}\right) \\
d_{13} &= \left(2n^2 - x_{\mathrm{T}}^2\right) \mathrm{Y}_n\left(x_{\mathrm{L}}\right) - 2x_{\mathrm{L}} \mathrm{Y}_n'\left(x_{\mathrm{L}}\right) \\
d_{14} &= 2n\left[x_{\mathrm{T}} \mathrm{J}_n'\left(x_{\mathrm{T}}\right) - \mathrm{J}_n\left(x_{\mathrm{T}}\right)\right] \\
d_{15} &= 2n\left[x_{\mathrm{T}} \mathrm{Y}_n'\left(x_{\mathrm{T}}\right) - \mathrm{Y}_n\left(x_{\mathrm{T}}\right)\right] \\
d_{22} &= x_{\mathrm{L}} \mathrm{J}_n'\left(x_{\mathrm{L}}\right) \\
d_{23} &= x_{\mathrm{L}} \mathrm{Y}_n'\left(x_{\mathrm{L}}\right) \\
d_{24} &= n \mathrm{J}_n\left(x_{\mathrm{T}}\right) \\
d_{25} &= n \mathrm{Y}_n\left(x_{\mathrm{T}}\right) \\
d_{32} &= 2n\left[\mathrm{J}_n\left(x_{\mathrm{L}}\right) - x_{\mathrm{L}} \mathrm{J}_n'\left(x_{\mathrm{L}}\right)\right] \\
d_{33} &= 2n\left[\mathrm{Y}_n\left(x_{\mathrm{L}}\right) - x_{\mathrm{L}} \mathrm{Y}_n'\left(x_{\mathrm{L}}\right)\right] \\
d_{34} &= 2x_{\mathrm{T}} \mathrm{J}_n'\left(x_{\mathrm{T}}\right) + \left(x_{\mathrm{T}}^2 - 2n^2\right) \mathrm{J}_n\left(x_{\mathrm{T}}\right) \\
d_{35} &= 2x_{\mathrm{T}} \mathrm{Y}_n'\left(x_{\mathrm{T}}\right) + \left(x_{\mathrm{T}}^2 - 2n^2\right) \mathrm{Y}_n\left(x_{\mathrm{T}}\right) \\
d_{42} &= \left(2n^2 - y_{\mathrm{T}}^2\right) \mathrm{J}_n\left(y_{\mathrm{L}}\right) - 2y_{\mathrm{L}} \mathrm{J}_n'\left(y_{\mathrm{L}}\right) \\
d_{43} &= \left(2n^2 - y_{\mathrm{T}}^2\right) \mathrm{Y}_n\left(y_{\mathrm{L}}\right) - 2y_{\mathrm{L}} \mathrm{Y}_n'\left(y_{\mathrm{L}}\right) \\
d_{44} &= 2n\left[y_{\mathrm{T}} \mathrm{J}_n'\left(y_{\mathrm{T}}\right) - \mathrm{J}_n\left(y_{\mathrm{T}}\right)\right] \\
d_{45} &= 2n\left[y_{\mathrm{T}} \mathrm{Y}_n'\left(y_{\mathrm{T}}\right) - \mathrm{Y}_n\left(y_{\mathrm{T}}\right)\right] \\
d_{52} &= y_{\mathrm{L}} \mathrm{J}_n'\left(y_{\mathrm{L}}\right) \\
d_{53} &= y_{\mathrm{L}} \mathrm{Y}_n'\left(y_{\mathrm{L}}\right) \\
d_{54} &= n \mathrm{J}_n\left(y_{\mathrm{T}}\right) \\
d_{55} &= n \mathrm{Y}_n\left(y_{\mathrm{T}}\right) \\
d_{62} &= 2n\left[\mathrm{J}_n\left(y_{\mathrm{L}}\right) - y_{\mathrm{L}} \mathrm{J}_n'\left(y_{\mathrm{L}}\right)\right] \\
d_{63} &= 2n\left[\mathrm{Y}_n\left(y_{\mathrm{L}}\right) - y_{\mathrm{L}} \mathrm{Y}_n'\left(y_{\mathrm{L}}\right)\right] \\
d_{64} &= 2y_{\mathrm{T}} \mathrm{J}_n'\left(y_{\mathrm{T}}\right) + \left(y_{\mathrm{T}}^2 - 2n^2\right) \mathrm{J}_n\left(y_{\mathrm{T}}\right) \\
d_{65} &= 2y_{\mathrm{T}} \mathrm{Y}_n'\left(y_{\mathrm{T}}\right) + \left(y_{\mathrm{T}}^2 - 2n^2\right) \mathrm{Y}_n\left(y_{\mathrm{T}}\right)
\end{aligned}
$$

4A.5. 无限长弹性圆柱平面波倾斜入射 [14]

$$
\begin{aligned}
d_{12} &= \left[2n(n-1) + 2x_z^2 - x_{\mathrm{T}}^2\right] U_n\left(x_\alpha\right) + 2\delta x_\alpha U_{n+1}\left(x_\alpha\right) \\
d_{22} &= n U_n\left(x_\alpha\right) - \delta x_\alpha U_{n+1}\left(x_\alpha\right) \\
d_{13} &= 2n(n-1) U_n\left(x_\beta\right) - \gamma x_\beta U_{n+1}\left(x_\beta\right)
\end{aligned}
$$

$$
\begin{aligned}
d_{23} &= nU_n\left(x_\beta\right) \\
d_{14} &= 2x_z\left[-\left(n+1\right)U_{n+1}\left(x_\beta\right) + x_\beta U_n\left(x_\beta\right)\right] \\
d_{24} &= x_z U_{n+1}\left(x_\beta\right) \\
d_{32} &= 2n\left[\left(1-n\right)U_n\left(x_\alpha\right) + \delta x_\alpha U_{n+1}\left(x_\alpha\right)\right] \\
d_{42} &= 2x_z\left[nU_n\left(x_\alpha\right) - \delta x_\alpha U_{n+1}\left(x_\alpha\right)\right] \\
d_{33} &= \left[2n\left(1-n\right) + \gamma x_\beta^2\right]U_n\left(x_\beta\right) - 2\gamma x_\beta U_{n+1}\left(x_\beta\right) \\
d_{43} &= nx_z U_n\left(x_\beta\right) \\
d_{34} &= -2x_z\left(n+1\right)U_{n+1}\left(x_\beta\right) + x_z x_\beta U_n\left(x_\beta\right) \\
d_{44} &= \left(-\gamma x_\beta^2 + x_z^2\right)U_{n+1}\left(x_\beta\right) + nx_q U_n\left(x_\beta\right)
\end{aligned}
$$

其中，$x_z = k_z a$, $x_\alpha = \alpha a$, $x_\beta = \beta a$，有关各量取值见表 4A.1，其中 $\mathrm{I}_n(\cdot)$ 是虚宗量 Bessel 函数。

表 4A.1

	$\theta < \theta_{\mathrm{L}}$	$\theta_{\mathrm{L}} < \theta < \theta_{\mathrm{T}}$	$\theta > \theta_{\mathrm{T}}$
x_α	$x_{\mathrm{L}}\sqrt{1-(c_{\mathrm{L}}/c)^2\sin^2\theta}$	$x_{\mathrm{L}}\sqrt{(c_{\mathrm{L}}/c)^2\sin^2\theta-1}$	$x_{\mathrm{L}}\sqrt{(c_{\mathrm{L}}/c)^2\sin^2\theta-1}$
x_β	$x_{\mathrm{T}}\sqrt{1-(c_{\mathrm{T}}/c)^2\sin^2\theta}$	$x_{\mathrm{T}}\sqrt{1-(c_{\mathrm{T}}/c)^2\sin^2\theta}$	$x_{\mathrm{T}}\sqrt{(c_{\mathrm{T}}/c)^2\sin^2\theta-1}$
$U_n\left(x_\alpha\right)$	$\mathrm{J}_n\left(x_\alpha\right)$	$\mathrm{I}_n\left(x_\alpha\right)$	$\mathrm{I}_n\left(x_\alpha\right)$
$U_n\left(x_\beta\right)$	$\mathrm{J}_n\left(x_\beta\right)$	$\mathrm{J}_n\left(x_\beta\right)$	$\mathrm{I}_n\left(x_\beta\right)$
δ	+1	−1	−1
γ	+1	+1	−1

4B. 绕数积分方法计算复数极点

假定复平面 z 上的函数 $f(z)$ 在封闭回路 C 所包围的区域 Ω 内解析，且在边界上导数不为 0，要搜索函数 $f(z)$ 在复平面上该区域内的所有零点。此问题可以转化为求解函数 $g(z) = 1/f(z)$ 的极点。根据解析函数理论，$g(z)$ 是亚纯函数，且在区域 Ω 内有有限个极点。

绕数积分方法的基础是绕数定理，绕数定理给出

$$
\frac{1}{2\pi \mathrm{i}}\oint_C \frac{g'(z)}{g(z)}\mathrm{d}z = M - N \tag{4B.1}
$$

其中，M，N 分别是 C 内包含的简单零点数和简单极点数，回路沿逆时针 (正) 方向。积分值称为绕数，它等于零点数目与极点数目之差。既然 $f(z)$ 在 C 内解析，

在该区域内没有零点。因此 (4B.1) 式可以写为

$$\frac{1}{2\pi i}\oint_C \frac{g'(z)}{g(z)}\mathrm{d}z = -N \tag{4B.2}$$

该式确定围线 C 内极点的数目。通过适当选择区域大小使得回路内只有一个极点。

如果 $g(z)$ 在 C 内有且只有一个简单极点 z_0，由留数定理可得

$$\oint_C g(z)\,\mathrm{d}z = \mathrm{i}2\pi\mathrm{Res}\,(g(z), z_0) \tag{4B.3}$$

利用函数 $g(z)$ 在极点 z_0 处的 Laurent 展开式可以证明函数 $zg(z)$ 在 z_0 处的留数为 $z_0\mathrm{Res}\,(g(z), z_0)$，故有

$$\oint_C zg(z)\,\mathrm{d}z = \mathrm{i}2\pi z_0\mathrm{Res}\,(g(z), z_0) \tag{4B.4}$$

利用两个回路积分可以求得极点值 z_0

$$z_0 = \frac{\oint_C zg(z)\,\mathrm{d}z}{\oint_C g(z)\,\mathrm{d}z} \tag{4B.5}$$

在具体计算时用绕数定理判断回路中是否有极点以及极点数，若判断有极点则通过细化网格使得小回路内只有一个极点。再采用 (4B.5) 式计算两个回路积分得到极点值。

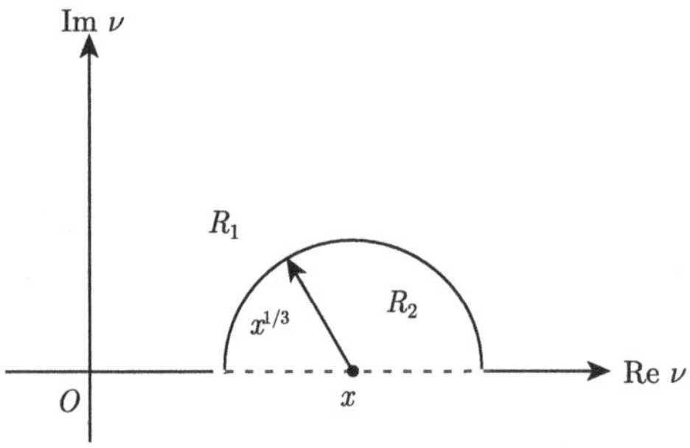

图 4B.1　采用不同展开公式的区域

球和圆柱两种典型形状的环绕波分析需要计算复平面第一象限内复数阶 ν、实宗量 $x \geqslant 0$ 的圆柱函数 $\mathrm{J}_\nu(x)$、$\mathrm{N}_\nu(x)$、$\mathrm{H}_\nu^{(1)}(x)$、$\mathrm{H}_\nu^{(2)}(x)$。数值计算时利用特殊函数当 $|\nu|$ 和 $|x|$ 都很大时渐近展开公式 [33]。在区域 $R_2 = \{\nu : |\nu - x| < x^{1/3} \cap \mathrm{Im}\nu > 0\}$ 中采用 Debye 渐近展开，在区域 $R_1 = \{\nu : |\nu - x| > x^{1/3} \cap \mathrm{Im}\nu > 0\}$ 中采用 Olver 渐近展开，如图 4B.1 所示。让 $x = \nu\,\mathrm{sech}\,\alpha$，Debye 渐近展开式是

$$\mathrm{J}_\nu(\nu\,\mathrm{sech}\,\alpha) \sim \frac{\mathrm{e}^{\nu(\tanh\alpha - \alpha)}}{\sqrt{2\pi\nu\tanh\alpha}}\left\{1 + \sum_{k=1}^{\infty}\frac{u_k(\coth\alpha)}{\nu^k}\right\} \tag{4B.6a}$$

$$\mathrm{Y}_\nu(\nu\,\mathrm{sech}\,\alpha)\sim-\frac{\mathrm{e}^{\nu(\alpha-\tanh\alpha)}}{\sqrt{\pi\nu\tanh\alpha/2}}\left\{1+\sum_{k=1}^{\infty}(-1)^k\frac{u_k(\coth\alpha)}{\nu^k}\right\}\tag{4B.6b}$$

其中，$\mathrm{sech}\,\alpha$ 是双曲正割函数，$\tanh\alpha$ 是双曲正切函数，$\coth\alpha$ 是双曲余切函数。在区域 R_1，让 $x=\nu z$，Olver 渐近展开式是

$$\mathrm{J}_\nu(\nu z)\sim\left(\frac{4\zeta}{1-z^2}\right)^{1/4}\left\{\frac{\mathrm{Ai}(\nu^{2/3}\zeta)}{\nu^{1/3}}\sum_{k=0}^{\infty}\frac{a_k(\zeta)}{\nu^{2k}}+\frac{\mathrm{Ai}'(\nu^{2/3}\zeta)}{\nu^{5/3}}\sum_{k=0}^{\infty}\frac{b_k(\zeta)}{\nu^{2k}}\right\}\tag{4B.7a}$$

$$\mathrm{Y}_\nu(\nu z)\sim-\left(\frac{4\zeta}{1-z^2}\right)^{1/4}\left\{\frac{\mathrm{Bi}(\nu^{2/3}\zeta)}{\nu^{1/3}}\sum_{k=0}^{\infty}\frac{a_k(\zeta)}{\nu^{2k}}+\frac{\mathrm{Bi}'(\nu^{2/3}\zeta)}{\nu^{5/3}}\sum_{k=0}^{\infty}\frac{b_k(\zeta)}{\nu^{2k}}\right\}\tag{4B.7b}$$

$$\frac{2}{3}\zeta^{3/2}=\ln\frac{1+\sqrt{1-z^2}}{z}-\sqrt{1-z^2}\tag{4B.7c}$$

式中，$\mathrm{Ai}(t)$、$\mathrm{Bi}(t)$ 为第一类、第二类 Airy 函数，$u_k(t)$、$a_k(t)$、$b_k(t)$ 的表达式见文献 [37] 中 (9.3.9) 式和 (9.3.40) 式。

参考文献

[1] Hickling R. Early work on calculating and measuring the elastic response of underwater acoustic targets // Überall H. Acoustic Resonance Scattering. Gordon and Breach Science Publishers, 1992: 13-29

[2] Dragonette L R, Numrich S K, Frank L J. Calibration technique for acoustic scattering measurements. J. Acoust. Soc. Am., 1981, 69(4): 1186-1189

[3] Faran J J. Sound scattering by solid cylinder and spheres. J. Acoust. Soc. Am., 1951, 23(4): 405-418

[4] Goodman R R, Stern R. Reflection and transmission of sound by elastic spherical shells. J. Acoust. Soc. Am., 1962, 34(3): 338-344

[5] Doolittle R D, Überall H. Sound scattering by elastic cylindrical shells. J. Acoust. Soc. Am., 1966, 39(2): 272-275

[6] Gaunaurd G C, Überall H. RST analysis of monostatic and bistatic acoustic echoes from an elastic sphere. J. Acoust. Soc. Am., 1983, 73(1): 1-12

[7] Gaunaurd G C, Werby M F. Lamb and creeping waves around submerged spherical shells resonantly excited by sound scattering. J. Acoust. Soc. Am., 1987, 82(6): 2021-2033

[8] Gaunaurd G C, Werby M F. Sound scattering by resonantly excited, fluid-loaded, elastic spherical shells. J. Acoust. Soc. Am., 1991, 90(5): 2536-2550

[9] Brill D, Gaunaurd G C. Acoustic resonance scattering by a penetrable cylinder. J. Acoust. Soc. Am., 1983, 73(5): 1448-1455

[10] Gaunaurd G C, Brill D. Acoustic spectrogram and complex–frequency poles of a resonantly excited elastic tube. J. Acoust. Soc. Am., 1984, 75(6): 1680-1693

[11] Veksler N D, Korsunski V M. Analysis and synthesis of backscattering from a circular cylindrical shell. J. Acoust. Soc. Am., 1990, 87(3): 943-962

[12] Li T B, Veda M. Sound scattering of a plane wave obliquely incident on a cylinder. J. Acoust. Soc. Am., 1989, 86: 2363-2368

[13] Veksler N D. Scattering of a plane acoustic wave obliquely incident on a solid elastic cylinder. Acustica, 1993, 93: 1300-1307

[14] 刘国利, 汤渭霖. 平面声波斜入射到水中无限圆柱的纯弹性共振散射. 声学学报, 1996, 21(4): 494-504

[15] 刘国利, 汤渭霖. 平面声波斜入射到水中无限长圆柱壳体的纯弹性共振散射. 声学学报, 1996, 21(5): 805-814

[16] Flax L, Dragonette L R, Überall H. How the resonance scattering theory was established // Überall H. Acoustic Resonance Scattering. Gordon and Breach Science Publishers, 1992: 31-67

[17] Flax L. Dragonette L R, Überall H. Theory of elastic resonance excitation by sound scattering. J. Acoust. Soc. Am., 1978, 63(3): 723-731

[18] Überall H, Dragonette L R, Flax L. Relation between creeping waves and normal modes of vibration of a curved body. J. Acoust. Soc. Am., 1977, 61(3): 711-715

[19] Dickey J W, Überall H. Surface wave resonances in sound scattering from elastic cylinders. J. Acoust. Soc. Am., 1978, 63(2): 319, 320

[20] 汤渭霖. 奇异点展开法 (SEM) 与共振散射理论 (RST) 之间的联系. 声学学报, 1991, 16(3): 199-208

[21] Werby M F. The acoustical background for a submerged elastic shell. J. Acoust. Soc. Am., 1991, 90(6): 3279-3287

[22] Überall H, Doolittle R D, McNicholas J V. Use of sound pulses for a study of circumferential waves. J. Acoust. Soc. Am., 1966, 39(3): 564-578

[23] Doolittle R D, Überall H, Ugincius P. Sound scattering by elastic cylinder. J. Acoust. Soc. Am., 1968, 43(1): 1-14

[24] Ugincius P, Überall H. Creeping-wave analysis of acoustic scattering by elastic cylindrical shells. J. Acoust. Soc. Am., 1968, 43(5): 1025-1035

[25] Gaunaurd G, Überall H. Relation between creeping-wave acoustic transients and the complex-frequency poles of the singularity expansion method. J. Acoust. Soc. Am., 1985, 78(1): 234-243

[26] Williams K L, Marston P L. Backscattering from an elastic sphere: Sommerfeld-Watson transformation and experimental confirmation. J. Acoust. Soc. Am., 1985, 78: 1093-1102

[27] Rumerman M L. Increased accuracy in the application of the Sommerfeld-Watson transformation to acoustic scattering from cylindrical shells. J. Acoust. Soc. Am., 1991, 90(5): 2739-2750

[28] Rumerman M L. Application of the Sommerfeld-Watson transformation to scat tering of acoustic waves obliquely incident upon cylindrical shells. J. Acoust. Soc. Am., 1992, 91(5): 2502-2509

[29] Tang W L. Relation betveen generalized singularity expansion method (GSEM) and circumferential wave theory. ICA-14, A7-8, Beijing, 1992

[30] Überall H. Surface wave in acoustics // Mason W P, Thurston R N. Physical Acoustics. Vol. Ⅹ New York: Academic, 1973

[31] Sammelmann G S, Trivett D H, Hackmann R H. The acoustic scattering by a submerged,spherical shell. Ⅰ: The bifurcation of the dispersion curve for the spherical antisymmetric Lamb wave. J. Acoust. Soc. Am., 1989, 85(1): 114-124

[32] Kargl S G, Marston P L. Observations and modeling of the backscattering of short tone bursts fron a spherical shell:Lamb wave echoes, glory and axial reverberations. J. Acoust. Soc. Am., 1989, 85: 1014-1028

[33] Brazier-Smith P R, Scott J F M. On the determination of the roots of dispersion equations by use of winding number integrals. J. Sound Vib., 1991, 143: 503-510

[34] Izbicki J L, Maze G, Ripoche J. Influence of the free modes of vibration on the acoustic scattering of a circular cylindrical shell. J. Acoust. Soc. Am., 1986, 80(4): 1215-1219

[35] Bao X L, Raju P K, Überall H. Circumferential waves on an immersed, fluid-filled elastic cylindrical shell. J. Acoust. Soc. Am., 1999, 105(5): 2704-2709

[36] Bao X L, Cao H, Überall H. Resonances and surface waves in the scattering of an obliquely incident acoustic field by an infinite elastic cylinder. J. Acoust. Soc. Am., 1990, 87(1): 106 -110

[37] Abramowitz M, Stegun I A. Handbook of Mathematical Function. Washington, DC: U.S. Govt. Printing Office, 1964

第 5 章　水中目标声散射与弹性表面波的联系

从环绕波分析结果看到，水中弹性体的散射波由以下几类波构成：几何镜反射波；Franz 波；弹性类散射波。后者又可以分为 Rayleigh 型 (实心体) 或 Lamb 型 (壳体) 和 Whispering-Gallery 型波。这些波都是流–固界面上固有的表面波。实际上，当声波入射到弹性体表面发生散射时，除了激发起各种类型的表面波外同时也在弹性体中激发起透射的纵波和横波。但是，纵波和横波是衰减较快的体波，而且这些波要经过多次反射才能到达接收点，它们的作用一般较小，在环绕波分析中作为穿透波被忽略掉，见 (4.3.4a) 式表示的穿透到弹性体内部再辐射出来的波。而弹性表面波的衰减较小，能够绕行较长距离后对散射场产生贡献。这就是在声散射问题中特别强调表面波贡献的原因。表面波是界面的固有特性，在声学或力学激励下界面上就会激发起这些波。因此，要想深入理解散射波的形成机理，必须对流–固界面上的固有表面波类型有一个基本认识。关于流–固界面上的表面波，Überall 曾在 1973 年做过很好的总结 [1]，此后又在 2001 年对沉浸在流体中的壳体表面波进行了综述 [2]。

另一方面，大量的实验结果表明，水中目标的回波中除了容易解释的几何散射波以外总是会出现一些不易解释的非镜散射波，这些实际上是弹性散射波。如果用窄脉冲激励目标，回波结构中出现分离的弹性散射波亮点，即使是最简单的球形目标，回波不仅有镜反射波而且有一系列弹性环绕波，如图 4.0.1 所示。它们可以用弹性表面波理论得到很好解释。如果用宽带信号激励，回波出现弹性共振现象。这些特点形成目标回波的精细结构，是目标识别的信息源。

因此，不管是在理论上还是在实验分析上，要想深入认识水中目标的声散射，获得散射波的精细结构，无论如何回避不了弹性散射波。本章将首先总结流–固界面上固有波的类型和特性，然后用来解释一些已知的散射现象。这些现象包括：形态函数中共振峰的形成机理，宽带共振特性，目标回波图像结构等。

由于弹性波及其在水中辐射现象的复杂性，下面的叙述由简到繁逐步深入。

第一步，让弹性体的负荷从真空变成流体介质，搞清楚流体负荷的作用。就是在了解弹性半空间、板和壳体在真空中波运动基础上再研究水介质负荷的影响。真空中的弹性波相对比较简单，因为没有水介质负荷，波只存在于弹性体中。波的特征方程在数学上也相对简单，如果忽略金属材料的损耗，特征方程是实数方程，只有实根。当弹性体沉浸于水中时，水介质负荷不仅使得原来在真空中存在的波发生畸变，而且还产生新的波型。这时特征方程是复数方程，它所存在的根的数目要比真空中的多，新增加的根表示新的波型。

第二步，让弹性体的结构从平面半空间、平板变化到弯曲的壳体，就是先搞清楚平面半空间和平板中的波及水介质负荷的作用。因为无论什么壳体 (圆柱壳或球壳)，当 $ka \gg 1$ 时局部都趋于平板。因此平板近似可以较好地解释各种壳体的高频现象。声散射问题大多属于高频范畴，所以平板及其周围的波是最基本的。在此基础上再研究表面弯曲的影响。研究表明，只有当 ka 小于某个临界值时表面曲率才会起重要作用。

本章先用严格弹性理论讨论沉浸在水中的平面半空间、平板、圆柱壳和球壳的表面波。然后引入工程中常用的薄板和薄圆柱壳理论，利用这些理论重新讨论薄壳结构中弹性波的特性，它们与严格弹性理论的结果不完全相同，但有一定的对应关系。

5.1 平面流–固界面上的表面波

虽然水中目标的表面 (或其局部) 大多是一些弯曲表面，但是最基本的是平面表面，所以从这种基本情况入手讨论界面上的表面波。理论上表面波可以存在于没有入射波的界面上，是一种由表面特性决定的固有波，本质上与激励方式无关，不管是力激励 (振动问题) 还是声激励 (反射、透射问题)，表面的固有波型是不变的。既然本书讨论声散射问题，下面通过声激励方式导出这些固有波型。

首先考虑由半无限流体和半无限固体构成的平面流–固界面，平面波从平面流–固界面的反射和折射在许多书中有详细讨论，这里主要强调表面波的存在。取坐标系如图 5.1.1 所示。不失一般性，设入射平面波波矢量处在 xOz 平面，运动与 y 无关，变成二维问题。平面波从 $z>0$ 的流体半空间入射到界面并产生反射，流体中的声压可以表示成

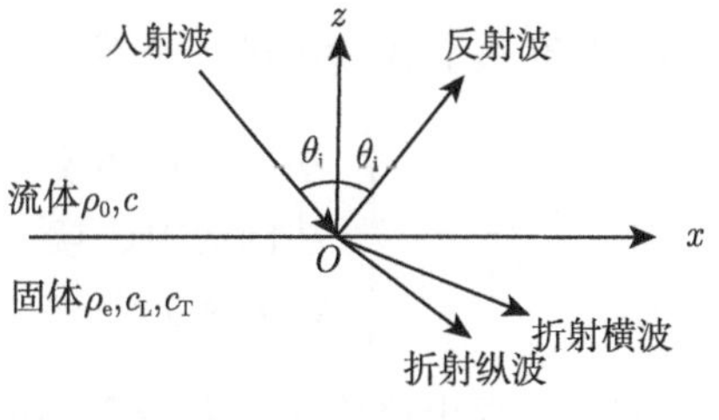

图 5.1.1 平面波从流–固界面反射和折射

$$\left\{\begin{array}{l} z \geqslant 0, \quad p=\mathrm{e}^{\mathrm{i}(Kx-\kappa z)}+V\mathrm{e}^{\mathrm{i}(Kx+\kappa z)}, \quad K^2+\kappa^2=k^2=\omega^2/c^2 \\ \kappa=\left\{\begin{array}{ll} \left(k^2-K^2\right)^{1/2}, & K<k \\ \mathrm{i}\left(K^2-k^2\right)^{1/2}, & K>k \end{array}\right. \end{array}\right. \tag{5.1.1}$$

若设 θ_i 是入射角，则 $K=k\sin\theta_\mathrm{i}$，$\kappa=k\cos\theta_\mathrm{i}$，$\kappa$ 是流体中沿 z 方向的波数。假设入射波具有单位振幅，V 是声压反射系数。$z<0$ 的固体半空间中，因为 y 方向位移 $u_y=0$, 只有 u_x 和 u_z，固体中的位移可以用两个标量势 $\varPhi$, $\varPsi$ 描述，其中

$\varPsi = A_y$ 是向量势 $\boldsymbol{A}$ 的唯一不等于 0 的分量。按向量势表示法得到位移和应力为

$$\begin{cases} u_x = \dfrac{\partial \varPhi}{\partial x} - \dfrac{\partial \varPsi}{\partial z}, \quad u_z = \dfrac{\partial \varPhi}{\partial z} + \dfrac{\partial \varPsi}{\partial x} \\ \tau_{zz} = \lambda_{\mathrm{e}}\left(\dfrac{\partial u_x}{\partial x} + \dfrac{\partial u_z}{\partial z}\right) + 2\mu_{\mathrm{e}}\dfrac{\partial u_z}{\partial z} = -\lambda_{\mathrm{e}} k_{\mathrm{L}}^2 \varPhi + 2\mu_{\mathrm{e}}\left(\dfrac{\partial^2 \varPhi}{\partial z^2} + \dfrac{\partial^2 \varPsi}{\partial z \partial x}\right) \\ \tau_{zx} = \mu_{\mathrm{e}}\left(\dfrac{\partial u_z}{\partial x} + \dfrac{\partial u_x}{\partial z}\right) = \mu_{\mathrm{e}}\left(2\dfrac{\partial^2 \varPhi}{\partial x \partial z} + \dfrac{\partial^2 \varPsi}{\partial x^2} - \dfrac{\partial^2 \varPsi}{\partial z^2}\right) \end{cases} \tag{5.1.2}$$

两个标量势分别满足波动方程

$$\nabla^2 \varPhi + k_{\mathrm{L}}^2 \varPhi = 0, \quad \nabla^2 \varPsi + k_{\mathrm{T}}^2 \varPsi = 0$$

在二维直角坐标系中的平面波形式解是

$$\begin{cases} \varPhi = A\mathrm{e}^{\mathrm{i}(Kx - \kappa_{\mathrm{L}} z)}, \quad K^2 + \kappa_{\mathrm{L}}^2 = k_{\mathrm{L}}^2 = \omega^2 / c_{\mathrm{L}}^2 \\ \varPsi = C\mathrm{e}^{\mathrm{i}(Kx - \kappa_{\mathrm{T}} z)}, \quad K^2 + \kappa_{\mathrm{T}}^2 = k_{\mathrm{T}}^2 = \omega^2 / c_{\mathrm{T}}^2 \end{cases}, \quad z \leqslant 0 \tag{5.1.3}$$

根据 Snell 定理，沿 x 方向的波数分量直接等于入射波的 K，沿 $-z$ 方向纵、横波的波数 κ_{L}, κ_{T} 的取值如下：

$$\kappa_{\mathrm{L}} = \begin{cases} \left(k_{\mathrm{L}}^2 - K^2\right)^{1/2}, & K < k_{\mathrm{L}} \\ \mathrm{i}\left(K^2 - k_{\mathrm{L}}^2\right)^{1/2}, & K > k_{\mathrm{L}} \end{cases}, \quad \kappa_{\mathrm{T}} = \begin{cases} \left(k_{\mathrm{T}}^2 - K^2\right)^{1/2}, & K < k_{\mathrm{T}} \\ \mathrm{i}\left(K^2 - k_{\mathrm{T}}^2\right)^{1/2}, & K > k_{\mathrm{T}} \end{cases} \tag{5.1.4}$$

(5.1.1) 式和 (5.1.3) 式中的三个系数 V, A, C 由下面的边界条件确定：

$$\begin{cases} \text{法向位移连续} \quad \rho_0 \omega^2 u_z = \partial p / \partial z \\ \text{法向应力连续} \quad \tau_{zz} = -p \\ \text{切向应力消失} \quad \tau_{zx} = 0 \end{cases}, \quad z = 0 \tag{5.1.5}$$

按 (5.1.2) 式求出位移和应力，代入边界条件得到方程组

$$\begin{cases} \mathrm{i}\kappa V - \omega \kappa_{\mathrm{L}} A + \omega K C = \mathrm{i}\kappa \\ -\mathrm{i}\rho_0' k_{\mathrm{T}}^2 V + \left(K^2 - \kappa_{\mathrm{T}}^2\right)\omega A + 2\omega K \kappa_{\mathrm{T}} C = \mathrm{i}\rho_0' k_{\mathrm{T}}^2 \\ 2K\kappa_{\mathrm{L}} A - \left(K^2 - \kappa_{\mathrm{T}}^2\right) C = 0 \end{cases} \tag{5.1.6}$$

应用 Cramer 法则解出

$$V = \frac{Z^{\mathrm{M}} - Z^{\mathrm{a}}}{Z^{\mathrm{M}} + Z^{\mathrm{a}}}, \quad A = \frac{\mathrm{i}2\rho_0\left(K^2 - \kappa_{\mathrm{T}}^2\right)/(k_{\mathrm{T}}^2 \kappa_{\mathrm{L}})}{Z^{\mathrm{M}} + Z^{\mathrm{a}}}, \quad C = \frac{\mathrm{i}4\rho_0 K / k_{\mathrm{T}}^2}{Z^{\mathrm{M}} + Z^{\mathrm{a}}} \tag{5.1.7}$$

其中

$$Z^{\mathrm{M}}(\omega) = \frac{\rho_{\mathrm{e}}\omega}{\kappa_{\mathrm{L}} k_{\mathrm{T}}^4}\left[\left(K^2 - \kappa_{\mathrm{T}}^2\right)^2 + 4K^2 \kappa_{\mathrm{L}} \kappa_{\mathrm{T}}\right] \tag{5.1.8}$$

是无限大平面弹性介质的机械阻抗，

$$Z^{\mathrm{a}}=\frac{\rho_0\omega}{\kappa} \tag{5.1.9}$$

是无限大平面流体介质的声阻抗。若将 $\kappa=k\cos\theta_{\mathrm{i}}$ 代入，声阻抗就可以表示为声学理论中常见的形式 $Z^{\mathrm{a}}=\rho_0 c/\cos\theta_{\mathrm{i}}$。从反射系数公式可以清楚地看到，如果将弹性体的作用用阻抗表示，平面波反射系数形式上与两种流体界面上的反射系数相同。

无限大平面弹性介质的机械阻抗定义为，当与其接触的流体介质为真空时，作用在表面上的力与表面振速之比。假设表面上作用有单位振幅力 $f=\exp(\mathrm{i}Kx)$，边界条件 $\tau_{zz}|_{z=0}=f$ 和 $\tau_{zx}|_{z=0}=0$ 给出

$$\begin{cases}\left(K^2-\kappa_{\mathrm{T}}^2\right)A+2K\kappa_{\mathrm{T}}C=1/\mu_{\mathrm{e}}\\ -2K\kappa_{\mathrm{L}}A+\left(K^2-\kappa_{\mathrm{T}}^2\right)C=0\end{cases} \tag{5.1.10}$$

令系数行列式 $\Delta=\left(K^2-\kappa_{\mathrm{T}}^2\right)^2+4K^2\kappa_{\mathrm{L}}\kappa_{\mathrm{T}}$，解出 $A=\left(K^2-\kappa_{\mathrm{T}}^2\right)/(\mu_{\mathrm{e}}\Delta)$，$C=2K\kappa_{\mathrm{L}}/(\mu_{\mathrm{e}}\Delta)$。将它们代入 (5.1.2) 和 (5.1.3) 式得到表面法向位移

$$u_z|_{z=0}=(-\mathrm{i}\kappa_{\mathrm{L}}A+\mathrm{i}KC)\,\mathrm{e}^{\mathrm{i}Kx}=\left(\mathrm{i}\kappa_{\mathrm{L}}k_{\mathrm{T}}^2/(\mu_{\mathrm{e}}\Delta)\right)\mathrm{e}^{\mathrm{i}Kx}$$

按定义得到机械阻抗

$$Z^{\mathrm{M}}=\frac{f}{-\mathrm{i}\omega\ u_z|_{z=0}}=\frac{\rho_{\mathrm{e}}\omega}{\kappa_{\mathrm{L}}k_{\mathrm{T}}^4}\left[\left(K^2-\kappa_{\mathrm{T}}^2\right)^2+4K^2\kappa_{\mathrm{L}}\kappa_{\mathrm{T}}\right] \tag{5.1.11}$$

(5.1.7) 式给出的反射和折射系数表示式与声学理论中常见形式有些不同，但是两者可以互证。平面波入射到平面流–固界面时，在固体弹性介质中产生折射纵波和横波，在流体介质中产生相应的反射波。流–固界面声反射时存在一些特殊的角度，以水和一般金属固体的界面为例，总有 $c<c_{\mathrm{T}}<c_{\mathrm{L}}$ 或 $k>k_{\mathrm{T}}>k_{\mathrm{L}}$。存在纵波临界角 $\arcsin(c/c_{\mathrm{L}})$ 和横波临界角 $\arcsin(c/c_{\mathrm{T}})$。当入射角小于纵 (横) 波临界角时，固体中的纵 (横) 波是正常波。当入射角等于纵 (横) 波临界角时，纵 (横) 波变成沿表面传播、幅度随深度指数衰减的非均匀波。这两个临界角对应 $\kappa_{\mathrm{L}}=0,\ K=k_{\mathrm{L}}$ 和 $\kappa_{\mathrm{T}}=0,\ K=k_{\mathrm{T}}$，数学上它们是反射和折射系数在复 K 平面上的分支点。

这里要强调的是，当平面波入射到平面流–固界面时，除了产生折射的纵波和横波外，还可能激发起表面波。按定义，表面波可以存在于没有入射波的界面上，是流–固界面上的固有特性 [4]。数学上对应反射和折射系数的极点，此时 $V\to\infty$。下面分自由表面和有流体负荷两种情况进行讨论。

1) 自由表面上的 Rayleigh 波 [3,4]

让接触的流体介质为真空，$z>0$ 不存在声场，固体表面为自由表面。Rayleigh 波由极点方程

$$Z^{\mathrm{M}}=0 \quad \Rightarrow \quad \left(K^2-\kappa_{\mathrm{T}}^2\right)^2+4K^2\kappa_{\mathrm{L}}\kappa_{\mathrm{T}}=0 \tag{5.1.12}$$

的解决定，这个极点方程就是波运动的特征方程。用 R_0 表示自由表面上的 Rayleigh 波，考虑到对应的波数 $K_{\mathrm{R}_0}>k_{\mathrm{T}}>k_{\mathrm{L}}$，其中 $K_{\mathrm{R}_0}=\omega/c_{\mathrm{R}}$，$c_{\mathrm{R}}$ 是 Rayleigh 波相速度，特征方程又可以表示成

$$\left(2K_{\mathrm{R}_0}^2-k_{\mathrm{T}}^2\right)^2-4K_{\mathrm{R}_0}^2\left[\left(K_{\mathrm{R}_0}^2-k_{\mathrm{L}}^2\right)\left(K_{\mathrm{R}_0}^2-k_{\mathrm{T}}^2\right)\right]^{1/2}=0 \tag{5.1.13a}$$

或

$$\left(2-\frac{c_{\mathrm{R}}^2}{c_{\mathrm{T}}^2}\right)^2-4\left(1-\frac{c_{\mathrm{R}}^2}{c_{\mathrm{L}}^2}\right)^{1/2}\left(1-\frac{c_{\mathrm{R}}^2}{c_{\mathrm{T}}^2}\right)^{1/2}=0 \tag{5.1.13b}$$

假设固体无损耗，$k_{\mathrm{T}},k_{\mathrm{L}}$ 都是实数时可以得到一个实数根 K_{R_0} 和对应的实数相速度 c_{R_0}，许多文献详细讨论过相速度 c_{R_0}。由于弹性介质的 $c_{\mathrm{T}}^2/c_{\mathrm{L}}^2=(1-2\sigma)/[2(1-\sigma)]$，相速度 c_{R_0} 实际上只依赖于泊松比 σ。当 $\sigma<0.5$ 时，Rayleigh 波相速度的一个好的近似式是

$$\frac{c_{\mathrm{R}_0}}{c_{\mathrm{T}}}\approx\frac{0.862+1.14\sigma}{1+\sigma}<1 \tag{5.1.14}$$

相速度 c_{R_0} 与频率无关，Rayleigh 波没有频散。

既然 Rayleigh 波的波数 K_{R_0} 是实数，它沿表面没有衰减。根据 (5.1.4) 式，因为 $K_{\mathrm{R}_0}>k_{\mathrm{T}}>k_{\mathrm{L}}$，所以 $\kappa_{\mathrm{L}}=\mathrm{i}\left(K_{\mathrm{R}_0}^2-k_{\mathrm{L}}^2\right)^{1/2}$，$\kappa_{\mathrm{T}}=\mathrm{i}\left(K_{\mathrm{R}_0}^2-k_{\mathrm{T}}^2\right)^{1/2}$，从而固体介质中的 Φ, Ψ 都是指数衰减的波。同时可以证明位移的轨迹为一椭圆。

2) 流–固界面上的泄漏 Rayleigh 波和 Stoneley 波 [1,4]

存在流体负荷时弹性介质的任意运动都会在周围流体介质中产生声场。在上面讨论的平面波反射问题中，流体中存在入射波和反射波；在力激励的辐射问题中，流体中存在辐射波。由 (5.1.7) 式得到反射和折射系数的极点方程，即波运动特征方程是

$$Z^{\mathrm{M}}+Z^{\mathrm{a}}=0 \quad \Rightarrow \quad \left[\left(K^2-\kappa_{\mathrm{T}}^2\right)^2+4K^2\kappa_{\mathrm{L}}\kappa_{\mathrm{T}}\right]+\rho_0'\frac{\kappa_{\mathrm{L}}k_{\mathrm{T}}^4}{\kappa}=0 \tag{5.1.15}$$

与自由空间中的情况不同，现在增加了流体负荷引起的附加项 $\rho_0'\kappa_{\mathrm{L}}k_{\mathrm{T}}^4/\kappa$。这是一个复数方程，因为若 $|K|>k_{\mathrm{L}}$，应该取 $\kappa_{\mathrm{L}}=\mathrm{i}\left(K^2-k_{\mathrm{L}}^2\right)^{1/2}$。将方程展开得到

$$\left(2K^2-k_{\mathrm{T}}^2\right)^2-4K^2\left[\left(K^2-k_{\mathrm{L}}^2\right)\left(K^2-k_{\mathrm{T}}^2\right)\right]^{1/2}+\mathrm{i}\rho_0'k_{\mathrm{T}}^4\left[\left(K^2-k_{\mathrm{L}}^2\right)/\left(k^2-K^2\right)\right]^{1/2}=0 \tag{5.1.16}$$

反射系数在复平面上有分支点 $\pm k_{\mathrm{L}}$，$\pm k_{\mathrm{T}}$，$\pm k$ 和极点 $\pm K_{\mathrm{R}}$，$\pm K_{\mathrm{S}}$，按所设的声场形式只能取第一象限中的奇点。这里用脚标 R 表示泄漏 Rayleigh 波，脚标 S 表示

Stoneley 波，K_{R} 是 Rayleigh 波极点，K_{S} 是 Stoneley 波极点。通过数值方法求根得到水与几种金属界面的极点值，见表 5.1，各种材料参数取自表 4.1。

表 5.1　水与几种金属平面界面的极点值

固体材料	自由空间 R 极点K_{R_0}/k	水–固界面 Rayleigh 极点		Stoneley 极点K_{S}/k
		K'_{R}/k	K''_{R}/k	
钢	0.5146	0.5142	0.0055	1.0003
黄铜	0.8136	0.8114	0.0157	1.0035
铝	0.5211	0.5187	0.0152	1.0024

先来讨论 Rayleigh 极点 K_{R}。因为流–固界面的密度比 ρ'_0 是小量，K_{R} 是自由表面解 K_{R_0} 的一个小的修正。修正量主要是增加了一个小的虚部。令 $K_{\mathrm{R}} = K'_{\mathrm{R}} + \mathrm{i}K''_{\mathrm{R}}$，由表 5.1 可知，对于水和金属表面，总有 $K'_{\mathrm{R}} \approx K_{\mathrm{R}_0}$ 且 $K''_{\mathrm{R}} \ll K'_{\mathrm{R}}$。因此固体表面的表面波传播特性与自由空间情况很接近，但是增加了一个小的衰减因子 $\exp(-K''_{\mathrm{R}}x)$。表面波一边传播一边衰减。与此同时，流体介质中也存在波，它是由固体表面波泄漏到流体中的那部分能量维持的。正因为有能量泄漏，固体中表面波在传播过程中衰减。值得指出的是，流体中的泄漏波沿界面法向离开时幅值增加。因为流体中的波沿界面法向具有形式 $\exp(\mathrm{i}\kappa z)$，而

$$\kappa = \sqrt{k^2 - K_{\mathrm{R}}^2} \approx \sqrt{k^2 - K'^2_{\mathrm{R}} + K''^2_{\mathrm{R}}} - \mathrm{i}\frac{K'_{\mathrm{R}}K''_{\mathrm{R}}}{\sqrt{k^2 - K'^2_{\mathrm{R}} + K''^2_{\mathrm{R}}}}$$

所以指数上含有一个小的正因子，使得流体中波的幅值随着 z 的增加而增加。图 5.1.2(a) 是流–固界面两边 Rayleigh 波波幅和波矢量的示意图，Rayleigh 波的能量主要在固体中。由于波矢量向右倾斜，离开界面越远的那些点上，波场取决于界面越靠近左边 (x 越小) 那些部分的辐射，而左边各点上的波振幅大于右边各点上的振幅，因此造成波幅随 z 的增加而增加，见文献 [4]§7。

与自由表面只有 Rayleigh 极点的情况不同，流–固界面还多一个 Stoneley 极点。泄漏 Rayleigh 波是自由表面 Rayleigh 波的对应物，Stoneley 波在自由表面没有对应物。Stoneley 极点是一个略大于流体中波数 k 的实数极点 $K_{\mathrm{S}} > k$，所以波的相速度略小于流体中声速。如果设 $K_{\mathrm{S}} = k + \delta_{\mathrm{S}}$，有 $\delta_{\mathrm{S}} \ll k$。Stoneley 极点对应的 $\varPhi$, $\varPsi$ 当 $z \to -\infty$ 时也都是指数衰减的波。而流体中的 Stoneley 波因为 $\kappa = \mathrm{i}\sqrt{K_{\mathrm{S}}^2 - k^2} \approx \mathrm{i}\sqrt{2k\delta_{\mathrm{S}}}$，所以其幅值随着 $z \to \infty$ 非常缓慢地下降。Stoneley 波的能量主要在流体中，是自由表面所没有的波。图 5.1.2(b) 是流–固界面两边 Stoneley 波波幅和波矢量的示意图。

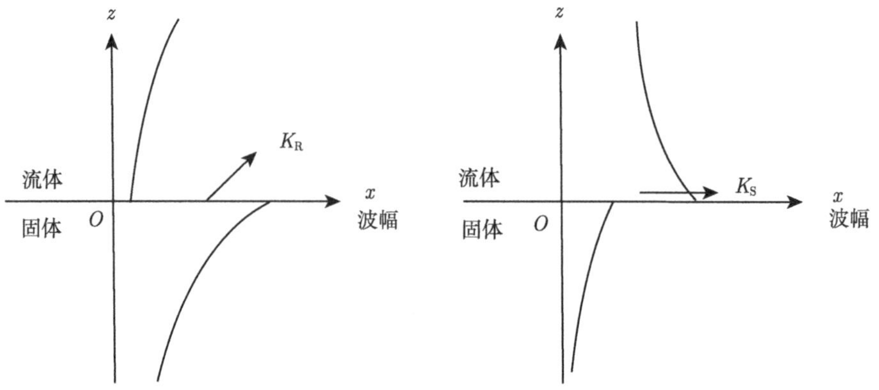

(a)Rayleigh波，主要能量在固体中　　(b)Stoneley波，主要能量在流体中

图 5.1.2　界面附近 Rayleigh 和 Stoneley 波波幅和波矢量示意图 [1]

上面从反射和折射系数的极点引出流–固界面上的表面波，其结果与从辐射问题引出是一样的，因为两类问题有相同的极点。至于表面波的激发程度，也就是表面波的具体强度要取决于激发方式。例如，这里讨论的反射问题，只有当入射角接近 Rayleigh 波临界角 $\theta_{\rm R} = \arcsin{(c/c_{\rm R})}$ 时才能有效激发 Rayleigh 波，当入射角接近 90° 时才能有效激发 Stoneley 波。

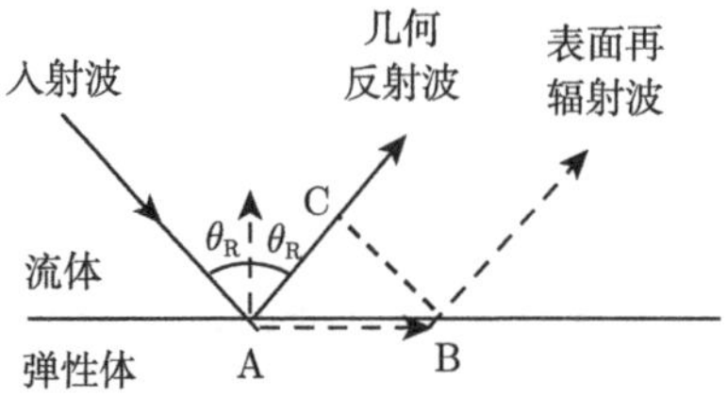

图 5.1.3　入射波与表面再辐射波同步

最后我们指出，入射声波激发表面波时 Snell 定理要求流体中的声波和弹性体中的表面波满足波矢量沿界面分量相等的条件，$k\sin\theta_{\rm R} = K_{\rm R}$，称为波矢量一致条件。这个条件决定了表面波的再辐射波与入射声波在传播时间上的同步性。例如，图 5.1.3 中以临界角 $\theta_{\rm R}$ 入射的声波在界面上 A 点产生几何反射波，同时在弹性体激发起表面 Rayleigh 波，它沿表面传播到 B 点并向流体再辐射波。由于波矢量一致条件 $c_{\rm R} = c/\sin\theta_{\rm R}$，几何反射波从 A 点传播到 C 点的时间与表面波从 A 点传播到 B 点的时间相等，因为 $\overline{\rm AC}=\overline{\rm AB}\sin\theta_{\rm R}$，所以 $\overline{\rm AC}/c=\overline{\rm AB}/c_{\rm R}$。这样，几何反射波和表面再辐射波总是保持同步，它们的波阵面也是重合的。

5.2　有流体负荷弹性平板的波

在散射问题中，当弹性散射体的曲率很大 ($ka \gg 1$, a 是曲率半径) 时，如果散射体是实心体或厚壳体，其特性近似于流–固界面情况，若散射体是薄壳，其特性近似于弹性平板。本节在流–固界面情况的基础上进一步考虑有流体负荷平板的情况。这里讨论的平板对厚度没有限制，要考虑波在两个界面的多次反射。一般不再能形成 Rayleigh 表面波，而是变成其他类型的表面波。此时在流体介质中的波也发生相应的变化。

考虑平面波从无限大弹性平板的反射和透射问题。设板厚为 $h, h = 2b$。Osborne 和 Hart 首先研究了两面有同一种流体负荷的情况 [5]。板面与 xOy 平面平行，垂直方向为 z 轴，如图 5.2.1 所示。板的材料特性参数用 ρ_{e}, λ_{e}, μ_{e} 表示。考虑二维问题，波运动与平行于板面的 y 轴无关。板的上面存在入射和反射声压，下面只有透射声压。与平面流–固问题相似，因为 y 方向位移 $u_y = 0$，平板中的场仍可以用两个标量势 Φ, Ψ 描述。同时位移和应力表示式同 (5.1.2) 式。整个空间中的场可以设定为

$$\begin{cases} p_1 = \mathrm{e}^{\mathrm{i}(Kx-\kappa z)} + V\mathrm{e}^{\mathrm{i}(Kx+\kappa z)}, & z > b \\ \left\{\begin{array}{l} \Phi = (A\cos\kappa_{\mathrm{L}}z + B\sin\kappa_{\mathrm{L}}z)\,\mathrm{e}^{\mathrm{i}Kx} \\ \Psi = (C\cos\kappa_{\mathrm{T}}z + D\sin\kappa_{\mathrm{T}}z)\,\mathrm{e}^{\mathrm{i}Kx} \end{array}\right., & b \geqslant z \geqslant -b \\ p_2 = T\mathrm{e}^{\mathrm{i}(Kx-\kappa z)}, & z < -b \end{cases} \tag{5.2.1}$$

其中，$K, \kappa, \kappa_{\mathrm{L}}, \kappa_{\mathrm{T}}$ 与波数 $k, k_{\mathrm{L}}, k_{\mathrm{T}}$ 的关系和 5.1 节相同。这里在 $z < -b$ 空间有透射波，已假设两边是同一种流体，所以透射波的传播波数与入射波的相同。

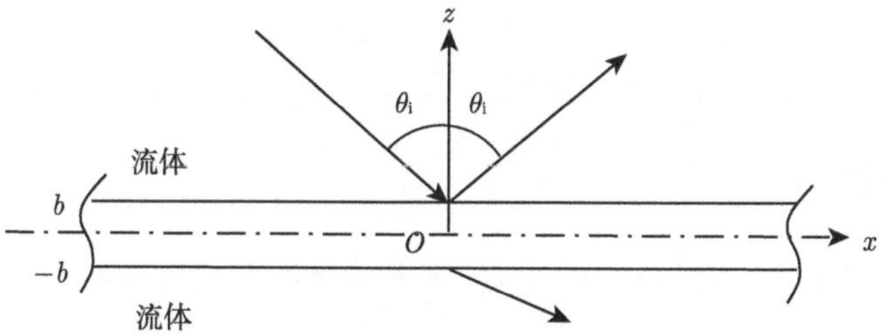

图 5.2.1 平面波从弹性平板反射和透射

相应的边界条件是

$$\begin{cases} \text{法向位移连续} & \begin{cases} \rho_0\omega^2 u_z = \partial p_1/\partial z, & z = b \\ \rho_0\omega^2 u_z = \partial p_2/\partial z, & z = -b \end{cases} \\ \text{法向应力连续} & \begin{cases} \tau_{zz} = -p_1, & z = b \\ \tau_{zz} = -p_2, & z = -b \end{cases} \\ \text{切向应力消失} & \begin{cases} \tau_{zx} = 0, & z = b \\ \tau_{zx} = 0, & z = -b \end{cases} \end{cases} \tag{5.2.2}$$

由六个边界条件可以得到确定六个系数 V, A, B, C, D, T 的方程组，从而能够解出反射系数和透射系数等。有关反射和透射系数的详细讨论见文献 [5]，这里重点讨论平板中存在的固有波。由边界条件确定的方程组有解条件是系数行列式等于 0，由此导出有流体负荷平板的特征方程

$$\begin{vmatrix} \mathrm{i}\kappa \mathrm{e}^{-\mathrm{i}\kappa b} & -\kappa_{\mathrm{L}}\sin\kappa_{\mathrm{L}}b & -K\sin\kappa_{\mathrm{T}}b & 0 & 0 & 0 \\ \rho_0' k_{\mathrm{T}}^2 \mathrm{e}^{-\mathrm{i}\kappa b} & (K^2-\kappa_{\mathrm{T}}^2)\cos\kappa_{\mathrm{L}}b & -2K\kappa_{\mathrm{T}}\cos\kappa_{\mathrm{T}}b & 0 & 0 & 0 \\ 0 & \mathrm{i}2K\kappa_{\mathrm{L}}\sin\kappa_{\mathrm{L}}b & \mathrm{i}(K^2-\kappa_{\mathrm{T}}^2)\sin\kappa_{\mathrm{T}}b & 0 & 0 & 0 \\ 0 & 0 & 0 & \mathrm{i}\kappa \mathrm{e}^{-\mathrm{i}\kappa b} & \mathrm{i}\kappa_{\mathrm{L}}\cos\kappa_{\mathrm{L}}b & \mathrm{i}K\cos\kappa_{\mathrm{T}}b \\ 0 & 0 & 0 & \rho_0' k_{\mathrm{T}}^2 \mathrm{e}^{-\mathrm{i}\kappa b} & \mathrm{i}(K^2-\kappa_{\mathrm{T}}^2)\sin\kappa_{\mathrm{T}}b & -2\mathrm{i}K\kappa_{\mathrm{T}}\sin\kappa_{\mathrm{T}}b \\ 0 & 0 & 0 & 0 & 2K\kappa_{\mathrm{L}}\cos\kappa_{\mathrm{L}}b & (K^2-\kappa_{\mathrm{T}}^2)\cos\kappa_{\mathrm{T}}b \end{vmatrix} = 0 \tag{5.2.3}$$

它可以分解成两个独立的方程：

对称振动方程

$$\left(K^2-\kappa_{\mathrm{T}}^2\right)^2 \operatorname{arc}\tan\kappa_{\mathrm{L}}b + 4K^2\kappa_{\mathrm{L}}\kappa_{\mathrm{T}}\operatorname{arc}\tan\kappa_{\mathrm{T}}b = -\mathrm{i}\kappa_{\mathrm{L}}\rho_0' k_{\mathrm{T}}^4/\kappa \tag{5.2.4a}$$

反对称振动方程

$$\left(K^2-\kappa_{\mathrm{T}}^2\right)^2 \tan\kappa_{\mathrm{L}}b + 4K^2\kappa_{\mathrm{L}}\kappa_{\mathrm{T}}\tan\kappa_{\mathrm{T}}b = \mathrm{i}\kappa_{\mathrm{L}}\rho_0' k_{\mathrm{T}}^4/\kappa \tag{5.2.4b}$$

它们是特征波数 K 满足的方程，其中 $\kappa, \kappa_{\mathrm{L}}, \kappa_{\mathrm{T}}$ 都含有 K：对于给定的频率 ω(或无因次频率 fh)，由方程解出相应的波数 K。因为特征波数 K 与频率有关，对应的相速度也与频率有关。习惯上用相速度随频率变化的曲线 $c_{\mathrm{ph}} = \omega/K \sim fh$ 描述波的特性，此曲线称为相速度频散曲线，简称频散曲线。

令这两个方程的右边等于 $0(\rho_0' = \rho_0/\rho_{\mathrm{e}} \to 0)$ 就得到真空中平板振动的著名 Rayleigh-Lamb 方程

$$\frac{\tan\kappa_{\mathrm{T}}b}{\tan\kappa_{\mathrm{L}}b} = -\frac{4\kappa_{\mathrm{L}}\kappa_{\mathrm{T}}K^2}{\left(K^2-\kappa_{\mathrm{T}}^2\right)^2},\quad \text{对称振动特征方程} \tag{5.2.5a}$$

$$\frac{\tan\kappa_{\mathrm{T}}b}{\tan\kappa_{\mathrm{L}}b} = -\frac{\left(K^2-\kappa_{\mathrm{T}}^2\right)^2}{4\kappa_{\mathrm{L}}\kappa_{\mathrm{T}}K^2},\quad \text{反对称振动特征方程} \tag{5.2.5b}$$

先看真空中可能存在的波，这时弹性板中有两组波，一组是对称模式 $s_0, s_1, s_2, \cdots$，另一组是反对称模式 $a_0, a_1, a_2, \cdots$。这些波统称为 Lamb 波，其相速度频散曲线在许多书和文献中给出。图 5.2.2 是我们计算的真空中钢板 Lamb 波的频散曲线。横坐标取频率–厚度乘积 fh(MHz·mm)。两个最低阶模式 s_0 和 a_0 可以从低频一直存在到高频，也就是没有频率截止现象。当 $fh \to \infty$ 时，s_0 和 a_0 模式的相速度都趋于半空间的 Rayleigh 波速度 $c_{\rm R}$，其值略小于切变波速度 $c_{\rm T}$。而所有高阶波都存在截止，在截止点相速度趋于无限大。波只有在截止点以上才能传播。当 $fh \to \infty$ 时，所有高阶波的相速度先围绕 $c_{\rm L}$ 徘徊后下降并最终趋于 $c_{\rm T}$。

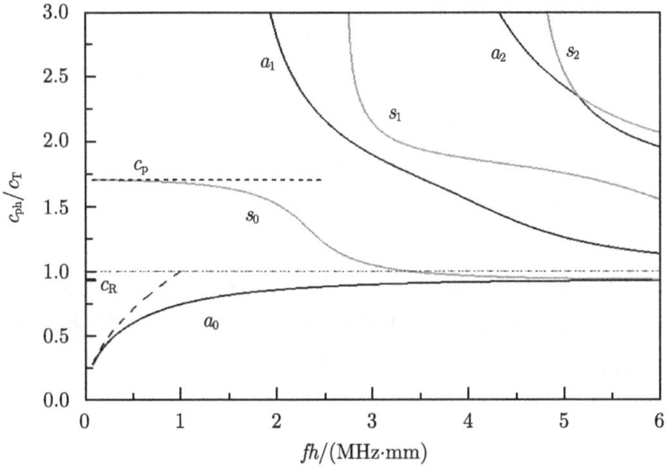

图 5.2.2 真空中钢板 Lamb 波相速度频散曲线

– – – – 薄板弯曲波理论, ------薄板纵波理论

当板的一面或两面有流体负荷时，原先在真空条件下的所有根都能找到对应的根。但是，原来的实根 $K_l^0 (l = a_0, a_1, \cdots$ 和 $s_0, s_1, \cdots)$ 现在都变成复根 $K_l + {\rm i}\beta_l$，同时虚部 $\beta_l \ll K_l$。这时板内波的形式为 $\exp({\rm i}K_l x - \beta_l x)$，其传播的相速度与真空情况十分接近，但增加了衰减，这里的衰减以距离计，不同于 (4.3.21) 式以角度计。衰减的根源是板波的一部分能量泄漏到流体中产生声辐射。此外，在流体负荷作用下新增了主要存在于流体中的波型。根据一系列研究结果 [5−9] 归纳出金属板两面或一面有水时两个最低阶波相速度频散曲线示意图 5.2.3。因为没有规定材料参数，所以没有标出具体数值。

当板的两面有水时，最低阶反对称波 a_0 发生分裂，真空中的 a_0 波分裂成 a_{0+} 和 a_{0-} 两个波，如图 5.2.3(a) 所示。a_{0+} 波是从真空中的 a_0 波演变过来的，它的特性与真空中的 a_0 波相似，相速度在水中声速 c 上面趋于 Rayleigh 波速度 $c_{\rm R}$，a_{0-}

波是新增的波，相速度从下面趋于水中声速 c。在吻合 (临界) 值 $c_{\mathrm{ph}} \approx c$ 附近，两者接近并相互排斥然后分离。研究指出，在排斥区域波改变性质。物理上，在临界值以上，a_{0+} 波是板中 (plate-borne) 波，a_{0-} 波是水中 (water-borne) 波，而在临界值以下，波的性质正好相反 [7]。另一方面，真空中的最低阶对称波 s_0 也变成两个波，一个是原来的 s_0 波几乎不变，另一个是附加的对称 s 波。对称 s 波实际上在整个区域都等于水中声速 c，是没有频散的。两面有水后共有 4 种波，新增加的 a_{0-} 和 s 波称为 Scholte-Stoneley 波，当 $fh \to \infty$ 时它们的相速度都趋于水中声速 c。a_{0-} 波的波数是实数并略大于水中波数 k，所以速度略小于水中声速，其能量主要保持在水中不向外辐射。

当板一面有水另一面真空时，真空中的 a_0 波仍分裂成 a_{0+} 和 a_{0-} 两个波，且它们与双面有水的情况只有很小的差别。但是一面有水时对称性被破坏，对称 s 波不再存在，这时只有 3 种波，如图 5.2.3(b) 所示。Scholte-Stoneley 波首先是在地球物理学中命名的，现在这个名字经常用在被入射声波激发的水中弹性目标的散射波分析上。在有些文献中波用大写字母命名，s_0 波称为 S_0 波，a_{0+} 波称为 A_0 波，而 a_{0-} 波称为 A 波 [2,6]。总之，水负荷引起平板界面上的波运动机理发生重大变化，主要是①板中传播的各种波都在水中产生泄漏，即有一部分能量耦合到水中产生声辐射，各种模式波的耦合效率是不同的；②在水中产生新的波型，即真空中的板所没有的 Scholte-Stoneley 波。

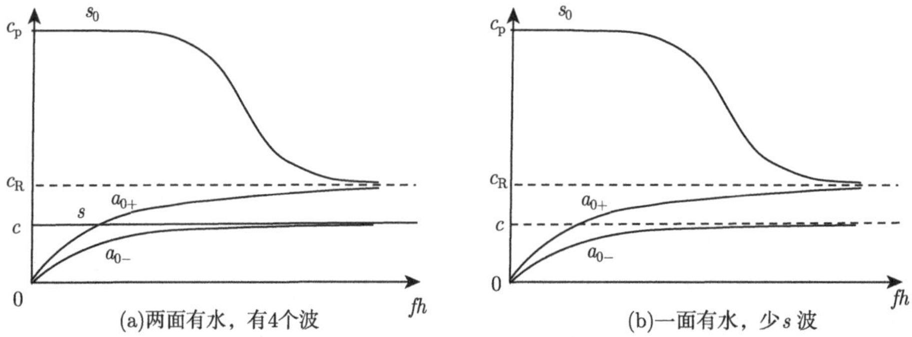

图 5.2.3　两面或一面有水时金属板各种波相速度频散曲线示意图

值得指出的是，平板表面波运动的知识可以用来分析圆柱壳当 ka 较大时的回波结构，因为这时圆柱壳中的波趋于平板的情况。图 5.2.4 是中空圆柱壳窄脉冲回波响应的实验结果 [6]，壳体材料为硬铝，外径 $a = 8.25\mathrm{mm}$，内外径之比 $b/a = 0.96$，壁厚 0.33mm，中心频率 1MHz, $ka \approx 35$。为了分析图 5.2.4 的回波结构，图 5.2.5 画出硬铝板在真空和水中存在的各种波的频散曲线，横坐标同时标出 ka 值。此图用大写字母命名各种波，图中未画出 S_0 波，因为它的波速较高。虚线表示真空中自由板的最低阶弯曲波的频散曲线。一面有水时这条曲线分裂成标为 $A_0(a_{0+})$ 和 $A(a_{0-})$ 的两条实线相速度曲线。图中也画出了 A 波的群速度曲线 (实线)。设脉冲的中心频率是 ω，根据定义，群速度 [4]

$$c_{\mathrm{g}}=\left(\frac{\mathrm{d}K}{\mathrm{d}\omega}\right)^{-1}=\left[\frac{\mathrm{d}}{\mathrm{d}\,(fh)}\left(\frac{fh}{c_{\mathrm{ph}}}\right)\right]^{-1} \tag{5.2.6}$$

如果波有频散，即 c_{ph} 随频率或 fh 变化，群速度 c_{g} 不等于相速度 c_{ph}。对于两面有水的情况，A 波的频散曲线用点虚线表示，它与单面有水的情况稍微不同。这时出现第二个水中 Scholte-Stoneley 波——对称 S 波，用点虚线表示，它实际上在整个区域都等于水中声速 c，没有频散。

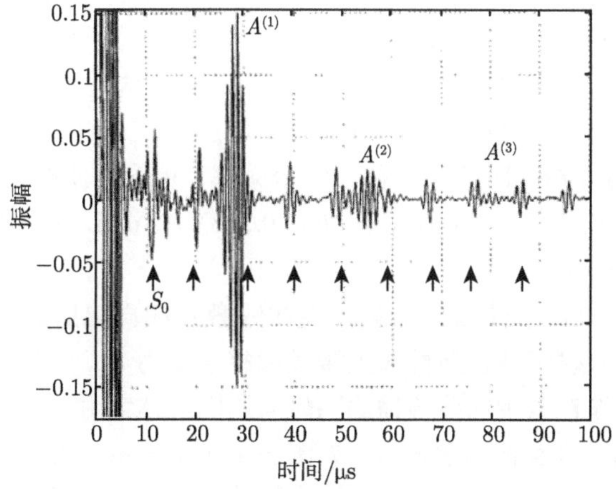

图 5.2.4 中空圆柱壳窄脉冲回波 [6]

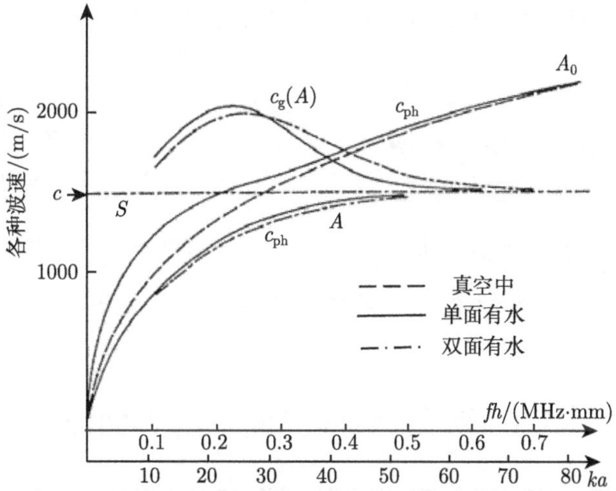

图 5.2.5 硬铝板各种波的频散曲线 [6]

图 5.2.4 的第一个脉冲是镜反射脉冲，后面的脉冲序列可以用图 5.2.5 的相速度频散曲线分析。箭头所指的一串传播速度较快的脉冲是 S_0 波，另外标以 $A^{(1)}$，$A^{(2)}$，$\cdots$ 的传播速度较慢的脉冲是第 1、2、$\cdots$ 次循环的 A 波。波的速度按图 5.2.5 中的群速度计算。这里没有考虑 A_0 波的作用，因为 A_0 波的贡献要在 $ka \approx 100$ 以上才变得重要。由这个例子可见，了解表面波的类别和波的传播特性是进行回波分析的基础。

根据流–固界面耦合理论，弹性波相速度决定波能否有效地向周围流体介质辐射声。以上面的二维问题为例，流体中 z 方向的传播因子是 $\sqrt{\omega^2/c^2 - K^2}$，$K = \omega/c_{\mathrm{ph}}$。若弹性波的相速度 c_{ph} 超过流体中的声速 c，即超音速相速度，传播因子是实数，表示流体中可以存在正常传播的波。如平板中的 s_0 模式在任何频率上都能够辐射。若相速度小于声速，即亚音速相速度，传播因子是虚数导致流体中的波沿 z 方向指数衰减，称为渐消波 (evanescence wave)。这是只能存在于表面附近的近场波，如低频段的 a_{0+} 波。随着频率或 fh 增加，a_{0+} 波的相速度逐渐接近并超过流体中声速。两者相等时的频率称为吻合频率。单面有水时钢板的吻合频率是 $fh \approx 0.264\mathrm{MHz{\cdot}mm}$，铝板吻合频率是 $fh \approx 0.238\mathrm{MHz{\cdot}mm}$。大于吻合频率，$a_{0+}$ 波就变成能有效辐射的波。

图 5.2.6 从几何声学的概念示意弹性波的激发和再辐射。当入射角 θ_{i} 满足 $\sin\theta_{\mathrm{i}} = c/c_{\mathrm{ph}}$ 时，入射声波在弹性板上激发起相速度为 c_{ph} 的弹性表面波，这时 θ_{i} 称为临界角。这个波在板中向前传播的同时向周围流体辐射声波，出射角等于入射角。对于无限大板，只有前向散射波，如图 5.2.6(a) 所示。当板在端面截断时，表面波从端面反射形成反向表面波，这种波产生的反向散射波可以回到入射方向，如图 5.2.6(b) 所示。从几何声学的概念，也只有当 $c_{\mathrm{ph}} > c$，$\theta_{\mathrm{i}} < 90^\circ$ 时才能激发表面弹性波并伴随有再辐射。当 $c_{\mathrm{ph}} < c$ 时，θ_{i} 没有几何意义，不能激发这类波。

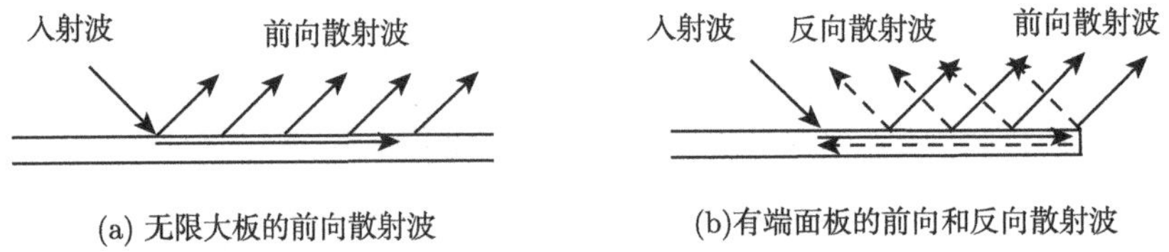

图 5.2.6 板中弹性波激发和再辐射示意图

5.3 弯曲流–固界面上的表面波

当散射体表面从平面变为弯曲面时，流体和固体两种介质中的波会有什么变化？曲率对于波的性能和类型有什么影响？这是感兴趣的问题，因为实际散射体大多是具有弯曲表面的有限尺寸物体。本节从平面波垂直入射到无限长实弹性圆柱的声散射入手讨论弯曲流–固界面可能存在的波。这是一个二维问题，所以比较简单。图 5.3.1 是平面波垂直入射到无限长弹性圆柱的示意图。从射线观点看，入射声线相对于表面的入射角覆盖 0° ~ 90° 所有角度，因此可能激发起各种类型的波。

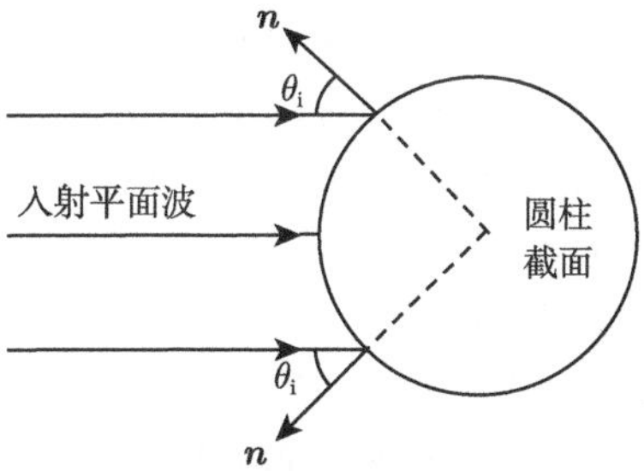

图 5.3.1 平面波以各种角度入射到圆柱

第 4 章已经得到平面波垂直入射到无限长弹性圆柱散射场的简正级数解和环绕波解，散射函数在波数域 ν 的极点方程是

$$D_\nu = \begin{vmatrix} \rho_0' x_{\mathrm{T}}^2 \mathrm{H}_\nu^{(1)}(x) & d_{12}(\nu) & d_{13}(\nu) \\ -x\mathrm{H}_\nu^{(1)\prime}(x) & d_{22}(\nu) & d_{23}(\nu) \\ 0 & d_{32}(\nu) & d_{33}(\nu) \end{vmatrix} = 0 \tag{5.3.1}$$

这是将原来简正级数解 D_n 中的 n 换成 ν 得到的，因为环绕波分析的 SWT 要作这种置换。Frisk 等于 1975 年用解析方法详细分析了方程 (5.3.1) 在大 ka 时的极点 [10]。利用圆柱函数的 Debye 和 Airy 类型渐近展开式解极点方程得到 Rayleigh 型极点 ν_{R}，Franz 型极点 $\nu_{\mathrm{F}_i}\ (i=1,2,\cdots)$ 和 Stoneley 型极点 ν_{S}，此外还有 Whispering-Gallery(W-G) 极点 $\nu_{\mathrm{W}_l}\ (l=1,2,\cdots)$，下面依次作一简述。

(1) Rayleigh 型极点 ν_{R}，是平面流–固界面上 Rayleigh 极点的对应物，相应的表面波是弯曲表面 Rayleigh 波。当 $ka\to\infty$ 时，ν_{R} 趋于平面界面的常数值。随着 ka 减小，极点的实部减小、虚部增大。例如，对于水中铝圆柱，$ka\to\infty$ 时 $\nu_{\mathrm{R}}/k = 0.522 + \mathrm{i}0.0155$，$ka = 100$ 时 $\nu_{\mathrm{R}}/k \approx 0.502 + \mathrm{i}0.0191$，$ka = 50$ 时 $\nu_{\mathrm{R}}/k \approx 0.483 + \mathrm{i}0.02275$。说明随着弯曲程度增加，传播相速度增大，泄漏的能量或辐射效率增大。由此可见，弯曲表面 Rayleigh 波并非表面弯曲产生的新波型，但表面弯曲对它的性能有影响。

(2) Stoneley 型极点 ν_{S}，是平面流–固界面上 Stoneley 极点的对应物。在平面流–固界面上 ν_{S} 是实数，在弯曲界面上 ν_{S} 是复数，但是虚部非常小。对于水中铝圆柱，$ka\to\infty$ 时 $\nu_{\mathrm{S}}/k = 1.0025$，$ka = 100$ 时 $\nu_{\mathrm{S}}/k \approx 1.070 + \mathrm{i}0.0097$，$ka = 50$ 时 $\nu_{\mathrm{S}}/k \approx 1.14 + \mathrm{i}0.0098$。物理上，在弯曲表面 Stoneley 波沿切向辐射能量到周围流体，所以极点有虚部，而在平面表面它不辐射能量，极点是实数。

(3) Franz 型极点 ν_{F_i}，是流体中刚性圆柱 Franz 极点的对应物，在平面流–固界面上没有对应物。所以 Franz 型极点和对应的 Franz 型波是表面弯曲在流体中产生的新模式。当圆柱从刚性体变成弹性体时，Franz 型极点的位置变化很小。因

此刚性圆柱的 Franz 极点值可以作为金属弹性圆柱 Franz 型极点的近似值。刚性圆柱 Franz 极点分布在复平面第一象限上从 $x = ka$ 出发向右上方向伸展的一条斜直线上，总有 $|\nu_{F_i}| > ka$，且阶次越高实部和虚部都越大。因此对应的 Franz 型波衰减都较大，只有 ka 小且阶次低的 Franz 型波才可能对散射场有贡献，一般从实验中很难测量到。当 $ka \to \infty$ 时，所有各阶 Franz 型极点都趋于平面界面的 Stoneley 极点。物理上可以认为，当 $ka \to \infty$ 时弯曲表面上所有 Franz 型波加上 Stoneley 型波组合形成平面界面上的 Stoneley 波。

(4) Whispering-Gallery 极点 $\nu_{W_l}\,(l = 1, 2, \cdots)$，在平面流–固界面上没有对应物，是表面弯曲在圆柱体中产生的新模式。它们所对应的波称为 W-G 波，中文叫回音壁式或耳语廊式波 [1,4,11]，但是这种传播模式不取决于圆柱体是否是弹性介质。例如，当弹性圆柱变成流体圆柱时，Rayleigh 型波消失，而 W-G 波还存在。再如，流体圆柱被刚硬壁包围时也存在 W-G 波，而且这正是回音壁或回音廊最初发现的情况，如我国天坛的回音壁、伦敦圣保罗大教堂的穹窿等。

文献 [1] 用刚硬壁包围流体圆柱的简单情况分析 W-G 波的基本特性。这时在壁面附近流体中可形成表面波，声波有增强效应。由液态圆柱的解 (2.2.26) 式取边界条件 $\partial\phi/\partial r|_{r=a} = 0$ 立即得到刚硬壁包围的流体圆柱中简正级数解。由此导出波数域特征方程

$$xJ'_\nu(x)/J_\nu(x) = 0 \tag{5.3.2}$$

其中，$x = ka = \omega a/c$，c 是圆柱内流体声速。利用圆柱函数的 Debye 或 Airy 类渐近展开式得到 $x \gg 1$，$\nu \gg 1$ 时的解

$$\nu_l = x + (x/2)^{1/3}\xi_l, \quad l = 1, 2, \cdots \tag{5.3.3}$$

其中的本征值 ξ_l 由下面的特征方程确定：

$$(4/3)(-\xi_l)^{3/2} - \pi/2 = 2\pi l \tag{5.3.4}$$

这个方程的解可以简单表示为 $\xi_l = -[1.5\pi(l + 1/4)]^{2/3}$。传播常数 $\nu_{W_l} < x$，对应环绕波的相速度大于流体中声速。这种模式可以解释为 W-G 波。图 5.3.2(a) 是这类波的几何图像：波沿表面附近的弦传播，在表面上按几何声学定律反射。引入声线的本征角 θ_l 满足

$$\cos\theta_l = (2/x)^{1/3}(-\xi_l)^{1/2} = [(3\pi/x)(l + 1/4)]^{1/3} \tag{5.3.5}$$

它就是声线相对于圆柱表面内法线 $\boldsymbol{n}$ 的入射和反射角。设声线上任意一点与壁面的径向距离是 b，对应角度是 γ_l。声线与表面的最大距离是 b_l。当 $b < b_l \ll a$ 时，从几何关系得到

$$\cos^2\theta_l \cong 2b_l/a, \quad \cos^2\gamma_l \cong \cos^2\theta_l - 2b/a$$

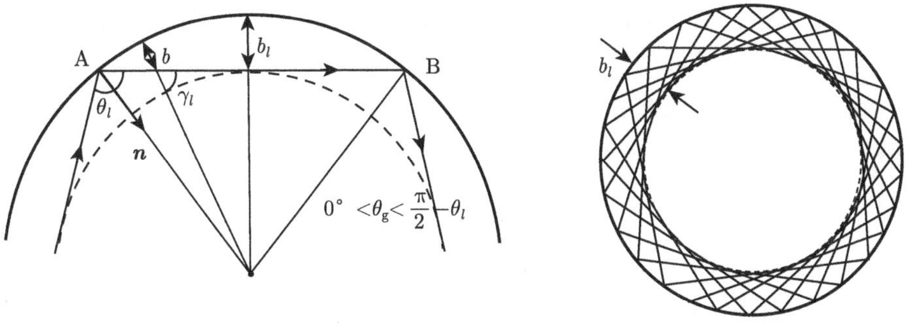

(a) 声线传播途径[1] (b) 多次反射和焦散面

图 5.3.2 刚硬壁包围的液体圆柱中 Whispering-Gallery 波几何图像

当声线从 A 点传播到 B 点时，b 从 0 增大到 b_l 再回到 0，γ_l 从 θ_l 增大到 $\pi/2$ 再回到 θ_l。如果把 $\cos\theta_l$ 看作折射率，声线相当于在沿折射率变化的介质中传播。相位积分给出

$$2k\int_0^{b_l}\cos\gamma_l\mathrm{d}b\approx 2k\sqrt{2/a}\int_0^{b_l}\sqrt{b_l-b}\mathrm{d}b=2\pi\left(l+1/4\right)$$

得到特征方程的另一种形式

$$2k\int_0^{b_l}\cos\gamma_l\mathrm{d}b-\pi/2=2\pi l \tag{5.3.6}$$

其中，$-\pi/2$ 是声线与焦散线接触时引入的附加相位。这样，特征方程表示声线相继两次反射之间的距离是波长的整数倍。声波在壁面附近沿这样的弦传播，经过多次反射后形成半径为 $a-b_l$ 的圆柱形焦散面，如图 5.3.2(b) 所示。在焦散面和壁面之间区域声波增强。因为 $x\gg 1$，前几阶模式的 $b_l/a\ll 1$，可以看作表面波。刚性壁面条件下的 W-G 波可以用近壁的声源激发。这就是当人站在回音壁附近说话时声音有增强现象的原因。

再来看弹性圆柱的情况，Dickey 等用解析方法专门研究了 W-G 极点 [11]。发现在 $x_{\rm L}<x_{\rm T}<x(k_{\rm L}<k_{\rm T}<k)$ 的通常情况下，W-G 极点可以分为两类：一类是纵波 W-G 极点，它们在 $ka\to\infty$ 时都趋于纵波侧面波分支点 $x_{\rm L}$；另外一类是横波 W-G 极点；它们在 $ka\to\infty$ 时都趋于横波侧面波分支点 $x_{\rm T}$。物理上表示在 $ka\to\infty$ 时所有纵波 W-G 波组合形成平面界面上的纵波侧面波，所有横波 W-G 波组合形成平面界面上的横波侧面波。由此可见，W-G 波是平面界面上的侧面波演变过来的，与 Rayleigh 型波有本质的区别。

图 5.3.3 是水中铝圆柱 $ka=100$ 时复 $\nu/(ka)$ 平面极点分布示意图 [12]。$\rm R_0$ 表示平面界面的 Rayleigh 极点，R 表示铝圆柱的 Rayleigh 极点；$\rm St_0$ 表示平面界面

的 Stoneley 极点，St 表示铝圆柱的 Stoneley 极点；$F_1, F_2, \cdots$ 表示铝圆柱的 Franz 极点；T_0 表示平面界面的横波侧面波分支点，$T_1, T_2, \cdots$ 表示铝圆柱的横波 W-G 极点；L_0 表示平面界面的纵波侧面波分支点，$L_1, L_2, \cdots$ 表示铝圆柱的纵波 W-G 极点。

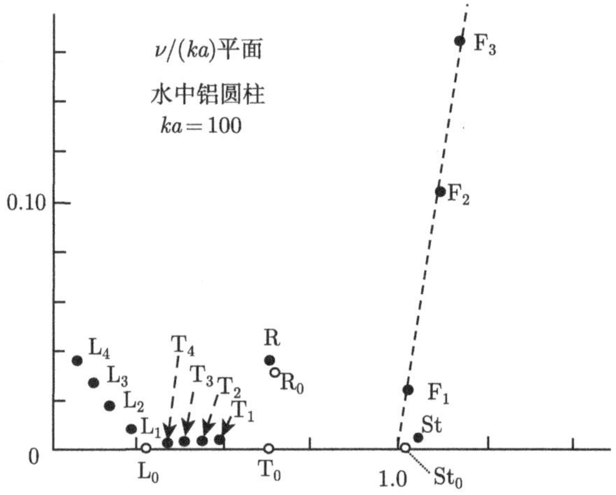

图 5.3.3 水中铝圆柱 $ka = 100$ 时极点分布示意图 [12]

将各种界面情况下的表面波简单归纳成表 5.2，可以看出从自由界面到流–固界面、从平面界面到弯曲界面的各种情况下表面波的演变规律。当弹性体是圆柱壳和球壳时，既有表面弯曲的作用又有壳体的作用。关于壳体上的表面波在 Überall 的综述 [2] 中有详细讨论。可以预计，当 $ka \to \infty$ 时壳体趋于平板的情况，所以表面弯曲的作用主要体现在 ka 小的区域。

表 5.2 各种界面情况下的表面波

<table>
<tr><th>界面</th><th colspan="2">自由表面</th><th colspan="2">流–固界面</th></tr>
<tr><td rowspan="2">平面界面</td><td rowspan="2">弹性波</td><td rowspan="2">Rayleigh 波</td><td>流体波</td><td>Stoneley 波</td></tr>
<tr><td>弹性波</td><td>泄漏 Rayleigh 波
两种侧面波</td></tr>
<tr><td rowspan="2">弯曲界面</td><td rowspan="2">弹性波</td><td rowspan="2">Rayleigh 波
Whispering-Gallery 波</td><td>流体波</td><td>Stoneley 型波
Franz 波</td></tr>
<tr><td>弹性波</td><td>泄漏 Rayleigh 波
Whispering-Gallery 波</td></tr>
</table>

为了分析水中弹性薄壳的声散射机理，包括瞬态回波成分和稳态共振特性，一些文献用复平面上数值求根的方法计算极点，讨论球壳和圆柱壳这些典型弯曲壳体的波。球壳或圆柱壳的特征方程形式上就是第 4 章中导出的 $D_\nu(ka) = 0$。解出复数根 $\nu_l = \nu_l^{\mathrm{R}} + \mathrm{i}\nu_l^I$，$l = 1, 2, \cdots$ 表示波的类别，按 (4.3.21) 式求出相速度

$(c_{\text{ph}})_l/c = ka/\nu_l^{\text{R}}$ 和辐射阻尼或衰减因子 $\beta_l = \nu_l^I$(Np/rad, 1Np=8.6859dB)。

图 5.3.4 是文献 [6] 计算的 $h = 0.02a$ 内部真空铝球壳的最低阶 s_0 和 a_0 波的频散曲线。图 5.3.4(a) 是对称 Lamb 波 s_0 的频散曲线，图 5.3.4 (b) 是反对称 a_0 波的频散曲线。两个图中的虚线是壳体在真空中的频散曲线。s_0 波的相速度超过水中声速，在整个低频区域都是高频散的，并且存在低频截止 (平板 s_0 波无截止)。对于 $h = 0.02a$ 的铝球壳，截止频率是 $ka \approx 1(h = 0.05a$ 的是 $ka \approx 4)$。而在 $ka = 10$ 以上，s_0 波基本上没有频散。当 $ka \to \infty$ 以至于 $kh \to \infty$ 时，s_0 波的相速度趋于无限大平面界面上的 Rayleigh 波速度 c_{R}。除低频区域外，a_0 波频散曲线与单面有水的平板的频散曲线相似，真空中的 a_0 曲线在水中分裂成两条曲线 a_{0+} 和 a_{0-}，这是在相速度从亚音速过渡到超音速的吻合频率区域内发生的分裂。因此，薄球壳的波在 ka 大于某个值以上与平板相似，而在低频段有很大不同。a_{0-} 波最显著的作用是在吻合频率附近引起形态函数的凸起，称为中频吻合共振。图 4.2.3 已给出圆柱壳的中频吻合共振。相对厚度 2.3%的中空不锈钢球壳的吻合共振如图 5.3.5 所示 [14]，中频增强范围是 $35 < ka < 70$。

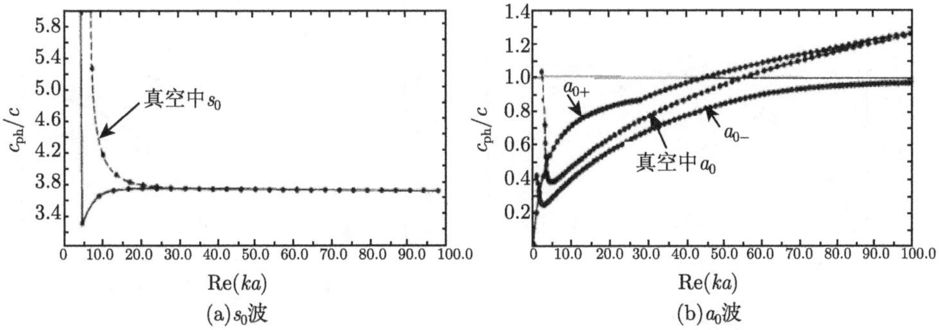

图 5.3.4　$h = 0.02a$ 内部真空铝球壳的最低阶 s_0 和 a_0 波的频散曲线 [6]

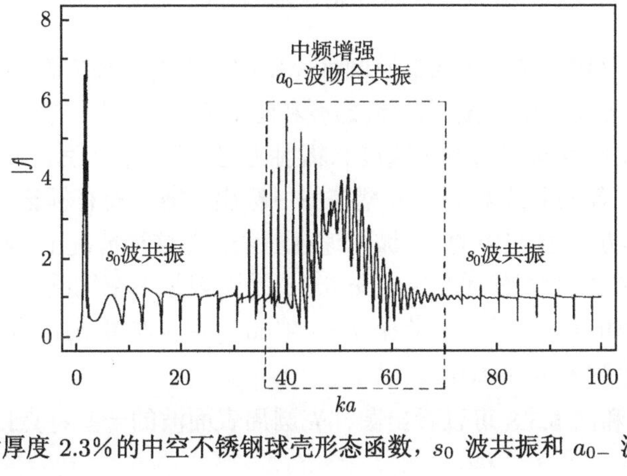

图 5.3.5　相对厚度 2.3%的中空不锈钢球壳形态函数，s_0 波共振和 a_{0-} 波吻合共振 [14]

为了解释这个现象，Marston 等 [14] 从严格弹性理论的复波数方程 $D_\nu(ka)=0$ 求出归一化相速度 $(c_{\text{ph}})_l/c$ 和辐射阻尼 β_l，如图 5.3.6 所示。辐射阻尼直接反映波的辐射效率或衰减率，辐射阻尼太大和太小对远场贡献都不大，因为辐射阻尼太大波的衰减过快，而辐射阻尼太小辐射效率又太低。对于相对厚度 2.3% 的不锈钢球壳，a_{0+} 波相速度在 $ka\approx 38.1$ 时从亚音速变成超音速，a_{0-} 波总是亚音速的并渐近趋于 c。作为比较也画出同样厚度板在真空中的相速度频散曲线。辐射阻尼 β_l 对 a_{0+} 波是从大变到小，对 a_{0-} 波从小变到大，转折点也是吻合频率 $ka\approx 38.1$。超过吻合频率后 a_{0-} 波辐射阻尼增加，产生中频吻合共振。图 5.3.6 的计算结果正好解释了图 5.3.5 中吻合共振出现的位置。由于吻合频率与壳厚有关，吻合共振出现的位置也与壳厚有关。对于 $h/a\ll 1$ 的钢球壳，归一化吻合频率近似为 $(ka)(h/a)\approx 1$。按此估计，2.3% 钢球壳的吻合共振应出现在 $ka\approx 43$，而 1% 壳体的吻合共振将出现在 $ka\geqslant 90$ 以上。此外，s_0 波的辐射阻尼始终比较小，所以辐射比较弱。

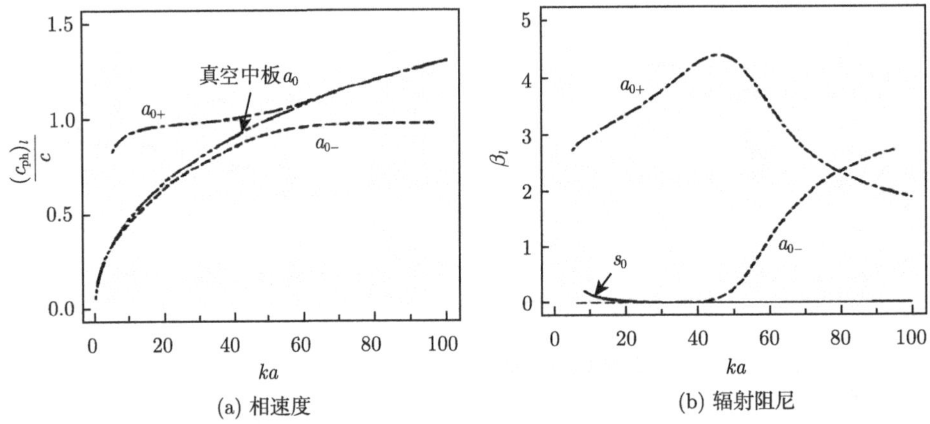

图 5.3.6 厚度 2.3% 中空钢球壳表面波相速度和阻尼 [14]

Marston 等又研究了垂直入射时圆柱壳反向散射的中频增强现象，在一系列文章中计算了圆柱壳表面波相速度频散曲线和辐射阻尼 [15−17]。图 5.3.7 是无限长中空钢圆柱厚壳圆周方向表面波相速度和辐射阻尼 [17]，外半径 a =2.10cm，相对厚度 h/a =0.163。各条曲线对应的波型在图中标出，唯一没有标记的由小点连接的曲线是同样厚度板在真空中的 a_0 波相速度曲线。在这种情况下，归一化相速度等于 1 所定义的吻合频率是 193kHz。图 5.3.8 是无限长中空钢圆柱薄壳圆周方向表面波相速度和辐射阻尼 [17]，外半径 a =1.91cm，相对厚度 h/a =0.076。图标与图 5.3.7 相同，吻合频率是 82kHz。

从图 5.3.7 和图 5.3.8 可以看出圆柱壳圆周表面波的一些特点：

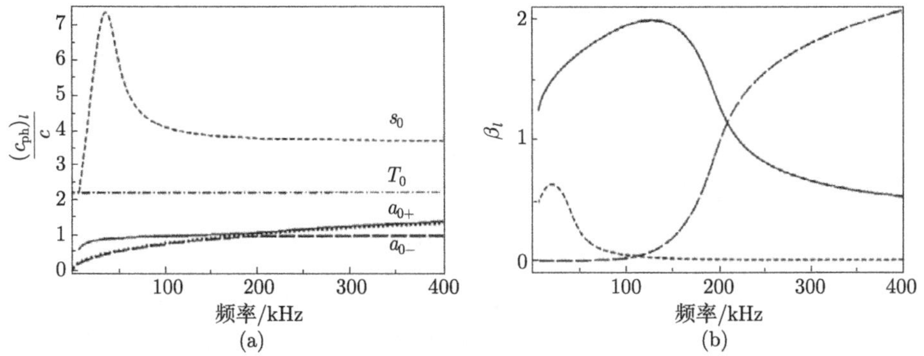

图 5.3.7 无限长中空钢圆柱厚壳圆周表面波相速度和辐射阻尼 [17]

$h/a = 0.163$

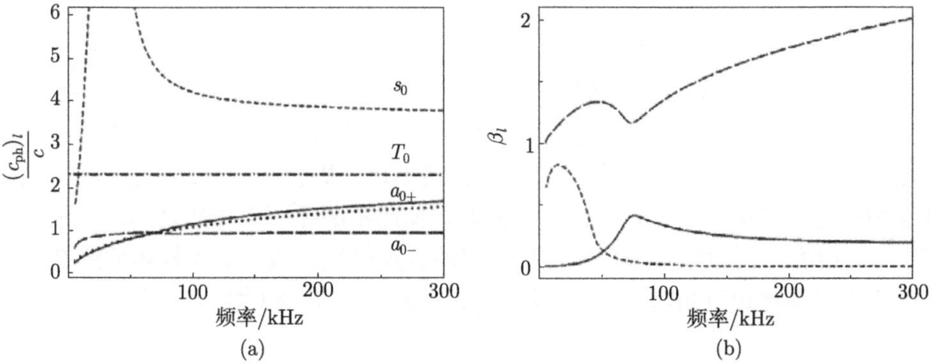

图 5.3.8 无限长中空钢圆柱薄壳圆周表面波相速度和辐射阻尼 [17]

$h/a = 0.076$

(1) a_{0+} 和 a_{0-} 波的相速度频散曲线在吻合频率附近分叉，厚壳的两条曲线在该点附近相互排斥但不交叉，薄壳的两条曲线相互交叉。说明厚壳和薄壳的吻合现象有所不同，这一点在其他文献中没有提到过。s_0 波的相速度频散曲线在低频段有一个高峰，超过一定频率后逐渐趋于板波速度。此外还存在剪切波 T_0，相速度等于无限介质中的剪切波速度 c_T，没有频散。

(2) 厚壳 a_{0+} 波辐射阻尼在吻合频率以下较大，超过吻合频率后单调下降。薄壳 a_{0+} 波辐射阻尼在吻合频率处达到峰值，超过吻合频率后也单调下降。因此，无论是厚壳还是薄壳，a_{0+} 波辐射阻尼超过吻合频率后都呈下降趋势。相反，a_{0-} 波的辐射阻尼在吻合频率以下比较小，超过吻合频率后都有快速增加的特点。辐射阻尼在吻合频率上下的变化说明波的性质有所变化。与平板的情况类似，吻合频率以上，a_{0+} 波本质上是板中波，其主要能量在板中。a_{0-} 波是流体中波，主要能量在流体中，并且也是中频吻合共振的根源。另一方面，除低频段外，s_0 波的辐射阻尼始终很小，说明 s_0 波的辐射始终很弱。圆柱壳与平板的差别主要是在低频 Rayleigh 区，类似于球壳的情况。

弯曲表面上表面波的激发和再辐射可以从平板表面的情况推广而来。首先，相速度为 $c_{\rm ph}$ 的某类表面波的激发条件是入射角等于临界角 $\theta_{\rm c}$：

$$\sin\theta_{\rm c} = c/c_{\rm ph} \tag{5.3.7}$$

所以相速度小于水中声速 $c_{\rm ph} < c$ 的慢表面波不能被入射声波激发。相速度接近水中声速的表面波 $c_{\rm ph} \approx c$，以切线方向进入表面。其次，波在表面传播并向水中泄漏或再辐射声波，形成与表面形状有关的再辐射波阵面。图 5.3.9 是平面声波垂直入射到无限长弹性圆柱或圆柱壳体时表面弹性环绕波的激发和再辐射。入射角等于临界角 $\theta_{\rm c} = \arcsin(c/c_{\rm ph})$ 的入射声线在圆柱上激发起表面绕行波，$c_{\rm ph} \geqslant c$ 是弹性圆柱或圆柱壳中某个类型表面波的相速度，如圆柱体中的 Rayleigh 型波，圆柱壳中的 Rayleigh-Lamb 型波等。这个波沿表面一边传播一边以临界角向外辐射，因此这个波有衰减。在某个时刻形成如图 5.3.9(a) 所示的螺旋形波阵面。在反向散射的情况下，有上下两条声线满足临界角条件，因此可以形成正、反两个方向的绕行波，如图 5.3.9(b) 所示。最低阶绕行波传播不足一周就产生反方向的回波，同时继续绕行直至增加一周后再一次产生回波。如此不断循环形成所谓的环绕波。显然，每多绕行一周波幅减小，各阶环绕波的叠加很快收敛。上面描述的弹性环绕波产生机理都得到声光衍射声场显示方法 (Schlieren 法) 和水听器测量法的实验验证 [18]。

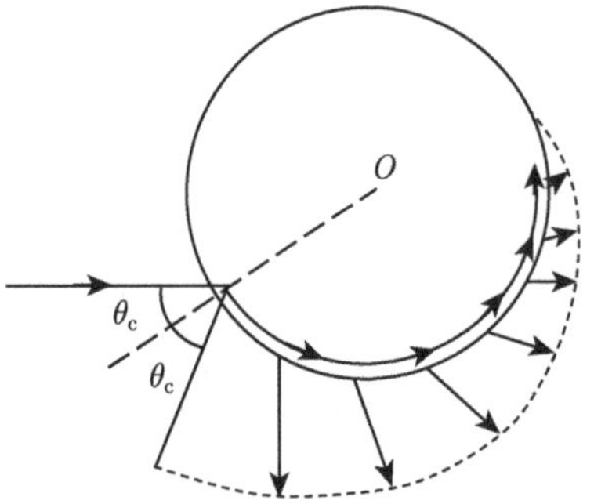

(a)前向散射螺旋形波阵面

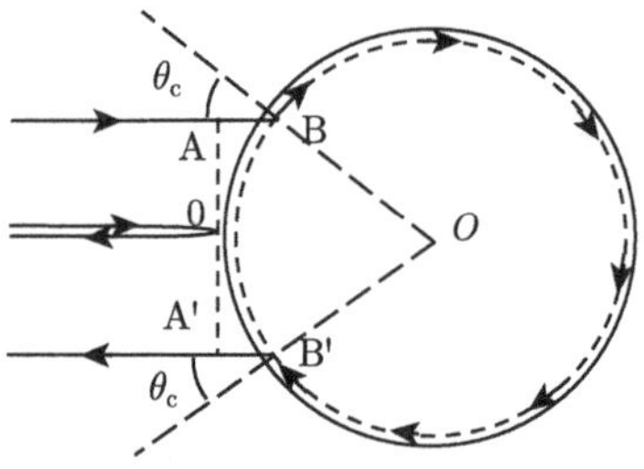

(b)反向散射环绕波

图 5.3.9　平面波垂直入射到无限长弹性圆柱或圆柱壳体激发的环绕波及其再辐射

根据环绕波的形成机理可以很好地解释回波脉冲的时间序列。当脉冲平面声波垂直入射到弹性圆柱或圆柱壳体时，回波由一系列脉冲构成。从图 5.3.9(b) 可见，第一个脉冲是从圆柱的顶端 0 产生的镜反射回波。弹性体中的每一类环绕波产生一个回波脉冲序列，其中第一个回波脉冲是以临界角 $\theta_{\rm c}$ 从 B 点进入圆柱壳表

面并以波速 c_{ph} 传播到 B′ 点再以临界角 θ_{c} 出射到水中再返回 (即反向传播) 的脉冲。以顶端 0 的镜反射回波作为时间起点，这个回波的延迟时间包含在水中的传播时间和圆柱壳中的传播时间

$$t_1 = 2\frac{a(1-\cos\theta_{\mathrm{c}})}{c} + 2\frac{a(\pi-\theta_{\mathrm{c}})}{c_{\mathrm{ph}}} \tag{5.3.8}$$

第二个回波是在圆柱壳表面又传播一周的脉冲，因此延迟时间是

$$t_2 = t_1 + 2\pi a/c_{\mathrm{ph}} \tag{5.3.9}$$

以此类推，第 n 个回波的延迟时间是

$$t_n = t_1 + 2\pi(n-1)a/c_{\mathrm{ph}} \tag{5.3.10}$$

如果脉冲很窄，传播速度要用群速度而不是相速度。对于只有压缩波 s_0 和弯曲波 a_0 的薄圆柱壳，回波脉冲序列简单而清晰，即在镜反射回波后跟随两个脉冲序列，一个是压缩波脉冲序列，一个是弯曲波脉冲序列，如图 5.3.10 所示，实测的回波序列如图 5.2.4 所示。值得指出的是，第一个脉冲的延迟时间 t_1 和后面相继脉冲的间隔 $\Delta\tau$ 不等，因为第一个脉冲有一部分在水中传播，可以证明，t_1 略小于环绕波传播一周的时间间隔，$t_1 < \Delta\tau = 2\pi a/c_{\mathrm{ph}}$。

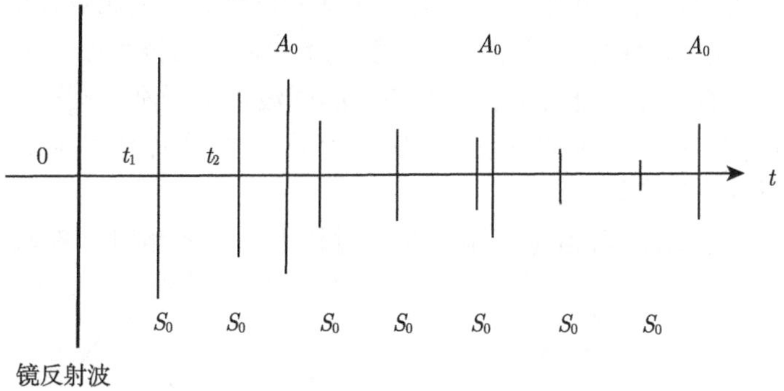

图 5.3.10 圆柱薄壳脉冲回波时间序列

从上面的图像可以得到圆柱表面螺旋环绕波的共振条件。在稳态情况下，波以相速度 $(c_{\mathrm{ph}})_l$ 传播，圆柱表面第 (n,l) 阶共振产生的条件是

$$\omega\Delta\tau = 2\pi n, \quad n = 1, 2, \cdots \tag{5.3.11}$$

代入 (5.2.3) 式可得

$$ka = n(c_{\mathrm{ph}})_l/c \tag{5.3.12}$$

根据这个公式，已知 $(c_{\mathrm{ph}})_l/c$ 可以确定 n 阶无因次共振频率 ka，也可以从 n 阶无因次共振频率 ka 确定 $(c_{\mathrm{ph}})_l/c$。

在窄脉冲情况下，波以群速度 $(c_{\rm g})_l = {\rm d}\omega/{\rm d}K$ 传播，根据相邻两阶共振的间隔可以确定群速度。假设相邻两阶共振的频率是 ω_1，ω_2，分别满足共振条件

$$\omega_1 \Delta\tau = 2\pi n, \quad \omega_2 \Delta\tau = 2\pi (n+1) \tag{5.3.13}$$

其中，$\Delta\tau = 2\pi a/(c_{\rm g})_l$，两式相减得到

$$\Delta (ka) = (c_{\rm g})_l / c \tag{5.3.14}$$

5.4　圆柱表面螺旋环绕波

圆柱壳是最常见的水中结构，所以圆柱壳体一直是水中声散射的主要研究对象。但是，早期的研究主要集中在垂直入射的情况，而在实际问题中更普遍的情况是倾斜入射。根据表面波的激发和再辐射机理，在倾斜入射情况下，圆柱表面可能激发起与柱轴成一定角度的倾斜传播的表面波。当圆柱足够长时，表面上可能传播螺旋形环绕波。

汤渭霖等较早在实验中发现倾斜入射情况下圆柱表面波的存在 [19]。倾斜入射时有限长平头圆柱有 4 个棱角，产生 4 个棱角回波。仔细比较各个倾角有限长实铝圆柱在空气中和水中的窄脉冲回波，发现水中回波的棱角波 1 和 3 在相应的 Rayleigh 角附近有明显增强现象。若空气中的回波近似于刚性圆柱的回波，增强应该是由弹性波引起的。这种现象可以解释为沿圆柱端面径向和侧面轴向的反向 Rayleigh 表面波的再辐射。

图 5.4.1(a) 显示，当相对于端面的入射角等于临界角时，在端面上激发起

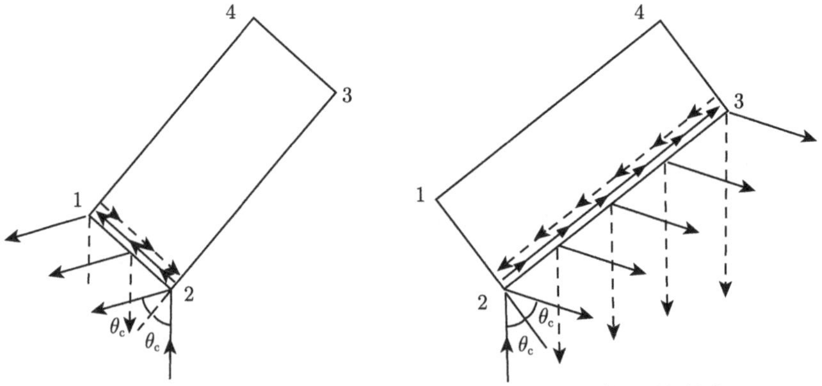

(a)端面再辐射波　　(b)侧面再辐射波

图 5.4.1　平面波斜入射到有限长圆柱激发的弹性再辐射波

Rayleigh 表面波，它一边传播一边向外辐射。前向传播表面波的再辐射波回不到发射–接收点 (图中实线所示)，但是它从端面棱角 1 的反射波的再辐射波可以回到发射–接收点 (图中虚线所示)，类似于图 5.2.7 中有端面的平板。这种波的声程与棱角 1 的几何回波相同，结果造成在临界角附近棱角波 1 显著增强。侧面轴向 Rayleigh 表面波引起的回波增强机理相似，不过增强的角度是相对于圆柱侧面的临界角，增强的波是棱角波 3，如图 5.4.1(b) 所示。对于圆柱壳，又可以发现回波增强角度不止一个。这是因为壳体 (板) 中可能传播多个 Rayleigh-Lamb 型波。

上述有关倾斜入射情况下圆柱表面波的认识十分有助于理解圆柱目标的回波图像。当用高分辨率声呐 (如 SeaBat 声呐) 探测有限长平头圆柱或圆柱壳时，在大多数角度只能看到圆柱的 4 个棱角亮点，整个目标的几何形状是显示不出来的。其中处于影区的棱角 4 也有回波，这是由于声波的衍射作用。但是在某些特定角度，屏幕上会出现如图 5.4.2(a) 所示的声图像 [20]。图的横坐标是横向距离，就是扇形扫描声呐的弧长，纵坐标是目标距离或回波时间。图 5.4.2(b) 是图 5.4.2(a) 回波机理的解释。图中目标的几何形状用虚线表示，当入射方向与圆柱侧面法线的夹角等于表面波临界角 θ_c 时，在侧面激发起表面波。这个波向棱角 3 正向传播过程中再辐射的波回不到发射–接收点，所以这一段时间没有回波亮点。直到波到达棱角 3 产生几何亮点。根据临界角的定义，$\sin\theta_c = c/c_{ph}$，c_{ph} 是表面波相速度。表面波从棱角 1 传播到棱角 3 的时间是 $L/c_{ph} = L\sin\theta_c/c$，恰好与棱角 3 的几何亮点的产生时间同步，导致亮点增强。弹性表面波从棱角 3 反射后在反向传播过程中向发射–接收点辐射波。因为这时波的出射点等效于比棱角 3 更远的点，所以形成向上

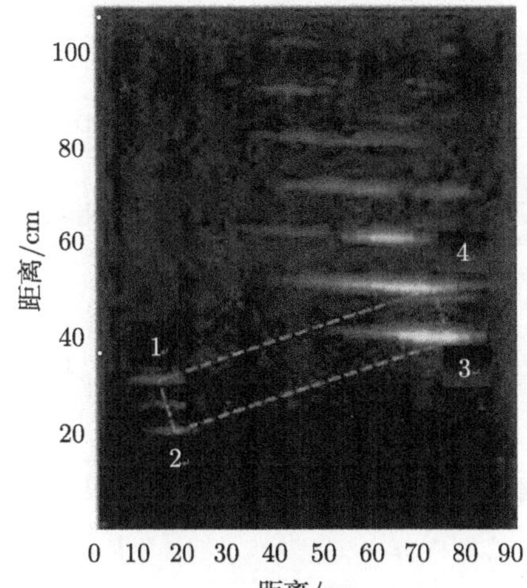

(a)高分辨率声呐显示[20]

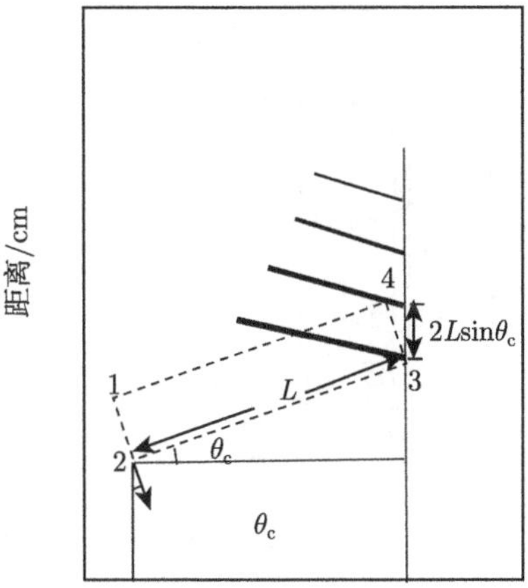

(b)回波机理解释

图 5.4.2 高分辨声呐显示的有限长圆柱螺旋环绕波的再辐射

倾斜的第一条亮线。然后从棱角 1 再反射后朝正向传播，这时又没有回波，直到第二次反向传播产生辐射，形成第二条亮线。如此继续形成一系列平行的亮线。这些亮线的距离间隔等于侧面表面波传播一个来回所对应的水中距离 $2L\sin\theta_c$。

按照上面的解释，由弹性作用引起的回波增强只在某些特定角度——临界角上出现。实际上，弹性类回波可能在临界角附近的一个角度范围内存在。这就是稍后鲍小玲发现的有限长圆柱螺旋环绕波的再辐射 [21]。Morse 和 Marston 对此现象作了更细致的分析 [17]。

1. 平头圆柱表面螺旋环绕波的几何特征 [21]

鲍小玲用图 5.4.3 分析倾斜入射平面波在有限长圆柱表面激发的螺旋环绕波及其再辐射。由图 5.4.3(a)，设入射声线与纵轴夹角 θ_g(掠射角)。当入射声线与表面法线夹角等于临界角 θ_c 时圆柱面上激发起螺旋表面波，波矢量与纵轴夹角为 θ_z。取柱面上两条母线MM′和NN′，以 MM′上的 A 点为例，入射波在这点激发的表面波将沿螺旋线向下传播，在端面 B 点处反射后改变方向沿螺旋线 BCDEF 向上绕行。当它绕行至 D 点时与母线 NN′相交，表面波在 D 点的再辐射波将按临界角返回声源所在的方向。由此可见，所有从 MM′进入柱面的入射波，沿表面绕行并在端面反射后，将由母线 NN′处再辐射返回声源方向。同样，从母线 NN′的入射波将由母线MM′再辐射返回声源方向。母线 MM′和NN′称为激发线。根据表面波激发时满足的波矢量一致条件，图 5.4.3(b) 中从波阵面 PQ 上任意两点 A_1, A_2 出发经过表面绕行再回到波阵面上F_1, F_2 两点的传播时间相同。

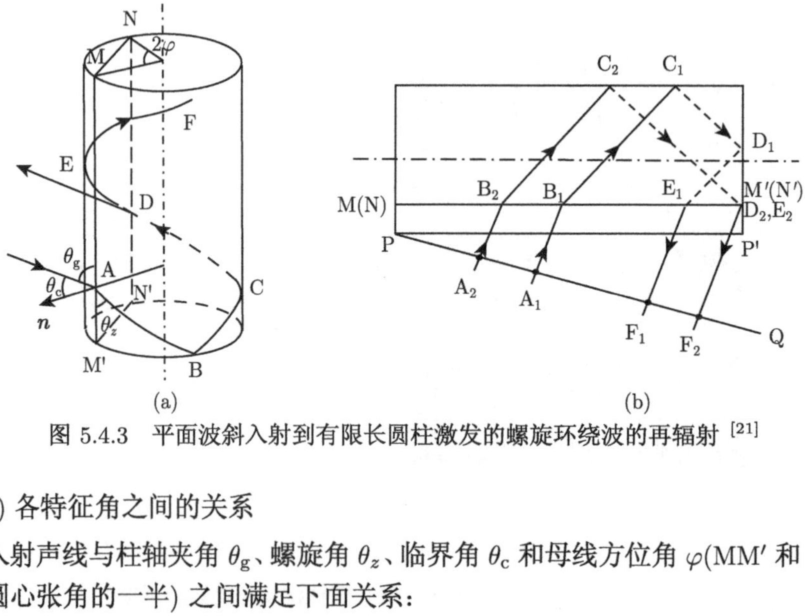

图 5.4.3 平面波斜入射到有限长圆柱激发的螺旋环绕波的再辐射 [21]

1) 各特征角之间的关系

入射声线与柱轴夹角 θ_g、螺旋角 θ_z、临界角 θ_c 和母线方位角 φ(MM′ 和 NN′相对于圆心张角的一半) 之间满足下面关系：

$$\cos\theta_c = \sin\theta_g \cdot \cos\varphi \tag{5.4.1}$$

$$\cos\theta_z = \cos\theta_g / \sin\theta_c \tag{5.4.2}$$

由此得到

(1) 法向入射 ($\theta_g = \pi/2$) 时，表面波的途径是圆 ($\theta_z = \pi/2$)，张角达到最大值 $\varphi_{max} = \theta_c$。

(2) θ_g 角从 $\pi/2$ 减小时，θ_z 和 φ 也减小。这时表面波传播途径变成螺旋线，两根母线MM′ 和 NN′相互接近。

(3) 当入射角减小到 $\theta_{min} = \pi/2 - \theta_c$ 时，θ_z 和 φ 趋近于 0。这时两根母线MM′和 NN′汇合成一根线，表面波沿侧面的直线传播，退化到前面文献 [19] 讨论的情况。这种情况产生表面波最强激发和再辐射。

(4) 当 θ_g 小于 θ_{min} 时，这类表面波不能被入射平面波激发。

2) 回波脉冲时间序列的计算

图 5.4.3(b) 中所画出的传播途径都是绕柱传播一周 (实际不到一周) 并在端面反射一次的声线。沿 ABCDEF 传播的时间都是相同的，与进入点无关。这个结论也适用于所有绕圆柱 n 圈的回波脉冲。以 P 点为起点，设这点的反射时间为 0，绕圆柱 n 圈并在端面反射一次的回波脉冲的延迟时间可以按下式近似:

$$t_n = S_{cn}/c_{sg} + S_{wn}/c \tag{5.4.3}$$

其中

$$S_{cn} = 2(n\pi - \varphi)a/\sin\theta_z \tag{5.4.4}$$

$$S_{wn} = 2a(1-\cos\varphi)\sin\theta_g + 2(L - \Delta h_n)\cos\theta_g \tag{5.4.5}$$

$$\Delta h_n = (n\pi - \varphi)a/\tan\theta_z \tag{5.4.6}$$

式中，a 和 L 是圆柱的半径和长度，c_{sg} 是表面波的群速度，S_{cn} 是波在表面的传播长度，S_{wn} 是波在水中的传播距离。母线上能够形成绕柱 n 圈并在端面反射一次的回波脉冲的区段是

$$\Delta S_n = \begin{cases} 2\Delta h_n, & L \geqslant 2\Delta h_n \\ L, & L < 2\Delta h_n \end{cases} \tag{5.4.7}$$

柱面上环绕相继圈数的回波脉冲的时间间隔

$$\tau = 2\pi a(1/c_{sg} - \cos\theta_z \cos\theta_g / c)/\sin\theta_z \tag{5.4.8}$$

3) 螺旋表面波模态共振和声共振条件

螺旋表面波达到相位匹配时产生共振。对于水中有限长金属圆柱，端板的边界条件可以近似为软边界。将螺旋表面波的波矢量分解为轴向分量 k_{sz} 和周向分量 $k_{s\varphi}$，满足下面条件时产生表面波共振模态:

$$\begin{cases} k_{sz} = n\pi/L, & n = 1, 2, 3, \cdots \\ k_{s\varphi} = m/a, & m = 1, 2, 3, \cdots \end{cases} \tag{5.4.9}$$

(n, m) 阶共振模态对应的螺旋角可以从下式获得:

$$(ka)_{n,m} = (c_{\rm ph}/c)\left[(n\pi a/L)^2 + m^2\right]^{1/2} \tag{5.4.10}$$

$$(\theta_z)_{n,m} = \arctan\left[mL/(n\pi a)\right] \tag{5.4.11}$$

另一方面，只要在端面反射一次但绕圆柱不同圈数的那些回波达到同相叠加，回波幅值也将达到某个极大值，称其为声学共振。所需条件是

$$\omega\tau = \omega\left(t_{n+1} - t_n\right) = 2\pi l, \quad l = 1, 2, 3, \cdots \tag{5.4.12}$$

将 (5.4.8) 式代入得到回波达到极大值所对应的无因次频率

$$(ka)_{\max} = l\sin\theta_z/[(c/c_{\rm ph}) - \cos\theta_z\cos\theta_{\rm g}] \tag{5.4.13}$$

注意，这并不意味着圆柱发生共振，因为这时只要求从一个端面反射的回波达到同相叠加。

2. 带椭球或半球帽圆柱表面螺旋环绕波 [22]

鲍小玲还研究过表面波沿椭球或带椭球帽圆柱传播时的声学共振问题。这种情况有实际意义，如有些沉底水雷就是一端带椭球帽的圆柱壳体。如图 5.4.4(a) 所示，当声波从轴向入射时表面波沿子午线传播，相位匹配条件是每环绕一周的总相位等于 2π 乘 $(n+1/2)$:

$$\oint k_l {\rm d}s = 2\left(n + 1/2\right)\pi \tag{5.4.14}$$

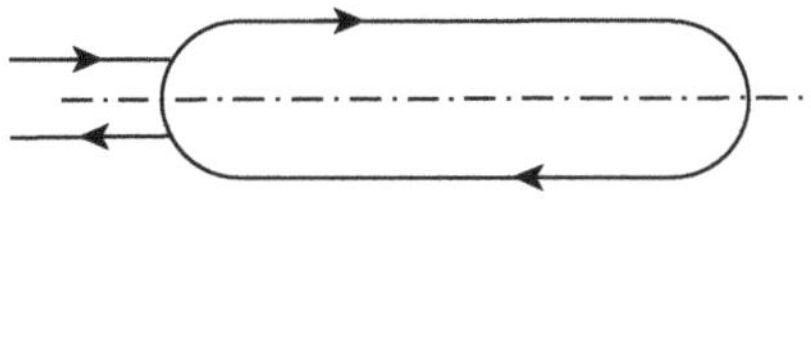
(a)轴向入射

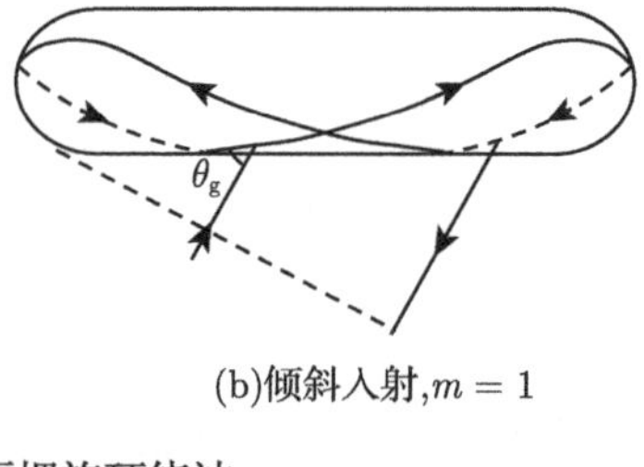

(b)倾斜入射,$m = 1$

图 5.4.4 带半球帽圆柱表面螺旋环绕波

其中，n 是整数；1/2 项是表面波通过焦点时的相位跳变引起的；k_l 是 l 阶表面波的传播常数，它在传播途径中随表面曲率而变化；s 是弧长。对于任意光滑表面，表

面波传播常数可以用传播途径中具有同样局部曲率半径的球的已知值来近似。对于带半球帽的圆柱共振条件简化为

$$k_l^{(c)}(L-2a)+k_l^{(s)}\pi a=(n+1/2)\pi \tag{5.4.15}$$

其中，$k_l^{(c)}$，$k_l^{(s)}$ 分别是表面波在圆柱和球面上的传播常数，L 和 a 是圆柱的长度和半径。对于这种比较简单的情况，文献 [12] 也做过研究，并进行了实验验证。

倾斜入射的情况要复杂得多，这时表面波沿螺旋线传播，如图 5.4.4(b) 所示。应用相位匹配原理也可以得到非轴向传播的表面波共振条件。

1) 共振条件

一般地，对于一个凸光滑表面，基于相位匹配的共振条件可以归纳如下：

(1) 表面波传播的环绕途径必须是封闭曲线；

(2) 封闭表面途径满足相位匹配条件，即沿封闭途径的总的相位移等于 2π 的整数倍 (如果存在聚焦点还需要作相位跳变修正)；

(3) 所有的表面途径有相似的封闭形状并且独立于表面波被入射波激发的位置，因此相位匹配可以同时满足。

正如上面指出的，对于弹性椭球和带有半球帽的圆柱在轴向激发时只需要考虑条件(2)，因为条件(1)和(3)总是满足的。在非轴向入射时，条件(1)和(3)通常不满足，但是可能在某些特殊的入射角时满足。作为例子，下面讨论带半球帽的圆柱的共振条件。

2) 激发线和条件(3)

考虑带有半球帽的圆柱被掠射角 θ_g 的平面波照射 (图 5.4.4(b))。在物体表面某个位置，第 l 阶表面波被入射声线激发的条件是

$$\sin\theta_l=c/(c_{ph})_l \tag{5.4.16}$$

其中，θ_l 是第 l 阶表面波的临界角，$(c_{ph})_l$ 和 c 分别是表面波相速度和水中声速。表面波被激发的所有点形成光滑的激发线，激发线由球面上的封闭圆和圆柱面上的两条并行母线组成。图 5.4.5 说明带有半球帽的圆柱表面在不同入射角时的激发线。从激发线上的这些点开始，表面波的声途径是一组沿圆柱的螺旋线。对于入射方向接近轴向的情况 $(\theta_g<\pi/2-\theta_l)$，激发线是对着入射波的半球帽上的一个圆。可以证明，在表面波的声途径具有不同形状的情况下，共振条件(3)不可能满足。当入射方向接近于法线方向 $(\theta_g>\pi/2-\theta_l)$ 时，激发线部分在半球帽上部分在圆柱段上，也可以证明所有从圆柱段上激发线开始的表面途径具有相同的形状。既然只是在圆柱段上激发的表面途径的形状独立于激发点，共振条件(3)部分满足。有关具体的共振条件见文献 [23]。

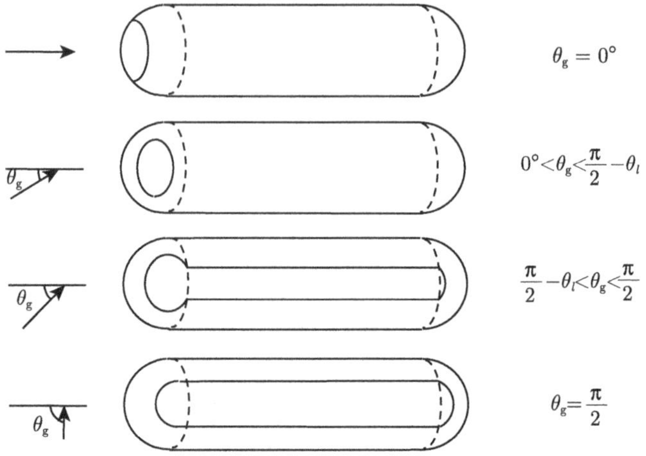

图 5.4.5　带有半球帽的圆柱表面在不同入射角时的激发线

5.5　薄平板中的弹性波

上面讨论的弹性结构中的波都是按严格弹性理论计算的。例如，平板中的弹性波是频散方程 (5.2.5) 的根，圆柱壳和球壳中的弹性波是圆柱壳和球壳的特征方程 $D_\nu = 0$ 的复数根 ν。在实际工程结构中，薄板和薄壳是一类最重要的结构。例如，一般常规潜艇的耐压壳是厚度 20~30mm 的近似圆柱壳，而轻外壳只有 6~8mm。核动力潜艇耐压壳体的钢板厚一些，但是一般不超过 50mm。无论是常规还是核潜艇，其半径通常大于 4m，厚度半径比总是小于 1%。鱼雷的直径一般是 533mm，圆柱壳厚度不大于 10mm，厚度半径比小于 4%。这两种结构都满足工程实践中以厚度半径比小于 5%作为薄壳的准则。此外，当圆柱壳或球壳的 $ka \gg 1$ 时壳体的性能又趋于薄平板。因此弹性力学中发展了许多适合于工程应用的近似理论，并成为处理实际问题的主要理论。如果用这些理论讨论结构中弹性波的特性，虽然与严格弹性理论有一定的对应关系，但毕竟因为作了近似，两者还是存在一些重要差异。例如，有流体负荷时薄板理论给出的弯曲波不会分裂成两个波，只是在吻合频率附近波的性质有所改变。所以，用薄板和薄壳理论讨论波的形成机理有局限性。

弹性力学中关于薄板和薄壳理论证明，平板可以近似用相互独立的两个方程描述其运动，一个是薄板纯弯曲运动方程，另一个是平面应力问题方程 [23]。弯曲振动的位移或振速垂直于板面，面内振动的位移或振速平行于板面。

1. 弯曲振动和波

不考虑流体负荷作用时薄板的弯曲振动方程在任何一本弹性力学书上都可以找到。假设板很薄，上下表面的运动几乎一样，可以用中心面 (简称中面) 的运动来表征。如图 5.5.1 所示，取薄板中面为 xy 平面，法向为 z 轴。令中面的法向位移为 $w(\boldsymbol{x})$，$\boldsymbol{x}$ 是 xy 平面上的矢量，$w(\boldsymbol{x})$ 满足薄板弯曲振动方程

$$\begin{cases} D\nabla^4 w(\boldsymbol{x},t)+\rho_{\rm e}h\dfrac{\partial^2 w(\boldsymbol{x},t)}{\partial t^2}=f(\boldsymbol{x},t) \\ \nabla^4=\dfrac{\partial^4}{\partial x^4}+2\dfrac{\partial^4}{\partial x^2\partial y^2}+\dfrac{\partial^4}{\partial y^4} \end{cases} \tag{5.5.1}$$

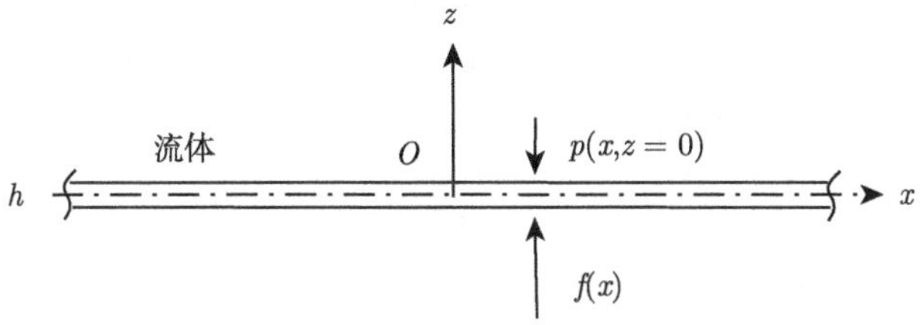

图 5.5.1 薄板振动示意图

其中，$D=Eh^3/[12(1-\sigma^2)]$ 是板的弯曲刚度，h 是板的厚度，$\rho_{\rm e}$ 是板材料密度，$\rho_{\rm e}h$ 是板单位面积质量，$f(\boldsymbol{x},t)$ 是单位面积作用力，规定沿 z 方向为正。简谐情况下薄板自由振动方程是

$$D\nabla^4 w(\boldsymbol{x})-\omega^2\rho_{\rm e}hw(\boldsymbol{x})=0 \tag{5.5.2}$$

此方程给出薄板中的特征波，它们是没有外部激励时可能存在的固有波。一维情况下沿 x 方向传播的简谐波是 $w(x,t)=A{\rm e}^{{\rm i}(Kx-\omega t)}$，薄板方程给出波数 K 的特征方程

$$\begin{cases} K^4-\gamma^4=0 \\ \gamma=\left(\dfrac{\omega^2\rho_{\rm e}h}{D}\right)^{1/4}=\left[\dfrac{\omega^2\rho_{\rm e}12(1-\sigma^2)}{Eh^2}\right]^{1/4} \end{cases} \tag{5.5.3}$$

解为 $K=\pm\gamma,\ \pm{\rm i}\gamma$，其中 $K=\pm{\rm i}\gamma$ 是指数衰减的波，$K=\pm\gamma$ 是可传播的波，相速度

$$c_{\rm ph}=\frac{\omega}{\gamma}=\left[\frac{\omega^2h^2E}{\rho_{\rm e}12(1-\sigma^2)}\right]^{1/4}=\frac{(\omega c_{\rm p}h)^{1/2}}{12^{1/4}} \tag{5.5.4}$$

其中，$c_{\rm p}=\left[E/\left(1-\sigma^2\right)\rho_{\rm e}\right]^{1/2}$ 是薄板中纵波 (伸缩波) 速度，与频率和厚度无关，常简称为板波速度。可见，板中弯曲波的相速度随频率增加而增加，与 $\sqrt{\omega h}$ 或 $\sqrt{fh}$ 成正比。将 (5.5.4) 式计算的弯曲波相速度画在图 5.2.2 上，低频段与严格弹性理论的 a_0 波曲线符合良好，频率增高时误差加大，薄板近似不再适用。由此可见，薄板纯弯曲振动只能近似描述低频 a_0 波。

假设有激励力 $f(x)=f_0\exp(\mathrm{i}Kx)$ 作用于薄板，振动方程变成

$$D\nabla^4 w(x)-\omega^2\rho_{\mathrm{e}}hw(x)=f(x) \tag{5.5.5}$$

仍令 $w(x)=A\exp(\mathrm{i}Kx)$, 容易导出 $A=f_0/[D(K^4-\gamma^4)]$。由此定义薄板的机械阻抗

$$Z_{\mathrm{p}}^{\mathrm{M}}=\frac{f_0}{-\mathrm{i}\omega w}=\frac{\mathrm{i}}{\omega}D\left(K^4-\gamma^4\right) \tag{5.5.6}$$

当薄板的一面，例如 $z>0^+$ 一面有流体介质 (另一面为真空) 时，薄板不仅承受激励力而且承受声压力，因为薄板振动产生向外辐射的声波。这时薄板的振动和声辐射或散射构成典型的结构声学问题：

$$\begin{cases}\text{振动方程} & D\nabla^4 w(x)-\omega^2\rho_{\mathrm{e}}hw(x)=f(x)-p(x,z=0)\\ z>0^+\text{声波波动方程} & \left(\nabla^2+k^2\right)p(x,z)=0\\ z=0^+\text{边界条件} & \rho_0\omega^2 w(x)=\partial p(x,z)/\partial z|_{z=0^+}\end{cases} \tag{5.5.7}$$

对于辐射问题，$p(x,z=0)$ 是辐射声压在 $z=0$ 处的值，按定义，声压作用方向与力作用方向相反，所以取负值。对于散射问题，$p(x,z=0)$ 是入射声压和散射声压之和在 $z=0$ 处的值。与单纯的振动问题只要解方程 (5.5.1) 或 (5.5.5) 不同，结构声学问题需要联合求解振动和声场, 而问题的关键是声压作用力的确定。

无限大薄板的振动具有行波形式 $w(x)=A\exp(\mathrm{i}Kx)$ 时承受流体负荷一面的声压必为平面波形式 $p(x,z)=B\mathrm{e}^{\mathrm{i}(Kx+\kappa z)}$，$\kappa$ 的定义见 (5.5.1) 式。由边界条件容易导出 $A=\mathrm{i}\kappa B/\rho_0\omega^2$，由此定义 (单面) 辐射声阻抗

$$Z_{\mathrm{p}}^{\mathrm{a}}=\frac{p}{-\mathrm{i}\omega w}=\frac{\rho_0\omega}{\kappa} \tag{5.5.8}$$

这就是 (5.1.9) 式表示的无限大平面流体介质的声阻抗。如果薄板两面都有声介质，不难证明辐射声阻抗是上式的两倍，因为这时作用在板面上的声压是上下两面声压之差 $p=p_{0^+}-p_{0^-}$，而 $p_{0^-}=-p_{0^+}$，总声压加倍。

有流体负荷薄板的特征方程 $Z_{\mathrm{p}}^{\mathrm{M}}+Z_{\mathrm{p}}^{\mathrm{a}}=0$ 的具体形式是

$$K^4-\gamma^4=\mathrm{i}\frac{\mu\gamma^4}{\kappa},\quad \mu=\frac{\rho_0}{\rho_{\mathrm{e}}h} \tag{5.5.9}$$

此方程的根表示有流体负荷无限大薄板中可能存在的特征波。分两种情况讨论 [24]：

情况一：$k<\gamma$，即 $c>c_{\mathrm{ph}}$，板在真空中的弯曲波速度小于周围介质中声速。这种情况共有 4 个根。若 μ/γ 和 k/γ 都是小量，根的近似式是

两个实根，$K=\pm K_+$

$$K_+\approx\gamma\left[1+\frac{\mu}{4\left(\gamma^2-k^2\right)^{1/2}}\right],\quad \kappa_+=\mathrm{i}\sqrt{\gamma^2-k^2}\left[1+\frac{\mu\gamma^2}{4\left(\gamma^2-k^2\right)^{3/2}}\right] \tag{5.5.10}$$

它们表示沿板 (x 方向) 无衰减传播的波，是真空中板的弯曲波 ($k=\pm\gamma$) 的对应物。因为 κ_+ 是纯虚数，表示在介质中沿 z 方向指数衰减，无能量辐射出去。

两个基本上虚根 (含小的实部)，$K=\pm\mathrm{i}K_-$

$$K_-\approx\gamma\left[1+\frac{\mathrm{i}\mu}{4\left(\gamma^2+k^2\right)^{1/2}}\right],\quad \kappa_-=\sqrt{\gamma^2+k^2}\left[1+\frac{\mathrm{i}\mu\gamma^2}{4\left(\gamma^2+k^2\right)^{3/2}}\right] \tag{5.5.11}$$

它们表示沿板很快衰减的波，是真空中板的渐消波 ($k=\pm\mathrm{i}\gamma$) 的对应物。但在介质中有少许能量辐射出去，因为 κ_- 有一个小的虚部。这类波仅在源点附近起作用。

情况二：$k>\gamma$，即 $c<c_{\mathrm{ph}}$，板在真空中的弯曲波速度大于周围介质中声速。这种情况有 6 个根。若 μ/γ 是小量，根的近似式是

两个基本上实根 (含小的虚部)，$K=\pm K_+$

$$K_+\approx\gamma\left[1+\frac{\mathrm{i}\mu}{4\left(k^2-\gamma^2\right)^{1/2}}\right],\quad \kappa_+\approx\sqrt{k^2-\gamma^2}\left[1+\frac{\mathrm{i}\mu\gamma^2}{4\left(k^2-\gamma^2\right)^{3/2}}\right] \tag{5.5.12}$$

它们代表沿 x 方向传播有小的衰减，同时沿 z 方向有能量辐射的波，它们也是从真空中的两个根 $K=\pm\gamma$ 演变过来的。

两个基本上虚根，$K=\pm\mathrm{i}K_-$，同情况一。

两个 $\geqslant k$ 的实根，$K=\pm K_{\mathrm{S}}$

$$K_{\mathrm{S}}\approx k\left[1+\frac{1}{2}\left(\frac{\mu}{k}\right)^2\left(\frac{\gamma^4}{k^4-\gamma^4}\right)^2\right],\quad \kappa_{\mathrm{S}}\approx\mathrm{i}\mu\frac{\gamma^4}{k^4-\gamma^4} \tag{5.5.13}$$

这类波在板中沿 x 传播无衰减，同时沿 z 方向缓慢衰减。它们是流–固界面上的表面波，波的大部分能量在流体介质中。这类波当板处于真空中时是不存在的，板处于流体中时也只有当 $k>\gamma$ 时存在，类似于严格理论中流–固界面上的 Stoneley 波。由于波数接近 k，所以波阵面垂直于板面。

下面讨论平面波从无限大薄板的声散射。设 $z\geqslant 0$ 半空间充满声介质，$z\leqslant 0$ 半空间是真空。平面波在 $z\geqslant 0$ 半空间斜入射到无限大薄平板，与法线夹角 θ_{i}，其几何关系类似于图 5.2.1，而且让 $b=h/2\to 0$，即在指数上忽略 $\kappa h=kh\cos\theta_{\mathrm{i}}\ll 1$。在板的上下有声场

$$\begin{cases} p_+=\mathrm{e}^{\mathrm{i}(Kx-\kappa z)}+V\mathrm{e}^{\mathrm{i}(Kx+\kappa z)}, & z\geqslant 0^+\\ p_-=0, & z\geqslant 0^- \end{cases} \tag{5.5.14a}$$

由界面上波轨迹一致条件，板中波应该具有形式 $w(x)=A\mathrm{e}^{\mathrm{i}Kx}$，同时板上的声压 $p=(p_+-p_-)_{z=0}$，若无其他激励力，薄板振动方程是

$$D\left(K^4-\gamma^4\right)A=-(1+V) \tag{5.5.15}$$

另一方面，由板面上 $z=0^+$ 法向位移连续的条件得到

$$\rho_0\omega^2 A=-\mathrm{i}\kappa(1-V) \tag{5.5.16}$$

解出

$$A=-\frac{2\mathrm{i}/\omega}{Z_\mathrm{p}^\mathrm{M}+Z_\mathrm{p}^\mathrm{a}},\quad V=\frac{Z_\mathrm{p}^\mathrm{M}-Z_\mathrm{p}^\mathrm{a}}{Z_\mathrm{p}^\mathrm{M}+Z_\mathrm{p}^\mathrm{a}} \tag{5.5.17a}$$

其中，Z_p^M 和 Z_p^a 正是 (5.5.6) 和 (5.5.8) 式定义的板的机械阻抗和流体声阻抗，只不过取 $K=k\sin\theta_\mathrm{i}$，$\kappa=k\cos\theta_\mathrm{i}$，因此

$$Z_\mathrm{p}^\mathrm{M}=\frac{\mathrm{i}D}{\omega}\left[(k\sin\theta_\mathrm{i})^4-\gamma^4\right],\quad Z_\mathrm{p}^\mathrm{a}=\rho_0 c/\cos\theta_\mathrm{i} \tag{5.5.18}$$

由 (5.5.17a) 式看到，无论是反射声还是薄板振动都在特征波数达到峰值。通常 ρ_0/ρ_e 是小量，所以特征波数满足 $k\sin\theta_\mathrm{i}\approx\gamma$。这时入射波将激发板内传播的特征波。而条件 $k\sin\theta_\mathrm{i}\approx\gamma$ 相当于要求 $\sin\theta_\mathrm{i}\approx c/c_\mathrm{ph}$，只有当 $c_\mathrm{ph}>c$ 时才有实的角度 θ_i。所以只有当板中弯曲波的相速度超过流体声速时才有可能在某个特定角度激发起板中弯曲波。$c_\mathrm{ph}=c$ 所对应的频率是众所周知的吻合频率，只有当入射声波的频率超过吻合频率时才有可能激发起弯曲波。

当板的下面是同一种流体时，存在透射声场，(5.5.14a) 式要改成

$$\begin{cases} p_+=\mathrm{e}^{\mathrm{i}(Kx-\kappa z)}+V\mathrm{e}^{\mathrm{i}(Kx+\kappa z)}, & z\geqslant 0^+ \\ p_-=T\mathrm{e}^{\mathrm{i}(Kx-\kappa z)}, & z\geqslant 0^- \end{cases} \tag{5.5.14b}$$

在这种情况下，薄板振动方程是

$$D\left(K^4-\gamma^4\right)A=-(1+V-T)$$

板面上 $z=0^+,0^-$ 法向位移连续的条件是

$$\rho_0\omega^2 A=-\mathrm{i}\kappa(1-V),\quad \rho_0\omega^2 A=-\mathrm{i}\kappa T$$

从三个方程解出

$$A=-\frac{2\mathrm{i}/\omega}{Z_\mathrm{p}^\mathrm{M}+2Z_\mathrm{p}^\mathrm{a}},\quad V=\frac{Z_\mathrm{p}^\mathrm{M}}{Z_\mathrm{p}^\mathrm{M}+2Z_\mathrm{p}^\mathrm{a}},\quad T=1-V=\frac{2Z_\mathrm{p}^\mathrm{a}}{Z_\mathrm{p}^\mathrm{M}+2Z_\mathrm{p}^\mathrm{a}} \tag{5.5.17b}$$

可以证明 $|V|^2+|T|^2=1$。

2. *薄板纵振动和波*

与弯曲振动独立，薄板还可能产生纵振动和波，这是薄板在平面应力状态下的运动 [3]，平面位移矢量 $\boldsymbol{u}$ 满足方程

$$(\lambda_\mathrm{e}'+\mu_\mathrm{e})\nabla(\nabla\cdot\boldsymbol{u})+\mu_\mathrm{e}\nabla^2\boldsymbol{u}=\rho_\mathrm{e}\frac{\partial^2\boldsymbol{u}}{\partial t^2} \tag{5.5.19}$$

其中，$\lambda'_{\mathrm{e}} = E\sigma/\left(1-\sigma^2\right)$。在一维情况下只有 $u\,(x)$, 方程简化为

$$(\lambda'_{\mathrm{e}} + 2\mu_{\mathrm{e}})\,\frac{\partial^2 u}{\partial x^2} = \rho_{\mathrm{e}}\frac{\partial^2 u}{\partial t^2} \tag{5.5.20}$$

简谐情况下变成一维 Helmholtz 方程

$$\frac{\partial^2 u\,(x)}{\partial x^2} + k_{\mathrm{p}}^2 u\,(x) = 0 \tag{5.5.21}$$

其中，$k_{\mathrm{p}} = \omega/c_{\mathrm{p}}$，$c_{\mathrm{p}}$ 是薄板纵波速度

$$c_{\mathrm{p}} = \sqrt{\frac{\lambda'_{\mathrm{e}} + 2\mu_{\mathrm{e}}}{\rho_{\mathrm{e}}}} = \sqrt{\frac{E}{\left(1-\sigma^2\right)\rho_{\mathrm{e}}}} \tag{5.5.22}$$

若设解 $u\,(x) = B\exp\left(\mathrm{i}Kx\right)$，特征波数是 $K = \pm k_{\mathrm{p}}$，波的相速度就是 c_{p}，不发生频散。这个平面纵波相当于严格弹性理论在低频段的对称波 s_0。将 (5.5.22) 式计算的纵波速度画在图 5.2.2 上，因为没有频散，是一条直线。而严格弹性理论的 s_0 波在高频段相速度并不趋于 c_{p} 而是趋于 Rayleigh 波速 c_{R}，因为频率高时板已不能用平面应力问题处理，实际上已趋于无限厚介质。需要指出的是，当平面波倾斜入射到无限大平板时不能激发平面纵波，因为不存在纵向激励力。

5.6 薄圆柱壳中的弹性波

弹性力学中的薄壳理论已导出了各种形式的圆柱薄壳振动方程，经典薄壳理论有 Reissner、Flügge、Donnell、Sander 等各种理论。除 Donnell 方程是一种较简化的理论外，其他均为同等精度理论。设圆柱薄壳的中面半径为 a，壳板材料密度为 ρ_{e}，壳体厚度为 h, 且 $h/a \ll 1$。由于壳体很薄，内外壁的振动相同，因此用壳体中面的位移 u, v, w 来表示。这里 u 是柱轴 (z) 方向的位移分量，v 是圆周 (φ) 方向位移分量，w 是半径 (r) 方向位移分量，也就是圆柱面的法向位移分量，如图 5.6.1 所示。当周围存在声介质时只有法向分量对声场有贡献。

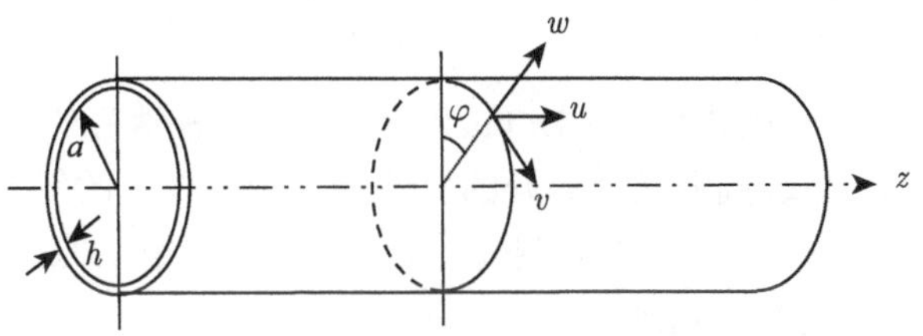

图 5.6.1 圆柱薄壳坐标系

在薄壳的平衡方程中略去弯矩和扭矩的作用，即采用薄膜理论，得到最简单的圆柱薄壳振动方程——Donnell 方程如下 [25]：

$$
\begin{cases}
\dfrac{\partial^2 u}{\partial z^2}+\dfrac{1-\sigma}{2a^2}\dfrac{\partial^2 u}{\partial \varphi^2}+\dfrac{1+\sigma}{2a}\dfrac{\partial^2 v}{\partial z\partial \varphi}+\dfrac{\sigma}{a}\dfrac{\partial w}{\partial z}-\dfrac{1}{c_{\mathrm{p}}^2}\dfrac{\partial^2 u}{\partial t^2}=-\dfrac{1-\sigma^2}{Eh}F_z \\
\dfrac{1+\sigma}{2a}\dfrac{\partial^2 u}{\partial z\partial \varphi}+\dfrac{1-\sigma}{2}\dfrac{\partial^2 v}{\partial z^2}+\dfrac{1}{a^2}\dfrac{\partial^2 v}{\partial \varphi^2}+\dfrac{1}{a^2}\dfrac{\partial w}{\partial \varphi}-\dfrac{1}{c_{\mathrm{p}}^2}\dfrac{\partial^2 v}{\partial t^2}=-\dfrac{1-\sigma^2}{Eh}F_\varphi \\
\dfrac{\sigma}{a}\dfrac{\partial u}{\partial z}+\dfrac{1}{a^2}\dfrac{\partial v}{\partial \varphi}+\dfrac{w}{a^2}+\beta^2a^2\nabla^4 w+\dfrac{1}{c_{\mathrm{p}}^2}\dfrac{\partial^2 w}{\partial t^2}=\dfrac{1-\sigma^2}{Eh}F_r
\end{cases}
\tag{5.6.1}
$$

其中，圆柱坐标中的算符

$$
\nabla^4 w=\frac{\partial^4 w}{\partial z^4}+\frac{2}{a^2}\frac{\partial^4 w}{\partial z^2\partial \varphi^2}+\frac{1}{a^4}\frac{\partial^4 w}{\partial \varphi^4}
\tag{5.6.2}
$$

$\beta^2\nabla^4 w$ 表示弯曲应力的作用 $\beta^2=h^2/(12a^2)$，c_{p} 就是 (5.5.22) 式给出的壳体展开为平板时的纵波速度，F_z, F_φ, F_r 分别是作用在纵向、切向和径向的单位面积表面力。其中 F_z 和 F_φ 作用在内外表面是一样的，F_r 作用在内外表面符号相反。这里规定作用在内表面的压力 (r 方向) 为正，作用在外表面的压力为负。若壳体在声介质中振动，F_r 应该包括激励力和声介质引起的反作用力，即辐射声压作用力 $-p$。若壳体受入射声波激励，$F_z=F_\varphi=0$，$F_r=-p$，p 包括入射声压和散射声压。方程 (5.6.1) 的特点是三个方向的位移相互耦合。

简谐声激励情况下，消去 u, v, w 和 p 等所有各量的时间因子 $\mathrm{e}^{-\mathrm{i}\omega t}$，Donnell 方程变成

$$
\begin{cases}
\dfrac{\partial^2 u}{\partial z^2}+\dfrac{1-\sigma}{2a^2}\dfrac{\partial^2 u}{\partial \varphi^2}+\dfrac{1+\sigma}{2a}\dfrac{\partial^2 v}{\partial z\partial \varphi}+\dfrac{\sigma}{a}\dfrac{\partial w}{\partial z}+k_{\mathrm{p}}^2 u=0 \\
\dfrac{1+\sigma}{2a}\dfrac{\partial^2 u}{\partial z\partial \varphi}+\dfrac{1-\sigma}{2}\dfrac{\partial^2 v}{\partial z^2}+\dfrac{1}{a^2}\dfrac{\partial^2 v}{\partial \varphi^2}+\dfrac{1}{a^2}\dfrac{\partial w}{\partial \varphi}+k_{\mathrm{p}}^2 v=0 \\
\dfrac{\sigma}{a}\dfrac{\partial u}{\partial z}+\dfrac{1}{a^2}\dfrac{\partial v}{\partial \varphi}+\dfrac{w}{a^2}+\beta^2a^2\nabla^4 w-k_{\mathrm{p}}^2 w=-\dfrac{1-\sigma^2}{Eh}p
\end{cases}
\tag{5.6.3}
$$

其中，$k_{\mathrm{p}}=\omega/c_{\mathrm{p}}$ 是归一化波数。用 Donnell 方程描述圆柱薄壳的振动，既简洁又相当精确。研究表明，在远低于壳体展开的板的吻合频率以下的低频段，Donnell 方程是足够精确的。例如，30mm 厚的钢板，吻合频率大约是 7.9kHz。所以在几千赫兹以下 Donnell 方程是足够精确的。

首先讨论无外部激励时圆柱薄壳中可能存在的固有波。这时进一步令 $p=0$，得到特征波数满足的特征方程。

情况一：平面振动和波

当平面波垂直入射到无限长圆柱壳时，运动与 z 轴无关。在这种情况下，只有沿圆周方向传播的波。设波的形式是 $\mathrm{e}^{\mathrm{i}k_\varphi\varphi}$，取中面位移的特解

$$u=0,\quad v(\varphi)=V\mathrm{e}^{\mathrm{i}k_\varphi\varphi},\quad w(\varphi)=W\mathrm{e}^{\mathrm{i}k_\varphi\varphi} \tag{5.6.4}$$

k_φ 是以角度 (弧度) 计算的圆周波数，k_φ/a 相当于以弧长计算的圆周波数。将此解代入自由状态下 Donnell 方程得到

$$\begin{cases}\left(\Omega^2-k_\varphi^2\right)V+\mathrm{i}k_\varphi W=0\\ \mathrm{i}k_\varphi V+\left(1+\beta^2k_\varphi^4-\Omega^2\right)W=0\end{cases} \tag{5.6.5}$$

其中，$\Omega=k_\mathrm{p}a=\omega a/c_\mathrm{p}$ 是无因次频率参量。$\Omega=1$ 时 $\lambda_\mathrm{p}=c_\mathrm{p}/f_\mathrm{r}=2\pi a$，圆周长等于与圆柱壳等厚的板波波长，相应的频率 $f_\mathrm{r}=c_\mathrm{p}/(2\pi a)$ 称为圆柱壳的环频率 (ring frequency)，是圆柱壳的重要参数，因为在这个频率以上和以下圆柱壳的振动性能有重要差别。方程 (5.6.5) 有解条件是

$$\begin{vmatrix}\Omega^2-k_\varphi^2 & \mathrm{i}k_\varphi\\ \mathrm{i}k_\varphi & 1+\beta^2k_\varphi^4-\Omega^2\end{vmatrix}=0 \tag{5.6.6}$$

得到波数特征方程

$$\Omega^4-\Omega^2\left(1+k_\varphi^2+\beta^2k_\varphi^4\right)+\beta^2k_\varphi^6=0 \tag{5.6.7}$$

方程中 k_φ^2 是待求的量。$k_\varphi^2>0$ 的解有两个，表示两种类型的波。两种波都既有径向位移 W 又有切向位移 V，它们之间的比值满足

$$V=\frac{k_\varphi}{\Omega^2-k_\varphi^2}W=\frac{\Omega^2-1-\beta^2k_\varphi^4}{k_\varphi}W \tag{5.6.8}$$

所以其中一类波以径向位移为主，类似于平板中的反对称波——弯曲波 a_0。另外一类波以周向位移为主，类似于平板中的对称波——伸缩波或纵波 s_0。

图 5.6.2(a) 是计算得到的钢圆柱薄壳平面振动时 s_0 和 a_0 波相速度频散曲线，取 $h/a=5\%$。相速度定义为 $c_\mathrm{ph}=\omega a/k_\varphi$，$c_\mathrm{ph}/c_p=\Omega/k_\varphi$。两种波的频散曲线与平板中的对称和反对称波的类似。频率较高时 s_0 波的相速度趋于板波速度 c_p，a_0 波的相速度趋于平板弯曲波速度。图中用虚线标出当外部有声速 $c=1500\mathrm{m/s}$ 的流体介质时反对称波 a_0 发生吻合的位置。图 5.6.2(b) 给出两种波的位移之比 W/V。由图可见，当频率较高时，a_0 波的径向位移远大于切向位移，s_0 波则反之。而在 $\Omega\leqslant 1$ 的低频段 (环频率以下)，两类波的径向位移和切向位移可比拟。

波绕行一周相位变化 2π 的整数倍就发生共振，$(k_\varphi/a)\,2\pi a=2\pi n$，即 $k_\varphi=n$。这时波数特征方程变成频率特征方程

$$\Omega^4-\Omega^2\left(1+n^2+\beta^2n^4\right)+\beta^2n^6=0,\quad n=1,2,\cdots \tag{5.6.9}$$

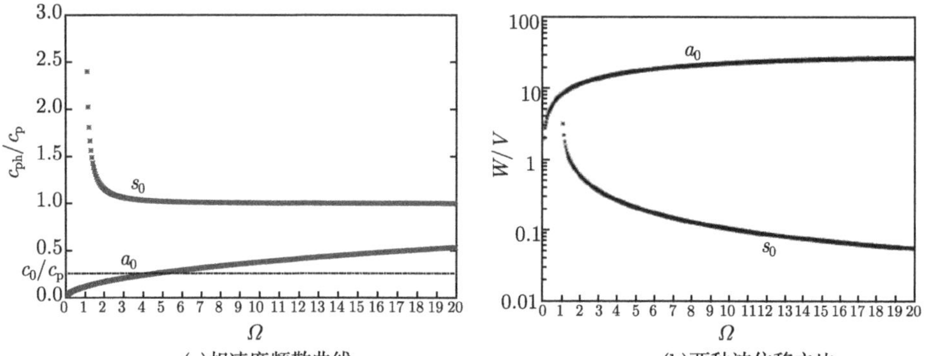

(a)相速度频散曲线　　(b)两种波位移之比

图 5.6.2　钢圆柱薄壳平面振动时两种特征波特性

Ω^2 是待求的量。对于给定的 $n>1$，有两个正实数解

$$\Omega_n^2=\frac{1}{2}\left[1+n^2+\beta^2n^4\mp\sqrt{\left(1+n^2+\beta^2n^4\right)^2-4\beta^2n^6}\right] \tag{5.6.10}$$

将 $\mp$ 对应的根分别标为 $\Omega_n^{(1)}$ 和 $\Omega_n^{(2)}$。对于同一个 n，$\Omega_n^{(1)}$ 是数值较低的那个共振频率，对应相速度较小，即弯曲波 a_0 的共振，$\Omega_n^{(2)}$ 是对应相速度较大的纵波 s_0 共振。因为弯曲波相速度与 h/a 有关，所以弯曲波共振频率也与 h/a 有关，而纵波的相速度基本上与相对厚度 h/a 无关，所以共振频率也与 h/a 无关。

情况二：螺旋环绕波

当壳体振动依赖于轴向 z 时应该寻求下面形式的特解：

$$u(\varphi,z)=U\mathrm{e}^{\mathrm{i}k_\varphi\varphi}\mathrm{e}^{\mathrm{i}Kz},\quad v(\varphi,z)=V\mathrm{e}^{\mathrm{i}k_\varphi\varphi}\mathrm{e}^{\mathrm{i}Kz},\quad w(\varphi,z)=W\mathrm{e}^{\mathrm{i}k_\varphi\varphi}\mathrm{e}^{\mathrm{i}Kz} \tag{5.6.11}$$

这时的波是表面螺旋环绕波，z 方向波数为 K，圆周方向波数为 k_φ/a，波相对于 z 轴的夹角即螺旋角 $\theta_z=\arctan\left[k_\varphi/(Ka)\right]$。将解式代入自由振动状态下 Donnell 方程得到特征方程

$$\begin{vmatrix} -\Omega^2+\chi^2+\sigma^-k_\varphi^2 & \sigma^+k_\varphi\chi & \sigma\chi \\ \sigma^+k_\varphi\chi & -\Omega^2+\sigma^-\chi^2+k_\varphi^2 & k_\varphi \\ \sigma\chi & k_\varphi & 1-\Omega^2+\beta^2\left(\chi^2+k_\varphi^2\right)^2 \end{vmatrix}=0 \tag{5.6.12}$$

其中，$\chi=Ka$ 并简写 $\sigma^\pm=\dfrac{1}{2}(1\pm\sigma)$。$\Omega$ 和 k_φ 是两个无因次参数，从中解出 χ(或 K)。波数特征方程有三个根，对应三种类型的波。从方程的解可以得到多种形式的频散曲线。能够较清楚地反映三种波机理的频散曲线是固定波传播角度的频散曲线。因为当 $k_\varphi\neq0$ 时圆柱壳上的波都是螺旋环绕波，环绕波的波数是 $\sqrt{K^2+(k_\varphi/a)^2}$，所以相速度是

$$c_{\mathrm{ph}}=\frac{\omega}{\sqrt{K^2+(k_\varphi/a)^2}} \quad 或 \quad \frac{c_{\mathrm{ph}}}{c_{\mathrm{p}}}=\frac{\Omega}{\sqrt{\chi^2+k_\varphi^2}} \tag{5.6.13}$$

固定 θ_z 角以 Ω 为参变量求出 $\chi\sim\Omega$，画出一系列相速度频散曲线。图 5.6.3 是真空中钢圆柱薄壳的频散曲线，取半径 $a=4\mathrm{m}$，厚度 $h=0.03\mathrm{m}$，环频率 $f_{\mathrm{r}}=216\mathrm{Hz}$。$a_0$ 波对应于薄平板中的弯曲波，当 $\theta_z=90°$ 时频散曲线与薄平板的完全重合。当 $\theta_z\neq 90°$ 时在环频率以上频散曲线仍然与薄平板的一致，在环频率以下则有很大差别。s_0 波对应薄平板中的纵波或伸缩波，环频率以下相速度很大，随着频率增加，相速度逐渐趋于板波速度 c_{p}。T_0 波对应扭转波，$\theta_z=90°$ 时这种波不存在。频率增加时相速度趋于剪切波速度 c_{T}。对于钢板这类金属材料，c_{p} 和 c_{T} 都大于水中声速，所以这两种波都没有吻合效应，而弯曲波是有吻合效应的。所有这三种波的相速度在环频率以上都与 θ_z 角没有明显关系，性能与薄平板的相似，但是在环频率以下相速度与 θ_z 角有关，性能与薄平板的有很大不同。

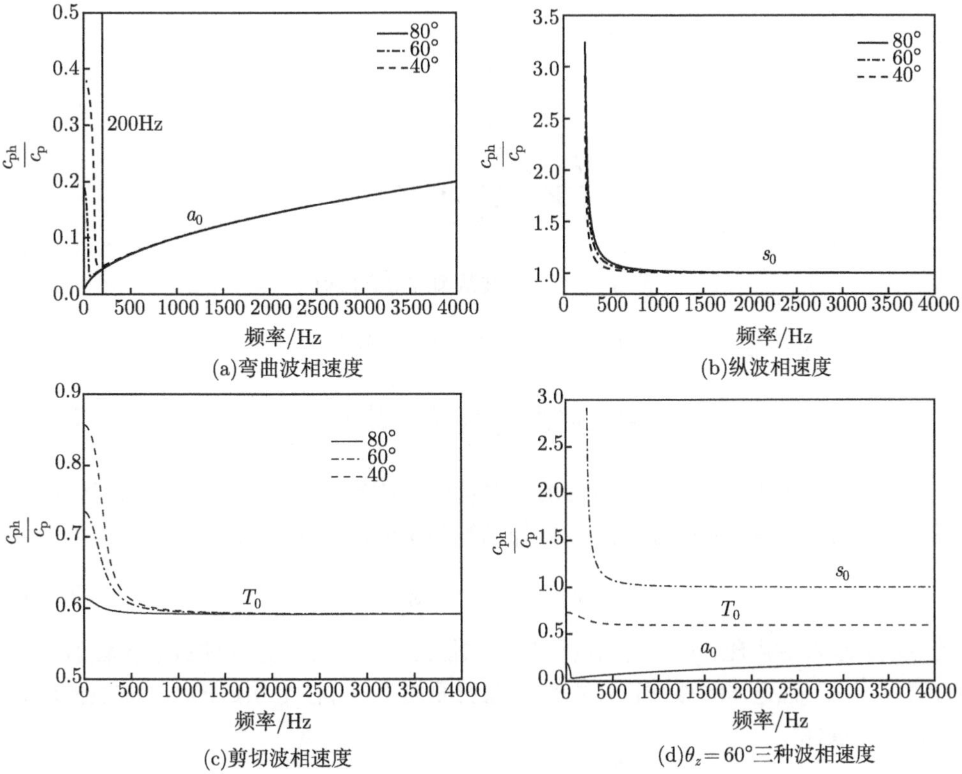

图 5.6.3　钢圆柱薄壳中特征波相速度

图 5.6.4 给出螺旋环绕波示意图。波的形式是 $\mathrm{e}^{\mathrm{i}(Kz+k_\varphi\varphi)}$，螺旋环绕波波数 $k_{\mathrm{w}}=\left[K^2+(k_\varphi/a)^2\right]^{1/2}$ 或 $k_{\mathrm{w}}a=\left(\chi^2+k_\varphi^2\right)^{1/2}$。三种类型波形成三种类型的螺旋

环绕波。原则上圆柱壳上的螺旋环绕波可以有任意倾斜角，只要 $\theta_z \leqslant \pi/2$。在散射问题中，根据波轨迹一致条件以某个角度入射的波在圆柱壳上激发起同样倾角的螺旋环绕波。

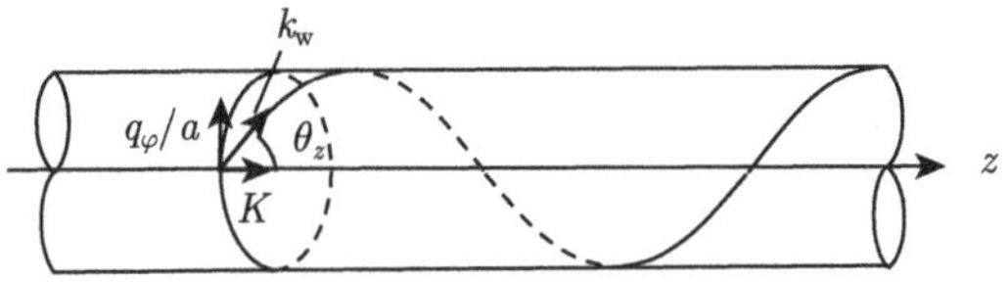

图 5.6.4　圆柱薄壳螺旋环绕波

假设平面波倾斜入射到无限长圆柱薄壳，入射波矢量处在 xz 平面，掠射角 θ_g，如图 5.6.5 所示。入射声压

$$p_i(r,\varphi,z) = e^{iKz}e^{i\kappa r\cos\varphi} = e^{iKz}\sum_{n=0}^{\infty}\varepsilon_n i^n J_n(\kappa r)\cos n\varphi \tag{5.6.14}$$

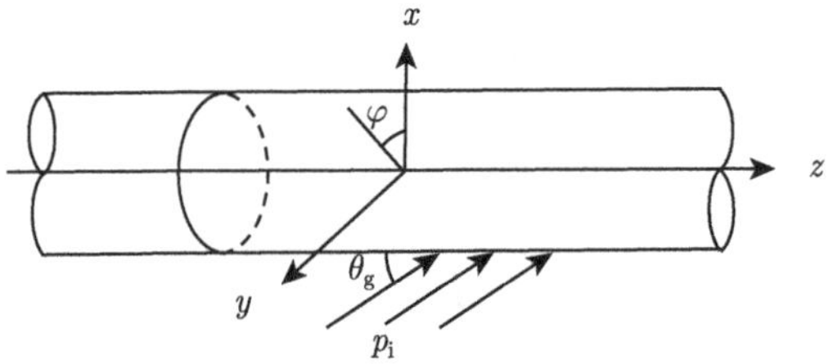

图 5.6.5　平面波从圆柱薄壳散射

其中，$K = k\cos\theta_g$，$\kappa = k\sin\theta_g$。散射声压的形式解是

$$p_s(r,\varphi,z) = e^{iKz}\sum_{n=0}^{\infty}\varepsilon_n i^n b_n H_n^{(1)}(\kappa r)\cos n\varphi \tag{5.6.15}$$

根据共振散射理论，圆柱薄壳的散射可以分离出刚性背景项和纯弹性散射项。纯弹性散射项与壳体振动有关。壳体外部流体中的总声压 p 可以表示为

$$p = p_i + p_s = p_i + p_{rig} + p_{res} \tag{5.6.16}$$

其中，p_i 是入射声压，p_{rig} 是刚性圆柱壳的散射声压，p_{res} 是壳体振动再辐射产生的散射声压，而壳体的振动正是由作用在表面的声压 $p|_{r=a}$ 引起的。壳体表面应该满足边界条件

$$\left.\frac{\partial(p_i + p_{rig} + p_{res})}{\partial r}\right|_{r=a} = \rho_0\omega^2 w \tag{5.6.17}$$

其中的 p_{rig} 满足刚性边界条件

$$\left.\frac{\partial(p_i + p_{rig})}{\partial r}\right|_{r=a} = 0 \tag{5.6.18}$$

两式相减得到 p_{res} 满足的边界条件

$$\left.\frac{\partial p_{\text{res}}}{\partial r}\right|_{r=a} = \rho_0\omega^2 w \tag{5.6.19}$$

可见 p_{res} 是圆柱壳体纯弹性共振再辐射产生的散射声压。

对于刚性圆柱，类似于垂直入射的情况，由刚性边界条件得到散射系数 $b_n = -\mathrm{J}_n'(\kappa a)\Big/\mathrm{H}_n^{(1)'}(\kappa a)$ 和

$$p_{\text{rig}}(r,\varphi,z) = -\mathrm{e}^{\mathrm{i}Kz}\sum_{n=0}^{\infty}\varepsilon_n \mathrm{i}^n \frac{\mathrm{J}_n'(\kappa a)}{\mathrm{H}_n^{(1)'}(\kappa a)}\mathrm{H}_n^{(1)}(\kappa r)\cos n\varphi \tag{5.6.20}$$

刚性圆柱表面上的总声压

$$(p_{\mathrm{i}} + p_{\text{rig}})_{r=a} = \mathrm{e}^{\mathrm{i}Kz}\sum_{n=0}^{\infty}\varepsilon_n \mathrm{i}^n (p_{\mathrm{g}})_n \mathrm{H}_n^{(1)}(\kappa r)\cos n\varphi \tag{5.6.21}$$

其中

$$(p_{\mathrm{g}})_n = \mathrm{J}_n(\kappa a) - \frac{\mathrm{J}_n'(\kappa a)}{\mathrm{H}_n^{(1)'}(\kappa a)}\mathrm{H}_n^{(1)}(\kappa a) = \frac{2\mathrm{i}}{\pi\kappa a\mathrm{H}_n^{(1)'}(\kappa a)} \tag{5.6.22}$$

这里利用了 Wronskian 行列式 (2.2.29)。

对于圆柱薄壳，在入射波激励下壳体表面发生振动。由波轨迹一致条件，z 方向应该是具有 $\exp(\mathrm{i}Kz)$ 形式的行波，同时对 φ 对称，因此取振动方程 (5.6.3) 的解

$$\begin{pmatrix} u \\ v \\ w \end{pmatrix} = \mathrm{e}^{\mathrm{i}Kz}\sum_{n=0}^{\infty}\varepsilon_n \mathrm{i}^n \begin{pmatrix} U_n\cos n\varphi \\ V_n \sin n\varphi \\ W_n\cos n\varphi \end{pmatrix} \tag{5.6.23}$$

同时在振动方程的第 3 个方程中按 (5.6.14) 和 (5.6.15) 式的形式取 $p = (p_{\mathrm{i}} + p_{\mathrm{s}})_{r=a}$，利用正弦和余弦函数的正交性得到展开系数 U_n, V_n, W_n 满足的方程

$$(D(\varOmega,\chi,n))\begin{pmatrix} U_n \\ V_n \\ W_n \end{pmatrix} = -E_{\mathrm{a}}\begin{pmatrix} 0 \\ 0 \\ \mathrm{J}_n(\kappa a) + b_n\mathrm{H}_n^{(1)}(\kappa a) \end{pmatrix} \tag{5.6.24}$$

其中，为书写简略，取 $E_{\mathrm{a}} = \left(1-\sigma^2\right)/(Eh)$，系数矩阵

$$(D(\varOmega,\chi,n)) = \begin{pmatrix} -\varOmega^2 + \chi^2 + \sigma^- n^2 & \sigma^+ n\chi & -\mathrm{i}\sigma\chi \\ \sigma^+ n\chi & -\varOmega^2 + \sigma^-\chi^2 + n^2 & -\mathrm{i}n \\ \mathrm{i}\sigma\chi & \mathrm{i}n & 1 - \varOmega^2 + \beta^2\left(\chi^2 + n^2\right)^2 \end{pmatrix} \tag{5.6.25}$$

利用壳体表面边界条件 (5.6.17) 解出

$$b_n = \frac{\rho_0\omega^2}{\kappa \mathrm{H}_n^{(1)'}(\kappa a)} W_n - \frac{\mathrm{J}_n'(\kappa a)}{\mathrm{H}_n^{(1)'}(\kappa a)} \tag{5.6.26}$$

代入方程 (5.6.24) 并利用 (5.6.22) 式得到

$$(D(\Omega,\chi,n))\begin{pmatrix} U_n \\ V_n \\ W_n \end{pmatrix} = -E_{\mathrm{a}}\begin{pmatrix} 0 \\ 0 \\ (p_{\mathrm{g}})_n + \dfrac{\rho_0\omega^2 \mathrm{H}_n^{(1)}(\kappa a)}{\kappa \mathrm{H}_n^{(1)'}(\kappa a)} W_n \end{pmatrix} \tag{5.6.27}$$

解出

$$-\mathrm{i}\omega W_n = \frac{-(p_{\mathrm{g}})_n}{Z_n^{\mathrm{M}} + Z_n^{\mathrm{a}}} \tag{5.6.28}$$

其中，Z_n^{M} 是无限长圆柱薄壳周向 n 阶模态的机械阻抗，即真空中作用力 F_n 与法向振速 $-\mathrm{i}\omega W_n$ 之比，这时振动方程的激励项只有 $E_{\mathrm{a}}F_n$。

$$Z_n^{\mathrm{M}} = \frac{\varDelta}{-\mathrm{i}\omega E_a \varDelta_{33}} = \frac{\mathrm{i}\omega\rho_{\mathrm{e}}h}{\Omega^2}\left\{ \left[\Omega^2 - \beta^2(\chi^2+n^2)^2\right] - \frac{\Omega^4 - \sigma^-\left[n^2\Omega^2 + \chi^2\Omega^2(3+2\sigma) - 4\chi^4\sigma^-\sigma^+\right]}{(n^2+\chi^2-\Omega^2)\left[\sigma^-(n^2+\chi^2)-\Omega^2\right]} \right\} \tag{5.6.29}$$

其中，$\varDelta = |D(\Omega,\chi,n)|$，$\varDelta_{33}$ 是行列式元素 D_{33} 的余子式。

$$Z_n^{\mathrm{a}} = \mathrm{i}\frac{\rho_0\omega \mathrm{H}_n^{(1)}(\kappa a)}{\kappa \mathrm{H}_n^{(1)'}(\kappa a)} = \mathrm{i}\frac{\rho_0 c \mathrm{H}_n^{(1)}(\kappa a)}{\sin\theta_{\mathrm{g}} \mathrm{H}_n^{(1)'}(\kappa a)} \tag{5.6.30}$$

是圆柱壳外流体介质中 n 阶模态辐射声阻抗。因为圆柱壳外的辐射声压和振速可以一般地表示为

$$\begin{cases} p(r,\varphi,z) = \displaystyle\sum_{n=0}^{\infty} p_n = \mathrm{e}^{\mathrm{i}Kz}\sum_{n=0}^{\infty}\varepsilon_n \mathrm{i}^n A_n \mathrm{H}_n^{(1)}(\kappa r)\cos n\varphi \\ w(r,\varphi,z) = \displaystyle\sum_{n=0}^{\infty} W_n = \frac{\kappa}{\rho_0\omega^2}\mathrm{e}^{\mathrm{i}Kz}\sum_{n=0}^{\infty}\varepsilon_n \mathrm{i}^n A_n \mathrm{H}_n^{(1)'}(\kappa r)\cos n\varphi \end{cases} \tag{5.6.31}$$

当 $r=a$ 时的 n 阶模态辐射声阻抗 $Z_n^{\mathrm{a}} = p_n/(-\mathrm{i}\omega W_n)$ 就是 (5.6.30) 式。$\theta_{\mathrm{g}} = \pi/2$ 时退化为垂直方向的辐射声阻抗。

(5.6.28) 式显示，圆柱薄壳的纯弹性振动可以看作由外声压 $p_{\mathrm{g}} = (p_{\mathrm{i}} + p_{\mathrm{rig}})_{r=a}$ 激励产生的。将解 (5.6.28) 式代入 (5.6.26) 式得到用阻抗表示的散射系数

$$b_n = -\frac{Z_n^{\mathrm{a}}}{Z_n^{\mathrm{M}} + Z_n^{\mathrm{a}}}\frac{\mathrm{J}_n(\kappa a)}{\mathrm{H}_n^{(1)}(\kappa a)} - \frac{Z_n^{\mathrm{M}}}{Z_n^{\mathrm{M}} + Z_n^{\mathrm{a}}}\frac{\mathrm{J}_n'(\kappa a)}{\mathrm{H}_n^{(1)'}(\kappa a)} \tag{5.6.32}$$

当壳体很“硬”($Z_n^{\mathrm{M}} \gg Z_n^{\mathrm{a}}$) 时，$b_n$ 趋于刚性圆柱的值 $-\mathrm{J}_n'(\kappa a)\Big/\mathrm{H}_n^{(1)'}(\kappa a)$；当壳体很“软”($Z_n^{\mathrm{M}} \ll Z_n^{\mathrm{a}}$) 时，$b_n$ 趋于软圆柱的值 $-\mathrm{J}_n(\kappa a)\Big/\mathrm{H}_n^{(1)}(\kappa a)$。

方程 $Z_n^{\mathrm{M}} + Z_n^{\mathrm{a}} = 0$ 是圆柱薄壳周向 n 阶模态特征方程，满足此方程时散射声场达到共振。对于固定阶次 n，给定掠射角 θ_{g} 有一系列无因次频率 $(ka)_{nm}$，$m = 1, 2, \cdots$ 满足此式。

推广到壳体内部充水的情况，作用在壳体上的总压力还应该包括内部声压。类似于 4.1 节讨论的流体圆柱的散射，内部流体圆柱的作用表现为模态机械阻抗。斜入射时流体圆柱的模态机械阻抗是

$$Z_{n1}^{\mathrm{M}} = -\mathrm{i}\rho_1 c_1 \frac{\mathrm{J}_n(\kappa_1 a)}{\sin\theta_{\mathrm{g}} \mathrm{J'}_n(\kappa_1 a)}, \quad \kappa_1 = k_1 \sin\theta_{\mathrm{g}} \tag{5.6.33}$$

充水圆柱薄壳周向 n 阶模态特征方程是

$$\mathbb{Z}_n = Z_n^{\mathrm{M}} + Z_n^{\mathrm{a}} + Z_{n1}^{\mathrm{M}} = 0 \tag{5.6.34}$$

利用第 4 章中介绍的“Regge 轨迹”方法计算得到内部真空和内部充水无限长圆柱薄壳各类波的相速度频散曲线，如图 5.6.6 所示。纵轴 c_{ph}/c 表示各种波的相速度与水中声速的比值。数值计算壳体尺寸 $a = 0.08\mathrm{m}$，$h = 0.0008\mathrm{m}$，水中声速 $c = 1500\mathrm{m/s}$，其他参数与图 5.6.3 中基本相同。内部真空时 s_0, a_0 和 T_0 波的频散曲线与图 5.6.3 相同，外部水介质对这些弹性波影响很小。内部充水时增加了一组内部流体附加波 $F_i\,(i = 0, 1, 2, \cdots)$，其最低阶 F_0 波的相速度十分接近于水中声速 c，即所谓的 s 波，并且高阶波低频有截止。壳体和内部流体之间强烈的耦合作用，产生频散曲线排斥现象，使得本来连续的频散曲线在交汇点处相互排斥产生局部不连续。

若想深入分析散射声场中各种波的作用，可以进行环绕波分析，其首要任务是求解复波数极点。以内部真空的情况为例，极点 ν_l 满足方程 $Z_\nu^{\mathrm{M}} + Z_\nu^{\mathrm{a}} = 0$，即

$$Z_\nu^{\mathrm{M}} \sin\theta_{\mathrm{g}} + \mathrm{i}\rho_0 c \mathrm{H}_\nu^{(1)}(ka\sin\theta_{\mathrm{g}})\Big/\mathrm{H}_\nu^{(1)'}(ka\sin\theta_{\mathrm{g}}) = 0 \tag{5.6.35}$$

其中，$\sin\theta_{\mathrm{g}}$ 和 ka 都是实参数，ν 是复变量。文献 [27] 计算了平面波入射时薄圆柱壳的复波数极点，$ka = 40$，如图 5.6.7 所示。其中图 5.6.7(a) 是垂直入射情况，除 Franz 极点外只有 a_0 和 s_0 极点，图 5.6.7(b) 是倾斜入射情况，增加了 T_0 极点。在所计算的 ka 值，s_0 和 T_0 极点处在 ka 的左边，波的相速度大于水中声速，是辐射波。a_0 极点处在 ka 的右边，波的相速度小于水中声速，是渐消波。与图 5.6.2 相比不存在高阶波，因为这里采用薄壳模型。文献 [27] 还计算了壳体内部充水时的复波数极点，充水对 a_0、s_0 和 T_0 极点影响很小，同时增加了一系列流体附加波极点。

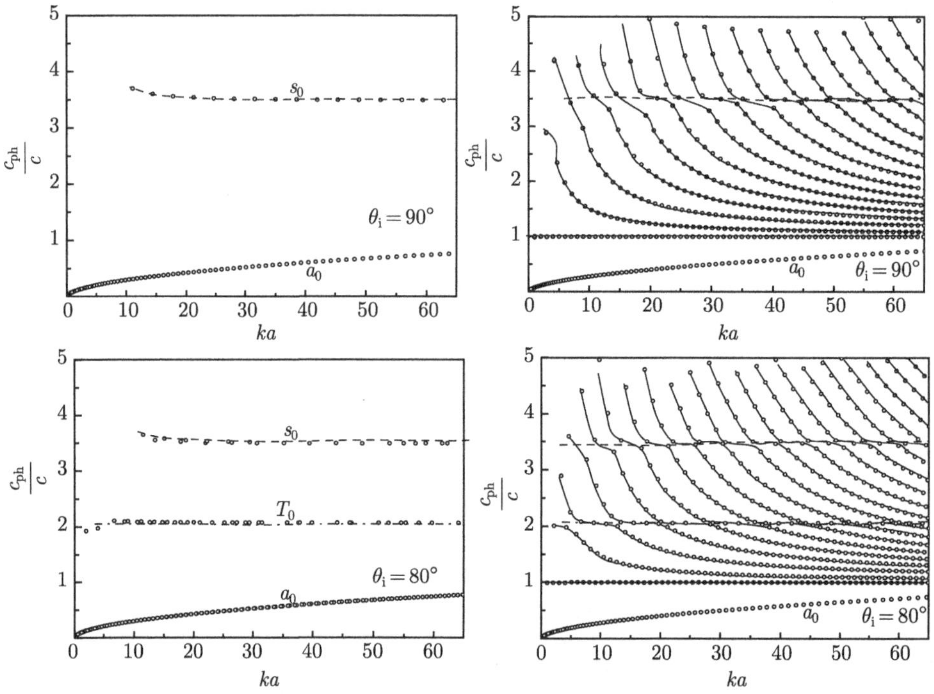

(a)内部真空，只有 s_0,a_0和 T_0波　　(b)内部充水，增加流体附加波 F_i

图 5.6.6　真空和充水无限长圆柱薄壳各类波的相速度频散曲线 [26,27]

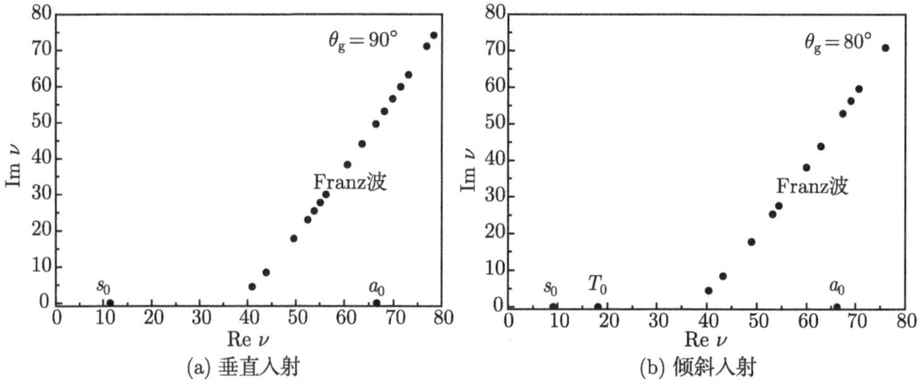

(a) 垂直入射　　(b) 倾斜入射

图 5.6.7　平面波入射时薄圆柱壳复波数极点 ($ka = 40$)[27]

需要指出薄板和薄圆柱壳声散射的不同。虽然薄板中除弯曲波外还存在特征纵波——s_0 波，但是在声散射时入射声压只有垂直方向作用力，只能激发弯曲波，不能激发 s_0 波，而且薄板中的纵振动和弯曲振动相互独立不发生耦合。而对薄圆柱壳，入射声压不仅激发弯曲波同时还激发 s_0 波和 T_0 波。这是因为薄圆柱壳中的各种振动相互耦合，只要激发某种振动必然会同时产生其他振动，这是壳体弯曲的结果。

5.7 周期性加肋薄板声散射

加肋 (筋) 是薄板和薄壳增加机械强度同时保持轻质的主要措施，水中结构由于耐压要求一般都采用加肋结构。肋骨或筋条通常焊接在主结构上，因此可以认为它们与主结构一起振动。这相当于主结构在肋骨上作用有力和力矩，不妨称为肋骨的振动力和力矩。它们对主结构的作用是符号相反的反作用力和反力矩。

Guo 分析了平板上加肋后肋骨对板的反作用力和反力矩 (弯矩)[28]，如图 5.7.1 所示。无限大板横向加一根肋骨，由于肋骨随板一起运动，在肋骨上作用有振动力和力矩，其中力矩 M_B 的作用相当于两个靠得很近、方向相反的等效力，因此可以写成导数形式

$$\frac{\partial M_B(x)}{\partial x}=\lim_{l\to 0}\frac{lF_B(+l/2)-lF_B(-l/2)}{l}=\lim_{l\to 0}\left[F_B(+l/2)-F_B(-l/2)\right]$$

其中，l 是等效力臂，显然肋骨越窄力矩的作用越小。力和力矩的值都与板的振动有关。因为在连接处要满足边界条件：位移 (振速) 连续，位移导数 (偏转) 相等。圆柱壳中的环形肋骨或大肋板 (舱壁) 的力学模型比较复杂，见文献 [29,30]。

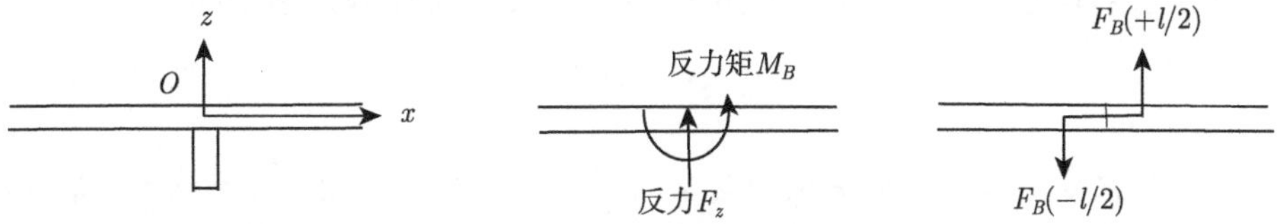

(a) 平板上肋骨　(b) 等效反力和力矩　(c) 反力矩的等效反力

图 5.7.1 平板上肋骨作用示意图

当肋骨很窄以至于肋骨与板近似为线接触时，位于 x_0 的肋骨的振动力描述为 $f\delta(x-x_0)$，这表示作用在一个肋骨周期 L 的力是

$$\int_{x_0-L/2}^{x_0+L/2} f\delta(x-x_0)\,\mathrm{d}x=f$$

因此单位长度的振动力是 f/L。类似地，线接触肋骨的振动力矩的等效力描述为 $\partial\left[M_B\delta(x-x_0)\right]/\partial x=M_B\delta'(x-x_0)$。

本节讨论加肋平板声散射并着重揭示肋骨引起新的散射机理。取一个简化模型，假设肋骨的宽度和高度都很小，可以近似为① 肋骨与平板线接触，其作用集中在一条线上；② 只有 z 方向的反力，忽略反力矩。设肋骨与 y 轴平行，位于

$x=x_m$, $m=0,\pm1,\cdots$。入射声矢量处在 xz 平面上，因此简化为二维问题。声激励下加肋薄板的振动方程可以从 (5.5.7) 式导出为

$$D\left(\nabla^4-\gamma^4\right)w\left(x\right)=-f\left(x\right)-p\left(x,z=0\right) \tag{5.7.1}$$

这里 $f(x)$ 是导致肋骨振动的力，它对板的作用是反力，因此要加负号。肋骨振动力

$$f\left(x\right)=\sum_m f_m\delta\left(x-x_m\right) \tag{5.7.2}$$

f_m 是第 m 根肋骨的振动力。假设肋骨是沿 y 轴延伸的 Euler-Bernoulli 梁，因为振动与 y 无关，梁的振动方程简化为

$$f\left(x\right)=-\rho_{\mathrm{e}}A\omega^2w\left(x\right)=-\mathrm{i}\omega w\left(x\right)Z_r,\quad Z_r=-\mathrm{i}\omega\rho_{\mathrm{e}}A \tag{5.7.3}$$

其中，ρ_{e} 是肋骨密度，A 是截面积，Z_r 是肋骨机械阻抗，只与频率有关。现在肋骨简化为质量元件 $f=\rho_{\mathrm{e}}A\ddot{w}$。间隔为 L 无限周期加相同肋骨的总振动力是

$$f\left(x\right)=-\mathrm{i}\omega Z_r\sum_{m=-\infty}^{\infty}w\left(x\right)\delta\left(x-mL\right) \tag{5.7.4}$$

对于散射问题，声压 p 是入射声压和散射声压之和，设入射平面波

$$p_{\mathrm{i}}\left(x,z\right)=\mathrm{e}^{\mathrm{i}(Kx-\kappa z)} \tag{5.7.5}$$

入射和散射波及结构的几何关系如图 5.7.2 所示。与均匀薄板情况不同的是散射波可能在任何角度 θ 接收到，不限于反射角 $\theta=\theta_{\mathrm{i}}$。类似于 5.6 节的思路，将加肋平板的散射声压分解成刚性背景项和纯弹性散射项之和。刚性背景项是几何散射项，纯弹性散射项是平板振动再辐射项。作用在平板外部流体中的总声压 p 可以表示成 (5.6.16) 式的形式

$$p=p_{\mathrm{i}}+p_{\mathrm{s}},\quad p_{\mathrm{s}}=p_{\mathrm{rig}}+p_{\mathrm{res}}$$

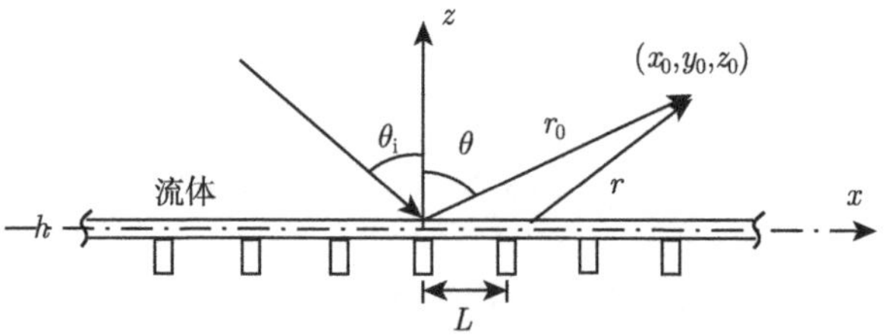

图 5.7.2　平面波从周期加肋平板散射

其中，p_{i} 是入射声压，p_{s} 是散射声压，这里 $p_{\mathrm{rig}}(x,z)=\mathrm{e}^{\mathrm{i}(Kx+\kappa z)}$ 是刚性板的散射声压，p_{res} 是加肋弹性板振动再辐射产生的声压，而加肋板的振动正是由作用在表面的声压 $p|_{r=a}$ 引起的。板表面应该满足边界条件 (5.6.17)~(5.6.19)。在入射和反射总声压 $p(x,z=0)$ 作用下板的振动方程是

$$D\left(\nabla^4-\gamma^4\right)w(x)=\mathrm{i}\omega Z_r\sum_{m=-\infty}^{\infty}w(x)\,\delta(x-mL)-2\mathrm{e}^{\mathrm{i}Kx}-p_{\mathrm{res}}(x) \tag{5.7.6}$$

利用周期性结构中波传播特点解此方程可以获得比较清晰的物理概念。周期性结构中波传播特性有专著深入研究 [31,32]，其基本原理不仅适用于固体物理晶格结构中电磁波的传播而且也适用于弹性结构中振动波的传播。周期结构中的波传播遵循一维情况的 Floquet 定理或多维情况的 Bloch 定理，有些文章称为 Bloch-Floquet 定理，这里虽然只讨论一维问题，仍笼统称为 Bloch 定理。Bloch 定理的基本含义是，具有空间周期 L 的周期结构中传播的波函数可以表示成

$$\phi(x)=\mathrm{e}^{\mathrm{i}k_{\mathrm{B}}x}U(x) \tag{5.7.7}$$

这里 $U(x)=U(x+L)$ 是周期性函数，k_{B} 是 Bloch 波数。$U(x)$ 是波在一个周期间隔内的形状函数。由于函数 $U(x)$ 具有周期性，当移动空间位置时波函数的形状在每个间隔或单元重复，但是相位以 2π 的整数倍增加或减少，对于无限结构可以简单地表示成

$$U(x\pm nL)=U(x)\,\mathrm{e}^{\pm\mathrm{i}2n\pi},\quad n=0,1,2,\cdots \tag{5.7.8}$$

也就是当空间位置移动一个周期时，波函数形状不变，相位变化 2π。由 Bloch 定理推论，无限周期结构中传播的波可以表示成

$$\phi_n(x)=\mathrm{e}^{\mathrm{i}(k_{\mathrm{B}}\pm 2n\pi/L)x}U(x) \tag{5.7.9}$$

因此周期性结构中可能存在许多阶附加传播模式，其波数可以取 $k_{\mathrm{B}}\pm 2n\pi/L$，这里的 n 是 Bloch 波的阶次。正是这些附加传播模式产生新的辐射机理。例如，均匀薄板中只有弯曲波，当频率低于吻合频率时板中弯曲波相速度小于周围介质中的声速，也就是弯曲波数 k_{B} 高于声波数 $k_{\mathrm{B}}>k$，因此不能向周围介质有效辐射声。如果薄板周期性加肋，这时结构中传播的弯曲 Bloch 波存在一些满足 $k_{\mathrm{B}}-2\pi n/L<k$ 的传播模式，这些附加的低波数模式能够有效辐射声。所以周期性加肋结构的声辐射和散射中可以检测到均匀结构中不产生声辐射的低于吻合频率的弯曲波分量。

将 Bloch 定理应用到加肋板声散射问题，由于结构在 x 方向具有无限周期性，要求相邻两个单元的压力和位移等任何空间函数应该满足关系式

$$F(x+L)=F(x)\,\mathrm{e}^{\mathrm{i}KL} \tag{5.7.10}$$

若将物理量表示为无限多阶谐波叠加的形式，$F(x)=\sum F_n\mathrm{e}^{\mathrm{i}(K\pm 2n\pi/L)x}$，就可以满足这个关系式 [33,34]。于是板的位移可以表示成

$$w(x)=\sum_{n=-\infty}^{\infty}W_n\mathrm{e}^{\mathrm{i}(K-\mu_n)x},\quad \mu_n=2n\pi/L \tag{5.7.11}$$

显然，取谐波形式为 $\mathrm{e}^{\mathrm{i}(K+\mu_n)x}$ 的解是一样的，只要把 n 换成 $-n$。利用边界条件 (5.6.19) 导出的无限大平面声辐射特性，振速的每一个分量乘以相应的辐射声阻抗就得到相应的平面波辐射声压，所以 $z\geqslant 0$ 半空间中的弹性再辐射声压是

$$p_{\mathrm{res}}(x,z)=-\mathrm{i}\omega\sum_{n=-\infty}^{\infty}W_nZ_n^{\mathrm{a}}\mathrm{e}^{\mathrm{i}(K-\mu_n)x}\mathrm{e}^{\mathrm{i}\kappa_n z} \tag{5.7.12}$$

其中

$$Z_n^{\mathrm{a}}=\rho_0\omega/\kappa_n,\quad \kappa_n^2=k^2-(K-\mu_n)^2 \tag{5.7.13}$$

Z_n^{a} 是与流体接触的无限大平面的 n 阶 Bloch 波辐射声阻抗。板面上 $(z=0)$ 的 p_{res} 满足 Bloch 定理。从 p_{res} 的形式可以看到，$n=0$ 项对应于无肋均匀结构的弹性散射波，其余各项都是由周期性结构激发出来的散射波。结构中的 Bloch 波不仅有与入射波波数一致的模式，而且还有许多波数为 $K-\mu_n$ 的附加模式。顺便指出，若 $z<0$ 半空间不是真空还存在透射波，透射波也应该具有无限多阶谐波叠加的形式。

将板的位移换成振速，并将 p_{res} 用辐射声阻抗表示，代入振动方程 (5.7.6) 得到

$$\begin{aligned}&\sum_{n=-\infty}^{\infty}\left(Z_n^{\mathrm{M}}+Z_n^{\mathrm{a}}\right)\dot{W}_n\mathrm{e}^{\mathrm{i}(K-\mu_n)x}\\&=-Z_r\sum_{m=-\infty}^{\infty}\left(\sum_{n=-\infty}^{\infty}\dot{W}_n\mathrm{e}^{\mathrm{i}(K-\mu_n)x}\right)\delta(x-mL)-2\mathrm{e}^{\mathrm{i}Kx}\end{aligned} \tag{5.7.14}$$

其中

$$Z_n^{\mathrm{M}}=\frac{\mathrm{i}}{\omega}D\left[(K-\mu_n)^4-\gamma^4\right],\quad Z_0^{\mathrm{M}}=\frac{\mathrm{i}}{\omega}D\left(K^4-\gamma^4\right) \tag{5.7.15}$$

注意到 (5.7.14) 式右边第一项中对 m 和 n 求和可以独立进行。利用 Poisson 求和公式

$$\sum_{m=-\infty}^{\infty}\mathrm{e}^{\pm\mathrm{i}m\beta}=2\pi\sum_{m=-\infty}^{\infty}\delta(2m\pi-\beta) \tag{5.7.16}$$

导出

$$\sum_{m=-\infty}^{\infty}\delta(x-mL)=\frac{1}{L}\sum_{m=-\infty}^{\infty}\mathrm{e}^{\pm\mathrm{i}(2m\pi/L)x}$$

振动方程 (5.7.14) 变成

$$\sum_{n=-\infty}^{\infty}\left(Z_n^{\mathrm{M}}+Z_n^{\mathrm{a}}\right)\dot{W}_n\mathrm{e}^{\mathrm{i}(K-\mu_n)x}=-\left(Z_r/L\right)\sum_{m=-\infty}^{\infty}\sum_{n=-\infty}^{\infty}\dot{W}_n\mathrm{e}^{\mathrm{i}(K-\mu_n)x}\mathrm{e}^{-\mathrm{i}\mu_m x}-2\mathrm{e}^{\mathrm{i}Kx} \tag{5.7.17}$$

利用函数 $\mathrm{e}^{\mathrm{i}\mu_n x}$ 的正交性

$$\int_0^l \mathrm{e}^{\mathrm{i}(\mu_n-\mu_l)x}\mathrm{d}x=\frac{L}{2\pi}\int_0^{2\pi}\mathrm{e}^{\mathrm{i}(n-l)\zeta}\mathrm{d}\zeta=L\delta_{nl}$$

其中，δ_{nl} 是 Kronecker δ 符号，得到

$$\dot{W}_n\mathbb{Z}_n=-Z_r'\sum_{m=-\infty}^{\infty}\dot{W}_{m+n}-2\delta_{n0} \tag{5.7.18}$$

其中简记

$$\mathbb{Z}_n=Z_n^{\mathrm{M}}+Z_n^{\mathrm{a}},\quad Z_r'=Z_r/L \tag{5.7.19}$$

$\mathbb{Z}_n$ 是液体负荷板的 n 阶 Bloch 波总阻抗，Z_r' 是间隔 L 上肋骨的平均阻抗。

(5.7.18) 式是无限周期加肋板在入射平面波激励下振动谐波解满足的基本方程, 解此方程需要利用无限周期性 [34]。对于有限值 n 有

$$\sum_{m=-\infty}^{\infty}\dot{W}_{m+n}=\sum_{m=-\infty}^{\infty}\dot{W}_m \tag{5.7.20}$$

由 (5.7.18) 式解出

$$\dot{W}_n=-\frac{Z_r'}{\mathbb{Z}_n}\sum_{m=-\infty}^{\infty}\dot{W}_m-\frac{2\delta_{n0}}{\mathbb{Z}_n} \tag{5.7.21}$$

两边对 n 求和可得

$$\sum_{n=-\infty}^{\infty}\dot{W}_n=-\left(\sum_{n=-\infty}^{\infty}\frac{Z_r'}{\mathbb{Z}_n}\right)\sum_{m=-\infty}^{\infty}\dot{W}_m-\frac{2}{\mathbb{Z}_0} \tag{5.7.22}$$

由此解出

$$\sum_{m=-\infty}^{\infty}\dot{W}_m=\sum_{n=-\infty}^{\infty}\dot{W}_n=-\frac{1}{1+G(K)}\frac{2}{\mathbb{Z}_0(K)},\quad G(K)=\sum_{n=-\infty}^{\infty}\frac{Z_r'}{\mathbb{Z}_n(K-\mu_n)} \tag{5.7.23}$$

代回 (5.7.21) 式得到振动谐波解

$$\dot{W}_n=\frac{2}{\mathbb{Z}_n}\left(\frac{1}{1+G(K)}\frac{Z_r'}{\mathbb{Z}_0}-\delta_{n0}\right) \tag{5.7.24}$$

已知加肋板二维振动就可以用 Rayleigh 公式 [36] 计算辐射声压

$$p_{\text{res}}(x_0,y_0,z_0)=-2\mathrm{i}k\rho_0 c\iint \dot{w}(x,y)\,G(x_0,y_0,z_0;x,y,0)\,\mathrm{d}x\mathrm{d}y$$

其中，(x_0,y_0,z_0) 是空间点坐标，$(x,y,0)$ 是辐射面上点的坐标，G 是 Green 函数

$$G(x_0,y_0,z_0;x,y,z)=\frac{\mathrm{e}^{\mathrm{i}kR}}{4\pi R},\quad R=\sqrt{(x-x_0)^2+(y-y_0)^2+(z-z_0)^2}$$

退化到一维振动情况是

$$p_{\text{res}}(x_0,z_0)=-2\mathrm{i}k\rho_0 c\int \dot{w}(x)\,G(x_0,z_0;x,0)\,\mathrm{d}x \tag{5.7.25}$$

其中，G 是一维情况下自由场 Green 函数

$$G(x_0,z_0;x,z)=\frac{\mathrm{i}}{4}\mathrm{H}_0^{(1)}(kr),\quad r=\sqrt{(x-x_0)^2+(z-z_0)^2} \tag{5.7.26}$$

远场情况下取 Hankel 函数渐近展开式 $\mathrm{H}_0^{(1)}(kr)\sim\sqrt{2/(\pi kr)}\mathrm{e}^{\mathrm{i}(kr-\pi/4)}$，并在指数上取近似 $r\approx r_0-x\sin\theta$，r 和 r_0 如图 5.7.2 所示，得到

$$p_{\text{res}}(r,\theta)=\frac{\omega\rho_0}{\sqrt{2\pi kr_0}}\mathrm{e}^{\mathrm{i}(kr_0-\pi/4)}\int \dot{w}(x)\,\mathrm{e}^{-\mathrm{i}kx\sin\theta}\mathrm{d}x \tag{5.7.27}$$

也可以直接用波数域振速 $\dot{\tilde{w}}(\varsigma)$ 表示成

$$p_{\text{res}}(r,\theta)=\frac{\omega\rho_0}{\sqrt{2\pi kr_0}}\mathrm{e}^{\mathrm{i}(kr_0-\pi/4)}\dot{\tilde{w}}(k\sin\theta) \tag{5.7.28}$$

其中，$\dot{\tilde{w}}(\varsigma)$ 是 $\dot{w}(x)$ 的空间 Fourier 变换，定义为

$$\tilde{w}(\varsigma)=\int_{-\infty}^{\infty}w(x)\,\mathrm{e}^{-\mathrm{i}\varsigma x}\mathrm{d}x,\quad w(x)=\frac{1}{2\pi}\int_{-\infty}^{\infty}\tilde{w}(\varsigma)\,\mathrm{e}^{\mathrm{i}\varsigma x}\mathrm{d}\varsigma \tag{5.7.29}$$

将振速解 (5.7.24) 式代入 (5.7.11) 式并作 Fourier 变换得到

$$\dot{\tilde{w}}(\varsigma)=\frac{1}{1+G(K)}\frac{Z_r'}{\mathbb{Z}_0(K)}\sum_{n=-\infty}^{\infty}\frac{4\pi}{\mathbb{Z}_n(K-\mu_n)}\delta(K-\mu_n-\varsigma)-\frac{4\pi}{\mathbb{Z}_0(K)}\delta(K-\varsigma)$$

让其中的 $K=k\sin\theta_{\mathrm{i}}$，$\varsigma=k\sin\theta$，这里 θ_{i} 是入射角，θ 是散射角，得到

$$\dot{\tilde{w}}(k\sin\theta)=\frac{Z_r'}{\mathbb{Z}_0(k\sin\theta_{\mathrm{i}})}\frac{Y(k\sin\theta)}{1+G(k\sin\theta_{\mathrm{i}})}-\frac{4\pi}{\mathbb{Z}_0(k\sin\theta_{\mathrm{i}})}\delta(k\sin\theta-k\sin\theta_{\mathrm{i}}) \tag{5.7.30}$$

其中

$$G(k\sin\theta_{\mathrm{i}})=\sum_{n=-\infty}^{\infty}\frac{Z_r'}{\mathbb{Z}_n(k\sin\theta_{\mathrm{i}}-2n\pi/L)} \tag{5.7.31}$$

$$Y(k\sin\theta)=4\pi\sum_{n=-\infty}^{\infty}\frac{\delta(k\sin\theta_{\mathrm{i}}-2n\pi/L-k\sin\theta)}{\mathbb{Z}_n(k\sin\theta_{\mathrm{i}}-2n\pi/L)} \tag{5.7.32}$$

从解式 (5.7.11)、(5.7.24) 和 (5.7.28)、(5.7.30)~(5.7.32) 看到，平面波入射到周期性加相同肋骨的薄板时，板的振动不仅包括均匀薄板的振动，而且还有许多新的振动模式，它们是由周期性肋骨引起的 Bloch 模式。相应的声散射中包括以下几类散射波：

(1) 由 (5.7.30) 式的第二项表示的均匀薄板的散射波，这种散射波只有当 $\theta=\theta_{\mathrm{i}}$ 时才出现，是镜反射波。

(2) Bragg 散射波。当 $k\sin\theta_{\mathrm{i}}-2n\pi/L-k\sin\theta=0$ 即

$$kL\sin\theta_{\mathrm{i}}-kL\sin\theta=2n\pi,\quad n=1,2,\cdots \tag{5.7.33}$$

时，(5.7.30) 式第 n 项达到峰值，对应 Bragg 散射。特别对于反向散射的情况，这时 $\theta=-\theta_{\mathrm{i}}$，条件 (5.7.33) 变为

$$2kL\sin\theta_{\mathrm{i}}=2n\pi,\quad n=1,2,\cdots \tag{5.7.34}$$

Bragg 散射是周期性排列的肋骨几何散射波同相叠加的结果。众所周知，水中等间隔 L 直线排列的一组声源发出的波，当满足 $kL\sin\theta_{\mathrm{i}}=2n\pi$ 时，远场接收到的波同相叠加达到峰值，θ_{i} 是接收方向与直线阵法线夹角。当 L 远大于波长时可以有多个角度达到峰值。这正是直线阵波束形成的基本原理。对于反向散射问题，要求入射波经过肋骨散射回来的波达到同相叠加。图 5.7.3(a) 中从肋骨 A 散射回来的波和从肋骨 B,C,$\cdots$ 散射回来的波相位差都是 2π 的整数倍时回波达到共振，因此要求 $2kL\sin\theta_{\mathrm{i}}=2n\pi$。实际上，前向散射中也存在 Bragg 散射，例如，当 $\theta=\theta_{\mathrm{i}}$ 时 $n=0$ 对应前向 Bragg 散射。对于 $\theta>0$，只要满足 (5.7.33) 式就产生前向 Bragg 散射。

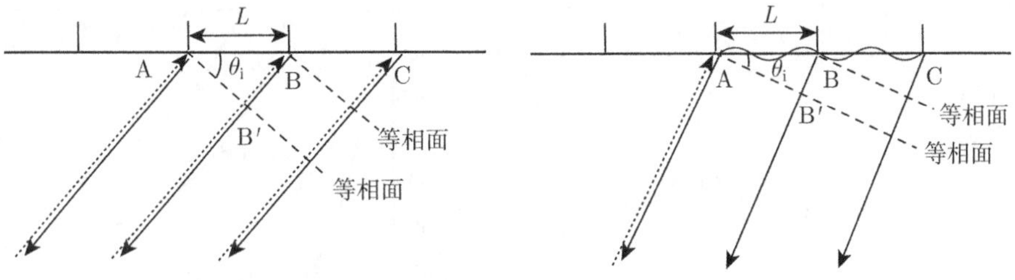

(a) Bragg散射几何图像 (b) Bloch波散射几何图像

图 5.7.3 周期加肋板两类散射几何图像

(3) Bloch 波散射。n 阶振动和散射分量的幅值正比于 $1/\mathbb{Z}_n$，所以 n 阶 Bloch 波的特征方程是

$$\mathbb{Z}_n=Z_n^{\mathrm{M}}+Z_n^{\mathrm{a}}=\frac{\mathrm{i}}{\omega}D\left[(K-\mu_n)^4-\gamma^4\right]+\frac{\rho_0\omega}{\kappa_n}=0 \tag{5.7.35}$$

忽略流体负荷的作用，方程近似为

$$(K-\mu_n)^4-\gamma^4\approx 0 \tag{5.7.36}$$

取解

$$(K-\mu_n)=\pm\gamma,\quad 即\quad kL\sin\theta_{\rm i}\mp\gamma L=2n\pi \tag{5.7.37}$$

从这个近似解可以看出 Bloch 弯曲波共振散射的机理。图 5.7.3(b) 对应解 $-\gamma$，入射到肋骨 A 的波除了直接散射外还激发板中弯曲波，这个波传播到肋骨 B,C,$\cdots$，同时在 B,C,$\cdots$ 又发生散射。当肋骨 A 直接散射回来的波和弯曲波传播到肋骨 B,C,$\cdots$ 再散射回来的波同相叠加时达到共振。弯曲波传播一个肋骨间距的相位变化是 $\gamma L=\omega L/c_{\rm ph}$，$c_{\rm ph}$ 是弯曲波相速度，从 B 点到 B$'$ 的相位变化是 $kL\sin\theta_{\rm i}$，因此得到同相叠加或共振条件 $kL\sin\theta_{\rm i}+\gamma L=2n\pi$。若取解 $+\gamma$，则对应板中反向传播的波，共振条件 $kL\sin\theta_{\rm i}-\gamma L=2n\pi$。如果考虑液体负荷的作用，$c_{\rm ph}$ 应该换成有流体负荷板的弯曲波相速度。因为这种散射波是由板中弯曲波引起，属于弹性波散射。相比之下，Bragg 散射直接由肋骨几何引起，所以是几何散射。

这里给出周期性加肋薄钢板反向散射声场的一个数值计算例子。设周期性加肋薄钢板的厚度 $h=0.635$mm，肋骨间距 $L=0.5$cm，肋骨与薄板采用相同的材料，单位长度肋骨的质量为 0.2033kg/m。外部流体介质为水。计算频率从 10kHz 到 1000kHz，入射角从 5° 到 90°。按 (5.7.28) 和 (5.7.30)~(5.7.32) 式计算 $\left|p_{\rm res}(r,\theta)\sqrt{r_0}\right|$ 并取分贝得到图 5.7.4(a) 所示的频率–角度谱图。所谓频率–角度谱图是用纵坐标表示频率或归一化频率，横坐标表示入射角 $\theta_{\rm i}$，颜色表示回波分贝值画出的频率相对于入射角的二维 (伪三维) 回波强度图。需要指出的是，由于 δ 函数是广义函数，即某种常规函数的极限，这里采用极限式 $\delta(x)=\lim\limits_{t\to\infty}[\sin(tx)/(\pi x)]$ 计算，其中 t 取

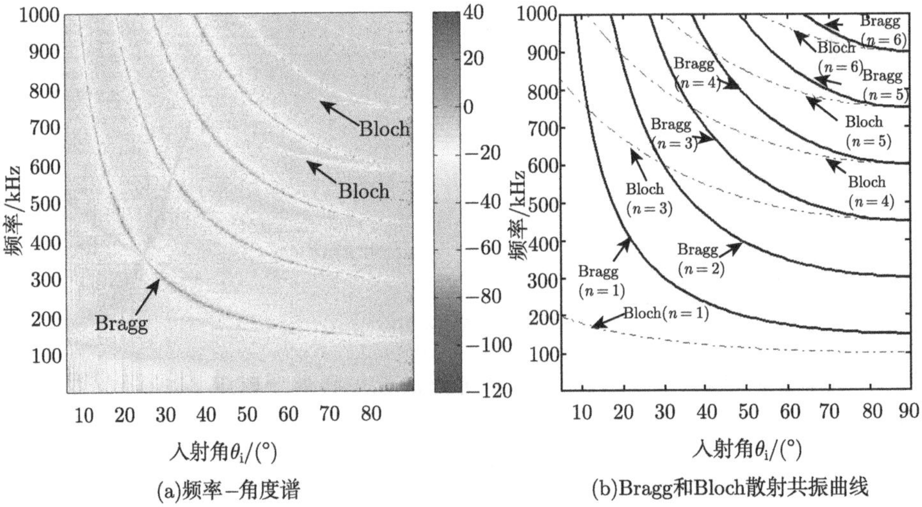

(a)频率–角度谱　　(b)Bragg和Bloch散射共振曲线

图 5.7.4　周期性加肋薄板反向散射频率–角度谱 (后附彩图)

值为 10^5。图 5.7.4(a) 中的亮线就是共振散射亮线。为了解释这些共振亮线，在图 5.7.4(b) 中用实线画出 Bragg 散射产生的共振线，即方程 (5.7.34) 的解，用虚线画出 Bloch 波散射的共振线，即方程 (5.7.5) 的解。将 Bragg 散射的条件 (5.7.34) 式转换成频率与角度依赖关系是

$$f = n\frac{c}{2L\sin\theta_{\rm i}}, \quad n = 1, 2, \cdots \tag{5.7.38}$$

对确定的 n，共振频率随角度变化成半个八字形。对于 Bloch 弯曲波散射，因为 $c_{\rm ph}$ 是频率的函数，共振条件不能写成 (5.7.38) 式那样的显式。需要说明的是，图 5.7.4(b) 只给出共振亮线的位置，它们与图 5.7.4(a) 中的亮线重合得非常好，但是没有强度信息。由图 5.7.4(a) 看到，对于这个算例，Bragg 散射要比 Bloch 散射强得多。

平面波从周期性加肋薄板声散射的这些特点可以推广到周期性加肋圆柱壳的散射问题，因此深入理解其形成机理十分有助于分析更复杂结构的情况。

本节的分析方法实质上与周期加肋结构振动声辐射的空间谐波分析法 (space-harmonic analysis)[33−35] 相同，只不过这里强调了周期加肋结构的 Bloch 定理和 Bloch 波辐射和散射。这个概念在分析周期加肋结构声散射时很有用。

参考文献

[1] Überall H. Surface wave in acoustics // Mason W P, Thurston R N. Physical Acoustics. Vol. Ⅹ. New York: Academic, 1973

[2] Überall H. Acoustics of shells. Acoustical Physics, 2001, 47(2): 115-139

[3] Achenbach J D. Wave Propagation in Elastic Solids. North-Holland Pub., 1973

[4] 布列霍夫斯基赫. 分层介质中的波. 杨训仁译. 2 版. 北京：科学出版社, 1985

[5] Osborne M F M, Hart S D. Transmission,reflection,and guiding of an exponential pulse by a steel plate in water. I. Theory. J. Acoust. Soc. Am., 1945, 17: 1-18

[6] Sessarego J P, sageloli J, Gazanhes C, et al. Two Scholte-Stoneley waves on doubly fluid-loaded plates and shells. J. Acoust. Soc. Am., 1997, 101(1): 135-142

[7] Hosten B, Deschamps, M, Gérard A, et al. Repulsion of phase-velocity dispersion curves and the nature of plate vibrations. J. Acoust. Soc. Am., 1994, 96: 908-917

[8] Sammelmann G S, Trivett D H, Hackman R H. The acoustic scattering by a submerged, spherical shell, I: The bifurcation of the dispersion curve for the spherical antisymmetric Lamb wave. J. Acoust. Soc. Am., 1989, 85: 114-124

[9] Dickey J, Maidanik G, Überall H. The splitting of dispersion curves for the fluid-loaded plate. J. Acoust. Soc. Am., 1995, 98(4): 2365-2367

[10] Frisk G V, Dickey J W, Überall H. Surface wave modes on elastic cylinders. J. Acoust. Soc. Am., 1975, 58(5): 996-1008

[11] Dickey J W, Frisk G V, Überall H. Whispering Gallery wave modes on elastic cylinders. J. Acoust. Soc. Am., 1976, 59(6): 1339-1346

[12] Überall H, Huang H. Acoustical response of submerged elastic structures obtained through integrad transforms // Mason W P, Thurston R N. Physical Acoustics. Vol. Ⅻ. New York: Academic, 1976

[13] Gaunaurd C, Werby M F. Sound scattering by resonantly excited, fluid-loaded, elastic spherical shells. J. Acoust. Soc. Am., 1991, 90(5): 2536-2550

[14] Kaduchak G, Marston P L. Observation of the midfrequency enhancemant of tone bursts backscattered by a thin spherical shell in water near the coincidence frequency. J. Acoust. Soc. Am., 1993, 93(1): 224-230

[15] Sun N H, Marston P L. Ray synthesis of leaky Lamb wave contributions to backscattering from thick cylindrical shells. J. Acoust. Soc. Am., 1992, 91: 1398-1402

[16] Marston P L, Sun N H. Backscattering near the coincidence frequency of thin cylindrical shell: Surface wave properties from elasticity theory and an approximate ray synthesis. J. Acoust. Soc. Am., 1995, 97(2): 777-783

[17] Morse S F, Marston P L. High-frequency backscattering enhancements by thick finite cylindrical shells in water at oblique incidence: Experiments, interpretation, and calculations. J. Acoust. Soc. Am., 1998, 103(2): 785-794

[18] Neubauer W G. Observation of acoustic radiation from plane and curved surfaces // Mason W P, Thurston R N. Physical Acoustics. New York: Academic, 1975

[19] 汤渭霖, 陈德智. 水中有限弹性柱的回波结构. 声学学报, 1988, 13(1): 29-37

[20] Kaduchak G, Wassmuth C M, Loeffler C M. Elastic wave contributions in high-resolution acoustic images of fluid-filled, finite cylindrical shells in water. J. Acoust. Soc. Am., 1996, 100(1): 64-71

[21] Bao X L. Echoes and helical surface waves on a finite elastic cylinder excited by sound pulses in water. J. Acoust. Soc. Am., 1993, 94(3), Pt.1: 1461-1466

[22] Bao X L, Überall H. Experimental study of acoustic resonances of elastic spheres and herispherically endcapped cylinders // Überall H. Acoustic Resonace Scattering . Gordon and Breach Science Publishers, 1992: 161-180

[23] 武际可, 王敏中. 弹性力学引论. 北京: 北京大学出版社, 1981: 284

[24] Morse P M, Ingard K U. Theoretical Acoustics. McGray-Hill Book Company, 1968

[25] Junger M C, Feit D. Sound,Structures and Their Interaction. 2nd 2ed. Cambridge, Massachusetts: The MIT Press,1972

[26] 范威. 海洋环境中目标散射声场特性研究. 上海交通大学博士学位论文, 2012

[27] 范威, 郑国垠, 范军. 充水圆柱壳声散射的环绕波分析. 声学学报, 2010, 35(4): 419-426

[28] Guo Y P. Effects of structural joints on sound scattering. J. Acoust. Soc. Am., 1993, 93(2): 857-863

[29] Guo Y P. Radiation from cylindrical shells driven by on-surface forces. J. Acoust. Soc. Am., 1994, 95(4): 2014-2021

[30] Harari A, Sandman B E, Zaldonis J A. Analytical and experimental determination of the vibration and pressure radiation from a submerged, stiffened cylindrical shell with two end plates. J. Acoust. Soc. Am.,1994, 95(6): 3360-3368

[31] Ashcroft N W, Mermin N D. Solid State Physics. Philadelphia: Saunders College, 1976.

[32] Brillouin L. Wave Propagation in Periodic Structures. New York: Dover, 1946

[33] Mead D J, Pujara K K. Space-harmonic analysis of periodically supported beams: Response to convected random loading. J. Sound Vib., 1971, 14: 525-541

[34] Mace B R. Sound radiation from a plate reinforced by two sets of parallel stiffeners. J. Sound Vib., 1980, 71(3): 435-441

[35] Mace B R. Periodically stiffened fluid-loaded plates, Ⅰ: Response to convected hamonic pressure and free wave propagation. J., Sound Vib., 1980, 73: 473-486

[36] 文献 [25](7.4.16) 和 (7.3.17) 式

第 6 章　水中目标声散射数值计算方法

随着数字计算机及计算技术的发展，声学理论中的一些计算问题变得越来越容易实现。对于辐射和散射问题，首先是用分离变量法解出的级数解容易进行数值计算，因为诸如球函数、柱函数这些常见特殊函数的计算已经有现成程序可用。其次是 Helmholtz 积分公式和积分方程通过离散可以转换成线性代数方程组进行数值计算，使得非规则目标辐射和散射声场的数值计算成为可能。因此在现代声学理论中数值计算方法是重要的发展方向。本章主要介绍基于 Helmholtz 积分公式和积分方程的数值计算方法。

第 2 章中已经指出，计算任意形状目标声散射的理论基础是波动方程的积分形式解 ——Helmholtz 积分公式。一个由封闭表面 S 包围的任意散射体，取外法线 $\boldsymbol{n}$，在 S 面外的无限空间中的入射场 $\phi_{\mathrm{i}}(\boldsymbol{r}_0,\boldsymbol{r})$、散射场 $\phi_{\mathrm{s}}(\boldsymbol{r}_0,\boldsymbol{r})$ 和总声场 $\phi=\phi_{\mathrm{i}}+\phi_{\mathrm{s}}$ 满足 (2.3.27) 和 (2.3.28) 式给出的一组积分公式和积分方程。无论是辐射还是散射问题，外声场最终都是用表面积分公式

$$\phi(\boldsymbol{r}_0,\boldsymbol{r})=\frac{1}{4\pi}\int\limits_S\left[\phi(\boldsymbol{r}_0,\boldsymbol{r}_{\mathrm{s}})\frac{\partial G(\boldsymbol{r},\boldsymbol{r}_{\mathrm{s}})}{\partial n}-G(\boldsymbol{r},\boldsymbol{r}_{\mathrm{s}})\frac{\partial\phi(\boldsymbol{r}_0,\boldsymbol{r}_{\mathrm{s}})}{\partial n}\right]\mathrm{d}S$$

计算，因此必须先求出表面上的 $\partial\phi/\partial n$ 和 ϕ。表面积分方程规定了表面上 $\partial\phi/\partial n$(正比于法向振速) 和 ϕ(正比于声压) 之间的联系。如果两者之一已知，就可以利用这个方程根据 $\partial\phi/\partial n$ 求出 ϕ 或反之，这是表面积分方程所能解决的最基本问题。利用计算机进行数值计算时将表面离散成许多面单元，这些面单元是声场边界面上的基本单元，所以称为边界元 (Boundary Element，BE)。离散以后，积分方程变成线性代数方程组，积分公式变成线性叠加公式。

当辐射或散射体是弹性结构时，在激励力或入射声压作用下结构发生振动和声辐射，辐射声压对于结构振动产生反作用。这类结构声学问题必须将表面积分方程与结构振动方程结合起来才能解出表面上的 $\partial\phi/\partial n$ 和 ϕ。数值计算时结构用有限元 (Finite Element，FE) 离散、辐射表面用边界元离散，形成有限元加边界元方法。这是现今数值计算结构声学问题的主要方法。此外，学术界也一直在寻找其他高效计算方法，例如，单纯有限元方法，即结构和声场都用有限元离散。本章将对这些方法作简要介绍。

在散射问题中，有时候将第三个方程——内部方程作为辅助方程参与计算。利用第一和第三两个积分公式消去表面上的 $\partial\phi/\partial n$ 和 ϕ，直接建立散射场和入射场

的联系，这是 T 矩阵方法的基本思路，这样能够避免解表面积分方程。用内部一组等效源，让它的源强度保证在表面上的振速等于给定值，用这些等效源产生的场的叠加来逼近实际场，这就是波叠加法的思路。这些方法的理论基础都是 Helmholtz 积分公式。这三种方法中边界元法和波叠加法同样适用于辐射问题，而 T 矩阵法只适用于散射问题。

传统的散射和辐射计算主要处理简谐问题。对于时域瞬态问题常常用频域间接法处理。此外，时域差分方法也是一种有效的数值计算方法。

6.1 Helmholtz 表面积分方程和边界元法

上面已经指出，Helmholtz 表面积分方程和以此为基础发展的边界元法 (BEM) 进行声场计算大致包括两步，第一步根据表面上 $\partial\phi/\partial n$ 和 ϕ 两者之一计算另外一个，第二步再同时利用两者计算外辐射或散射声场。其中关键是表面积分方程的求解。辐射和散射问题的表面积分方程可以统一写成

$$\phi\left(\boldsymbol{r}_0,\boldsymbol{r}\right)=2\phi_{\mathrm{i}}\left(\boldsymbol{r}_0,\boldsymbol{r}\right)+\frac{1}{2\pi}\int_S\left[\phi\left(\boldsymbol{r}_0,\boldsymbol{r}_{\mathrm{s}}\right)\frac{\partial G\left(\boldsymbol{r},\boldsymbol{r}_{\mathrm{s}}\right)}{\partial n}-G\left(\boldsymbol{r},\boldsymbol{r}_{\mathrm{s}}\right)\frac{\partial\phi\left(\boldsymbol{r}_0,\boldsymbol{r}_{\mathrm{s}}\right)}{\partial n}\right]\mathrm{d}S,\quad \boldsymbol{r}\in S \tag{6.1.1}$$

虽然在形式上 Helmholtz 积分方程方法的思路是清晰的，但是在实际计算中却出现一些困难问题，主要是非唯一性问题和奇异积分计算，而限制其应用的主要是由矩阵求逆引起的计算量和稳定性问题。

1. 非唯一性问题 [1,2]

积分方程理论指出，表面积分方程在无限多个离散值 —— 特征波数 k_n，$n=1,2,\cdots$ 时解不唯一。特征波数 k_n 依赖于积分方程的类型、表面形状以及表面上给定的量的类型 ($\partial\phi/\partial n$ 或 ϕ)。这是积分方程的固有性质，与相应的内部问题有关。理论上已经证明，对于一个外部 Neumann(Dirichlet) 边界值问题，k_n 是 S 面内部 Dirichlet(Neumann) 问题的特征波数。例如，对于辐射问题 ($\phi_{\mathrm{i}}=0$)，若表面上的 $\partial\phi/\partial n$ 已知，即属于外部 Neumann 边界值问题，可以将表面积分方程表示成第二类 Fredholm 积分方程

$$\phi(\boldsymbol{r})-\bar{\lambda}\int_S K(\boldsymbol{r},\boldsymbol{r}_{\mathrm{s}})\phi(\boldsymbol{r}_{\mathrm{s}})\mathrm{d}S=f(\boldsymbol{r}) \tag{6.1.2}$$

其中，$\bar{\lambda}=1$，核函数

$$K(\boldsymbol{r},\boldsymbol{r}_{\mathrm{s}})=\frac{1}{2\pi}\frac{\partial}{\partial n}\left(\frac{\mathrm{e}^{\mathrm{i}kR}}{R}\right),\quad R=|\boldsymbol{r}-\boldsymbol{r}_{\mathrm{s}}| \tag{6.1.3}$$

$$f(\boldsymbol{r})=\frac{1}{2\pi}\int_S\frac{\partial\phi\left(\boldsymbol{r}_{\mathrm{s}}\right)}{\partial n}\frac{\mathrm{e}^{\mathrm{i}kR}}{R}\mathrm{d}S \tag{6.1.4}$$

积分方程理论指出，对于确定的 $\bar{\lambda}$，对应的齐次方程

$$\phi(\boldsymbol{r})-\bar{\lambda}\int_S K(\boldsymbol{r},\boldsymbol{r}_\mathrm{s})\phi(\boldsymbol{r}_\mathrm{s})\mathrm{d}S=0 \tag{6.1.5}$$

存在一系列特征波数 k_n，当待求的非齐次方程的 $k\neq k_n$ 时，积分方程有唯一解，当 $k=k_n$ 时积分方程无解，方程失效。理论上已经证明，齐次方程的特征波数 k_n 就是 S 面内部 Dirichlet 问题的特征值，满足

$$\begin{cases}\left(\nabla^2+k_n^2\right)\psi_n\left(\boldsymbol{r}\right)=0, & S\ \text{面内}\\ \psi_n\left(\boldsymbol{r}\right)=0, & S\ \text{面上}\end{cases} \tag{6.1.6}$$

$\psi_n\left(\boldsymbol{r}\right)$ 是相应的特征函数。实际上由 (6.1.4) 式看到，齐次方程对应 $\partial\phi\left(\boldsymbol{r}_\mathrm{s}\right)/\partial n=0$，(6.1.5) 式正是声学上第一类 (Dirichlet) 边值问题，这时若又有 $\phi\left(\boldsymbol{r}_\mathrm{s}\right)=0$，积分方程必无解。

非唯一性纯粹是数学问题，物理上外部辐射和散射场在任何波数都有意义。另外，散射问题的齐次方程与辐射问题相同。因此积分方程失效的特征波数也相同。Schenck[2] 针对辐射问题详细讨论了积分方程解的存在和唯一性，其结果同样适用于散射问题。

例如，半径为 a 的球的辐射和散射是一个外部 Neumann 边界值问题，对应的内部 Dirichlet 问题的特征值满足 $\mathrm{j}_n\left(k_{nm}a\right)=0,\ \ m=1,2,\cdots$，其中 $n=0$ 阶的特征波数是 $k_{0m}=m\pi/a$。所以，球形物体的表面积分方程解会在 $ka=\pi,2\pi,\cdots$ 处不唯一。实际计算时在这些频率点上，从 $\partial\phi/\partial n$ 解出的 ϕ 误差很大，不能用来计算外辐射场。第 2 章附录 2B 用积分方程解刚性球散射就是一个具体的例子，所给出的解析解直接表现出 $\mathrm{j}_n\left(x\right)=0$ 时积分方程无解的特征。

解决非唯一性问题的最常用的方法如下：

(1) Schenck 提出的 CHIEF (联合 Helmholtz 积分方程) 方法 [2]。这个方法的基础是，在任何给定频率只有一个解能够同时满足表面积分方程和内部方程。取积分公式的第三式，即内部方程

$$\int_S\left[\phi\left(\boldsymbol{r}_0,\boldsymbol{r}_\mathrm{s}\right)\frac{\partial G\left(\boldsymbol{r},\boldsymbol{r}_\mathrm{s}\right)}{\partial n}-G\left(\boldsymbol{r},\boldsymbol{r}_\mathrm{s}\right)\frac{\partial\phi\left(\boldsymbol{r}_0,\boldsymbol{r}_\mathrm{s}\right)}{\partial n}\right]\mathrm{d}S=-4\pi\phi_\mathrm{i}\left(\boldsymbol{r}_0,\boldsymbol{r}\right),\quad \boldsymbol{r}\ \text{在}\ S\ \text{面内} \tag{6.1.7}$$

作为辅助方程，与表面积分方程组成超定方程组联合求解。不过内部方程仍有可能失效，内点要取得合适。在实际计算时随机选取内点，减少失效的几率。

(2) Burton 和 Miller 提出的将原来的积分方程和它的法向导数方程线性组合，如果组合常数取得合适，组合后的方程将在所有频率上有唯一解 [3]。不过，导数方程将引入高阶奇异性，增加了新的困难。

2. 奇异积分问题

在用数值方法解表面积分方程时，必然要对表面离散并计算离散单元 —— 边界元的面积分。奇异性出现在场点恰好处在相应的边界元上时，其中的积分

$$\int_{\Delta S}\frac{\mathrm{e}^{\mathrm{i}kR}}{R}\mathrm{d}S \quad 和 \quad \int_{\Delta S}\frac{\partial}{\partial n}\left(\frac{\mathrm{e}^{\mathrm{i}kR}}{R}\right)\mathrm{d}S=\int_{\Delta S}\frac{\mathrm{i}kR-1}{R^2}\mathrm{e}^{\mathrm{i}kR}\frac{\partial R}{\partial n}\mathrm{d}S \tag{6.1.8}$$

当 $\Delta S\to 0$ 时从形式上看都存在奇异性，实际上这种奇异性是可以消除的。假设 ΔS 是半径为 R_0 的圆，$\mathrm{d}S=\pi R_0^2$，因此 $\mathrm{d}S\sim 0\left(R_0^2\right)$，消去分母中的 R_0 或 R_0^2 实际上并不存在奇异性。在具体计算时常常根据边界元的形状通过坐标变换来消除奇异性。一种比较直接的方法是将面积单元分成两部分，一部分是内接圆，另一部分是余下的边角部分。边角部分不存在 $R\to 0$ 的问题，可以用常规方法积分。内接圆部分在极坐标 (ρ,φ) 中积分，$R\propto\rho$，$\mathrm{d}S=\rho\mathrm{d}\rho\mathrm{d}\varphi$。最后积分仍是有限值 [4]。

利用数值方法求解 Helmholtz 积分方程，首先将表面 S 离散成许多小面元，这就是原始的边界元法。设表面 S 离散成 M 个单元，每个单元足够小，使得面元上的声压和振速基本均匀，显然要求其最大尺寸远小于波长 λ。这样在面元的积分中可以把 $\phi(\boldsymbol{r}_\mathrm{s})$ 和 $\phi'(\boldsymbol{r}_\mathrm{s})\equiv\partial\phi(\boldsymbol{r}_\mathrm{s})/\partial n$ 移出积分号，使得 $\int_S\to\sum_{m=1}^{M}\int_{S_m}$。将积分方程 (6.1.1) 离散，当积分号外的 ϕ 和 ϕ_i 中场点 $\boldsymbol{r}$ 取 S 面上第 m 个单元位置 $\boldsymbol{r}_{\mathrm{s}m}$ 时，积分号内的 $\boldsymbol{r}$ 可以取 S 面上包括第 m 个单元在内的所有单元 $\boldsymbol{r}_{\mathrm{s}n}$，$n=1,\cdots,M$。离散以后的方程组是

$$\begin{aligned}&\phi_m-\sum_{n=1}^{M}\int_{S_n}\phi_n\frac{1}{2\pi}\frac{\partial}{\partial n}\left(\frac{\mathrm{e}^{\mathrm{i}kR}}{R(\boldsymbol{r}_{\mathrm{s}m},\boldsymbol{r}_{\mathrm{s}n})}\right)\mathrm{d}S+\sum_{n=1}^{M}\int_{S_n}\phi_n'\frac{1}{2\pi}\frac{\mathrm{e}^{\mathrm{i}kR}}{R(\boldsymbol{r}_{\mathrm{s}m},\boldsymbol{r}_{\mathrm{s}n})}\mathrm{d}S=2\phi_{\mathrm{i}m}\\&\qquad m=1,\cdots,M\end{aligned} \tag{6.1.9}$$

其中，$\phi_m=\phi(\boldsymbol{r}_0,\boldsymbol{r}_{\mathrm{s}m}),\phi_m'=\partial\phi(\boldsymbol{r}_0,\boldsymbol{r}_{\mathrm{s}m})/\partial n$ 是第 m 个单元的声势及其法向导数，$\phi_{\mathrm{i}m}$ 是第 m 个单元的入射声势。令

$$A_{mn}=-\frac{1}{2\pi}\int_{S_n}\frac{\partial}{\partial n}\left(\frac{\mathrm{e}^{\mathrm{i}kR}}{R(\boldsymbol{r}_{\mathrm{s}m},\boldsymbol{r}_{\mathrm{s}n})}\right)\mathrm{d}S \tag{6.1.10}$$

$$B_{mn}=\frac{1}{2\pi}\int_{S_n}\frac{\mathrm{e}^{\mathrm{i}kR}}{R(\boldsymbol{r}_{\mathrm{s}m},\boldsymbol{r}_{\mathrm{s}n})}\mathrm{d}S \tag{6.1.11}$$

积分号中的 $R(\boldsymbol{r}_{\mathrm{s}m},\boldsymbol{r}_{\mathrm{s}n})$ 是从第 m 个单元的中心坐标 $\boldsymbol{r}_{\mathrm{s}m}$ 到积分单元 S_n 内任意一点 $\boldsymbol{r}_{\mathrm{s}n}$ 的距离。当 $m=n$ 时要计算奇异积分。(6.1.9) 式可以简写成

$$\phi_m+\sum_{n=1}^{M}A_{mn}\phi_n+\sum_{n=1}^{M}B_{mn}\phi_n'=2\phi_{\mathrm{i}m} \tag{6.1.12}$$

矩阵形式是

$$[\boldsymbol{I}]\,\boldsymbol{\phi}+[\boldsymbol{A}]\,\boldsymbol{\phi}+[\boldsymbol{B}]\,\boldsymbol{\phi}'=2\boldsymbol{\phi}_{\mathrm{i}} \tag{6.1.13}$$

其中，$[\boldsymbol{I}]$ 是单位矩阵，$[\boldsymbol{A}]$ 和 $[\boldsymbol{B}]$ 是系数矩阵，都是 $M\times M$ 阶，$\boldsymbol{\phi}$、$\boldsymbol{\phi}'$ 和 $\boldsymbol{\phi}_{\mathrm{i}}$ 是 M 元矢量或列矩阵。在辐射问题中 $\boldsymbol{\phi}_{\mathrm{i}}=0$，必须已知 $\boldsymbol{\phi}'$ 才能解出

$$\boldsymbol{\phi}=-\left([\boldsymbol{I}]+[\boldsymbol{A}]\right)^{-1}[\boldsymbol{B}]\,\boldsymbol{\phi}' \tag{6.1.14}$$

或反之。在散射问题中则必须已知表面上 $\boldsymbol{\phi}$ 和 $\boldsymbol{\phi}'$ 之间的确定关系才能解此方程。例如，对于常数阻抗表面有 $\boldsymbol{\phi}=Z\boldsymbol{\phi}'$，可以得到解

$$\boldsymbol{\phi}=2\left([\boldsymbol{I}]+[\boldsymbol{A}]+Z\,[\boldsymbol{B}]\right)^{-1}\boldsymbol{\phi}_{\mathrm{i}} \tag{6.1.15}$$

由此可见，应用边界元法时必须作矩阵求逆运算。

采用 CHIEF 方法克服非唯一性 [2]。利用内点满足的辅助方程 (6.1.7)，取 N 个内点 $\boldsymbol{r}_\mu$ 并对整数 μ 从 $M+1$ 开始往后计数，表面仍然离散成 M 个单元。得到离散后的辅助方程是

$$-\sum_{n=1}^{M}A_{\mu n}^{\mathrm{in}}\phi_n-\sum_{n=1}^{M}B_{\mu n}^{\mathrm{in}}\phi_n'=-2\phi_{\mathrm{i}\mu}^{\mathrm{in}},\quad \mu=M+1,\cdots,M+N \tag{6.1.16}$$

其中，内点的 $A_{\mu n}^{\mathrm{in}}$ 和 $B_{\mu n}^{\mathrm{in}}$ 形式上与表面上点的 A_{mn} 和 B_{mn} 相似，只不过其中的 $\boldsymbol{r}_\mu$ 是内点矢量

$$A_{\mu n}^{\mathrm{in}}=-\frac{1}{2\pi}\int_{S_n}\frac{\partial}{\partial n}\left(\frac{\mathrm{e}^{\mathrm{i}kR}}{R(\boldsymbol{r}_{\mu m},\boldsymbol{r}_{\mathrm{s}n})}\right)\mathrm{d}S \tag{6.1.17}$$

$$B_{\mu n}^{\mathrm{in}}=\frac{1}{2\pi}\int_{S_n}\frac{\mathrm{e}^{\mathrm{i}kR}}{R(\boldsymbol{r}_{\mu m},\boldsymbol{r}_{\mathrm{s}n})}\mathrm{d}S \tag{6.1.18}$$

写成矩阵形式有

$$\left[\boldsymbol{A}^{\mathrm{in}}\right]\boldsymbol{\phi}+\left[\boldsymbol{B}^{\mathrm{in}}\right]\boldsymbol{\phi}'=2\boldsymbol{\phi}_{\mathrm{i}}^{\mathrm{in}} \tag{6.1.19}$$

其中，$\left[\boldsymbol{A}^{\mathrm{in}}\right]$ 和 $\left[\boldsymbol{B}^{\mathrm{in}}\right]$ 是 $N\times M$ 阶矩阵，$\boldsymbol{\phi}$ 和 $\boldsymbol{\phi}'$ 是 M 元矢量，$\boldsymbol{\phi}_{\mathrm{i}}^{\mathrm{in}}$ 是 N 元矢量。将两个矩阵方程 (6.1.13) 和 (6.1.19) 联立构成超定方程组，从 $M+N$ 个方程解 M 个未知量，求解时取矩阵的广义逆 (伪逆)。

将已解出的表面上 $\boldsymbol{\phi}$ 和 $\boldsymbol{\phi}'$ 代入外场积分公式可以计算空间任意一点 $\boldsymbol{r}$ 的辐射声场或散射声场

$$2\phi(\boldsymbol{r})=-\sum_{n=1}^{M}C_n(\boldsymbol{r})\,\phi_n-\sum_{n=1}^{M}D_n(\boldsymbol{r})\,\phi_n' \tag{6.1.20}$$

其中

$$C_n(\boldsymbol{r}) = -\frac{1}{2\pi}\int_{S_n}\frac{\partial}{\partial n}\left(\frac{\mathrm{e}^{\mathrm{i}kR}}{R(\boldsymbol{r},\boldsymbol{r}_{\mathrm{s}n})}\right)\mathrm{d}S \tag{6.1.21}$$

$$D_n(\boldsymbol{r}) = \frac{1}{2\pi}\int_{S_n}\frac{\mathrm{e}^{\mathrm{i}kR}}{R(\boldsymbol{r},\boldsymbol{r}_{\mathrm{s}n})}\mathrm{d}S \tag{6.1.22}$$

写成矩阵形式

$$2\phi(\boldsymbol{r}) = -[\boldsymbol{C}]\boldsymbol{\phi} - [\boldsymbol{D}]\boldsymbol{\phi}' \tag{6.1.23}$$

与 (6.1.13) 式不同，这里的 $\boldsymbol{r}$ 是空间接收点的位置，不是某个单元的位置，因此 $[\boldsymbol{C}]$ 和 $[\boldsymbol{D}]$ 是 $1\times M$ 矩阵，也即行向量。

原则上只要单元分得足够细，边界元法可以获得较高的计算精度，但是单元数的增加导致系数矩阵阶数增加，求逆的困难越来越大。为了保证计算精度同时节省计算时间，对单元的取法和声学量的表示方法加以改进。用合适的曲面单元代替平面单元可以更好地拟合表面形状，用插值函数表示声学量可以比假设单元上声学量均匀更加精确 [5,6]。边界元法中采用的单元形式主要参考有限元法的，因为有限元法发展得更早更成熟。设表面 S 离散成 M 个平面或曲面单元，每个单元有 T 个结点。单元上任意一点的坐标和声学量可以用结点的坐标和声学量通过插值函数表示。设单元的局部坐标 $\xi\equiv(\xi_1,\xi_2)$，单元任意一点的总体直角坐标 x_j，$j=1,2,3$ 可以用结点坐标 $x_{j\alpha}$ 表示成

$$x_j(\xi) = \sum_{\alpha} N_\alpha(\xi)\, x_{j\alpha},\quad \alpha = 1,\cdots,T \tag{6.1.24}$$

其中，$N_\alpha(\xi)$ 是局部坐标的形函数即插值函数。表面上的声学量 ϕ 和 ϕ' 也可以用局部坐标的插值函数表示成

$$\phi_m(\xi) = \sum_{\alpha} N_\alpha(\xi)\,\phi_{m\alpha} \tag{6.1.25}$$

$$\phi'_m(\xi) = \sum_{\alpha} N_\alpha(\xi)\,\phi'_{m\alpha} \tag{6.1.26}$$

$\phi_{m\alpha}$ 和 $\phi'_{m\alpha}$ 是 ϕ 和 ϕ' 在第 m 个单元的结点 α 的值。几何坐标和物理量用同一个插值函数表示的单元称为等参单元。采用等参单元可以避免相互之间的转换。图 6.1.1 就是两种常用的二阶等参单元 [5]。

(1) 三角形单元，$T=6$。

$$\left.\begin{aligned} N_1(\xi) &= \xi_1(2\xi_1-1), & N_4(\xi) &= 4\xi_1\xi_3 \\ N_2(\xi) &= \xi_2(2\xi_2-1), & N_5(\xi) &= 4\xi_1\xi_2 \\ N_3(\xi) &= \xi_3(2\xi_3-1), & N_6(\xi) &= 4\xi_2\xi_3 \end{aligned}\right\}\qquad \xi_1+\xi_2+\xi_3 = 1 \tag{6.1.27}$$

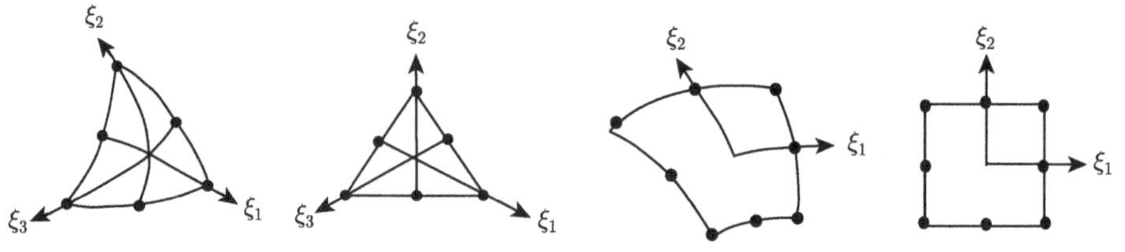

(a) 三角形单元　　　　(b) 四边形单元

图 6.1.1　两种二阶等参单元 [5]

(2) 四边形单元，$T=8$。

$$
\begin{cases}
N_1(\xi)=\dfrac{1}{4}(\xi_1+1)(\xi_2+1)(\xi_1+\xi_2-1), & N_5(\xi)=\dfrac{1}{2}(\xi_1+1)\left(1-\xi_2^2\right) \\
N_2(\xi)=\dfrac{1}{4}(\xi_1-1)(\xi_2+1)(\xi_1-\xi_2+1), & N_6(\xi)=\dfrac{1}{2}(\xi_2+1)\left(1-\xi_1^2\right) \\
N_3(\xi)=\dfrac{1}{4}(1-\xi_1)(\xi_2-1)(\xi_1+\xi_2+1), & N_7(\xi)=\dfrac{1}{2}(\xi_1-1)\left(\xi_2^2-1\right) \\
N_4(\xi)=\dfrac{1}{4}(\xi_1+1)(\xi_2-1)(\xi_2-\xi_1+1), & N_8(\xi)=\dfrac{1}{2}(1-\xi_2)\left(1-\xi_1^2\right)
\end{cases}
\tag{6.1.28}
$$

将这些变换式代入表面积分方程 (6.1.1)。现在整个表面分成 M 个单元，每个单元有 T 个结点，共有 $L=M\times T$ 个结点。得到 L 个方程

$$
\phi_\gamma+\sum_{n=1}^{M}\sum_{\alpha=1}^{T}A_{\gamma n}^{\alpha}\phi_{n\alpha}+\sum_{n=1}^{M}\sum_{\alpha=1}^{T}B_{\gamma n}^{\alpha}\phi'_{n\alpha}=2\phi_{\mathrm{i}\gamma},\quad \gamma=1,\cdots,L \tag{6.1.29}
$$

其中，ϕ_γ 和 $\phi_{\mathrm{i}\gamma}$ 分别是第 γ 个结点的总声势和入射声势，实际上 ϕ_γ 就是 $\phi_{n\alpha}$ 中的一个，

$$
A_{\gamma n}^{\alpha}=-\frac{1}{2\pi}\int_{S_n}N_\alpha(\xi)\frac{\partial}{\partial n}\left(\frac{\mathrm{e}^{\mathrm{i}kR}}{R\left(\boldsymbol{r}_{\mathrm{s}\gamma}(\xi),\boldsymbol{r}_{\mathrm{s}n}(\xi)\right)}\right)J(\xi)\,\mathrm{d}\xi \tag{6.1.30}
$$

$$
B_{\gamma n}^{\alpha}=\frac{1}{2\pi}\int_{S_n}N_\alpha(\xi)\frac{\mathrm{e}^{\mathrm{i}kR}}{R\left(\boldsymbol{r}_{\mathrm{s}\gamma}(\xi),\boldsymbol{r}_{\mathrm{s}n}(\xi)\right)}J(\xi)\,\mathrm{d}\xi \tag{6.1.31}
$$

积分号中的 R 是从第 γ 个结点到积分单元 S_n 内任意一点 $\boldsymbol{r}_{\mathrm{s}n}$ 的距离，$J(\xi)$ 是从 x_j 变换到 $\xi\equiv(\xi_1,\xi_2)$ 的 Jacobi 行列式

$$
J(\xi)=\frac{\partial(x_1,x_2,x_3)}{\partial(\xi_1,\xi_2)} \tag{6.1.32}
$$

(6.1.29) 式可以写成与 (6.1.13) 式相同的矩阵形式，只不过其中的单位矩阵 $[\boldsymbol{I}]$，系数矩阵 $[\boldsymbol{A}]$ 和 $[\boldsymbol{B}]$ 都是 $L\times L$ 阶，$\boldsymbol{\phi}$、$\boldsymbol{\phi}'$ 和 $\boldsymbol{\phi}_{\mathrm{i}}$ 是 L 元矢量。为了克服非唯一性，添加辅助方程时，方程的形式也与 (6.1.19) 式相同，不再重复。

用边界元方法计算声辐射和散射问题的最大困难是大阶次矩阵的求逆计算。矩阵的阶次取决于单元的数量，单元的数量又取决于结构的尺寸与波长之比。经验规律指出，为了保证计算精度，要求每个波长距离内不少于 6 个单元。因此，频率越高划分的单元数越多，矩阵越大求逆计算的稳定性越差。当结点数为 L 时，系数矩阵的存储量为 $O\left(L^2\right)$，若采用高斯消去法求解形如 (6.1.29) 式的线性方程组，运算量高达 $O\left(L^3\right)$。

另外一个问题是，系数矩阵 $[\boldsymbol{A}]$、$[\boldsymbol{B}]$、$\left[\boldsymbol{A}^{\text{in}}\right]$ 和 $\left[\boldsymbol{B}^{\text{in}}\right]$ 都与波数 k 有关，也就是与频率有关，所以每改变一个频率就要重新计算系数矩阵。为了克服这个困难提出了系数矩阵的频率插值和级数展开等改进方法 [6−10]。

6.2 有限元结合边界元方法

从 6.1 节的讨论可以看出，边界元法只联系表面边界上的 $\phi' \equiv \partial\phi/\partial n$ 和 ϕ，不涉及辐射或散射体本身的振动。因此单独使用边界元法对于辐射问题只能计算 ϕ' 和 ϕ 之一给定的情况，而对于散射问题只能计算表面上 ϕ' 和 ϕ 之间有确定关系的情况，包括硬 (刚性)、软和阻抗表面这几种情况。然而，当必须考虑流–固界面的振动–声耦合时，边界面上的 ϕ' 和 ϕ 不仅受到边界积分方程的制约，而且要满足结构振动方程。这时边界元法必须与分析振动的其他力学方法联合求解。

众所周知，有限元法是工程结构力学分析的最常用数值计算方法 [11]。有限元法在工程领域有极其广泛的应用，发表了大量论文和专著，而且开发出多个商用软件，如 NASTRAN 和 ANSYS 等。有限元法能够直接用来计算结构在空气 (真空) 中的振动，将它用到水中的振动和声辐射要解决结构振动与声场的耦合问题，即振动所产生的声压反过来又激励振动。在第 5 章中讨论薄板和薄圆柱壳散射时已经指出，激励结构振动的总力是 $f-p$，其中 f 是施加的激励力，p 是辐射声压力。这类问题称为结构声学问题。在数学上就是要将结构的被激振动方程和流体的 Helmholtz 方程联合求解。原则上，结构外部的流体介质也可以用有限元离散，因为流体可以看作剪切模量为零的一种特殊固体。但是这样一来，对于结构外的三维声场，流体单元数极其庞大，而边界元法只需在表面边界上进行离散，使得流体部分的单元维数降低了一维。所以有限元结合边界元法是处理结构声学问题的一种有效数值计算方法。

弹性结构力学分析的有限元方程在许多著作中可以找到，本章附录 6A 中给出结构作简谐振动的有限元方程的推导。将连续弹性结构用有限元离散，得到其在真空中作简谐振动时的有限元方程是

$$\left(-\omega^2[\boldsymbol{M}]+[\boldsymbol{K}]\right)\boldsymbol{u}=[\boldsymbol{F}] \tag{6.2.1}$$

其中，$\boldsymbol{u}$ 是位移矢量，$[\boldsymbol{M}]$ 和 $[\boldsymbol{K}]$ 分别为结构的整体质量和刚度矩阵，$[\boldsymbol{F}]$ 是结点载荷 (力) 矩阵，参见本章附录 6A。当结构沉浸在无限大声介质中时要将有限元和边界元耦合 [12]，考虑声场作用力后有限元方程是

$$\left(-\omega^2[\boldsymbol{M}]+[\boldsymbol{K}]\right)\boldsymbol{u}=[\boldsymbol{F}]+[\boldsymbol{L}]\,\boldsymbol{\phi} \tag{6.2.2}$$

其中的声势 $\boldsymbol{\phi}$ 只在边界结点上存在，且作用于边界面上，所以要通过耦合矩阵 $[\boldsymbol{L}]$ 转换成结点上的作用力。耦合矩阵的构成是有限元和边界元结合的关键。

另一方面，利用位移与势函数导数的关系式 $u_{\mathrm{n}}=(\mathrm{i}\omega)^{-1}\phi'$，将 (6.1.13) 式改用位移表示的声学边界元方程是

$$[\boldsymbol{I}]\,\boldsymbol{\phi}+[\boldsymbol{A}]\,\boldsymbol{\phi}+\mathrm{i}\boldsymbol{\omega}\,[\boldsymbol{B}]\,\boldsymbol{u}_{\mathrm{Bn}}=2\boldsymbol{\phi}_{\mathrm{i}} \tag{6.2.3}$$

这里的位移 $\boldsymbol{u}_{\mathrm{Bn}}$ 专指边界面上的法向位移。边界元方程只在边界结点上成立。

将 (6.2.2) 和 (6.2.3) 两个方程联立求解时要解决相互之间的耦合问题。结构的结点中只有一部分处在边界面上，所以边界元中的 $\boldsymbol{\phi}$ 和 $\boldsymbol{u}_{\mathrm{Bn}}$ 要经过变换才能耦合到有限元方程中。

结构有限元和流体边界元的形函数是不同的，例如，当结构有限元是 20 结点的体单元时，边界元可能是 8 结点面单元。设结构有限元形函数矩阵是 $[\boldsymbol{N}_{\mathrm{F}}]$，边界元形函数矩阵是 $[\boldsymbol{N}_{\mathrm{B}}]$。耦合矩阵 $[\boldsymbol{L}]$ 具有下面的形式：

$$[\boldsymbol{L}]=\sum_e[\boldsymbol{L}^e]=\sum_e\int_{S^e}[\boldsymbol{N}_{\mathrm{F}}]^{\mathrm{T}}\,\boldsymbol{n}\,[\boldsymbol{N}_{\mathrm{B}}]\,\mathrm{d}S \tag{6.2.4}$$

其中，上角 e 表示单元数，$\boldsymbol{n}$ 是结构表面单元的法向矢量。耦合矩阵 $[\boldsymbol{L}]$ 的大部分元素为零，只有结构体与外部流体耦合的边界结点不为零。将 $[\boldsymbol{L}]$ 矩阵中不为零的部分重新标记为 $[\boldsymbol{L}_{\mathrm{B}}]$：

$$[\boldsymbol{L}_{\mathrm{B}}]=\sum_e[\boldsymbol{L}_{\mathrm{B}}^e]=\sum_e\int_{S^e}[\boldsymbol{N}_{\mathrm{FB}}]^{\mathrm{T}}\,\boldsymbol{n}\,[\boldsymbol{N}_{\mathrm{B}}]\,\mathrm{d}S \tag{6.2.5}$$

现在的 e 是 $[\boldsymbol{L}_{\mathrm{B}}]$ 矩阵中不为零的单元数，S^e 是相应的单元表面。

另外，边界元的法向位移和有限元的位移由下式联系：

$$\boldsymbol{u}_{\mathrm{B}n}^e=\boldsymbol{n}^e\,[\boldsymbol{N}_{\mathrm{FB}}^e]\,\boldsymbol{u}^e \tag{6.2.6}$$

联合 (6.2.2) 和 (6.2.3) 式即可求解弹性结构体的外部声场问题。

目前商用有限元软件 ANSYS 和边界元软件 SYSNOISE 都已比较成熟，如参考文献 [13] 和 [14]。采用两种软件相结合计算弹性目标声辐射的较早工作见文献 [15]。下面以弹性球壳为例说明将两种软件相结合计算声散射的方法。首先利用 ANSYS 软件对目标壳体进行精确几何建模并进行模态计算，采用 shell 63 单元设置壳体的

厚度和材料参数，并进行网格划分。在网格划分时，要求目标离散后在外部流体中的每个波长内至少有 6 个结点。在利用 ANSYS 软件计算目标的模态时，一般要求所需模态频率的上限为声散射计算最高频率的两倍以上。ANSYS 软件的具体操作流程如图 6.2.1 所示。然后利用 SYSNOISE 软件计算弹性壳体目标的散射声场，将由 ANSYS 软件得到的模型网格结点坐标信息和模态信息传递给 SYSNOISE 软件，利用 SYSNOISE 软件中的结点耦合直接边界元模型，通过设置平面波声源，计算目标的外部散射声场，SYSNOISE 软件的具体操作流程如图 6.2.2 所示。

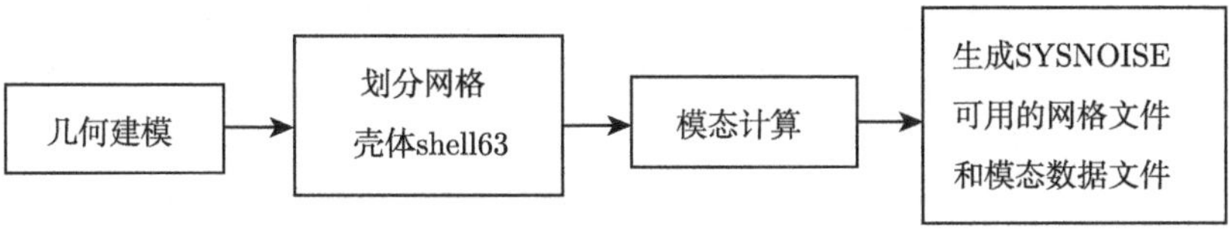

图 6.2.1 ANSYS 软件操作流程

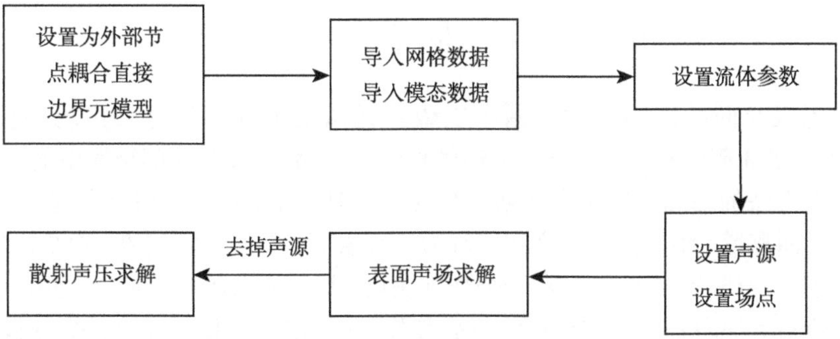

图 6.2.2 SYSNOISE 软件操作流程

图 6.2.3 给出采用上述软件计算的弹性球壳反向散射目标强度，并和简正级数解进行对比 [16]。球壳的内外径分别为 0.97m、1m，外部流体介质是水，弹性壳体材质是钢。其中图 6.2.3(a) 是中空弹性球壳，图 6.2.3(b) 是有固体填充物弹性球壳，填充物模拟 TNT，取密度 1616kg/m^3，杨氏模量 3.25×10^9Pa，泊松比 0.39。表面单元的网格尺寸设定为 0.07m。从图 6.2.3 可以看出，内部真空时用这种方法计算的结果直到频率 2500Hz($ka\approx10$) 仍与解析解符合较好。而在内部有填充物时只能较精确地计算到频率 1500Hz($ka\approx6$)。对球壳共振频率的分析可知，内部有填充物时共振频率降低，并且增加了许多高频共振模态，这些模态是由填充物的共振引起的。因为壳体较薄，有填充物的钢壳接近于纯粹由填充物构成的实心球。高频时网格划分不够细是导致高频段计算精度下降的原因。

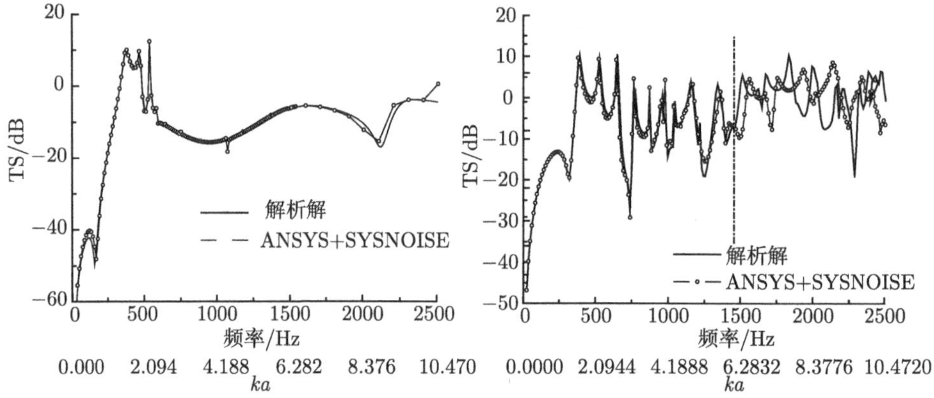

(a) 中空弹性球壳　　(b) 有填充弹性球壳

图 6.2.3　用 ANSYS+SYSNOISE 软件计算的弹性球壳反向散射特性 [16]

6.3　无限空间中有限元方法

在无限空间的结构声学问题中用边界元法处理外部流体中声场的优点是 ① 自动满足无限远处 Sommerfeld 辐射条件；② 给出整个外部空间中的严格解，因为这个方法的基础是数学上严格的公式 ——Helmholtz 表面积分方程；③ 只需要对边界面离散，将外部三维空间降维为二维表面，具有计算优势。但是，在实际应用过程中发现，边界元法存在一个严重缺点，其中的系数矩阵是全局矩阵。每个元素的值与其他所有单元或结点的值都有关，见 (6.1.10) 和 (6.1.11) 式。所以边界元法需要解一个大而密的复线性方程组，或求解一个大而密的矩阵的逆，从而导致计算耗时多和存储量需求大，而且很容易失稳。这是方法本身所固有的缺点。对于大型结构或高频情况，边界元法的计算量难以承受，计算结果不可信。

有限元法在声学中的应用最初集中在复杂几何形状的内部声场问题，例如，刚性或弹性壁包围的复杂形状空腔内部声场，变截面管道内声波传播等。因为在这些情况下有限体积的流体介质可以用有限数目的流体有限元来描述。与边界元法相比，有限元法中的系数矩阵是一个局部矩阵，因为每个单元的运动只与相邻结点的值有关。将有限元法应用到无限空间时需要采用人工边界将无限空间截断，使得结构有限元加流体有限元的数目有限，系数矩阵虽然庞大但稀疏，其中包含大量的零元素。这使有限元法只需求解一个大的稀疏矩阵的逆，避免零元素对应的运算，可以大大提高计算速度和减小存储空间。

在水中弹性目标声散射问题中，必须考虑流–固界面的振动–声耦合。如果结构与流体都用有限元离散，可以省去结构有限元与声场边界元之间的转换。由于有限元法的这个优点，近年来在结构声学中发展迅速。Frank 的书 [17] 专门讨论了声散射的有限元方法，对一些基础性问题进行了归纳。

外部问题有限元法的基本思路是，将包围结构的无限流体空间用一个人工边界 Γ 截断，形成有界计算域 V 和外部半无限域 V_∞，如图 6.3.1 所示。将结构和有界流体域都用有限元离散，考虑结构与流体的耦合，解出结构和流体单元中的位移和压力，然后进一步求外部辐射或散射场。这里需要解决的关键问题是：① 原本边界元法的优点是空间降维，如果流体也用有限元离散是否又回到三维问题？即使用人工边界截断，总的单元数还是会增加，系数矩阵更加庞大，计算上是否值得？②人为的边界截断如何满足无限远处 Sommerfeld 辐射条件？实际上通过在人工边界上选取特殊的外边界条件使得这两个问题达到某种平衡。一方面，让有界的计算域 V 尽可能小，使得流体有限元的数目尽可能少，由此导致的系数矩阵变大不会抵消稀疏矩阵带来的计算优点。另一方面，采取特殊的技术让人工边界上的反射降低到离散误差以下，也就是不产生有效的反射，使得外部边界反射对于结构振动的影响小到可以忽略。

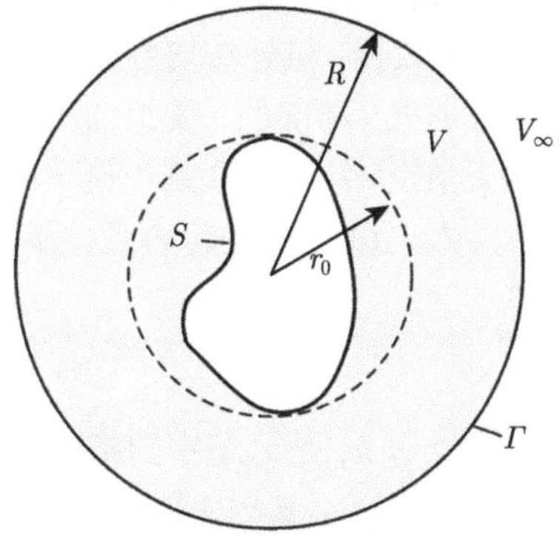

图 6.3.1 有限元法中的人工边界

无限空间中的外声场可以描述成下面的数学问题：

$$\nabla^2\phi + k^2\phi = 0, \quad \text{在 } S \text{ 面外无界空间} V_\infty \text{ 中} \tag{6.3.1}$$

$$\frac{\partial\phi}{\partial n} + \beta(\boldsymbol{x}, k) = g(\boldsymbol{x}, k), \quad \text{在 } S \text{ 面上} \tag{6.3.2}$$

$$\lim_{r\to\infty} r\left(\frac{\partial\phi}{\partial r} - \mathrm{i}k\phi\right) = 0, \quad \text{Sommerfeld 辐射条件} \tag{6.3.3}$$

其中，$\phi(\boldsymbol{x})$ 表示速度势的空间部分，对于时间因子 $\mathrm{e}^{-\mathrm{i}\omega t}$，$\beta(\boldsymbol{x}, k)$、$g(\boldsymbol{x}, k)$ 和波数 k 都定义在 $\mathrm{Im}(k) \geqslant 0$ 的数域。其中 (6.3.2) 式表示 S 面上复杂的边界条件。对于单频问题的 Helmholtz 方程，无限远处的解必须是正比于 $\exp(\mathrm{i}kr)$ 的外向波。

引入人工边界 Γ 后，原始的无界空间分成两个区域：一个有界的可以用有限元方法离散的区域 V 和一个半无界的外部补充区域 V_∞。有界区域 V 中结构部分用结构有限元离散，流体部分用流体有限元离散。流体有限元方程的推导见本章附录 6B。V 越小有限元的数目越少，计算量就越小。在人工边界 Γ 上必须保证向外传播的波不遭遇反射，或从数值计算的角度要求反射低于离散误差。这是有限元法的关键所在，人工边界上的边界条件越接近无反射条件，有限元法的精度就越高。

人工边界通常取球面或椭球面，因为外部声场可以用解析形式表示，便于分析讨论。

人工边界上无反射边界条件可以总结为以下三类 [17,18]：

1. 吸收 (无反射) 边界条件

对于吸收边界条件，无限远处的辐射条件用边界条件

$$\frac{\partial \phi}{\partial n} = \mathcal{B}\phi, \quad \text{在 } \varGamma \text{ 面上} \tag{6.3.4}$$

来近似。线性算子 $\mathcal{B}$ 称为 Dirichlet 对 Neumann(DtN) 变换算子，它将 $\varGamma$ 上的 ϕ(Dirichlet 数据) 与外法向导数 $\partial\phi/\partial n$(Neumann 数据) 联系起来。DtN 算子 $\mathcal{B}$ 可以是微分形式 (局部的) 或积分形式 (非局部的)，或者是两者的组合。物理上，算子 $\mathcal{B}$ 表示在边界 $\varGamma$ 上联系声压 p 与法向速度 v_{n} 的辐射导纳 $\mathrm{i}\omega\rho_0\mathcal{B}^{-1} = p/v_{\mathrm{n}}$。

如果人工边界处在远场区，那么边界外的波可以一般地表示为径向球面衰减的形式

$$\phi = \frac{\mathrm{e}^{\mathrm{i}kr}}{r} F_0(\theta, \varphi; k) \tag{6.3.5}$$

其中，$F_0(\theta, \varphi; k)$ 是远场中的指向性，它与波数有关。由此不难证明

$$\mathcal{B} = \frac{\partial \phi}{\partial r}\Big/\phi = \mathrm{i}k - \frac{1}{r} \tag{6.3.6}$$

这就是说，如果 $\varGamma$ 取得足够大以至于已进入远场区，用 (6.3.6) 式的 $\mathcal{B}$ 作为 DtN 算子可以得到精确的无反射边界条件。然而，$\varGamma$ 取得大，流体有限元数目多，有限元法就没有优越性了。当 $\varGamma$ 较小不在远场区时，这个条件不能保证无反射，应该取更精确的边界条件。球面辐射的 Atkinson-Wilcox 展开式是 [17−20]

$$\phi(r, \theta, \varphi; k) = \frac{\mathrm{e}^{\mathrm{i}kr}}{r} \sum_{n=0}^{\infty} \frac{F_n(\theta, \varphi; k)}{r^n} \tag{6.3.7}$$

这个展开式对于 $r > r_0$ 成立，这里 r_0 是目标或辐射器外接球面的半径，如图 6.3.1 中的虚线所示。这个展开式的特点是径向衰减函数 $\mathrm{e}^{\mathrm{i}kr}/r^n$ 和角度函数可以分离，其中的高阶函数 $F_n(\theta, \varphi; k)$ 可以从 $F_0(\theta, \varphi; k)$ 用下面的递推公式得到：

$$2\mathrm{i}knF_n = n(n-1)F_{n-1} + \mathcal{D}F_{n-1}, \quad n = 1, 2, \cdots \tag{6.3.8}$$

其中

$$\mathcal{D} = \frac{1}{r^2 \sin\theta} \frac{\partial}{\partial \theta}\left(\sin\theta \frac{\partial}{\partial \theta}\right) - \frac{1}{r^2 \sin^2\theta} \frac{\partial^2}{\partial \varphi^2} \tag{6.3.9}$$

定义算子

$$\mathcal{G}_m = \left(\frac{\partial}{\partial r} - \mathrm{i}k + \frac{2m-1}{r}\right)\mathcal{G}_{m-1}, \quad m = 1, 2, \cdots \tag{6.3.10}$$

可以证明 $\mathcal{G}_m\phi_m=0$，ϕ_m 是展开式中取 $n<m$ 截段的项。根据余项的阶次可以得到前二阶算子作用于一般情况的精度

$$\mathcal{G}_1\phi_1=\left(\frac{\partial}{\partial r}-B_1\right)\phi_1=0,\quad \mathcal{G}_1\phi=0\left(1/kr\right)^3 \tag{6.3.11}$$

$$\mathcal{G}_2\phi_2=\left(\frac{\partial}{\partial r}+\frac{2}{r}-B_1\right)\left(\frac{\partial}{\partial r}-B_1\right)\phi_2=0,\quad \mathcal{G}_2\phi=0\left(1/kr\right)^5 \tag{6.3.12}$$

其中，$B_1=\mathrm{i}k-\dfrac{1}{r}$。采用二阶算子时边界的反射要小得多，但是二阶算子中包含二阶导数。利用球坐标中 ϕ 所满足的 Helmholtz 方程将对 r 的二阶导数换成对 θ,φ 的导数，得到

$$\mathcal{G}_2=2\left(\frac{1}{r}-\mathrm{i}k\right)\frac{\partial}{\partial r}+2\left(\frac{1}{r}-\mathrm{i}k\right)^2-\frac{1}{r^2\sin\theta}\frac{\partial}{\partial\theta}\left(\sin\theta\frac{\partial}{\partial\theta}\right)-\frac{1}{r^2\sin^2\theta}\frac{\partial^2}{\partial\varphi^2} \tag{6.3.13}$$

取近似 $\mathcal{G}_2\phi=0$，相应的边界条件是

$$\frac{\partial\phi}{\partial r}=-\left(\frac{1}{r}-\mathrm{i}k\right)\phi+\frac{1}{2r^2\left(1/r-\mathrm{i}k\right)\sin\theta}\frac{\partial}{\partial\theta}\left(\sin\theta\frac{\partial\phi}{\partial\theta}\right)-\frac{1}{2r^2\left(1/r-\mathrm{i}k\right)\sin^2\theta}\frac{\partial^2\phi}{\partial\varphi^2} \tag{6.3.14}$$

轴对称情况下最后一项对 φ 的导数为 0。

显然，计算域 V 越小算子的阶次要取得越高。而高阶算子伴随有高阶导数，需要作特殊处理，见文献 [18]。

2\. 无限元 [18,20−22]

无限元将无反射边界条件用无限延伸的单层元代替，也就是说，在人工边界外设置延伸到无限远的特殊单元，用自动满足 Sommerfeld 辐射条件的径向波函数构造，使得波在这个单元中衰减掉。图 6.3.2 示意人工边界外的扇形无限元。这些元的形状函数包括向外传播并衰减的波因子。

结构声学问题中曾采用过各种无限元。例如，指数衰减元，将声场振幅的空间衰减用指数描述，$\phi\propto \mathrm{e}^{-\beta r}\mathrm{e}^{\mathrm{i}kr}$，$\beta>0$ 是调节衰减的经验参数，r 是任意一个延伸到无限远的坐标。显然，这不是准确的衰减因子，所以在人工边界外的场是不准确的。另一种是映射元 (mapped element)，基于声场在 r 大时的渐近式，应用低阶球 Hankel 函数的主导项 $\phi\propto\left(a_1/r+a_2/r^2+\cdots\right)\mathrm{e}^{\mathrm{i}kr}$。通过映射或变换，这种元可以用于任意形状和方位，不一定是球面上的扇形元。鉴于无限元法应用较少，不再赘述。

3\. 吸收层 [23−25]

与吸收边界条件不同的是，吸收层通过有一定厚度的层的吸收来湮灭外部介质的反射。其基本思想是在人工边界外引入一个有限厚度的层，使得外向传播的波

在到达层的外边界前被吸收掉，如图 6.3.3 所示。效果较好的吸收层是 Berenger 首先在电磁场理论中引入的完全匹配层 (Perfectly Matched Layer，PML)，这种处理方法已经推广应用到声学中。

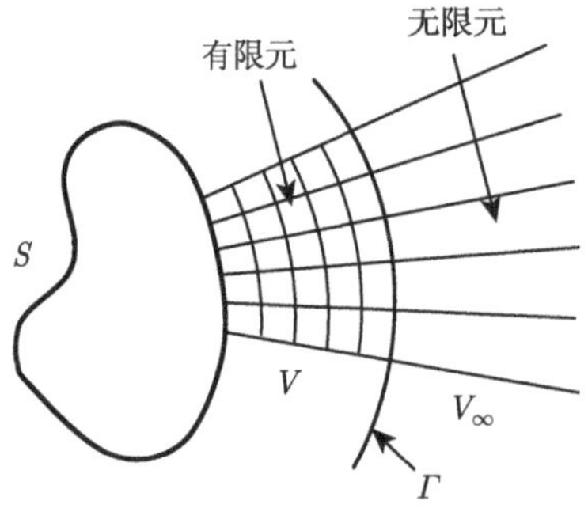

图 6.3.2 人工边界外无限元

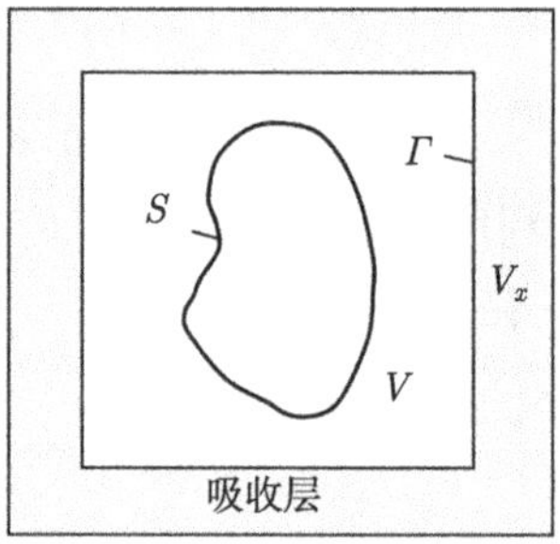

图 6.3.3 人工边界外吸收层

PML 的构成方法之一是通过坐标复变换得到有吸收的扩展坐标系，使得新的介质变成损耗可以选择的介质。例如，取 x 坐标的复数扩展坐标变量为 [24,25]

$$x = x'\left(a_x + \mathrm{i}\omega_x/\omega\right) \tag{6.3.15}$$

实部 a_x 是一个比例因子，虚部表示 PML 的损耗。在正常的非 PML 区，$a_x = 1$，$\omega_x = 0$。实数 a_x 作为独立变量加入能够加速波的衰减，这可以从具有复波数 $k = k' + \mathrm{i}k''$ 的 x 方向传播的平面波 $\mathrm{e}^{\mathrm{i}kx}$ 看出。在扩展坐标中

$$\mathrm{e}^{\mathrm{i}kx} = \mathrm{e}^{\mathrm{i}\left[a_x k' - (\omega_x/\omega)k''\right]x'}\mathrm{e}^{-\left[a_x k'' + (\omega_x/\omega)k'\right]x'}$$

原来波的衰减是 $\mathrm{e}^{-k''x}$，引入 a_x 可以促使它更快衰减。这样将原来的方程变换到复数扩展坐标中就可以加速波的衰减。

PML 也可以是球形和圆柱形。例如，对于一端圆板另一端半球壳的有限长圆柱壳，在不同的区域应该取不同形状的 PML，如图 6.3.4 所示。取柱坐标系 (r, z)，PML(1) 是圆环形，波在 r 方向衰减；PML(2) 是圆形平面层，波在 z 方向衰减；PML(3) 是边角上的环形平面层，波在 r 和 z 两个方向衰减；PML(4) 是半球形层，波在局部球坐标的半径方向衰减。

从上面归纳的 3 种无反射边界条件可以看出，它们在边界附近都是近似成立的，只有在无限远处才符合 Sommerfeld 辐射条件。所以 Burnett 强调指出 [22]，有限元法从未试图直接从有限元解获得声场的精确解，它只是通过在人工边界上提供近似无反射条件获得边界内有限区域 (近场) 的足够精确的解。而边界外的解仍然要用结构表面上的压力和速度数据通过 Helmholtz 积分公式获得。

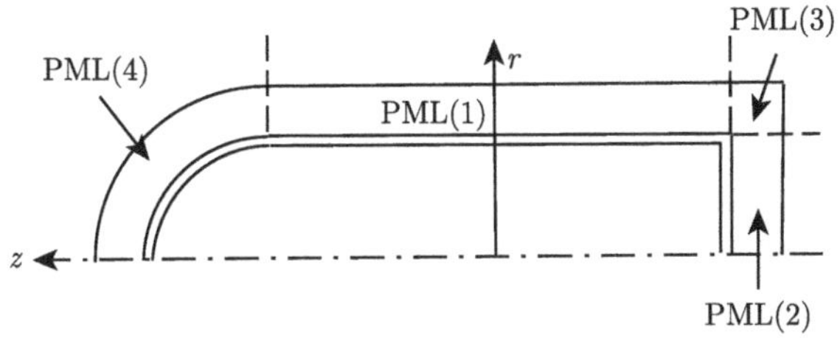

图 6.3.4 圆柱壳外不同形状 PML

轴对称目标在非轴对称激励下的辐射和散射问题，可以通过对三维 (3D) 声和弹性场作方位角 Fourier 级数展开，将 3D FE 问题分解成一系列独立的 2D FE 问题计算。Zampolli 等用带有 PML 的有限元法成功地计算了轴对称弹性圆柱壳的声散射，包括内部真空和圆柱段充填固体的情况 [26]。用有限元法计算出入射声波 p_{i} 激励下带半球帽圆柱壳表面的声压和振速，然后用 Helmholtz 积分公式计算远场散射声压 p_{s}，按下面定义得到远场收–发分置目标强度：

$$\mathrm{TS}\left(\boldsymbol{r}\right)=20\lg\left[r\left|p_{\mathrm{s}}\left(\boldsymbol{r}\right)/p_{\mathrm{i}}\right|\right] \tag{6.3.16}$$

后来 Zampolli 等又将图 6.3.4 的有限长圆柱壳作为标准问题，比较不同有限元程序的计算结果 [27]。包括：① NURC-FE，由 Zampolli 等开发的应用 PML 的有限元计算程序 AXISCAT；② NUWC-FE，NRL 开发的应用非共轭无限元的轴对称结构声学有限元模型 SONAX；③ FOI-BIE，应用高阶边界积分方程的有限元加边界元程序。圆柱壳总长 2m，外直径 0.5m，壁厚 1cm。壳体用玻璃纤维制成，材料特性 $c_{\mathrm{p}}=3500\mathrm{m/s}$，$c_{\mathrm{s}}=1400\mathrm{m/s}$，$\rho_0=3000\,\mathrm{kg/m^3}$。

图 6.3.6 是刚硬柱在不同方位入射和接收时的目标强度。参照图 6.3.5，(90°, 点 1) 表示 90° 入射，点 1 接收，实际上就是正横方位的回波目标强度；(0°, 点 3) 表示头部方位的回波目标强度；(70°, 点 1) 表示 70° 入射，点 1 接收，是收–发分置目标强度。频率范围 0.1~10kHz，对刚硬柱 3 个程序的计算结果几乎完全一致。

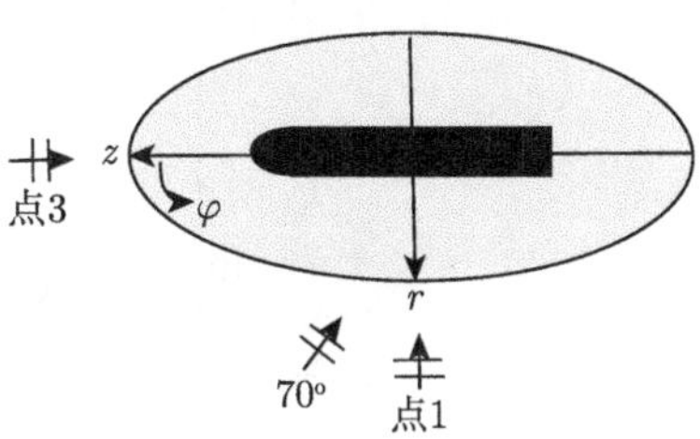

图 6.3.5 入射方向和接收点

图 6.3.7 是中空玻璃纤维壳在正横方位的回波目标强度，有明显的 Rayleigh 波共振现象。3 个程序的计算结果符合也很好。其中 NURC-FE 和 NUWC-FE 的频率间隔是 5Hz，而 FOI BIE 的频率间隔是 20Hz，所以后者丢失了一些共振峰谷。这在图 6.3.8 中更加明显，因为在倾斜入射情况下壳体中存在螺旋环绕波，它的共振更加复杂。图 6.3.9 所示的头部回波目标强度有比较清晰的共振现象。这个图只

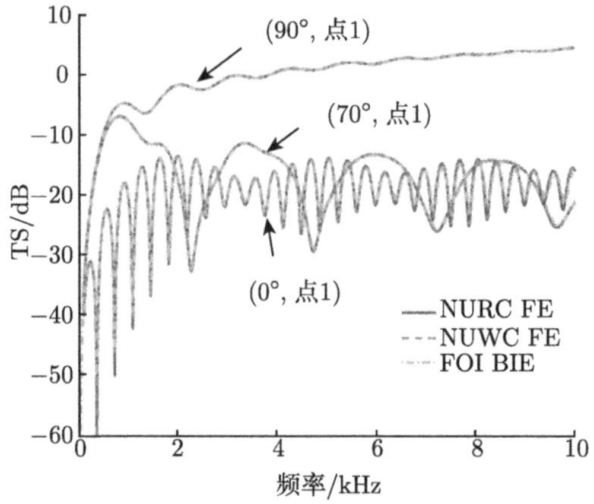

图 6.3.6　刚硬柱的散射 [27]

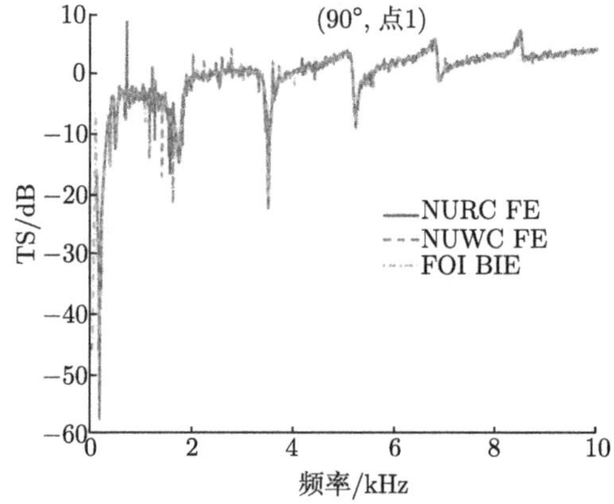

图 6.3.7　中空玻璃纤维壳正横方位反向散射 [27]

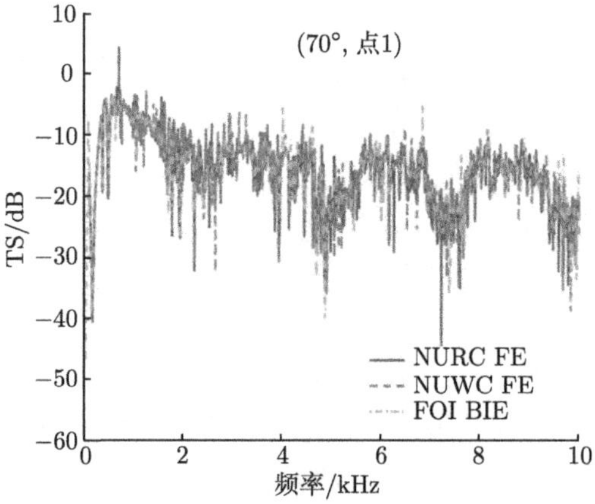

图 6.3.8　中空玻璃纤维壳 70° 入射，点 1 接收 [27]

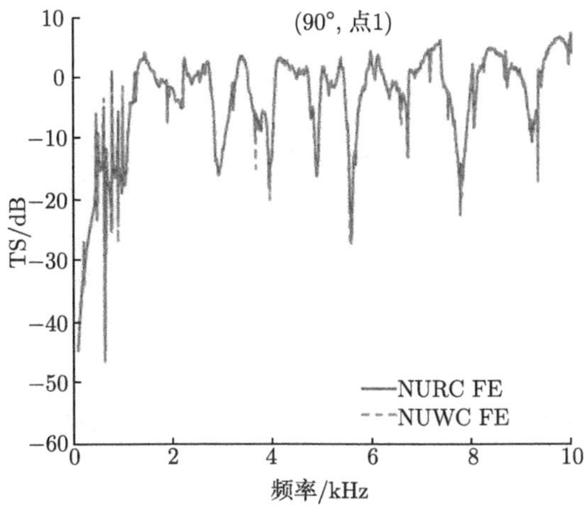

图 6.3.9 中空玻璃纤维壳头部方位反向散射 [27]

用两种有限元程序计算，相互吻合很好，可以作为圆柱壳散射问题的参考解。

近年来开发的有限元数值计算软件，如 COMSOL Multiphysics 仿真软件 [28] 包含有完全匹配层，而且使用方便而高效。图 6.3.10 是用这个软件计算的半径 0.5m，壳厚 0.005m 的中空和有固体填充物钢球壳的回声目标强度 [29]。填充物材料杨氏模量 3.25×10^9Pa，泊松比 0.4，密度 1700kg / m^3。与使用 ANSYS 加 SYSNOISE 软件计算的图 6.2.3 相比，这里计算的 ka 可以达到 20 以上。计算结果表明，有固体填充物后球壳回声的频响特征与中空情况有很大差别，填充物中可能存在的波使得共振变得十分密集，与没有外壳的固体球的回声频响特性接近。利用结构对称性，COMSOL Multiphysics 仿真软件也能够完成图 6.3.6~ 图 6.3.9 的类似计算。

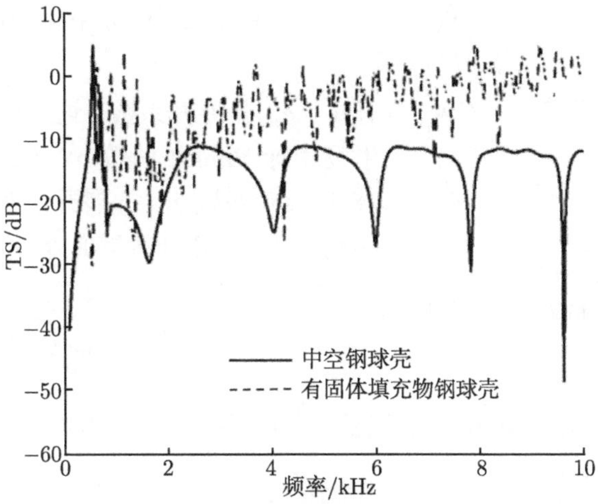

图 6.3.10 中空和有固体填充物钢球壳的回声目标强度 [29]

6.4　T 矩阵方法

T 矩阵 (Transition matrix) 方法由 Waterman, Bostrom 等于 20 世纪 60 年代建立 [30−32]，V.V.Varadan 和 V.K.Varadan 对此方法的发展也做出了重要贡献。最初将这种方法称为扩展边界条件 (Extended Boundary Condition，EBC) 法、零场 (nullfield) 法，后来统一称为 T 矩阵方法。经过大约二十年的研究，这种方法已比较成熟。

T 矩阵方法的关键点是回避了表面积分方程，只利用表面积分公式的外场和内场公式。下面以刚硬边界的情况为例说明 T 矩阵方法的思路 [33]。这时有方程组

$$\phi_{\mathrm{i}}(\boldsymbol{r})+\frac{1}{4\pi}\int_S\phi(\boldsymbol{r}_{\mathrm{s}})\frac{\partial G(\boldsymbol{r},\boldsymbol{r}_{\mathrm{s}})}{\partial n}\mathrm{d}S=\begin{cases}\phi(\boldsymbol{r}), & \boldsymbol{r}\text{ 在 }S\text{ 面外}\\ 0, & \boldsymbol{r}\text{ 在 }S\text{ 面内}\end{cases}\tag{6.4.1}$$

其中，$\phi(\boldsymbol{r}_{\mathrm{s}})$ 是未知的表面量。内部方程通常被忽视因为它似乎与外声场没有直接联系，实际上内部方程是对表面量 $\phi(\boldsymbol{r}_{\mathrm{s}})$ 的约束。Waterman 认识到它可以用来避免未知的表面量 $\phi(\boldsymbol{r}_{\mathrm{s}})$，建立外场和入射场的联系。

如图 6.4.1 所示，取散射表面 S 的内接和外接球面。取基函数系 $\psi_n(\boldsymbol{r})$，$n=1,2,\cdots,\infty$。将入射场 $\phi_{\mathrm{i}}(\boldsymbol{r})$、散射场 $\phi_{\mathrm{s}}(\boldsymbol{r})$ 和 Green 函数都按此基函数系展开。然后利用内、外两个方程消除表面上的场 $\phi(\boldsymbol{r}_{\mathrm{s}})$，就可以得到联系散射场和入射场的传递矩阵 ——T 矩阵。

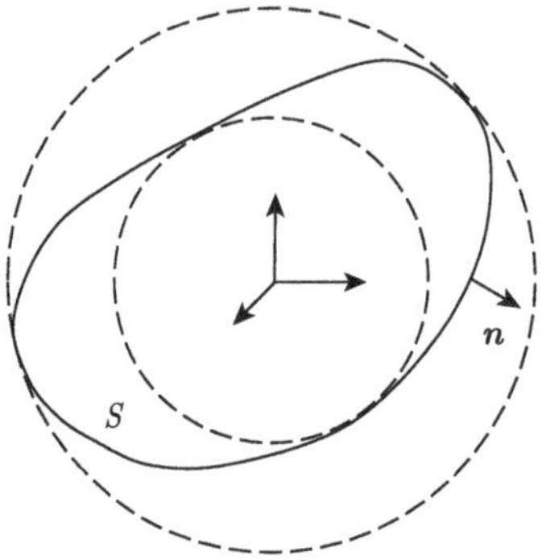

图 6.4.1　推导 T 矩阵方法示意图

入射场在原点附近不存在奇异性，因此可以用基函数的正则部分 $\mathrm{Re}\psi_n(\boldsymbol{r})$ 展开成

$$\phi_{\mathrm{i}}(\boldsymbol{r})=\sum_{n=0}^{\infty}a_n\mathrm{Re}\psi_n(\boldsymbol{r})\tag{6.4.2}$$

其中，a_n 是展开系数。这就像计算球散射时入射场用球 Hankel 函数 $\mathrm{h}_n^{(1)}(\cdot)$ 的正则部分 —— 球 Bessel 函数 $\mathrm{j}_n(\cdot)$ 展开。而散射场 $\phi_{\mathrm{s}}(\boldsymbol{r})=\phi(\boldsymbol{r})-\phi_{\mathrm{i}}(\boldsymbol{r})$ 在外接球面外展开成

$$\phi_{\mathrm{s}}(\boldsymbol{r})=\sum_{n=0}^{\infty}f_n\psi_n(\boldsymbol{r})\tag{6.4.3}$$

就像球散射时散射场用球 Hankel 函数 $\mathrm{h}_n^{(1)}(\cdot)$ 展开。另一方面，自由场 Green 函数可以展开成

$$G(k|\boldsymbol{r}-\boldsymbol{r}'|)=\mathrm{i}k\sum_{n=0}^{\infty}\psi_n(k\boldsymbol{r}_>)\mathrm{Re}\psi_n(k\boldsymbol{r}_<)\tag{6.4.4}$$

其中，$r_>$ 和 $r_<$ 分别大于和小于 r, r'。在外接球面以外，$|\boldsymbol{r}| > |\boldsymbol{r}_\mathrm{s}|$ 取

$$G(k|\boldsymbol{r}-\boldsymbol{r}_\mathrm{s}|) = \mathrm{i}k\sum_{n=0}^{\infty}\psi_n(k\boldsymbol{r})\,\mathrm{Re}\psi_n(k\boldsymbol{r}_\mathrm{s}) \tag{6.4.5}$$

将展开式代入 (6.4.1) 式的第一式得到

$$\sum_{n=0}^{\infty} f_n\psi_n(k\boldsymbol{r}) = \frac{\mathrm{i}k}{4\pi}\sum_{n=0}^{\infty}\psi_n(k\boldsymbol{r})\int_S \phi(\boldsymbol{r}_\mathrm{s})\frac{\partial}{\partial n}\mathrm{Re}\psi_n(k\boldsymbol{r}_\mathrm{s})\,\mathrm{d}S$$

利用 $\psi_n(k\boldsymbol{r})$ 的正交性得到

$$f_n = \frac{\mathrm{i}k}{4\pi}\int_S \phi(\boldsymbol{r}_\mathrm{s})\frac{\partial}{\partial n}\mathrm{Re}\psi_n(k\boldsymbol{r}_\mathrm{s})\,\mathrm{d}S \tag{6.4.6}$$

在内接球面内，$|\boldsymbol{r}| < |\boldsymbol{r}_\mathrm{s}|$ 取

$$G(k|\boldsymbol{r}-\boldsymbol{r}_\mathrm{s}|) = \mathrm{i}k\sum_{n=0}^{\infty}\psi_n(k\boldsymbol{r}_\mathrm{s})\,\mathrm{Re}\psi_n(k\boldsymbol{r}) \tag{6.4.7}$$

将展开式代入 (6.4.1) 式的第二式得到

$$-\sum_{n=0}^{\infty} a_n\mathrm{Re}\psi_n(k\boldsymbol{r}) = \frac{\mathrm{i}k}{4\pi}\sum_{n=0}^{\infty}\mathrm{Re}\psi_n(k\boldsymbol{r})\int_S \phi(\boldsymbol{r}_\mathrm{s})\frac{\partial}{\partial n}\psi_n(k\boldsymbol{r}_\mathrm{s})\,\mathrm{d}S$$

利用 $\mathrm{Re}\psi_n(k\boldsymbol{r})$ 的正交性得到

$$a_n = -\frac{\mathrm{i}k}{4\pi}\int_S \phi(\boldsymbol{r}_\mathrm{s})\frac{\partial}{\partial n}\psi_n(k\boldsymbol{r}_\mathrm{s})\,\mathrm{d}S \tag{6.4.8}$$

对于刚性表面，表面上的声场又可以展开成

$$\phi(\boldsymbol{r}_\mathrm{s}) = \sum_{n=0}^{\infty} b_n\mathrm{Re}\phi_n(\boldsymbol{r}_\mathrm{s}) \tag{6.4.9}$$

并且可以证明展开式是完备的。代入 (6.4.6) 和 (6.4.8) 式得到

$$f_n = \frac{\mathrm{i}k}{4\pi}\sum_m b_m\int_S \mathrm{Re}\psi_m(k\boldsymbol{r}_\mathrm{s})\left[\partial\mathrm{Re}\psi_n(k\boldsymbol{r}_\mathrm{s})/\partial n\right]\mathrm{d}S = \mathrm{i}k\sum_m b_m\mathrm{Re}Q_{mn} \tag{6.4.10}$$

$$a_n = -\frac{\mathrm{i}k}{4\pi}\sum_m b_m\int_S \mathrm{Re}\psi_m(k\boldsymbol{r}_\mathrm{s})\left[\partial\psi_n(k\boldsymbol{r}_\mathrm{s})/\partial n\right]\mathrm{d}S = -\mathrm{i}k\sum_m b_m Q_{mn} \tag{6.4.11}$$

其中

$$Q_{mn} = \frac{1}{4\pi}\int_S \mathrm{Re}\psi_m(k\boldsymbol{r}_\mathrm{s})\left[\partial\psi_n(k\boldsymbol{r}_\mathrm{s})/\partial n\right]\mathrm{d}S \tag{6.4.12}$$

它们可以表示成如下的矩阵形式：

$$\boldsymbol{a} = -\mathrm{i}k\,[\boldsymbol{Q}]\,\boldsymbol{b} \tag{6.4.13}$$

$$\boldsymbol{f} = \mathrm{i}k\,(\mathrm{Re}\,[\boldsymbol{Q}])\,\boldsymbol{b} \tag{6.4.14}$$

对级数进行截断后，$\boldsymbol{a}$、$\boldsymbol{b}$ 和 $\boldsymbol{f}$ 都是矢量或列矩阵。形式上导出

$$\boldsymbol{f} = [\boldsymbol{T}]\,\boldsymbol{a} \tag{6.4.15}$$

其中

$$[\boldsymbol{T}] = -\,(\mathrm{Re}\,[\boldsymbol{Q}])\,[\boldsymbol{Q}]^{-1} \tag{6.4.16}$$

就是联系散射场和入射场的传递矩阵，简称 T 矩阵。此式可以看作从入射场 $\boldsymbol{a}$ 通过 $[\boldsymbol{T}]$ 映射到散射场。在一些物理学领域将这种映射称为 Transition 或 T 矩阵运算。这个映射公式的特点是 T 矩阵只是边界条件和物体形状的函数。一旦 T 矩阵已知，散射场可以从任意选择的入射场 $\boldsymbol{a}$ 获得。从上面的推导过程可以看出，联系散射场和入射场的公式 (6.4.15) 是用积分公式中的内场方程消除表面场的结果。

对于接近球形的三维情况，自由空间 Green 函数可以展开成 [33]

$$\begin{aligned}&\frac{\mathrm{e}^{\mathrm{i}k|\boldsymbol{r}-\boldsymbol{r}_\mathrm{s}|}}{|\boldsymbol{r}-\boldsymbol{r}_\mathrm{s}|}\\ =&\mathrm{i}k\sum_{m,n,\lambda}\varepsilon_n\,(2m+1)\,\frac{(m-n)!}{(m+n)!}\mathrm{Y}_{mn}^{\lambda}\,(\theta,\varphi)\,\mathrm{Y}_{mn}^{\lambda}\,(\theta_\mathrm{s},\varphi_\mathrm{s})\begin{cases}\mathrm{j}_m\,(kr_\mathrm{s})\,\mathrm{h}_m^{(1)}\,(kr)\,, & r>r_\mathrm{s}\\ \mathrm{j}_m\,(kr)\,\mathrm{h}_m^{(1)}\,(kr_\mathrm{s})\,, & r<r_\mathrm{s}\end{cases}\end{aligned} \tag{6.4.17}$$

其中，$\boldsymbol{r}_\mathrm{s} = (r_\mathrm{s},\theta_\mathrm{s},\varphi_\mathrm{s})$，$\boldsymbol{r} = (r,\theta,\varphi)$。$n$ 从 $0\to\infty$，$0<m\leqslant n$，$\lambda=\pm1$。可取基函数

$$\psi_{mn\lambda}\,(k\boldsymbol{r}) = \left[\varepsilon_n\,(2m+1)\,\frac{(m-n)!}{(m+n)!}\right]^{1/2}\mathrm{Y}_{mn}^{\lambda}\,(\theta,\varphi)\,\mathrm{h}_m^{(1)}\,(kr) \tag{6.4.18}$$

按定义有

$$\mathrm{Y}_{mn}^{1}\,(\theta,\varphi) = \cos n\varphi\mathrm{P}_m^n\,(\cos\theta)\,,\quad \mathrm{Y}_{mn}^{-1}\,(\theta,\varphi) = \sin n\varphi\mathrm{P}_m^n\,(\cos\theta) \tag{6.4.19}$$

通过对 $[\boldsymbol{Q}]$ 矩阵求逆得到 T 矩阵通常不是解 $\boldsymbol{f}$ 的最有效方式。因为在许多情况下 $[\boldsymbol{Q}]$ 矩阵非常大并且常是病态的。其原因是描述入射场的 (6.4.7) 式只需要有限项分波 (依赖于频率)，而描述表面场的 (6.4.12) 式常需要大得多的展开项，依赖

于表面的特征。而可以求逆的 $[\boldsymbol{Q}]$ 必须是方形矩阵，要求方程 (6.4.7) 和 (6.4.12) 取相同的展开项数。这就使得除某些点以外 (6.4.7) 式的展开系数变得非常小，导致了 $[\boldsymbol{Q}]$ 的病态特性。文献 [34] 中介绍了克服这个困难的两种方法：① 耦合高阶 T 矩阵方法 (coupled higher-order T-matrix method)；② 构成一个本征值问题直接从 (6.4.16) 式解出向量 $\boldsymbol{b}$。

T 矩阵方法较成功的计算例子是长椭球、两边有半球帽的有限长圆柱体这样一些形状，包括刚性体、弹性体和弹性壳体。图 6.4.2 是早期由 Varadan 等计算的平面波从刚性长椭球 ($a/b = 2$) 的反向散射声压，端向入射 $\theta_{\rm i} = 0°$ 和倾斜入射 45°。纵坐标是归一化声压幅值 (形态函数)，横坐标是 ka，a 是长半轴，b 是短半轴 [35]。

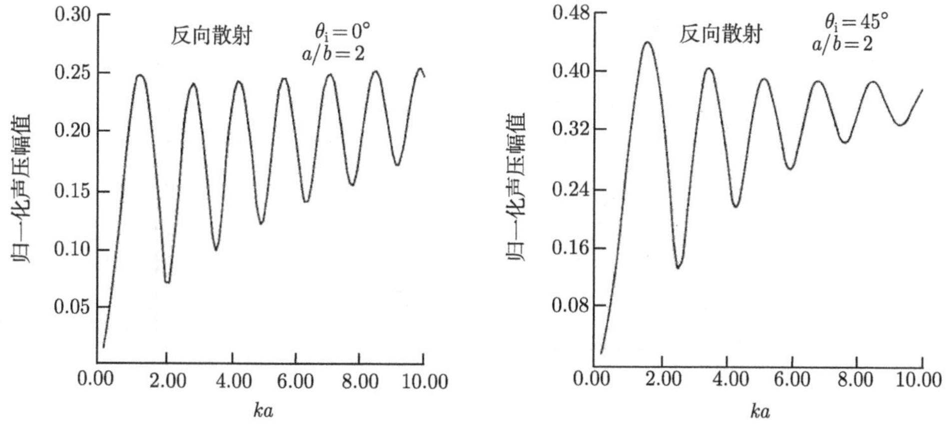

图 6.4.2 T 矩阵法计算的平面波从刚性长椭球的反向散射 [35]

图 6.4.3 是 Werby 等计算的各种入射角长椭球钢壳的反向散射形态函数，其中的 $L = 2a$ 是长轴，相对厚度 $2h/L = 0.1\%$，长宽比 $L/D = 1.75$。弹性壳体的计算要复杂得多，计算结果明显反映共振特性 [36,37]。

T 矩阵方法的优点是能够计算较高频率声散射，这是有限元加边界元法难以实现的。此外，目标的 T 矩阵一旦获得，可以用来计算任何方向入射–散射场。T 矩阵方法的缺点如下：

(1) 计算的目标形状表面都具有连续法向导数，因此不能计算有边和棱角的情况。因为在有边和棱角的地方，展开式 (6.4.8) 和 (6.4.12) 都不成立。这是 T 矩阵方法不如边界元方法的地方。

(2) 因为通常都用球谐函数作为基函数，所以 T 矩阵方法不适用于长宽比较大的情况。随着长宽比增大，T 矩阵产生的方程病态越来越严重，表面上的量展开所需要的项数惊人增加，误差随之增大。克服这个缺点的方法是用椭球函数作为基函

数 [37−39]。可是椭球函数的计算不方便，当 ka 较大时计算精度难以保证。

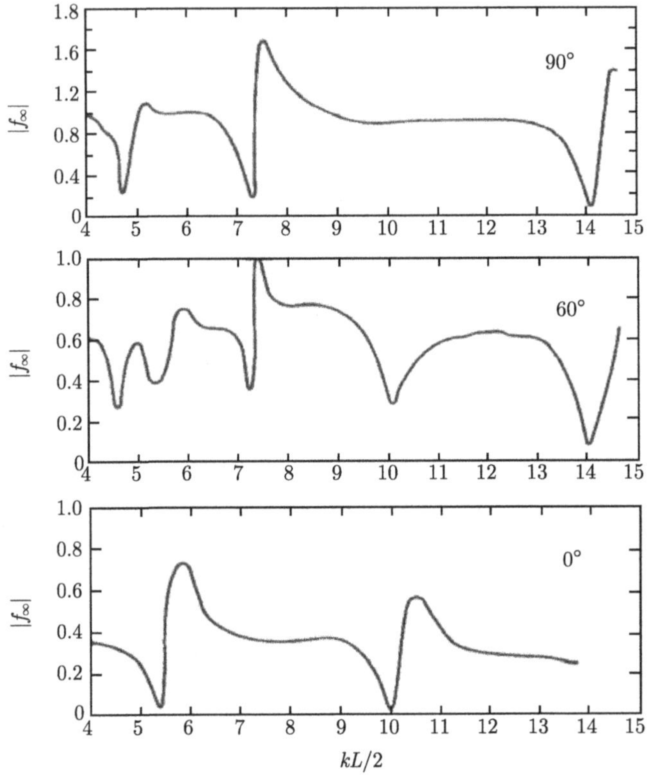

图 6.4.3　T 矩阵法计算的各种入射角长椭球钢壳的反向散射形态函数 [36]

6.5　波叠加方法

为了克服边界元方法的某些缺点，希望寻找更加直接的精确计算方法。Koopmann 等于 1989 年提出波叠加法 (Superposition Method，SUP)[40]，这是边界元方法的一种变异。根据声场的积分公式和表面积分方程，只要给定表面 S 上的 $\partial\phi/\partial n$ 或 ϕ 分布，其外部声场就唯一地确定。因此，可以撇开表面上 $\partial\phi/\partial n$ 或 ϕ 的实际值，假设表面上的这些值是由 S 内体分布或面分布的另一组等效源产生的。根据波的叠加原理，这一组源不仅产生 S 面上的边界值，而且也产生整个声场。原则上这组等效源的分布体或面的形状没有限制，源的性质 —— 简单源 (脉动源) 或偶极子源也没有限制。唯一必须保证的是由等效源产生的 S 面上的 $\partial\phi/\partial n$ 或 ϕ 分布要精确等于实际值。因此，这些等效源的强度要由给定边界值确定。在实际应用这个方法时，为了保证计算的精度，对于源的分布形状、个数、源的特性都有一定的限制。

首先讨论波叠加法的理论基础，证明波叠加法和 Helmholtz 积分公式的等价性。如图 6.5.1(a) 所示，假设在 S 面包围的体积 V 中有连续分布于 $\boldsymbol{r}_0$ 点的简单源，声场由所有源贡献的积分给出，用声压 p 表示为

$$p(\boldsymbol{r}) = \mathrm{i}\omega\rho_0 \int_V q(\boldsymbol{r}_0) G(\boldsymbol{r}, \boldsymbol{r}_0) \mathrm{d}V \tag{6.5.1}$$

$q(\boldsymbol{r}_0)$ 是分布在 $\boldsymbol{r}_0$ 点的简单源强度，G 是自由空间 Green 函数，满足

$$\left(\nabla^2 + k^2\right) G(\boldsymbol{r}, \boldsymbol{r}_0) = -\delta(\boldsymbol{r} - \boldsymbol{r}_0) \tag{6.5.2}$$

如果波叠加法是正确的，方程 (6.5.1) 应当等价于 Helmholtz 积分公式。下面来证明这一点。

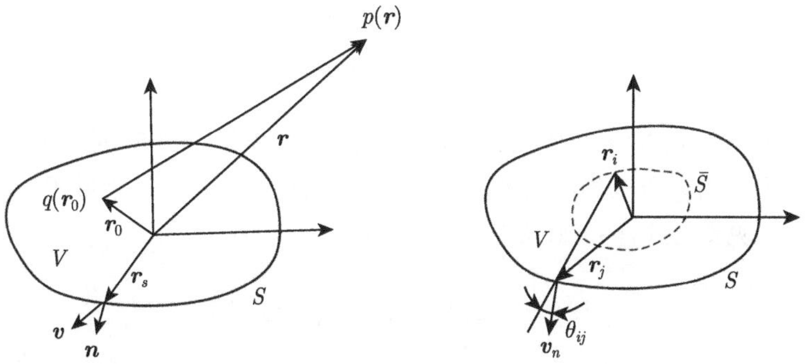

(a) 等效体分布源　(b) 等效面分布源

图 6.5.1　推导波叠加法示意图

因为外部声场与内部介质无关，可以假定内部介质和外部介质相同。对 V 内应用质量守恒定理

$$\frac{\partial \rho(\boldsymbol{r}_0)}{\partial t} + \nabla \cdot [\rho(\boldsymbol{r}_0) \boldsymbol{v}(\boldsymbol{r}_0)] = \rho(\boldsymbol{r}_0) q(\boldsymbol{r}_0) \tag{6.5.3}$$

这是有源连续性方程，其中 ρ 是密度，$q(\boldsymbol{r}_0)$ 是体积源，$\rho q(\boldsymbol{r}_0)$ 是质量源。在小振幅声运动情况下忽略非线性项并应用声速公式得到

$$-\mathrm{i}\omega p(\boldsymbol{r}_0) + \rho_0 c^2 \nabla \cdot \boldsymbol{v}(\boldsymbol{r}_0) = \rho_0 c^2 q(\boldsymbol{r}_0) \tag{6.5.4}$$

其中，ρ_0 是平均密度。将此式的 $q(\boldsymbol{r}_0)$ 代入方程 (6.5.1) 得到

$$p(\boldsymbol{r}) = \int_V \left[k^2 p(\boldsymbol{r}_0) + \mathrm{i}\omega\rho_0 \nabla \cdot \boldsymbol{v}(\boldsymbol{r}_0)\right] G(\boldsymbol{r}, \boldsymbol{r}_0) \mathrm{d}V \tag{6.5.5}$$

再应用向量恒等式

$$\nabla \cdot (\boldsymbol{v}G) = G\nabla \cdot \boldsymbol{v} + \boldsymbol{v} \cdot \nabla G$$

$$\nabla\cdot(p\nabla G)=\nabla p\nabla G+p\nabla^2 G=\nabla p\nabla G-p\left[\delta(\boldsymbol{r}-\boldsymbol{r}_0)+k^2 G\right]$$

和线性化的 Euler 方程

$$\mathrm{i}\omega\rho_0\boldsymbol{v}(\boldsymbol{r}_0)=\nabla p(\boldsymbol{r}_0) \tag{6.5.6}$$

方程 (6.5.5) 变成

$$\begin{aligned}p(\boldsymbol{r})&=-\int_V p(\boldsymbol{r}_0)\,\delta(\boldsymbol{r}-\boldsymbol{r}_0)\,\mathrm{d}V-\int_V\nabla\cdot\left[p(\boldsymbol{r}_0)\nabla G(\boldsymbol{r},\boldsymbol{r}_0)-\mathrm{i}\omega\rho_0\boldsymbol{v}(\boldsymbol{r}_0)\,G(\boldsymbol{r},\boldsymbol{r}_0)\right]\mathrm{d}V\\&=-\int_V p(\boldsymbol{r}_0)\,\delta(\boldsymbol{r}-\boldsymbol{r}_0)\,\mathrm{d}V-\int_S\left[p(\boldsymbol{r}_0)\frac{\partial G(\boldsymbol{r},\boldsymbol{r}_0)}{\partial n}-\mathrm{i}\omega\rho_0 v_{\mathrm{n}}(\boldsymbol{r}_0)\,G(\boldsymbol{r},\boldsymbol{r}_0)\right]\mathrm{d}S\end{aligned} \tag{6.5.7}$$

$\boldsymbol{n}$ 是 S 面的外法线。这是众所周知的外辐射问题的 Helmholtz 积分公式。当场点 $\boldsymbol{r}$ 处在场区 V 外时得到

$$p(\boldsymbol{r})=-\int_S\left[p(\boldsymbol{r}_0)\frac{\partial G(\boldsymbol{r},\boldsymbol{r}_0)}{\partial n}-\mathrm{i}\omega\rho_0 v_{\mathrm{n}}(\boldsymbol{r}_0)\,G(\boldsymbol{r},\boldsymbol{r}_0)\right]\mathrm{d}S \tag{6.5.8}$$

因此证明叠加积分 (6.5.1) 产生的声场和 Helmholtz 积分 (6.5.8) 是相同的。

实际计算时用体分布源不方便，改用面分布源。让简单源分布在 S 面内的另一个 $\bar{S}$ 面上，见图 6.5.1(b)，(6.5.1) 式改写成

$$p(\boldsymbol{r})=\mathrm{i}\rho_0\omega\int_{\bar{S}}q(\boldsymbol{r}_{\bar{\mathrm{s}}})\,G(\boldsymbol{r},\boldsymbol{r}_{\bar{\mathrm{s}}})\,\mathrm{d}\bar{S} \tag{6.5.9}$$

$$v_{\mathrm{n}}(\boldsymbol{r})=\int_{\bar{S}}q(\boldsymbol{r}_{\bar{\mathrm{s}}})\,\nabla_{\mathrm{n}}G(\boldsymbol{r},\boldsymbol{r}_{\bar{\mathrm{s}}})\,\mathrm{d}\bar{S} \tag{6.5.10}$$

其中，$q(\boldsymbol{r}_{\bar{\mathrm{s}}})$ 是 $\bar{S}$ 面分布的单位面积等效源强度。对于外部 Neumann 边界值问题，已知 S 面上的实际源法向速度 $v_{\mathrm{n}}(\boldsymbol{r}_{\mathrm{s}})$。要使等效源产生的声场与实际源的相等，必须保证等效源在 S 面上的法向振速等于实际源法向速度

$$v_{\mathrm{n}}(\boldsymbol{r}_{\mathrm{s}})=\int_{\bar{S}}q(\boldsymbol{r}_{\bar{\mathrm{s}}})\,\nabla_{\mathrm{n}}G(\boldsymbol{r}_{\mathrm{s}},\boldsymbol{r}_{\bar{\mathrm{s}}})\,\mathrm{d}\bar{S} \tag{6.5.11}$$

离散化后得到实际辐射面 S 上的法向速度

$$v_{\mathrm{n}}(\boldsymbol{r}_{\mathrm{s}})\approx\sum_{i=1}^{N}Q(\boldsymbol{r}_{\bar{\mathrm{s}}_i})\frac{\partial G(\boldsymbol{r}_{\mathrm{s}},\boldsymbol{r}_{\bar{\mathrm{s}}_i})}{\partial n} \tag{6.5.12}$$

其中，$Q(\boldsymbol{r}_{\bar{\mathrm{s}}_i})=q(\boldsymbol{r}_{\bar{\mathrm{s}}_i})\Delta\bar{S}$ 并假设单元面积 $\Delta\bar{S}$ 相等。注意这里的 Green 函数是从等效源的位置 $\boldsymbol{r}_{\bar{\mathrm{s}}}$ 到实际表面。(6.5.11) 和 (6.5.12) 式确定分布在 $\bar{S}$ 面上的等效源强度 $Q(\boldsymbol{r}_{\bar{\mathrm{s}}_i})$。用矩阵形式表示

$$\boldsymbol{v}=\nabla_{\mathrm{n}}\left[\boldsymbol{G}(\boldsymbol{r}_{\mathrm{s}},\boldsymbol{r}_{\bar{\mathrm{s}}})\right]\boldsymbol{Q}\quad\text{或}\quad\boldsymbol{Q}=[\boldsymbol{D}]^{-1}\boldsymbol{v} \tag{6.5.13}$$

其中，$[\boldsymbol{D}] = \nabla_{\mathrm{n}}\left[\boldsymbol{G}\left(\boldsymbol{r}_{\mathrm{s}}, \boldsymbol{r}_{\bar{\mathrm{s}}}\right)\right]$ 称为偶极子矩阵

$$D_{ij} = \frac{1}{4\pi}\frac{\partial}{\partial n}\frac{\mathrm{e}^{\mathrm{i}k|\boldsymbol{r}_j-\boldsymbol{r}_i|}}{|\boldsymbol{r}_j-\boldsymbol{r}_i|} = \frac{1}{4\pi}\frac{\mathrm{i}k|\boldsymbol{r}_j-\boldsymbol{r}_i|-1}{|\boldsymbol{r}_j-\boldsymbol{r}_i|^2}\mathrm{e}^{\mathrm{i}k|\boldsymbol{r}_j-\boldsymbol{r}_i|}\cos\theta_{ij} \tag{6.5.14}$$

脚标 i 对应 $\bar{S}$ 面上的点，j 对应 S 面上的点，θ_{ij} 见图 6.5.1(b)。求出等效源强度 $\boldsymbol{Q}$ 后就可以直接计算声压

$$p(\boldsymbol{r}) = \mathrm{i}\omega\rho_0\left[\boldsymbol{G}\left(\boldsymbol{r}, \boldsymbol{r}_{\bar{\mathrm{s}}_i}\right)\right]\boldsymbol{Q} \tag{6.5.15}$$

利用 (6.5.13) 式具体写出是

$$p(\boldsymbol{r}) = \mathrm{i}\omega\rho_0\left[\boldsymbol{G}\left(\boldsymbol{r}, \boldsymbol{r}_{\bar{\mathrm{s}}_i}\right)\right]\left\{\nabla_{\mathrm{n}}\left[\boldsymbol{G}\left(\boldsymbol{r}_{\mathrm{s}}, \boldsymbol{r}_{\bar{\mathrm{s}}}\right)\right]\right\}^{-1}\boldsymbol{v} = [\boldsymbol{G}][\boldsymbol{D}]^{-1}\boldsymbol{v} \tag{6.5.16}$$

对于散射问题，让散射声压用简单源表示

$$p_{\mathrm{s}}(\boldsymbol{r}) = \mathrm{i}\rho_0\omega\int_{\bar{S}} q\left(\boldsymbol{r}_{\bar{\mathrm{s}}}\right) G\left(\boldsymbol{r}, \boldsymbol{r}_{\bar{\mathrm{s}}}\right)\mathrm{d}\bar{S} \tag{6.5.17}$$

离散化以后简写为

$$p_{\mathrm{s}}(\boldsymbol{r}) \approx \sum_{i=1}^{N} a_i G\left(\boldsymbol{r}, \boldsymbol{r}_{\bar{\mathrm{s}}_i}\right) \quad 和 \quad \frac{\partial p_{\mathrm{s}}(\boldsymbol{r})}{\partial n} \approx \sum_{i=1}^{N} a_i \frac{\partial G\left(\boldsymbol{r}, \boldsymbol{r}_{\bar{\mathrm{s}}_i}\right)}{\partial n} \tag{6.5.18}$$

其中，$a_i = \mathrm{i}\rho_0\omega Q\left(\boldsymbol{r}_{\bar{\mathrm{s}}_i}\right)$。如果是刚性散射体，有 S 面上的边界条件

$$\left.\frac{\partial p_{\mathrm{s}}(\boldsymbol{r})}{\partial n}\right|_S = -\left.\frac{\partial p_{\mathrm{i}}(\boldsymbol{r})}{\partial n}\right|_S \tag{6.5.19}$$

p_{i} 是入射波。在 S 面上取 $M \geqslant N$ 个面积相等的点 $\boldsymbol{r}_{\mathrm{s}_j}$，得到估计 $a_i, i = 1, 2, \cdots, N$ 的 M 个方程

$$\sum_{i=1}^{N} a_i \frac{\partial G\left(\boldsymbol{r}_{\mathrm{s}_j}, \boldsymbol{r}_{\bar{\mathrm{s}}_i}\right)}{\partial n} = -\frac{\partial p_{\mathrm{i}}\left(\boldsymbol{r}_{\mathrm{s}_j}\right)}{\partial n}, \quad j = 1, 2, \cdots, M \tag{6.5.20}$$

可以用最小二乘法求逆确定源强度。

假如表面法向速度未知，如弹性壳体，波叠加法必须与有限元法结合。用有限元法求出 S 表面结构阻抗矩阵 Z_{jl}，$j, l = 1, 2, \cdots, M$，

$$p\left(\boldsymbol{r}_{\mathrm{s}_l}\right) = \sum_{j=1}^{M} Z_{jl}\partial p\left(\boldsymbol{r}_{\mathrm{s}_j}\right)/\partial n \tag{6.5.21}$$

总声场

$$p(\boldsymbol{r}) \approx p_{\mathrm{i}}(\boldsymbol{r}) + \sum_{i=1}^{N} a_i G\left(\boldsymbol{r}, \boldsymbol{r}_{\bar{\mathrm{s}}_i}\right) \tag{6.5.22}$$

令其中的 $\boldsymbol{r}=\boldsymbol{r}_{\mathrm{s}_l}$ 得到方程组

$$\sum_{j=1}^{M} Z_{jl}\frac{\partial p\left(\boldsymbol{r}_{\mathrm{s}_j}\right)}{\partial n}=p_{\mathrm{i}}\left(\boldsymbol{r}_{\mathrm{s}_l}\right)+\sum_{i=1}^{N} a_i\frac{\partial G\left(\boldsymbol{r}_{\mathrm{s}_l},\boldsymbol{r}_{\bar{\mathrm{s}}_i}\right)}{\partial n},\quad l=1,2,\cdots,M \tag{6.5.23}$$

从中可以解出 a_i。方法的精度取决于等效源的个数 N 和所在的虚拟表面 $\bar{S}$。$\bar{S}$ 通常接近实际表面 S，但又不能太近，否则 $\boldsymbol{D}$ 的精度很差。例如，对于刚性散射体的情况可以用表面法向速度与由等效源重建的法向速度最小方差

$$E^2=\frac{1}{M}\sum_{j=1}^{M}\left|\frac{\partial p_{\mathrm{i}}\left(\boldsymbol{r}_{\mathrm{s}_j}\right)}{\partial n}-\sum_{i=1}^{N} a_i\frac{\partial G\left(\boldsymbol{r}_{\mathrm{s}_j},\boldsymbol{r}_{\bar{\mathrm{s}}_i}\right)}{\partial n}\right|^2 \tag{6.5.24}$$

来确定等效源选择的合理性。文献 [39] 提出一个经验准则，实际表面和虚拟表面的对应单元之间的距离 d 应该如此选择，对于刚性体 d 选为最小半径的二分之一, 如图 6.5.2(a) 所示。对于光滑的弹性壳体结构，d 选为表面的最小结构波长以内，且不超过刚性体准则的值，如图 6.5.2(b) 所示。针对边界元法存在的问题，波叠加法避免了奇异积分，但不能避免非唯一性问题，也回避不了矩阵求逆运算。首先，波叠加法将源点移离实际表面，计算中遭遇的 Green 函数是 $G\left(\boldsymbol{r}_{\mathrm{s}},\boldsymbol{r}_{\bar{\mathrm{s}}_i}\right)$，所以只要 S 和 $\bar{S}$ 两个面不是靠得太近，就不会产生奇异性。其次，因为源点分布在虚拟表面 $\bar{S}$ 上，仍然可能发生非唯一性问题。只不过方程的失效点是 $\bar{S}$ 面内的特征频率或特征值。可以证明，当频率等于表面 $\bar{S}$ 内 Dirichlet 共振频率时，矩阵 D 奇异而不可逆，无法求出等效源强度。与边界元法不同的是，波叠加法的不唯一性发生在虚拟表面 $\bar{S}$ 的本征频率，不是实际表面 S 的本征频率。因为虚拟表面尺寸较小，本征频率较高。通过减小虚拟表面尺寸可以使得本征频率处在感兴趣的频率范围之外，但这样可能导致数值计算不稳定。另外，虚拟表面 $\bar{S}$ 是可以根据需要改变的，因此比较容易避免不唯一性。

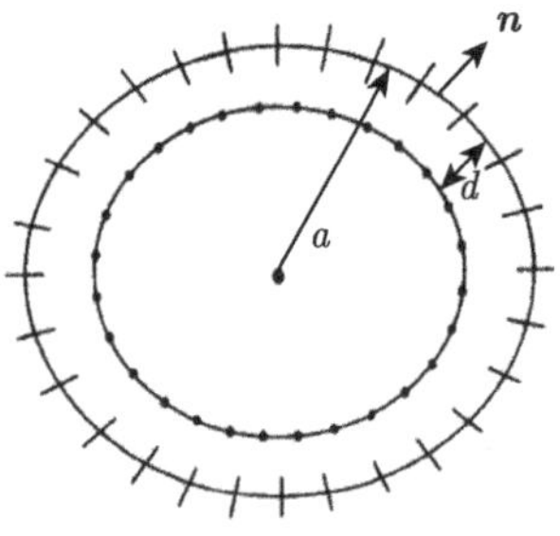

(a) 刚性体

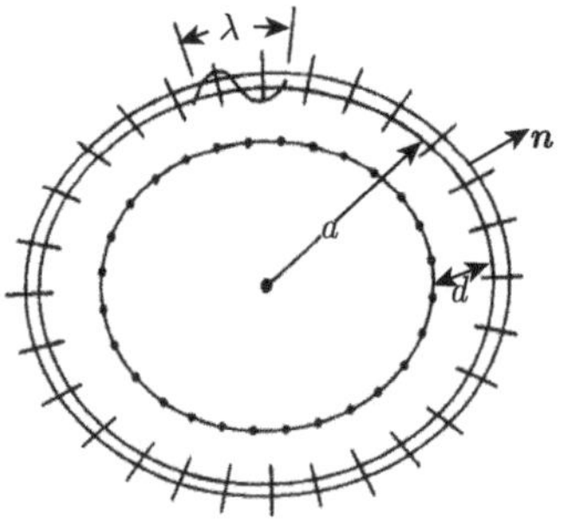

(b) 光滑弹性壳体

图 6.5.2　虚拟表面的选择 [41]

最后，波叠加法在计算源强度时仍然要对矩阵 $[\boldsymbol{D}]$ 求逆。不过矩阵 $[\boldsymbol{D}]$ 可以调整得不是病态，求逆相对容易一些。但是为了保证计算精度，计算工作量仍然不小。已有一些人用波叠加法计算两边有半球帽的圆柱壳体的声散射，浅海波导中目标的声散射等。

算例 1. SUP 与 T 矩阵比较 [41]

侧向入射情况下，长宽比 2:1 的刚性长椭球的反向散射。纵坐标是归一化散射形态函数

$$f = 2rp_{\mathrm{s}}/(ap_{\mathrm{i}})$$

其中，r 是满足远场条件的距离，a 是半长轴。图 6.5.3 中实线是 SUP、虚线是 T 矩阵计算结果。在低频段两者符合很好，SUP 能够计算到更高的频段。

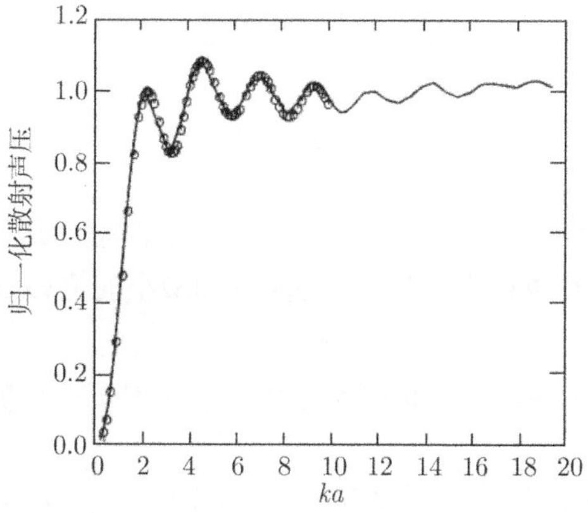

图 6.5.3 SUP 与 T 矩阵的比较 [41]

算例 2. 弹性壳体散射 SUP 与 BEM 比较 [41]

半球帽圆柱壳体尺寸如图 6.5.4 所示，材料是铜。声波从端向入射，因此可以利用对称性。结构用有限元方法 (NASTRAN)。图中实线是 SUP 计算结果，圆点

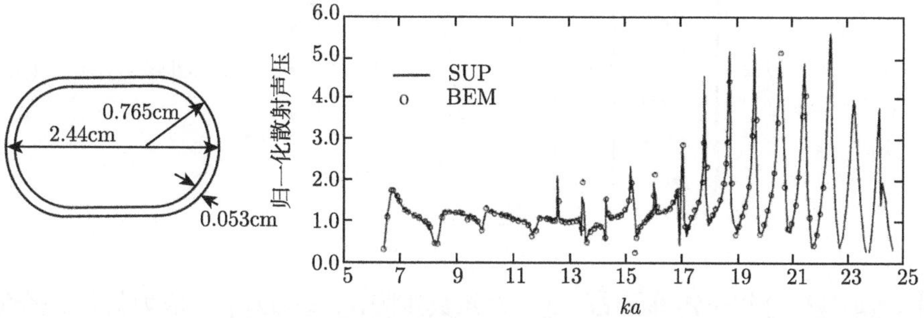

图 6.5.4 弹性壳体散射 SUP 与 BEM 比较 [41]

是 BEM+CHIEF 方法。两者符合也很好，而 SUP 能够计算到较高频段。在 SUP 计算过程中没有遇到虚假内部共振的麻烦。

SUP 方法不仅可以应用于光滑表面，而且也可以应用于有不连续点的表面，如有限长圆柱。这时内部源点的位置要仔细选择。

附　录

6A. 结构有限元方程

结构的有限元方程用变分原理导出。变分原理可以描述为 [11]：在一个连续介质的力学问题中建立一个标量泛函 Π，Π 为未知函数 $\boldsymbol{u}$ 的泛函，连续介质问题的解 $\boldsymbol{u}$ 使泛函 Π 对于微小变化 $\delta\boldsymbol{u}$ 的“变分”等于零：

$$\delta\Pi = 0 \tag{6A.1}$$

在位移法中，$\boldsymbol{u}$ 是位移矢量，泛函 Π 是弹性体的总势能。最小势能原理指出，在满足边界约束条件的所有位移中，使得总势能达到最小的位移 $\boldsymbol{u}$ 就是变分方程 (6A.1) 的解。

三维弹性结构在体积力 $\boldsymbol{f}$ 和边界上面力 $\boldsymbol{q}$ 作用下的总势能是 $\boldsymbol{u}$ 的二次泛函

$$\Pi = \int_V \left(\frac{1}{2}\boldsymbol{\gamma}^{\mathrm{T}}[\boldsymbol{D}]\,\boldsymbol{\gamma} - \boldsymbol{u}^{\mathrm{T}}\boldsymbol{f}\right)\mathrm{d}V - \int_S \boldsymbol{u}^{\mathrm{T}}\boldsymbol{q}\mathrm{d}S \tag{6A.2}$$

其中，$\boldsymbol{\gamma}$ 是应变矢量，按照第 1 章中的定义，在直角坐标系中应变矢量是

$$\boldsymbol{\gamma} = \begin{Bmatrix} \gamma_{xx} \\ \gamma_{yy} \\ \gamma_{zz} \\ 2\gamma_{xy} \\ 2\gamma_{yz} \\ 2\gamma_{zx} \end{Bmatrix} = \begin{bmatrix} \dfrac{\partial}{\partial x} & 0 & 0 \\ 0 & \dfrac{\partial}{\partial y} & 0 \\ 0 & 0 & \dfrac{\partial}{\partial z} \\ \dfrac{\partial}{\partial y} & \dfrac{\partial}{\partial x} & 0 \\ 0 & \dfrac{\partial}{\partial z} & \dfrac{\partial}{\partial y} \\ \dfrac{\partial}{\partial z} & 0 & \dfrac{\partial}{\partial x} \end{bmatrix} \begin{bmatrix} u_x \\ u_y \\ u_z \end{bmatrix} = [\partial]\,\boldsymbol{u} \tag{6A.3}$$

式中，$[\partial]$ 是微分算子矩阵。$[\boldsymbol{D}]$ 是弹性系数矩阵，$\boldsymbol{\tau} = [\boldsymbol{D}]\boldsymbol{\gamma}$ 是应力矢量。弹性系数矩阵取决于弹性体材料的杨氏模量 E 和泊松比 σ

$$
[\boldsymbol{D}]=\frac{E(1-\sigma)}{(1+\sigma)(1-2\sigma)}\begin{bmatrix}
1 & \frac{\sigma}{1-\sigma} & \frac{\sigma}{1-\sigma} & 0 & 0 & 0 \\
\frac{\sigma}{1-\sigma} & 1 & \frac{\sigma}{1-\sigma} & 0 & 0 & 0 \\
\frac{\sigma}{1-\sigma} & \frac{\sigma}{1-\sigma} & 1 & 0 & 0 & 0 \\
0 & 0 & 0 & \frac{1-2\sigma}{2(1-\sigma)} & 0 & 0 \\
0 & 0 & 0 & 0 & \frac{1-2\sigma}{2(1-\sigma)} & 0 \\
0 & 0 & 0 & 0 & 0 & \frac{1-2\sigma}{2(1-\sigma)}
\end{bmatrix} \tag{6A.4}
$$

将弹性结构划分为 N 个体单元后，单元中第 i 个结点的位移分量是

$$
\boldsymbol{u}_i=\begin{bmatrix} u_{xi} \\ u_{yi} \\ u_{zi} \end{bmatrix} \tag{6A.5}
$$

单元的位移是

$$
\boldsymbol{u}^e=\begin{bmatrix} \boldsymbol{u}_1 \\ \vdots \\ \boldsymbol{u}_i \\ \vdots \\ \boldsymbol{u}_N \end{bmatrix}=\begin{bmatrix} u_{x1} & u_{y1} & u_{z1} & \cdots & u_{xi} & u_{yi} & u_{zi} & \cdots & u_{xN} & u_{yN} & u_{zN} \end{bmatrix}^{\mathrm{T}} \tag{6A.6}
$$

当采用插值函数矩阵 $[\boldsymbol{N}_{\mathrm{F}}]$ 时，单元内任一点的位移 $\boldsymbol{u}=[\boldsymbol{N}_{\mathrm{F}}]\,\boldsymbol{u}^e$，则 $\boldsymbol{\gamma}=[\partial]\,\boldsymbol{u}=[\boldsymbol{B}]\,\boldsymbol{u}^e$，$[\boldsymbol{B}]=[\partial]\,[\boldsymbol{N}_{\mathrm{F}}]$ 为应变矩阵。对于离散模型，系统势能是各单元势能的和，即

$$
\begin{aligned}
\Pi=&\sum_e\left(\boldsymbol{u}^{e\mathrm{T}}\int_{V_e}\frac{1}{2}[\boldsymbol{B}]^{\mathrm{T}}[\boldsymbol{D}][\boldsymbol{B}]\,\mathrm{d}V\boldsymbol{u}^e\right)-\sum_e\left(\boldsymbol{u}^{e\mathrm{T}}\int_{V_e}[\boldsymbol{N}_{\mathrm{F}}]^{\mathrm{T}}\boldsymbol{f}\mathrm{d}V\right)\\
&-\sum_e\left(\boldsymbol{u}^{e\mathrm{T}}\int_S[\boldsymbol{N}_{\mathrm{F}}]^{\mathrm{T}}\boldsymbol{q}\mathrm{d}S\right)
\end{aligned} \tag{6A.7}
$$

令

$$
\int_{V_e}\frac{1}{2}[\boldsymbol{B}]^{\mathrm{T}}[\boldsymbol{D}][\boldsymbol{B}]\,\mathrm{d}V=[\boldsymbol{K}^e]\text{—— 单元刚度矩阵} \tag{6A.8}
$$

$$
\int_{V_e}[\boldsymbol{N}_{\mathrm{F}}]^{\mathrm{T}}\boldsymbol{f}\mathrm{d}V+\int_S[\boldsymbol{N}_{\mathrm{F}}]^{\mathrm{T}}\boldsymbol{q}\mathrm{d}S=[\boldsymbol{F}^e]\text{—— 单元载荷矩阵} \tag{6A.9}
$$

$$[\boldsymbol{K}] = \sum_e [\boldsymbol{K}^e] \text{—— 结构整体刚度矩阵} \tag{6A.10}$$

$$[\boldsymbol{F}] = \sum_e [\boldsymbol{F}^e] \text{—— 结构整体载荷矩阵} \tag{6A.11}$$

从而得到离散形式的总势能

$$\Pi = \frac{1}{2}\boldsymbol{u}^{\mathrm{T}}[\boldsymbol{K}]\boldsymbol{u} - \boldsymbol{u}^{\mathrm{T}}[\boldsymbol{F}] \tag{6A.12}$$

根据变分原理，由 $\delta\Pi = 0$，即 $\dfrac{\partial\Pi}{\partial\boldsymbol{u}} = 0$，得到结构有限元方程

$$[\boldsymbol{K}]\boldsymbol{u} = [\boldsymbol{F}] \tag{6A.13}$$

动力学问题中，惯性力 $\boldsymbol{f}_{\mathrm{m}} = -\rho_{\mathrm{e}} V \ddot{\boldsymbol{u}}$ 是体积力。相应的势能是

$$-\int_V \boldsymbol{u}^{\mathrm{T}}\boldsymbol{f}_{\mathrm{m}} dV = \sum_e \boldsymbol{u}^{e\mathrm{T}}\left(\int_{V_e} \rho_{\mathrm{e}}[\boldsymbol{N}_{\mathrm{F}}]^{\mathrm{T}}[\boldsymbol{N}_{\mathrm{F}}]\,\mathrm{d}V\right)\ddot{\boldsymbol{u}}^e \tag{6A.14}$$

令

$$\int_{V_e} \rho_{\mathrm{e}}[\boldsymbol{N}_{\mathrm{F}}]^{\mathrm{T}}[\boldsymbol{N}_{\mathrm{F}}]\,\mathrm{d}V = [\boldsymbol{M}^e] \text{—— 单元质量矩阵} \tag{6A.15}$$

$$[\boldsymbol{M}] = \sum_e [\boldsymbol{M}^e] \text{—— 结构整体质量矩阵} \tag{6A.16}$$

得到惯性力产生的势能

$$-\int_V \boldsymbol{u}^{\mathrm{T}}\boldsymbol{f}_{\mathrm{m}}\mathrm{d}V = \boldsymbol{u}^{\mathrm{T}}[\boldsymbol{M}]\ddot{\boldsymbol{u}} \tag{6A.17}$$

加入到总势能中通过变分原理重新得到有限元方程

$$[\boldsymbol{M}]\ddot{\mathbf{u}} + [\boldsymbol{K}]\boldsymbol{u} = [\boldsymbol{F}] \tag{6A.18}$$

若结构作角频率为 ω 的简谐振动，得到

$$\left(-\omega^2[\boldsymbol{M}] + [\boldsymbol{K}]\right)\boldsymbol{u} = [\boldsymbol{F}] \tag{6A.19}$$

当振动结构沉浸在声介质中时，弹性体表面受到外部声场的作用。根据流-固耦合的边界条件，流-固交界面的表面应力相等。由于流体的切向应力为零，故只需考虑法向应力。这时边界上面力 $\boldsymbol{q} = p\boldsymbol{n}$，$p$ 是声压，$\boldsymbol{n}$ 是边界面的法向矢量。

将边界面离散成有限个面单元，当采用插值函数 $[\boldsymbol{N}_{\mathrm{B}}]$ 时，单元内任一点的法向压力

$$\boldsymbol{q} = [\boldsymbol{N}_{\mathrm{B}}]\boldsymbol{p}^e\boldsymbol{n} \tag{6A.20}$$

其中，$\boldsymbol{p}^e$ 是每个单元结点上的声压矢量。因为 $\boldsymbol{u}=[\boldsymbol{N}_{\mathrm{F}}]\,\boldsymbol{u}^e$，所以有

$$-\int_S \boldsymbol{u}^{\mathrm{T}}\boldsymbol{q}\mathrm{d}S=-\sum_e\left(\boldsymbol{u}^{e\mathrm{T}}\int_S[\boldsymbol{N}_{\mathrm{F}}]^{\mathrm{T}}\,\boldsymbol{n}\,[\boldsymbol{N}_{\mathrm{B}}]\,\mathrm{d}S\cdot\boldsymbol{p}^e\right)$$

令

$$\int_S[\boldsymbol{N}_{\mathrm{F}}]^{\mathrm{T}}\,\boldsymbol{n}\,[\boldsymbol{N}_{\mathrm{B}}]\,\mathrm{d}S=[\boldsymbol{L}^e]\text{—— 单元耦合矩阵}\tag{6A.21}$$

$$[\boldsymbol{L}]=\sum_e[\boldsymbol{L}^e]\text{—— 结构表面整体耦合矩阵}\tag{6A.22}$$

矩阵 $[\boldsymbol{L}]$ 只在表面边界结点有值。得到声压产生的势能

$$-\int_S \boldsymbol{u}^{\mathrm{T}}\boldsymbol{q}\mathrm{d}S=-\boldsymbol{u}^{\mathrm{T}}\,[\boldsymbol{L}]\,\boldsymbol{p}\tag{6A.23}$$

$\boldsymbol{p}$ 是表面边界上的声压矢量。这时有限元方程变成

$$\left(-\omega^2\cdot[\boldsymbol{M}]+[\boldsymbol{K}]\right)\boldsymbol{u}=[\boldsymbol{F}]+[\boldsymbol{L}]\,\boldsymbol{p}\tag{6A.24}$$

6B. 流体有限元方程

流体有限元方程也可以从变分原理导出，这里采用另一种方法，先用加权余数技术 (weighted residual techniques) 导出等效变分方程，然后再推导有限元方程。流体中的声势满足 Helmholtz 方程及边界条件

$$\nabla^2\phi+\left(\frac{\omega}{c}\right)^2\phi=0,\quad \text{在体积 } V \text{ 内}\tag{6B.1}$$

$$\frac{\partial\phi}{\partial n}=-v_{\mathrm{n}},\quad \text{在 } S \text{ 面上}\tag{6B.2}$$

v_{n} 是表面法向振速。寻求下面形式的近似解：

$$\phi=\sum_{j=1}^{N}\psi_j\,(x,y,z)\,\alpha_j\tag{6B.3}$$

其中，$\psi_j\,(x,y,z)$ 是一组线性独立的位置确定函数 —— 基函数，α_j 是待定参数。代入上面方程和边界条件可能产生误差

$$\nabla^2\phi+\left(\frac{\omega}{c}\right)^2\phi=\varepsilon_1\neq 0,\quad \text{在体积 } V \text{ 内}\tag{6B.4}$$

$$\frac{\partial\phi}{\partial n}+v_{\mathrm{n}}=\varepsilon_2\neq 0,\quad \text{在 } S \text{ 面上}\tag{6B.5}$$

将误差的加权平均为 0 作为确定参数 α_j 的条件，得到

$$\int_V\left(\nabla^2\phi+\left(\frac{\omega}{c}\right)^2\phi\right)\delta\phi\mathrm{d}V+\int_S\frac{\partial\phi}{\partial n}\delta\phi\mathrm{d}S=0\tag{6B.6}$$

其中

$$\delta\phi=\sum_{j=1}^{N}\psi_j\left(x,y,z\right)\delta\alpha_j \tag{6B.7}$$

对含有 $\nabla^2\phi$ 项应用 Green 定理，得到

$$-\int_V\nabla\phi\cdot\nabla\left(\delta\phi\right)\mathrm{d}V+\int_V\left(\frac{\omega}{c}\right)^2\phi\delta\phi\mathrm{d}V-\int_S v_{\mathrm{n}}\delta\phi\mathrm{d}S=0$$

由此导出等效变分方程

$$\delta\left\{\frac{1}{2}\int_V\left[\left(\nabla\phi\right)^2-\left(\frac{\omega}{c}\right)^2\phi^2\right]\mathrm{d}V+\int_S v_{\mathrm{n}}\phi\mathrm{d}S\right\}=0 \tag{6B.8}$$

等效变分方程的近似解可以用有限元法获得。将流体介质及其表面离散成有限元后，设流体有限元插值函数矩阵与结构有限元的一样是 $[\boldsymbol{N}_{\mathrm{F}}]$，单个有限元中的声势用矢量 $\boldsymbol{\phi}^e$ 表示，任意一点的声势是

$$\phi=[\boldsymbol{N}_{\mathrm{F}}]\,\boldsymbol{\phi}^e$$

代入等效变分方程得到某个单元 V_e 的关系式

$$\int_{V_e}\left(\nabla\phi\right)^2\mathrm{d}V=\boldsymbol{\phi}^{e\mathrm{T}}\left[\boldsymbol{k}^e\right]\boldsymbol{\phi}^e \tag{6B.9}$$

$$\int_{V_e}\frac{1}{c^2}\phi^2\mathrm{d}V=\boldsymbol{\phi}^{e\mathrm{T}}\left[\boldsymbol{m}^e\right]\boldsymbol{\phi}^e \tag{6B.10}$$

其中

$$\left[\boldsymbol{k}^e\right]=\int_{V_e}\left[\boldsymbol{C}\right]^{\mathrm{T}}\left[\boldsymbol{C}\right]\mathrm{d}V\text{—— 流体声单元刚度矩阵} \tag{6B.11}$$

$$\left[\boldsymbol{m}^e\right]=\int_{V_e}\frac{1}{c^2}\left[\boldsymbol{N}_{\mathrm{F}}\right]^{\mathrm{T}}\left[\boldsymbol{N}_{\mathrm{F}}\right]\mathrm{d}V\text{—— 流体声单元质量矩阵} \tag{6B.12}$$

$$\left[\boldsymbol{C}\right]=\begin{bmatrix}\dfrac{\partial}{\partial x} & \dfrac{\partial}{\partial y} & \dfrac{\partial}{\partial z}\end{bmatrix}^{\mathrm{T}}\left[\boldsymbol{N}_{\mathrm{F}}\right] \tag{6B.13}$$

如果一个单元与 S 面接触，它将对面积分有贡献。仍用 $[\boldsymbol{N}_{\mathrm{B}}]$ 表示面单元的表面形函数，它可以从体单元形函数 $[\boldsymbol{N}_{\mathrm{F}}]$ 获得。例如，若体单元是 20 结点等参单元，相应的面单元就是 8 结点等参单元。类似地，面单元上的法向速度可以表示为

$$\boldsymbol{v}_{\mathrm{n}}=\left[\boldsymbol{N}_{\mathrm{B}}\right]\boldsymbol{v}^e \tag{6B.14}$$

其中，$\boldsymbol{v}^e$ 是体单元速度矢量，$[\boldsymbol{N}_{\mathrm{B}}]$ 将结点速度值变换到表面速度值。面单元的积分

$$\int_{S_e}v_{\mathrm{n}}\phi\mathrm{d}S=\int_{S_e}\boldsymbol{\phi}^{\mathrm{T}}\boldsymbol{v}_{\mathrm{n}}\mathrm{d}S=\boldsymbol{\phi}^{e\mathrm{T}}\left[\boldsymbol{s}^e\right]\boldsymbol{v}^e \tag{6B.15}$$

其中

$$[\boldsymbol{s}^e]=\int_{S_e}[\boldsymbol{N}_\mathrm{B}]^\mathrm{T}[\boldsymbol{N}_\mathrm{B}]\,\mathrm{d}S \tag{6B.16}$$

将各个单元的声势按一定规律组合起来构成整个系统的声势

$$\boldsymbol{\phi}^e=[\boldsymbol{n}^e]\,\boldsymbol{\phi} \tag{6B.17}$$

可以证明 $[\boldsymbol{n}^e]$ 中的元素要么是 1 要么是 0。

将各个单元积分叠加起来得到

$$\int_V(\nabla\phi)^2\mathrm{d}V=\sum_e\boldsymbol{\phi}^{e\mathrm{T}}[\boldsymbol{k}^e]\,\boldsymbol{\phi}^e=\boldsymbol{\phi}^\mathrm{T}[\boldsymbol{k}]\,\boldsymbol{\phi} \tag{6B.18}$$

$$\int_V\frac{1}{c^2}\phi^2\mathrm{d}V=\sum_e\boldsymbol{\phi}^{e\mathrm{T}}[\boldsymbol{m}^e]\,\boldsymbol{\phi}^e=\boldsymbol{\phi}^\mathrm{T}[\boldsymbol{m}]\,\boldsymbol{\phi} \tag{6B.19}$$

$$\int_S v_\mathrm{n}\phi\mathrm{d}S=\sum_e\boldsymbol{\phi}^{e\mathrm{T}}[\boldsymbol{s}^e]\,\boldsymbol{v}^e=\boldsymbol{\phi}^\mathrm{T}[\boldsymbol{s}]\,\boldsymbol{v} \tag{6B.20}$$

其中

$$[\boldsymbol{k}]=\left(\sum_e[\boldsymbol{n}^e]^\mathrm{T}[\boldsymbol{k}^e][\boldsymbol{n}^e]\right)\text{—— 流体整体刚度矩阵} \tag{6B.21}$$

$$[\boldsymbol{m}]=\sum_e[\boldsymbol{n}^e]^\mathrm{T}[\boldsymbol{m}^e][\boldsymbol{n}^e]\text{—— 流体整体质量矩阵} \tag{6B.22}$$

$$[\boldsymbol{s}]=\sum_e[\boldsymbol{n}^e]^\mathrm{T}[\boldsymbol{s}^e][\boldsymbol{n}^e]=\sum_e\int_{S_e}[\boldsymbol{N}_\mathrm{B}]^\mathrm{T}[\boldsymbol{n}^e]^\mathrm{T}[\boldsymbol{N}_\mathrm{B}][\boldsymbol{n}^e]\,\mathrm{d}S \tag{6B.23}$$

是流体体积与表面的整体耦合矩阵。

将这些结果代入等效变分方程得到流体有限元方程

$$\left([\boldsymbol{k}]-\omega^2[\boldsymbol{m}]\right)\boldsymbol{\phi}=-[\boldsymbol{s}]\,\boldsymbol{v} \tag{6B.24}$$

参考文献

[1] Copley L G. Fundamental results concerning integral representations in acoustic radiation. J. Acoust. Soc. Am., 1968, 44(1): 28-32

[2] Schenck H A. Improved integral formulation for sound radiation problems. J. Acoust. Soc. Am., 1968, 44(1): 41-58

[3] Burton A J. Miller G F. The application of integral equation methods to the solution of some exterior boundary-problem. Proc. R. Soc. London Ser. A, 1971, 323: 201-210
[4] 赵键，汪鸿振，朱物华. 边界元法计算已知振速封闭面的声辐射. 声学学报，1989, 14(4): 250-257
[5] Seybert A F, Soenarko B, Rizzo F J, et al. An advanced computational method for radiation and scattering of acoustic waves in three dimensions. J. Acoust. Soc. Am., 1985, 77: 362-368
[6] Tobocman W. Calculation of acoustic wave scattering by means of the Helmholtz integral equation. J. Acoust. Soc. Am., 1984, 76(2): 599-607
[7] Giordano J A, Koopmann G H. State space boundary element-finite element coupling for fluid-structure interaction analysis. J. Acoust. Soc. Am., 1995, 98(1): 363-372
[8] Seybert A F, Rengarajan T K. The use of CHIEF to obtain unique solutions for acoustic radiation using boundary integral equations. J. Acoust. Soc. Am., 1987, 81(5): 1299-1306
[9] Wu T W, Li W L, Seybert A F. An efficient boundary element algorithm for multi-frequency acoustical analysis. J. Acoust. Soc. Am., 1993, 94(1): 447-453
[10] 黄其柏，赵志高. Helmholtz 边界积分方程的多频计算. 声学学报，2005, 30(3): 255-263
[11] 王勖成，劭敏. 有限单元法基本原理和数值方法. 北京：清华大学出版社，1997
[12] Everstine G C, Henderson F M. Coupled finite element/boundary element approach for fluid-structure interaction. J. Acoust. Soc. Am., 1990, 87(5): 1938-1947
[13] 博弈创作室. APDL 参数化有限元分析技术及其应用实例. 北京：中国水利水电出版社，2004
[14] 李增刚. SYSNOISE Rev5.6 详解. 北京：国防工业出版社，2005
[15] 商德江，何祚镛. 加肋双层圆柱壳振动声辐射数值计算分析. 声学学报，2001，26(3): 193-201
[16] 卓琳凯. 弹性目标在水和沉积层中的回声特性研究. 上海交通大学博士学位论文，2009
[17] Frank I. Finite Element Analysis of Acoustic Scattering. Springer ,1998
[18] Thompson L L. A review of finite-element methods for time-harmonic acoustics. J. Acoust. Soc. Am., 2006, 119(3): 1315-1330
[19] Bossut R, Decarpigny J N. Finite element modeling of radiating structure using dipolar damping elements. J. Acoust. Soc. Am., 1989, 86(4): 1234-1244
[20] Astley R J. Infinite elements for wave problems: A review of current formulations and an assessment of accuracy. Int. J. Numer. Methods Eng., 2000, 49: 951-976
[21] Astley R J, Hamilton J A. Numerical studies of conjugated infinite elements for acoustical radiation. J. Comput. Acoust., 2000, 8(1): 1-24
[22] Burmett D S. A three-dimensional acoustic infinite element based on a prolate spheroidal multipole expansion. J. Acoust. Soc. Am., 1994, 96(5), Pt.1: 2798-2816

[23] Givoli D. High-order local non-reflecting boundary conditions: A review. Wave Motion, 2004, 39: 319-326

[24] Liu Q H, Tao J. The perfectly matched layer for acoustic waves in absorptive media. J. Acoust. Soc. Am., 1997, 102(4): 2072-2082

[25] Liu Q H. Perfectly matched layers for elastic waves in cylindrical and spherical coordinates. J. Acoust. Soc. Am., 1999, 105(5): 2075-2084

[26] Zampolli M, Tesei A, Jensen F B. A computationally efficient finite element model with perfectly matched layers applied to scattering from axially symmetric objects. J. Acoust. Soc. Am., 2007, 122(3): 1472-1485

[27] Zampolli M, Jensen F B, Tesei A. Benchmark problems for acoustic scattering from elastic objects in the free field and near the seafloor. J. Acoust. Soc. Am., 2009, 125(1): 89-98

[28] 王刚, 安琳. COMSOL Multiphysics 工程实践与理论仿真. 北京：电子工业出版社，2012. 和 COMSOL Mulitphysics Reference Manual. Grenoble, France, 2013

[29] 卢笛. 基于有限元原理的弹性目标声散射计算. 哈尔滨工程大学硕士学位论文，2015

[30] Waterman P C. New formulation of acoustic scattering. J. Acoust. Soc. Am., 1969, 45(6): 1417-1429

[31] Waterman P C. Matrix theory of elastic wave scattering. J. Acoust. Soc. Am., 1976, 60: 567-580

[32] Bostrom A. Scattering of stationary acoustic waves by an elastic obstacle immersed in a fluid. J. Acoust. Soc. Am., 1980, 67(2): 390

[33] Morse P M, Ingard K U. Theoretical Acoustics. McGray-Hill Book Company, 1968.

[34] Werby M F. Recent developments in scattering from submerged elastic and rigid targets//Überall H. Acoustic Resonance Scattering. Gordon and Breach Science Publishers, 1992: 277-303

[35] Varadan V K, Varadan V V, Dragonette L R, et al. Computation of rigid body scattering by prolate spheroids using the T-matrix approach. J. Acoust. Soc. Am., 1982, 71: 22-25

[36] Werby M F，Gaunaurd G. Classification of resonances from scattering at arbitrary incident angles from submerged spheroidal shells. J. Acoust. Soc. Am., 1987, 82: 1369-1379

[37] Werby M F. Flexural resonances in obliquely insonified solid elastic spheroids. J. Acoust. Soc. Am., 1989, 85: 2365-2371

[38] Hackman R H. The transition matrix for acoustic and elastic wave scattering in prolate spheroidal coordinates. J. Acoust. Soc. Am., 1984, 75(1): 35-45

[39] Hackman R H, Todoroff D G. An application of the spheroidal-coordinate-based transition matrix: The acoustic scattering from high aspect ratio solids. J. Acoust. Soc. Am., 1985, 78(3): 1058-1071

[40] Koopmann G H, Song L, Fahnline J B. A method for computing acoustic fields based on the principle of wave superposition. J. Acoust. Soc. Am., 1989, 86(6): 2433-2438
[41] Miller R D, Moyer Jr E T. A comparison between the boundary element method and the wave superposition approach for the analysis of the scattered fields from rigid bodies and elastic shells. J. Acoust. Soc. Am., 1991, 89(5): 2185-2196

第 7 章　水中目标声散射近似计算方法

本书从一开始就已经指出，水中目标声散射是一个有强烈应用需求的实际问题，它紧密地联系于声呐工程、鱼雷声自导、水中声对抗和目标隐身等领域。研究成果广泛应用于以下几个方面。

(1) 主动声呐探测性能预报和目标识别。最常见的目标是潜艇、水面舰艇和水雷。其中最重要的目标是潜艇，而水雷和海底沉物的回波特性有特殊意义，因为它们是不会发声的寂静目标，主动声呐是唯一探测方式。

(2) 鱼雷声自导目标跟踪和部位识别。鱼雷为了实现目标识别和精确打击，末制导常采用主动方式，并要在近距离上进行部位识别以实施精确打击。

(3) 水声对抗中声诱饵和目标模拟器的模拟方案。利用简单的换能器组和信号合成方法模拟实际潜艇的回波。

(4) 潜艇隐身性能评估。通过改变线型和敷设消声瓦降低潜艇的目标强度。

在这些工程问题中都需要对目标回波进行建模和计算。前面几章讨论了散射的物理机理和理论计算方法，其中基于 Helmholtz 积分公式和表面积分方程的数值计算方法是处理任意形状目标的严格方法，但仍难以处理像潜艇这样的实际目标，因为其形状和结构过于复杂。由于计算量的限制，目前一般只能计算低频段的回波特性，无法实现复杂目标的实时或准实时预报，因此必须开发近似计算方法和软件。

值得指出的是，在不同的应用场合，要求目标回波的计算精度是不同的。例如，用于声呐作用距离预报或简单声诱饵的目标模型不需要很精确，而用于目标识别或要害部位识别的目标模型就要比较精确。因此，在实际工作中既需要简单的预报模型，也需要复杂的精确计算模型。

7.1　目标回波的亮点模型

第 3 章中已经给出了几何亮点概念及其数学基础，第 4 章又根据环绕波分析理论指出弹性散射波也可以看作从某个等效亮点产生的回波。这样，一个目标可以用一些亮点来描述。这就是亮点模型的基础。亮点模型是最简单的目标回波模型，它具有计算简单、物理概念清晰的优点，而且易于在工程上实现目标模拟。

亮点模型的要点可以归纳如下 [1]。

(1) 理论分析和实验研究都已证明，在高频 (典型地 $ka > 2\pi$) 情况下，任何一个复杂目标的回波都是由若干个子回波叠加而成的，每个子回波可以看作从某个散射点或散射中心发出的波，这个散射中心就是亮点。它可以是真实的亮点也可以是某个等效的亮点。因此，任何一个复杂目标都可以等效成若干个亮点的组合，每个亮点产生一个亮点回波，总的回波是这些亮点回波干涉叠加的结果。

(2) 根据亮点形成机理，可以分成几何类和弹性类两种亮点。几何类亮点由目标的几何形状和材料表面声学性质决定，包括镜反射、棱角和边的反射亮点。这类亮点的参数可以用几何声学或物理声学方法来计算。弹性类亮点由目标的几何形状和材料弹性性质决定，是在特定条件下产生的弹性散射波亮点，它并不对应几何上真实的亮点。这类亮点涉及弹性波激发、传播和辐射，亮点参数较难确定。目前使用的亮点模型常常忽略弹性亮点的作用，是一种近似模型。图 7.1.1 是几种典型目标的回波亮点结构，它们的形成机理在前面章节中已经讨论过。

(a) 弹性球回波

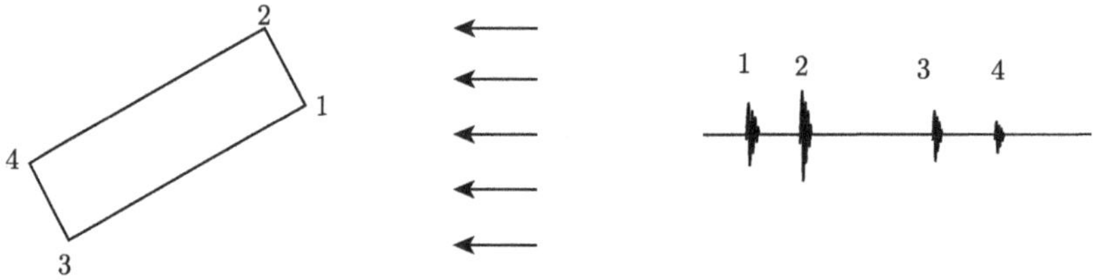

(b) 平头圆柱回波

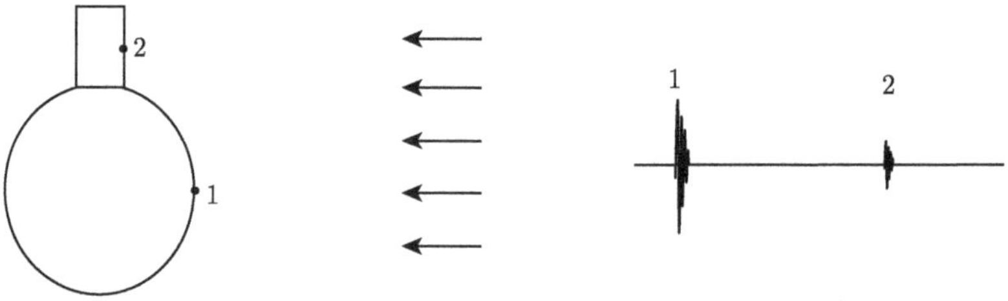

(c) 潜艇正横回波

图 7.1.1　典型目标的回波结构

(3) 在线性声学的假设下，目标可以看作一个线性时不变系统，回波就是目标对入射声的响应。系统的传递函数可定义为

$$H(\boldsymbol{r},\omega)=r\mathrm{e}^{-\mathrm{i}kr}\frac{\phi_{\mathrm{s}}(\boldsymbol{r},\omega)}{\phi_{\mathrm{i}}(\omega)} \tag{7.1.1}$$

其中，$\phi_{\mathrm{i}}(\omega)$ 是入射波的频谱，$\phi_{\mathrm{s}}(\boldsymbol{r},\omega)$ 是 $\boldsymbol{r}$ 方向远场回波的频谱。与 (1.2.10) 式定义的形态函数比较立即可得 $H(x,\theta;\omega)=(a/2)f(x,\theta;\omega)$。

归纳前面各章关于目标散射的基础研究结果，无论是几何类还是弹性类亮点，传递函数都可以表示成

$$H(\boldsymbol{r},\omega)=A(\boldsymbol{r},\omega)\,\mathrm{e}^{\mathrm{i}\omega\tau}\mathrm{e}^{\mathrm{i}\varPhi} \tag{7.1.2}$$

其中，$A(\boldsymbol{r},\omega)$ 是幅度反射因子，通常是频率的函数；τ 是时延，由亮点相对于某个参考点的声程 ξ 确定，$\tau=2\xi/c$；$\varPhi$ 是回波形成时的相位跳变。这三个参数可以完全确定亮点的特性。

(4) 用亮点模型描述像潜艇这样的复杂目标时，先将目标在几何上分解成若干个简单子目标，如艇体、指挥台、翼、舵、螺旋桨等。然后将每个子目标用简单几何形状近似，如艇体用椭球或椭球–椭尖拱形体近似，指挥台用椭圆柱或截头椭圆锥台近似等，条件是每种近似形状都有解析形式的亮点参数。最后按线性叠加原理得到整个目标的亮点参数组。总的传递函数是

$$H(\boldsymbol{r},\omega)=\sum_{m=1}^{M}A_m(\boldsymbol{r},\omega)\mathrm{e}^{\mathrm{i}\omega\tau_m}\mathrm{e}^{\mathrm{i}\varPhi_m} \tag{7.1.3}$$

如果各个亮点敷设不同的消声瓦，表面反射系数是 $V_m(\omega)$，得到总的传递函数

$$H(\boldsymbol{r},\omega)=\sum_{m=1}^{M}A_m(\boldsymbol{r},\omega)\,V_m(\omega)\,\mathrm{e}^{\mathrm{i}\omega\tau_m}\mathrm{e}^{\mathrm{i}\varPhi_m} \tag{7.1.4}$$

目标最终被模型化为一组与方位有关的亮点参数组，$A_m(\boldsymbol{r},\omega)$，$V_m(\omega)$，$\tau_m$，$\varPhi_m$，$(m=1,2,\cdots,M)$。应当指出的是，有些几何形状的亮点只存在于一定的方位角范围内，因此对每个亮点还要规定一个角度范围。

(5) 目标的各种特性都可以由传递函数计算。由传递函数的定义得到

1) 目标强度

$$\mathrm{TS}=10\lg|H(\boldsymbol{r},\omega)|^2 \tag{7.1.5}$$

直接将 (7.1.3) 或 (7.1.4) 式代入得到计及各亮点相位的相干叠加结果。但是在大多数实际情况下，相位的随机性很大，而且用物理声学方法计算得到的相位是不准确的，因此有意义的是目标强度的平均值。各亮点的贡献按能量叠加，即非相干叠加，得到

$$\mathrm{TS}=10\lg\left(\sum_{m=1}^{M}|H_m(\boldsymbol{r},\omega)|^2\right) \tag{7.1.6}$$

2) 回波波形

对于时变入射波信号，原则上应该通过谱叠加的方法计算回波波形。但是，对于窄带信号计算可以简化。设入射信号是

$$\phi_{\mathrm{i}}(t)=\phi_0(t)\,\mathrm{e}^{-\mathrm{i}\omega_{\mathrm{c}}t} \tag{7.1.7}$$

其中，ω_{c} 是载频，$\phi_0(t)$ 是慢变的包络。令 $\phi_0(t)$ 的频谱是 $\phi_0(\omega)$，则 $\phi_{\mathrm{i}}(t)$ 的频谱是 $\phi_0(\omega-\omega_{\mathrm{c}})$。经过目标传递后回波的频谱是

$$\phi_{\mathrm{s}}(\omega)=\frac{\mathrm{e}^{\mathrm{i}kr}}{r}\sum_{m=1}^{M}A_mV_m\mathrm{e}^{\mathrm{i}\omega\tau_m}\mathrm{e}^{\mathrm{i}\Phi_m}\phi_0(\omega-\omega_{\mathrm{c}}) \tag{7.1.8}$$

反变换得到回波波形

$$p_{\mathrm{s}}(t)=\frac{\mathrm{e}^{\mathrm{i}kr}}{r}\sum_{m=1}^{M}A_m(\omega_{\mathrm{c}})V_m(\omega_{\mathrm{c}})p_0\left(t-\tau_m-\frac{r}{c}\right)\mathrm{e}^{-\mathrm{i}\omega_{\mathrm{c}}(t-\tau_m)}\mathrm{e}^{\mathrm{i}\Phi_m} \tag{7.1.9}$$

根据此式通过简单的乘加运算就可以预报回波波形。需要指出的是，由于物理声学方法计算的亮点相位因子不准确，预报出来的波形只能是近似的。

下面以简化潜艇为例用亮点模型进行回波预报[2]。简化潜艇线型主要由三部分组成：① 艇体，头部用部分椭球体近似，中后部用椭尖拱形体近似。所谓椭尖拱形体是由与中心轴线相交的部分椭圆线旋转形成的带有尖形尾部的拱形体。② 指挥台围壳，用椭圆柱体近似。③ 垂直艉舵，用上下两个小椭圆柱体近似，如图 7.1.2 所示。各部分的基本几何参数如下：

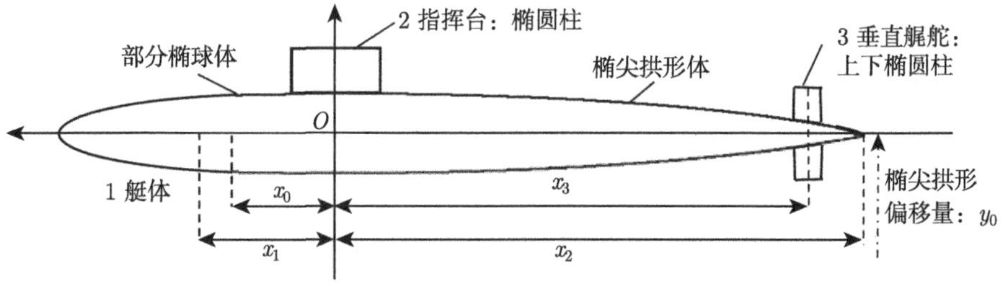

图 7.1.2　简化潜艇线型

(1) 艇体 —— 部分椭球体：椭球长半轴 $a_1=15.0\mathrm{m}$，短半轴 $b_1=4.5\mathrm{m}$。椭球中心相对于坐标原点 x 方向偏移量 $x_0=10\mathrm{m}$。

(2) 艇体 —— 椭尖拱形体：大椭圆长半轴 $a=58.9\mathrm{m}$，短半轴 $b=9.5\mathrm{m}$。中心偏移量 $y_0=4.75\mathrm{m}$，$x_1=12\mathrm{m}$, $x_2=51\mathrm{m}$。

(3) 指挥台 —— 椭圆柱体：指挥台高度 $h=4\mathrm{m}$，椭圆长半轴 $a_2=2.5\mathrm{m}$，短半轴 $b_2=1.0\mathrm{m}$，中心与原点坐标重合。

(4) 垂直艉舵 —— 上下椭圆柱体：垂直艉舵高度 $L=2.5\text{m}$，椭圆长半轴 $a_3=1.5\text{m}$，短半轴 $b_3=0.3\text{m}$，中心偏移量 $x_3=-45\text{m}$。

利用 3.3 节给出的椭球面和椭圆柱面回波计算公式，导出水平方位不同角度 (头部 $\varphi=0$) 范围内目标强度计算公式：

$0\leqslant\varphi\leqslant 88°$。存在两个亮点，艇体上部分椭球体亮点 H_1 和指挥台亮点 H_3。

$$\text{TS}=10\lg(|H_1|^2+|H_3|^2) \tag{7.1.10}$$

$88°<\varphi\leqslant 105.6°$。存在三个亮点，艇体后部椭尖拱形体亮点 H_2，指挥台亮点 H_3 和垂直艉舵亮点 H_4 (由于对称性，上下两个舵的亮点合成为一个亮点)。

$$\text{TS}=10\lg(|H_2|^2+|H_3|^2+|H_4|^2) \tag{7.1.11}$$

$105.6°<\varphi\leqslant 180°$。存在两个亮点，指挥台亮点 H_3，垂直艉舵亮点 H_4。

$$\text{TS}=10\lg(|H_3|^2+|H_4|^2) \tag{7.1.12}$$

其中

$$\left\{\begin{aligned}&H_1=\frac{1}{2}\frac{a_1^2\sin^2 u_0+b_1^2\cos^2 u_0}{a_1}\mathrm{e}^{-2\mathrm{i}\omega(a_1\cos u_0\cos\varphi+b_1\sin u_0\sin\varphi+x_0\cos\varphi)/c}\\&\tan u_0=(b_1/a_1)\tan\varphi\end{aligned}\right. \tag{7.1.13}$$

$$\left\{\begin{aligned}&H_2=\frac{1}{2}\left(\frac{b\sin u_1-y_0}{ab\sin\varphi}\right)^{1/2}\left(a^2\sin^2 u_1+b^2\cos^2 u_1\right)^{3/4}\\&\quad\cdot\mathrm{e}^{-2\mathrm{i}\omega(a\cos u_1\cos\varphi+b\sin u_1\sin\varphi+y_0\sin\varphi)/c}\\&\tan u_1=(b/a)\tan\varphi\end{aligned}\right. \tag{7.1.14}$$

$$H_3=\sqrt{\frac{k}{\pi}}\frac{ha_2b_2}{2\left[(a_2\cos\varphi)^2+(b_2\sin\varphi)^2\right]^{3/4}}\mathrm{e}^{-2\mathrm{i}\omega\sqrt{(a_2\cos\varphi)^2+(b_2\sin\varphi)^2}/c} \tag{7.1.15}$$

$$H_4=2\sqrt{\frac{k}{\pi}}\frac{La_3b_3}{2\left[(a_3\cos\varphi)^2+(b_3\sin\varphi)^2\right]^{3/4}}\mathrm{e}^{-2\mathrm{i}\omega\left[\sqrt{(a_3\cos\varphi)^2+(b_3\sin\varphi)^2}+x_3\cos\varphi\right]/c} \tag{7.1.16}$$

当频率是 5kHz, 15kHz 时，计算得到的目标强度的方位特性如图 7.1.3 所示。

亮点模型的优缺点是明显的。因为亮点的参数用解析公式表示，不需要诸如积分和矩阵求逆这类运算，计算十分简单。这使得亮点模型特别适用于声诱饵和目标模拟器。但是，因为亮点模型将目标用近似的规则形体来代替，不可能精细地反映表面形状对回波的作用，所以只能是一种粗糙的近似。不适用于像潜艇低目标强度线型设计这类问题。

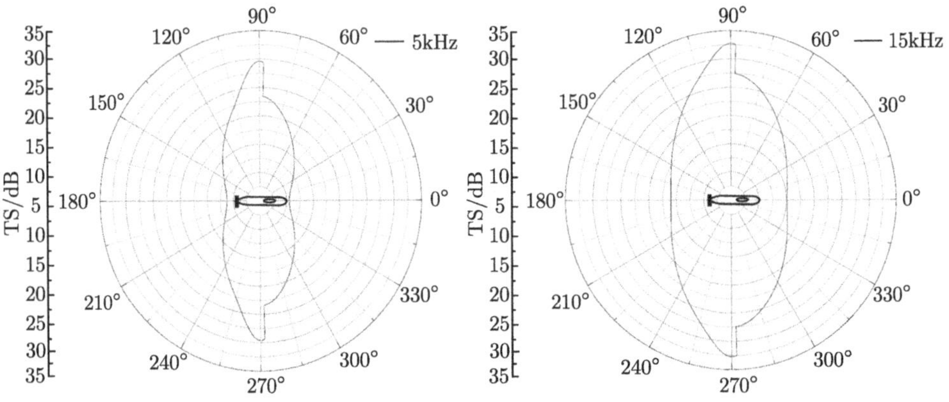

图 7.1.3　亮点模型计算的简化潜艇目标强度

7.2　基于 Kirchhoff 近似的板块元方法

Kirchhoff 近似将目标的散射近似成亮区表面的一个面积分，这样通过数值积分可以计算任意形状表面的声散射。直接对面积分进行数值计算需要对目标几何建模。建模的精度影响计算结果的精度。用于目标外形建模的方法很多，一是直接利用目标的型值点采用数值曲面拟合方法得到目标曲面，二是利用现成图形软件如 3DS MAX、ANSYS、AutoCAD、I-DEAS 等进行几何建模。通过几何建模将表面分成许多单元，然后对每个单元应用物理声学方法，计算出全艇目标强度。这种方法对潜艇形状的拟合比较准确，但是划分的单元数很大 (数万至数百万个)，计算面积分的速度慢。随着声呐技术和水中武器系统的发展，要求目标回波特性预报的精度更高、速度更快。特别是，由于水声对抗和反对抗的发展，对于目标回波特性预报提出了一些新的需求：① 随着隐身技术的发展，声呐目标表面敷设吸声覆盖层，因此需要预报非刚性目标的回波；② 随着水中精确制导技术的发展，需要预报近距离目标的回波特性，而且要求给出二维和三维回波图像，计算的工作量大大增加，迫切要求提高计算速度。

根据这些需求，文献 [3] 发展了声呐目标远场、近场回波特性预报的一种数值计算方法 —— 板块元 (BKY) 方法。这种方法在应用物理声学方法求解水中目标散射声场时，用一组平面板块元近似目标曲面，将所有板块元的散射声场叠加得到总散射声场的近似值。板块元方法把散射声场的积分运算转化成代数运算，使这种方法的计算速度大大提高。

根据 (3.4.21) 式，考虑到非刚性表面的反射系数 $V(\theta)$，在收–发合置情况下计算散射声场的物理声学或 Kirchhoff 近似是

$$\phi_{\mathrm{s}}=-\frac{A}{2\pi}\int_{S}\mathrm{e}^{\mathrm{i}2kr}V(\theta)\left(\frac{\mathrm{i}kr-1}{r^{3}}\cos\theta\right)\mathrm{d}S \tag{7.2.1}$$

此式既适用于远场也适用于近场，这时 $\phi_{\mathrm{i}}=(A/r)\exp{(\mathrm{i}kr)}$。

首先在远场情况下建立板块元方法，取 $kr\gg 1$ 得到远场条件下的目标强度

$$\mathrm{TS}=10\lg\left|-\frac{\mathrm{i}k}{2\pi}I\right| \tag{7.2.2}$$

(3.1.15) 式给出

$$I=\int_{S}\mathrm{e}^{2\mathrm{i}k\boldsymbol{r}_{\mathrm{s}}\cdot\boldsymbol{r}_{0}/r_{0}}\left(\boldsymbol{n}\cdot\boldsymbol{r}_{0}/r_{0}\right)\mathrm{d}S \tag{7.2.3}$$

$\boldsymbol{r}_{\mathrm{s}}$ 是面元所在点到参考点的矢量，$\boldsymbol{n}$ 是面元的单位法向量，$\boldsymbol{r}_0/r_0$ 是接收点到参考点的单位矢量。远场目标强度的计算可以归结为面积分 I 的计算。板块元方法就是专门用来快速计算积分 I 的一种方法，此方法已经在 RCS 的计算中得到应用 [4,5]。

首先研究 xOy 平面内一个多边形板块元的散射。如图 7.2.1 所示，平面的法线与 z 轴重合，单位法矢量 $\boldsymbol{n}=\boldsymbol{k}$, 平面矢量 $\boldsymbol{\rho}=x\boldsymbol{i}+y\boldsymbol{j}$，空间矢量 $\boldsymbol{r}_0/r_0=u\boldsymbol{i}+v\boldsymbol{j}+w\boldsymbol{k}$，$\boldsymbol{n}\cdot\boldsymbol{r}_0/r_0=\cos\theta=w$。假设板块元的反射系数 $V(\theta)$ 是常数。一个板块元的积分是

$$I_{\Delta S}=\int_{\Delta S}\mathrm{e}^{2\mathrm{i}k(ux+vy)}V(\theta)\mathrm{d}x\mathrm{d}y=V(\theta)w\sum_{n=1}^{W}\frac{\mathrm{e}^{2\mathrm{i}k(x_nu+y_nv)}(p_{n-1}-p_n)}{(2ku+2kp_{n-1}v)(2ku+2kp_nv)} \tag{7.2.4}$$

其中，W 是多边形顶点数，(x_n,y_n) 是多边形顶点的坐标。

$$p_n=\frac{y_{n+1}-y_n}{x_{n+1}-x_n},\quad p_0=\frac{y_1-y_W}{x_1-x_W} \tag{7.2.5}$$

积分由代数求和给出，仅与多边形的顶点坐标、散射方向和表面反射系数有关。

复杂声呐目标的目标强度可以按下面的板块元方法计算。先把目标表面划分为如图 7.2.2 所示的许多小板块网格。对亮区内所有板块元的散射声场求和就得到目标散射声场的近似值。假如目标表面划分为 $N\times M$ 个网格，则可以得到一系列板块元 S_{ij}。(7.2.3) 式可以表示成

$$I=\sum_{i=1}^{N}\sum_{j=1}^{M}\int_{S_{ij}}\mathrm{e}^{2\mathrm{i}k\Delta r_{ij}}\cos\theta_{ij}V(\theta_{ij})\mathrm{d}S \tag{7.2.6}$$

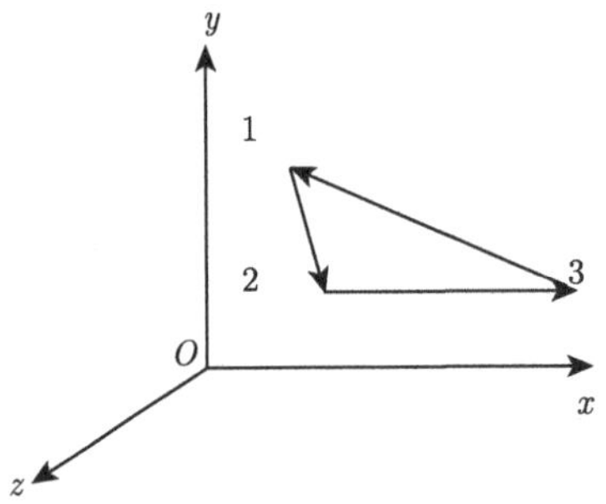

图 7.2.1　平面多边形

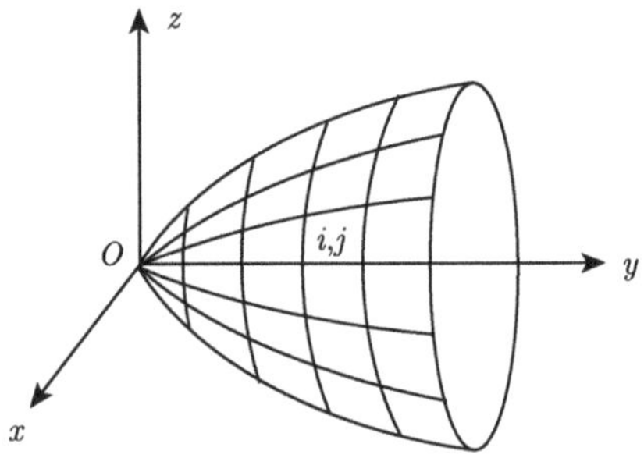

图 7.2.2　目标表面网格

其中，θ_{ij} 是第 (i,j) 个板块元的法向与入射和反射方向的夹角。由于直接构造的每个板块元的取向不同，它们不可能在同一平面中。因此在应用 (7.2.4) 式计算板块元的积分前先要将不同取向的板块元通过坐标变换统一变换到某个确定的平面上。再利用 (7.2.4) 式得到

$$I=\sum_{i=1}^{N}\sum_{j=1}^{M}\left[V(\theta'_{ij})w'\sum_{n=1}^{W}\frac{\mathrm{e}^{2\mathrm{i}k(x'_n u'_{ij}+y'_n v'_{ij})}(p_{n-1}-p_n)}{(u'_{ij}+p_{n-1}v'_{ij})(u'_{ij}+p_n v'_{ij})}\right]\Bigg|_{S_{ij}} \tag{7.2.7}$$

其中，x'_n, y'_n 是变换到二维平面后第 (i,j) 个板块的顶点坐标，$V(\theta'_{ij})$ 是第 (i,j) 个板块的局部表面反射系数，θ'_{ij} 是第 (i,j) 个板块的法线和入射声线夹角。在实际问题的计算中，常取三角形板块元，$W=3$。因为三角形板块元总可以保证在一个平面上，而多边形板块元不能保证在一个平面上。

对于近场问题，应该计算 (1.2.22) 式定义的回声强度

$$\mathrm{ES}=10\lg\left(r^2\left|\phi_\mathrm{s}/\phi_\mathrm{i}\right|^2\right)$$

这时 (7.2.1) 式中被积函数的距离因子不能直接提到积分号外，相位因子也不能按平行声线计算。因为在近场中散射表面的不同部位到发射或接收点的距离之差可能与波长相比拟，声线不能看作平行的。这样，如果直接计算 (7.2.1) 式就比较复杂。应用板块元法时可以采用如下方法计算，虽然对于目标整体而言，接收器处在近场，但若把目标划分为足够小的小板块，则相对于每一个小板块，接收器处在远场。而且只要划分的板块足够小，在同一板块内 r 可以近似为常数移出积分号外，得到

$$\Delta\phi_\mathrm{s}=-\frac{A}{2\pi}\frac{\mathrm{i}kr_{ij}-1}{r_{ij}^3}\mathrm{e}^{\mathrm{i}2kr_0}\int_{S_{ij}}\mathrm{e}^{\mathrm{i}2k\Delta r_{ij}}V(\theta_{ij})\cos\theta_{ij}\mathrm{d}S \tag{7.2.8}$$

其中，r_0 是参考点距离。将各个板块元的散射声场叠加就合成整个目标的散射声场

$$\phi_\mathrm{s}=\sum_{i=1}^{N}\sum_{j=1}^{M}\Delta\phi_\mathrm{s} \tag{7.2.9}$$

涉及的板块积分又可以转换成代数和计算。因此要求每个小板块的尺寸满足条件：$R_{\min} > D^2/\lambda$。其中 $R_{\min}$ 是需要计算的最小距离，D 是小板块的最大尺寸，λ 是入射声波波长，详见文献 [3]。

为了考核板块元方法的计算精度和速度，采用解析方法、数值积分方法和远场板块元方法分别计算了如图 7.2.3 所示的椭圆锥台随方位角 φ 变化的目标强度。计算参数如下：$a = 0.1\text{m}, b = 0.02\text{m}, L - L_1 = h = 0.12\text{m}, \Theta = 10°$，入射平面波频率 $f = 1\text{MHz}$，水平入射 $\theta = 90°$。用第 3 章的方法得到用 (7.1.6) 式表示的椭圆锥台目标强度，现在有两个亮点

$$\begin{aligned} H_1 &= A_1 e^{i\omega\tau_1} e^{i\Phi_1} \\ H_2 &= A_2 e^{i\omega\tau_2} e^{i\Phi_2} \end{aligned} \tag{7.2.10}$$

其中

$$\begin{cases} A_1 = \dfrac{1}{4}\sqrt{\dfrac{L}{\pi k}}\dfrac{\eta^{3/2}\tan^{1/2}\Theta}{\sin^{1/2}\theta\left(\sin^2\varphi+\eta^2\cos^2\varphi\right)^{1/4}}\dfrac{\sin\theta\left(\sin^2\varphi+\eta^2\cos\varphi\right)^{-1/2}-\tan\Theta\cos\theta/\eta}{\sin\theta\tan\Theta\left(\sin^2\varphi+\eta^2\cos\varphi\right)^{1/2}+\eta\cos\theta} \\ A_2 = \dfrac{1}{4}\sqrt{\dfrac{L_1}{\pi k}}\dfrac{\eta^{3/2}\tan^{1/2}\Theta}{\sin^{1/2}\theta(\sin^2\varphi+\eta^2\cos^2\varphi)^{1/4}}\dfrac{\sin\theta(\sin^2\varphi+\eta^2\cos\varphi)^{-1/2}-\tan\Theta\cos\theta/\eta}{\sin\theta\tan\Theta(\sin^2\varphi+\eta^2\cos\varphi)^{1/2}+\eta\cos\theta} \\ \tau_1 = 2L\left[\sin\theta\tan\Theta\left(\cos^2\varphi+\sin^2\varphi/\eta^2\right)^{1/2}+\cos\theta\right]\Big/c \\ \tau_2 = 2L_1\left[\sin\theta\tan\Theta\left(\cos^2\varphi+\sin^2\varphi/\eta^2\right)^{1/2}+\cos\theta\right]\Big/c \\ \Phi_1 = -5\pi/4, \qquad \Phi_2 = -\pi/4, \qquad \eta = a/b \end{cases} \tag{7.2.11}$$

直接数值积分方法和板块元方法在划分不同网格数情况下计算所需时间如表 7.1 所示，计算结果如图 7.2.4 和图 7.2.5 所示。

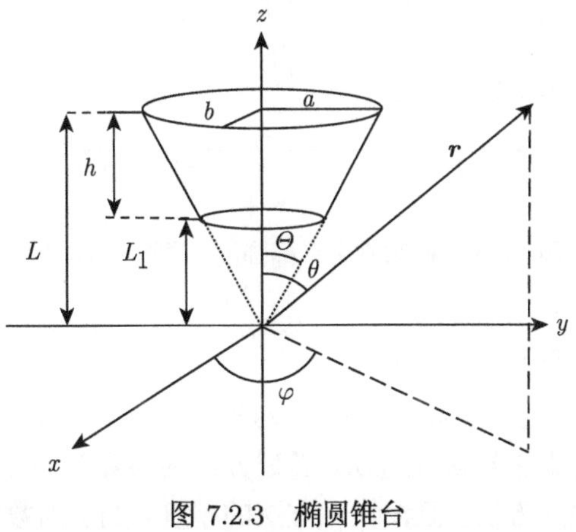

图 7.2.3 椭圆锥台

表 7.1　数值积分和板块元法计算所需时间对比

方法网格数	时间/ms
板块元法 200×300	7200
板块元法 50×100	400
数值积分法	4200
数值积分法 50×100	300

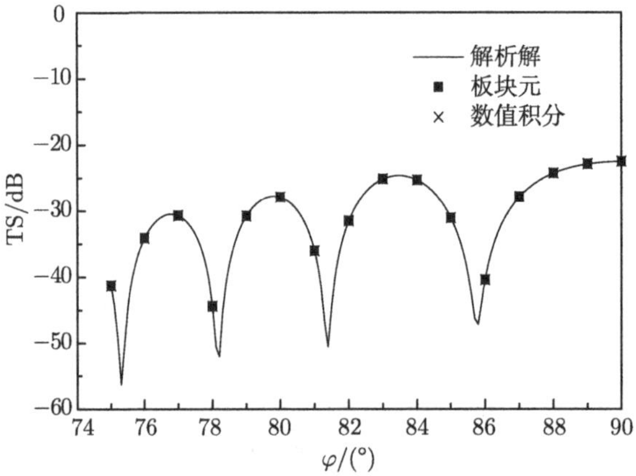

图 7.2.4　椭圆锥台目标强度 (网格: 200×300)

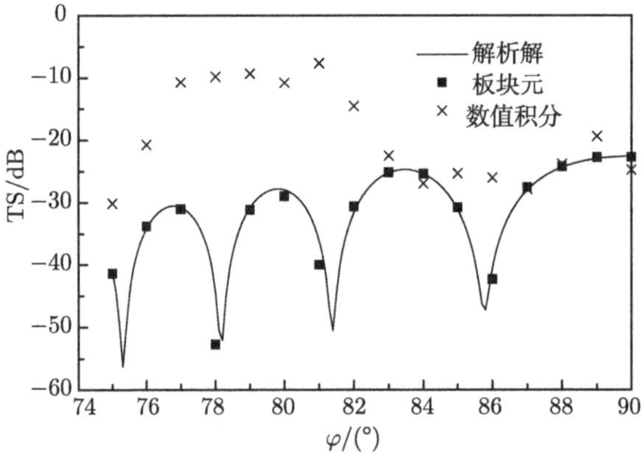

图 7.2.5　椭圆锥台目标强度 (网格: 50×100)

从计算结果可以得到以下结论：

(1) 当划分的网格数为 200×300 时, 两种方法计算结果和解析解都比较符合，数值积分的计算速度大于板块元方法，当划分的网格数为 50×100 时, 数值积分的计算速度虽大于板块元方法，但板块元方法的精度较好，而数值积分的精度很差；

(2) 虽然网格划分数相同时，直接积分的计算速度大于板块元方法，但是板块元方法可以用较少的网格划分得到较满意的结果，这样所用的计算时间减少，相当于提高了速度，大约提高 10 倍。

板块元法在水中目标回波特性工程预报问题中获得广泛应用，例如，

1) Benchmark 潜艇模型目标强度计算

国际上为了比较和校验各种回波计算方法，在 2002 年世界数字仿真大会上提出 BeTSSi(Benchmark Target Strength Simulation) 标准潜艇模型，简称 Benchmark 潜艇模型 [6]。模型的主要参数是艇全长 62m，艇体直径 7.5m，艇艏为半球体，艇体为圆柱体，艇艉为圆锥台，指挥台围壳前半部为半椭圆体，后半部为锥体，水平艉舵与垂直艉舵端面均为前半部半椭圆体，后半部锥体。图 7.2.6(a) 是这种模型的示意图。为了模拟双层壳体潜艇，又在此基础上设计了内壳模型，如图 7.2.6(b) 所示。

(a) 外壳

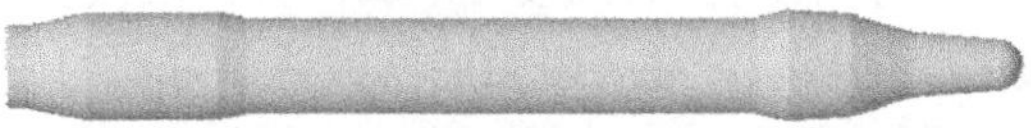

(b) 内壳

图 7.2.6　Benchmark 潜艇模型示意图

首先比较板块元法和 BASIS 方法的预报结果。BASIS 方法是由美国海军实验室和加拿大大西洋 DRDC 研究所共同开发的一种预报方法，这种方法将潜艇壳体表面分割成许多常用线型的小单元，利用这些常用线型的解析解，在计算时直接调用。这种方法类似于亮点模型中的子目标分解，因为子目标取得很多，更加接近于实际目标。用板块元法计算时取模型的板块数 659323，相应结点数 1314450，假设潜艇表面是刚性反射体，得到的 Benchmark 潜艇目标强度方位特性如图 7.2.7 所示。两种方法比较，总体上符合良好并且频率越高符合越好。主要的差异出现在头部 0° ~30° 和尾部 135° 以上部分，尾部差别更大一些。这是因为这两个区域线型较复杂，两种方法的拟合精度有差异。

2) 双层壳体和敷瓦潜艇目标强度计算

利用非刚性表面的板块元方法能够近似计算双层壳体和敷瓦潜艇目标强度。基本思路是，在计及外壳反射和透射作用的基础上分别计算外壳和内壳的回波，然后按强度叠加合成双层壳体潜艇回波。在非刚性表面板块元计算中，外壳采用两边是水的分层平板局部平面波反射系数，内壳近似为刚性反射面，因为它比较厚而且

内部是空气，但在计算内壳的入射声压和回波声压时都必须考虑外壳的透声作用。外壳的反射和透射系数用分层介质中波传播理论通过传递矩阵方法求出，得到壳板不敷设或敷设吸声材料的反射系数和透射系数，同时注意不同板块的入射角度不同。

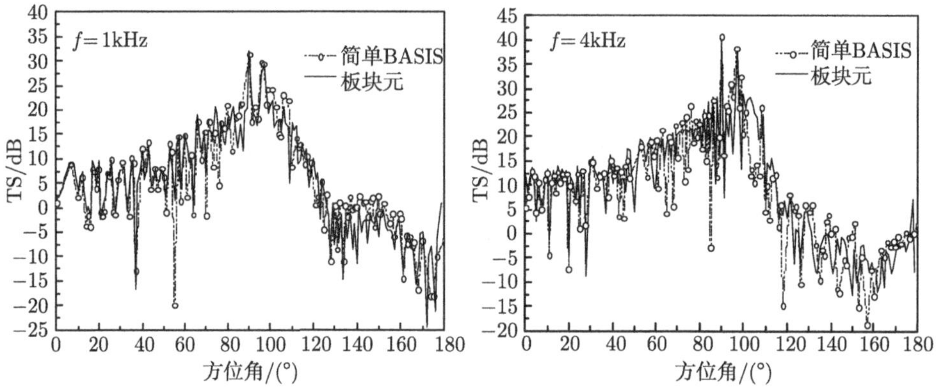

图 7.2.7　板块元法预报 Benchmark 刚性潜艇模型目标强度方位特性

总的回波强度 I 等于外壳的回波强度 $I_{外}$ 加内壳的回波强度 $I_{内}$。其中外壳的回波强度 $I_{外}$ 由两边是水的板块产生，内壳的回波强度 $I_{内}$ 由假设外壳不存在、只有内壳存在时的纯内壳回波强度 $I_{内0}$ 加外壳两次透射损失产生。定义目标在方位角 φ 的反射系数 $V(f,\varphi)$，透射系数 $T(f,\varphi)$。用 $\mathrm{TS}_{外}$ 和 $\mathrm{TS}_{内0}$ 分别表示外壳和纯内壳的目标强度，得到折算到 1m 距离上的总回波强度

$$I(f,\varphi)=I_{外}(f,\varphi)+T^2(f,\varphi)\,I_{内0}(f,\varphi)=I_{\mathrm{i}}\left[10^{\mathrm{TS}_{外}(f,\varphi)/10}+T^2(f,\varphi)\,10^{\mathrm{TS}_{内0}(f,\varphi)/10}\right]$$

其中，I_{i} 是入射声强。由此得到总目标强度

$$\mathrm{TS}(f,\varphi)=10\lg\left[10^{\mathrm{TS}_{外}(f,\varphi)/10}+T^2(f,\varphi)\,10^{\mathrm{TS}_{内0}(f,\varphi)/10}\right]\tag{7.2.12}$$

其中，涉及的反射系数 $V(f,\varphi)$ 和透射系数 $T(f,\varphi)$ 利用分层介质中波传播的传递函数方法求得。(7.2.12) 式忽略了内外壳体之间的多次反射和透射以及壳体肋骨和肋板的作用。

计算得到 Benchmark 潜艇敷瓦和未敷瓦目标强度，如图 7.2.8 所示。所取的计算参数是：外壳钢板厚度 6mm，密度 7480kg/m^3，杨氏模量 2.1×10^{11}N/m^2，泊松比 0.3；消声瓦用橡胶材料制成，密度 1140kg/m^3，泊松比 0.49，厚度 50mm，吸声性能用复杨氏模量 $\tilde{E}=E+\mathrm{i}\eta$ 描述，由声管测试的复反射系数反演得到等效杨氏模量 E 及损耗因子 η 是

$$E=1.102\times10^7+5447.2f-3.515\times10^{-2}f^2$$
$$\eta=0.401+1.21\times10^{-4}f-3.29\times10^{-9}f^2$$

式中，频率 f 的单位是 Hz。受消声瓦性能限制，5kHz 频率时目标强度基本上没有变化，10kHz 频率时目标强度降低 5~7dB。

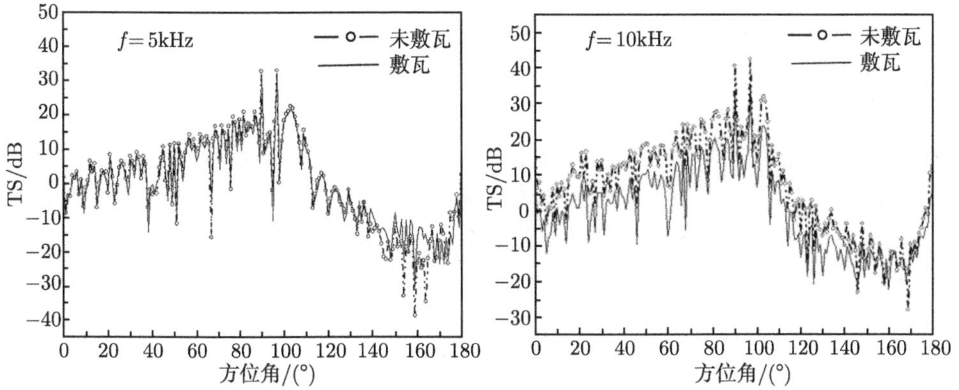

图 7.2.8 板块元法预报 Benchmark 敷瓦双壳潜艇模型目标强度方位特性

3) 计算界面附近目标的回波

目标形状类似一种沉底水雷，由半球和圆柱合成。球半径 0.266m，柱半径 0.266m，柱长 1.599m。该目标下方有一水平淤泥界面。用 3.4 节的方法采用板块元法计算目标平躺在界面上的回波，计算频率为 5000Hz, 入射角为 θ。用 3DS MAX 对目标进行建模。建模后共有 2702 个顶点和 5325 个板块，如图 7.2.9(a) 所示。有界面和无界面情况目标强度如图 7.2.9(b) 所示。

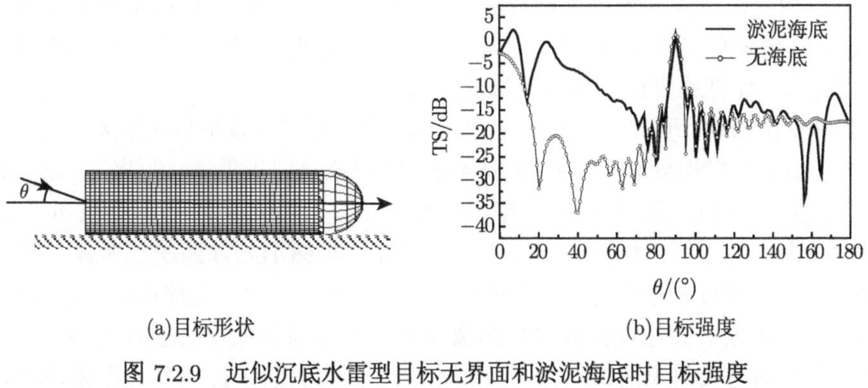

(a)目标形状 (b)目标强度

图 7.2.9 近似沉底水雷型目标无界面和淤泥海底时目标强度

通过这些例子看出，板块元方法可以计算刚性、表面敷设黏弹性材料的目标远场、近场的回波特性。总之，只要物理声学或 Kirchhoff 近似适用的场合都可以用板块元方法进行计算。与直接数值积分相比，这种方法能在保证同样精度条件下大大提高运算速度，有较大实用价值。

7.3　图形声学方法

板块元方法尚存在一些需要改进的地方，主要是没有考虑板块之间的遮挡效应和多次散射问题。当目标的外部线型比较简单时，板块之间的遮挡和多次散射对整体回波特性影响不大。然而，对于线型比较复杂的某些目标，这些作用不可忽略。例如，上面在计算双层壳体潜艇回波时没有考虑连接两层壳体的实肋板的作用。实际上在倾斜入射时，实肋板与内部耐压壳体间存在明显的遮挡效应，并且两者间又会形成类似角反射器，产生二次散射。对于这类情况，板块元方法可能产生较大误差，需要改进和修正。文献 [7] 在板块元算法的基础上借鉴雷达散射截面计算中常用的遮挡效应算法，随后依据区域投影/物理光学方法给出判断二次散射存在与否，再结合收–发分置的板块元算法，得到考虑遮挡效应和二次散射的修正板块元计算方法。但是，这种修正需要对每个板块元进行几何逻辑判断，增加许多计算时间和存储资源。

将雷达 RCS 预测方法中另外一种运算速度快、实时性好的可视化图形计算技术 [8−11] 引入水声，建立水中目标回波特性快速预报的可视化图形声学计算方法 (GRACO)[12]。该方法利用三维图形处理系统，采用建模软件对水中复杂目标进行几何建模，并基于 OpenGL 技术把几何模型转化为屏幕上目标的可视化图形，再把回波特性预报中的面积分转化为屏幕上可视化图形的像素求和计算，完成水中目标回波特性预报。由于采用图形光照模型，能够自动完成遮挡和消隐计算。对于水中简单和复杂目标回波特性的计算结果表明，GRACO 预报结果具有较高的精度。对于分辨率固定的显示视窗，计算量以及对计算的存储量与目标几何线型的复杂程度无关，计算速度比板块元方法快 9~10 倍。

仍从 Kirchhoff 近似的 (7.2.1)~(7.2.3) 式出发，回波预报最后归结为计算 (7.2.3) 式的面积分。计算积分时关键是要求得面元的单位法向矢量 $\boldsymbol{n}$，距离 r，以及表面法向与入射声线的夹角 θ, 同时确定积分亮区 S_0。GRACO 的基本原理和思想是：首先对水中目标进行三维几何建模，再通过计算机图形处理系统把所建立的三维模型辅助以相应的光照模型渲染成像于计算机屏幕上，同时完成遮挡和消隐运算，确定积分亮区 S_0，并通过读取屏幕图像像素信息得到目标表面法向量 $\boldsymbol{n}$，距离 r，以及表面法向与入射声线的夹角 θ, 并把 (7.2.3) 式的面积分离散为像素求和计算目标的回波特性。

首先建立如图 7.3.1 所示的屏幕坐标系，把建立的三维几何模型成像在这个屏幕坐标中。目标图像实际是真实三维表面在计算机屏幕上的投影，如图 7.3.2 所示，因此屏幕上的小面元即像素 $\mathrm{d}S'$ 为真实面元 $\mathrm{d}S$ 在其上的投影，故存在关系

$$\mathrm{d}S' = \cos\theta \mathrm{d}S \tag{7.3.1}$$

代入 (7.2.3) 式得到

$$\mathrm{TS}=20\lg\left|-\frac{\mathrm{i}k}{2\pi}\int_{S_0}\mathrm{e}^{2\mathrm{i}kr}V(\theta)\mathrm{d}S'\right| \tag{7.3.2}$$

按照像素进行离散化，上式变为

$$\mathrm{TS}=20\lg\left|-\frac{\mathrm{i}k}{2\pi}\sum_{\text{像素元}}\mathrm{e}^{2\mathrm{i}kr}V(\theta)\Delta S\right| \tag{7.3.3}$$

在掠入射情况下，即 $\theta\to 90^\circ$ 时，屏幕像素 $\mathrm{d}S'$ 虽小，但面元 $\mathrm{d}S$ 可能很大。为了克服这个问题，通常将单个像素等效为均匀辐射的矩形孔，其远场贡献可以近似为角度 θ 的 sinc 函数，进而得到 [8-11]

$$\mathrm{TS}=20\lg\left|-\frac{\mathrm{i}k}{2\pi}\sum_{\text{像素元}}\cos^m\theta\cdot\mathrm{sinc}\left(k\frac{L}{\cos\theta}\sin\theta\right)\mathrm{e}^{2\mathrm{i}kr}V(\theta)\Delta S\right| \tag{7.3.4}$$

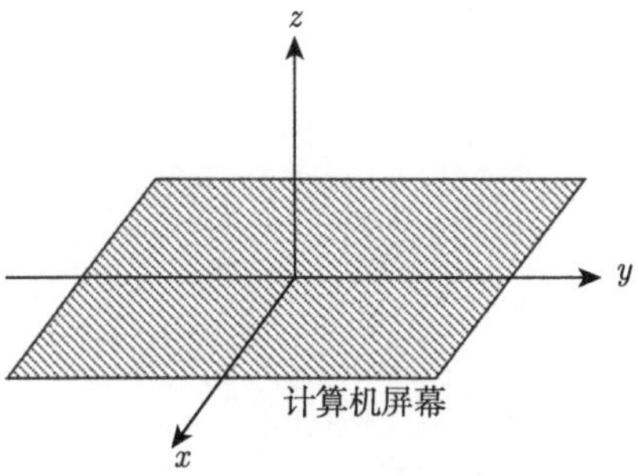

图 7.3.1 屏幕坐标系

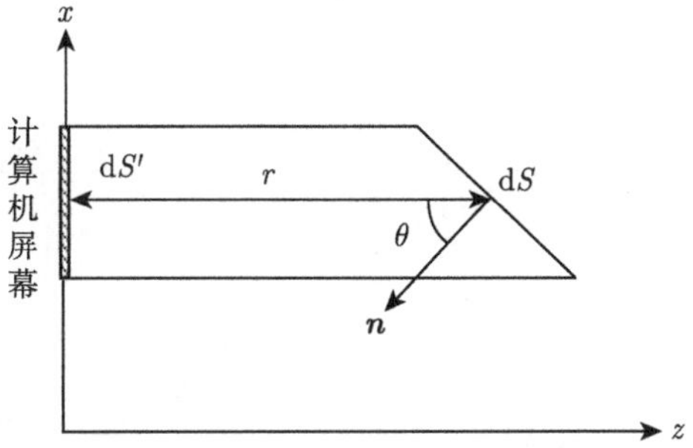

图 7.3.2 表面面元在屏幕上投影

其中，L 是屏幕上矩形像素 $\mathrm{d}S'$ 的尺寸。$L/\cos\theta$ 为对应于 $\mathrm{d}S'$ 的目标表面 $\mathrm{d}S$ 的尺寸，这里取 $m=2$。(7.3.4) 式就是利用 GRACO 方法计算目标强度的基本公式，关键是把面积分转化为屏幕上图形像素的求和。

(7.3.4) 式的具体实现需要利用计算机图形处理系统，如图像加速卡，以及基于 SGI 的三维图形库的一个开放式图形软件包 OpenGL。OpenGL 作为图形硬件的一个软件接口，使得用户可以与图形硬件或帧缓存区进行交互，向硬件输入数据或从图形硬件提取数据。图像声学方法的实现需要用到大量的 OpenGL 命令，其中目标的三维几何建模、目标图形着色渲染以及计算 (7.3.4) 式所需要的像素信息读取是最为关键的。

1) 目标三维几何建模

利用现成图形软件如 ANSYS、3DS MAX、AutoCAD、I-DEAS 等对目标外形建模，调用 OpenGL 命令读入建模后数据，在计算机屏幕上完成图形显示。

2) 目标图形着色渲染

假设视点为收–发合置单基地声呐的位置，位于垂直于屏幕向外的 z 轴，那么目标外形在屏幕上对应的显示部分就等同于照射亮区，被遮挡的部分已经由图形加速卡自动消去了。这个遮挡消隐计算过程由图形加速卡的硬件完成，具有很高的速度。目标成像于计算机屏幕上，对几何模型进行着色渲染时，选择适当的光照模型，加以适当的光源，可以使像素点的三原色强度分量 $(I_{\rm R}, I_{\rm G}, I_{\rm B})$ 与目标的表面法向矢量 (n_x, n_y, n_z) 一一对应。采用 Phong 光照模型 [5]，光强度

$$I = I_{\rm a}V_{\rm a} + \frac{I_{\rm l}}{d+B}\left[V_{\rm d}\left(\boldsymbol{n}\cdot\boldsymbol{I}\right) + V_{\rm s}\left(\boldsymbol{v}\cdot\boldsymbol{s}\right)^{n_{\rm s}}\right] \tag{7.3.5}$$

其中，$I_{\rm a}$ 是环境泛光光强，$I_{\rm l}$ 是光源入射光强，$V_{\rm a}$ 是环境光漫反射系数，$V_{\rm d}$ 是入射光漫反射系数，d 是观察者离物体距离，$V_{\rm s}$ 是镜面反射系数，B 是某个常数，$n_{\rm s}$ 是物体表面的镜反射指数。θ 是入射光方向 $\boldsymbol{I}$ 与表面法向量 $\boldsymbol{n}$ 的夹角，α 是镜反射方向 $\boldsymbol{s}$ 与观察方向 $\boldsymbol{v}$ 的夹角，如图 7.3.3 所示。当存在多个光源时，只需按 (7.3.5) 式求和即可。

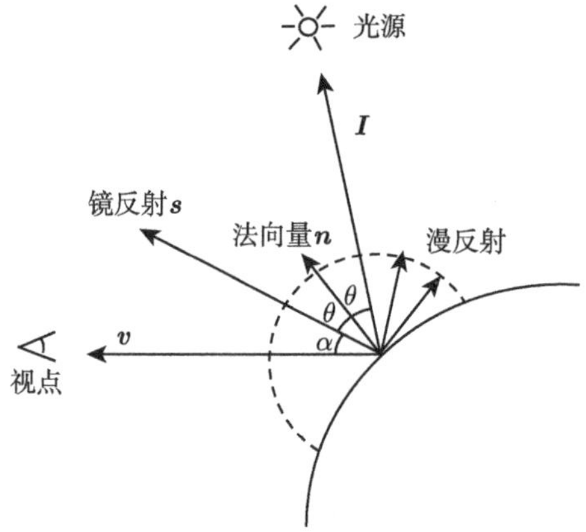

图 7.3.3 Phong 光照模型

着色时，关闭环境光，取消镜面反射，即令 $V_{\rm a} = 0, V_{\rm s} = 0$，则光强

$$I = \frac{I_{\rm l}}{d+B}V_{\rm d}\left(\boldsymbol{n}\cdot\boldsymbol{I}\right) = C\left(\boldsymbol{n}\cdot\boldsymbol{I}\right) = C\cos\theta \tag{7.3.6}$$

这时光强正比于入射光线与法向量夹角的余弦，C 是比例常数。将 R、G、B 即红、绿、蓝三种颜色光源分别置于光源的三个坐标轴上时，某个像素的三色组分就相当于该点表面单元法向 $\boldsymbol{n} = (n_x, n_y, n_z)$ 的组分：

$$\begin{cases} \text{红色：} \boldsymbol{r}_{\rm i} = \boldsymbol{x} \Rightarrow I_{\rm R} = \boldsymbol{n} \cdot \boldsymbol{x} = \cos\alpha = n_x \\ \text{绿色：} \boldsymbol{r}_{\rm i} = \boldsymbol{y} \Rightarrow I_{\rm G} = \boldsymbol{n} \cdot \boldsymbol{y} = \cos\beta = n_y \\ \text{蓝色：} \boldsymbol{r}_{\rm i} = \boldsymbol{z} \Rightarrow I_{\rm B} = \boldsymbol{n} \cdot \boldsymbol{z} = \cos\theta = n_z \end{cases} \tag{7.3.7}$$

按照上述方法进行着色后，纯红色的地方表示目标表面的单位法向量为水平方向 (x)，纯绿色的地方表示目标表面的单位法向量为水平方向 (y)，纯蓝色的地方表示目标表面的单位法向量为水平方向 (z)。非纯色的地方表示法向量不平行于任何轴，此时该处的三种颜色 $(I_{\rm R}, I_{\rm G}, I_{\rm B})$ 分别等于目标法向量 (n_x, n_y, n_z)。

假定声波沿 z 轴入射屏幕中目标。利用 OpenGL 软件在 z 轴放置一个单位蓝色光源，就可以使得渲染后图像像素的蓝色分量为 $\cos\theta$，其对应于表面法向量的 z 轴分量 n_z，这样就可以求得 (7.3.4) 式中的 θ 值。

3) 图像像素信息的读取

计算机图形信息的读取实际上是通过对计算机进行图形缓冲区的读写操作实现的。图形缓冲区又称为帧缓冲区 (frame buffer)，用来记录图形显示器上每个像素对应的红绿蓝 (RGB) 三原色分量和相对应的深度坐标信息，其中记录深度坐标的区域又称为深度缓冲区 (Z-buffer)。在 OpenGL 软件中通过 glreadpixels 命令去读取像素中包含的这些信息。读取像素蓝色分量获得计算中所需的 n_z 也就是 $\cos\theta$；读取像素深度分量获得计算中所需的 z 方向深度数据，也就是 r。

可以看出在合适的光照渲染模式下，几何模型在计算机屏幕上投影图形的每一个像素包含了 GRACO 计算目标强度所需的所有参数，并且这些参数可以通过 OpenGL 软件从 Z-buffer 缓冲区、帧缓冲区中获取，这样就可以对目标回波特性进行计算。从整个过程来看，图形声学计算方法具有以下优点：一是把复杂的消隐和遮挡计算通过图形加速卡硬件实现，并且把积分化为可视像素的求和。这时大部分计算都由加速卡硬件实现，CPU 只完成像素求和部分计算，这样使得计算速度可以大大提高。二是在计算中只对屏幕上图像像素进行读取和求和，因此对于分辨率固定的显示视窗，计算量以及对计算的存储量与目标几何线型的复杂程度无关。

图形声学方法 (GRACO) 计算水中目标回波特性可以按下列具体步骤实现，如图 7.3.4 所示：

(1) 用参数曲面或图形建模软件进行目标几何建模；

(2) 计算机图形渲染 (设置目标材质、颜色, 仿射变换和光照等), 这一步是图形声学方法的关键，建立图像颜色和表面法向量关系，同时完成遮挡和消隐计算；

(3) 利用 Z-buffer 技术获取表面上各点的深度信息，得到距离 r；

(4) 根据设置的光照获取目标图像各像素法向量，得到 $\cos\theta$ 和 θ；

(5) 计算表面反射系数 $V(\theta)$；

(6) 利用得到的表面坐标和法向量，按 (7.3.4) 式进行像素求和，计算目标强度；

(7) 将目标强度计算结果显示和存储。

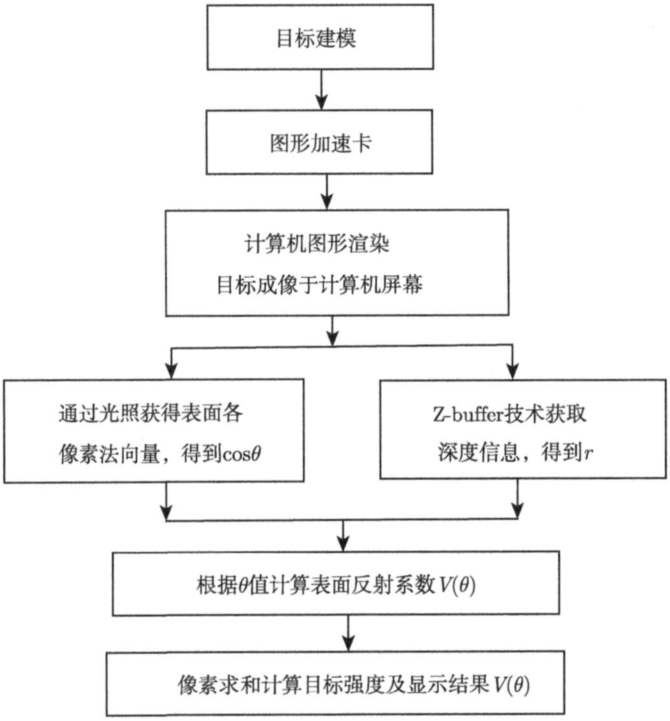

图 7.3.4 GRACO 的实现步骤

下面对图形声学计算方法的有效性、软件的精度和速度进行检验。

算例 1. 椭圆柱体

对长半轴 2.5m，短半轴 1m，高 4m 的椭圆柱体的目标强度进行计算。利用 ANSYS 建立椭圆柱体的几何模型。计算频率 $f = 5\text{kHz}$，分别采用亮点模型 [1]、板块元方法和 GRACO，得到的结果如图 7.3.5 所示。可以看到，三种方法的计算结果非常吻合，且 GRACO 有足够的计算精度。对于这个简单目标，用同一台计算机计算 0° ~180° 目标强度，板块元方法用时 170s，GRACO 方法用时接近 26s。可见 GRACO 能够大大提高计算速度。

算例 2. 假想潜艇模型

针对如图 7.3.6 所示的假想潜艇模型，分别用板块元法和 GRACO 计算了 $f = 10\text{kHz}$ 时的目标强度，计算结果如图 7.3.7 所示。

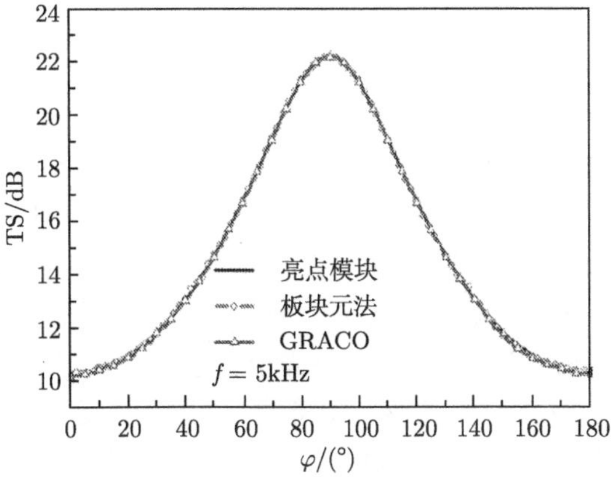

图 7.3.5 三种方法计算的椭圆柱目标强度

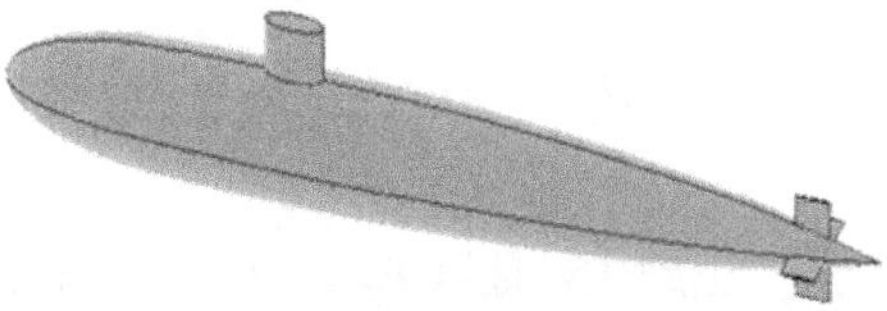

图 7.3.6 假想潜艇建模

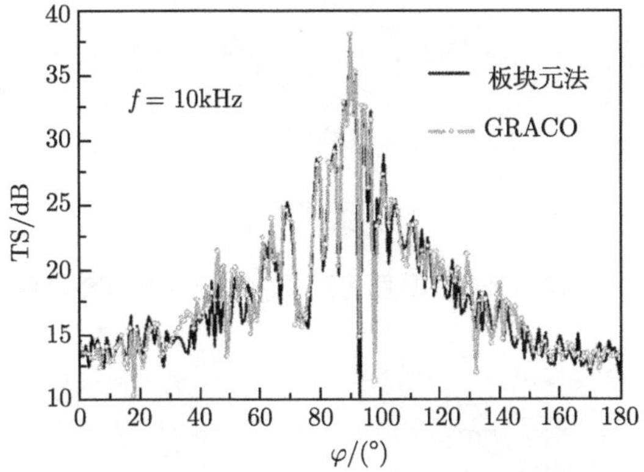

图 7.3.7 板块元法与 GRACO 计算结果对比

首先对比两种方法的计算时间，计算 0° ~180° 目标强度，板块元法用了 209s，GRACO 用了 21s，GRACO 的计算速度比板块元法提高了 9~10 倍。其次对比计算结果，两者在大部分角度上吻合很好。在某些局部细节上有些差异，特别是在 40° ~50° 附近。这主要是目前所采用的板块元法没有考虑遮挡效应，目标尾部实际上是有遮挡的，而板块元法仍然进行了计算。GRACO 则如前面所述，在渲染成图像时自然考虑了这个遮挡效应，因此两者的计算结果存在一些局部差异。显然 GRACO 更为精确。不过这个算例也说明，仅就潜艇目标的外形来说，遮挡效应不大，因为发生遮挡的子目标尺度比艇体小得多。

GRACO 的一个成功应用例子是预报外部加环肋有限长圆柱壳体的目标强度并得到实验验证 [13]。计算和实验的模型如图 7.3.8 所示，圆柱壳长 60cm，直径 9cm，外部等间距排列 9 个肋板，肋板是内半径 4.5cm、外半径 8cm 的圆环，圆环上均匀分布半径 1.5cm 的 6 个透水孔，两端加有未开孔的圆板，相邻肋板的间距 $d = 6\text{cm}$。入射声波的掠射角是 θ_g。由图可见，在倾斜入射时肋板之间以及肋板对壳体的遮挡很严重，难以用解析公式和常规板块元法计算，而 GRACO 则不受限制。图 7.3.9 给出外部加环肋有限长圆柱壳反向散射频率–角度谱的计算与实测结果比较。计算得到的 "八" 字形亮线在实验中得到验证。这些亮线是由于声波入射到等间距环肋产生的 Bragg 共振散射 [13]。Bragg 共振散射满足的条件是从相邻两个环肋反向散射波在水中声程差等于声波波长的整数倍

$$2d\cos\theta_g = n\lambda \quad 或 \quad f = n\frac{c}{2d\cos\theta_g}, \quad n = 1, 2, \cdots \tag{7.3.8}$$

对同一阶 n，θ_g 越大要求 f 也越大，且以 $\theta_g = 90°$ 左右对称。将这些共振点连接起来就呈现 "八" 字形。图 7.3.9(b) 中实测的亮线位置与计算结果符合很好，但是

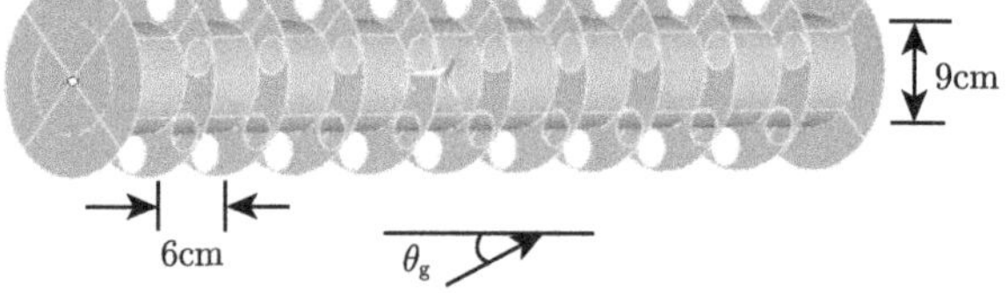

图 7.3.8　外部加环肋有限长圆柱壳 ANSYS 建模

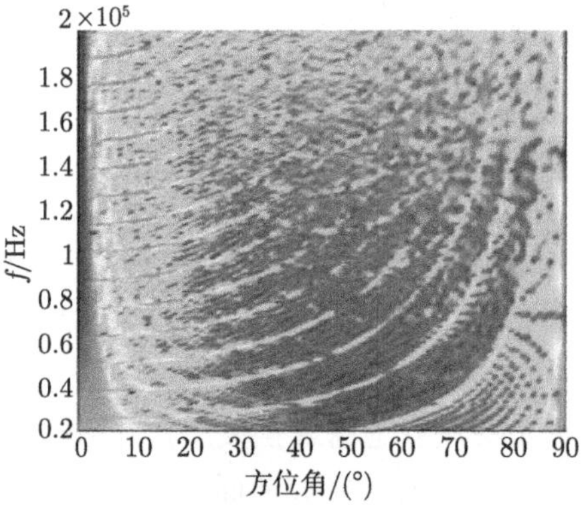

(a) GRACO计算结果

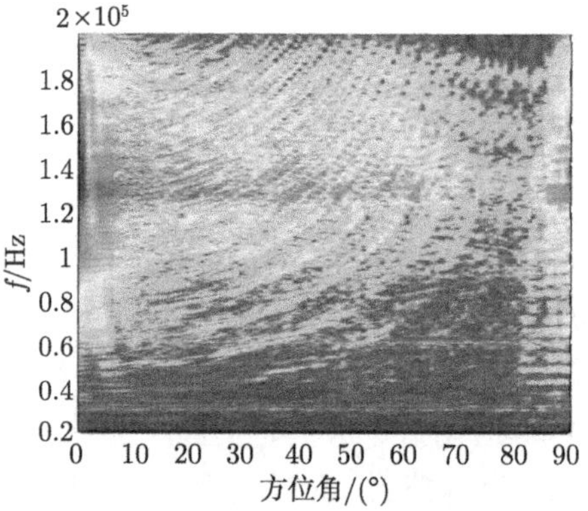

(b) 实测反向散射频率–角度谱图

图 7.3.9　外部加环肋有限长圆柱壳反向散射频率–角度谱图 [13](后附彩图)

在实测的图中除亮线外还有许多其他回波成分，它们可能是弹性波的贡献。因为 GRACO 基于 Kirchhoff 近似，所以无法预报弹性波的作用。再加上实验装置频率响应不均匀，使得实验和计算的强度信息不符合。另外，由于实验装置低频响应的限制，低频段 Bragg 共振散射没能测到。

7.4 变形柱方法

变形柱方法 (Deformed Cylinder Method, DCM)[14−16] 是一种应用于轴对称物体声散射的近似方法。由于分离变量法的局限性，只要散射体的形状偏离球、圆柱等规则形状，这种方法就无法应用，只好借助于纯数值方法。变形柱法将轴对称物体沿轴向分隔成许多段，每一段都近似为具有局部半径的圆柱段，用无限长圆柱的分离变量法解估计圆柱段的贡献，将所有圆柱段的贡献累积起来就得到轴对称物体的解。因为用了分离变量法的解，所以这种方法能够估计轴对称弹性圆柱壳的散射。

考虑沿 z 轴长度为 L 的轴对称物体，$z \in [-L/2, +L/2]$。设垂向距离为 r，斜距为 R，如图 7.4.1 所示。在垂直方向附近，当物体的长度远小于接收器的第一个 Fresnel 区的尺寸，即 $L \ll \sqrt{r\lambda}$ 时，物体可以看作有限长柱。当 $L \gg \sqrt{r\lambda}$ 时则可以看作无限长柱。

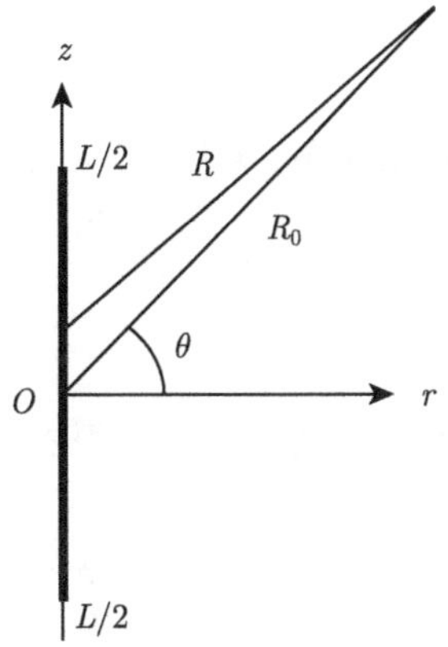

图 7.4.1 线源声辐射

Stanton[14] 参照不均匀线源辐射声场的构成思路，提出变形柱方法。声学基础给出体积速度为 Q 的点脉动源产生的声速度势和声压是

$$\phi = \frac{Q\mathrm{e}^{\mathrm{i}kR}}{4\pi R}, \quad p = -\mathrm{i}k\rho_0 c\frac{Q\mathrm{e}^{\mathrm{i}kR}}{4\pi R} \tag{7.4.1}$$

以此式为基础，设线上一个微元的体积速度是 $q\mathrm{d}z$，它所产生的声压元是

$$\mathrm{d}p = -\frac{\mathrm{i}k\rho_0 c}{4\pi R}q\mathrm{e}^{\mathrm{i}kR}\mathrm{d}z \tag{7.4.2}$$

将各个微元的贡献叠加得到无限长线源的辐射声压

$$p = -\frac{\mathrm{i}k\rho_0 c}{4\pi}q\int_{-\infty}^{\infty}\frac{\mathrm{e}^{\mathrm{i}kR}}{R}\mathrm{d}z \tag{7.4.3}$$

利用

$$\int_{-\infty}^{\infty}\frac{\mathrm{e}^{\mathrm{i}kR}}{R}\mathrm{d}z = \mathrm{i}\pi \mathrm{H}_0^{(1)}(kr) \tag{7.4.4}$$

r 是从场点到线的垂直距离 $(R \gg r)$，得到

$$p = \frac{1}{4} k \rho_0 c q \mathrm{H}_0^{(1)}(kr) \tag{7.4.5}$$

当 $kr \gg 1$ 时，利用 Hankel 函数的渐近展开得到

$$p = \frac{1}{4} k \rho_0 c q \sqrt{\frac{2}{\pi kr}} \mathrm{e}^{\mathrm{i}(kr - \pi/4)} \tag{7.4.6}$$

如果是长为 L 的有限长线源，辐射声压是有限个微元贡献的叠加：

$$p = -\frac{\mathrm{i} k \rho_0 c}{4\pi} \int_{-L/2}^{L/2} q(z) \frac{\mathrm{e}^{\mathrm{i}kR}}{R} \mathrm{d}z \tag{7.4.7}$$

如果源强度不随 z 轴变化，得到

$$p = -\frac{\mathrm{i} k \rho_0 c}{4\pi} q \int_{-L/2}^{L/2} \frac{\mathrm{e}^{\mathrm{i}kR}}{R} \mathrm{d}z \tag{7.4.8}$$

在远场情况下，$R \approx R_0 - z\cos\theta$，$R_0$ 是场点到线源中心的距离，θ 是 R_0 与 z 轴的夹角。

$$p = -\frac{\mathrm{i} k \rho_0 c}{4\pi} \frac{\mathrm{e}^{\mathrm{i}kR_0}}{R_0} \int_{-L/2}^{L/2} q(z) \mathrm{e}^{-\mathrm{i}kz\cos\theta} \mathrm{d}z \tag{7.4.9}$$

在均匀源的情况下积分得到

$$p = -\frac{\mathrm{i} k \rho_0 c}{4\pi} \frac{\mathrm{e}^{\mathrm{i}kR_0}}{R_0} qL \frac{\sin(kL\cos\theta/2)}{kL\cos\theta/2} \tag{7.4.10}$$

将以上思想用到有限长圆柱的散射。先从无限长圆柱的散射解求出等效体积速度，然后通过积分得到有限长圆柱的近似解。

例如，单位振幅平面波垂直入射到圆柱时的反向散射声压有严格解

$$p_{\mathrm{s}}(r, \varphi) = \sum_{n=0}^{\infty} \varepsilon_n \mathrm{i}^n b_n \mathrm{H}_n^{(1)}(kr) \cos n\varphi \tag{7.4.11}$$

由第 4 章可知，b_n 取相应值可以表示刚性圆柱、弹性圆柱和弹性圆柱壳等不同情况。将 Hankel 函数渐近展开得到

$$p_{\mathrm{s}}(r, \varphi) = \sqrt{\frac{2}{\pi kr}} \mathrm{e}^{\mathrm{i}(kr - \pi/4)} \sum_{n=0}^{\infty} \varepsilon_n b_n \cos n\varphi \tag{7.4.12}$$

反向散射情况 $\varphi=\pi$ 得到

$$p_{\mathrm{s}}(r,\pi)=\sqrt{\frac{2}{\pi kr}}\mathrm{e}^{\mathrm{i}(kr-\pi/4)}\left(\sum_{n=0}^{\infty}\varepsilon_n(-1)^n b_n\right) \tag{7.4.13}$$

与无限长线源的 (7.4.6) 式相比较，散射产生的等效体积速度是

$$q=\frac{4}{k\rho_0 c}\sum_{n=0}^{\infty}\varepsilon_n(-1)^n b_n \tag{7.4.14}$$

将这个无限长情况下的体积速度作为有限长情况的等效体积速度，代入 (7.4.9) 式得到有限长柱的散射声压

$$p_{\mathrm{s}}=-\frac{\mathrm{i}}{\pi}\frac{\mathrm{e}^{\mathrm{i}kR_0}}{R_0}\int_{-L/2}^{L/2}\left(\sum_{n=0}^{\infty}\varepsilon_n(-1)^n b_n\right)\mathrm{e}^{-\mathrm{i}kz\cos\theta}\mathrm{d}z \tag{7.4.15}$$

对于均匀有限长柱的散射得到

$$p_{\mathrm{s}}=-\frac{\mathrm{i}}{\pi}\frac{\mathrm{e}^{\mathrm{i}kR_0}}{R_0}\left(\sum_{n=0}^{\infty}\varepsilon_n(-1)^n b_n\right)L\frac{\sin(kL\cos\theta/2)}{kL\cos\theta/2} \tag{7.4.16}$$

当 $\theta=0$ 时，有

$$p_{\mathrm{s}}=-\frac{\mathrm{i}}{\pi}\frac{\mathrm{e}^{\mathrm{i}kR_0}}{R_0}\left(\sum_{n=0}^{\infty}\varepsilon_n(-1)^n b_n\right)L\frac{\sin(kL/2)}{kL/2} \tag{7.4.17}$$

这样，b_n 取刚性柱的值就得到有限长刚性柱的散射声压，b_n 取弹性柱或柱壳的值就得到有限长弹性柱或柱壳的散射声压。

变形柱方法的适用情况如下：

(1) 物体必须轴对称，如果不是轴对称，其分隔以后的微段不是圆柱，无法用无限长圆柱的解来近似；

(2) 仅适用于正横方向附近的区域，因为用无限长圆柱垂直入射时的解近似微段的贡献，当然不适用于斜入射的情况，改用斜入射时的解是否能扩大适用范围，还没有人深入研究过。

变形柱方法的优点是可以应用于任意轴对称物体。例如，图 7.4.2 所示的目标，它由半球头、圆柱段和锥形尾段组成。球和圆柱的半径 a =23.5mm，其他尺寸见图中所标。假设为刚性目标，分别用物理声 (光) 学方法和变形柱法计算目标强度。图 7.4.3 给出 $ka=20$ 时目标强度随角度的变化，在正横附近两种方法符合较好。图 7.4.4 画出在 2dB 容差内两种方法符合的角度范围。在半球头一边平均 25.8°，尾锥一边平均 20.8°。也就是说，偏离正横 20° 以上，变形柱法的误差就较大了。这个结果充分反映了变形柱法的局限性。

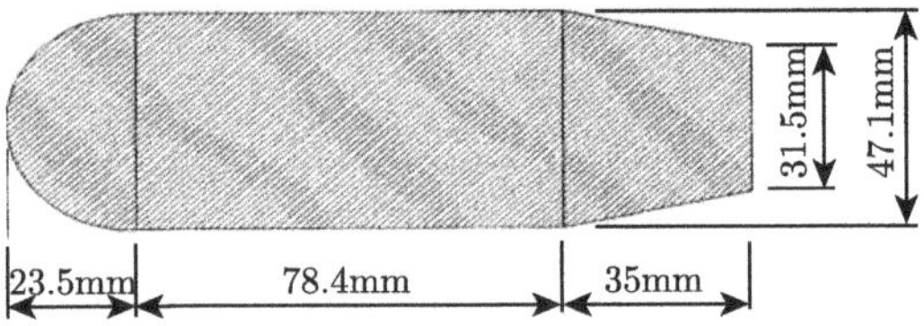

图 7.4.2　变形柱方法算例 [16]

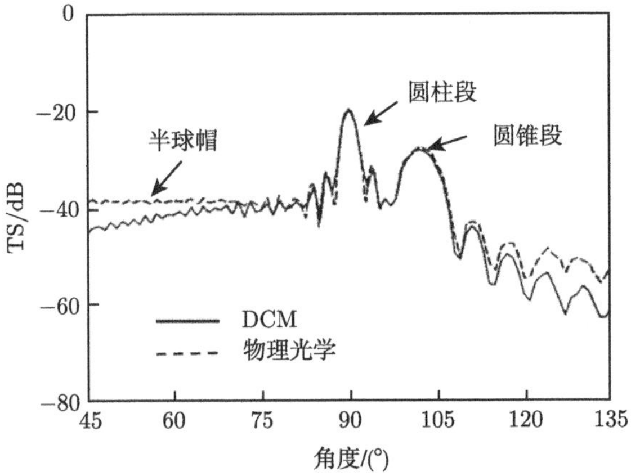

图 7.4.3　变形柱与物理声 (光) 学比较 ($ka = 20$)[16]

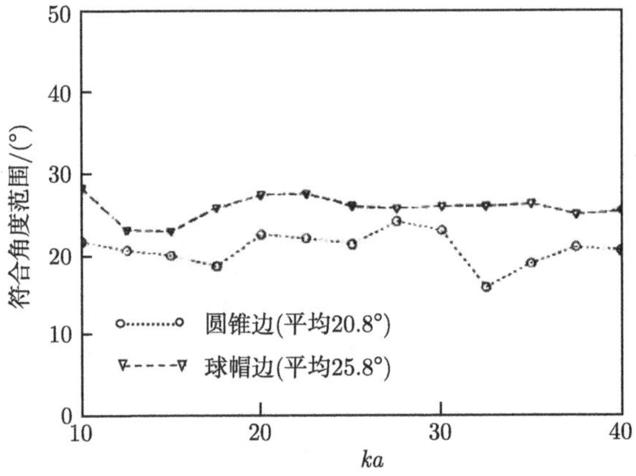

图 7.4.4　2dB 容差变形柱法符合角度范围 [16]

7.5　有限长弹性圆柱薄壳声散射

前面几节介绍的目标声散射近似计算方法主要集中在几何散射的预报。虽然亮点模型原则上也可以包括弹性亮点，但没有给出弹性亮点参数的预报方法。大量实验证明，按几何散射预报的结果是不够精确的。要想获得精确的回波特性，一定要考虑弹性的作用。从工程应用的角度，只考虑几何散射预报的目标特性是一种近似，虽然在大部分角度范围内近似程度较好。另一方面，如果不仅仅限于回波强度的预报，还希望掌握回波可供识别的特征，如共振散射特征，就更加需要考虑弹性的作用了。本节和 7.6 节着眼于弹性散射的近似计算。

在水中工程中用得最多的结构是有限长弹性圆柱薄壳，潜艇、鱼雷和一类沉底水雷的主体部分都是有限长圆柱薄壳。计算有限长圆柱薄壳声散射需要做两方面近似，一是薄壳近似，一是有限长近似。第 5 章中已经指出，潜艇和鱼、水雷的壳体都满足薄壳近似条件。因此壳体可以用工程中常用的薄壳理论描述。另一方面，从声学理论得知，因为不能进行分离变量，有限长圆柱面的振动或散射声场没有严格解，也需要采取某种近似。

第 5 章中曾讨论过无限长圆柱薄壳的声散射。当壳体为有限长时，严格的理论解是不存在的，计算有限长圆柱薄壳声散射较好的近似理论是 Tran-Van-Nhieu 在讨论细长物体散射的一系列文章中采用的近似解式 [17−19]。下面主要参考文献 [20,21] 讨论内部充水有限长圆柱薄壳的声散射。以圆柱壳中心为原点 O，轴线方向为 z 轴建立三维直角坐标系，如图 7.5.1 所示。设圆柱壳中面半径 a，长度 $2L$，轴线上一点到中心 O 的距离 t。接收点到轴线的垂直距离 r，到圆柱壳中心的距离 R_0，到轴线上一点距离 R。在对应的圆柱坐标系中接收点坐标是 (r,φ,z)，$r/z=\tan\theta$。简谐平面声波沿 xOz 平面入射，圆柱壳外部水介质中的总声压 p_{t} 可以表示为

$$p_{\mathrm{t}}=p_{\mathrm{i}}+p_{\mathrm{rig}}+p_{\mathrm{res}} \tag{7.5.1}$$

其中，p_{i} 是入射声压，$p_{\mathrm{i}}=\mathrm{e}^{\mathrm{i}(k_z z+k_x x)}$；$k_z=k\cos\theta_{\mathrm{g}}$，$k_x=k\sin\theta_{\mathrm{g}}$，$\theta_{\mathrm{g}}$ 是入射波矢量与 z 轴夹角，即掠射角；p_{rig} 是刚性圆柱壳的散射声压，p_{res} 是壳体振动再辐射产生的散射声压。

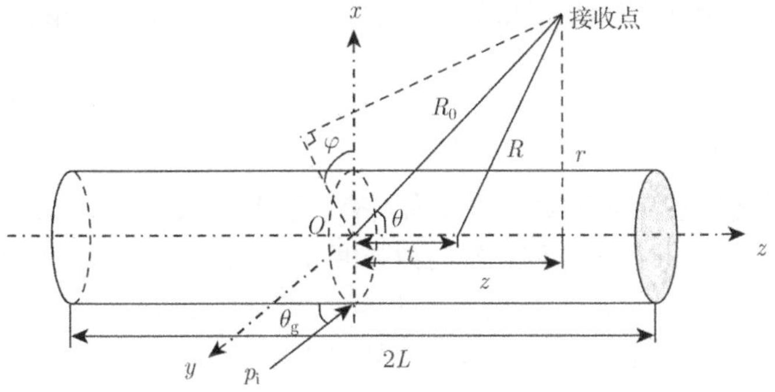

图 7.5.1 有限长圆柱薄壳声散射

设圆柱壳体是细长的，满足 $a/L \ll 1$，并假设 $kL = \omega L/c \gg 1$。在这种情况下，有限长圆柱壳的声场可以按下面方式近似。

(1) 为了满足壳体表面边界条件，需要给出壳体近场表示式。忽略两端影响后近场用无限长圆柱壳的解近似。例如，在圆柱壳体附近可以将入射声压 p_{i} 和刚性散射声压 p_{rig} 近似为无限长刚性圆柱的解 (见 2.2 节)：

$$p_{\mathrm{i}} = \mathrm{e}^{\mathrm{i}k_z z}\sum_{n=0}^{\infty}\varepsilon_n \mathrm{i}^n \mathrm{J}_n(k_x r)\cos n\varphi \tag{7.5.2}$$

$$p_{\mathrm{rig}} = -\mathrm{e}^{\mathrm{i}k_z z}\sum_{n=0}^{\infty}\varepsilon_n \mathrm{i}^n \frac{\mathrm{J}_n'(k_x a)}{\mathrm{H}_n^{(1)\prime}(k_x a)}\mathrm{H}_n^{(1)}(k_x r)\cos n\varphi \tag{7.5.3}$$

也就是说在近场中用二维解近似。

(2) 散射远场在圆周方向也用无限长圆柱的解，取 $A_n\cos n\varphi$ 形式。z 方向用有限长线源的解近似，线源的解由扇形球谐函数叠加而成:

$$\int_{-L}^{L}\mathrm{h}_n^{(1)}(kR)\left(\frac{r}{R}\right)^n B_n(t)\,\mathrm{d}t \tag{7.5.4}$$

$B_n(t)$ 是源强度沿轴线分布。当 $R\to\infty$ 时, $\mathrm{h}_n^{(1)}(kR)\to(1/kR)\,\mathrm{e}^{\mathrm{i}(kR-n\pi/2-\pi/2)}$，相当于点源球面波。这样构成的解近似地满足波动方程和无限远辐射条件。系数 A_n 和 $B_n(t)$ 由表面匹配条件确定。例如，有限长刚性圆柱壳的散射远场声压近似为

$$p_{\mathrm{rig}} = -\frac{k}{\pi}\sum_{n=0}^{\infty}\varepsilon_n \mathrm{i}^n\frac{\cos n\varphi}{\sin^n\theta_{\mathrm{g}}}\left[\frac{\mathrm{J}_n'(k_x a)}{\mathrm{H}_n^{(1)\prime}(k_x a)}\right]\int_{-L}^{L}\mathrm{h}_n^{(1)}(kR)\left(\frac{r}{R}\right)^n\mathrm{e}^{\mathrm{i}k_z t}\mathrm{d}t \tag{7.5.5}$$

其中，$-\mathrm{J}_n'(k_x a)\big/\mathrm{H}_n^{(1)\prime}(k_x a)$ 就是由无限长刚性圆柱表面条件确定的系数。$R=\sqrt{(t-z)^2+r^2}$ 如图 7.5.1 所示。

假设有限长圆柱壳体的两端满足简支边界条件，p_{res} 取如下形式的解:

$$p_{\mathrm{res}} = \frac{k}{\pi}\sum_{n=0}^{\infty}\sum_{m=1}^{\infty}\varepsilon_n \mathrm{i}^n\cos n\varphi b_{nm}\int_{-L}^{L}\mathrm{h}_n^{(1)}(kR)\left(\frac{r}{R}\right)^n\sin\left[k_m(t+L)\right]\mathrm{d}t \tag{7.5.6}$$

这里考虑到简支圆柱壳的振动在 z 方向具有驻波形式 $\sin\left[k_m(z+L)\right]$，其中 $k_m = m\pi/(2L)$，$m=1,2,\cdots$，所以取作轴向源强度分布形式。b_{nm} 是由壳体振动方程和表面边界条件决定的系数，下面的主要工作就是确定 b_{nm}。

应用近场近似在圆柱壳表面 $(r=a)$ 处得到

$$(p_{\mathrm{i}}+p_{\mathrm{rig}})|_{r=a} = \frac{2\mathrm{i}}{\pi k_x a}\mathrm{e}^{\mathrm{i}k_z z}\sum_{n=0}^{\infty}\varepsilon_n \mathrm{i}^n\frac{1}{\mathrm{H}_n^{(1)\prime}(k_x a)}\cos n\varphi \tag{7.5.7}$$

将式中的 $e^{ik_z z}$ 按 $\sin[k_m(z+L)]$ 展开得到

$$(p_i+p_{rig})|_{r=a}=\sum_{n=0}^{\infty}\sum_{m=1}^{\infty}\varepsilon_n i^n\frac{2i\cos n\varphi}{\pi k_x a H_n^{(1)\prime}(k_x a)}\sin[k_m(z+L)]F_m \tag{7.5.8}$$

展开系数

$$F_m=\frac{1}{L}\int_{-L}^{L}e^{ik_z z}\sin[k_m(z+L)]dz \tag{7.5.9}$$

利用积分公式化简并整理后可得

$$F_m=-iF(u,v)=-i\left[\frac{\sin(u+v)}{u+v}e^{iv}-\frac{\sin(u-v)}{u-v}e^{-iv}\right] \tag{7.5.10}$$

其中，$u=k_zL, v=k_mL$。代入 (7.5.8) 式可得

$$(p_i+p_{rig})|_{r=a}=\sum_{n=0}^{\infty}\sum_{m=1}^{\infty}\varepsilon_n i^n P_{nm}\cos n\varphi\sin[k_m(z+L)] \tag{7.5.11}$$

其中

$$P_{nm}=\frac{2}{\pi k_x a H_n^{(1)\prime}(k_x a)}F(k_zL,k_mL) \tag{7.5.12}$$

是已知值。另一方面，将圆柱表面附近弹性散射场也用无限长弹性圆柱壳的解近似

$$p_{res}(z,\varphi)=\sum_{n=0}^{\infty}\sum_{m=1}^{\infty}\varepsilon_n i^n B_{nm}\cos n\varphi H_n^{(1)}(\kappa_m r)\sin[k_m(z+L)] \tag{7.5.13}$$

其中

$$\kappa_m=\begin{cases}\sqrt{k^2-k_m^2}, & k>|k_m|\\ i\sqrt{k_m^2-k^2}, & k<|k_m|\end{cases},\quad B_{nm}=b_{nm}\left(\frac{\kappa_m}{k}\right)^n \tag{7.5.14}$$

用边界条件确定 B_{nm} 后进而确定 b_{nm} 也就得到了散射远场解。

取 Donnell 方程描述圆柱薄壳的振动，在声激励下只有作用在法向的声压对壳体振动起作用，从 (5.4.25) 式得到平面波散射时壳体中面在 z,φ,r 方向的位移分量 u, v, w 满足的方程

$$\begin{cases}\dfrac{\partial^2 u}{\partial z^2}+\dfrac{1-\sigma}{2a^2}\dfrac{\partial^2 u}{\partial\varphi^2}+\dfrac{1+\sigma}{2a}\dfrac{\partial^2 v}{\partial\varphi\partial z}+\dfrac{\sigma}{a}\dfrac{\partial w}{\partial z}+k_p^2u=0\\ \dfrac{1+\sigma}{2a}\dfrac{\partial^2 u}{\partial z\partial\varphi}+\dfrac{1-\sigma}{2}\dfrac{\partial^2 v}{\partial z^2}+\dfrac{1}{a^2}\dfrac{\partial^2 v}{\partial\varphi^2}+\dfrac{1}{a^2}\dfrac{\partial w}{\partial\varphi}+k_p^2v=0\\ \dfrac{\sigma}{a}\dfrac{\partial u}{\partial z}+\dfrac{1}{a^2}\dfrac{\partial v}{\partial\varphi}+\dfrac{w}{a^2}+\beta^2a^2\nabla^4w-k_p^2w=E_a\left(-p_t|_{r=a}+p_{in}|_{r=a}\right)\end{cases} \tag{7.5.15}$$

其中有关各量的定义参看 5.4 节，p_{in} 是壳体内部声压。若内部是空气，取真空近似 $p_{\text{in}}=0$；若内部充水，在壳体附近取近似解

$$p_{\text{in}}=\sum_{n=0}^{\infty}\sum_{m=1}^{\infty}\varepsilon_n \mathrm{i}^n C_{nm}\mathrm{J}_n(\kappa_m r)\cos n\varphi\sin\left[k_m(z+L)\right] \tag{7.5.16}$$

平面波激励有限长简支圆柱壳的振动可以展开为相对 φ 对称、z 方向驻波形式的解

$$\begin{cases} u=\sum_{n=0}^{\infty}\sum_{m=1}^{\infty}\varepsilon_n \mathrm{i}^n\cos n\varphi\cos\left[k_m(z+L)\right]U_{nm} \\ v=\sum_{n=0}^{\infty}\sum_{m=1}^{\infty}\varepsilon_n \mathrm{i}^n\sin n\varphi\sin\left[k_m(z+L)\right]V_{nm} \\ w=\sum_{n=0}^{\infty}\sum_{m=1}^{\infty}\varepsilon_n \mathrm{i}^n\cos n\varphi\sin\left[k_m(z+L)\right]W_{nm} \end{cases} \tag{7.5.17}$$

壳体表面应满足边界条件

$$\left.\frac{\partial p_{\text{res}}}{\partial r}\right|_{r=a}=\rho_0\omega^2 w,\quad \left.\frac{\partial p_{\text{in}}}{\partial r}\right|_{r=a}=\rho_0\omega^2 w \tag{7.5.18}$$

取 p_{res} 和 p_{in} 在壳体附近的表示式 (7.5.13) 和 (7.5.16) 以及 w 的展开式，利用函数 $\cos n\varphi$ 和 $\sin\left[k_m(z+L)\right]$ 的正交性可以得到

$$B_{nm}=\frac{\rho_0\omega^2}{\kappa_m \mathrm{H}_n^{(1)\prime}(\kappa_m a)}W_{nm},\quad C_{nm}=\frac{\rho_0\omega^2}{\kappa_m \mathrm{J}_n'(\kappa_m a)}W_{nm} \tag{7.5.19}$$

于是振动方程中的 $p_{\text{t}}|_{r=a}$ 和 $p_{\text{in}}|_{r=a}$ 都可以与 W_{nm} 联系起来，振动方程变成

$$\begin{aligned}&(D(\varOmega,\kappa_m a,n))\begin{pmatrix}U_{nm}\\V_{nm}\\W_{nm}\end{pmatrix}\\ &=E_{\text{a}}\begin{pmatrix}0\\0\\-\dfrac{\rho_0\omega^2\mathrm{H}_n^{(1)}(\kappa_m a)}{\kappa_m\mathrm{H}_n^{(1)\prime}(\kappa_m a)}W_{nm}-P_{nm}+\dfrac{\rho_0\omega^2\mathrm{J}_n(\kappa_m a)}{\kappa_m\mathrm{J}'_n(\kappa_m a)}W_{nm}\end{pmatrix}\end{aligned} \tag{7.5.20}$$

系数矩阵是

$$(D(\varOmega,\chi_m,n))=\begin{pmatrix}\varOmega^2-\chi_m^2-\sigma^- n^2 & \sigma^+ n\chi_m & \sigma\chi_m\\ -\sigma^+ n\chi_m & \sigma^-\chi_m^2+n^2-\varOmega^2 & n\\ -\sigma\chi_m & n & 1+\beta^2\left(\chi_m^2+n^2\right)^2-\varOmega^2\end{pmatrix} \tag{7.5.21}$$

其中

$$\varOmega = k_{\mathrm{p}}a, \quad \chi_m = \kappa_m a, \quad \sigma^{\pm} = (1 \pm \sigma)/2 \tag{7.5.22}$$

这里的 χ_m 与 z 方向 m 阶驻波波数 κ_m 相联系，而无限长情况的 (5.6.12) 式中的 χ 与 z 方向行波波数 K 相联系。从矩阵方程 (7.5.20) 容易解出

$$W_{nm} = \frac{-P_{nm}}{-\mathrm{i}\omega \mathbb{Z}_{nm}} \tag{7.5.23}$$

其中，$\mathbb{Z}_{nm}$ 是系统的总阻抗

$$\mathbb{Z}_{nm} = \frac{-P_{nm}}{-\mathrm{i}\omega W_{nm}} = Z_{nm}^{\mathrm{M}} + Z_{nm}^{\mathrm{a_1}} + Z_{nm}^{\mathrm{a_2}} \tag{7.5.24}$$

这里 Z_{nm}^{M} 是壳体的机械阻抗，是壳体内外都真空只作用有径向力 f_{nm} 时的阻抗，$Z_{nm}^{\mathrm{M}} = f_{nm}/(-\mathrm{i}\omega W_{nm})$，其具体表示式为

$$\begin{aligned} Z_{nm}^{\mathrm{M}} = & \frac{\mathrm{i}\omega\rho_e h}{\varOmega^2}\left\{ \left[\varOmega^2 - \beta^2(\chi_m^2 + n^2)^2\right] \right. \\ & \left. - \frac{\varOmega^4 - \sigma^-\left[n^2\varOmega^2 + \chi_m^2\varOmega^2(3+2\sigma) - 4\chi_m^4\sigma^-\sigma^+\right]}{(n^2+\chi_m^2-\varOmega^2)\left[\sigma^-(n^2+\chi_m^2) - \varOmega^2\right]} \right\} \end{aligned} \tag{7.5.25}$$

$Z_{nm}^{\mathrm{a_1}}$ 是圆柱表面对倾斜入射声波的声阻抗，由外部流体引起，$Z_{nm}^{\mathrm{a_2}}$ 为内部流体引起的声阻抗

$$Z_{nm}^{\mathrm{a_1}} = \frac{\mathrm{i}\omega\rho_0 \mathrm{H}_n^{(1)}(\chi_m)}{\kappa_m \mathrm{H}_n^{(1)\prime}(\chi_m)}, \quad Z_{nm}^{\mathrm{a_2}} = -\frac{\mathrm{i}\omega\rho_0 \mathrm{J}_n(\chi_m)}{\kappa_m \mathrm{J}_n'(\chi_m)} \tag{7.5.26}$$

内部流体的耦合作用反映在总阻抗中所增加的内部声阻抗 $Z_{nm}^{\mathrm{a_2}}$ 中。假如壳体内部是真空，此项为 0。

由 (7.5.14)、(7.5.19) 和 (7.5.24) 式整理后可得

$$b_{nm} = -\frac{2\rho_0\omega}{\mathrm{i}\pi\chi_m k_x \mathrm{H}_n^{(1)\prime}(\chi_m)\mathrm{H}_n^{(1)\prime}(k_x a)\mathbb{Z}_{nm}}\left(\frac{k}{\kappa_m}\right)^n F(k_z L, k_m L) \tag{7.5.27}$$

远场情况下 $kR \gg 1$，取球 Hankel 函数渐近展开式 $\mathrm{h}_n^{(1)}(kR) \approx (-\mathrm{i})^{n+1}\mathrm{e}^{\mathrm{i}kR}/(kR)$，(7.5.6) 式的计算归结到下面积分的计算：

$$E_{\mathrm{res}} = \int_{-L}^{L} (-\mathrm{i})^{n+1}\frac{\mathrm{e}^{\mathrm{i}kR}}{kR}\left(\frac{r}{R}\right)^n \sin\left[k_m(t+L)\right]\mathrm{d}t$$

远场情况下又可以在相位上令 $R \approx R_0 - t\cos\theta$，其余 $R \approx R_0$，$r \approx R_0\sin\theta$，得到

$$E_{\mathrm{res}} = (-\mathrm{i})^{n+1}\frac{\mathrm{e}^{\mathrm{i}kR_0}}{kR_0}(\sin\theta)^n\left[-\mathrm{i}LF\left(-kL\cos\theta, k_m L\right)\right]$$

(7.5.6) 式给出的壳体弹性引起的远场散射声压可以写成

$$p_{\text{res}}(\theta,\varphi) \approx \frac{e^{ikR_0}}{R_0}\frac{2i\rho_0\omega L}{\pi^2 k_x a}\sum_{n=0}^{\infty}\sum_{m=1}^{\infty}\varepsilon_n\left(\frac{k\sin\theta}{\kappa_m}\right)^n\frac{F(k_zL,k_mL)F(-kL\cos\theta,k_mL)}{\kappa_m H_n^{(1)\prime}(\kappa_m a)H_n^{(1)\prime}(k_x a)\mathbb{Z}_{nm}}\cos n\varphi \tag{7.5.28}$$

下面着重讨论反向散射的情况，这时应该取 $\theta=\pi-\theta_g$，$\varphi=\pi$，再计及 $k_z=k\cos\theta_g$，(7.5.28) 式变成

$$p_{\text{res}}(\pi-\theta_g,\pi) = \frac{e^{ikR_0}}{R_0}\frac{2i\rho_0\omega L}{\pi^2 k_x a}\sum_{n=0}^{\infty}\sum_{m=1}^{\infty}\varepsilon_n\left(\frac{k\sin\theta_g}{\kappa_m}\right)^n\frac{F^2(kL\cos\theta_g,k_mL)}{\kappa_m H_n^{(1)\prime}(\kappa_m a)H_n^{(1)\prime}(k_x a)\mathbb{Z}_{nm}}(-1)^n \tag{7.5.29}$$

刚性散射远场 (7.5.4) 式的计算归结到下面积分的计算

$$E_{\text{rig}}=\int_{-L}^{L}(-i)^{n+1}\frac{e^{ikR}}{kR}\left(\frac{r}{R}\right)^n e^{ik_z t}dt$$

同样取远场近似并代入 $k_z=k\cos\theta_g$ 得到

$$E_{\text{rig}}=\frac{e^{ikR_0}}{kR_0}\sin^n\theta(-i)^{n+1}\frac{2\sin\left[k\left[\cos\theta_g-\cos\theta\right]L\right]}{k\left[\cos\theta_g-\cos\theta\right]}$$

得到刚性散射远场

$$p_{\text{rig}}(\theta,\varphi)=\frac{e^{ikR_0}}{R_0}\frac{2i}{\pi k}\frac{\sin\left[k\left[\cos\theta_g-\cos\theta\right]L\right]}{\left[\cos\theta_g-\cos\theta\right]}\sum_{n=0}^{\infty}\varepsilon_n\frac{\sin^n\theta}{\sin^n\theta_g}\left[\frac{J_n'(k_x a)}{H_n^{(1)\prime}(k_x a)}\right]\cos n\varphi \tag{7.5.30}$$

对于反向散射的情况有

$$p_{\text{rig}}(\pi-\theta_g,\pi)=\frac{e^{ikR_0}}{R_0}\frac{i}{\pi k}\frac{\sin\left[2kL\cos\theta_g\right]}{\cos\theta_g}\sum_{n=0}^{\infty}\varepsilon_n\left[\frac{J_n'(k_x a)}{H_n^{(1)\prime}(k_x a)}\right](-1)^n \tag{7.5.31}$$

倾斜入射情况下有限长圆柱壳的反向散射是实际中感兴趣的问题。首先将 (7.5.31) 式给出的刚性散射远场与 Kirchhoff 近似进行比较，按定义计算形态函数

$$f_\infty=\left|\frac{2R_0}{a}e^{-ikR_0}\frac{p_s}{p_i}\right| \tag{7.5.32}$$

Kirchhoff 近似的结果由 (3.3.18) 式得到

$$\begin{cases} p_{\rm s} = -\dfrac{{\rm i}kp_{\rm i}}{2\pi d_0}{\rm e}^{{\rm i}2kd_0}\cdot I \\ I = \dfrac{\pi L}{k}\dfrac{\sin\gamma}{\gamma}\xi\left[\dfrac{2}{\pi} - {\rm S}_1(\xi) + {\rm iJ}_1(\xi)\right] \end{cases} \tag{7.5.33}$$

其中，$\xi = 2ka\sin\theta_{\rm g}$，$\gamma = 2kL\cos\theta_{\rm g}$，${\rm S}_1(\xi)$ 是一阶 Struve 函数，${\rm J}_1(\xi)$ 是一阶 Bessel 函数。利用 Bessel 和 Struve 函数在 $\xi \gg 1$ 时的渐近展开式得到

$$\begin{cases} I \approx {\rm i}\dfrac{\pi L}{k}\cdot\xi\cdot\sqrt{\dfrac{2}{\pi\xi}}{\rm e}^{{\rm i}(\xi-3\pi/4)}, & \theta_{\rm g} = 90^\circ \\ I \approx \dfrac{\pi L}{2k}\cdot\dfrac{\xi}{\gamma}\cdot\sqrt{\dfrac{2}{\pi\xi}}\left[{\rm e}^{-{\rm i}(\xi+\gamma-3\pi/4)} - {\rm e}^{-{\rm i}(\xi-\gamma-3\pi/4)}\right], & \theta_{\rm g} \neq 90^\circ \end{cases} \tag{7.5.34}$$

图 7.5.2 比较了利用 (7.5.31) 与 (7.5.34) 式计算得到的 $\theta_{\rm g} = 90^\circ, 75^\circ$ 时的形态函数 f_∞。数值计算所选取的壳体尺寸 $a = 0.08{\rm m}$，$h = 0.0008{\rm m}$，$L = 0.3{\rm m}$。壳体材料 $\rho_{\rm e} = 7910{\rm kg/m}^3$，$\sigma = 0.3$，$E = 19.6\times10^{10}{\rm Pa}$。由图可见，(7.5.31) 式给出的刚性散射远场与 Kirchhoff 近似符合很好。

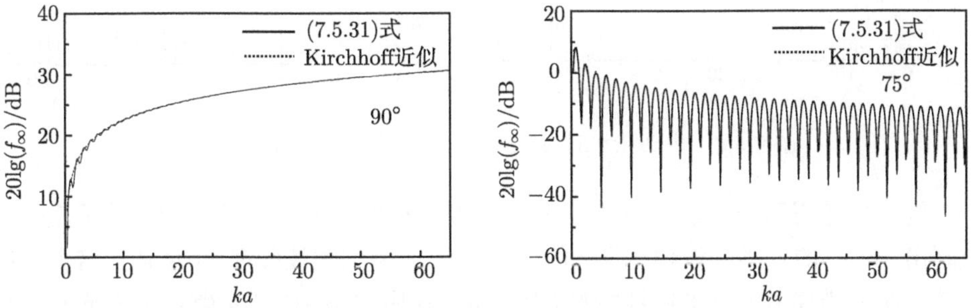

图 7.5.2　刚性散射远场与 Kirchhoff 近似比较 [20]

再来比较弹性散射和刚性散射在总散射声场中的贡献，分别计算了内部真空和内部充水两种情况下总反向散射声压 $p_{\rm s}$、弹性散射声压 $p_{\rm res}$ 和刚性散射声压 $p_{\rm rig}$ 对应的形态函数，结果如图 7.5.3、图 7.5.4 所示。

从图 7.5.3 和图 7.5.4 可以看出：① 在正横位置，即 $\theta_{\rm g} = 90^\circ$ 时，总的反向散射声场 $p_{\rm s}$ 大致以刚性散射部分 $p_{\rm rig}$ 为背景，弹性散射部分 $p_{\rm res}$ 的贡献是在背景项上添加一些共振峰。倾斜入射 $\theta_{\rm g} = 75^\circ$ 时，总的反向散射声场 $p_{\rm s}$ 几乎等同于弹性散射部分 $p_{\rm res}$。这是因为正横方向入射时，几何散射即刚性回波部分较大，而斜入射时，几何散射不能返回入射方向，回波主要由弹性散射部分产生。② 内部充水相对于内部真空情况，在 $\theta_{\rm g} = 90^\circ$ 和 75° 时均增加了更多的共振峰，这些增加的共振峰是由圆柱壳充水后激励起的一组内部流体附加波引起的。

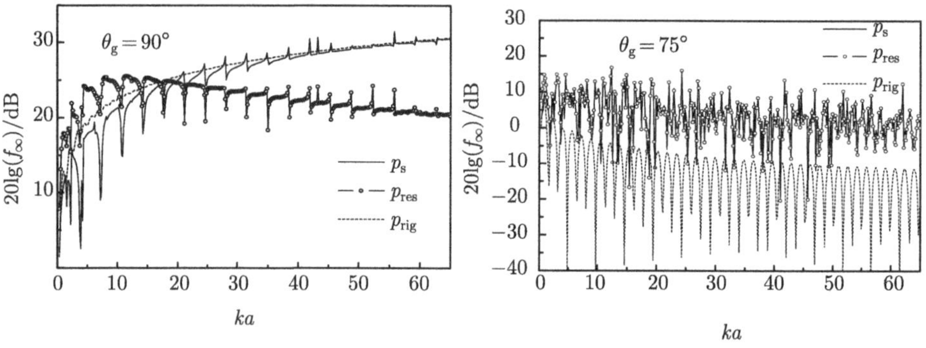

图 7.5.3　内部真空时 p_s, p_{res}, p_{rig} 三者形态函数比较 [20]

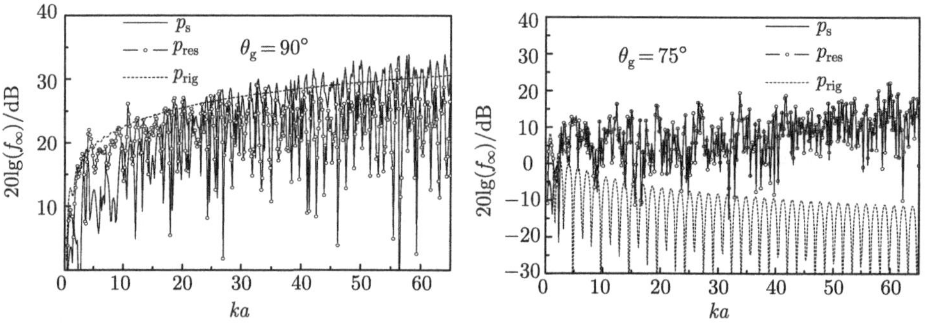

图 7.5.4　内部充水时 p_s, p_{res}, p_{rig} 三者形态函数比较 [20]

用纵坐标表示无因次频率 ka、横坐标表示掠射角 θ_g、颜色表示回波强度分贝值画出 ka-θ_g 的二维回波强度图 (伪三维图)，即得到回波频率–角度谱。这个图能够较全面地描述散射体的回波特性。图 7.5.5 是用 (7.5.31) 式计算出的有限长圆柱薄壳反向散射频率–角度谱图，(a) 是内部真空、(b) 是内部充水的情况。内部充水后增加了一组 “碗” 形共振曲线，这是由于内部流体附加波产生的共振。这个计算结果得到实验很好的验证，见第 9 章。

要想清楚地解释反向散射频率–角度谱图 7.5.5，必须先搞清楚圆柱壳体中可能存在的各类波及其被激励后再辐射的机理。为此先解无限长圆柱薄壳波传播特征方程

$$\mathbb{Z}_n = Z_n^{\mathrm{M}} + Z_n^{\mathrm{a}_1} + Z_n^{\mathrm{a}_2} = 0 \tag{7.5.35}$$

此式中的阻抗 Z_n^{M} 和 $Z_n^{\mathrm{a}_1}$、$Z_n^{\mathrm{a}_2}$ 与 (7.5.25) 和 (7.5.26) 式不同的是驻波波数 k_m 用行波波数 K 代替。有限长和无限长圆柱薄壳中可能存在的特征波是相同的，只不过在无限长情况下这些类型的波表现为行波形式，在有限长情况下波遭遇壳体两端边界的反射表现为驻波形式。

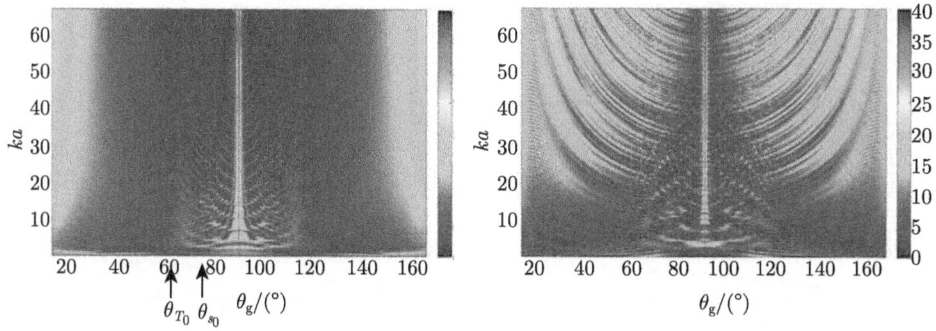

(a) 内部真空　　(b) 内部充水

图 7.5.5　有限长圆柱壳反向散射频率–角度谱图 [20](后附彩图)

利用 “Regge 轨迹” 方法计算得到内部真空和内部充水无限长圆柱薄壳各类波的相速度频散曲线，如图 7.5.6 所示 [21]。在内部真空的情况下，弹性圆柱薄壳中可能存在三类波：纵波 s_0、剪切波 T_0 和弯曲波 a_0。在环频率 ($\Omega = 1$ 即 $\omega = c_{\mathrm{p}}/a$) 以上，$s_0$ 波的传播速度趋于板波速度 c_{p}；T_0 波的传播速度基本上等于无限大介质中的剪切波速度 c_{T}；a_0 波的传播速度接近于平板中的弯曲波速度。前两类波总是超音速的，而弯曲波速度要根据壳厚和频率而定，在上面计算的频率范围内尚未达到吻合频率，弯曲波是亚音速的。因为 s_0 和 T_0 波超音速，所以当水中声波入射时存在截止。s_0 波的相速度较大，约 5218m/s，截止角 $\theta_{s_0} \approx \arccos(c/c_{\mathrm{p}}) = 16.7°$。$T_0$ 波相速度约 3087m/s，截止角 $\theta_{T_0} = \arccos(c/c_{\mathrm{T}}) \approx 29.1°$。在图 7.5.5(a) 中可以清楚地看到两条截止线，当 θ_{g} 超过截止角时壳体内激发不起这类波。与此相比较，内部充水以后主要增加了一组内部流体附加波 $F_i\,(i = 0, 1, 2, \cdots)$ 波 [20]，最低阶 F_0 波的相速度基本上等于水中声速 c，即所谓的 S 波，其余高阶波低频有截止。此外，壳体和内部流体之间强烈的耦合作用，产生曲线排斥效应，使得本来连续的壳体波和内部流体附加波在交叉点处被分解成许多段。

本节的近似理论也可以用来计算有限长加肋圆柱薄壳声散射。内部加环肋的有限长圆柱薄壳是水中运载器的基本结构。在这种情况下，外部流体中的总声压 p_{t} 中还应包括肋骨引起的声压 p_{r}。根据 5.5 节的讨论，周期加肋的作用有两个方面：一方面，增加周期结构形成的 Bloch 波散射；另一方面，每根肋骨都是一个散射亮点，周期性肋骨的散射产生 Bragg 散射 [18]。有关加肋结构声散射的研究还在不断深入中，例如，潘安等讨论了双周期加肋有限长圆柱壳的声散射 [22]，壳体内部除了加密排的小环肋外还加分隔壳体舱段的大肋板，更加接近于潜艇的实际结构。由于理论分析过于繁琐，不再赘述。

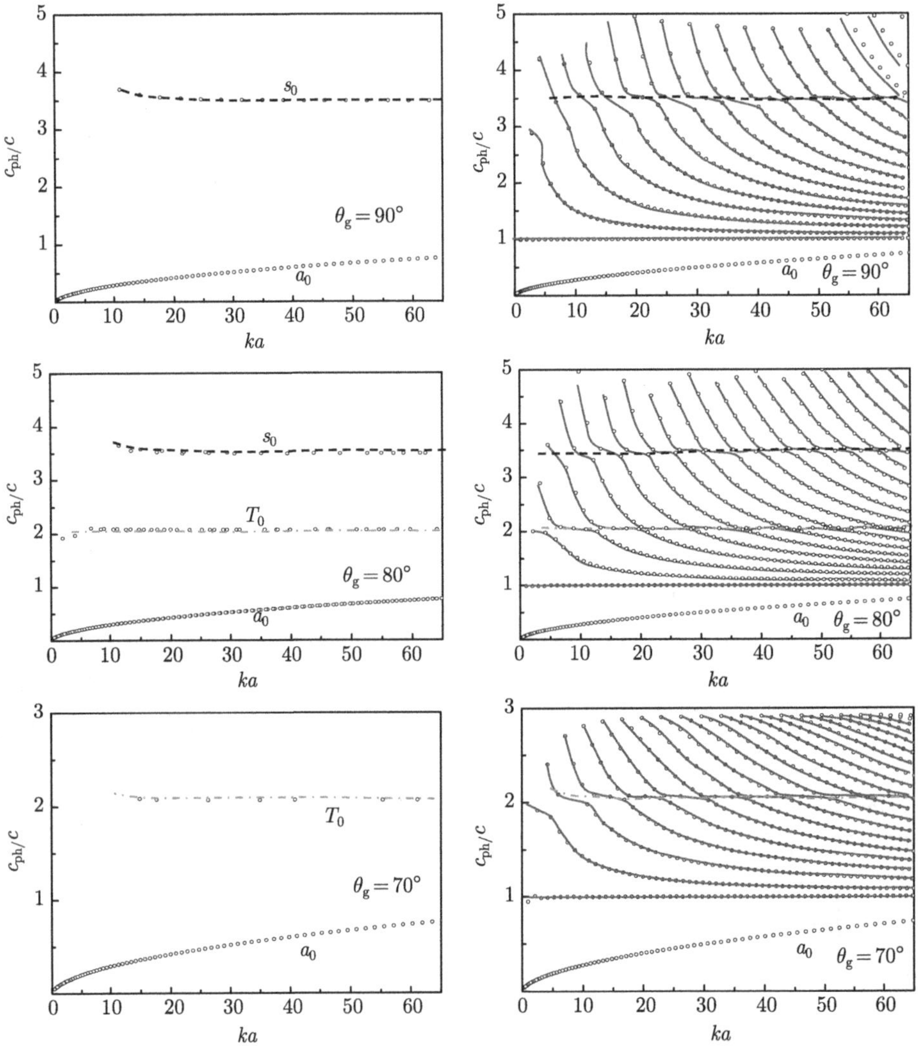

(a) 内部真空　　　　(b) 内部充水

图 7.5.6　无限长圆柱薄壳各种特征波相速度频散曲线 [21]

┈┈┈ a_0波，------ s_0波，-·-·-·- T_0波，—— 内部流体附加F_i波

7.6　弹性体散射的声线综合法

将环绕波分析方法与几何衍射理论相结合分析非规则形状弹性体声散射的思想有许多人提出，并成为他们深入开展理论研究的动力。前苏联的 Borovikov 和 Veksler 的文章 [23] 较早研究了这种方法。Williams 和 Marston 也几乎同时研究了

所谓 “声线综合法”(ray synthesis)[24,25]。后来，Marston 系统地讨论了弹性球、球壳、圆柱壳的声线综合 [26−28]，具体地综合出弹性球、球壳、圆柱壳的回波形态函数，综合结果与严格理论计算结果吻合得非常好，包括吻合共振特性，而且得到实验验证。证明这种方法在理论上的合理性，同时也深化了对回波物理机理的认识。

以弹性球为例，设入射波为 p_{i}，SWT 分析给出稳态反向散射远场表示式

$$p_{\mathrm{s}} = p_{\mathrm{i}} f\left(a/2r\right) \mathrm{e}^{\mathrm{i}(kr-\omega t)} \tag{7.6.1}$$

当 ka 较高时，略去 Franz 波对 f 的贡献，得到

$$f \approx f_S + \sum_l f_l \tag{7.6.2}$$

其中，f_S 是镜反射的贡献，f_l 是各种表面弹性波 (SEW) 的贡献。镜反射部分是

$$f_S \approx \left[\left(\rho_{\mathrm{e}} c_{\mathrm{L}} - \rho_0 c\right)/\left(\rho_{\mathrm{e}} c_{\mathrm{L}} + \rho_0 c\right)\right] \mathrm{e}^{-\mathrm{i}2ka} \tag{7.6.3}$$

这里已考虑表面非绝对刚硬的影响。当 ka 较高时，球表面相当于阻抗分别为 $\rho_{\mathrm{e}} c_{\mathrm{L}}$ 和 $\rho_0 c$ 的两种介质的分界面，方括号内是平面波垂直反射系数。相位因子表明参考点取在球心，镜反射点相对于参考点有固定相位差 $-2ka$。

表面弹性波部分是各类环绕波的叠加结果。弹性球的 SWT 分析给出

$$f_l\left(ka\right) = -G_l \mathrm{e}^{\mathrm{i}\eta_l} \mathrm{e}^{-2(\pi-\theta_l)\beta_l} \sum_{m=0}^{\infty} \mathrm{e}^{-\mathrm{i}m\pi} \mathrm{e}^{\mathrm{i}2\pi m\left(\nu_l^{\mathrm{R}}+1/2\right)} \mathrm{e}^{-2\pi m\beta_l} \tag{7.6.4}$$

其中，ν_l^{R} 和 β_l 是复波数 $\nu_l = \nu_l^{\mathrm{R}} + \mathrm{i}\beta_l$ 的实部和虚部，复波数 ν_l 是极点方程 $D_{\nu_l}\left(x\right) = 0$ 的解。c_l 是表面波相速度，可以由复波数的实部确定：

$$c/c_l = ka/\left(\nu_l^{\mathrm{R}} + 1/2\right) \tag{7.6.5}$$

$\theta_l = \arcsin\left(c/c_l\right)$ 是 l 类环绕波的临界角，G_l 是表面波与周围声场的复耦合系数

$$G_l = \mathrm{i}\left(\nu_l + 1/2\right) \frac{4\pi}{ka} \frac{D_{\nu_l}^{-}}{\dot{D}_{\nu_l}^{+}} \tag{7.6.6}$$

$D_{\nu}^{\pm}$ 见文献 [23] 附录 (A5) 和 (A6) 式。

$$\eta_l = 2\nu_l^{\mathrm{R}}\left(\pi - \theta_l\right) - 2ka\cos\theta_l - \pi/2 \tag{7.6.7}$$

(7.6.7) 式可以用几何衍射理论来解释。平面波从弹性球回波的传播途径如图 7.6.1 所示。以临界角 $\theta_l = \arcsin\left(c/c_l\right)$ 入射的声线激发表面波，它一面传播一面衰减，同时向周围再辐射波，到达入射点对称位置时再辐射波能够返回发射方向。先以镜

反射点为参考点计算相位因子，第一次环绕波在水中的传播声程是 $2(a-a\cos\theta_l)$，相位是 $2ka(1-\cos\theta_l)$。球面上传播的弧度是 $2(\pi-\theta_l)$，复相位是 $2\nu_l^{\mathrm{R}}(\pi-\theta_l)$。换算到参考点球心要减去相位修正量 $2ka$，总的复相位因子就是 (7.6.7) 式，其中的 $\pi/2$ 是波经过球面焦点引起的相位跳变。利用和式

$$\sum_{m=0}^{\infty}\mathrm{e}^{mz}=\frac{1}{1-\mathrm{e}^{z}},\quad |\mathrm{e}^{z}|<1 \tag{7.6.8}$$

(7.6.4) 式变成

$$f_l(ka)=-G_l\frac{\mathrm{e}^{\mathrm{i}\eta_l}\mathrm{e}^{-2(\pi-\theta_l)\beta_l}}{1+\mathrm{e}^{\mathrm{i}2\pi\left(\nu_l^{\mathrm{R}}+1/2\right)}\mathrm{e}^{-2\pi\beta_l}}=-G_l\frac{\mathrm{e}^{\mathrm{i}\eta_l}\mathrm{e}^{-2(\pi-\theta_l)\beta_l}}{1+\mathrm{e}^{\mathrm{i}2\pi kac/c_l}\mathrm{e}^{-2\pi\beta_l}} \tag{7.6.9}$$

此式称为 Fabry-Perot 共振形式，也就是重复环绕的表面波级数叠加的结果。

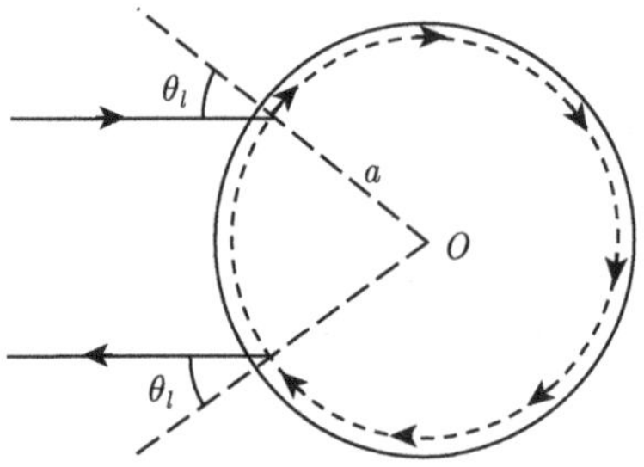

图 7.6.1　弹性球回波相位因子

从 (7.6.6) 式看到，弹性波声线综合法的关键参数是 G_l 和 ν_l 两个量。复波数 ν_l 需要从极点方程 $D_{\nu_l}(x)=0$ 中解出。表面波耦合系数 G_l 反映了表面波的辐射效率，它与弹性介质的材料特性、表面波的类型以及无因次频率 ka 有关。SWT 分析给出的 (7.6.9) 式在 $2\pi\beta_l\ll 1$ 的条件下可以近似为

$$\left|G_l^{球}(x)\right|\approx 8\pi\beta_l c/c_l \tag{7.6.10}$$

或者

$$G_l^{球}(x)\approx 8\pi\beta_l(c/c_l)\exp(\mathrm{i}\varphi_l) \tag{7.6.11}$$

并可以证明，$\varphi_l\approx 0$。

图 7.6.2 是 Marston 给出的实弹性球的 Rayleigh 和最低阶 Whispering-Gallery 波的耦合系数的模，点是 SWT 直接计算的结果，实线和虚线是近似结果。箭头是指相应坐标尺度。(a) 是水中铝球, (b) 是水中钨碳球，近似公式与 SWT 直接计算符合很好。

利用极点方程解出的复波数和耦合系数的近似公式就可以综合出弹性回波。图 7.6.3 比较了用镜反射和 Rayleigh 表面环绕波综合的钨碳球的形态函数与严格计算结果 [25]。下面曲线是严格计算的形态函数 (按左侧纵坐标计)，上面曲线是综合结果 (按右侧纵坐标计)。如果再加上最低阶 Wispering-Gallery 波的贡献，符合得就更好。

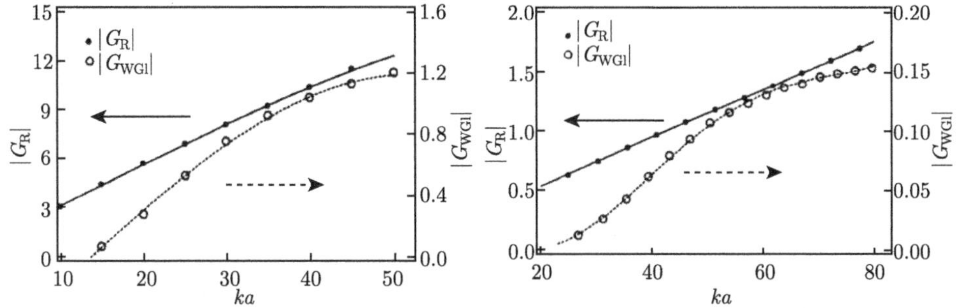

(a) 水中铝球　　(b) 水中钨碳球

图 7.6.2 实弹性球 Rayleigh 和最低阶 Whispering-Gallery 波耦合系数的模[26]

点是 SWT 直接计算结果，实线和虚线是近似结果

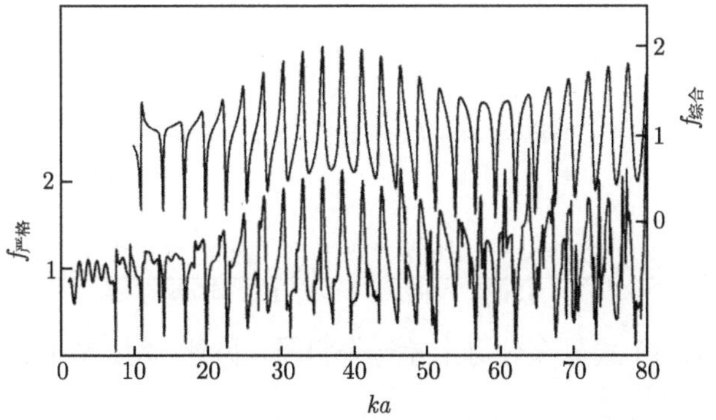

图 7.6.3 用镜反射和 Rayleigh 表面环绕波综合的钨碳球形态函数 (上) 与严格计算结果(下)[25]

图 7.6.4 是 2.5%不锈钢球壳回波的声线综合结果，虚线是减去背景项后的形态函数，实线是 a_{0-} 波声线综合近似 [27]。球壳的极点方程更加复杂，有关参数的计算也更困难。但在低、中频段对球壳散射有重要贡献的弹性波只有 s_0 和 a_{0-} 波，其中 a_{0-} 波在吻合频率附近起作用。这时 $c_l \approx c$，临界角 $\theta_l \approx \pi/2$。

上面的例子说明，声线综合法不仅能够较精确地近似回波幅度、形态函数，而且能够模拟出回波中的共振散射特性。

上面公式用于圆柱或圆柱壳垂直入射时的回波综合需要修正，因为圆柱表面没有聚焦作用，不存在 π/2 的相位跳变。与 (7.6.5) 式不同，复波数的实部 ν_l^{R} 与表面波速度 c_l 的关系是

$$c/c_l = ka/\nu_l^{\mathrm{R}} \tag{7.6.12}$$

环绕波的贡献

$$f_l(ka) = -G_l \mathrm{e}^{\mathrm{i}\eta_l} \mathrm{e}^{-2(\pi-\theta_l)\beta_l} \sum_{m=0}^{\infty} \mathrm{e}^{\mathrm{i}2\pi m\alpha_l} \mathrm{e}^{-2\pi m\beta_l} \tag{7.6.13}$$

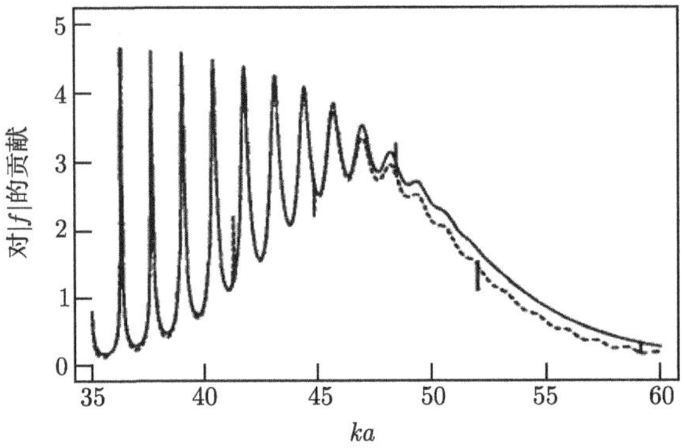

图 7.6.4　2.5%不锈钢球壳回波声线综合 [27]

虚线是减去背景项后的形态函数，实线是 a_{0-} 波声线综合近似

其中各量的物理意义与球的情况相同，但具体表示式有所不同。

$$\eta_l = 2\nu_l^{\mathrm{R}}(\pi - \theta_l) - 2ka\cos\theta_l \tag{7.6.14}$$

求和后得到

$$f_l(ka) = -G_l \frac{\mathrm{e}^{\mathrm{i}\eta_l}\mathrm{e}^{-2(\pi-\theta_l)\beta_l}}{1 - \mathrm{e}^{\mathrm{i}2\pi\nu_l^{\mathrm{R}}}\mathrm{e}^{-2\pi\beta_l}} = -G_l \frac{\mathrm{e}^{\mathrm{i}\eta_l}\mathrm{e}^{-2(\pi-\theta_l)\beta_l}}{1 - \mathrm{e}^{\mathrm{i}2\pi kac/c_l}\mathrm{e}^{-2\pi\beta_l}} \tag{7.6.15}$$

形式上与球的 (7.6.9) 式只在分母上差一个符号。另外，用 SWT 在 $2\pi\beta_l \ll 1$ 的条件下导出 [28]

$$\left|G_l^{柱}(x)\right| \simeq 8\pi\beta_l \Big/ (\pi ka)^{1/2} \tag{7.6.16}$$

图 7.6.5 是 2.5%不锈钢圆柱壳回波的声线综合结果 [28]。机理研究表明，在 $ka < 1$ 的低频范围内，对回波有重要贡献的表面波是 s_0 波，a_0 和 a_{0-} 波，其中 a_{0-} 波在 $ka \sim 40$ 附近引起吻合共振，这些波的复波数已在图 5.2.5 给出。取综合公式

$$f = f_S + f_{a_{0-}} + f_{s_0} + f_{a_0} \tag{7.6.17}$$

图 7.6.5 中的虚线是 $|f|$ 的严格计算值，实线是 (7.6.17) 式声线综合近似，两者符合相当好。

Marston 将两种情况统一表示为

$$f_l(ka) = -G_l \frac{\mathrm{e}^{\mathrm{i}\eta_l}\mathrm{e}^{-2(\pi-\theta_l)\beta_l}}{1 + \lambda\mathrm{e}^{\mathrm{i}2\pi kac/c_l}\mathrm{e}^{-2\pi\beta_l}} \tag{7.6.18}$$

对于球 $\lambda = +1$，对于圆柱 $\lambda = -1$。同时有

$$\eta_l = 2\nu_l^{\mathrm{R}}(\pi - \theta_l) - 2ka\cos\theta_l - T \tag{7.6.19}$$

对于球 $T = \pi/2$，对于圆柱 $T = 0$。

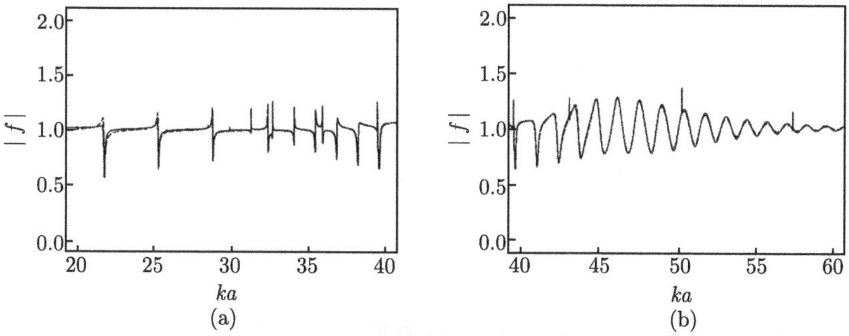

图 7.6.5 2.5%不锈钢圆柱壳回波综合[28]

虚线是严格计算，实线是声线综合近似

声线综合法的最大优点是计及弹性散射波的贡献。前面多次强调，水中目标声散射的一个显著特点是弹性散射波的贡献常常不可忽略。因此，声线综合法的思想可以推广到稍复杂一些弹性结构散射场的近似，分别计算几何散射波和弹性散射波，然后将它们按适当的方式综合起来。但是这种方法很难用于复杂弹性结构，因为复杂结构的弹性散射波难以计算。

参 考 文 献

[1] 汤渭霖. 声呐目标回波的亮点模型. 声学学报, 1994, 19(2): 92-100

[2] 范军. 复杂目标回波特性研究. 上海交通大学博士学位论文, 2002

[3] 范军，汤渭霖，卓琳凯. 声呐目标回波特性预报的板块元方法. 船舶力学, 2012, 16(1-2): 171-180

[4] 周建江, 舒永泽. 用板块法近似计算任意复杂形体目标的雷达散射截面. 电子科学学刊，1992, 14(1): 71-75

[5] 苏东林, 王宝法, 张采来. 复杂目标外形拟合及散射截面计算. 系统工程与电子技术，1990, (12): 18-24

[6] Nell C W, Gilroy L E. An improved BASIS model for the BeTSSi submarine. DRDC Atlantic TR 2003-199, 2003

[7] 郑国垠. 水中双层加肋圆柱壳体声散射特性研究. 上海交通大学博士学位论文，2010

[8] Rius J M, Luis J. High-frequency RCS of complex radar targets in real time. IEEE Trans Antennas Propagation, 1993, 41(9): 1308-1319

[9] 陈风雨. 基于 GRECO 方法的复杂目标 RCS 计算研究. 北京航空航天大学学位论文, 2001

[10] 秦德华, 王宝发. 动目标双站 RCS 预估的图形电磁计算 (GRECO) 方法. 中国航空学报 (英文版), 2002, 15(3): 161-165

[11] 王兴, 曹秦峰, 鲁述, 等. 计算机图形学在 RCS 预估中的应用. 微波学报, 1998, 14(4): 309-313

[12] 范军，卓琳凯. 水中目标回波特性计算的图形声学方法. 声学学报，2006, 31(6): 511-516

[13] 郑国垠，潘安，范军，等. 外部加环肋有限长圆柱壳体声散射. 声学学报，2010，35(5): 523-529

[14] Stanton T K. Sound scattering by cylinders of finite length. Ⅰ. Fluid cylinders. J. Acoust. Soc. Am., 1988, 83: 55-62; Ⅱ. Elastic cylinders. J. Acoust. Soc. Am., 1988, 83: 64-67; Ⅲ. Deformed cylinders. J. Acoust. Soc. Am., 1989, 86: 691-705

[15] Stanton T K. Sound scattering by spherical and elongated shelled bodies. J. Acoust. Soc. Am., 1990, 88: 1619-1633

[16] Partridge C, Smith E R. Acoustic scattering from bodies: Range of validity of the deformed cylinder method, J. Acoust. Soc. Am., 1995, 97(2): 784-795

[17] Tran-Van-Nhieu M. Scattering from a finite cylindrical shell. J. Acoust. Soc. Am., 1992, 91(2): 670-679

[18] Tran-Van-Nhieu M. Scattering from a ribbed finite cylindrical shell. J. Acoust. Soc. Am., 2001, 110(6): 2858-2866

[19] Tran-Van-Nhieu M. Scattering from a ribbed finite cylindrical shell with internal axisymmetric oscillators. J. Acoust. Soc. Am., 2002, 112 (1): 402-410

[20] 郑国垠，范军，汤渭霖. 充水有限长圆柱薄壳声散射：Ⅰ. 理论. 声学学报，2009，34(6)：490-497

[21] 郑国垠，范军，汤渭霖. 充水有限长圆柱薄壳声散射：Ⅱ. 实验. 声学学报，2010，35(1)：31-37

[22] Pan A,Fan J, Wang B. Acoustic scattering from a double periodically bulkheaded and ribbed finite cylindrical shell. J. Acoust. Soc. Am., 2013, 134(5): 3452-3463

[23] Borovikov V A, Veksler N D. Scattering of sound waves by smooth convex elastic cylindrical shells. Wave Motion, 1985, 7: 143-152

[24] Williams K L, Marston P L. Backscattering from an elastic sphere: Sommerfeld-Watson transformation and experimental confirmation. J. Acoust. Soc. Am., 1985, 78: 1093-1102

[25] Williams K L, Marston P L. Synthesis of backscattering from an elastic sphere: Using the Sommerfeld-Watson transformation and giving a Fabry-Perot analysis of resonances. J. Acoust. Soc. Am., 1986, 79: 1702-1708

[26] Marston P L. GTD for backscattering from elastic spheres and cylinders in water, and the coupling of surface elastic waves with the acoustic field. J. Acoust. Soc. Am., 1988, 83: 25-37

[27] Marston P L, Sun N H. Resonance and interference scattering near the coincidence frequency of a thin spherical shell: An approximate ray synthesis. J. Acoust. Soc. Am., 1992, 92(6): 3315-3319

[28] Marston P L, Sun N H. Backscattering near the coincidence frequency of a thin cylindrical shell: Surface wave properties from elasticity theory and an approximate ray synthesis. J. Acoust. Soc. Am., 1995, 97(2): 777-783

第 8 章　海洋波导中目标声散射

在声呐工程和水声对抗领域中，探测设备的发射声源、接收器和被探测的目标总是处于海洋环境中。无论是入射波还是反射波都要经过海洋波导的传播。众所周知，海洋波导对传播的最大影响是多途效应。如果声探测发生在深海中，边界面的反射声常常可以与直达声分离，目标的回波如同在自由空间一样。但若声探测发生在浅海中，入射波经过边界多次反射后形成多个入射波，每个入射波从目标反射后又经过边界多次反射到达接收点。所以，在浅海波导中目标回波具有双重多途效应，海洋波导中目标声散射与自由空间中不同。

显然，海洋波导中的目标声散射过程是波导传播与目标声散射的耦合。波导传播作为水声学的基本问题已经得到极其广泛而深入的研究，开发出各种实用预报软件，但是这些研究基本上局限于波导中点到点的传播。另一方面，目标散射的研究又主要局限于自由空间中，就像前面几章中讨论的情况。

1987 年，Ingenito 把目标散射场表示为波导简正波和目标散射函数乘积的叠加，奠定了用波动声学方法解波导中目标声散射的基础[1]。因为在计算中用自由空间的散射函数代替特定波导中的散射函数，意味着忽略了目标与边界之间的多次散射，即忽略了从目标散射的波遭遇边界散射后回到目标产生的再次散射，因此称 Ingenito 的方法为单散射模型 (single-scatter model)。Makris 等在 Ingenito 方法的基础上进行了推广，于 1994 年在关于海面噪声场探测波导中目标的论文中提出了谱叠加法[2]。这种方法的主要改进是将波导 Green 函数作平面波谱分解，不仅包括离散谱 (简正波) 而且包括连续谱 (侧面波)，所以适用于较近距离。此后，Makris 等将谱叠加方法作了更充分的描述，建立了浅海波导中目标散射和环境混响的统一模型，还研究了浅海波导环境中声呐方程的有效性[3−6]。

另一方面，为了满足声呐工程的应用需求也提出了较为简单实用的射线声学方法[7−10]。因为波导中的声传播用射线跟踪技术，目标散射采用 Kirchhoff 近似，也都是成熟的技术，所以射线声学方法原则上能够计算复杂形状目标在任意声速剖面波导中的声散射，其缺点是只适用于高频短波长的情况。

8.1　波导中目标散射的理论基础

Helmholtz 积分公式是声散射问题的基本公式，以它为基础可以导出广泛应用的 Kirchhoff 近似。为了建立目标表面上声压与振速之间的联系，由 Helmholtz 积分公式出发让场点趋于表面又可以导出表面积分方程。那么在波导环境中目标散射的 Helmholtz 积分公式以及相应的表面积分方程是否仍然成立呢？下面首先来讨论这个问题。

如图 8.1.1 所示，设声场中源点矢径为 $\boldsymbol{r}_0$，场点矢径为 $\boldsymbol{r}$，目标表面矢径为 $\boldsymbol{r}_\mathrm{s}$。波导中的总声场 ϕ 满足 Helmholtz 方程

$$\nabla^2\phi(\boldsymbol{r})+k^2(z)\phi(\boldsymbol{r})=-4\pi\delta(\boldsymbol{r}-\boldsymbol{r}_0) \tag{8.1.1}$$

及相应的边界条件和无限远辐射条件，其中，边界条件除了海面 S_1 和海底 S_2 上应该满足的条件外，还有目标表面 S 上的边界条件：

在海面 S_1 上	$\phi(\boldsymbol{r})=0$
在海底 S_2 上	声压连续，法向振速连续
在目标表面 S 上	相应边界条件

另外引入 Green 函数满足方程

$$\nabla^2G(\boldsymbol{r},\boldsymbol{r}')+k^2(z)G(\boldsymbol{r},\boldsymbol{r}')=-4\pi\delta(\boldsymbol{r}-\boldsymbol{r}') \tag{8.1.2}$$

和海面、海底上相应的边界条件，但不要求满足目标表面 S 上的边界条件。所以这个 Green 函数实际上就是不存在目标时波导的 Green 函数。

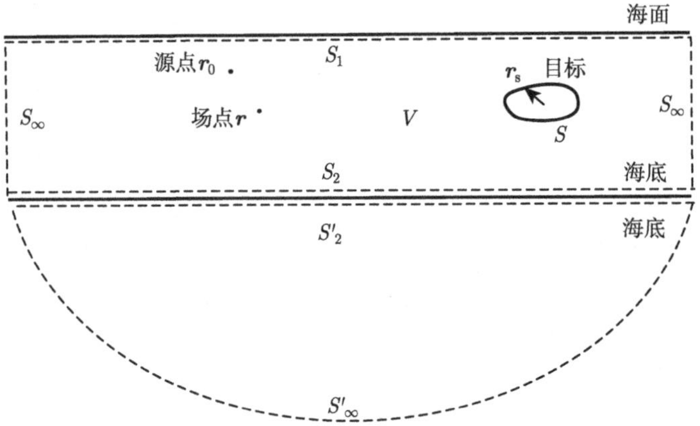

图 8.1.1　海洋波导中目标散射 Helmholtz 积分公式推导

将方程 (8.1.1) 改写成

$$\nabla^2\phi(\boldsymbol{r}')+k^2(z)\phi(\boldsymbol{r}')=-4\pi\delta(\boldsymbol{r}'-\boldsymbol{r}_0) \tag{8.1.1a}$$

用 $G(\boldsymbol{r},\boldsymbol{r}')$ 乘 (8.1.1a) 式，$\phi(\boldsymbol{r}')$ 乘 (8.1.2) 式并相减得到

$$G(\boldsymbol{r},\boldsymbol{r}')\nabla^2\phi(\boldsymbol{r}')-\phi(\boldsymbol{r}')\nabla^2G(\boldsymbol{r},\boldsymbol{r}')=-4\pi G(\boldsymbol{r},\boldsymbol{r}')\delta(\boldsymbol{r}'-\boldsymbol{r}_0)+4\pi\phi(\boldsymbol{r}')\delta(\boldsymbol{r}-\boldsymbol{r}')$$

两边对 $\boldsymbol{r}'$ 积分，对左边利用 Green 公式，得到

$$\begin{aligned}&\frac{1}{4\pi}\int_{S+S_1+S_2}\left[G\left(\boldsymbol{r},\boldsymbol{r}_{\mathrm{s}}\right)\frac{\partial\phi\left(\boldsymbol{r}_{\mathrm{s}}\right)}{\partial n}-\phi\left(\boldsymbol{r}_{\mathrm{s}}\right)\frac{\partial G\left(\boldsymbol{r},\boldsymbol{r}_{\mathrm{s}}\right)}{\partial n}\right]\mathrm{d}S\\&=\int_V G\left(\boldsymbol{r},\boldsymbol{r}'\right)\delta\left(\boldsymbol{r}'-\boldsymbol{r}_0\right)\mathrm{d}\boldsymbol{r}'-\int_V\phi\left(\boldsymbol{r}'\right)\delta\left(\boldsymbol{r}-\boldsymbol{r}'\right)\mathrm{d}\boldsymbol{r}'\end{aligned}\tag{8.1.3}$$

其中，V 是表面 $S+S_1+S_2$ 和 S_∞ 围成的体积，

$$\begin{cases}\displaystyle\int_V\phi\left(\boldsymbol{r}'\right)\delta\left(\boldsymbol{r}-\boldsymbol{r}'\right)\mathrm{d}\boldsymbol{r}'=\phi\left(\boldsymbol{r}\right)=\phi_{\mathrm{s}}+\phi_{\mathrm{i}}\\\displaystyle\int_V G\left(\boldsymbol{r},\boldsymbol{r}'\right)\delta\left(\boldsymbol{r}'-\boldsymbol{r}_0\right)\mathrm{d}\boldsymbol{r}'=G\left(\boldsymbol{r},\boldsymbol{r}_0\right)=\phi_{\mathrm{i}}\end{cases}\tag{8.1.4}$$

(8.1.3) 式中取表面的外法线，因此是积分区域的内法线。这里 ϕ_{s} 专指目标的散射声场，ϕ_{i} 是直达声场但包括上、下界面的作用。于是得到

$$\phi_{\mathrm{s}}\left(\boldsymbol{r}\right)=\frac{1}{4\pi}\int_{S+S_1+S_2}\left[\phi\left(\boldsymbol{r}_{\mathrm{s}}\right)\frac{\partial G\left(\boldsymbol{r},\boldsymbol{r}_{\mathrm{s}}\right)}{\partial n}-G\left(\boldsymbol{r},\boldsymbol{r}_{\mathrm{s}}\right)\frac{\partial\phi\left(\boldsymbol{r}_{\mathrm{s}}\right)}{\partial n}\right]\mathrm{d}S\tag{8.1.5}$$

当上、下界面趋于无限远且计及介质吸收时，解是外向衰减波。另外可以证明

$$0=\int_{S_1+S_2}\left[\phi\left(\boldsymbol{r}_{\mathrm{s}}\right)\frac{\partial G\left(\boldsymbol{r},\boldsymbol{r}_{\mathrm{s}}\right)}{\partial n}-G\left(\boldsymbol{r},\boldsymbol{r}_{\mathrm{s}}\right)\frac{\partial\phi\left(\boldsymbol{r}_{\mathrm{s}}\right)}{\partial n}\right]\mathrm{d}S\tag{8.1.6}$$

从而得到散射声场的解

$$\phi_{\mathrm{s}}\left(\boldsymbol{r}\right)=\frac{1}{4\pi}\int_{S}\left[\phi\left(\boldsymbol{r}_{\mathrm{s}}\right)\frac{\partial G\left(\boldsymbol{r},\boldsymbol{r}_{\mathrm{s}}\right)}{\partial n}-G\left(\boldsymbol{r},\boldsymbol{r}_{\mathrm{s}}\right)\frac{\partial\phi\left(\boldsymbol{r}_{\mathrm{s}}\right)}{\partial n}\right]\mathrm{d}S\tag{8.1.7}$$

(8.1.6) 式证明如下：首先由海面边界条件立即可以看出 S_1 面上那部分积分为 0。然后，在下介质中取无限靠近 S_2 面的 S_2' 面。由于海底是可渗透的，下面也存在声场，令其为 $\phi_u\left(\boldsymbol{r}\right)$，$G_u\left(\boldsymbol{r},\boldsymbol{r}_{\mathrm{s}}\right)$。在下介质中取 S_2' 面加无限大球面构成封闭面。由于源点不在此封闭面内，所以面积分为 0。另一方面，又利用波的辐射条件在无限大球面上的积分为 0，因此证明

$$0=\int_{S_2'}\left[\phi_u\left(\boldsymbol{r}_{\mathrm{s}}\right)\frac{\partial G_u\left(\boldsymbol{r},\boldsymbol{r}_{\mathrm{s}}\right)}{\partial n}-G_u\left(\boldsymbol{r},\boldsymbol{r}_{\mathrm{s}}\right)\frac{\partial\phi_u\left(\boldsymbol{r}_{\mathrm{s}}\right)}{\partial n}\right]\mathrm{d}S\tag{8.1.8}$$

利用边界条件进一步可以证明在 S_2 面上应该满足

$$0=\int_{S_2}\left[\phi\left(\boldsymbol{r}_{\mathrm{s}}\right)\frac{\partial G\left(\boldsymbol{r},\boldsymbol{r}_{\mathrm{s}}\right)}{\partial n}-G\left(\boldsymbol{r},\boldsymbol{r}_{\mathrm{s}}\right)\frac{\partial\phi\left(\boldsymbol{r}_{\mathrm{s}}\right)}{\partial n}\right]\mathrm{d}S\tag{8.1.9}$$

例如，当下面是流体介质时，在边界上应该满足

$$\begin{cases} \rho_1 G = \rho_2 G_u, \quad \rho_1 \phi = \rho_2 \phi_u \\ \dfrac{\partial G}{\partial n} = \dfrac{\partial G_u}{\partial n}, \quad \dfrac{\partial \phi}{\partial n} = \dfrac{\partial \phi_u}{\partial n} \end{cases} \tag{8.1.10}$$

代入 (8.1.8) 式就可以证明 (8.1.9) 式。

还可以证明散射声场的另外一种形式解

$$\phi_{\mathrm{s}}(\boldsymbol{r}) = \frac{1}{4\pi} \int_S \left[\phi_{\mathrm{s}}(\boldsymbol{r}_{\mathrm{s}}) \frac{\partial G(\boldsymbol{r}, \boldsymbol{r}_{\mathrm{s}})}{\partial n} - G(\boldsymbol{r}, \boldsymbol{r}_{\mathrm{s}}) \frac{\partial \phi_{\mathrm{s}}(\boldsymbol{r}_{\mathrm{s}})}{\partial n} \right] \mathrm{d}S \tag{8.1.11}$$

应当指出的是，严格说来积分中的 G 和 $\partial G/\partial n$ 都是随表面上的位置而变的。

(8.1.7) 式和 (8.1.11) 式与自由空间中 Helmholtz 积分公式形式上完全相同，关键的差别是公式中的 Green 函数是波导中的 Green 函数，不是自由场的 Green 函数。众所周知，波导中的 Green 函数包含了源和接收点的位置、边界面的特性、波导声速剖面等诸多因素的影响，因此波导中的 Helmholtz 积分公式虽然形式上与自由空间中的相似，但是有本质的区别。影响 Green 函数的诸多因素原则上都会对目标散射产生影响。

从波导中的 Helmholtz 积分公式能否像自由空间中一样导出表面积分方程呢？这是需要探讨的另一个问题。回到第 2 章中推导自由空间中 Helmholtz 表面积分方程的过程，当场点从外部趋向于表面 S 时，表面积分的奇异性来自于 $\partial G(\boldsymbol{r}, \boldsymbol{r}_{\mathrm{s}})/\partial n$。在自由空间中，Green 函数 $G(\boldsymbol{r}, \boldsymbol{r}_{\mathrm{s}}) = \mathrm{e}^{\mathrm{i}kR}/R$, $R = |\boldsymbol{r} - \boldsymbol{r}_{\mathrm{s}}|$，奇异性来自于 $\partial(1/R)/\partial n$。在海洋波导中，Green 函数则是与海洋环境参数有关的复杂函数。先看图 8.1.2 所示一个最简单的例子[11]，在反射系数为 V_{H} 的平面边界所限的半无限空间中

$$G(\boldsymbol{r}, \boldsymbol{r}_{\mathrm{s}}) = \frac{\mathrm{e}^{\mathrm{i}kR}}{R} + V_{\mathrm{H}} \frac{\mathrm{e}^{\mathrm{i}kR_1}}{R_1} \tag{8.1.12}$$

$$R = \sqrt{L^2 + (H - h_{\mathrm{s}})^2}, \quad R_1 = \sqrt{L^2 + (H + h_{\mathrm{s}})^2}$$

R 是直达距离，R_1 是虚源到 $\boldsymbol{r}_{\mathrm{s}}$ 点的距离，虚源在边界之外。当 $\boldsymbol{r}_{\mathrm{s}}$ 点不接触平面边界时，让 $\boldsymbol{r} \to \boldsymbol{r}_{\mathrm{s}}$ 第一项的导数有奇异性，第二项的导数没有奇异性，而且第一项导数的奇异性与自由空间中的一样。进一步，在有上下两个界面的波导中，Green 函数可以简写成 $G(\boldsymbol{r}, \boldsymbol{r}_{\mathrm{s}}) = G_0 + \sum\limits_m G_m$，$G_0 = \mathrm{e}^{\mathrm{i}kR}/R$ 是自由空间中的 Green 函数，$G_m = A_m \mathrm{e}^{\mathrm{i}kR_m}/R_m$，$m = 1, 2, \cdots$ 是虚源的贡献。这些虚源都位于波导两个边界之外，如后面的图 8.2.1 所示。若 $\boldsymbol{r}_{\mathrm{s}}$ 点不十分接近边界，让 $\boldsymbol{r} \to \boldsymbol{r}_{\mathrm{s}}$ 时 G_m 及其导数都没有奇异性，奇异性仍然只来自于 G_0 的导数。省略一系列推导过程又可以

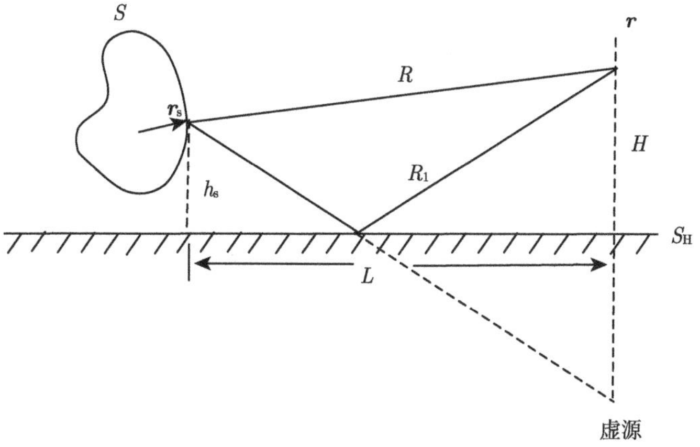

图 8.1.2 目标不接触平面边界

得到 Helmholtz 表面积分方程

$$C(\boldsymbol{r})\phi(\boldsymbol{r}_0,\boldsymbol{r})=4\pi\phi_{\mathrm{i}}(\boldsymbol{r}_0,\boldsymbol{r})+\int_S\left[\phi(\boldsymbol{r}_0,\boldsymbol{r}_{\mathrm{s}})\frac{\partial G(\boldsymbol{r},\boldsymbol{r}_{\mathrm{s}})}{\partial n}-G(\boldsymbol{r},\boldsymbol{r}_{\mathrm{s}})\frac{\partial\phi(\boldsymbol{r}_0,\boldsymbol{r}_{\mathrm{s}})}{\partial n}\right]\mathrm{d}S \tag{8.1.13}$$

其中的 $C(\boldsymbol{r})$ 见 (2.3.28) 式。原则上积分号中的 $G(\boldsymbol{r},\boldsymbol{r}_{\mathrm{s}})$ 不能再表示成 $\mathrm{e}^{\mathrm{i}kR}/R$。不过在表面积分方程中 $\boldsymbol{r}$ 和 $\boldsymbol{r}_{\mathrm{s}}$ 都在表面上，直达分量起主要作用。若目标表面与波导边界不十分接近，作为近似 Green 函数中经过边界反射的其他分量可以忽略。这样，当辐射面与边界面不十分接近时，表面积分方程可以取与自由空间中同样的形式。也就是说，环境对表面积分方程的影响可以不考虑。

值得注意的是，在波导情况下描述目标声散射场 (无论远场还是近场) 的 Helmholtz 积分公式必须采用波导中的 Green 函数，不能取自由场中的 Green 函数，这是与自由场声散射有本质区别的地方。而在目标表面，Helmholtz 积分方程中 Green 函数可以用自由场 Green 函数近似，目标离界面越远这种近似越好。

当目标表面与波导边界接触时不能忽略边界面的影响，Seybert 等曾讨论过目标与一个无限大平面边界接触的情况并给出了修正公式[11]。如图 8.1.3 所示，当目标 “躺” 在平面边界上时表面 S 可以分成两部分，$S=S_0+S_{\mathrm{c}}$，S_0 是暴露在声场中的部分，S_{c} 是与无限大平面边界接触的部分，它不再属于声场的边界。半空间的 Helmholtz 积分公式是

$$\phi_{\mathrm{s}}(\boldsymbol{r})=\frac{1}{4\pi}\int_{S_0}\left[\phi_{\mathrm{s}}(\boldsymbol{r}_{\mathrm{s}})\frac{\partial G(\boldsymbol{r},\boldsymbol{r}_{\mathrm{s}})}{\partial n}-G(\boldsymbol{r},\boldsymbol{r}_{\mathrm{s}})\frac{\partial\phi_{\mathrm{s}}(\boldsymbol{r}_{\mathrm{s}})}{\partial n}\right]\mathrm{d}S \tag{8.1.14}$$

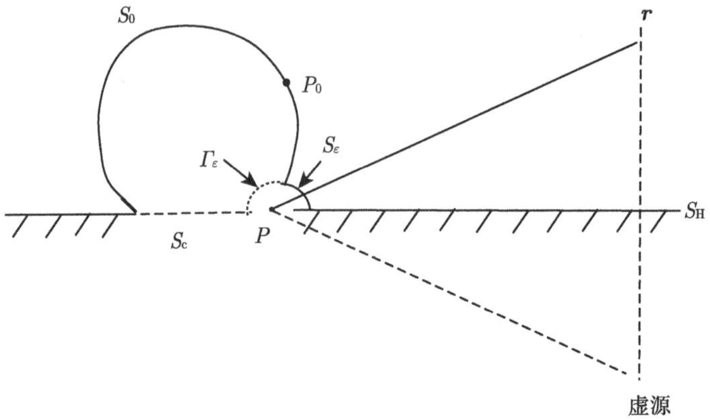

图 8.1.3　目标与平面边界接触

其中，Green 函数由 (8.1.12) 式给出，因此表面的反射作用已经考虑在内了。从表面积分公式推导表面积分方程，当场点从外部趋向于暴露表面 S_0 时要分两种情况，一种情况是表面点与 $S_{\rm H}$ 不接触，如图 8.1.3 中的 $\rm P_0$ 点。这种情况与目标不接触平面边界的情况类似，得到

$$C(\boldsymbol{r}) = 4\pi - \int_{S_0+S_{\rm c}} \frac{\partial}{\partial n}\left(\frac{1}{R}\right) {\rm d}S \tag{8.1.15}$$

这里要包括 $S_{\rm c}$，因为应用 Green 公式时表面必须是封闭表面。另一种情况是表面点与 $S_{\rm H}$ 接触，如图 8.1.3 中的 P 点。用一个无限小的表面 S_ε 扣去奇异点 P。因为 P 点在 $S_{\rm H}$ 面上，半空间 Green 函数变成

$$G(\boldsymbol{r}, \boldsymbol{r}_{\rm s}) = (1 + V_{\rm H}) \frac{{\rm e}^{{\rm i}kR}}{R} \tag{8.1.16}$$

由于 $R \to 0$ 时 Green 函数的弱奇异性，有

$$\lim_{\varepsilon \to 0} \int_{S_\varepsilon} G(\boldsymbol{r}, \boldsymbol{r}_{\rm s}) \frac{\partial \phi_{\rm s}(\boldsymbol{r}_{\rm s})}{\partial n} {\rm d}S = 0$$

因此只有 Green 函数的法向导数起作用

$$C(\boldsymbol{r}) = \lim_{\varepsilon \to 0} \int_{S_\varepsilon} \frac{\partial G(\boldsymbol{r}, \boldsymbol{r}_{\rm s})}{\partial n} {\rm d}S = (1 + V_{\rm H}) \lim_{\varepsilon \to 0} \int_{S_\varepsilon} \frac{\partial}{\partial n}\left(\frac{1}{R}\right) {\rm d}S$$

因为 P 点处在无限大平面上，可以证明

$$\lim_{\varepsilon \to 0} \int_{S_\varepsilon} \frac{\partial}{\partial n}\left(\frac{1}{R}\right) {\rm d}S = 2\pi - \int_{S_0+S_{\rm c}} \frac{\partial}{\partial n}\left(\frac{1}{R}\right) {\rm d}S$$

于是得到

$$C(\boldsymbol{r}) = (1+V_{\mathrm{H}})\left(2\pi - \int_{S_0+S_{\mathrm{c}}} \frac{\partial}{\partial n}\left(\frac{1}{R}\right)\mathrm{d}S\right) \tag{8.1.17}$$

与 (8.1.15) 式比较可以看出表面与无限大平面接触和自由空间中的差别。应当注意的是，(8.1.16) 式不适合于 $V_{\mathrm{H}}=-1$ 的软平面的情况，因为 Green 函数 (8.1.12) 简单地等于 0。这时必须寻找 Green 函数的其他表示式，见文献 [12]。目标与无限大平面接触的情况在水声中有实际意义。沉底和掩埋目标可以模型化为目标与无限大反射平面接触的情况。水面悬浮，即半潜目标可以模型化为目标与无限大软平面 (自由表面) 接触的情况。

水声学中传统的研究思路是分别研究波导声传播和自由空间中目标的回波，前者得到点到点的传播损失 TL，后者得到描述目标回波强弱的目标强度 TS。这个 TS 值是在自由空间中计算的，既不考虑边界的影响也不考虑声速剖面的作用。然后不顾它们之间的耦合将两者组合成主动声呐方程。实际上，波导中目标回波的计算要同时考虑传播与散射并将它们耦合在一起。众所周知，分析海洋波导中声传播的方法有波动声学方法和射线声学方法，两种方法各自发展了许多种数值计算模型和软件。另一方面，计算目标声散射的方法也可以分成两大类。一类是基于波动理论的精确计算方法，如 Rayleigh 级数解、积分方程数值解 (含边界元法) 等。另外一类是近似解，如最常用的高频 Kirchhoff 近似解，又称为物理声学方法。这样，用来计算波导中目标声散射的方法可以组合出下面几种：

(1) 声场射线声学＋散射 Kirchhoff 近似方法；

(2) 声场射线声学＋散射精确计算方法；

(3) 声场波动声学＋散射 Kirchhoff 近似方法；

(4) 声场波动声学＋散射精确计算方法。

显然，(4) 是理论上最严密、结果最精确的方法。遗憾的是，对于像潜艇这样的复杂目标，散射的精确解是无法获得的。有些原则上能够精确建模计算目标散射的数值方法，如有限元加边界元方法只能计算低频的情况，且十分费时。而对于波导中目标散射问题，由于波导传播的多途效应，往往要计算许多个收–发分置组合的散射波，所以方法 (4) 难以用于实际问题。但这种方法可以对像刚性球这样的简单目标得到标准解，用于检验其他方法的精度。与此类似，方法 (2) 也较难用于复杂目标。退一步可以用方法 (3) 来处理实际问题。因为 Kirchhoff 近似方法能够较方便地计算复杂目标的声散射，再加上波动声学方法计算海洋波导传播有许多成熟的方法和软件，所以方法 (3) 能够用于解决实际问题。但要注意的是，Kirchhoff 近似用于计算目标散射也有许多局限性。第一是频率不能太低，第二是难以计及目标弹性散射的作用，第三是散射波的相位关系不准确，破坏了各个回波分量之间相干性的细节，最后是 Kirchhoff 近似不能用于影区的散射。

方法 (1) 与方法 (3) 类似，只不过信道传播改用射线声学方法计算。只要声波频率不十分低，射线声学方法也是一种有效的声传播理论方法。所以方法 (1) 也是一种实用的计算方法，但同时它也有方法 (3) 的局限性。

8.2　波导中规则形状目标声散射镜像解析解

在自由空间中，规则形状目标的散射声场可以在 11 种正交曲线坐标系中通过分离变量法构造简正级数形式的解析解。然而，在海洋波导中即使是规则形状目标也很难获得散射声场的解析解，其原因在于散射声场不但要满足目标表面的边界条件，还要满足海洋波导上、下界面的边界条件。由于目标表面和波导平面界面形状不一致，不能用同一坐标系描述，使得目标表面和波导界面的边界条件无法同时严格满足。但是，有一种特殊情况可以得到严格解，那就是当界面是绝对硬或绝对软的无限大平面时，界面的作用可以用目标的镜像代替，使得界面边界条件自动得到满足，而目标的散射场仍可以用对应的正交曲线坐标系中的简正级数描述。Huang 和 Gaunaurd 在一系列文章中研究了单界面附近球体目标散射的解析解[13−15]。范威将镜像方法推广到有上下两个界面的波导中，导出理想波导中点声源从球体目标散射的解析解[16]。其基本思路是把波导界面的作用都用声源和球体的镜像表示，将波导中球体的散射问题转化为自由空间中一列声源对一列球体的散射问题。根据该思路推导解析解的关键在于应用球波函数沿 z 方向的平移变换加法定理[13]，使得所有球体的散射场可以变换到同一坐标系，便于应用边界条件。本节首先导出单界面附近球形目标散射声场的解析解，进而推广到有上、下两个界面的理想波导中球体散射的情况。所得到的解析解是严格的，可以作为评估波导中目标声散射数值计算方法的标准解。

1. 平面自由界面附近球形目标声散射

首先采用镜像方法推导自由界面附近点声源 $\mathrm{S}_0(r_0,\theta_0,\varphi_0)$ 从球体散射声场的解析解，以 O 为球心的球体目标 (简称为球体 O) 可以是刚性球、绝对软球、实弹性球或弹性球壳。如图 8.2.1 所示，通过镜像方法，自由界面附近球体的散射转化为无界空间中声源 $\mathrm{S}_0(r_0,\theta_0,\varphi_0)$ 及其关于自由界面对称的镜像源 (虚源)$\mathrm{S}_1(r_1,\theta_1,\phi_1)$ 从球体 O 和镜像球体 (虚球)O' 的两体散射。从图 8.2.1 中可以看出，场点 $\mathrm{M}(r,\theta,\varphi)$ 接收到的声波由多种成分组成，包括从声源 S_0 发出的直达声波、界面反射声波、球体散射声波及球体和自由界面之间的多次散射声波，其中，球体和自由界面之间的多次散射等效于球体 O 和镜像球体 O' 之间的多次散射。

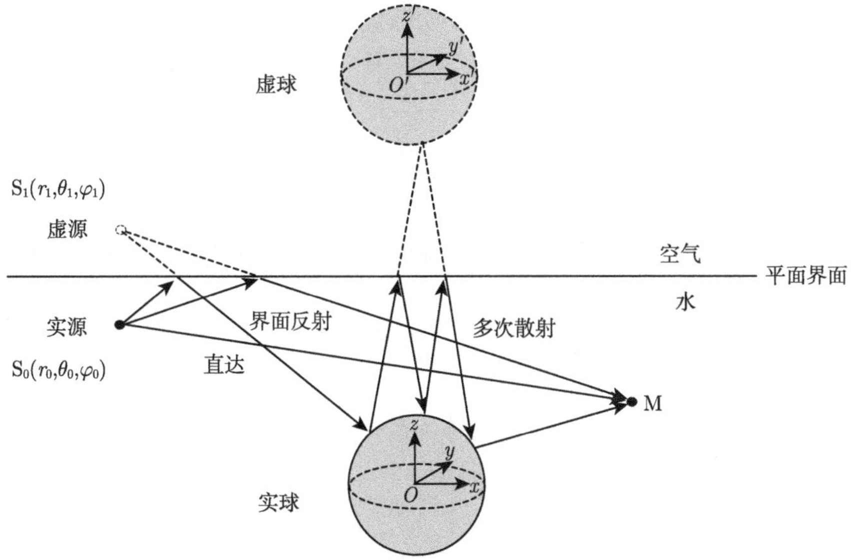

图 8.2.1 界面附近球体散射镜像方法[16]

在以 O 为中心的球坐标系中，把点声源 $\mathrm{S}_0(r_0,\theta_0,\varphi_0)$ 的入射声场展开为级数形式[17]

$$
\begin{aligned}
p_{\mathrm{i}}(r,\theta,\varphi|r_0,\theta_0,\varphi_0) &= \frac{\mathrm{e}^{\mathrm{i}k|\boldsymbol{r}-\boldsymbol{r}_0|}}{|\boldsymbol{r}-\boldsymbol{r}_0|} \\
&= \mathrm{i}k\sum_{n=0}^{\infty}\sum_{m=0}^{n}(2n+1)\frac{(n-m)!}{(n+m)!} \\
&\quad \times \varepsilon_m \mathrm{h}_n^{(1)}(kr_0)\mathrm{j}_n(kr)\mathrm{P}_n^m(\cos\theta_0)\mathrm{P}_n^m(\cos\theta)\cos m(\varphi-\varphi_0)
\end{aligned}
\tag{8.2.1}
$$

其中，$\mathrm{P}_n^m(\cdot)$ 是连带 Legendre 函数，ε_m 是 Neumann 因子。类似地，虚源 $\mathrm{S}_1(r_1,\theta_1,\varphi_1)$ 的入射声场在以 O 为中心的球坐标系的展开式为

$$
\begin{aligned}
p'_{\mathrm{i}}(r,\theta,\varphi|r_1,\theta_1,\varphi_1) &= -\frac{\mathrm{e}^{\mathrm{i}k|\boldsymbol{r}-\boldsymbol{r}_1|}}{|\boldsymbol{r}-\boldsymbol{r}_1|} \\
&= -\mathrm{i}k\sum_{n=0}^{\infty}\sum_{m=0}^{n}(2n+1)\frac{(n-m)!}{(n+m)!} \\
&\quad \times \varepsilon_m \mathrm{h}_n^{(1)}(kr_1)\mathrm{j}_n(kr)\mathrm{P}_n^m(\cos\theta_1)\mathrm{P}_n^m(\cos\theta)\cos m(\varphi-\varphi_1)
\end{aligned}
\tag{8.2.2}
$$

(8.2.1) 式和 (8.2.2) 式的相位是相反的。实际上，按图 8.2.1 设定的坐标系，可不失一般性假设声源位于 $-x$ 轴上，有 $\varphi_0=\pi$，且 $\varphi_1=\varphi_0=\pi$。设球体 O 的散射声场为

$$p_{\mathrm{s}}(r,\theta,\varphi)=\sum_{n=0}^{\infty}\sum_{m=0}^{n}a_{mn}\mathrm{h}_n^{(1)}(kr)\mathrm{P}_n^m(\cos\theta)\cos m\varphi \tag{8.2.3}$$

其中，待定系数 a_{mn} 由球体表面边界条件确定。设虚球体 O' 的散射声场为

$$p'_{\mathrm{s}}(r',\theta',\varphi')=-\sum_{q=0}^{\infty}\sum_{m=0}^{q}a_{mq}\mathrm{h}_q^{(1)}(kr')\mathrm{P}_q^m\left(\cos(\pi-\theta')\right)\cos m\varphi' \tag{8.2.4}$$

对于连带 Legendre 函数，有如下的恒等关系式：

$$\mathrm{P}_q^m\left(\cos(\pi-\theta')\right)=(-1)^{m+q}\mathrm{P}_q^m(\cos\theta') \tag{8.2.5}$$

在自由界面上，有关系式 $\theta=\pi-\theta'$、$r=r'$、$\varphi=\varphi'$ 成立。根据 (8.2.3)~(8.2.5) 式，容易得到

$$p_{\mathrm{s}}(r,\theta,\varphi)+p'_{\mathrm{s}}(r,\pi-\theta,\varphi)=0 \tag{8.2.6}$$

即散射声场满足自由界面上声压释放的边界条件。球体 O 表面上的总声场为

$$p_{\mathrm{t}}=p_{\mathrm{i}}+p'_{\mathrm{i}}+p_{\mathrm{s}}+p'_{\mathrm{s}} \tag{8.2.7}$$

球体 O 和 O' 的散射声场分别在球坐标系 O 和 O' 下展开，为了利用球面上的边界条件确定展开系数，必须将球坐标系 O' 下的展开式变换到球坐标系 O 下。应用球波函数沿 z 轴的平移变换加法定理，本章附录 (8A.1) 式, 把 (8.2.4) 式变换到球坐标系 O 下，镜像虚球的散射声场可表示为

$$p'_{\mathrm{s}}(r,\theta,\varphi)=-\sum_{q=0}^{\infty}\sum_{m=0}^{q}(-1)^{q+m}a_{mq}\sum_{n=m}^{\infty}Q_{mnmq}(d,\pi)\mathrm{j}_n(kr)\mathrm{P}_n^m(\cos\theta)\cos m\varphi \tag{8.2.8}$$

其中，函数 Q_{mnmq} 见本章附录 8A，d 是球心 O 和 O' 的垂直距离，即本章附录 8A 中的 d_{12}。球体表面边界条件有刚性球，$\partial p_{\mathrm{t}}/\partial n|_{r=a}=0$；压力释放球，$p_{\mathrm{t}}|_{r=a}=0$；实弹性球或弹性球壳，表面压力连续和位移连续。应用表面边界条件，对于每一个 $m\geqslant 0$，可以导出下述线性方程组：

$$a_{mn}-\left(\sum_{q=m}^{\infty}(-1)^{q+m}a_{mq}Q_{mnmq}(d,\pi)\right)b_n$$

$$= -\mathrm{i}k(2n+1)\frac{(n-m)!}{(n+m)!}\varepsilon_m(-1)^m\left[\mathrm{P}_n^m(\cos\theta_0)\mathrm{h}^{(1)}(kr_0)\ -\mathrm{P}_n^m(\cos\theta_1)\mathrm{h}^{(1)}(kr_1)\right]b_n \tag{8.2.9}$$

其中，$n=0,1,\cdots,\infty$，因此是无限维的线性方程组。截断求解时，取 n 的最大值为 N，随之有 $0\leqslant m\leqslant N$，N 必须保证解在所计算频率区间内收敛。在 (8.2.9) 式中，b_n 是平面波入射条件下球的散射系数，这里用它来表示源点足够远时球面波入射条件下球的散射系数，见 2.2 节，表示式由球面上的边界条件确定：

$$b_n=\begin{cases}-\mathrm{j'}_n(ka)/\mathrm{h}_n^{(1)'}(ka), & \text{刚性球}\\ -\mathrm{j}_n(ka)/\mathrm{h}_n^{(1)}(ka), & \text{压力释放球}\\ -B_n(ka)/D_n(ka), & \text{弹性球或球壳}\end{cases} \tag{8.2.10}$$

其中，对于内部真空的弹性球壳，$B_n(ka)$ 和 $D_n(ka)$ 是 5×5 阶行列式，它们的表示式详见第 4 章附录。线性方程组 (8.2.9) 的求解按 $m=0,1,2,\cdots,N$ 依次进行。当 $m=0$ 时，方程组 (8.2.9) 是关于 $\{a_{0n}\},n=0,1,2,\cdots,N$ 的 $N+1$ 维线性方程组。当 $m=1$ 时，方程组 (8.2.9) 是关于 $\{a_{1n}\},n=1,2,\cdots,N$ 的 N 维线性方程组，依次类推，可求得全部的 $(N+2)(N+1)/2$ 个系数 a_{mn}，从而得出球体的总散射声场。定义自由界面附近球体的反向散射形态函数为

$$f_\infty=\frac{2r}{a}\left|\frac{p_\mathrm{s}+p'_\mathrm{s}}{p_\mathrm{i}}\right| \tag{8.2.11}$$

值得注意的是，(8.2.11) 式中分母仍取自由场中点声源的入射声场，并非是有界面时总的入射声场。

图 8.2.2(a)~(d) 是半径 1m 的刚性球当球心在水面下方 2m、4m、20m、50m 处时，反向散射形态函数随频率的变化曲线，同时给出无界空间中的结果做比较，场点和点声源都位于球体坐标系 $(100,\pi/4,0)$ 的位置。从图中可以看到，水面附近刚性球反向散射形态函数的平均值近似为无界空间中的两倍，峰值是自由空间平均值的四倍左右。随着球体和界面距离的增加，形态函数曲线随无因次频率的振荡周期 Δka 变小。这些结果都已经在 3.4 节中用 Kirchhoff 近似计算界面附近目标声散射时得到过。从亮点的概念考虑，界面的存在产生附加亮点。自由场中的一个亮点变成 3 个亮点。总的回声是 3 个亮点回声干涉叠加的结果。因为两个附加亮点分别存在时间延迟 $2h\sin\theta/c$ 和 $4h\sin\theta/c$，h 是亮点到界面的垂直距离。叠加时存在相位差 $kh\sin\theta\propto ka$，h 越大产生 2π 相位差的 Δka 越小。

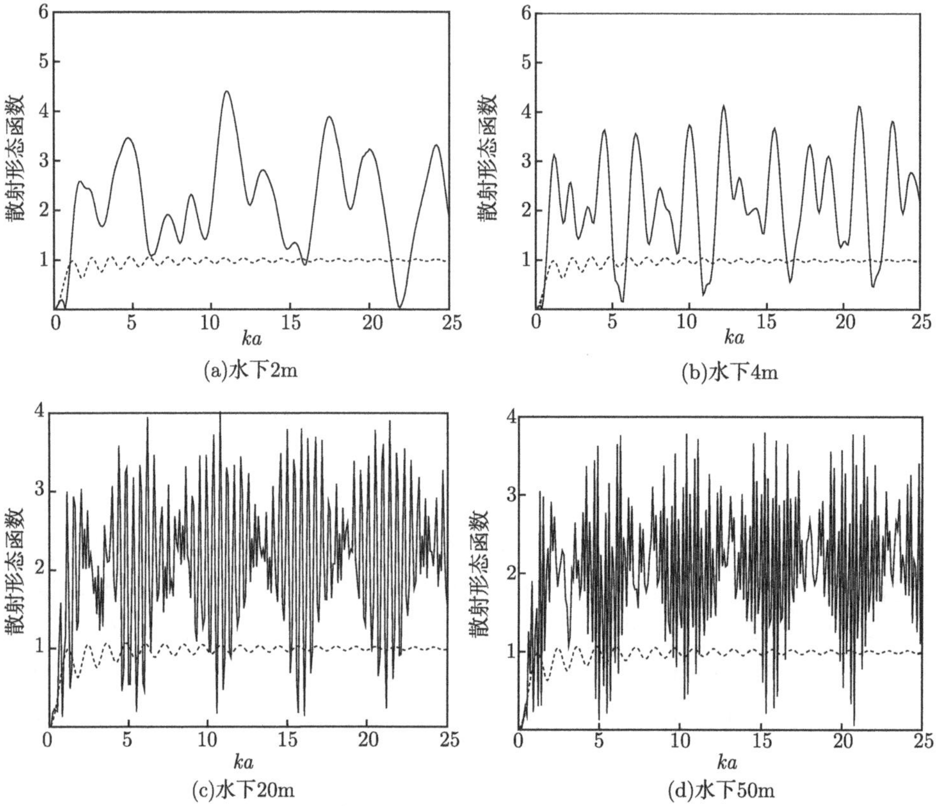

图 8.2.2　水面附近刚性球散射形态函数随频率变化[16]

------无界空间; —— 水面附近

2. 平行分层理想波导中球体目标散射

把单界面附近球体散射声场的镜像解析方法推广到上界面压力释放、下界面绝对硬的理想波导情况，如图 8.2.3 所示。在深 H 的理想波导中，考虑以 O 为中心的球体对点声源 S 的散射，球体 O 到水面的垂直距离为 d。根据镜像原理，压力释放上界面、刚性下界面可以用无限个镜像点声源和镜像球体等效。图中带上标 t 和 b 的量分别表示上界面之上和下界面之下的量。波导中球体对点声源的散射问题转化为无界空间中无限多球体阵列对无限多点声源阵列的多体散射问题。

选取以 O 为中心的球坐标系 (r,θ,φ)，波导中点声源的入射声场可表示为

$$p_{\mathrm{i}}(r,\theta,\varphi)=\frac{\mathrm{e}^{\mathrm{i}k|\boldsymbol{r}-\boldsymbol{r}_{\mathrm{S}}|}}{|\boldsymbol{r}-\boldsymbol{r}_{\mathrm{S}}|}+\sum_{l=1}^{\infty}\left[(-1)^{\lceil l/2\rceil}\frac{\mathrm{e}^{\mathrm{i}k|\boldsymbol{r}-\boldsymbol{r}_{\mathrm{S}l}^{\mathrm{t}}|}}{|\boldsymbol{r}-\boldsymbol{r}_{\mathrm{S}l}^{\mathrm{t}}|}+(-1)^{\lfloor l/2\rfloor}\frac{\mathrm{e}^{\mathrm{i}k|\boldsymbol{r}-\boldsymbol{r}_{\mathrm{S}l}^{\mathrm{b}}|}}{|\boldsymbol{r}-\boldsymbol{r}_{\mathrm{S}l}^{\mathrm{b}}|}\right] \tag{8.2.12}$$

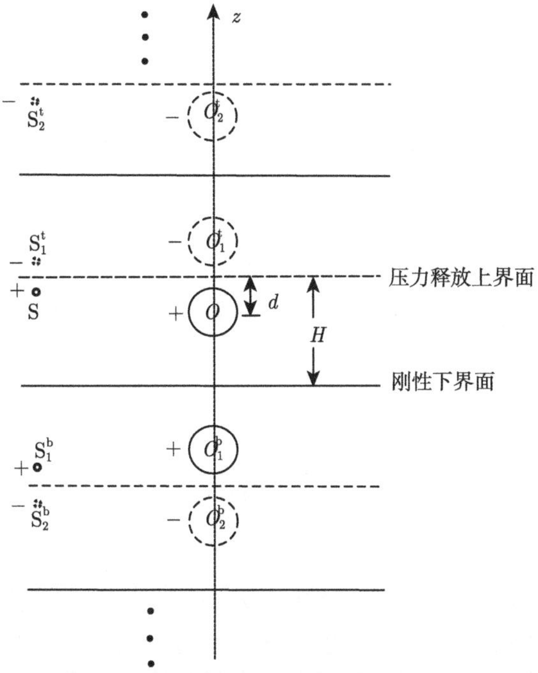

图 8.2.3 理想波导目标散射的镜像方法[16]

其中，第一项是直达声分量，$\boldsymbol{r}$ 是场点矢量，$\boldsymbol{r}_{\mathrm{S}}=(r_{\mathrm{S}},\theta_{\mathrm{S}},\varphi_{\mathrm{S}})$ 是源点 S 的矢量，$\boldsymbol{r}_{\mathrm{S}l}^{\mathrm{t}}=(r_{\mathrm{S}l}^{\mathrm{t}},\theta_{\mathrm{S}l}^{\mathrm{t}},\varphi_{\mathrm{S}l}^{\mathrm{t}})$ 和 $\boldsymbol{r}_{\mathrm{S}l}^{\mathrm{b}}=(r_{\mathrm{S}l}^{\mathrm{b}},\theta_{\mathrm{S}l}^{\mathrm{b}},\varphi_{\mathrm{S}l}^{\mathrm{b}})$ 分别是点声源 S 在上界面和下界面的镜像源 $\mathrm{S}_l^{\mathrm{t}}$ 和 $\mathrm{S}_l^{\mathrm{b}}$ 的矢量。$\lceil\ \rceil$ 是上取整符号，$\lfloor\ \rfloor$ 是下取整符号。不失一般性，令 $\varphi_{\mathrm{S}}=\varphi_{\mathrm{S}}^{\mathrm{t}}=\varphi_{\mathrm{S}}^{\mathrm{b}}=\pi$，把 (8.2.1) 式代入 (8.2.12) 式展开为球坐标系下的级数形式

$$
\begin{aligned}
p_{\mathrm{i}}=&\mathrm{i}k\sum_{n=0}^{\infty}\sum_{m=0}^{n}(2n+1)\frac{(n-m)!}{(n+m)!}\varepsilon_m\mathrm{j}_n(kr)\mathrm{P}_n^m(\cos\theta)(-1)^m\cos m\varphi\\
&\times\left(\mathrm{P}_n^m(\cos\theta_{\mathrm{S}})\mathrm{h}_n^{(1)}(kr_{\mathrm{S}})+\sum_{l=1}^{\infty}\left[(-1)^{\lceil l/2\rceil}\mathrm{P}_n^m(\cos\theta_{\mathrm{S}l}^{\mathrm{t}})\mathrm{h}_n^{(1)}(kr_{\mathrm{S}l}^{\mathrm{t}})\right.\right.\\
&\left.\left.+(-1)^{\lfloor l/2\rfloor}\mathrm{P}_n^m(\cos\theta_{\mathrm{S}l}^{\mathrm{b}})\mathrm{h}_n^{(1)}(kr_{\mathrm{S}l}^{\mathrm{b}})\right]\right)
\end{aligned}
\tag{8.2.13}
$$

其中，$\theta_{\mathrm{S}l}^{\mathrm{t}}$ 和 $\theta_{\mathrm{S}l}^{\mathrm{b}}$ 分别是上、下界面镜像源 $\mathrm{S}_l^{\mathrm{t}}$ 和 $\mathrm{S}_l^{\mathrm{b}}$ 对应的极角。总声场为入射声与所有球体的散射声之和：

$$
p_{\mathrm{t}}=p_{\mathrm{i}}+p_{\mathrm{S}}+\sum_{l=1}^{\infty}p_{\mathrm{S}l}^{\mathrm{t}}+\sum_{l=1}^{\infty}p_{\mathrm{S}l}^{\mathrm{b}} \tag{8.2.14a}
$$

实球体散射声是

$$p_{\mathrm{S}}=\sum_{n=0}^{\infty}\sum_{m=0}^{n}a_{mn}\mathrm{h}_{n}^{(1)}(kr)\mathrm{P}_{n}^{m}(\cos\theta)\cos m\varphi \tag{8.2.14b}$$

上界面第 l 个镜像球体的散射声是

$$p_{\mathrm{S}l}^{\mathrm{t}}=(-1)^{\lceil l/2\rceil}\sum_{n=0}^{\infty}\sum_{m=0}^{n}(-1)^{\alpha_l(n+m)}a_{mn}\mathrm{h}_{n}^{(1)}(kr_l^{\mathrm{t}})\mathrm{P}_{n}^{m}(\cos\theta_l^{\mathrm{t}})\cos m\varphi \tag{8.2.14c}$$

下界面第 l 个镜像球体的散射声是

$$p_{\mathrm{S}l}^{\mathrm{b}}=(-1)^{\lfloor l/2\rfloor}\sum_{n=0}^{\infty}\sum_{m=0}^{n}(-1)^{\alpha_l(n+m)}a_{mn}\mathrm{h}_{n}^{(1)}(kr_l^{\mathrm{b}})\mathrm{P}_{n}^{m}(\cos\theta_l^{\mathrm{b}})\cos m\varphi \tag{8.2.14d}$$

其中，a_{mn} 是待定系数，当 l 为奇数时，$\alpha_l=1$，当 l 为偶数时，$\alpha_l=0$。在 (8.2.14c)、(8.2.14d) 两式中，$p_{\mathrm{S}l}^{\mathrm{t}}$、$p_{\mathrm{S}l}^{\mathrm{b}}$ 的表示式分别是在以镜像球的中心 O_l^{t}、O_l^{b} 为原点的球坐标系 $(r_1^{\mathrm{t}},\theta_1^{\mathrm{t}},\varphi)$、$(r_l^{\mathrm{b}},\theta_l^{\mathrm{b}},\varphi)$ 中展开的。为了在实球体 O 的表面上应用边界条件，要把 $p_{\mathrm{S}l}^{\mathrm{t}}$、$p_{\mathrm{S}l}^{\mathrm{b}}$ 在实球坐标系 (r,θ,φ) 下展开。把 (8A.1) 式代入 (8.2.14c)、(8.2.14d) 两式可以得到

$$p_{\mathrm{S}l}^{\mathrm{t}}=(-1)^{\lceil l/2\rceil}\sum_{q=0}^{\infty}\sum_{m=0}^{q}(-1)^{\alpha_l(q+m)}a_{mq}\sum_{n=m}^{\infty}Q_{mqmn}(d_l^{\mathrm{t}},0)\mathrm{j}_n(kr)\mathrm{P}_{n}^{m}(\cos\theta)\cos m\varphi \tag{8.2.15}$$

$$p_{\mathrm{S}l}^{\mathrm{b}}=(-1)^{\lfloor l/2\rfloor}\sum_{q=0}^{\infty}\sum_{m=0}^{q}(-1)^{\alpha_l(q+m)}a_{mq}\sum_{n=m}^{\infty}Q_{mqmn}(d_l^{\mathrm{b}},\pi)\mathrm{j}_n(kr)\mathrm{P}_{n}^{m}(\cos\theta)\cos m\varphi \tag{8.2.16}$$

其中，d_l^{t} (d_l^{b}) 是 O 和 O_l^{t} (O_l^{b}) 之间的距离。利用球表面上的边界条件，并根据球波函数的正交性质，可以得到

$$\begin{aligned}&a_{mn}+\left(\sum_{q=m}^{\infty}a_{mq}\sum_{l=1}^{\infty}(-1)^{\alpha_l(q+m)}\left[(-1)^{\lceil l/2\rceil}Q_{qmnm}(d_l^{\mathrm{t}},0)+(-1)^{\lfloor l/2\rfloor}Q_{qmnm}(d_l^{\mathrm{t}},\pi)\right]\right)b_n\\&=-\mathrm{i}k(2n+1)\frac{(n-m)!}{(n+m)!}\varepsilon_m(-1)^m\left(\mathrm{P}_{n}^{m}(\cos\theta_{\mathrm{S}})\mathrm{h}^{(1)}(kr_{\mathrm{S}})\right.\\&\quad\left.+\sum_{l=1}^{\infty}\left[(-1)^{\lceil l/2\rceil}\mathrm{P}_{n}^{m}(\cos\theta_{\mathrm{S}l}^{\mathrm{t}})\mathrm{h}_{n}^{(1)}(kr_{\mathrm{S}l}^{\mathrm{t}})+(-1)^{\lfloor l/2\rfloor}\mathrm{P}_{n}^{m}(\cos\theta_{\mathrm{S}l}^{\mathrm{b}})\mathrm{h}_{n}^{(1)}(kr_{\mathrm{S}l}^{\mathrm{b}})\right]\right)b_n\end{aligned} \tag{8.2.17}$$

其中，散射系数 b_n 的表示式与 (8.2.10) 式相同。对每一个 $m=0,1,2,3,\cdots$，方程 (8.2.17) 可以整理为一个线性方程组，写成矩阵形式

$$[\boldsymbol{G}]\boldsymbol{a}=\boldsymbol{e} \tag{8.2.18}$$

在实际计算中取 n 的最大值为 N，从而有 $0\leqslant m\leqslant N$。矩阵 $[\boldsymbol{G}]$ 是 $N-m+1$ 维复方阵，$\boldsymbol{a}$、$\boldsymbol{e}$ 是 $N-m+1$ 维复向量。$[\boldsymbol{G}]$ 对角线上的元素为

$$G_{nn}=1+\sum_{l=1}^{\infty}(-1)^{\alpha_l(q+m)}\left[(-1)^{\lceil l/2\rceil}Q_{mnmn}(d_l^{\mathrm{t}},0)+(-1)^{\lfloor l/2\rfloor}Q_{nmnm}(d_l^{\mathrm{t}},\pi)\right] \tag{8.2.19}$$

非对角线元素为

$$\underset{n\neq q}{G_{nq}}=\sum_{l=1}^{\infty}(-1)^{\alpha_l(q+m)}\left[(-1)^{\lceil l/2\rceil}Q_{nmqm}(d_l^{\mathrm{t}},0)+(-1)^{\lfloor l/2\rfloor}Q_{nmqm}(d_l^{\mathrm{t}},\pi)\right] \tag{8.2.20}$$

右端项为

$$\begin{aligned}e_n=&-\mathrm{i}k(2n+1)\frac{(n-m)!}{(n+m)!}\varepsilon_m(-1)^m\Bigg(\mathrm{P}_n^m(\cos\theta_{\mathrm{S}})\mathrm{h}_n^{(1)}(kr_{\mathrm{S}})\\&+\sum_{l=1}^{\infty}\left[(-1)^{\lceil l/2\rceil}\mathrm{P}_n^m(\cos\theta_{\mathrm{S}l}^{\mathrm{t}})\mathrm{h}_n^{(1)}(kr_{\mathrm{S}l}^{\mathrm{t}})+(-1)^{\lfloor l/2\rfloor}\mathrm{P}_n^m(\cos\theta_{\mathrm{S}l}^{\mathrm{b}})\mathrm{h}_n^{(1)}(kr_{\mathrm{S}l}^{\mathrm{b}})\right]\Bigg)b_n\end{aligned} \tag{8.2.21}$$

在方程组 (8.2.21) 中，系数 a_{mn} 的求解过程与单界面附近球体散射系数的求解过程类似。简述如下：首先令 $m=0$，系数方阵 $[\boldsymbol{G}]$ 为 $N+1$ 维，解之得到 $a_{0n},n=0,1,2,\cdots,N$；再令 $m=1$，求解 N 维方程组得到 $a_{1n},n=1,2,\cdots,N$；依次类推直到 $m=N$，求得 a_{NN}。矩阵 $[\boldsymbol{G}]$ 的条件数大，计算中采用迭代方法，如高斯-塞德尔法等求解线性方程组。把 a_{mn} 代入 (8.2.14b)~(8.2.14d) 诸式，得到用所有球体散射声场叠加得到的总散射声场。

应用上面的求解方法，图 8.2.4 给出半径 $a=10\mathrm{m}$ 的刚性球在深 $H=100\mathrm{m}$ 的理想波导中散射声场算例。单位幅度点声源和球体中心都位于水中 50m 的深度上，距离 1000m。直接用声压表示回波大小。图 8.2.4(a) 是波导中球体回波声压随频率的变化曲线，图 8.2.4(b) 是自由空间中球体回波声压随频率的变化曲线。通过比较容易看出，理想波导中的回波比自由空间的情况复杂得多，这是多途回波相互干涉的结果。

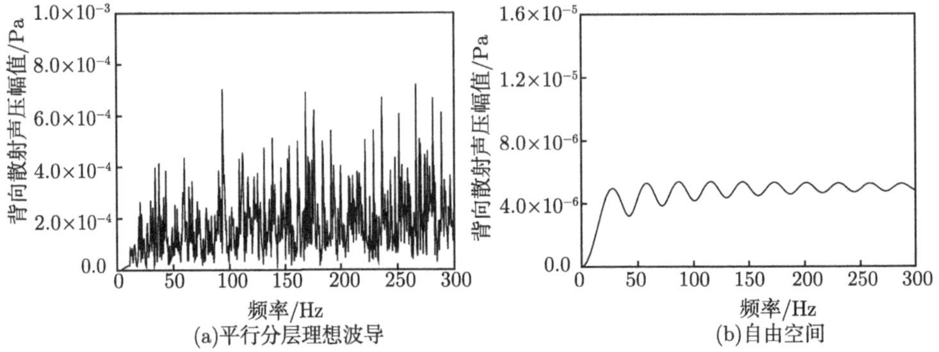

(a)平行分层理想波导　　(b)自由空间

图 8.2.4　刚性球体回声声压随频率的变化[16]

8.3　波导中目标散射的射线声学方法

射线声学方法既是海洋声传播又是目标声散射的重要研究方法。射线声学的适用条件是高频短波长，此时应用声线的概念可以得到较清晰的物理图像[9,10]。

本节从 Helmholtz 积分公式出发，以声速均匀的平行平面波导中点声源从刚性目标散射的简单情况为例讨论波导中目标散射的射线声学方法。参照文献 [18] 将坐标系的原点取在目标表面上矢径为 $\boldsymbol{r}_{\mathrm{s}}$ 的点，如图 8.3.1 所示。利用镜像法可以得到声速均匀的平行平面波导中点声源 S_{01} 到表面上 $\boldsymbol{r}_{\mathrm{s}}$ 点的入射声场势函数

$$\phi_{\mathrm{i}}\left(\boldsymbol{r}_{\mathrm{s}}\right)=\sum_{l=0}^{\infty}\left(V_{l1}V_{l2}\right)^{l}\left(\frac{\mathrm{e}^{\mathrm{i}kR_{l1}}}{R_{l1}}+V_{l1}\frac{\mathrm{e}^{\mathrm{i}kR_{l2}}}{R_{l2}}+V_{l2}\frac{\mathrm{e}^{\mathrm{i}kR_{l3}}}{R_{l3}}+V_{l1}V_{l2}\frac{\mathrm{e}^{\mathrm{i}kR_{l4}}}{R_{l4}}\right)\tag{8.3.1}$$

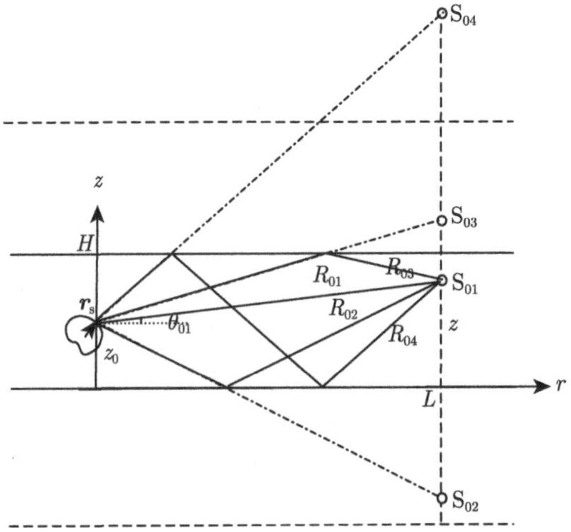

图 8.3.1　均匀波导中入射声线[1]

其中

$$\begin{cases} R_{l1} = \sqrt{L^2 + (2lH + z - z_0)^2}, & R_{l2} = \sqrt{L^2 + (2lH + z + z_0)^2} \\ R_{l3} = \sqrt{L^2 + [2(l+1)H - z - z_0]^2}, & R_{l4} = \sqrt{L^2 + [2(l+1)H - z + z_0]^2} \end{cases} \tag{8.3.2}$$

L 是水平距离，z 和 z_0 分别是声源 S_{01} 和表面上 $\boldsymbol{r}_\mathrm{s}$ 点的深度，V_{l1}, V_{l2} 分别是下界面和上界面的反射系数，它们与掠射角有关，$V_{l1,2} = V_{l1,2}(\theta_{l1,2})$，而掠射角又取决于 l 的阶次，即从源到 $\boldsymbol{r}_\mathrm{s}$ 点经历的界面反射次数。

将入射声场简写成

$$\phi_\mathrm{i}(\boldsymbol{r}_\mathrm{s}) = \sum_{l=0}^{\infty}\sum_{p=1}^{4} \frac{A_{lp}}{R_{lp}} \mathrm{e}^{\mathrm{i}kR_{lp}} \tag{8.3.3}$$

其中

$$A_{l1} = (V_{l1}V_{l2})^l, \quad A_{l2} = (V_{l1}V_{l2})^l V_{l1}, \quad A_{l3} = (V_{l1}V_{l2})^l V_{l2}, \quad A_{l4} = (V_{l1}V_{l2})^{l+1}$$

是单位振幅声源产生的 4 类入射声线的幅值。反向散射情况下，Green 函数也可以用入射声场的形式表示成

$$G(\boldsymbol{r}, \boldsymbol{r}_\mathrm{s}) = \sum_{l=0}^{\infty}\sum_{p=1}^{4} \frac{A_{lp}}{R_{lp}} \mathrm{e}^{\mathrm{i}kR_{lp}} \tag{8.3.4}$$

在远场条件下有近似式

$$\frac{\partial G}{\partial n} \approx -\mathrm{i}k \sum_{l=0}^{\infty}\sum_{p=1}^{4} \frac{A_{lp}}{R_{lp}} \cos\theta_{lp} \tag{8.3.5}$$

其中，$\cos\theta_{lp} = -\partial R_{lp}/\partial n$ 是 R_{lp} 与表面外法线的夹角余弦。

刚硬目标条件得到散射声场表示式

$$\phi_\mathrm{s} = \frac{1}{2\pi}\int_S \phi_\mathrm{i} \frac{\partial G}{\partial n} \mathrm{d}S \tag{8.3.6}$$

积分面 S 应取亮区表面。将 (8.3.3) 和 (8.3.5) 式代入 (8.3.6) 式并逐项积分得到散射声场

$$\phi_\mathrm{s} = \sum_{l=0}^{\infty}\sum_{p=1}^{4}\sum_{m=0}^{\infty}\sum_{q=1}^{4} \left[-\frac{\mathrm{i}k}{2\pi}\int_S \frac{A_{lp}}{R_{lp}} \frac{A_{mq}}{R_{mq}} \mathrm{e}^{\mathrm{i}kR_{lp}} \mathrm{e}^{\mathrm{i}kR_{mq}} \cos\theta_{mq} \mathrm{d}S\right] \tag{8.3.7}$$

其中，下标为 l 和 p 的声线表示入射声线，下标为 m 和 q 的声线表示散射声线，θ_{mq}，$q=1,2,3,4$ 是从源 (或虚源) 到目标上 $\boldsymbol{r}_{\rm s}$ 点的连线与法线的夹角，随目标上的点而变。其中的每一项都表示一个回波。当目标在单界面附近时，自由空间中的一个回波变成三个回波[6]。现在存在上下两个界面，问题复杂得多。首先，经过两个界面的多次反射，入射声线就有无限多条。每条入射声线从目标反射后又会产生无限多条到达接收点的声线。两者组合以后可能出现的情况更多。

从 (8.3.7) 式可以看出，基于射线声学的波导中目标回波包括两类回波成分：

(1) $m=l, q=p$ 的项表示声线 R_{lp} 的单站回波，因为入射和反射是同一条声线，

$$(\phi_{\rm s})_{l=m,p=q}=-\frac{{\rm i}k}{2\pi}\int_S\frac{A_{lp}^2}{R_{lp}^2}{\rm e}^{{\rm i}2kR_{lp}}\cos\theta_{lp}{\rm d}S \tag{8.3.8}$$

严格说来，被积函数中的 V_{l1},V_{l2} 和 R_{lp},α_{lp} 都随目标表面位置 $\boldsymbol{r}_{\rm s}$ 而变化，但是在远场条件下可以假设到达目标表面上不同点的声线是平行声线，这些声线在上、下界面的反射系数 V_{l1},V_{l2} 只取决于目标参考点 (常取几何中心) 的位置，不随表面变化。进一步，在表面积分时将分母上的 R_{lp} 用参考点的值 $\bar{R}_{lp}$ 近似，同时保留相位上 R_{lp} 的变化，得到

$$(\phi_{\rm s})_{l=m,p=q}\approx-\frac{{\rm i}k}{2\pi}\frac{\bar{A}_{lp}^2}{\bar{R}_{lp}^2}{\rm e}^{{\rm i}2k\bar{R}_{lp}}\int_S{\rm e}^{{\rm i}2k\Delta R_{lp}}\cos\theta_{lp}{\rm d}S \tag{8.3.9}$$

这是包含传播因子的 Kirchhoff 近似下目标单站回波。

(2) 其余 $m\neq l, q\neq p$ 的项中，入射声线 R_{lp}、反射声线 R_{mq} 的散射波与入射声线 R_{mq}、反射声线 R_{lp} 的散射波组合形成两倍的双站散射波

$$(\phi_{\rm s})_{\substack{lp,mq;mq,lp\\ m\neq l,q\neq p}}=-2\frac{{\rm i}k}{4\pi}\int_S\frac{A_{lp}A_{mq}}{R_{lp}R_{mq}}{\rm e}^{{\rm i}k(R_{lp}+R_{mq})}\left(\cos\theta_{lp}+\cos\theta_{mq}\right){\rm d}S \tag{8.3.10}$$

类似于单站回波的计算，在远场条件下得到

$$(\phi_{\rm s})_{\substack{lp,mq;mq,lp\\ m\neq l,q\neq p}}\approx-\frac{{\rm i}k}{2\pi}\frac{\bar{A}_{lp}\bar{A}_{mq}}{\bar{R}_{lp}\bar{R}_{mq}}{\rm e}^{{\rm i}k(\bar{R}_{lp}+\bar{R}_{mq})}\int_S{\rm e}^{{\rm i}k(\Delta R_{lp}+\Delta R_{mq})}\left(\cos\theta_{lp}+\cos\theta_{mq}\right){\rm d}S \tag{8.3.11}$$

总的回波是所有这些单站和双站散射波的叠加。级数的收敛性从两方面得到保证，一是 l 或 m 越大声线距离越远，球面扩展和介质吸收引起的衰减也越大；二是 l 或 m 越大海面海底反射的次数越多，而且 l 或 m 越大掠射角越大，反射损失越大。所以，在实际问题中级数只需有限截断。在 l 和 m 的最大值取同一值 M 的

情况下，入射和反射都取 $4\times(M+1)$ 根声线，得到单站回波 $4\times(M+1)$ 项和双站散射波 $6\times(M+1)+8\times M(M+1)$ 项。因此当 M 值取得较大时计算量很大。

基本公式 (8.3.7) 是在等声速条件下用镜像法得到的。根据 (8.3.7) 式的物理意义可以将公式推广，使之适合于任意声速剖面的波导。实际上，(8.3.9) 式的单站回波形式上可以表示成

$$(\phi_{\rm s})_{lp}=T_{lp}^2S_{lp} \tag{8.3.12}$$

其中，$T_{lp}=\bar{A}_{lp}{\rm e}^{{\rm i}k\bar{R}_{lp}}/\bar{R}_{lp}$ 可以理解为 (l,p) 号声线从源点传播到目标中心点或反之的传播因子，包含幅度和相位。$20\lg|T_{lp}|$ 就是 (l,p) 号声线的传播损失。

$$S_{lp}=-\frac{{\rm i}k}{2\pi}\int_S{\rm e}^{{\rm i}2k\Delta R_{lp}}\cos\theta_{lp}{\rm d}S \tag{8.3.13}$$

是 Kirchhoff 近似下自由空间中平面波反向散射函数。从 (8.3.3) 式可知，$(\phi_{\rm i})_{lp}=T_{lp}$，因此

$$S_{lp}=\frac{(\phi_{\rm s})_{lp}}{T_{lp}(\phi_{\rm i})_{lp}}=\frac{(\phi_{\rm s})_{lp}\Big|_{r=1}}{(\phi_{\rm i})_{lp}} \tag{8.3.14}$$

与形态函数的定义 (1.2.9) 式相比，散射函数 $S=(a/2)f$，所以 $20\lg|S_{lp}|$ 就是对应的目标强度。类似地，(8.3.11) 式表示的双站散射波可以写成

$$(\phi_{\rm s})_{lp,mq}=T_{lp}T_{mq}S_{lp,mq} \tag{8.3.15}$$

因为入射和散射沿两条声线传播，所以传播因子不同。散射函数也是双站形式

$$S_{lp,mq}=-\frac{{\rm i}k}{2\pi}\int_S{\rm e}^{{\rm i}k(\Delta R_{lp}+\Delta R_{mq})}(\cos\theta_{lp}+\cos\theta_{lp}){\rm d}S \tag{8.3.16}$$

这样，对于波导散射声场中的每一项，传播和散射可以分别考虑然后叠加。这就是说，对于波导散射中的每个分量，传播和散射可以解耦处理，但这并不等于将总的散射声场作解耦处理，因为各个散射分量叠加以后无法定义总的传播因子和总的散射函数。

上面的讨论限于声速均匀的波导，其中的入射声场和 Green 函数都用镜像法表示，因此只能用于像 Pekeris 波导这样的均匀层。在实际海洋波导中要根据声速剖面考虑声线的弯曲，需要计算到达目标和从目标返回的特征声线。但是，各种声线经过目标反射后再叠加的概念仍然成立。所以射线声学方法可以推广应用到任意声速剖面的情况，只要用声传播理论中的射线跟踪技术计算实际声线。

任意声速剖面的波导中用射线声学表示的直达声场是[19]

$$\phi_{\mathrm{i}}(L,z)=\sum_{u=0}^{\infty}A_u(L,z)\,\mathrm{e}^{\mathrm{i}\Phi_u(L,z)} \tag{8.3.17}$$

其中，$A_u(r,z)$ 是第 u 条本征声线的幅度因子

$$A_u(L,z)=\sqrt{\frac{\cos\gamma_{0u}}{L\left(\partial L/\partial\gamma\right)_{\gamma_{0u}}\sin\gamma_{zu}}}V_{u1}^{n}V_{u2}^{m}\mathrm{e}^{-\beta C_u} \tag{8.3.18}$$

L 是水平距离，z 是深度，γ_{0l} 是出射角，γ_{zl} 是到达角，V_{u1} 和 V_{u2} 是第 u 条本征声线的海底和海面反射系数，n 和 m 是相应的反射次数，β 是水体的衰减系数，C_u 是该声线行进的弧长，这些量都可以用声线跟踪技术求出。$\Phi_u(r,z)$ 是相位因子

$$\Phi_u(r,z)=\int_{z_0}^{z}\sqrt{k^2(z)-\mu_u^2}\mathrm{d}z+L\mu_u+\Phi_{0u} \tag{8.3.19}$$

$$\mu_u=k(z_0)\cos\gamma_{0u}=k(z)\cos\gamma_{zu} \tag{8.3.20}$$

其中，$k(z)=\omega/c(z)$ 是波数，$c(z)$ 是声速剖面，μ_u 是波数的水平分量，Φ_{0u} 是某个常数，取决于声线在界面反射或水层中反转时的相位变化。(8.2.17) 式没有对声线作进一步分类，因为不同的声速剖面可以分成不同的类型。例如，在等声速情况下，将每个 u 再分成 4 类就得到与 (8.3.1) 式相同的结果。

经过推导得到与 (8.3.7) 式类似的回波声势[10]

$$\phi_{\mathrm{s}}=\sum_{u=1}^{\infty}\sum_{v=1}^{\infty}\left[-\frac{\mathrm{i}}{2\pi}\int_S k(z)\,A_u(L,z)\,A_v(L,z)\,\mathrm{e}^{\mathrm{i}\Phi_u(L,z)}\mathrm{e}^{\mathrm{i}\Phi_v(L,z)}\cos\theta_{zu}\mathrm{d}S\right] \tag{8.3.21}$$

其中的 θ_{zu} 已经转换成声线与表面外法线的夹角。这是一个更为普遍的公式，反映了声速剖面 $k(z)$ 以及声线弯曲产生的幅值和相位。回波也可以分成两类:

(1) $v=u$ 的项给出单站回波

$$(\phi_{\mathrm{s}})_{v=u}=-\frac{\mathrm{i}}{2\pi}\int_S k(z)A_u^2(L,z)\,\mathrm{e}^{\mathrm{i}2\Phi_u(L,z)}\cos\theta_{zu}\mathrm{d}S \tag{8.3.22}$$

在远场情况下，忽略积分式中波数和幅度因子在表面各点的差别，直接取其在参考点 (L_0,z_0) 处的值 $A_u(L_0,z_0)$，而在相位因子中必须计及表面不同位置的差别

$$\Phi_u(L,z)=\Phi_u(L_0,z_0)+\Delta\Phi_{zu} \tag{8.3.23}$$

得到

$$(\phi_{\mathrm{s}})_{v=u}=A_u^2(L_0,z_0)\,\mathrm{e}^{\mathrm{i}2\Phi_u(L_0,z_0)}\left[-\frac{\mathrm{i}k(z_0)}{2\pi}\int_S\mathrm{e}^{\mathrm{i}2\Delta\Phi_{zu}}\cos\theta_{zu}\mathrm{d}S\right] \tag{8.3.24}$$

$\Delta\Phi_{zu}$ 是入射声线到达表面上的点 (L,z) 与参考点 (L_0,z_0) 的程差，远场情况下

$$\Delta\Phi_{zu}=k\left(z_0\right)\boldsymbol{s}_{zu}\cdot\boldsymbol{r}_{\mathrm{s}} \tag{8.3.25}$$

$\boldsymbol{s}_{zu}=(\cos\gamma_{zu},\sin\gamma_{zu})$ 是入射声线的单位矢量，$\boldsymbol{r}_{\mathrm{s}}$ 是以参考点计的表面点矢量。按照 (8.3.24) 式计算时声线传播和目标回波的作用可以分别计算，其中回波的计算如同自由空间中一样，只要给定 $\boldsymbol{s}_{zu}$。

(2) $v\neq u$ 的项中 u,v 和 v,u 两项合并给出双站散射波。在远场中忽略波数和幅度因子在表面各点的差别，仅考虑相位因子的差别，得到

$$\begin{aligned}\left(\phi_{\mathrm{s}}\right)_{u,v}+\left(\phi_{\mathrm{s}}\right)_{v,u}=&A_u\left(L_0,z_0\right)A_v\left(L_0,z_0\right)\mathrm{e}^{\mathrm{i}\Phi_u(L_0,z_0)}\mathrm{e}^{\mathrm{i}\Phi_v(L_0,z_0)}\\&\times\left[-\frac{\mathrm{i}k\left(z_0\right)}{2\pi}\int_S\mathrm{e}^{\mathrm{i}(\Delta\Phi_{zu}+\Delta\Phi_{zv})}\left(\cos\theta_{zu}+\cos\theta_{zv}\right)\mathrm{d}S\right]\end{aligned} \tag{8.3.26}$$

物理上相当于沿着第 u 条特征声线入射的波从目标反射后沿第 v 条特征声线回到源点以及沿相反方向传播和散射的波。

将所有这些特征声线组合形成的单站回波和双站散射波叠加得到总的回波

$$\phi_{\mathrm{s}}=\sum_{u=1}^{\infty}\left(\phi_{\mathrm{s}}\right)_{u=v}+\sum_{\substack{u=1\\u\neq v}}^{\infty}\sum_{v=1}^{\infty}\left[\left(\phi_{\mathrm{s}}\right)_{u,v}+\left(\phi_{\mathrm{s}}\right)_{v,u}\right]=\sum_{u=1}^{\infty}T_u^2S_u+\sum_{\substack{u=1\\u\neq v}}^{\infty}\sum_{v=1}^{\infty}T_uT_vS_{u,v} \tag{8.3.27}$$

其中，T_u 是第 u 号本征声线的传播因子，S_u 是该声线的反向散射函数，$S_{u,v}$ 是 u 和 v 号 $(u\neq v)$ 声线的双站散射函数。在实际海洋中，远场情况下起作用的特征声线数 L 有限，只要计算单站回波 L 项、双站散射波 $L(L-1)/2$ 项。

因此，利用特征声线方法计算入射和反射声线的传播因子，利用 Kirchhoff 近似即物理声学方法计算各条声线组合成的单站回波或双站散射波，将它们叠加后就得到波导中的回波。对于波导回波中的每个分量，传播和散射可以解耦处理。其中传播因子可以根据波导的实际情况 (声速剖面，海面、海底反射特性等) 利用各种方法或声传播模型计算，目标的声散射特性可以按照自由场中的散射函数计算。但是，所有这些分量叠加后的总的回波场中传播和散射不能解耦处理，因为各个散射分量的传播因子和散射函数都不相同。上面的分析证明，将入射和散射声线的各种组合所产生的散射声场叠加得到总回波声场的概念是普遍适用的。所以射线声学方法可以应用到任意声速剖面的情况，只要用声传播理论中的射线跟踪技术计算实际声线。

文献 [10] 计算了 Benchmark 潜艇在波导中的回波特性。浅海波导深度 80m，无指向性收–发合置换能器处于海深 40m 处，目标处于海深 10m 处。不同海底底质参数参见表 8.1，声波频率 1kHz。图 8.3.2 和图 8.3.3 分别给出了典型冬季和夏季

情况下浅海波导中的声速剖面，以及当目标和收–发合置点水平距离 1000m 时声源到目标的本征声线的示意图。图 8.3.4 是不同底质反射系数随反射角的变化曲线。

表 8.1　波导中的海水及海底参数

参数	水体	细沙海底	黏土海底
声速/(m/s)	1500	1825	1510
密度/(kg/m^3)	1000	1900	1420
衰减系数/(dB/m-Hz)	0	5×10^{-4}	7.5×10^{-5}

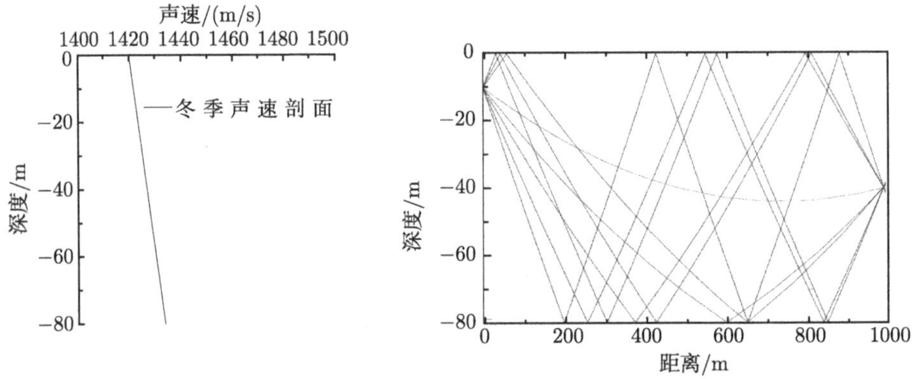

图 8.3.2　典型冬季声速剖面及本征声线示意图[10]

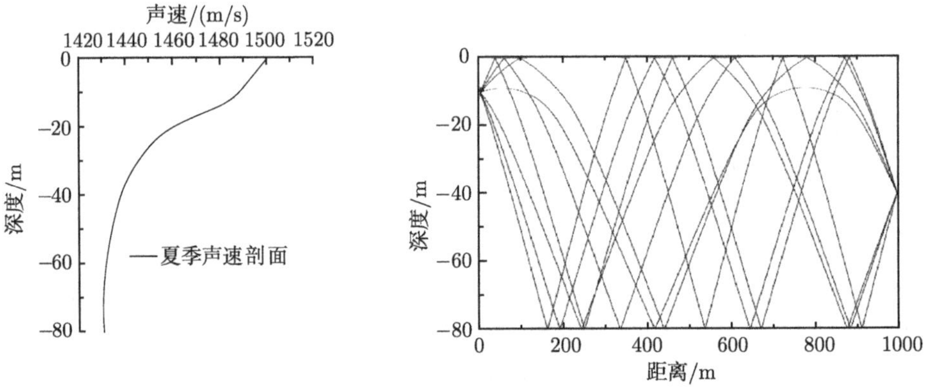

图 8.3.3　典型夏季声速剖面及本征声线示意图[10]

图 8.3.5 显示了声速剖面对 Benchmark 潜艇回波的影响，(a) 是黏土海底，(b) 是细沙海底。黏土海底时，夏季负梯度的 EL 比冬季弱正梯度的小 10dB 左右，这是由于声速负梯度所引起的声线向下弯曲，使声线以较大的角度触及海底，且声线

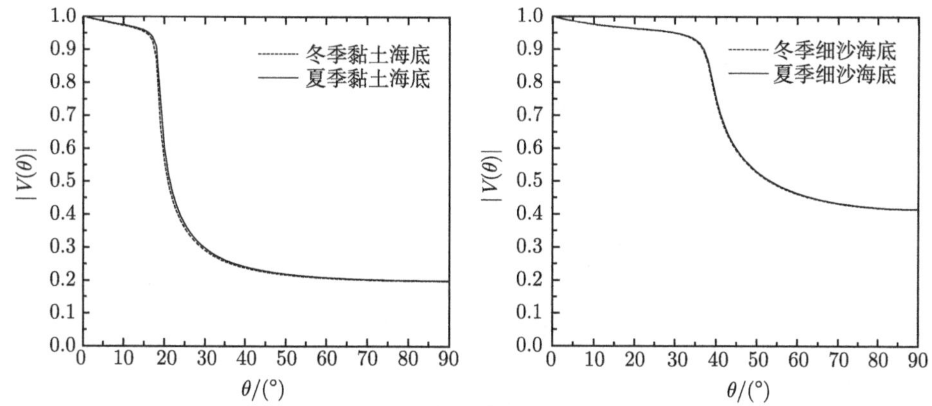

图 8.3.4 不同底质反射系数随反射角的变化[10]

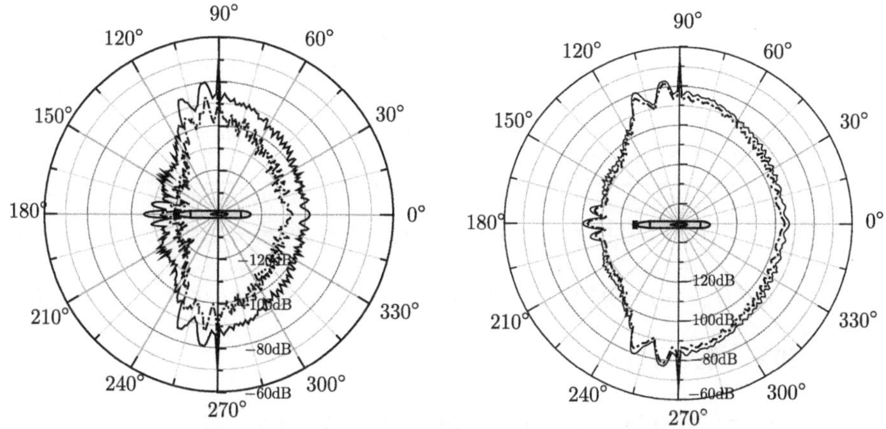

(a)黏土海底 (b)细沙海底

图 8.3.5 不同海底 Benchmark 潜艇回声级 (EL) 随方位角变化[10]

——冬季弱正梯度; -·-·-夏季负梯度

在海底的反射次数增加，而每次反射又有较大的反射损失。细沙海底的反射系数在 0° ～ 40° 范围内变化很小，反射角的增加对反射损失影响较小，因此细沙海底情况下，夏季负梯度的 EL 比冬季弱正梯度的只略小 2~3dB，声速剖面对 EL 的影响较小。

8.4 波导中目标散射的波动声学方法

仿照 Ingenito 的讨论[1]，将坐标系的原点取在目标上，z 轴指向海底，如图 8.4.1 所示。源点 $\boldsymbol{r}_0$，场点 $\boldsymbol{r}$ 和表面上散射点 $\boldsymbol{r}_\mathrm{s}$ 的坐标和变换关系见表 8.2。

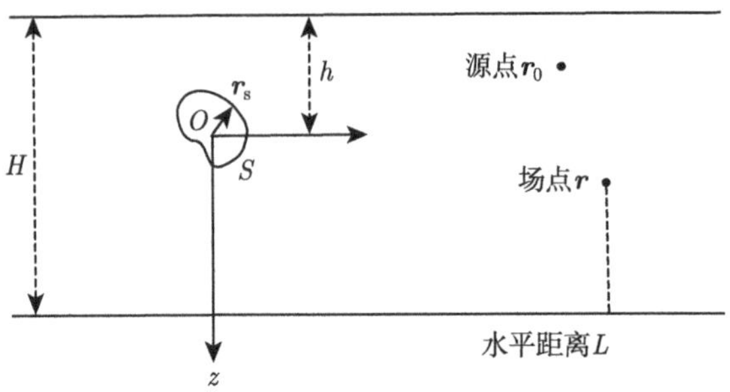

图 8.4.1　波导中目标散射坐标关系图

表 8.2　源点 r_0，场点 r 和表面上散射点 r_s 的坐标变换关系

	直角坐标	柱坐标	球坐标	变换关系
$\boldsymbol{r}_0$	x_0, y_0, z_0	L_0, θ_0, z_0	r_0, θ_0, φ_0	$x_0 = r_0 \sin\theta_0 \cos\varphi_0, y_0 = r_0 \sin\theta_0 \sin\varphi_0, z_0 = r_0 \cos\theta_0$ $L_0 = r_0 \sin\theta_0, \quad z_0 = r_0 \cos\theta_0$
$\boldsymbol{r}$	x, y, z	L, θ, z	r, θ, φ	$x = r\sin\theta\cos\varphi, \quad y = r\sin\theta\sin\varphi, \quad z = r\cos\theta$ $L = r\sin\theta, \quad z = r\cos\theta$
$\boldsymbol{r}_s$	x_s, y_s, z_s	L_s, θ_s, z_s	r_s, θ_s, φ_s	$x_s = r_s \sin\theta_s \cos\varphi_s, y_s = r_s \sin\theta_s \sin\varphi_s, z_s = r_s \cos\theta_s$ $L_s = r_s \sin\theta_s, \quad z_s = r_s \cos\theta_s$

远场情况下，$|\boldsymbol{r}_0 - \boldsymbol{r}_s| \approx r_0 - r_s \cos\Theta_0$，$\boldsymbol{r}_0$ 和 $\boldsymbol{r}_s$ 的夹角余弦是

$$\cos\Theta_0 = \boldsymbol{r}_s \cdot \boldsymbol{r}_0 / (r_s \cdot r_0) = \eta(\theta_0, \varphi_0) = \cos\theta_0 \cos\theta_s + \sin\theta_0 \sin\theta_s \cos(\varphi_0 - \varphi_s) \quad (8.4.1)$$

类似地，$\boldsymbol{r}$ 和 $\boldsymbol{r}_s$ 的夹角余弦是

$$\cos\Theta = \boldsymbol{r}_s \cdot \boldsymbol{r} / (r_s \cdot r) = \eta(\theta, \varphi) = \cos\theta \cos\theta_s + \sin\theta \sin\theta_s \cos(\varphi - \varphi_s) \quad (8.4.2)$$

这些关系式后面将要用到。

为了与 Ingenito 的公式[1] 一致，波导中声场势函数满足的波动方程取为

$$\nabla^2 \phi(\boldsymbol{r}, \boldsymbol{r}_0) + k^2 \phi(\boldsymbol{r}, \boldsymbol{r}_0) = -\delta(\boldsymbol{r} - \boldsymbol{r}_0) \quad (8.4.3)$$

方程的右边与 (8.1.1) 式差乘子 4π，导致后面一系列公式都差因子 4π。相应的 Green 函数表示成

$$G(\boldsymbol{r}, \boldsymbol{r}_0) = \frac{\mathrm{i}\rho_0(z)}{4} \sum_l \psi_l(z) \psi_l(z_0) \mathrm{H}_0^{(1)}(k_l |\boldsymbol{L} - \boldsymbol{L}_0|) \quad (8.4.4)$$

其中，$\rho_0(z)$ 是可能随深度 z 变化的水体密度，$\boldsymbol{L}$ 和 $\boldsymbol{L}_0$ 是相应的水平矢量，$\psi_l(z)$ 是本征函数，满足方程

$$\frac{\mathrm{d}^2 \psi_l(z)}{\mathrm{d}z^2} + \left[k^2(z) - k_l^2\right] \psi_l(z) = 0 \quad (8.4.5)$$

和海面、海底边界条件，k_l 是第 l 阶简正波波数。

相应的刚性表面散射场是

$$\phi_{\mathrm{s}}(\boldsymbol{r})=\int_S\left[\phi_{\mathrm{i}}(\boldsymbol{r}_{\mathrm{s}})+\phi_{\mathrm{s}}(\boldsymbol{r}_{\mathrm{s}})\right]\frac{\partial}{\partial n}G(\boldsymbol{r},\boldsymbol{r}_{\mathrm{s}})\,\mathrm{d}S \tag{8.4.6}$$

其中，$\phi_{\mathrm{i}}(\boldsymbol{r}_{\mathrm{s}})$ 是从源点 $\boldsymbol{r}_0$ 入射到表面 $\boldsymbol{r}_{\mathrm{s}}$ 的场，$G(\boldsymbol{r},\boldsymbol{r}_{\mathrm{s}})$ 是从表面 $\boldsymbol{r}_{\mathrm{s}}$ 到接收点 $\boldsymbol{r}$ 的 Green 函数。

$$\phi_{\mathrm{i}}(\boldsymbol{r}_{\mathrm{s}},\boldsymbol{r}_0)=\frac{\mathrm{i}\rho_0(z)}{4}\sum_l\psi_l(z_{\mathrm{s}})\,\psi_l(z_0)\,\mathrm{H}_0^{(1)}(k_l\left|\boldsymbol{L}_0-\boldsymbol{L}_{\mathrm{s}}\right|) \tag{8.4.7}$$

z_{s} 是表面 $\boldsymbol{r}_{\mathrm{s}}$ 点的深度，$\boldsymbol{L}_{\mathrm{s}}$ 是 $\boldsymbol{r}_{\mathrm{s}}$ 对应的水平矢量。

$$G(\boldsymbol{r},\boldsymbol{r}_{\mathrm{s}})=\frac{\mathrm{i}\rho_0(z)}{4}\sum_l\psi_l(z)\,\psi_l(z_{\mathrm{s}})\mathrm{H}_0^{(1)}(k_l\left|\boldsymbol{L}-\boldsymbol{L}_{\mathrm{s}}\right|) \tag{8.4.8}$$

假定场点和源点都远离散射体，$L\gg L_{\mathrm{s}}$，$L_0\gg L_{\mathrm{s}}$。取 Hankel 函数的渐近展开得到

$$G(\boldsymbol{r},\boldsymbol{r}_{\mathrm{s}})\approx\mathrm{i}\rho_0\,(8\pi)^{-1/2}\,\mathrm{e}^{-\mathrm{i}\pi/4}\sum_l\psi_l(z)\,\psi_l(z_{\mathrm{s}})\,\frac{\mathrm{e}^{\mathrm{i}k_l[L-r_{\mathrm{s}}\cos(\varphi-\varphi_{\mathrm{s}})]}}{\sqrt{k_lL}} \tag{8.4.9}$$

$$\phi_{\mathrm{i}}(\boldsymbol{r}_{\mathrm{s}},\boldsymbol{r}_0)\approx\mathrm{i}\rho_0\,(8\pi)^{-1/2}\,\mathrm{e}^{-\mathrm{i}\pi/4}\sum_l\psi_l(z_0)\,\psi_l(z_{\mathrm{s}})\,\frac{\mathrm{e}^{\mathrm{i}k_l[L_0-r_{\mathrm{s}}\cos(\varphi_0-\varphi_{\mathrm{s}})]}}{\sqrt{k_lL_0}} \tag{8.4.10}$$

假设水层中声速 c 是常数，简正波可以表示成上行和下行平面波的叠加

$$\psi_l(z)=N_l\left[\mathrm{e}^{\mathrm{i}\kappa_l(z+h)}-\mathrm{e}^{-\mathrm{i}\kappa_l(z+h)}\right] \tag{8.4.11}$$

其中

$$\kappa_l=\left(k^2-k_l^2\right)^{1/2}=\left(\omega^2/c^2-k_l^2\right)^{1/2} \tag{8.4.12}$$

N_l 是归一化常数。定义角度 α_l

$$\kappa_l=k\cos\alpha_l \tag{8.4.13}$$

于是 $k_l=k\sin\alpha_l$。例如，$\mathrm{e}^{\mathrm{i}k\cos\alpha_l(z+h)}$ 表示与 z 轴夹角 α_l 沿 $+z$ 方向传播的平面波，所以是下行平面波。常数 h 是目标中心深度，这是由坐标系的选取而引入的，因为边界条件要求 $z=-h$ 时 $\phi=0$。于是有

$$G(\boldsymbol{r},\boldsymbol{r}_{\mathrm{s}})\approx\sum_l\left[A_l(\boldsymbol{r})\,\mathrm{e}^{-\mathrm{i}kr_{\mathrm{s}}\eta(\pi-\alpha_l,\varphi)}-B_l(\boldsymbol{r})\,\mathrm{e}^{-\mathrm{i}kr_{\mathrm{s}}\eta(\alpha_l,\varphi)}\right] \tag{8.4.14}$$

$$\phi_{\mathrm{i}}(\boldsymbol{r}_{\mathrm{s}},\boldsymbol{r}_0)\approx\sum_{l'}\left[A_{l'}(\boldsymbol{r}_0)\,\mathrm{e}^{-\mathrm{i}kr_{\mathrm{s}}\eta(\pi-\alpha_{l'},\varphi_0)}-B_{l'}(\boldsymbol{r}_0)\,\mathrm{e}^{-\mathrm{i}kr_{\mathrm{s}}\eta(\alpha_{l'},\varphi_0)}\right] \tag{8.4.15}$$

其中

$$A_l(\boldsymbol{r}) \approx \mathrm{i}\rho_0 \left(8\pi k_l L\right)^{-1/2} \psi_l(z)\, N_l \mathrm{e}^{\mathrm{i}(k_l L + \kappa_l h - \pi/4)} \tag{8.4.16}$$

$$B_l(\boldsymbol{r}) \approx \mathrm{i}\rho_0 \left(8\pi k_l L\right)^{-1/2} \psi_l(z)\, N_l \mathrm{e}^{\mathrm{i}(k_l L - \kappa_l h - \pi/4)} \tag{8.4.17}$$

因此，Green 函数和入射场都可以表示成平面波的组合，它们的入射方向依赖于简正波的角度 α_l 和场点或源点的方位角 φ 或 φ_0。

$$\begin{aligned}\phi_{\mathrm{s}}(\boldsymbol{r}) \approx & \int_S \left(\sum_{l'}\left[A_{l'}(\boldsymbol{r}_0)\,\mathrm{e}^{-\mathrm{i}k r_{\mathrm{s}}\eta(\pi-\alpha_{l'},\varphi_0)} - B_{l'}(\boldsymbol{r}_0)\,\mathrm{e}^{-\mathrm{i}k r_{\mathrm{s}}\eta(\alpha_{l'},\varphi_0)}\right] + \phi_{\mathrm{s}}(\boldsymbol{r}_{\mathrm{s}})\right)\\ &\times \frac{\partial}{\partial n}\sum_l\left[A_l(\boldsymbol{r})\,\mathrm{e}^{-\mathrm{i}k r_{\mathrm{s}}\eta(\pi-\alpha_l,\varphi)} - B_l(\boldsymbol{r})\,\mathrm{e}^{-\mathrm{i}k r_{\mathrm{s}}\eta(\alpha_l,\varphi)}\right]\mathrm{d}S\end{aligned} \tag{8.4.18}$$

这个公式的积分号中包含未知的表面散射场，满足边界条件

$$\frac{\partial}{\partial n}\left[\phi_{\mathrm{i}}(\boldsymbol{r}_{\mathrm{s}}) + \phi_{\mathrm{s}}(\boldsymbol{r}_{\mathrm{s}})\right] = 0 \tag{8.4.19}$$

所以方程 (8.4.18) 和 (8.4.19) 实际上是一个难解的积分方程。下面用自由空间中的平面波散射函数近似波导中的平面波散射函数可以得到形式解。先假定入射波只有第 l' 阶下行平面波，用 $\phi_{\mathrm{s}l'}^{(1)}(\boldsymbol{r}_{\mathrm{s}})$ 表示所产生的表面散射场，满足边界条件

$$\frac{\partial}{\partial n}\left[A_{l'}(\boldsymbol{r}_0)\,\mathrm{e}^{-\mathrm{i}k r_{\mathrm{s}}\eta(\pi-\alpha_{l'},\varphi_0)} + \phi_{\mathrm{s}l'}^{(1)}(\boldsymbol{r}_{\mathrm{s}})\right] = 0 \tag{8.4.20}$$

$\phi_{\mathrm{s}l'}^{(1)}(\boldsymbol{r}_{\mathrm{s}})$ 是第 l' 阶下行平面波在表面上产生的散射场。远离目标的散射场是

$$\begin{aligned}\phi_{\mathrm{s}l'}^{(1)}(\boldsymbol{r}) \approx & \int_S \left[A_{l'}(\boldsymbol{r}_0)\,\mathrm{e}^{-\mathrm{i}k r_{\mathrm{s}}\eta(\pi-\alpha_{l'},\varphi_0)} + \phi_{\mathrm{s}l'}^{(1)}(\boldsymbol{r}_{\mathrm{s}})\right]\\ &\times \frac{\partial}{\partial n}\sum_l\left[A_l(\boldsymbol{r})\,\mathrm{e}^{-\mathrm{i}k r_{\mathrm{s}}\eta(\pi-\alpha_l,\varphi)} - B_l(\boldsymbol{r})\,\mathrm{e}^{-\mathrm{i}k r_{\mathrm{s}}\eta(\alpha_l,\varphi)}\right]\mathrm{d}S\end{aligned} \tag{8.4.21}$$

再用自由空间中的表面散射场近似波导中的表面散射场，相当于忽略边界的多次散射，即单散射体近似。

设自由空间中入射平面波是

$$\phi_{\mathrm{i}}(\boldsymbol{r}_{\mathrm{s}}) = \mathrm{e}^{-\mathrm{i}k r_{\mathrm{s}}\eta(\theta_0,\varphi_0)} \tag{8.4.22}$$

Green 函数是

$$G(\boldsymbol{r},\boldsymbol{r}_{\mathrm{s}}) = \frac{\mathrm{e}^{\mathrm{i}k|\boldsymbol{r}-\boldsymbol{r}_{\mathrm{s}}|}}{4\pi|\boldsymbol{r}-\boldsymbol{r}_{\mathrm{s}}|} \approx \frac{\mathrm{e}^{\mathrm{i}k[r - r_{\mathrm{s}}\eta(\theta,\phi)]}}{4\pi r} \tag{8.4.23}$$

代入积分公式 (8.4.6) 得到

$$\phi_{\mathrm{s}}(\boldsymbol{r}) \approx \frac{\mathrm{e}^{\mathrm{i}kr}}{4\pi r}\int_S\left[\mathrm{e}^{-\mathrm{i}k r_{\mathrm{s}}\eta(\theta_0,\varphi_0)} + \phi_{\mathrm{s}}(\boldsymbol{r}_{\mathrm{s}})\right]\frac{\partial}{\partial n}\mathrm{e}^{-\mathrm{i}k r_{\mathrm{s}}\eta(\theta,\varphi)}\mathrm{d}S \tag{8.4.24}$$

按下式定义平面波散射函数 $S(\theta,\varphi;\theta_0,\varphi_0)$(这里的 S 函数与 8.3 节中的 S_{lp} 一致，相当于文献 [2,3] 的 S/k)

$$\phi_{\mathrm{s}}(\boldsymbol{r})=\frac{\mathrm{e}^{\mathrm{i}kr}}{r}S(\theta,\varphi;\theta_0,\varphi_0) \tag{8.4.25}$$

得到

$$S(\theta,\varphi;\theta_0,\varphi_0)=\frac{1}{4\pi}\int_S\left[\mathrm{e}^{-\mathrm{i}kr_{\mathrm{s}}\eta(\theta_0,\varphi_0)}+\phi_{\mathrm{s}}(\boldsymbol{r}_{\mathrm{s}})\right]\frac{\partial}{\partial n}\mathrm{e}^{-\mathrm{i}kr_{\mathrm{s}}\eta(\theta,\varphi)}\mathrm{d}S \tag{8.4.26}$$

这里 $\phi_{\mathrm{s}}(\boldsymbol{r}_{\mathrm{s}})$ 还要满足刚性边界条件

$$\frac{\partial}{\partial n}\left[\phi_{\mathrm{i}}(\boldsymbol{r})+\phi_{\mathrm{s}}(\boldsymbol{r}_{\mathrm{s}})\right]=\frac{\partial}{\partial n}\left[\mathrm{e}^{-\mathrm{i}kr_{\mathrm{s}}\eta(\theta_0,\varphi_0)}+\phi_{\mathrm{s}}(\boldsymbol{r}_{\mathrm{s}})\right]=0 \tag{8.4.27}$$

将平面波散射函数用到 (8.4.21) 式得到只有第 l' 阶下行平面波入射时的近似散射声场

$$\phi_{\mathrm{s}l'}^{(1)}(\boldsymbol{r})\approx4\pi\sum_l A_{l'}(\boldsymbol{r}_0)\left[A_l(\boldsymbol{r})S(\pi-\alpha_l,\varphi;\pi-\alpha_{l'},\varphi_0)-B_l(\boldsymbol{r})S(\alpha_l,\varphi;\pi-\alpha_{l'},\varphi_0)\right] \tag{8.4.28}$$

类似地，只有第 l' 阶上行平面波入射时的近似散射声场是

$$\phi_{\mathrm{s}l'}^{(2)}(\boldsymbol{r})\approx-4\pi\sum_l B_{l'}(\boldsymbol{r}_0)\left[A_l(\boldsymbol{r})S(\pi-\alpha_l,\varphi;\alpha_{l'},\varphi_0)-B_l(\boldsymbol{r})S(\alpha_l,\varphi;\alpha_{l'},\varphi_0)\right] \tag{8.4.29}$$

计及上、下行平面波的散射并对所有阶次叠加得到总散射场

$$\begin{aligned}\phi_{\mathrm{s}}(\boldsymbol{r})\approx4\pi\sum_{l'}\sum_l\Big\{&A_{l'}(\boldsymbol{r}_0)\left[A_l(\boldsymbol{r})S(\pi-\alpha_l,\varphi;\pi-\alpha_{l'},\varphi_0)-B_l(\boldsymbol{r})S(\alpha_l,\varphi;\pi-\alpha_{l'},\varphi_0)\right]\\&-B_{l'}(\boldsymbol{r}_0)\left[A_l(\boldsymbol{r})S(\pi-\alpha_l,\varphi;\alpha_{l'},\varphi_0)-B_l(\boldsymbol{r})S(\alpha_l,\varphi;\alpha_{l'},\varphi_0)\right]\Big\}\end{aligned} \tag{8.4.30}$$

在反向散射的情况下，$\boldsymbol{r}=\boldsymbol{r}_0$，$\varphi=\varphi_0$，

$$\begin{aligned}\phi_{\mathrm{s}}(\boldsymbol{r})\approx4\pi\sum_{l'}\sum_l\Big\{&A_{l'}(\boldsymbol{r})\left[A_l(\boldsymbol{r})S(\pi-\alpha_l,\varphi;\pi-\alpha_{l'},\varphi)-B_l(\boldsymbol{r})S(\alpha_l,\varphi;\pi-\alpha_{l'},\varphi)\right]\\&-B_{l'}(\boldsymbol{r})\left[A_l(\boldsymbol{r})S(\pi-\alpha_l,\varphi;\alpha_{l'},\varphi)-B_l(\boldsymbol{r})S(\alpha_l,\varphi;\alpha_{l'},\varphi)\right]\Big\}\end{aligned} \tag{8.4.31}$$

当 $l=l'$ 时，其中的第 1 和第 4 项分别是下行和上行平面波的单站回波，而第 2 和第 3 项是双站回波。

Makris 把波导中的场用波数积分技术或平面波谱分解方法描述[2,3]，并与 Ingenito 的单散射体模型相结合，使得此方法不仅适用于用简正波描述的远场而且也适用于近场的计算。Makris 总结这种近似方法的适用条件是：①传播介质是水平分层和不依赖于距离的；②目标所在的层中折射率近似为常数；③目标和波导边界之间的多次反射对接收点位置散射场的贡献可以忽略；④目标到源和接收点的距离足够大以至于散射场可以表示为目标平面波散射函数的线性组合[4]。

这样，即使在复杂声速剖面情况下，只要给出目标在自由场中的平面波散射函数就可以用波动方法计算散射声场，包括收–发分置的情况。而目标在自由场中的平面波散射函数正是散射问题关注的重点，可以用各种数值方法和近似方法计算。

从公式中注意到，需要计算的平面波散射函数不仅有收–发合置即反向散射函数，而且有收–发分置散射函数，因为入射和反射平面波经过波导边界反射后形成各种收–发分置组合。这一点从 8.3 节讨论的射线声学方法中看得很清楚。

图 8.4.2 给出 Makris 用波动声学方法计算的 Pekeris 浅水波导中压力释放球的回声级[3]。水体声速 1500m/s，密度 1000kg/m^3，衰减 3×10^{-4}m^{-1}，海底半空间声速 1700m/s，密度 1900kg/m^3，衰减 (0.1λ)m^{-1}。水深 100m，强度为 0dB 的点声源和半径 10m 的球都放置在水体中间。声波频率 300Hz，$ka\approx12.56$。因为水体等声速，简正波退化为均匀平面波叠加。Makris 与 Ingenito 的公式一致。图中给出发射–接收换能器与球心的距离从 100m 变化到 1000m 时的回声级。作为比较，图中同时给出按 8.3 节的射线声学方法计算的结果，其中图 8.4.2(a) 是考虑声线相位时计算的回声级，图 8.4.2(b) 是不考虑相位仅按强度叠加的结果。因为射线声学及高频 Kirchhoff 近似的相位信息不准确，所以图 8.4.2(a) 中产生干涉的细节与波动声学的结果不一致。但图 8.4.2(b) 中射线方法和波动方法在平均值和下降趋势上是一致的，表明射线声学方法在平均意义上与波动声学方法符合。

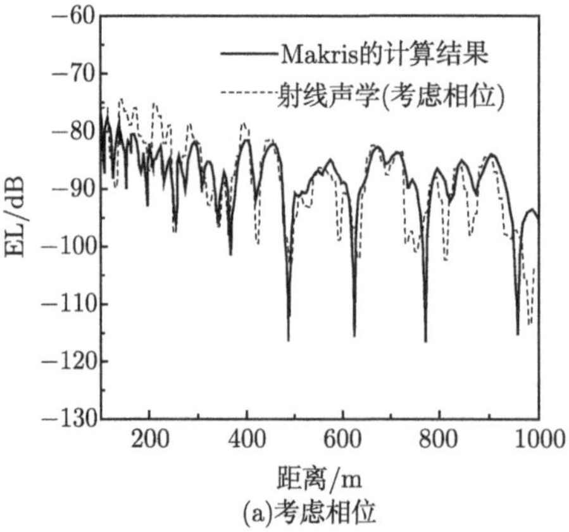

(a)考虑相位

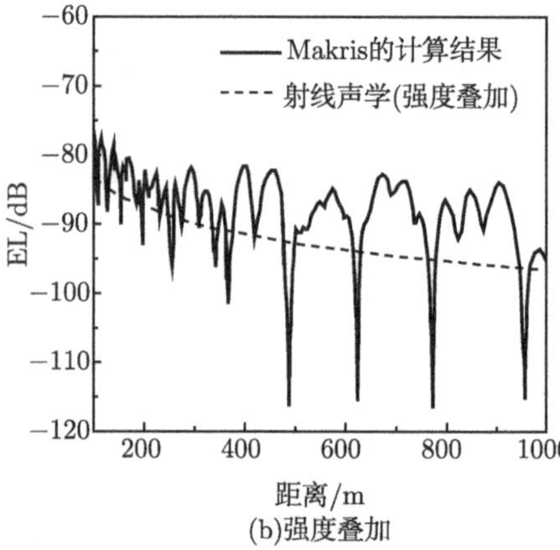

(b)强度叠加

图 8.4.2　回声级随接收距离的变化曲线[3,10]

8.5　波导中目标散射的边界元方法

从 8.4 节看到，平面波散射函数 $S(\theta,\varphi;\theta_0,\varphi_0)$ 的计算仍是波导中目标散射的主要任务之一。与自由场中的回波计算只需要已知反向散射函数不同，波导中的目标散射即使只计算回波也需要已知目标的收–发分置散射函数，即 $\theta\neq\theta_0,\varphi\neq\varphi_0$ 的情况。边界元方法是计算任意形状不规则散射体散射函数的有效方法，将它与声传播模型相结合就可以计算任意形状不规则散射体在有声速剖面的浅海波导中的散射声场，文献 [20] 作了有益的尝试。

考虑在水平无关的浅海波导中任意形状目标的散射。几何关系仍用图 8.4.1 表示，但 z 轴原点取在海面上，同时采用表 8.2 表示的坐标关系。取声场和 Green 函数满足形如 (8.4.3) 式的方程，则声场势函数满足的 Helmholtz 表面积分方程是

$$C(\boldsymbol{r})\phi(\boldsymbol{r}_0,\boldsymbol{r})=\phi_{\mathrm{i}}(\boldsymbol{r}_0,\boldsymbol{r})+\int_S\left[\phi(\boldsymbol{r}_0,\boldsymbol{r}_{\mathrm{s}})\frac{\partial G(\boldsymbol{r},\boldsymbol{r}_{\mathrm{s}})}{\partial n}-G(\boldsymbol{r},\boldsymbol{r}_{\mathrm{s}})\frac{\partial\phi(\boldsymbol{r}_0,\boldsymbol{r}_{\mathrm{s}})}{\partial n}\right]\mathrm{d}S \tag{8.5.1}$$

其中

$$C(\boldsymbol{r})=1-\frac{1}{4\pi}\int_S\frac{\partial}{\partial n}\left(\frac{1}{R}\right)\mathrm{d}S \tag{8.5.2}$$

前面已经说明，在散射体不十分靠近波导界面的情况下，积分方程中的波导 Green 函数可以用自由空间格林函数 G_0 近似，积分方程近似为

$$C(\boldsymbol{r})\phi(\boldsymbol{r}_0,\boldsymbol{r})\approx\phi_{\mathrm{i}}(\boldsymbol{r}_0,\boldsymbol{r})+\int_S\left[\phi(\boldsymbol{r}_0,\boldsymbol{r}_{\mathrm{s}})\frac{\partial G_0(\boldsymbol{r},\boldsymbol{r}_{\mathrm{s}})}{\partial n}-G_0(\boldsymbol{r},\boldsymbol{r}_{\mathrm{s}})\frac{\partial\phi(\boldsymbol{r}_0,\boldsymbol{r}_{\mathrm{s}})}{\partial n}\right]\mathrm{d}S \tag{8.5.3}$$

物理上，在表面积分方程中用自由空间 Green 函数近似波导 Green 函数意味着忽略散射体与波导边界的多次散射，用近似积分方程 (8.5.3) 计算得到的是自由场散射函数。以此为基础计算波导中目标散射相当于 Ingenito 的单散射体模型。

利用积分方程计算浅海波导中目标表面 $\phi(\boldsymbol{r}_0,\boldsymbol{r}_{\mathrm{s}})$ 和 $\partial\phi(\boldsymbol{r}_0,\boldsymbol{r}_{\mathrm{s}})/\partial n$ 时，入射声场 $\phi_{\mathrm{i}}(\boldsymbol{r}_0,\boldsymbol{r})$ 用简正波表示为[16]

$$\phi_{\mathrm{i}}(\boldsymbol{r}_0,\boldsymbol{r}_{\mathrm{s}})=\mathrm{i}\pi\sum_{m=1}^{M}\psi_m(z_0)\psi_m(z_{\mathrm{s}})\mathrm{H}_0^{(1)}\left[k_{rm}\sqrt{(x_{\mathrm{s}}-x_0)^2+(y_{\mathrm{s}}-y_0)^2}\right] \tag{8.5.4}$$

其中，k_{rm} 是水平波数，ψ_m 是对应 k_{rm} 的本征函数，M 是简正波数目。

在求解积分方程 (8.5.3) 的实际计算程序中，采用线性三角形等参单元划分目标表面，单元坐标、势函数及其梯度用单元形函数表示为

$$x=\sum_{i=1}^{3}x_iN_i(\xi_1,\xi_2),\quad \phi=\sum_{i=1}^{3}\phi_iN_i(\xi_1,\xi_2),\quad \partial\phi/\partial n=\sum_{i=1}^{3}(\partial\phi/\partial n)_iN_i(\xi_1,\xi_2) \tag{8.5.5}$$

其中，$N_1=\xi_1, N_2=\xi_2, N_3=1-\xi_1-\xi_2$。为避免内部奇异频率，采用 CHIEF 方法并应用高斯数值积分计算边界元系数矩阵，所形成的超定方程组使用最小二乘法求解。

当散射体表面 $\phi(\boldsymbol{r}_0,\boldsymbol{r}_{\rm s})$ 和 $\partial\phi(\boldsymbol{r}_0,\boldsymbol{r}_{\rm s})/\partial n$ 确定后, 浅海波导中场点 $\boldsymbol{r}$ 的散射声场用外部空间中的积分公式确定:

$$\phi_{\rm s}(\boldsymbol{r})=\int_S\left[\phi_{\rm s}(\boldsymbol{r}_{\rm s})\frac{\partial G(\boldsymbol{r},\boldsymbol{r}_{\rm s})}{\partial n}-G(\boldsymbol{r},\boldsymbol{r}_{\rm s})\frac{\partial\phi_{\rm s}(\boldsymbol{r}_{\rm s})}{\partial n}\right]{\rm d}S \tag{8.5.6}$$

显然，这里的 Green 函数不能用自由空间 Green 函数近似。在远场情况下浅海波导中 Green 函数可以用简正波方法计算[21]：

$$G=\frac{\rm i}{4}\sum_{m=1}^{M}\psi_m(z)\psi_m(z_0){\rm H}_0^{(1)}(k_{rm}L) \tag{8.5.7}$$

Green 函数的法向导数

$$\frac{\partial G}{\partial n}=\frac{\partial G}{\partial L}\frac{\partial L}{\partial n}+\frac{\partial G}{\partial z}\frac{\partial z}{\partial n} \tag{8.5.8}$$

其中

$$\begin{cases}\dfrac{\partial G}{\partial L}=\dfrac{\rm i}{4}\displaystyle\sum_{m=1}^{M}\psi_m(z_0)\psi_m(z)k_{rm}H_1^{(1)}(k_{rm}L), & \dfrac{\partial L}{\partial n}=\dfrac{(x_{\rm s}-x)n_x+(y_{\rm s}-y)n_y}{L}\\ \dfrac{\partial G}{\partial z}=\dfrac{\rm i}{4}\displaystyle\sum_{m=1}^{M}\psi_m(z_0)\dfrac{\partial\psi_m(z)}{\partial z}{\rm H}_0^{(1)}(k_{rm}L), & \dfrac{\partial z}{\partial n}=n_z\end{cases} \tag{8.5.9}$$

对于上表面是自由表面、下表面是刚性界面的理想波导

$$\begin{cases}\psi_m=\sqrt{2L/H}\cos(k_{zm}z)\\ \partial\psi_m/\partial z=-k_{zm}\sqrt{2L/H}\sin(k_{zm}z)\end{cases} \tag{8.5.10}$$

其中，$k_{zm}^2+k_{rm}^2=k_m^2$，k_m 是 m 阶简正波的特征波数。对于声速随深度变化的浅海波导,ψ_m,$\partial\psi_m/\partial z$，$k_{rm}$ 可以通过 KRAKEN 简正波声传播模型计算[22,23]。

用 8.2 节中导出的理想波导中球体散射的解析解作为标准来检验边界元方法。设理想波导上界面压力释放，下界面刚性，深度 $H=100$m，中间是密度为 1.0g / cm^3, 声速为 1500.0m / s 的均匀水层。散射球体半径 $a=10$m。在镜像法计算中，截断常数取 60，波导上、下各取 4000 个镜像点声源和虚球。边界元计算时球体表面被划分为 5600 个三角形单元, 共包含 2802 个结点，内部有 20 个随机选取的 CHIEF 点。

第一种情况是球体远离波导边界且声源、场点与球体距离较远。无指向性点声源和散射球中心都位于水中 $h=50$m 的深度上，两者相距 1000m。场点位于球体背向，与球心之间水平距离 1000m 但深度可能不同，即场点与源点在同一垂直

线上。图 8.5.1 是用镜像法、波导边界元方法及 Ingenito 方法[4] 计算理想波导中球体散射声压幅值随场点深度的分布曲线。从图可以看出, 波导边界元法和 Ingenito 单散射体近似方法的结果与镜像解析法均符合良好。频率较低时声压幅值随接收深度变化缓慢，三种方法的结果非常一致。频率较高时干涉现象严重，声压幅值随接收深度起伏变化增大, 三种方法符合程度变差, 但是峰谷点位置仍很一致。这就说明

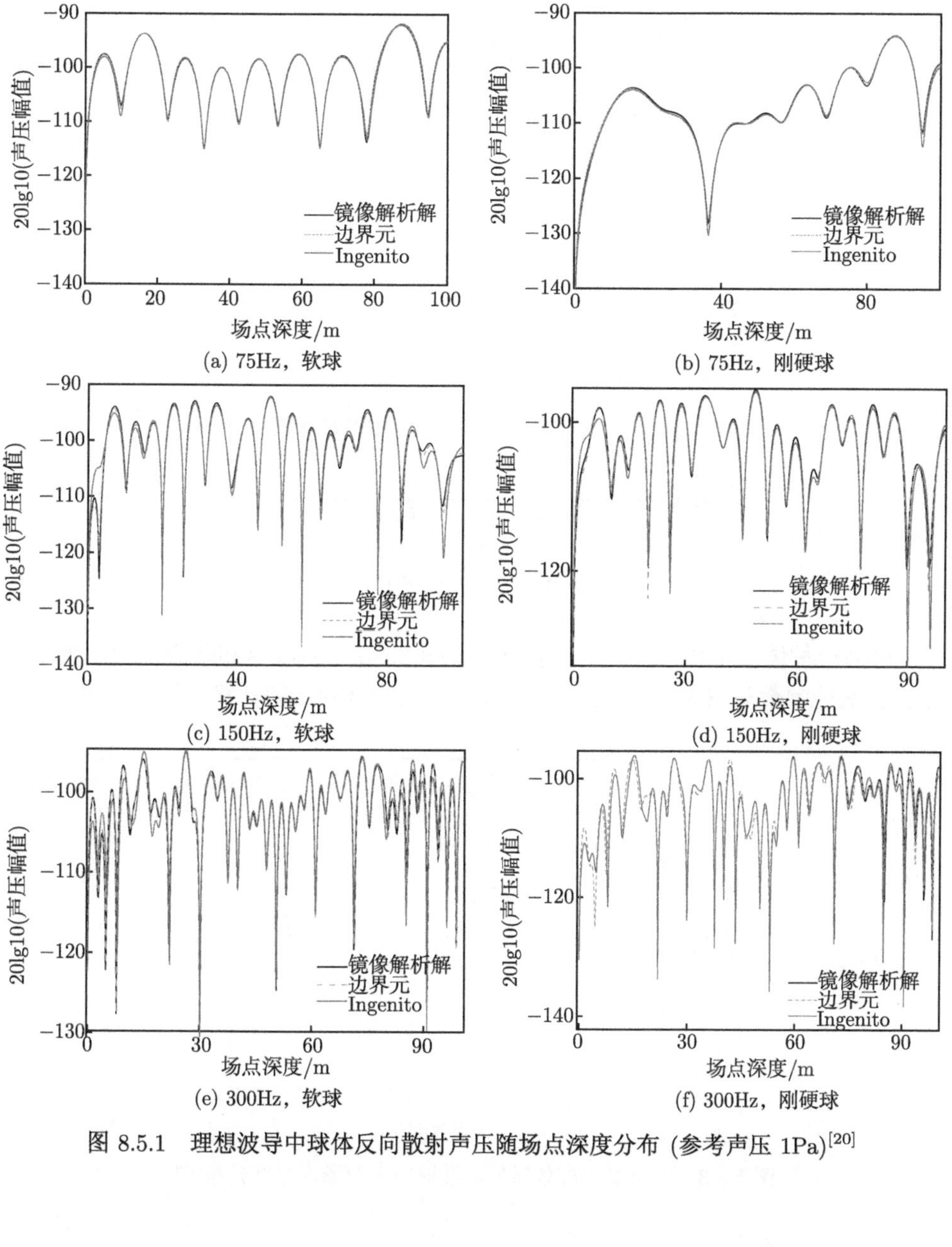

图 8.5.1 理想波导中球体反向散射声压随场点深度分布 (参考声压 1Pa)[20]

对于散射体不十分接近波导界面，且发射、接收点与散射体距离较远以至于声场简正波表示适用时，波导边界元计算是准确的。

第二种情况是球体靠近水面而声源、场点与球体距离仍较远。设点声源和球体中心都位于水中 10m 的深度上，两者相距 1000m。这意味着球体北极刚好接触水面。接收点的位置与前面相同，频率 75Hz。图 8.5.2 是镜像法和波导边界元法计算散射声场随接收点水深的变化曲线，两种方法的计算结果依然符合良好。这是因为在球体北极刚好接触水面的情况下，球体表面积分方程中只有北极点邻近的极小区域不能用自由空间格林函数近似波导格林函数，其作用微乎其微。由此可以预计，当目标只有很小部分靠近波导界面时，波导边界元法计算仍是可靠的。

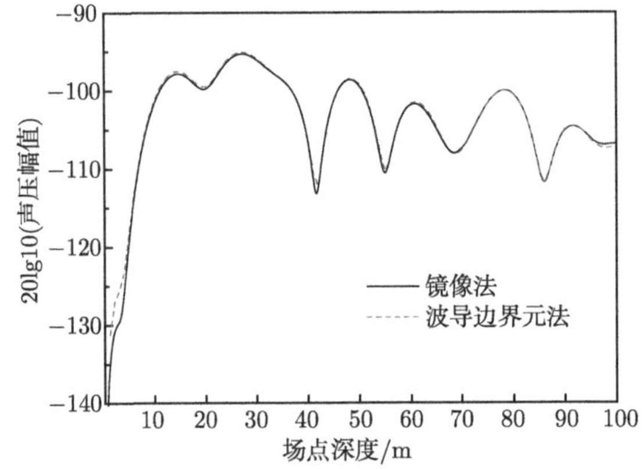

图 8.5.2　球体靠近水面时反向散射声压随场点深度分布[20]

最后一种情况是接收点距离目标较近。图 8.5.3 是接收点和球心之间水平距离 10.5m，其他参数与图 8.5.1(b) 相同。波导边界元和镜像法的计算结果有一定差异，

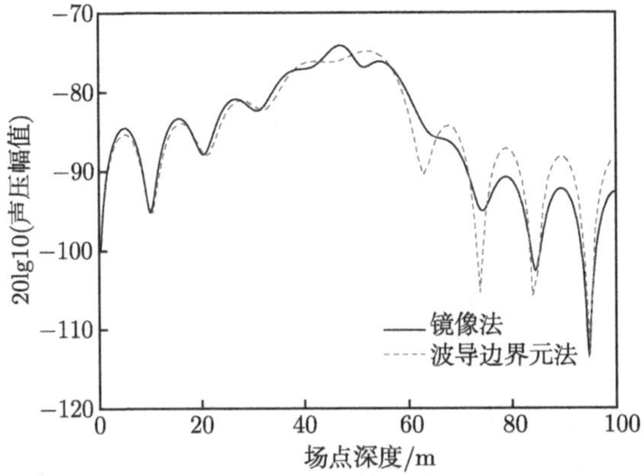

图 8.5.3　场点靠近球体时反向散射声压随场点深度分布[20]

这是因为从球体散射的波到接收点的距离太近，简正波描述误差较大，波导边界元方法在目标的近距离不准确。

图 8.5.4 给出理想波导中刚性球散射声场的水平方向性图，声压级的参考值是 1μPa。入射声波的方向如图中箭头所示，场点和球心的水平距离为 1000m，点声源、场点、球体都位于水中 50m 的深度上。同时给出自由空间情形作为比较。

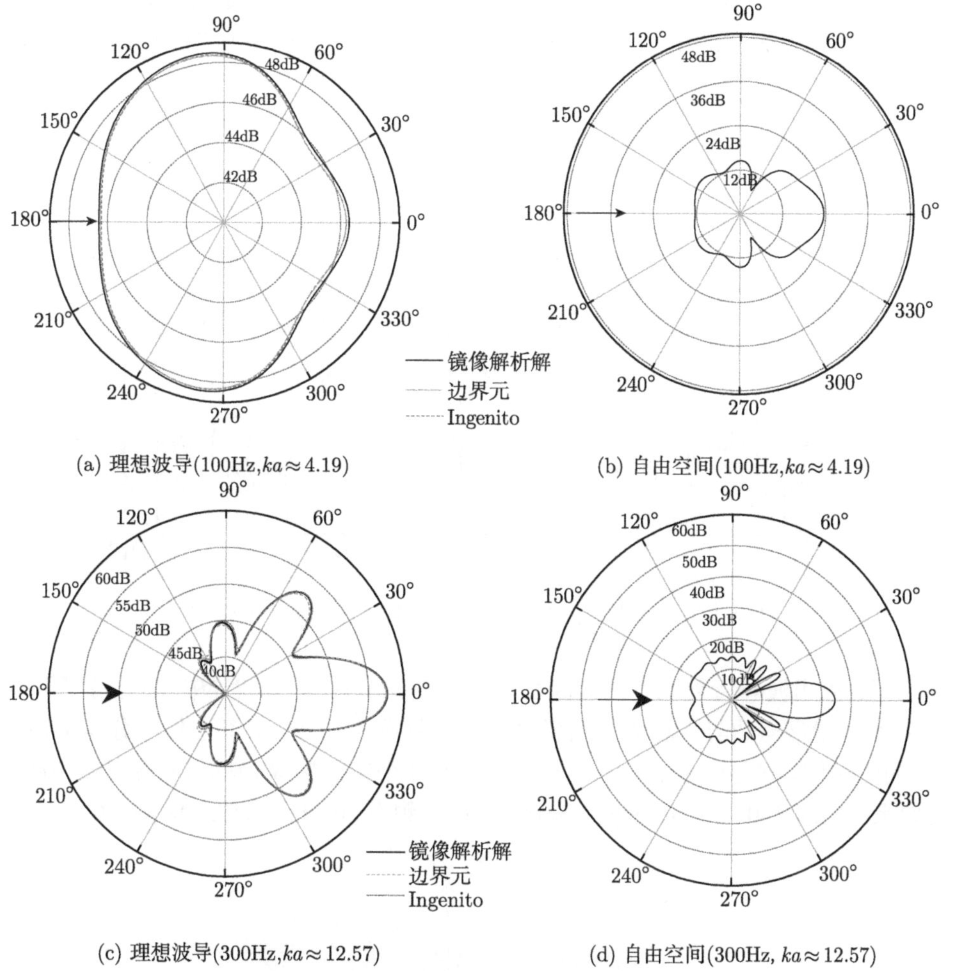

图 8.5.4 理想波导和自由场刚性球散射声压级水平方向性比较[20]

图 8.5.4(a)、(b) 是频率 100Hz、$ka \approx 4.19$，(c)、(d) 是频率 300Hz、$ka \approx 12.57$。从图中可以看出：①在大多数角度，波导中球体的散射声压幅值比自由空间中的散射声压幅值大，这是浅海波导的多途作用的体现，因为浅海波导中的散射声场除了直达散射声，还有经界面反射等多途散射声的贡献；②波导中球体的散射方向性与

自由空间中的情形又有很大的不同，前者散射声场在水平方向的分布更趋均匀，这是浅海波导多途平均作用的体现。

图 8.5.5 是理想波导中刚性球反向散射声压幅值随频率的变化曲线，计算频率间隔 0.1Hz，波导深度、球体半径和深度、水平距离同上。3 种方法的计算结果重合得相当好。由图可见，波导中刚性球反向散射声压的频率响应 "杂乱无章"，与自由场中呈现有规律振荡的频率响应 (参见图 2.2.2) 完全不同，这是因为波导多途干涉的作用。由此可见，试图用自由空间中目标散射的频率特征在波导中识别目标是不可行的。

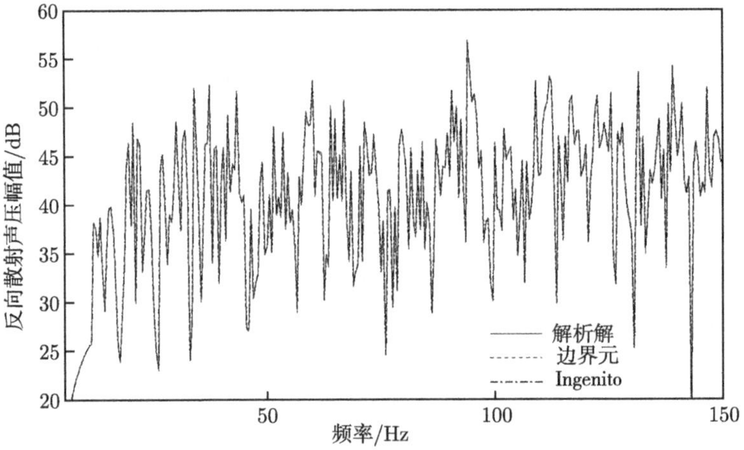

图 8.5.5　理想波导中刚性球反向散射声压随频率变化[20]

下面应用波导边界元方法计算水中潜器在 Pekeris 浅海波导中的回波声压。图 8.5.6 是水中潜器边界元计算几何模型，水中潜器全长 27m，其主体部分是半径为 2m 的圆柱体。它是由 8068 个三角单元和 4036 个结点构成。Pekeris 波导深 100m，均匀水层声速 1500.0m/s，密度 1000.0 kg/m^3，频率 300Hz，水体衰减 $3\times10^{-4}\text{m}^{-1}$。

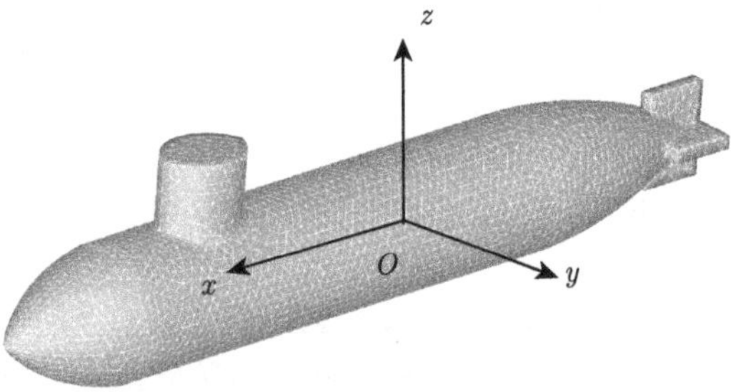

图 8.5.6　水中潜器边界元模型[15]

半无限大流体空间衰减 $(0.1/\lambda)\mathrm{m}^{-1}$，声速 1700 m/s，密度 1900 kg/m^3。水中潜器和收–发合置点声源都位于水面下 50m 深度上，场点均匀分布在 xy 平面内以 O 为圆心、半径 1000m 的圆周上。取简正波数目 $M = 19$，水中潜器模型内部随机选取 20 个 CHIEF 点，声学边界条件为表面振速为零。图 8.5.7 是 Pekeris 波导中水中潜器回波声压幅值随方位角的变化曲线，(a) 是 Pekeris 波导中，(b) 是自由空间中。比较图 8.5.7(a) 和 (b) 可以发现：①水中潜器在 Pekeris 波导中的回波声压幅值比自由场回波声压幅值大得多。这与前面球体散射的分析一样，是浅海波导的多途作用的体现，即浅海波导中的散射声场除了直达散射声，还有经界面反射等多途散射声场的贡献。②在 Pekeris 浅海波导中，水中潜器正横方向 (y 方向) 的回波声压相对其他方位增强更多，或者说散射方向性图中正横方向的波束更窄。这个结果和文献 [9] 中讨论浅海波导中细长圆柱横放散射声压幅值大于竖放的原因是相同的：水中潜器在正横方位所在的竖直面内，散射能力最强，它经波导上、下界面反射形成的多途散射声比其他方位强。

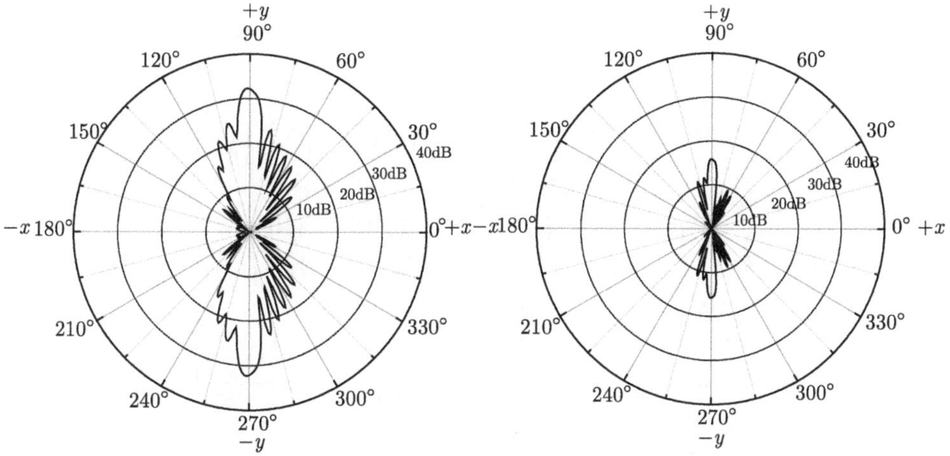

(a) Pekeris波导　　(b)自由空间

图 8.5.7 水中潜器单站散射声压级随方位角度化[20]

波导边界元方法能够分析浅海波导声速剖面对目标散射声场的影响。图 8.5.8 给出典型混合层表面声道声速剖面和 500Hz 频率传播损失的空间分布。同样距离上混合层内声场明显高于下面负梯度区域内的声场。

应用波导边界元方法计算水中潜器在混合层表面声道中的回波声场，潜器的方位是尾部对着发射–接收器。设点声源位于水中 10m 深度上，声源和水中潜器水平距离 8000m，声源级 SL 零分贝。声频率 500Hz，取简正波数目 $M = 65$。图 8.5.9 是回声级随水中潜器深度的变化曲线。由图可见，在表面声道控制的深度上，回声级的平均值要比声速负梯度深度上的回声级平均值大，这与混合层表面声道的传播损失分布规律相符。

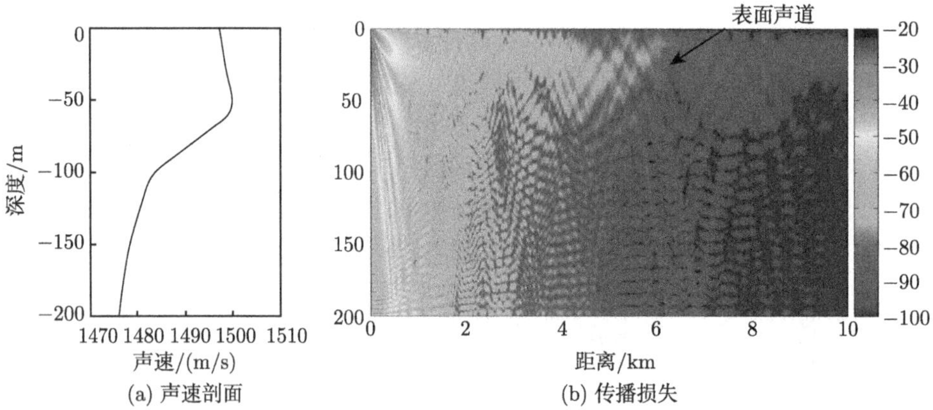

图 8.5.8　混合层表面声道声速剖面和传播损失 (500Hz)[20](后附彩图)

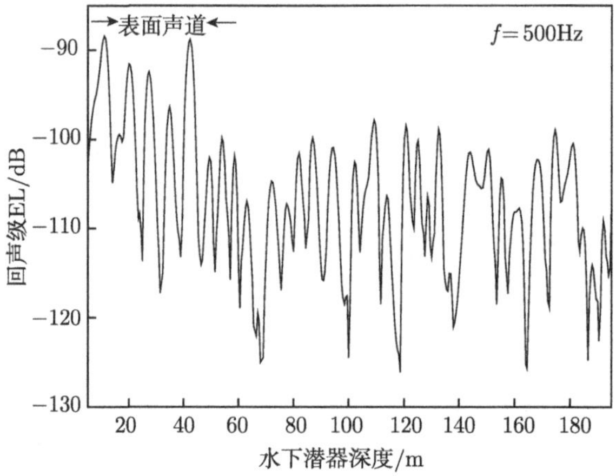

图 8.5.9　混合层表面声道回声级随水中潜器深度变化[20]

上面讨论表明，把边界元方法和简正波声传播模型相结合能够计算形状不规则散射体在有声速剖面的浅海波导中的散射场，但是计算的工作量较大，只能计算低频声散射。与此类似，第 6 章中的各种数值计算方法也可以与简正波声传播模型结合计算波导中目标散射。

8.6　浅海波导中主动声呐方程适用性和等效目标强度概念

主动声呐方程是主动声呐性能评估的主要解析工具，可用来估计目标的回波特性和主动探测的作用距离。传统意义上的主动声呐方程见 (1.1.3) 式，回声级表

示成

$$\mathrm{EL} = \mathrm{SL} - 2\mathrm{TL} + \mathrm{TS} \tag{8.6.1}$$

这里隐含了两个假定：①传播和散射作用互相可以分开；②目标强度 TS、传播损失 TL 和声源级 SL 这几个不相干量的线性组合确定接收点的回声级。

所以声呐方程只有当传播和散射作用可分离时才成立。最简单的情况是，自由空间中一个无指向性点源和接收器，目标处在它们的远场中。这时入射和散射波都可以近似为有确定传播方向的球面波，扣除球面波传播因子后目标的散射特性可以用确定方向组合的平面波散射函数表征，并且与距离远近无关。与 (8.4.25) 式对应，在自由场远场中可以定义平面波散射函数

$$p_{\mathrm{s}}(\boldsymbol{r}) = A\frac{\mathrm{e}^{\mathrm{i}kr_0}}{r_0}\frac{\mathrm{e}^{\mathrm{i}kr}}{r}S(\alpha,\beta;\alpha_{\mathrm{i}},\beta_{\mathrm{i}}) \tag{8.6.2}$$

其中，A 是入射声源的幅度，r_0 是入射点源与目标的距离，r 是目标到接收点的距离，$\alpha_{\mathrm{i}},\beta_{\mathrm{i}}$ 和 α,β 分别表示入射角和散射角。收–发合置时 $r_0 = r$，$\alpha_{\mathrm{i}} = \alpha$，$\beta_{\mathrm{i}} = \beta$，$S(\alpha,\beta;\alpha,\beta)$ 是反向散射函数。取声压参考值 p_{ref}，距离参考值 1m，得到分贝表示的声呐方程

$$\mathrm{EL} = 20\lg\left|\frac{p_{\mathrm{s}}(\boldsymbol{r})}{p_{\mathrm{ref}}}\right| = \mathrm{SL} - \mathrm{TL}(r_0|1) + \mathrm{TS} - \mathrm{TL}(r|1) \tag{8.6.3}$$

其中，$\mathrm{SL} = 20\lg|A/p_{\mathrm{ref}}|$ 是声源级，$\mathrm{TS} = 20\lg|S(\alpha,\beta;\alpha_{\mathrm{i}},\beta_{\mathrm{i}})|$ 是目标强度，$\mathrm{TL}(r_0|1) = 20\lg r_0$，$\mathrm{TL}(r|1) = 20\lg r$ 是往返的传播损失。在这种情况下，入射和反射都只有一个波，不存在多个波的相互干涉和耦合，所以描述声场的传播和散射因子可以分离，声呐方程成立。

在深海中，直达和表面反射声常常能够在时间上分离，可以与自由场的情况等效，所以声呐方程在深海中使用有其合理性。大陆架环境属于海洋声学中的浅海波导，来自于表面和海底的多途反射重叠和相干干涉。不存在唯一的入射和散射角。

从射线声学的观点看，从声源发出的声线在波导中经过两个界面的多次反射，入射到目标的声线有无限多条。每条入射声线从目标反射后又会产生无限多条到达接收点的声线。入射和散射声线的各种组合可以归纳成各种单站和双站散射，总的散射场是所有这些单个散射场的相干叠加。因为每个组合的入射–散射角不同，相应的散射函数也就不同。叠加后不可能将传播和散射因子分离开，意味着不可能定义一个确定的目标强度描述散射过程，所以声呐方程不成立。

从波动声学的观点看，波导中来自于远距离点源的入射场可以分解成各阶简正波。简正波又可以表示成上行和下行平面波的叠加。每个入射平面波以确定的俯仰角到达目标，从目标散射后产生包括所有俯仰和方位角的向外传播的平面波。目标同时影响每个散射平面波的振幅和相位。这种相位改变不可能用目标强度这样一个非相干量描述。对于一个远场接收器，散射场是所有入射平面波产生的所有散

射平面波的相干叠加。正像波导传播简正波必须计及从源到接收器多途的相干干涉以精确确定传播损失，波导散射简正波必须计及入射到目标的每个波的所有散射波的相干干涉。对于波导中的目标，传播和散射就是以这种方式相干地耦合在一起的。

无论是从射线声学观点还是波动声学观点，声呐方程成立的条件在物理上是传播和散射过程可以解耦，在数学上是传播和散射因子可以分离。根据上面的讨论可以清楚地看出，将自由空间中的目标强度直接用于波导中目标散射的计算可能存在问题。因为各条声线或各阶简正波所对应的不同方向散射函数互不相同，叠加以后无法定义总的传播因子和总的散射函数。一般来说，总散射声场中传播和散射不能作解耦处理。只有当各条声线所对应的不同方向散射函数都相同时，总散射声场中的传播因子和散射函数可以分解。以射线声学的公式 (8.3.27) 为例

$$\phi_{\mathrm{s}}=\sum_{u=1}^{\infty}T_u^2S_u+\sum_{\substack{u=1\\u\neq v}}^{\infty}\sum_{v=1}^{\infty}T_uT_vS_{u,v} \tag{8.6.4}$$

导出时已令入射声线的振幅都是 1，也就是源级 SL = 0，回声级可以直接表示为

$$\mathrm{EL}=20\lg\left(\sum_{u=1}^{\infty}T_u^2S_u+\sum_{\substack{u=1\\u\neq v}}^{\infty}\sum_{v=1}^{\infty}T_uT_vS_{u,v}\right) \tag{8.6.5}$$

其中既包含传播损失又包含目标散射的作用。一般说来，(8.6.5) 式不能简单地表示为 $-2\mathrm{TL}+\mathrm{TS}$，其中

$$2\mathrm{TL}=-20\lg T_{\Sigma}=-20\lg\left(\sum_{u=1}^{\infty}T_u^2+\sum_{\substack{u=1\\u\neq v}}^{\infty}\sum_{v=1}^{\infty}T_uT_v\right) \tag{8.6.6}$$

是传统声呐方程中从源点到目标中心点的双程传播损失。因为这个双程传播损失根本无法从回波中分离出来，它与各条声线的回波耦合在一起。

从信道中回波的一般表示式 (8.6.4) 可以看出，如果散射函数满足条件

$$S_u\approx S_{u,v}\approx\bar{S} \tag{8.6.7}$$

就可以得到

$$\phi_{\mathrm{s}}\approx\left(\sum_{u=1}^{\infty}T_u^2+\sum_{\substack{u=1\\u\neq v}}^{\infty}\sum_{v=1}^{\infty}T_uT_v\right)\bar{S}=T_{\Sigma}\cdot\bar{S} \tag{8.6.8}$$

$20\lg|T_{\Sigma}|$ 就是传统声呐方程中从源点到目标中心点的双程传播损失，而 $20\lg|\bar{S}|$ 就是自由空间中的目标强度。传播和散射可以近似解耦，得到 SL = 0 时

$$\mathrm{EL} \approx -2\mathrm{TL} + \mathrm{TS} \tag{8.6.9}$$

条件 (8.6.7) 意味着每个声线组合的散射函数都近似相等，与入射角和散射角无关。这个条件决定传统声呐方程能否在波导中直接应用。后面将作进一步讨论。

为了评估波导中传统声呐方程的适用性，另外定义一个波导中声呐参数——等效目标强度 ETS：

$$\mathrm{ETS} = \mathrm{EL} - \mathrm{SL} + 2\mathrm{TL} \tag{8.6.10}$$

其中，EL、TL 和 SL 的含义与传统声呐方程 (8.6.1) 相同。这里人为地将信道中的传播损失剥离出来，将耦合的信息全部归结到等效目标强度 ETS 中。如果 ETS = TS，表示信道中传播损失和目标散射可以解耦，传统的声呐方程成立。如果 ETS > TS，那么当声呐方程用自由空间中 TS 计算时将低估波导中的目标散射场。反之，则将高估目标散射场。因为信道中传播和散射的耦合还与距离有关，所以严格说来 ETS 也与距离有关。

考虑到波导中远距离传播时起作用的只是从海底、海面反射次数较少的波，也就是前几阶简正波。所以，只要这些声线或简正波的散射函数近似不变，就可能将传播和散射近似解耦。因为这些主要的波导简正波局限在水平掠射角范围 $\pm\Delta\gamma$ 内，声呐方程近似成立的条件可以描述为：目标的散射函数在主要的波导简正波覆盖的水平掠射角范围 $\pm\Delta\gamma$ 内近似不变。

散射函数能否在一定角度范围内近似不变与目标形状有关。球形目标是 ETS ≈ TS 的典型目标。图 8.6.1 是用射线声学方法计算得到的波导中刚性球随距离变化的等效目标强度 ETS，并与自由空间中的目标强度 $\mathrm{TS} = 20\lg(a/2)$ 的比较[9]。

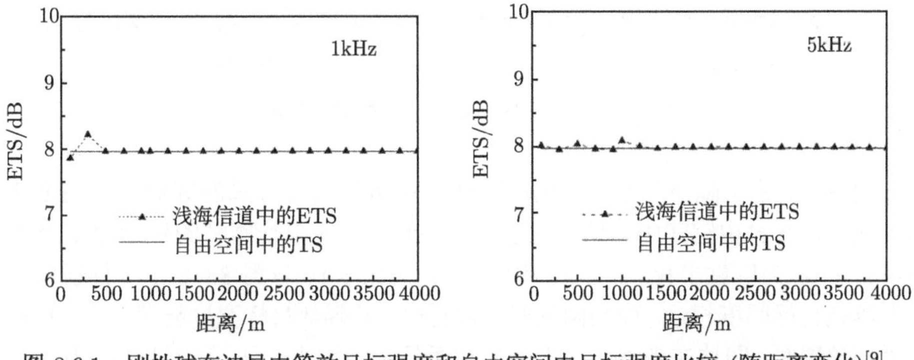

图 8.6.1　刚性球在波导中等效目标强度和自由空间中目标强度比较 (随距离变化)[9]

目标是半径 $a = 5\mathrm{m}$ 的刚性球。换能器是收–发合置形式，到刚性球中心的距离从 100m 变化到 4000m。波导的主要参数与图 8.4.2 中 Makris 计算时所取的相同。由图可见，球的 ETS 值和自由空间中的 TS 值非常接近，而且不随距离变化。这是因为对于刚性球，各种声线组合的散射函数比较接近，条件 (8.6.7) 满足得比较好，所以波导中等效目标强度接近于自由空间中的值。

一般说来，球形物体，包括长宽比不大的椭球，在非前向散射时的散射函数随角度变化不大。从亮点的概念分析，均匀球的回波亮点值在任何方位上都相同，而且当分置角小时收–发分置散射近似等于反向散射，所以 (8.6.7) 式条件近似成立，散射可以和传播解耦。对于平板和圆盘形物体，它们的散射具有高指向性。在前向和反向呈现有尖锐主瓣的不均匀散射函数，因此散射和传播不能解耦。另外一个明显不同的例子是 Pekeris 波导中刚性圆柱横向和竖向放置时的等效目标强度[10]。在自由空间中平面波从圆柱的回波与圆柱的取向无关，在波导中则与圆柱的取向关系很大。竖向放置的细长圆柱形目标是 ETS $\neq$ TS 的典型目标。取长 5m、直径 2m 的刚性圆柱。收–发合置换能器到刚性圆柱中心的距离从 500m 变化到 4000m，频率 2kHz，设声源级 SL 为 0dB。图 8.6.2 是圆柱在波导中两种放置的示意图，这是垂直于海面海底的一个截面图。圆柱中心处于波导中间，当圆柱横向放置时，圆柱的纵轴正交于距离和深度坐标轴。当圆柱竖向放置时，圆柱的纵轴与深度坐标轴平行。为了简略起见，图中只画出直达和经受海面或海底一次反射的声线。显然，横向放置时特征声线始终与圆柱的纵轴垂直。竖向放置时，除直达声线外，所有特征声线都与圆柱的纵轴有一个夹角。由图可知，声线的掠射角就等于相对于纵轴的入射角 θ。经受海面或海底反射的次数越多，声线的掠射角越大，相对于纵轴的入射角也越大。

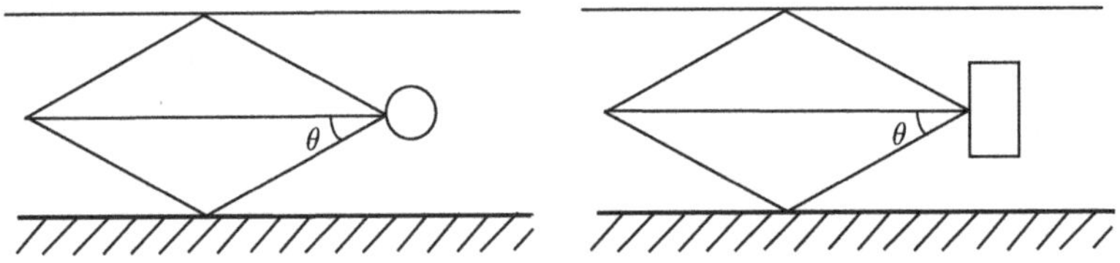

图 8.6.2　波导中圆柱两种放置示意图

图 8.6.3 是文献 [9] 计算的圆柱在波导中两种放置方式的等效目标强度随距离的变化。在自由空间中，当声波垂直于柱轴时，有限长圆柱的目标强度为 $10\lg\left(aL^2/2\lambda\right)$ (a 为圆柱半径，L 为圆柱长度，λ 为波长)，与图 8.6.3 中圆柱横向放置时的等效目标强度相近。而当圆柱竖向放置时，其等效目标强度显著变小。这是由于横向放置时，圆柱在声线所在平面的截面是圆，类似于一个球形目标。双站散射波接近圆柱正横方向入射的单站散射回波，散射随入射角变化比较小，因此等效目标强度与自由空间中的接近。而当圆柱竖向放置时，散射有指向性。一个有限长刚性圆柱的回波声压指向性函数是 $(\sin\beta/\beta)\cos\theta,\quad \beta = kL\sin\theta$，$\theta$ 是与法线的夹角。频率越高指向性越尖锐。高频时圆柱的散射随声线的掠射角变化强烈，导致等效目标强度与自由空间中的差别很大，这时传统的声呐方程不成立或误差很大。

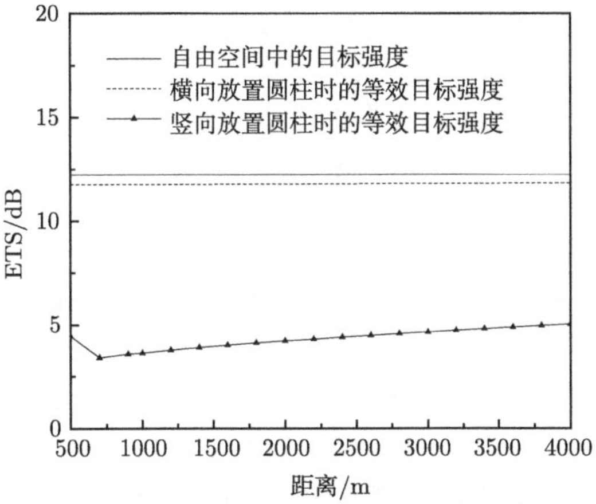

图 8.6.3 波导中圆柱等效目标强度[9]

图 8.6.3 的结果可以用射线声学概念得到更清晰的解释。采用较窄的脉冲信号，计算圆柱两种放置方式的回波结构，幅度按同样参考值计算，得到图 8.6.4。当脉冲足够窄时，各种声线组合散射产生的回波在时间上分开。由于散射的指向性，圆柱竖向放置时各种声线组合的回波幅度均大大小于横向放置时，导致竖向放置时等效目标强度减小很多。

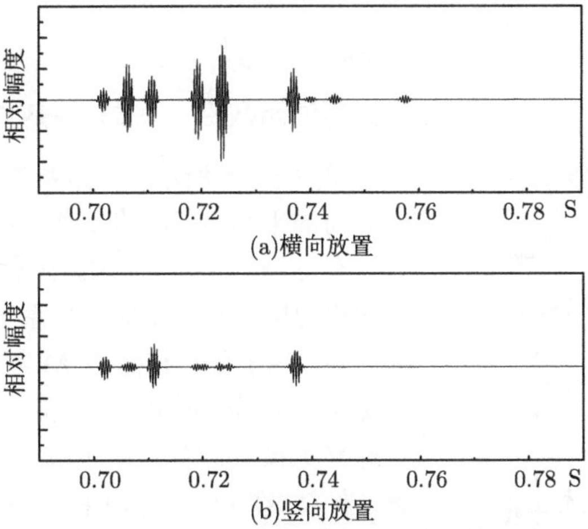

图 8.6.4 波导中长刚性圆柱窄脉冲时域回波图

散射函数的指向性还与频率有关。频率越低指向性越弱。在极限情况下，如果频率满足 $ka \ll 1$，也就是所谓的紧致 (compact) 目标，散射几乎无指向性。这时也满足条件 (8.6.7)。因此，可以得出普遍结论，甚低频情况下波导中目标散射场满足声呐方程。

对于任意形状的目标，设 L 是目标尺度，λ 是波长。散射指向性取决于距离最

大等于 L 的两个散射点的干涉。主瓣角宽度近似等于 $\lambda/(2L)$。若 $\lambda/L \ll 1$，散射具有尖指向性，反之 $\lambda/L \gg 1$ 目标可看作紧致目标。

归纳起来，声呐方程近似成立的情况如下：

(1) 所有满足 $2\Delta\gamma < \lambda/2L$ 的目标，$\pm\Delta\gamma$ 是主要波导简正波覆盖的水平掠射角范围；

(2) 球和某些其他圆球形目标在非前向散射方位。

在浅海波导中，当声呐方程应用于某些高指向性目标时，声呐方程的误差可能达到数十分贝。

关于浅海波导中声呐方程适用性的讨论是有实际意义的，原因如下：

(1) 了解声呐方程的适用程度和误差范围后可以估计主动声呐作用距离的误差，如果需要，可以根据实际海区条件做出更精确的估计。

(2) 主动目标识别时希望待估计的参数越少越好。当声呐方程成立时，只需目标强度一个参数就能表征其散射特性。目标分类可以用单参数目标强度估计的经典方法。也简化了其他问题，如波导中目标深度的估计。相反，当声呐方程不成立时，目标的分类问题变得十分复杂。若波导必须计及 M 个简正波，为了表征散射特性，必须取 $2\,(2M)^2$ 个目标参数，因为每个简正波包括入射和散射的上行和下行平面波，并且有振幅和相位参数。

附　　录

8A. 球波函数沿 z 轴的平移变换加法定理[13]

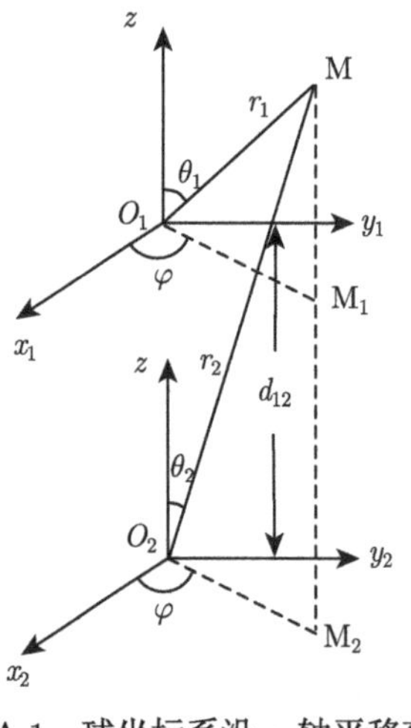

图 8A.1　球坐标系沿 z 轴平移变换

如图 8A.1 所示，坐标系 O_2 是坐标系 O_1 沿 z 轴方向的平移，它们的 x 轴、y 轴、z 轴方向相同，并且有 $\varphi_1 = \varphi_2 = \varphi$。球波函数沿 z 轴的平移变换加法定理给出这两个球坐标系下的球波函数相互转换关系。这里假设任意点 M 在球坐标系 O_1 和 O_2 的坐标分别为 $(r_1, \theta_1, \varphi_1)$ 和 $(r_2, \theta_2, \varphi_2)$。原点 O_2 在球坐标系 O_1 的坐标为 $(d_{12}, \theta_{12}, 0)$，d_{12} 是垂直距离，当 O_2 在 O_1 上方时 $\theta_{12} = 0$，当 O_2 在 O_1 下方时 $\theta_{12} = \pi$。也就是当球坐标系 O_2 沿 z 轴正方向平移时，$\theta_{12} = 0$，沿 z 轴负方向平移时，$\theta_{12} = \pi$。当 $d_{12} > r_1$ 时，坐标系 O_2 中的球波函数在球坐标系 O_1 的表示式为

$$\mathrm{h}_q^{(1)}(kr_2)\mathrm{P}_q^m(\cos\theta_2) = \sum_{n=m}^{\infty} Q_{mnmq}(d_{12}, \theta_{12})\mathrm{j}_n(kr_1)\mathrm{P}_n^m(\cos\theta_1) \tag{8A.1}$$

$$Q_{mnmq}(d_{12},\theta_{12}) = \frac{2\mathrm{i}^{n-q}}{N_{nm}} \sum_{\sigma=|n-q|}^{n+q} \mathrm{i}^{\sigma} (\cos\theta_{12})^{\sigma} b_{\sigma}^{qmnm} \mathrm{h}_{\sigma}^{(1)}(kd_{12}) \tag{8A.2}$$

其中，归一化系数是

$$N_{nm} = \frac{2(n+m)!}{(2n+1)(n-m)!} \tag{8A.3}$$

系数 b_{σ}^{qmnm} 的表示式是

$$b_{\sigma}^{qmnm} = (-1)^m \sqrt{\frac{(q+m)!(n+m)!}{(q-m)!(n-m)!}} (q,n,0,0|\sigma,0)(q,n,m,-m|\sigma,0) \tag{8A.4}$$

$(j_1,j_2,m_1,m_2|j,m)$ 是 Clebsch-Gordan 系数[13]。

参 考 文 献

[1] Ingenito F. Scattering from an object in a stratified medium. J. Acoust. Soc. Am., 1987, 82(6): 2051-2059

[2] Makris N C, Ingenito F, Kuperman W A. Detection of a submerged object insonified by surface noise in an ocean waveguide. J. Acoust. Soc. Am., 1994, 96: 1703-1724

[3] Makris N C. A spectral approach to 3-D object scattering in layered media applied to scattering from submerged spheres. J. Acoust. Soc. Am., 1998, 104(4): 2105-2113; Errata. J. Acoust. Soc. Am., 1999, 106(1): 518

[4] Ratilal P, Lai Y, Makris N C. Validity of the sonar equation and Babinet's principle for scattering in a stratified medium. J. Acoust. Soc. Am., 2002, 112(5), Pt.1: 1797-1816

[5] Makris N C, Latilal P. A unified model for reverberation and submerged object scattering in a stratified ocean waveguide. J. Acoust. Soc. Am., 2001, 109(3): 909-941

[6] Ratilal P, Makris N C. Extinction theorem for object scattering in a stratified medium. J. Acoust. Soc. Am., 2001, 110(6): 2924-2945

[7] Berg R, Ivansson S, Karasalo I. ARTES—A model for acoustic target echo strength analysis in realistic underwater environments. UDT Pacific, 2000: 118-122

[8] Berg R. Numerical calculations of Acoustic target strength—Environmental influence. UDT Pacific, 2002: 118-122

[9] 陈燕, 汤渭霖, 范军. 浅海波导中目标回声计算的射线声学方法. 声学学报, 2010, 35(3): 335-342

[10] 陈燕, 汤渭霖, 范军, 等. 基于射线跟踪技术的浅海波导中目标回声计算. 声学学报, 2013, 38(1): 12-20

[11] Seybert A F, Wu T W. Modified Helmholtz integral equation for bodies sitting on an infinite plane. J. Acoust. Soc. Am., 1989, 85(1): 19-23

[12] Chen P T, Lin C S, Yang T. Responses of partially immersed elastic structures using a symmetric formulation for coupled boundary element and finite element methods. J. Acoust. Soc. Am., 2002, 112(3), Pt.1: 866-872
[13] Gaunaurd G C, Huang H. Acoustic scattering by a spherical body near a plane boundary. J. Acoust. Soc. Am., 1994, 96(4): 2526-2536
[14] Huang H, Gaunaurd G C. Acoustic point source scattering by a spherical elastic shell submerged beneath a free surface. J. Acoust. Soc. Am., 1996, 99(5): 2720-2726
[15] Huang H, Gaunaurd G C. Acoustic scattering of a plane by two spherical elastic shells above the coincidence frequency. J. Acoust. Soc. Am., 1997, 101(5): 2659-2688
[16] 范威. 海洋环境中目标散射声场特性研究. 上海交通大学博士学位论文, 2012
[17] 程建春. 声学原理, 北京: 科学出版社, 2012:166, 167
[18] 布列霍夫斯基赫. 分层介质中的波. 2 版. 杨训仁译. 北京: 科学出版社, 1985
[19] 汪德昭, 尚尔昌. 水声学. 北京: 科学出版社, 1981
[20] 范威, 范军, 陈燕. 浅海波导中目标散射的边界元方法. 声学学报, 2012, 37(2): 132-142
[21] 范威, 范军, 陈燕. 浅海波导中目标散射的简正波——Kirchhoff 近似混合方法. 声学学报, 2012, 37(5): 475-483
[22] Jensen F B, Kuperman W A, Porter M B, et al. Computational Ocean Acoustics (Chapter 5). Springer, 1994
[23] Porter M B. The KRAKEN Normal Mode Problem. NRL, 1992

第 9 章　水中目标声散射试验研究

目标声散射试验研究具有明确的应用背景和重要的学术意义。工程上，目标回声是主动声呐工作的基础。作为重要的声呐参数，目标强度决定声呐的探测性能，回声特征决定主动声呐的识别能力。学术上，散射涉及流-固界面上的所有波动现象。通过声散射的试验能够揭示弹性体内各种类型波的激发、传播和再辐射，搞清楚周围流体与弹性体的相互作用等一些基础性问题。而且理论的正确性、计算方法和数值预报的精度等都要通过试验研究来检验。

目标声散射试验主要分为缩比模型试验和实船 (艇) 海上试验。缩比模型试验是采用缩比模型 (简称模型) 在水池或湖上可控条件下开展的试验。由于可控性和可重复性，适合于进行深入细致的机理研究。实船 (艇) 海上试验是对实船 (艇) 在典型海洋环境中进行的现场测试，由于各种条件接近声呐实际工作环境，主要用于目标强度的现场获取和校验。

目标声散射是一个广义的概念。包括收-发合置的声反射 (即回声) 和收-发分置的声散射。迄今为止，主动声呐的工作体制主要是收-发合置，所以模型和实船试验主要进行回声的测量，并已形成标准。另一方面，收-发分置声散射的测量存在一些尚未很好解决的问题，一是直达声和散射声的分离，二是大分置角散射的测量。所以本章不讨论收-发分置声散射的试验。

9.1　声散射相似性和缩比模型

舰艇等水中目标声散射特性的最终测试和评估必须在其建造完成后进行，这就是对实船 (称为原型) 的海上测试。但是在设计阶段，采用模型试验来分析和预估实船的声散射特性可以为实船的低目标强度设计提供重要依据。此外，即使在实船已经建造完成后，模型试验研究仍有重要的意义：①利用模型在实验室或试验场研究目标声散射特性，可以对理论建模和实船测试进行检验，相互补充；②模型试验可以排除复杂海洋环境，特别是具有复杂时变、空变特性的声传播的影响，而且能够在实验室可控条件下多次重复，获得更细致的结果；③模型试验可以测量实船试验中难以测试的部位或无法控制的姿态，如潜艇龙骨下方和甲板上方部位、舰艇摇摆姿态等；④模型试验是获得非合作目标回波的主要手段。鉴于缩比模型试验的重要性，我国已制定了舰艇缩比模型回声特性测试方法标准[1]。

然而，要达到模型试验和实船测试能够互相对应和换算，必须解决声学相似性问题。相似理论是流体力学、热工学等许多学科中指导模型试验的基本理论。在船舶水动力学试验中应用得极其广泛，且已相当成熟。声学试验中使用得相对少一些。较为普遍采用的是空气声学中厅堂音质缩比模拟试验，基本上大型厅堂在设计阶段都要进行模型试验，测量混响时间、声场分布等重要参数。目前已经有“厅堂缩尺模型试验的测试规范”。

声学相似性主要解决模型声学试验中的两个基本问题：

(1) 为了保证模型试验与原型测试结果有对应关系，提出试验模型必须满足的相似性条件。

(2) 为了将模型试验结果推算到原型，需要建立相应的换算关系，称为相似律。

除了模型和原型几何相似这一基本相似条件外，声学相似必须满足的相似条件包括两个方面：一是声场的相似条件，二是目标的振动–声相似条件。

若两个几何相似 (包括声源、介质空间、边界、障碍物等) 的系统在对应点对应时刻的声学量互成比例，称这两个系统在声学上相似。在单频情况下，相似性要求对应点对应频率的声学量互成比例。从理想流体、静态、小振幅条件下简谐声波所满足的 Helmholtz 方程可以得到满足相似性的基本条件。2.3 节指出散射声场满足无源 Helmholtz 方程。设在两个系统中分别满足方程

$$\begin{aligned}&\nabla^2 p'(\boldsymbol{r}') + {k'}^2 p'(\boldsymbol{r}') = 0, \qquad k' = \omega'/c' \\ &\nabla^2 p''(\boldsymbol{r}'') + {k''}^2 p''(\boldsymbol{r}'') = 0, \quad k'' = \omega''/c''\end{aligned} \tag{9.1.1}$$

其中，带 $'$ 的量表示系统 1——原型，带 $''$ 的量表示系统 2——模型，p 是散射声压。若两个系统相似，对应的量成比例，有

$$x_i' = C_a x_i'' \ (i=1,2,3), \quad k' = C_k k'', \quad p' = C_p p'' \tag{9.1.2}$$

其中，C_a、C_k 和 C_p 分别是几何尺度、波数和散射声压之比。将上面关系代入 (9.1.1) 式第一式，得到

$$\left(C_p/C_a^2\right)\nabla^2 p''(\boldsymbol{r}'') + \left(C_k^2 C_p\right){k''}^2 p''(\boldsymbol{r}'') = 0$$

要使得两个系统相似，必须有

$$C_p/C_a^2 = C_k^2 C_p \qquad \text{或} \qquad C_k C_a = 1 \tag{9.1.3}$$

表示波数之比应该等于尺度之比的倒数，因为波数本来就具有 a^{-1} 的量纲。这个条件就是流体介质中 Helmholtz 数不变的相似准则，即

$$k'a' = k''a'' = \text{常数} \tag{9.1.4}$$

表示对应的无因次频率相等。

定义模型与原型的缩比 $1/N(N=C_a>1)$，表示原型是模型的 N 倍。满足相似准则 (9.1.4) 时，模型波数增大 N 倍。实际情况下，原型测量环境——海洋和模型测量环境——水池或湖上的声速近似相等，$c'\approx c''$，导致 $\omega'/\omega''\approx a''/a'$，模型缩小 N 倍，频率增大 N 倍或波长缩小 N 倍。因此，小模型的高频信号相似于原型的低频信号。流体介质中 Helmholtz 数不变的相似准则是声场的相似条件，图 9.1.1 给出声场相似性示意图。

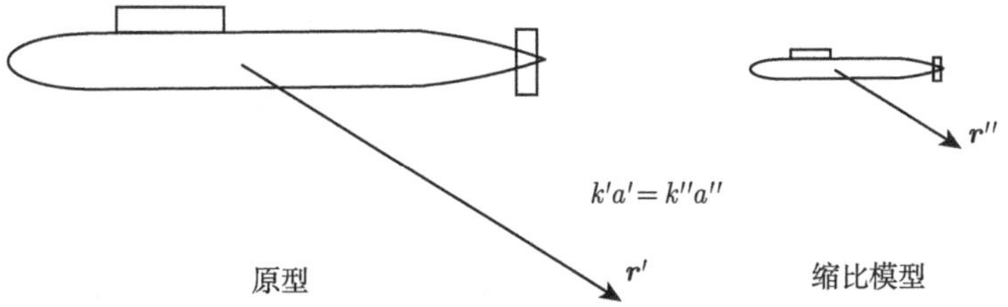

图 9.1.1 声场相似性示意图

但是，声散射和辐射涉及声场与结构的相互作用，即目标的振动–声特性，它体现在结构的振动以及结构表面与流体的边界条件。所以除了声场相似以外，模型与原型的振动及边界条件也要相似。一般情况下，目标应看作弹性体，按严格弹性理论考虑，相似性条件可以从位移矢量 $\boldsymbol{u}$ 满足的振动方程 (2.1.19) 出发导出。也可以等价地从标量势 Φ 和向量势 $\boldsymbol{A}$ 满足的纵、横波波动方程出发导出。其结果是必须保证纵波和横波的 Helmholtz 数都相等

$$k'_{\rm L}a'=k''_{\rm L}a'',\quad k'_{\rm T}a'=k''_{\rm T}a'' \tag{9.1.5}$$

才能使原型和模型的振动–声特性相似，因为只有这样才能保证目标弹性体中的标量势和向量势相似，从而保证位移或振速相似。

弹性结构声散射相似性要同时满足声场相似条件 (9.1.4) 和结构的振动–声相似条件 (9.1.5)。对于原型和模型环境 (海水和淡水) 声速近似相等的实际情况，因为声场相似已经要求 $\omega'/\omega''\approx a''/a'$，所以要满足 (9.1.5) 式相当于要求原型和模型的纵、横波速度都相等，$c'_{\rm L}\approx c''_{\rm L}$ 和 $c'_{\rm T}\approx c''_{\rm T}$。或者等价地要求原型和模型的杨氏模量 E 和泊松比 σ 都相等。这实际上只有一种可能，就是材质相同。所以按严格弹性理论考虑，对于原型和模型都处在水介质中的实际情况，为保证目标振动–声特性相似，要求原型和模型弹性散射体的材质相同。

在相似的声场中测量目标强度，按定义，原型的目标强度以 1m 为参考距离

$$\mathrm{TS}'=10\lg\frac{I'_{\rm s}|_{r=1}}{I'_{\rm i}}=10\lg\frac{p'^2_{\rm s}|_{r=1}}{p'^2_{\rm i}}$$

如果模型试验严格按照相似条件进行，在模型声场中尺度全部缩小 N 倍，模型的参考距离应该取 $(1/N)$m，在对应的距离上有 $p_s''^2|_{r=1/N}/p_i''^2 = p_s'^2|_{r=1}/p_i'^2$。因此模型的目标强度实际上等于原型的目标强度

$$\mathrm{TS}''\Big|_{r=1/N} = 10\lg\frac{p_s''^2\Big|_{r=1/N}}{p_i''^2} = \mathrm{TS}' \tag{9.1.6}$$

另一方面，若模型的参考距离还取 1m，由于远场中声压的球面衰减规律 $p_s''^2\Big|_{r=1/N} = p_s''^2\Big|_{r=1}N^2$，得到

$$\mathrm{TS}''\Big|_{r=1} = 10\lg\frac{p_s''^2\Big|_{r=1}}{p_i''^2} = \mathrm{TS}' - 20\lg N \tag{9.1.7}$$

表示模型测量的目标强度减小了 $20\lg N$。例如，已知半径为 a'm 的刚性球的目标强度是 $20\lg(a'/2)$，缩小 N 倍后半径为 (a'/N)m 的刚性球在参考距离 1m 的声场中的目标强度是 $20\lg(a'/2) - 20\lg N$。若将参考距离改为 $(1/N)$m，缩比球的目标强度就与原型相同。

满足声场和目标相似条件后，通过模型试验得到的结果可以按下面的相似律换算到原型。

(1) 按 Helmholtz 数或无因次频率相等的条件作频率换算。对于原型和模型环境 (海水和淡水) 声速近似相等的实际情况，模型缩小 N 倍，对应频率增大 N 倍或波长缩小 N 倍。特别要指出的是，模型的频带也要增大 N 倍，$\Delta f'' = f_1'' - f_2'' = N(f_1' - f_2') = N\Delta f'$。例如，1/10 的模型试验，10kHz 的频点对应原型 1kHz 的频点，20kHz 的频点对应原型 2kHz 的频点，10~20kHz 的频带对应原型 1~2kHz 的频带。所以原型的 1/3 倍频程频带在模型上也要增大 N 倍。

(2) 根据参考距离作目标强度换算。若模型的参考距离取 $(1/N)$m，模型试验的目标强度等于原型的目标强度；若模型的参考距离取 1m，模型试验的目标强度加 $20\lg N$ 等于原型的目标强度。

模型和原型的缩比 $1/N$ 原则上越大越好，也就是 N 越小越好。一方面，大尺度模型比较容易与实艇达到精确几何相似。例如，对于 1/50 的缩比模型，非耐压壳的厚度只有 0.1~0.2mm，无法实现精确相似。另一方面，如此小模型的肋骨难以与实艇完全相似，有时不得不减少肋骨数量。这些都在一定程度上破坏了相似条件，并最终影响回声特性的相似性。而缩比为 1/10 左右的大模型基本上可以做到与实艇精确地几何相似。例如，缩比后的非耐压壳厚度达到 0.8~1.0mm，制作工艺可以实现。此外，大尺度模型更便于模拟用于鱼雷声自导的近程目标特性。鱼雷声自导系统的回声模拟研究一直是个难题，特别是缩比模型试验很难进行。对于 1/50 的缩比模型，模拟声自导系统的直径不超过 10mm，频率达到 1.5MHz 左右，如同一

个医用 B 超探头。波束形成及作用距离都是难题。假如缩比达到 1/10，模拟声自导系统的尺寸可以放宽到 50mm 左右，频率 300kHz 左右，实现起来就容易得多。

因此，精确的双层壳体潜艇缩比模型的比例不宜小于 1/10。一个 1/10 的双层壳体常规潜艇模型的质量一般在 750kg 左右，静浮力大约 550kg。这样的尺度和质量尚能够适应通常的湖上试验场条件。如果尺度继续增大，则需配备专用的试验设施，对试验水域的宽度和深度要求也相应提高。

但是在工程实践中缩比小于 1/10 的小尺寸模型仍是比较常用的，这就会碰到壳体厚度畸变的问题。例如，缩比为 1/50 的模型轻外壳只有不足 0.2mm，不仅制作工艺上难以实现，而且经受不起搬运、吊放过程中不可避免的碰擦。所以在早期模型制作时无奈地将轻外壳厚度增加到 0.8~1.0mm，这时已不满足严格的相似准则，产生了厚度畸变。为了修正厚度畸变，曾采用低密度材料替代实际材料以增大壳体厚度。工程中可供选择的低密度替代材料并不多，铝是首选材料，因为铝的密度约为钢的 1/3，用它替代钢可使壳体厚度增大约 3 倍。但是，这样替代是否合理？对于声散射特性的影响有多大？需要认真分析。

从声散射的角度，潜艇轻壳体起到反射和透射的作用。当声波入射时，轻壳体直接反射形成回波的先头部分，由于轻壳体很薄 ($kh \ll 1$) 并且另一面也是水，所以反射很弱，大部分声波透射进舷间。进入舷间的声波从耐压壳产生较强的反射，因为耐压壳钢板较厚且另一面是空气。从耐压壳反射的声波再透过轻壳体形成回波的主要部分。下面比较钢板和 3 倍厚铝板的反射和透射特性，如果两者接近说明替代是合理的，这里透射性能比反射性能更显重要。

首先根据严格弹性理论，当两边流体介质相同时，弹性平板的平面波反射和透射系数见文献 [2] 第 10 节。其次将轻壳体用薄板理论近似，根据薄板弯曲振动方程 (5.5.1)，决定薄板振动特性的量是刚度 D 和单位面积质量 $m_{\rm p} = \rho_{\rm e} h$。第 5 章给出平面波从两面有水的薄板反射和透射系数是

$$V = \frac{Z_{\rm p}^{\rm M}}{Z_{\rm p}^{\rm M} + 2Z_{\rm p}^{\rm a}}, \quad T = \frac{2Z_{\rm p}^{\rm a}}{Z_{\rm p}^{\rm M} + 2Z_{\rm p}^{\rm a}} \tag{9.1.8}$$

其中，$Z_{\rm p}^{\rm M}$ 和 $Z_{\rm p}^{\rm a}$ 是板的机械阻抗和水的声阻抗

$$Z_{\rm p}^{\rm M} = \frac{{\rm i}D}{\omega}\left[(k\sin\theta)^4 - \gamma^4\right], \quad Z_{\rm p}^{\rm a} = \rho_0 c/\cos\theta \tag{9.1.9}$$

因为水的声阻抗与板厚无关，主要是不同板厚的机械阻抗 $Z_{\rm p}^{\rm M}$ 决定反射和透射性能。利用 $\gamma = \omega/c_{\rm ph}$，$c_{\rm ph}$ 是薄板中弯曲波相速度，将 $Z_{\rm p}^{\rm M}$ 改写为

$$Z_{\rm p}^{\rm M} = -{\rm i}\omega m_{\rm p}\left[1 - (c_{\rm ph}/c)^4 \sin^4\theta\right] \tag{9.1.10}$$

10mm 厚钢板的吻合频率约 24.8kHz，10mm 厚铝板的吻合频率约 23.6kHz。对于 10kHz 以下频率，板中弯曲波相速度远小于水中声速，只要入射角不十分接

近 π/2，(9.1.10) 式中第二项可以忽略，$Z_{\mathrm{p}}^{\mathrm{M}} \approx -\mathrm{i}\omega m_{\mathrm{p}}$。所以薄板的机械阻抗近似由单位面积质量 m_{p} 决定，包含在 γ 或 c_{ph} 中刚度的影响可以忽略。透射系数的模近似为

$$|T| = \frac{1}{\sqrt{1 + (\omega m_{\mathrm{p}} \cos\theta / 2\rho_0 c)^2}} \tag{9.1.11}$$

此式对于用低密度材料替代方法设计缩比模型是重要的。小的缩比模型外壳无法实现厚度缩比时，采用材料替代的方法，只要满足单位面积质量相等的条件即可。

图 9.1.2 比较了 8mm 厚钢板与 23mm 厚铝板的透射系数，曲线分别用严格理论公式 [2] 和薄板近似公式 (9.1.11) 计算。其中图 9.1.2 (a) 是频率为 5kHz 时透射系数的模随入射角变化曲线，图 9.1.2 (b) 是入射角为 60° 时透射系数的模随频率变化曲线。图 9.1.2 (a) 显示在 5kHz 频率严格公式和近似公式的计算结果一致，钢板和 3 倍厚铝板的反射系数吻合很好。例外的情况出现在 15.9° 附近极窄的角度范围内，这个角度对应透射系数的极点，物理上对应入射声波与薄板弯曲波发生吻合，$\sin 15.9° \approx c/c_{\mathrm{ph}}$，$c_{\mathrm{ph}}$ 是 5kHz 频率时薄板弯曲波相速度。图 9.1.2 (b) 显示，在入射角 60° 时直到频率 8.5kHz，钢板和 3 倍厚铝板的透射系数误差不超过 0.1。频率增大或入射角增大都可能使误差增大，从而导致材料替代的失效。

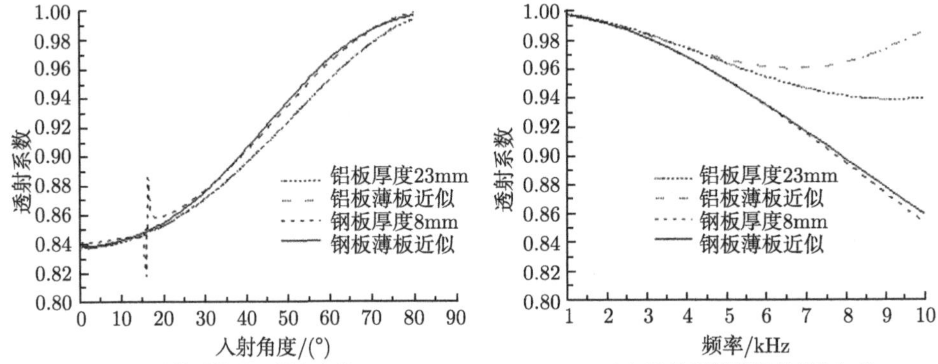

(a) 透射系数随入射角变化(5kHz)　　(b) 透射系数随频率变化(60°)

图 9.1.2　8mm 钢板与 23mm 铝板透声系数比较

针对双层球壳和圆柱壳等两个典型结构研究材料替代对形态函数的影响。图 9.1.3 比较双层钢球壳和替代壳体反向散射形态函数的计算结果。双层钢球壳外壳直径 4m，厚度 0.008m，内壳直径 3m，厚度 0.028m，内部空气。替代壳体的外壳材料改用铝，厚度增加到 0.023m，外径 4.015m，内层材料和厚度都不变化。图 9.1.4 比较无限长双层圆柱壳和替代壳体在 5kHz 频率形态函数随入射角变化的计算结果，原壳体和替代壳体的参数与球壳参数相同。从两个图的比较结果可以看出，替代壳体和原壳体的形态函数总体上是符合的，但在细节上有些差别。由此可以得出

结论，材料替代方法用于缩比模型试验有关工程参数的模拟是可行的。图 9.1.5 就是外壳用铝板替代钢板研制的潜艇模型，其耐压壳体部分采用不锈钢。

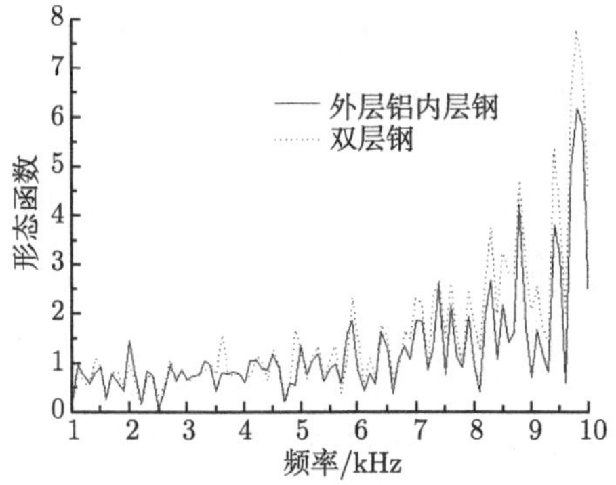

图 9.1.3 双层球壳形态函数

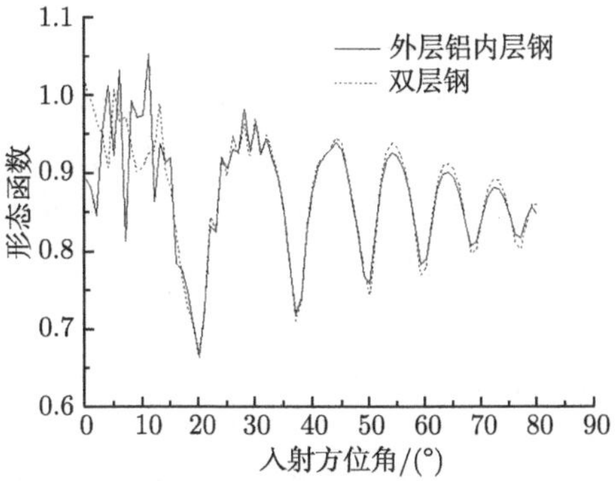

图 9.1.4 双层圆柱壳形态函数随方位角变化

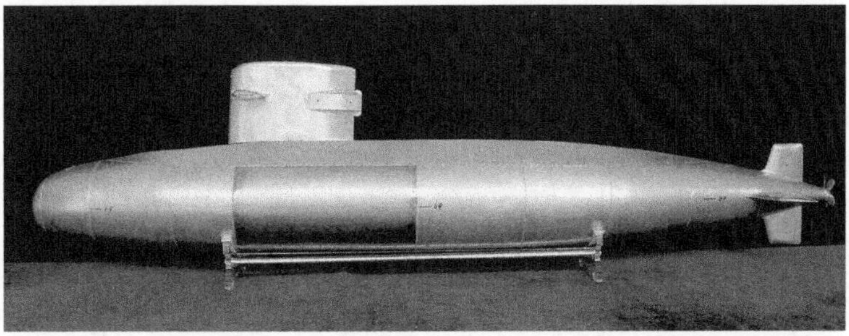

图 9.1.5 铝外壳潜艇模型 (外部铝壳厚 0.6mm，内部钢壳厚 1mm)(后附彩图)

随着声散射研究的深入，特别是回声结构的精细化要求，发现小尺寸缩比模型存在许多缺陷，包括：轻外壳厚度难以大比例缩小，不得不用其他材料替代；壳体舷间结构、内部舱室、加肋结构、焊接方式等都无法准确模拟。这些缺陷影响的是由弹性散射产生的回声精细结构，所以条件允许时应该尽量选择较大尺寸的缩比模型。

9.2 缩比模型回声试验方法

缩比模型的回声试验在实验室水池或湖上试验站进行。影响模型回声测量结果的因素很多，如测试距离、界面反射、吊放设施干扰、换能器指向性、测试设备校准精度等。目标回声是声学测量的重要内容，关于水池或湖上声学测量的一般问题可以参看有关专著[3]，这里重点讨论回声试验所要特别注意的问题。

1. 水域条件和模型布设

回声测量要求自由场条件，因为传统的目标强度等量都是定义在自由场中的。为了模拟自由场首先想到利用消声水池，但是多次测量的经验表明，消声水池用于散射测量时消声效果并不理想，池壁仍有较强反射波干扰。这是因为散射测量的信号是从一个有限大目标反射或散射的弱信号，有时候与消声池壁的反射信号同一量级。因此，必须采取其他措施消除或避免池壁的反射，主要方法是选择能够发射窄波束的收发换能器和采用声脉冲技术分离界面的反射。

回声测量的主要干扰是混响，特别是水面、水底和池壁造成的界面混响。低旁瓣的窄波束收发换能器能够极大抑制这些混响，因为测量回声时原则上波束只要覆盖目标本身。但是当目标横向尺度较大时，为了在远场距离上均匀地照射目标，波束又不宜过窄。因此需要同时考虑脉冲分离技术。

科学地布设声源、接收水听器 (或收–发换能器)、参考目标和缩比模型对获取正确的测试数据、抑制干扰是必要的。图 9.2.1 是模型回声试验典型的水中布设示意图。

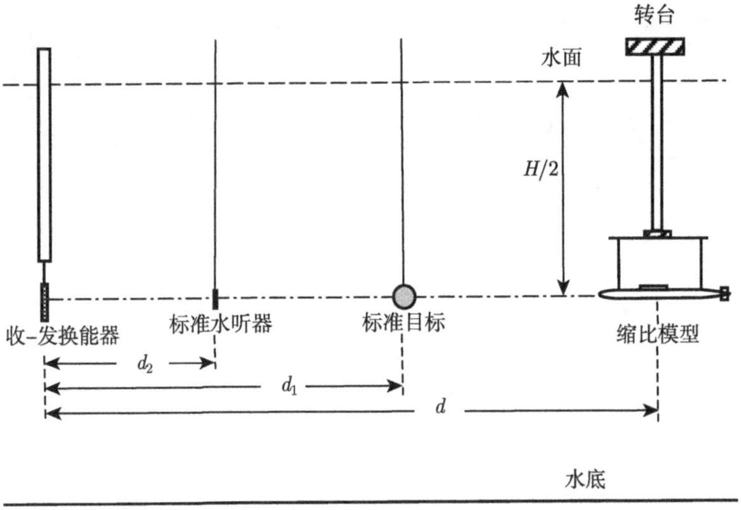

图 9.2.1 缩比模型回声试验典型水中布设示意图

采用声脉冲技术分离目标散射和界面反射需要综合考虑脉冲宽度、测量距离和水池尺寸等因素。这也是水池中脉冲法测量的共同问题。通常，首先确定脉冲宽度 τ 和测量距离 d，然后根据回声信号传播时间 $2d/c$ 和界面反射时间计算两者能够分离所需要的水池尺寸。由于室内水池主要受深度制约，所以只要考虑能够分离水面、水底反射所需要的水池深度 H。根据图 9.2.1 所示回声测量时的简单几何关系，以换能器发射脉冲为时间起始点，目标回声时间是 $2d/c$。设换能器和目标沉浸在水深的一半，经过水面 (或水底) 反射到达目标，经目标散射再沿直达途径回到换能器的时间是 $(\sqrt{H^2+d^2}+d)/c$，只有满足

$$\left(\sqrt{H^2+d^2}+d\right)\Big/c-2d/c>\tau \quad \text{或} \quad H>\sqrt{(d+c\tau)^2-d^2} \tag{9.2.1}$$

才能使回声脉冲和水面 (或水底) 反射干扰分离。

试验布设需要考虑的主要参数如下。

脉冲宽度 τ：一般水声测量中，例如，用脉冲法测量换能器指向性时，脉冲宽度应选得使换能器能够达到稳态，通常取不少于 5~10 个信号周期。对于散射测量，脉冲宽度则应选得使目标的散射响应能够达到稳态。根据第 1 章的讨论，要达到稳态，脉冲宽度至少要大于最远一个有效亮点的时延。例如，潜艇在倾斜方位时，第一个亮点来自艇体，最远一个有效亮点可能来自尾翼，要达到稳态，脉冲宽度很大。而在正横方位时，主要亮点是艇体和围壳，脉冲宽度不需要太大。另一方面，为了使得界面反射波和回波在声波持续时间内分离，满足 (9.2.1) 式，应尽量减小脉冲宽度。这两方面要求有时候会发生矛盾。当采用宽带信号时，τ 是脉冲压缩处理后的等效时间宽度。

换能器与目标距离 d：既要满足换能器的远场条件，又要满足测试模型的远场条件，使得换能器到目标的入射波和模型产生的散射波都可以近似为平面波。一般说来，模型尺度大于换能器尺度，常用它来估计远场距离，$d>L^2/\lambda$，L 是模型的最大尺度，λ 是声波长。高频时远场条件较难满足。

吊放深度 H：为了充分利用场地水深，收–发换能器和模型吊放深度通常取水深的 1/2 左右，同时采用各种办法将它们调整在同一水平线上，使得换能器波束对准目标几何中心。如果水域较深，吊放深度可以小于 1/2 水深，只要水面反射可以分离 (脉冲法) 或其作用可以忽略。

波束宽度 $\Delta\theta$：通常垂直波束应尽可能窄，有利于抑制水面水底反射，水平波束不宜过窄以保证均匀照射目标，因此要求水平波束宽度 $\Delta\theta>L/d$。

信号带宽：当采用宽带信号时，要求发射换能器的响应与之匹配。

图 9.2.1 中的标准水听器用于声场的监测，参考目标 (一般为小球) 用于目标强度的校准。吊放位置视具体情况而定。

上面这些主要参数的要求有时互相矛盾，需要折中选择。有些问题在模型设计和场地选择时就要精心设计、综合考虑。

模型采用硬连接杆或软绳连接方式吊放，有时是两种方式组合而成的复合方式吊放。采用硬连接时，连接杆可选用阻抗低的非金属材料，并确认其回波远小于测试对象。当然，如果连接杆的回波可以忽略，硬连接是较为方便的。多数情形下，低阻抗的软绳连接是精确测试的首选，尤其对弱回波目标。软连接时应注意目标的实际方位角可能滞后于旋转装置的指示角，还应当保持旋转的匀速性。一种测量方

位角的方法是在目标表面安装一个能实时测向的超短基线 (声学探头)，另外可根据测试者的经验，根据目标回波极值出现的角度推算其他的方位角。实际上，后一种方法简单易行，在静止的水中方位数据重复性较好。

2. 测量系统组成

图 9.2.2 是典型的缩比模型回声测量系统。测量系统一般由发射设备、接收设备和标校设备组成。发射设备包括信号源、功率放大器和发射换能器，鉴于模型测试在近距离范围，发射换能器与功放一般无须专门匹配。接收设备一般由接收换能器、信号调理器和数据采集器组成，为抑制混响和多途干扰，常常构成窄波束接收阵。标校设备一般使用标准水听器和参考目标 (小球)，此外还应具备吊放、旋转、同步角度记录、同步触发器等设备。

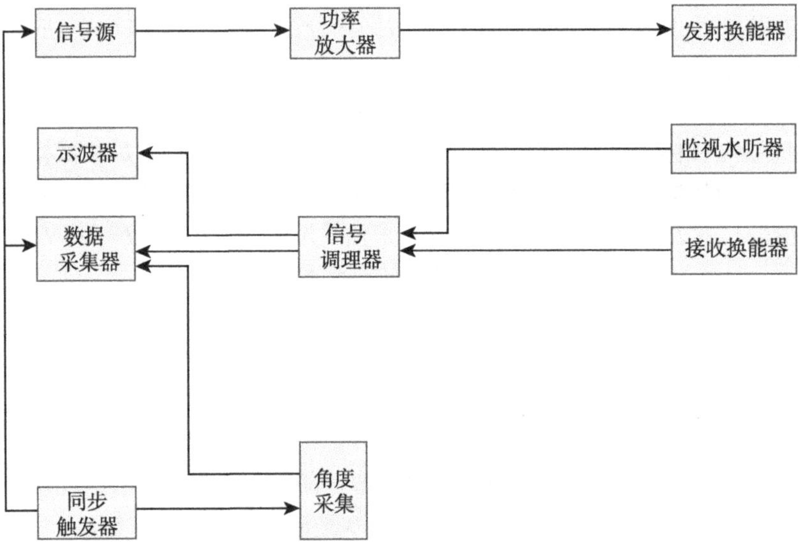

图 9.2.2　缩比模型测试仪表框图

在数据采集器和示波器的触发端连接一个延迟器，可大幅度降低数据存储量，同时也有利于观测回波的时域结构。延迟器的可变时延应根据测试距离调整。当测试频率和模型比例合适时，采用通用仪表就可以组成完整的测试系统。如对 1/10 的缩比模型，即使测试频率到 100kHz(对应 10kHz 声呐频段)，对应的电子设备和声学设备也是市场常见的 (采集器例外)。但对于缩尺比较大的小尺度模型 (小于 1/20)，测试频率要达到 200kHz 以上。对功放、水听器、信号调理器、采集器提出了高频、低噪声和高速、大容量的要求。此外，良好的供电网络和电磁辐射隔离都是高频测试需要特别注意的问题。

3. 目标强度测量方法

目标强度是模型试验中要获取的最基本量，目标强度随方位 (舷角) 的变化决定主动声呐的探测性能。在模型试验中可以用两种方法测量目标强度。

(1) 直接法。按照定义目标的回声级 $\mathrm{EL}=\mathrm{TS}+\mathrm{SL}-2\mathrm{TL}$，因此只要测量出目标的回声级 EL 和声源级 SL，再根据距离 d 计算出传播损失 2TL，就可以得到目标强度。所以在已知距离的条件下，仅需校准发射声源级和接收灵敏度即可计算目标的回声级和目标强度。这种从声呐方程计算出目标强度的方法称为直接法。图 9.2.1 中的标准水听器就是为测量声源级而设置的。由于直接法对于声源级和接收灵敏度的校准精度要求较高，因此这种方法并不常用。

(2) 比较法。通过与已知目标强度的参考目标回声比较获取模型的目标强度。图 9.2.1 中的参考目标就是为了作比较而设置的。这时不需要专门测量声源级，但是标准水听器仍可以起到声场监视的作用。参考目标和监测水听器须布放在收发换能器与目标的连线上。

假设模型和参考目标都处在远场中，它们的回声都随距离按球面波规律衰减。在同一个测试脉冲下，模型与参考目标回声有效值电压分别记为 U_{M}、U_{S}，模型与参考目标的目标强度为 $\mathrm{TS_M}$、$\mathrm{TS_S}$。近距离上水中的声吸收衰减远小于几何扩展衰减，则该模型的目标强度为

$$\mathrm{TS_M}=20\lg\frac{U_{\mathrm{M}}}{U_{\mathrm{S}}}+40\lg\frac{d}{d_1}+\mathrm{TS_S} \tag{9.2.2}$$

这样，目标强度的精度只取决于两次电压测量的相对精度、距离测量的相对精度以及参考目标的目标强度精度，与标准水听器及接收灵敏度的校准精度无关。这里参考目标的目标强度的准确性起重要作用，它的误差直接引入为模型目标强度的误差。

4. 参考目标的选取

鉴于水声技术中没有规定标准反射体，如何选取参考目标值得探讨。由于球具有三维对称性，其响应与旋转方向无关，是几何上理想的参考目标。因此首先考虑用金属球对回波测量进行校准[4,5]。如果金属球可以看作刚硬球，当 $ka\gg1$ 时刚硬球的目标强度趋于 $10\lg\left(a^2/4\right)$，而且当 $ka>20$ 时此式的精度优于 0.3dB。所以用刚硬球作参考目标是十分理想的。遗憾的是，水中没有一个金属球可以看作刚硬球[4]。第 4 章中已经指出，即使是阻抗非常高的钨碳球也与理想的刚硬球差别很大。因为理想的刚硬球的回波主要是镜反射波，近似为入射波的拷贝，ka 稍大时 Franz 波的贡献即可以忽略。可是金属弹性球的回波比较复杂，除镜反射波外还跟随有一系列弹性环绕波和球内反射波。对于实心弹性球，镜反射系数趋于水和弹性介质平面分界面的平面波反射系数。由表 4.1 的材料参数很容易算出水

与铝、铜、钢和铅分界面的平面波反射系数分别是 0.84、0.93、0.94 和 0.89。因此铜和钢球的镜反射波与刚硬球的差别很小，铅的密度虽然很大但纵波速度低，镜反射系数比理想刚硬球小 1dB。这样，金属球的镜反射波的强度是可以修正的。最主要问题是弹性环绕波的作用，它们与镜反射波叠加后对回波幅度的影响很大。图 9.2.3 是缩比模型试验中窄脉冲从实心铅球、实心钢球和中空钢球壳的回波。试验在 5m×4m×4m 的水池中进行，三次试验测试环境相同。活塞型收–发合置换能器及小球的中心位于水池中轴线上水中 2m 处，均离池壁 1m，三个小球在同一位置依次进行试验。如图所示，实心铅球和实心钢球紧随镜反射波后都有显著的弹性环绕波。而中空钢球壳的回波却相当“干净”，这是因为球壳很薄时接近于软球，软球的回波中 Franz 波衰减也很快。所以薄钢球壳更容易模拟绝对反射目标，只不过它的反射系数接近 -1。

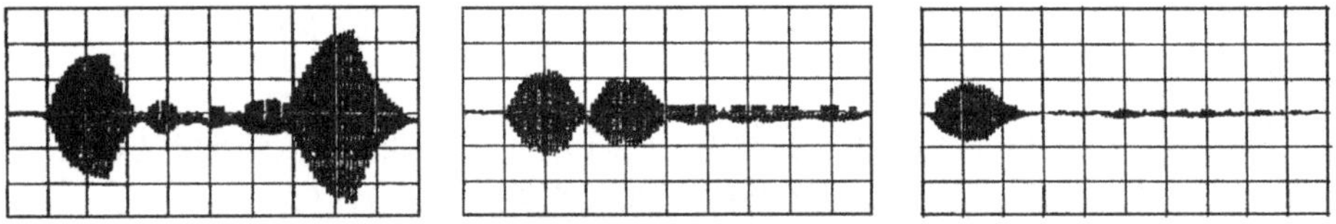

(a) 直径70mm 实心铅球　(b) 直径38mm 实心钢球　(c) 直径200mm 空心钢球壳

图 9.2.3　不同结构和材料的小球回波，400kHz，40μs (25.8μs /格)

文献 [6] 数值试验了各种球体目标在不同入射信号时的目标强度，图 9.2.4 是直径 400mm 实心铜球的 TS 值，图 9.2.5 是直径 430mm、壁厚 12~16mm 充水铜球壳的 TS 值。信号形式包括单频连续波，宽度 200μs 和 100μs 的 CW 脉冲。连续

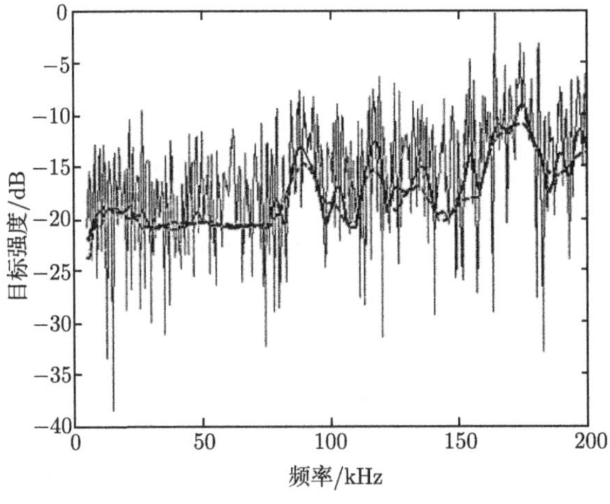

图 9.2.4　直径 400mm 实心铜球 TS 值[6]

——连续波；——200μs；- - -100μs

波目标强度的剧烈起伏是弹性散射波强烈干涉的结果。脉冲波的 TS 值较为平滑，这是在一定频带内平均的结果。图 9.2.6 是直径 400mm 内部空气的薄壁钢球壳的 TS 值，这类中空薄壁金属球壳的目标强度相当平滑，不随频率和窄带脉冲类型强烈变化。计算和试验表明，作为参考目标首选薄壁中空金属球，其次是厚壁中空金属球和中空玻璃球。玻璃球具有耐水压特点，经常用于海洋工程，造价低廉，但易碎。薄壁中空金属球脉冲反射信号幅度稳定，在几十千赫兹的频段内起伏也不过 1dB，如图 9.2.6 所示，但缺点是易变形和碰伤，制作工艺难度大，应用条件颇为严格。

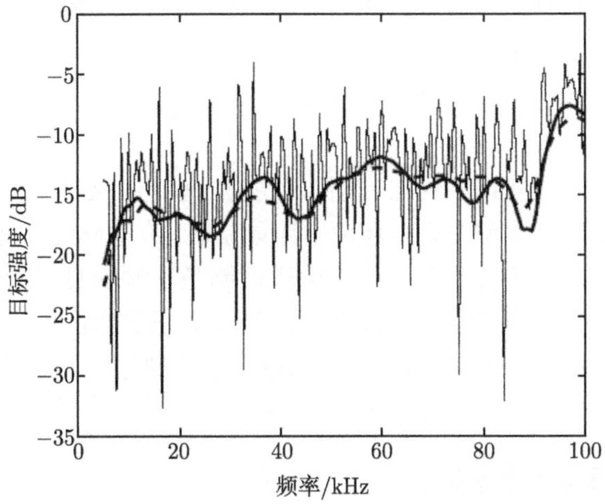

图 9.2.5 直径 430mm 壁厚 12~16mm 充水铜球壳 TS 值[6]

——连续波；━━200μs；– – –100μs

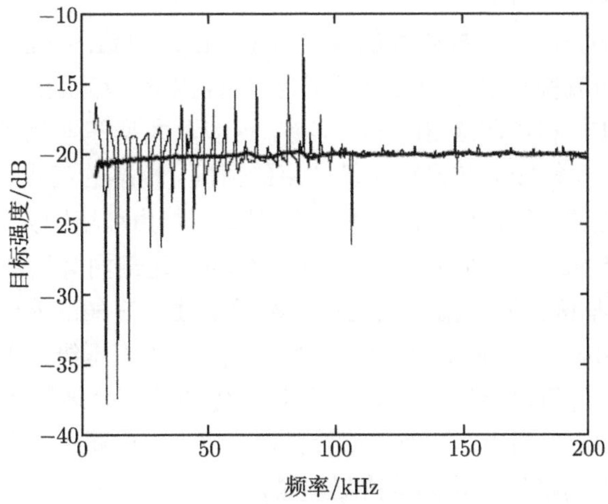

图 9.2.6 直径 400mm 中空薄钢球壳 TS 值[6]

——连续波；━━200μs

毕竟实心金属球是最容易获取的目标，而且因为自身具有负浮力容易吊放，所以在水池试验中仍常使用。根据上面的讨论，应用实心金属球时要小心获取镜反射信号，或是用短脉冲分离出最先到达的镜反射脉冲，或是从长脉冲回波中“取出”未被弹性环绕波干涉叠加的“头”部，同时对材料阻抗进行必要的修正。此外，还要避免测试频段落在弹性共振区。例如，文献 [5] 中用不同半径的钨碳球进行回声校准时符合程度在 1dB 之内，但是也发现对于 20mm 的钨碳球，在 199kHz 附近的 6kHz 带宽内，由于弹性共振目标强度降低高达 18dB，这种情况必须避免。所以无论用哪种类型的球作参考目标，都要进行必要的试验检验。

9.3　目标回声海上测试方法

虽然缩比模型试验有许多优点，但同时也有一些不可避免的缺点，真正的回声特性最终还是需要通过原型在海洋环境中测量获取。在实际海洋环境，特别是在浅海信道中，信道的调制不可避免。所谓信道调制是指源和目标所处的海洋环境时变、空变特性对散射特性的影响。在浅海环境中真正的自由场目标强度是不存在的。只有在深海环境中，当换能器和目标都很深且脉冲宽度不大时才有可能获得自由场目标强度。

1. 目标强度海上测量方法

类似于水池和湖上模型试验，目标强度的测量原则上也可以用直接法和比较法，但是在海上更加方便和准确的是回声转发器法。

1) 直接法 (又称常规法)

利用主动声呐方程中目标强度的定义 $\mathrm{TS} = \mathrm{EL} + 2\mathrm{TL} - \mathrm{SL}$，通过测量回声级 EL、声源级 SL 和双程传播损失 2TL 计算出目标强度。然而在实际海洋环境中要准确测量回声级 EL 和声源级 SL 并不容易，这涉及大型基阵及其电子设备的校准技术，尤其在基阵孔径较大和具有旋转波束的情况，校准的工作量大。如果将设备校准归结为技术因素，传播损失的直接测量则要归结为环境因素。信号频率、脉冲宽度、指向性、传播距离、接收深度、海底底质和声速剖面等都是影响声传播的重要因素。图 9.3.1 举例说明传播损失测量的不确定性。在 60m 水深海域，声源水中 10m，距声源 1000m 处，20m、25m 深度水听器接收的声压级，脉冲幅度起伏达到 18dB，2 个深度的均值差异达到 14dB。无论事先测量还是理论计算都难以得到确定性数值。因此 Urick 指出，常规法测量目标强度，要么要求简单的传播条件，要么应当为此目的专门进行一系列的声场测量。

模型试验常用的比较法基本上不适用于海上试验的情况，因为要在海上用参考目标与大型舰艇或潜艇比较是难以实现的。首先，需要制作大尺寸的耐压金属球；其次，这种大尺寸参考球的布放、水中定位都很困难。

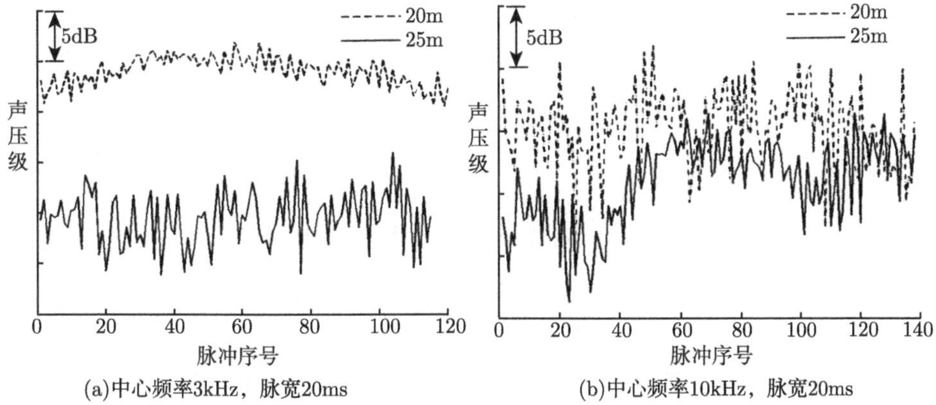

图 9.3.1 同时测量两点的浅海近程传播

2) 回声转发器法

Urick 等曾经使用过一个无需测量传播损失但需要一种特殊设备的方法，称为回声应答器法[7]。近年来对这种方法进行改进后逐步发展成为“回声转发器法”[8,9]。后者与前者的差别是应答的信号不仅是入射脉冲的拷贝，而且转发信号的强度也被事先确定并校准。这样，回声转发器相当于一个目标强度为 TS_K 的标准反射目标。与人工制作的参考目标相比，其目标强度值可事先设置。同时为了使其反射(发射) 的波与目标回波分离，可设置回波延迟时间。由于回声转发器布设在待测目标上适当位置 (潜艇甲板或水面舰龙骨下)，可认为回声等效声源与转发器声源近似重合，两者到达接收点的传播途径相同，目标回声与转发器发射的信号经受相同的传播损失。消除相同的传播损失后，待测的目标强度是

$$TS = 20\lg(p_s/p_t) + TS_K \tag{9.3.1}$$

其中，p_s 是目标回声声压有效值，p_t 是回声转发器转发声压有效值，TS_K 是与转发声压相对应的目标强度值。

回声转发器法的关键设备是回声转发器，它的精度直接影响测量精度。回声转发器设计考虑的重点是其动态范围要适应海洋信道传播起伏，一个 CW 脉冲的起伏可达 10~20dB。图 9.3.2 是回声转发器的一种实现方式。安装在待测目标上的标准水听器接收直达声，数字信号处理器 (DSP) 根据直达声信号的幅度计算出回答信号幅度 (对应目标强度 TS_K)，在尽量短的时间内将信号压缩或放大到 A/D 的动态范围。通过存储器进行时间延迟，然后经过功放由发射换能器发射回测量船。随着设备精度和运算能力的大幅度提高，图中的部分设备可简化，例如，自适应放大器和信号调理器合并应用，DSP 采用高性能计算机替代等。

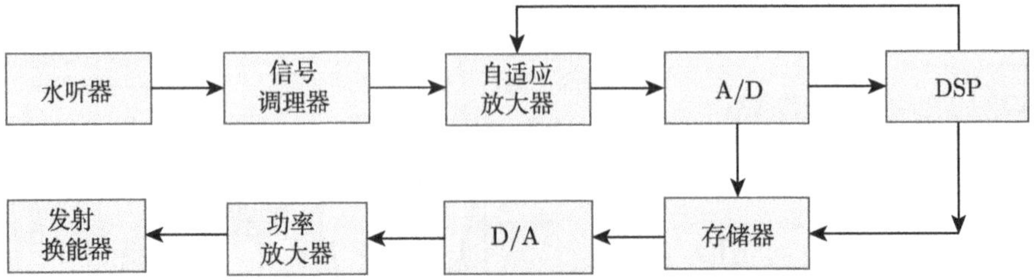

图 9.3.2　自动增益控制回声转发器框图

实现信号的正确应答转发，不仅取决于设备自身的精度和可靠性，还与其工作环境密切相关。一方面，船体、导流罩、水面等环境物体会影响湿端设备的工作条件，可能导致设备设定参数的偏离；另一方面，环境噪声、载体振动等干扰信号可能造成误判和“误触发”。因此，应答转发器需要具备环境适应能力。

对宽带信号，实现高保真的回声转发并不容易，因为发射换能器存在频响起伏。DSP 或计算机除要进行信号判断、幅度实时计算外，还要实时进行快速的频谱分析、频域幅度补偿和从频域到时域的反变换运算。

同参考目标一样，回声转发器的转发增益必须经过事先校准。实际上，回声转发器基本相当于电子设备中的测量放大器。其放大量、频率响应、线性度、动态范围、检测域等参数均可参照相应的电参数计量方法进行计量。

2. 海上测试系统构成

一个完整的海上回声测试系统由声发射装置、声接收装置、测距测向装置及应答转发装置 (可选) 组成，上述装置由同步授时器统一控制。几乎所有的电子设备都可以采用标准仪表且具有较强的通用性，但声设备要根据具体的任务和测试条件研制。回声测试的一个特殊性是要在接收端抑制强发射信号的电磁泄漏和声信号的冲击。另外，必须考虑信号的起伏，接收设备要留足充分的动态范围。图 9.3.3 是一种典型的测试系统构成。

声发射装置：具有约 2 个倍频程带宽，水平波束宽度 120° ~180°，发射阵与匹配器和功率放大器匹配后，声源级应不小于 200dB。

声接收装置：除对应发射装置性能外，其动态范围应大于 60dB。鉴于目前数据采集器均可达到 16~24bit 的采样率，信号调理器的作用主要是带通滤波，尤其是滤除测试频段以下的低频噪声。为降低数据采集器的存储量，除选择合理的信号采样率外，还可丢弃信号起始的时间段。

测距测向装置：用于对目标舰艇进行定位和导航。其工作频段不能与测试频段重叠 (一般高于测试频段)。另外，工作时序不能干扰测试信号。

接收端典型的信号记录时序如图 9.3.4 所示。舰艇上的测距信号与测量船的声发射同步进行，可使两个测距信号均在舰艇回波到达之前接收。而舰艇上的应答信号应在收到入射波后延迟 $2L/c+\tau_0+\tau_1$(L 是目标长度、c 是声速、τ_0 是发射 (入射) 脉宽、τ_1 是多途导致的信号展宽) 后转发。

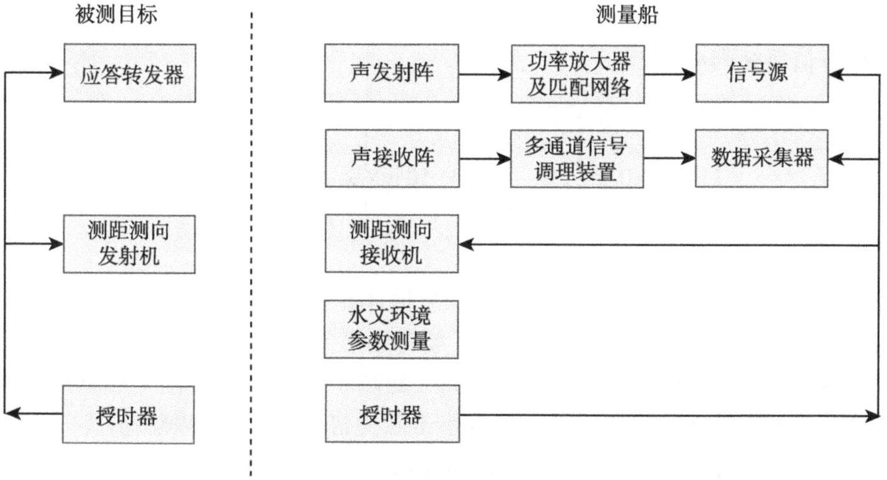

图 9.3.3 缩比模型测试仪表框图

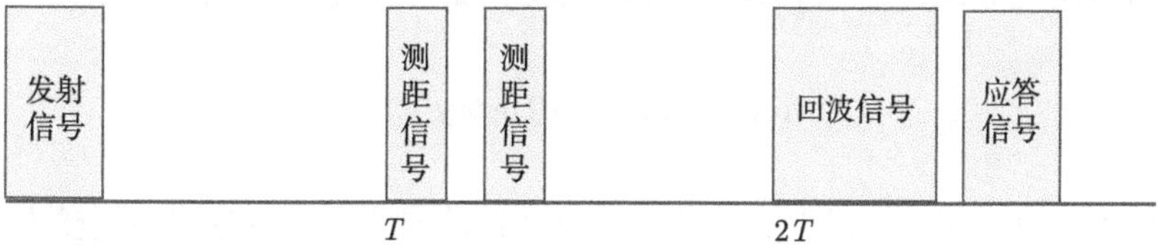

图 9.3.4 信号工作时序图

3. 脉冲信号目标强度的计算

第 1 章中指出，传统的主动声呐使用宽度为几百毫秒到 1 秒的单频和调频脉冲，目标的响应达到稳态，所以目标强度是稳态意义下的值，只与频率和方位角有关。在海上试验中，信号脉冲宽度常常达不到实际声呐的值，在这种情况下目标强度实际上与入射脉冲的宽度有关。设入射脉冲宽度 τ_0，回声脉冲有效宽度 $\tau_{\rm e}$，通常回声都被展宽，所以 $\tau_{\rm e}\geqslant\tau_0$。目标强度以声强测量值定义，根据声强的不同计算方式可以定义几种目标强度：

有效值目标强度

$$\mathrm{RTS}=10\lg\frac{\dfrac{1}{\tau_{\rm e}}\displaystyle\int_0^{\tau_{\rm e}}p_{\rm s}^2(t){\rm d}t}{\dfrac{1}{\tau_0}\displaystyle\int_0^{\tau_0}p_{\rm i}^2(t){\rm d}t}=10\lg\frac{\dfrac{1}{\tau_{\rm e}}\displaystyle\int_0^{\tau_{\rm e}}p_{\rm s}^2(t){\rm d}t}{\dfrac{1}{\tau_0}\displaystyle\int_0^{\tau_0}p_{\rm t}^2(t){\rm d}t}+\mathrm{TS_K}\tag{9.3.2}$$

最大值目标强度

$$\mathrm{PTS}=10\lg\frac{p_{\mathrm{s.\,max}}^2}{p_{\mathrm{i}}^2}=10\lg\frac{p_{\mathrm{s.\,max}}^2}{p_{\mathrm{t.\,max}}^2}+\mathrm{TS_K} \tag{9.3.3}$$

积分值目标强度

$$\mathrm{ITS}=10\lg\frac{\displaystyle\int_0^{\tau_\mathrm{e}}p_\mathrm{s}^2(t)\mathrm{d}t}{\displaystyle\int_0^{\tau_0}p_\mathrm{i}^2(t)\mathrm{d}t}=10\lg\frac{\displaystyle\int_0^{\tau_\mathrm{e}}p_\mathrm{s}^2(t)\mathrm{d}t}{\displaystyle\int_0^{\tau_0}p_\mathrm{t}^2(t)\mathrm{d}t}+\mathrm{TS_K} \tag{9.3.4}$$

三种定义分别用声强的有效值、峰值和积分值计算。当采用应答转发法测量时，将入射波 p_i 替换为应答转发器的发射波 p_t 就得到第二种表示式。公式中的信号长度均取入射波长度 τ_0，因为在水深 50~100m、距离不超过 1000m 的一般海区中多途导致的脉冲展宽最多也只有 1~4ms，远小于脉冲自身宽度，可以忽略。

三种方法定义的目标强度的差别主要取决于回声展宽与脉冲长度之比。以潜艇为例，长脉冲在正横方位无明显的回声展宽，三种目标强度基本相同。在非正横方位，回声展宽导致 RTS 和另两种目标强度有显著差异，因为由定义

$$\mathrm{RTS}=\mathrm{ITS}+10\lg\left(\tau_0/\tau_\mathrm{e}\right) \tag{9.3.5}$$

同时 ITS 和 PTS 相近，因为长脉冲可完成连续能量累计。短脉冲在正横方位三者数值也基本相同，且与长脉冲的数值相近。但在非正横方位，短脉冲回声展宽成离散的脉冲串，三者数值相差较大。出现明显回声展宽时，积分值和有效值目标强度更能表征目标的反射本领。

由回声展宽造成的 $\mathrm{RTS}<\mathrm{ITS}$ 可以加以修正，只要用回声脉宽代替发射脉宽。仅考虑几何回波，根据所处目标方位，计算出回声脉宽

$$\tau_\mathrm{e}\approx\frac{2L\cos\theta}{c}+\tau_0 \tag{9.3.6}$$

将它替代 (9.3.5) 式中的 τ_0 就得到 $\mathrm{RTS}\approx\mathrm{ITS}$。斜入射方向短脉冲信号的目标强度 RTS、ITS 相当于回波亮点的能量叠加，而长脉冲的回波则反映了亮点的相干叠加。因而一般的情况是，对存在一系列离散散射体的体积目标，斜入射方向短脉冲的目标强度小于长脉冲数值。图 9.3.5 是一个典型水中目标的模型测试结果，可以明显看出在非正横方位脉冲越短三者数值相差越大。

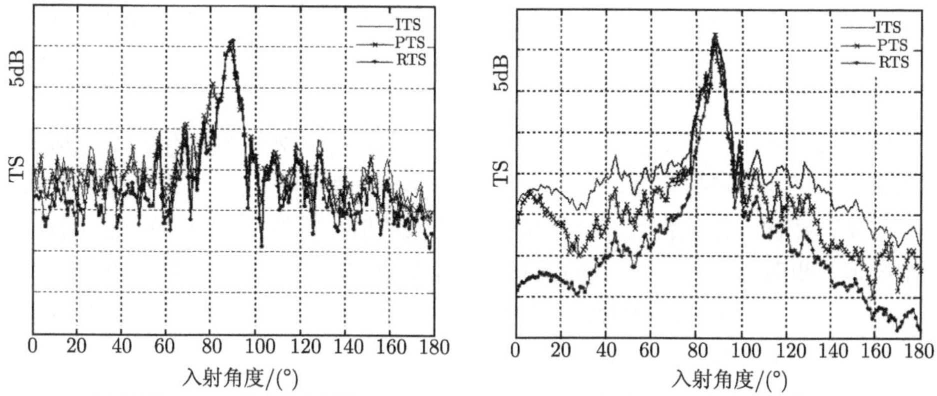

(a) 脉宽10ms 三种方法归算的TS

(b) 脉宽1ms 三种方法归算的TS

图 9.3.5 三种方法归算的缩比模型目标强度

4. **宽带信号目标强度**

宽带信号回声不仅具有优异的检测性能，而且包含丰富的特征信息可供识别，因此宽带信号回声是现代声呐特别感兴趣的。另一方面，从测试的角度出发，信号形式的选取主要取决于三个条件。①回声起伏小：小的回声起伏可有效降低目标强度测试不确定度。②混响干扰低：高信混比的回声有助于提高测试精度，同时降低对测试设备的孔径要求。③测试效率高：能从回声信号中分析出更丰富的特征信息。宽带信号同时满足了上述条件，常用的宽带信号一般为线性调频 (LFM) 和带限噪声。试验表明，后者的回声起伏小、混响干扰低。

不考虑目标运动要素和信号处理方法，通常采用下式描述信号的带宽：

$$\eta = \frac{\Delta f}{f_{\mathrm{c}}} = \frac{f_{\mathrm{u}} - f_{\mathrm{l}}}{f_{\mathrm{c}}} \tag{9.3.7}$$

其中，f_{u} 和 f_{l} 分别是上限和下限频率，f_{c} 是中心频率，取算术中心时 $f_{\mathrm{c}} = (f_{\mathrm{u}} + f_{\mathrm{l}})/2$，取几何中心时 $f_{\mathrm{c}} = \sqrt{f_{\mathrm{u}} f_{\mathrm{l}}}$，$\eta$ 是信号频带 Q 值的倒数，类似于水声换能器品质因数 (Q 值) 的倒数。当 $\eta > 0.1$ 时可视为宽带信号[10]。目标强度测试所要求的声功率比远程探测声呐低得多，信号带宽可达一个倍频程，η 值可达 0.5 以上。

宽带信号的目标强度可以有几种定义。一种是采用第 1 章中瞬态信号目标强度的定义，用谱叠加的形式定义目标强度；另一种是以中心频率的目标强度表示宽带信号的目标强度

$$\mathrm{TS}(f_{\mathrm{c}}) = 10 \lg \frac{p_{\mathrm{s}}^2(f_{\mathrm{c}})}{p_{\mathrm{i}}^2(f_{\mathrm{c}})} \tag{9.3.8}$$

实际计算时有两种方法：窄带滤波器法和频带积分法。窄带滤波器法是设计一定带宽和频率分布的滤波器组，得到规定带宽的信号，在时域运算得到信号的有效值。

频带积分法是将时域信号进行 Fourier 变换，对功率谱进行给定带宽的频域积分。实际处理表明，二者的计算结果一致[11]。显然，频域处理可以更方便地得到细致的频率分布。

参考噪声分析中的频带划分方式，目标强度分析中宽带也采用 1/3 倍频程和 1 倍频程带宽进行频带划分。窄带分辨率一般不需要窄到 1Hz 左右，因为目标回声不像噪声那样存在线谱，即使目标发生共振散射，其带宽也不会窄到 1Hz。建议作窄带分析时带宽采用约 10%的恒定百分比带宽，$\eta \approx 10\%$。对于如此窄的带宽，$\sqrt{f_\mathrm{u} f_\mathrm{l}} \approx (f_\mathrm{u} + f_\mathrm{l})/2$，频带的几何中心等于算术中心。为兼顾常用的 1/3 倍频程定义，取 1/6 倍频程带宽分析，此时 $n = \log_2(f_\mathrm{u}/f_\mathrm{l}) = 1/6$，即 $f_\mathrm{u}/f_\mathrm{l} = 2^{1/6}$。根据定义，$f_\mathrm{c} = \sqrt{f_\mathrm{u} f_\mathrm{l}}$，$f_\mathrm{u} = f_\mathrm{c}\sqrt{2^n}$，$f_\mathrm{l} = f_\mathrm{c}/\sqrt{2^n}$，得到 $\eta \approx 11.6\%$。其中心频率和上、下限频率可参照 1/3 倍频程中心频率和上、下限频率设置。

宽带调频信号经过窄带滤波后，信号的有效脉宽变小。因此在相应频率上等效为窄脉冲信号。根据上一小节的讨论，在斜入射方向，窄脉冲信号测量的目标强度值一般小于长脉冲 CW 信号的值。图 9.3.6 比较了应用调频信号经过中心频率为 150kHz 窄带滤波后测得的目标强度和应用单频 150kHz 长脉冲与短脉冲测得的 RTS。宽带调频信号窄带滤波后的目标强度介于单频长、短脉冲目标强度之间。

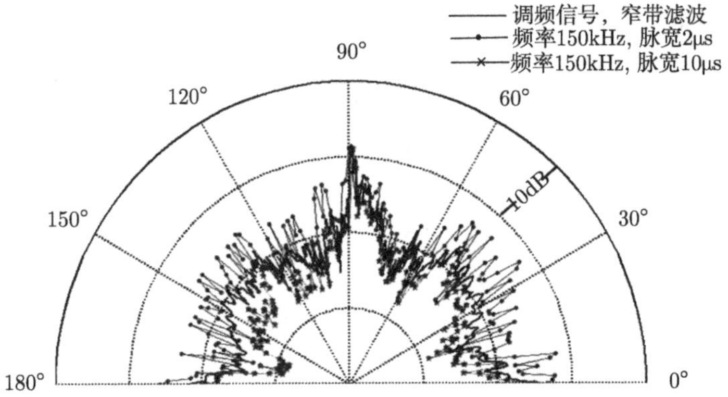

图 9.3.6　复杂水中目标的宽带目标强度

5. 海上测量距离的选择和修正

海上实艇试验面临的一个实际问题是：有时候测量距离可能不满足 (1.2.21) 式规定的远场条件。例如，长度为 76m 的潜艇如果直接取尺度 $L = 76\mathrm{m}$ 来估算，在 1kHz 时远场距离约 3.85km，3kHz 时已经达到 11.55km，而实际测量时远达不到这个距离。

1.2 节指出，如果测量距离不满足远场条件而处在近场区时，测量结果是当地的回声强度 $\mathrm{ES} = 10\lg\left(r^2|p_\mathrm{s}|^2\big/|p_\mathrm{i}|^2\right)$ 而不是目标强度 TS。ES 在近场区中描述目

标回声的相对强度，在远场区中与目标强度 TS 等同，因此可以根据 ES 随距离的变化来判断一个复杂目标的实际远场距离。以图 7.3.5 的简化潜艇模型为例，计算得到两个方位上 ES 随距离的变化曲线，如图 9.3.7 所示[12]。由几个子目标共同作用形成的整艇回声的近、远场特性是相当复杂的。由图 9.3.7 看到，在各个频率上，由于子目标的干涉作用，ES 随距离变化都交替出现极大、极小的振荡现象。近场区又可以分为两个子区域，在子区域 I 内干涉现象特别复杂，振荡周期很密。子区域 II 内呈现较为规律的起伏，并且随着距离从近变远，振荡周期由密变疏。当距离更远时起伏变得越来越小，并逐渐趋向于远场的 TS 值。

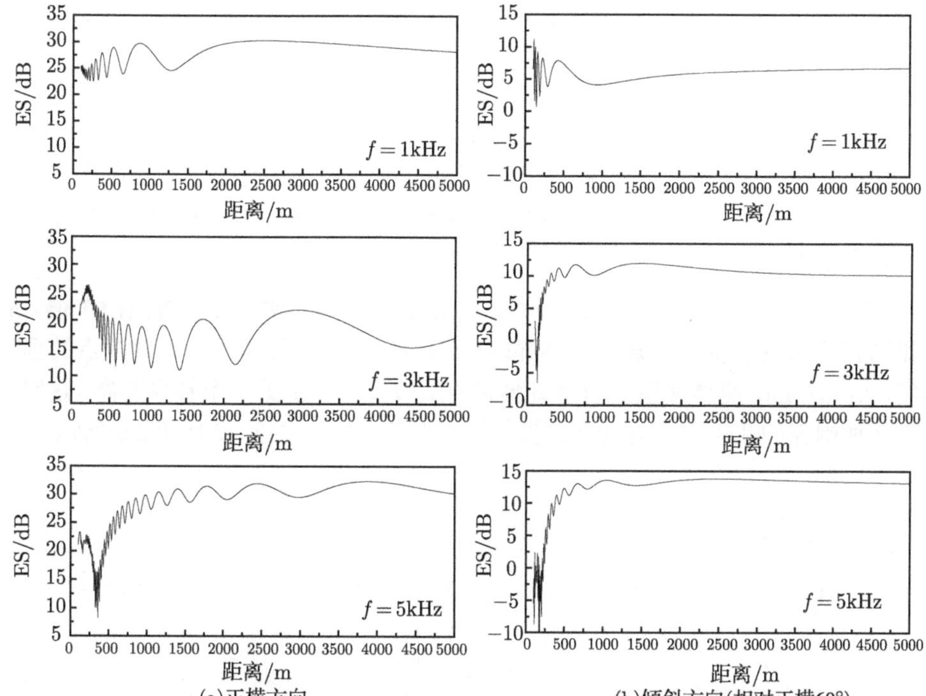

图 9.3.7　简化潜艇回声强度 ES 随距离变化曲线

根据第 2 章中对近、远场的讨论，在近场区内辐射或散射面上元波到达接收点的程差随距离和方位变化剧烈，干涉叠加后的幅值随距离振荡起伏。进入远场区后，声波可以看作沿平行声线传播，元波的干涉作用趋于稳定并与距离无关，声场随距离按球面扩展规律衰减。对于潜艇目标，可以用子目标回波的干涉叠加来解释全艇近场和远场过渡规律[13]。全艇主要由艇体、围壳和垂直尾翼三个子目标组成。图 9.3.8 给出正横方位、5kHz 频率时子目标及其组合的 ES 随距离变化曲线。其中艇体和围壳的回声幅度比较接近，两者干涉后产生很深的谷点或峰值，对应的距离

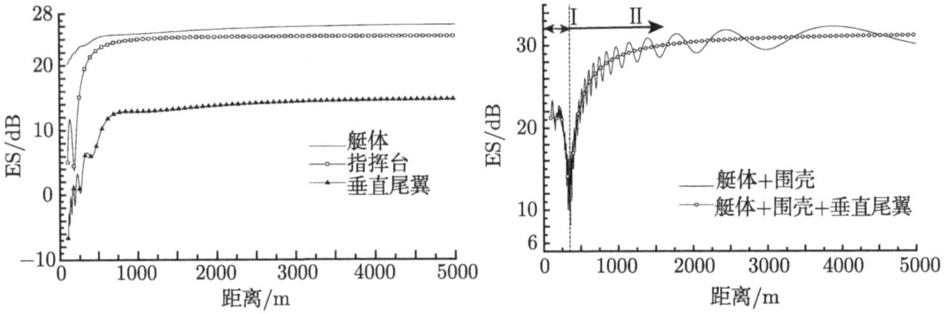

(a)艇体、围壳和垂直尾翼各自的ES　　(b)艇体、围壳和垂直尾翼组合的ES

图 9.3.8　艇体、围壳和垂直尾翼及其组合的 ES 随距离变化 (正横方位，$f = 5\text{kHz}$)

就是区分区域 I 和 II 的临界距离。艇体和围壳的干涉叠加构成了随距离变化的基本规律，垂直尾翼的干涉作用只是在基本规律上增加小的起伏，如图 9.3.8(b) 所示。根据上述近、远场过渡规律，在区域 I 中 ES 随距离变化剧烈且与远场 TS 相差甚远，进入区域 II 后 ES 的变化逐渐缓慢并趋近于远场 TS。在正横方位可以总结出以下结论。

(1) 仍采用声学中熟知的公式 $r \geqslant L^2/\lambda$ 估计临界距离，可以得出两个值。艇体和围壳的回波干涉产生第 1 个临界距离，这时 L 取艇体和围壳等效亮点的垂直高度，$L_1 \approx 7.5\text{m}$，艇体加围壳与垂直尾翼的回波干涉产生第 2 个临界距离，这时 L 取艇体加围壳的几何中心与垂直尾翼的轴向距离，$L_2 \approx 45\text{m}$，如图 9.3.9 所示。

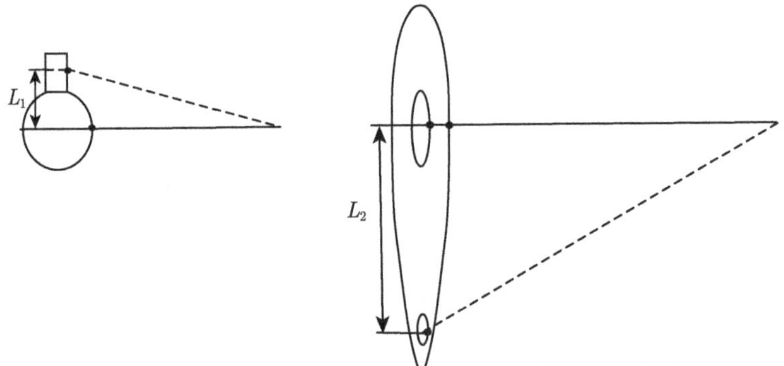

(a)第1临界距离形成　　(b)第2临界距离形成

图 9.3.9　正横方位艇体、围壳与垂直尾翼回波干涉形成两个临界距离

(2) 因为艇体和围壳的回波幅度比较接近，两者干涉强烈。而垂直尾翼回波幅度比艇体或围壳的小 10dB 以上，因此干涉较弱。这样，干涉区 I 临界距离比较小但是干涉强烈，干涉区 II 临界距离大得多但干涉相对较弱。在实际测量时测量距离至少大于干涉区 I 的临界距离。

(3) 在确定的距离上，回声强度随频率变化存在强烈起伏，这是各子目标相互干涉的另一种表现。为了避免所选频率恰好落入 ES 值的谷点，实际测量时信号应有一定的带宽，利用带宽的平滑作用，测得该频率附近的平均值。

倾斜方位的近场与远场过渡规律同正横方向基本一致，只是由于在各子目标干涉时垂直尾翼起的作用较小，ES 值随距离变化起伏较小，干涉区 I 和 II 的临界距离也比正横方位时近，因为子目标的投影距离减小。

上面这些结果是在理想环境条件下获得的。实际海上测试时，由于海深的限制，海面和海底的反射造成入射声场在潜艇艇体上并非平面波分布，同时艇体及其双层壳体间的结构也会形成非均匀反射，实艇目标强度随距离的变化更加复杂。上面研究结果只能对实艇目标强度的测量提出一些原则性建议：

(1) 测量距离至少大于干涉区 I 的临界距离，对于常规动力潜艇，其值约为 500m。

(2) 由于第 II 近场区的干涉不大 ($\pm 2 \sim \pm 3$dB)，测量可以在这个区域内进行，但测得的目标强度可能略小于严格远场情况的值。

9.4 潜艇回声特征

潜艇作为最重要的声呐目标，其回声特性一直是最受关注的。潜艇回声具有复杂的方位、时间和频率特性。声散射研究的任务就是发现并提取这些特征供声呐设计师用于探测和识别。

1. 目标强度 TS 值及其方位分布特性

目标强度 TS 值及其随方位角变化的特征是主动声呐最基本的声呐参数，Urick 所归纳的"蝴蝶"形方位特征是人们对潜艇回声的经典概念[7]，如图 9.4.1(a) 所示。这是第二次世界大战期间用典型频率 24kHz 的声呐测量一些老式潜艇数据的归纳。

战后无论是潜艇的设计理念和结构特点还是声呐的工作特点都有很大变化，包括以下几个方面。

(1) 出现了长度超过百米的大型核动力潜艇。根据相似性原理，如果保持线型基本不变，潜艇尺度增大直接导致 TS 值增加。例如，一个长度 150m 的核动力潜艇比长度 75m 的常规潜艇 TS 值大 6dB 左右，因为几何亮点产生的回波声强与目标尺度的平方成正比，目标强度 $\mathrm{TS} = 10\lg(R_1R_2/4)$。

(2) 潜艇外形更加简洁光滑，减少了许多突出物，设计了流线型更好、高度更低的指挥台围壳。这些措施既能降低流噪声又能减小目标强度。

(3) 外壳普遍敷设消声覆盖层，覆盖层的作用随频率变化，低频段效果较差，频率越高效果越好，回声降低值越大。

(4) 舰载声呐频率从典型的 24kHz 逐渐下降到目前的 1~10kHz；声波更加容易透射到潜艇内部，因此内部结构的作用更加重要。

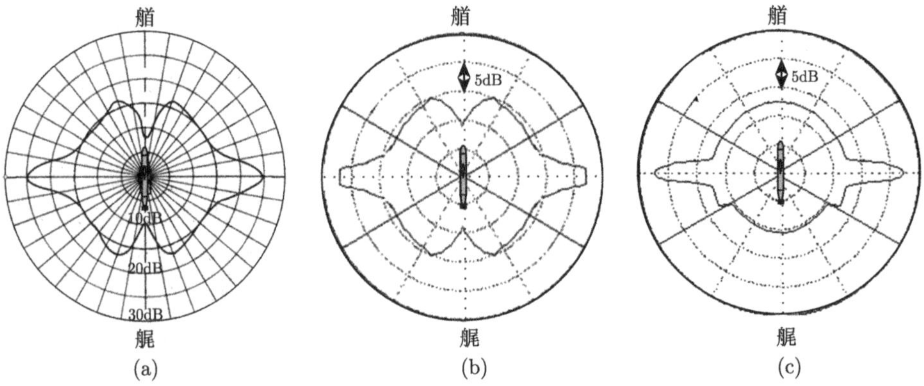

图 9.4.1　潜艇回声方位特性

所以图 9.4.1(a) 实际上已经不能反映现代潜艇的目标强度及其方位分布特性，近年来的研究发现了一些新的现象。

一种现象是潜艇回声除正横方位最大外，还可能在附近角度区域出现极大值，如图 9.4.1(b) 所示。这种现象发生的原因是指挥台围壳或稳定翼的作用，一般发生在中高频段。

另一种现象是潜艇正横方位两侧的强反射不再出现，如图 9.4.1(c) 所示。这种现象发生的原因是消声瓦的作用以及低频段隔板的反射不再明显。艏部方位起主要作用的是艏声呐阵，而艉部方位起主要作用的是螺旋桨。图 9.4.1(b) 的方位特性导致更高的暴露概率或角检测率，图 9.4.1(c) 的方位特性则具有更好的隐蔽性。

2. *吸声覆盖层的作用*

现代潜艇几乎无一例外都在外壳上敷设吸声覆盖层，俗称消声瓦。吸声型消声瓦的简单作用原理如图 9.4.2 所示。当声波从水中入射到消声瓦的外表面时，一部分能量在表面上反射回来，另一部分能量透射到消声瓦中。由于消声瓦是黏弹性材料，进入消声瓦的波在消声瓦中边传播边衰减，到达消声瓦与艇壳的界面后再次反射，反射波传播回前界面后又有一部分能量透射到水中，这是消声瓦的二次反射波。无限多次反射波的叠加就是总的反射

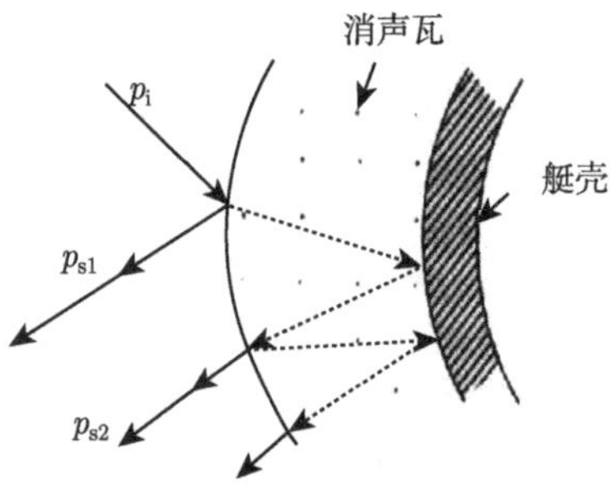

图 9.4.2　吸声型消声瓦作用

波。为了使消声瓦的反射回波尽可能小，希望一方面从消声瓦前界面的反射为零，即入射波能量全部透进消声瓦，另一方面透进消声瓦的能量在消声瓦中很快被衰减掉，使得二次以上的反射波小到可以忽略。前者要求消声瓦前界面的声阻抗与水匹配，使入射波能量全部透入，后者要求消声瓦损耗足够大，使透射波在几厘米距离内衰减殆尽。如果采用均匀黏弹性材料，这两个要求都难以满足。一是受到材料损耗作用的限制，因为材料损耗通常按照传播距离与波长之比来计算，若材料厚度远小于波长，损耗将很小，这就限制了低频的吸声作用；二是阻抗匹配与材料高损耗之间的矛盾，因为水的损耗小到可以忽略，于是消声瓦的损耗越大失配就越严重。为了解决低频吸声问题，普遍采用带有空腔的共振型消声瓦。这是由第二次世界大战中德国发明的 Alberich 型消声瓦发展而来的。在高阻尼的黏弹性材料中嵌入精心设计的声学空腔，利用含空腔的黏弹性体的低频共振增加低频段吸声。利用空腔的形状变化改善与水的阻抗匹配和拉宽吸声频带。有关消声瓦的材料、设计及性能测试等问题已超出本书范畴，请参考有关文献。

图 7.2.8 给出双层壳体 Benchmark 潜艇模型敷瓦和不敷瓦目标强度的比较，由图可以发现消声瓦降低目标强度有一个低频限制，低于某个频率消声瓦基本上不起作用，这是消声瓦的性能所决定的。

3. 回声亮点距离 (时间)–角度分布

短脉冲可以有效分离复杂模型的回声亮点，得到清晰的亮点分布结构，根据亮点分布结构可以确定回声部位，同时提供时域识别特征。实验时发射短脉冲，对接收信号进行匹配滤波处理。将各个方位接收到的回声脉冲序列画出距离 (时间)–角度分布图：一维坐标表示回声脉冲距离 (或时间)，另一维坐标表示发射–接收方位角，颜色表示幅度的二维彩色图。图 9.4.3 是某潜艇模型回声亮点距离–角度分布实测图，图中包含所有几何亮点和各种弹性类亮点。纵坐标表示回声距离，横坐标表示方位角，距离–角度分布图呈现横放的“沙漏形”。

为了解释距离–角度分布图，首先假设潜艇具有刚性表面，按照表面形状计算出几何亮点分布。图 9.4.3 中分别画出艇体、指挥台围壳和尾舵三个主要部件的几何亮点分布，位置与实测图中的部分亮点符合良好。但是幅度无法预报，因为刚性表面的假设与实际不符。几何亮点分布给出了“沙漏形”图的轮廓，除了这些表面产生的几何亮点，“沙漏形”图中还包含许多其他亮点并且有较为复杂的变化规律，这些亮点可能是弹性类亮点和潜艇内部结构产生的亮点。表面产生的几何亮点以及由此构成的“沙漏形”图是潜艇回声的基本特点，不同线型潜艇差别不会很大，而弹性类亮点和潜艇内部结构产生的亮点反映了内部结构的特点，特别是单层壳体和双层壳体潜艇的差别很大，是目标识别的可用特征。为了获取这些特征，需要进行回声精细特征的测量，见 9.5 节。

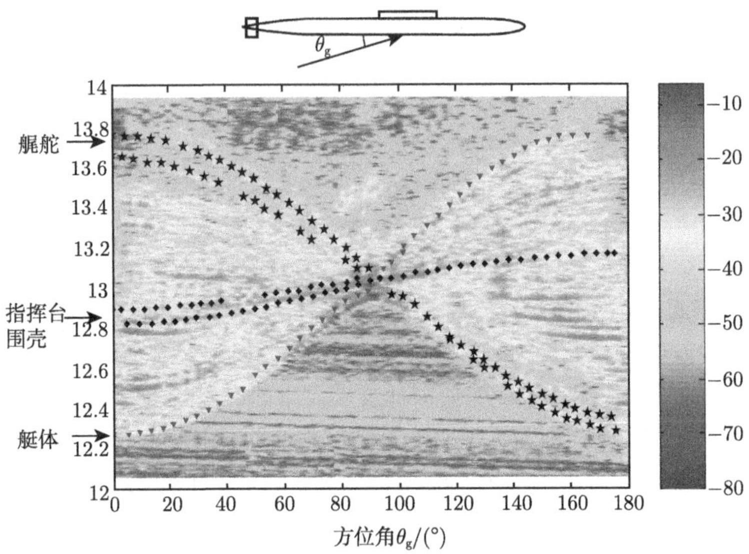

图 9.4.3　实测潜艇模型回声亮点距离–角度分布图 (后附彩图)

图 9.4.4 是铝外壳潜艇模型回声亮点角度–时间分布实测图，分为无围壳和带围壳 (围壳只有外壳) 两种情况。模型长 1.5m，铝外壳厚 0.6mm, 钢内壳厚 1mm。试验在 25m×8m×10m 的水池进行。采用频率 250kHz(模拟 5kHz 声呐探测频率)、脉宽 40μs 的 CW 信号，测试距离 13m。纵坐标表示发射–接收方位角，横坐标表示回声脉冲到达时间 (相对时间)，相当于图 9.4.3 转 90°，呈现典型的 “沙漏形”，即正横方位回声历程 (时间) 最短，艏艉方位最长。将图 9.4.4(a) 和 (b) 比较能够清晰分辨出围壳的回声及其起作用的时间 (距离)、方位和强度。与图 9.4.3 对比，铝

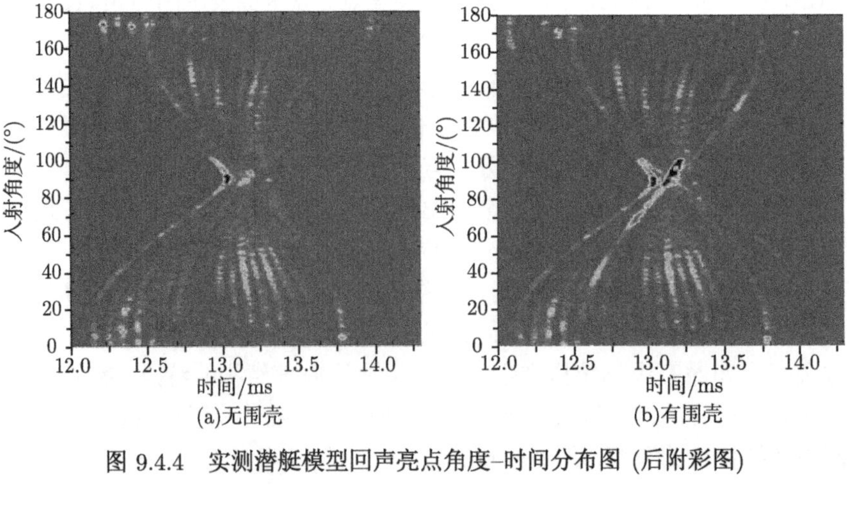

图 9.4.4　实测潜艇模型回声亮点角度–时间分布图 (后附彩图)

制外壳模型更清晰地得到了壳体间肋板的间距及强度分布。通过回声测量得到的模型长度、肋板间距与实物一致。

9.5 回声精细特征实验室测量

随着声呐技术的发展，对目标回声特征的需求不断提高。特别是为了适应现代主动声呐的目标识别功能，要求寻找更加精细的回声特征。从 9.4 节已经看到，潜艇模型的回声亮点结构中不仅包含容易预报的艇体、指挥台围壳以及艉舵等外壳产生的几何亮点，而且还包含内壳和肋骨产生的几何和弹性亮点。这些内部结构和弹性波的回声就是产生精细特征的根源。本节专门讨论目标回声精细特征的测量和分析。

潜艇的主体结构近似是单层或双层加肋圆柱壳体，除了若干个分隔舱段的大舱壁外，密排着准周期性的小环肋。这样的结构特点在回声的精细特征中能否反映出来？用怎样的信号形式和数据处理方式能较好激发这些特征？为此，国内外都从单层或双层加肋圆柱壳出发开展研究。

回声精细特征一般只能在实验室或试验场等稳定的测量环境中获取，而且需要精心设计和加工模型，配置专用的宽带发射–接收换能器和相应接收分析设备，采用特殊的数据分析处理方式等。

1. 模型的设计和加工

将潜艇模型化为单层和双层加肋圆柱壳体，需要设计和加工实验模型。图 9.5.1 是 Photiadis 等先后所用的单层加肋圆柱壳实验模型[14,15]，主要用来研究周期和准周期性加肋的 Bloch 弯曲波的散射。图 9.5.1(a) 是一个简单单层加肋圆柱壳，基本尺寸 (以英寸计，1 英寸 = 2.54cm) 见图中所标。外壳、两面端板和肋骨材料都是不锈钢，肋骨采用焊接方式。图 9.5.1(b) 是一个大长宽比 (6.2:1) 单层加肋圆柱壳，为了减小两端的影响加无肋壳帽，材料是镍。

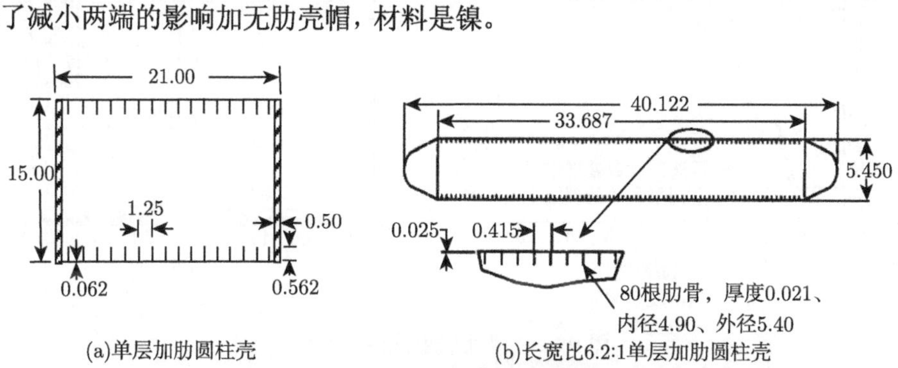

(a)单层加肋圆柱壳 (b)长宽比6.2:1单层加肋圆柱壳

图 9.5.1 单层加肋圆柱壳实验模型 [14,15]

下面主要介绍文献 [16] 及后续试验用的单层和双层加肋壳体模型。模型及肋板全部用不锈钢制作。基本圆柱壳长 60cm，半径 8cm，厚度 0.8mm，如图 9.5.2 所示。单独使用时作为单层壳体，内部加内壳时构成双层壳体。内壳半径 4.5cm，厚度 1mm。外部等间距排列 9 个肋板，间距 6cm，肋板是内径 4.5cm、外径 8cm 的圆环，圆环上均匀分布半径 1.5cm 的 6 个透水孔，两端加有未开孔的圆端板。加肋内壳的几何建模结果如图 7.3.8 所示。肋板与内、外壳体用点焊连接，这是加肋壳体加工中的关键问题。内壳不透水，壳内可近似为真空。内、外壳之间充满水，且有透水孔连通，构成耦合水层。虽然此模型与实际双层壳体潜艇结构相差甚远，但是可以用来研究肋板与中间水层对回声的作用机理。

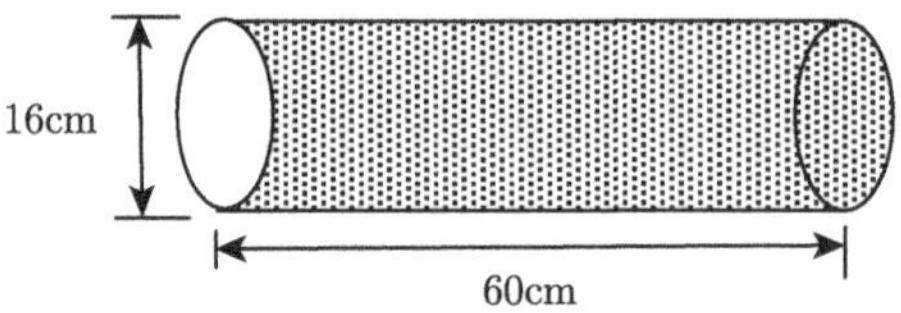

图 9.5.2　双层加肋圆柱壳的外壳

为了减弱端面的反射，实验时两端加长度为 30cm 的 PVC 材料的套管。模型和套管经过精心加工，结合部无缝隙。

2. 宽带发射–接收换能器

众所周知，调频信号同时具有较好的时间–频率分辨特性。因此用调频信号作为测量信号能够获得较高的频率分辨率和时间分辨率。但是，要想发射出理想的调频信号，必须使用宽带发射–接收换能器。图 9.5.3 是文献 [16] 用于充水单层加肋壳体声散射实验的宽带换能器的频率响应和指向性，此宽带换能器后来也用于双层加肋壳体的声散射实验。换能器在 120~180kHz 的频率响应较为平坦，有利于发射线性调频信号 (LFM)，而其指向性在各个频率范围内均足够尖锐，开角在 $5^\circ \sim 10^\circ$，并且旁瓣较小，可以有效避免水底、水面以及池壁带来的影响。

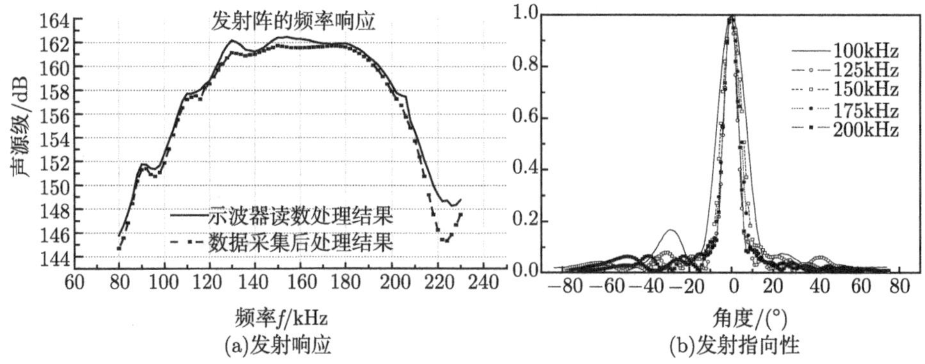

图 9.5.3　宽带发射换能器性能

3. 信号形式和数据处理

作回声共振谱测量时采用线性调频信号。用脉宽 0.1~0.5ms、带宽 20~200kHz 的线性调频电信号激励换能器，实际产生的声脉冲信号只能覆盖 100~200kHz 频段。以外壳的 $a = 8\text{cm}$ 计，声信号的覆盖范围是 $ka \approx 35 \sim 70$。接收时用发射声信号作匹配滤波，可有效改善信混比。宽带测量的质量在很大程度上取决于发射–接收换能器的带宽。

作回声时域分析时发射窄 CW 脉冲，例如，频率 125kHz、填充 2 个周期的窄脉冲，能够分辨从结构不同部位产生的回波和各种弹性回波。

采取连续旋转模型并同时连续采集数据的方式进行不同方位角测量，连续采集时间间隔很短，可以保证在模型旋转一周的时间内采到足够多的数据，也可以有效避免固定角度测量时模型在水中左右晃动带来的测量误差。

实验数据的初步处理采用经典信号处理技术，利用匹配滤波器获得时间–角度信息或利用 Fourier 变换获得频率–角度信息。

4. 实验结果

为了搞清楚双层圆柱壳的中间水层对回声的作用，首先测量内部充水但不加肋圆柱壳，壳体尺寸与双层圆柱壳的外壳相同。用 0.1ms 的 LFM 信号测得的频率–角度谱图如图 9.5.4(a) 所示，与此比较，图 9.5.4(b) 是按理论计算加上发射换能器频率响应修正后得到的频率–角度谱图，两者整体上符合良好。测量和理论计算都表明，内部水层中存在的流体附加波产生频率–角度谱图中的“碗”形亮线。

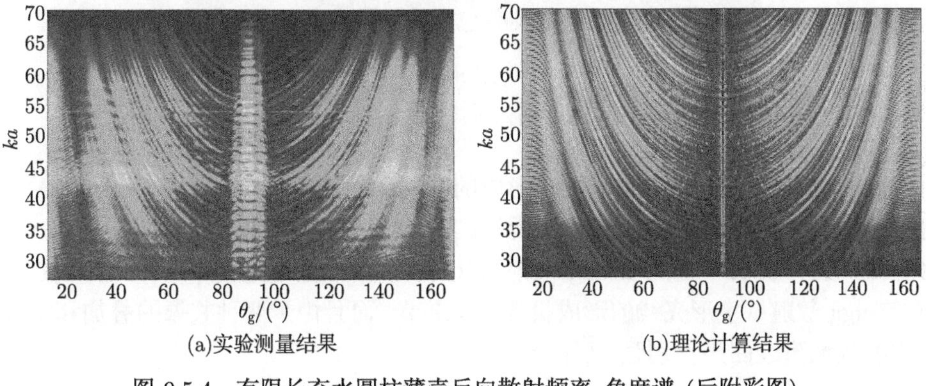

图 9.5.4　有限长充水圆柱薄壳反向散射频率–角度谱 (后附彩图)

其次测量外部加环肋的内壳，也就是除去外壳的外部加肋内壳。用 0.5ms 的 LFM 信号测得的频率–角度谱图如图 9.5.5 所示。因为内壳内部是空的，没有流体附加波所以不出现“碗”形亮线，同时因为外肋板周期性排列，所以产生规则的 Bragg 散射八字形亮线。

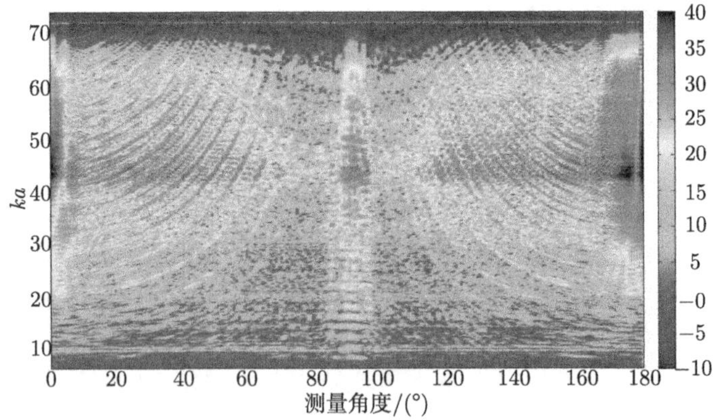

图 9.5.5　实测外部加肋内壳反向散射频率–角度谱 (后附彩图)

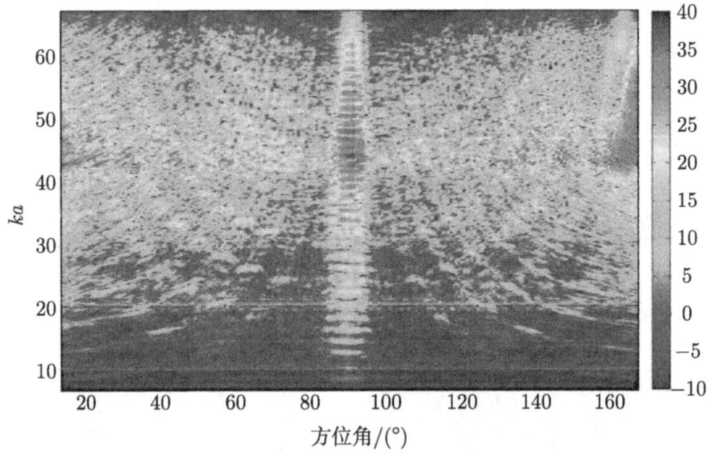

图 9.5.6　实测双层加环肋圆柱壳反向散射频率–角度谱 (后附彩图)

最后测量外壳和加肋内壳组合形成的双层加肋圆柱壳，用 0.5ms 的 LFM 信号测得的频率–角度谱图如图 9.5.6 所示。在这种情况下既有中间水层引起的 “碗” 形亮线，又有肋板产生的 Bragg 散射八字形亮线。“碗” 形亮线的形成机理见 7.5 节，Bragg 散射八字形亮线的形成机理见 5.7 节。而且由于两种共振的叠加和耦合，在重叠区域附近回声特别强，形成亮点。

9.6　水中目标回声层析成像

从目标识别的角度，声成像一直是感兴趣的技术。在水中目标声呐成像技术中，以往主要是采用高分辨率声呐，利用非常窄的发射或接收波束，区分目标不同部位的回声，形成图像。为了形成窄波束，要求工作频率在几百 kHz 到 MHz，这就限制成像声呐的作用距离在几米的范围。近年来，将 X 射线医学 CT 成像技术引入到声呐技术，形成了水中目标回声层析成像技术，由于没有发射或接收窄波束的要求，工作频率可降至几十到近百 kHz，作用距离提高到百米量级。

层析 (tomography) 技术是通过从不同角度得到的一维投影数据来重建物体几何外形及内部结构特征的成像技术，在 X 射线医学 CT 成像、工业无损检测等领域已得到广泛应用。这一技术也可以用于水中目标的回声成像。9.4 节中测量的图 9.4.2 和图 9.4.3 给出目标回声距离 (时间)–角度数据，其中包含了目标的几何特征信息，对这些数据进一步进行回声层析成像 (圆周合成孔径成像) 处理[17,18] 就可以得到目标的几何图像，这是更加直观的测量结果。

考虑图 9.6.1 所示的水中目标收–发合置声散射问题，以目标中心 O 为原点建立平面直角坐标系 xOy，收–发合置换能器到目标中心的距离为 R_0，声波入射–反射方向与 x 轴的夹角为 θ。在远场条件下，t 时刻的回声来自于目标上距离 R_0+s 的面元 $\mathrm{d}x\mathrm{d}y$，$s=x\cos\theta+y\sin\theta$ 是矢量 $\boldsymbol{r}(x,y)$ 沿 θ 方向的投影距离。扣除与 θ 无关的时间延迟 $2R_0/c$ 后，回声信号的时间 (距离) 由 s 表示。设产生目标几何亮点的外形轮廓和内部强回声结构可以用函数 $q(x,y)$ 描述，回声信号的时间–角度关系可以表示为

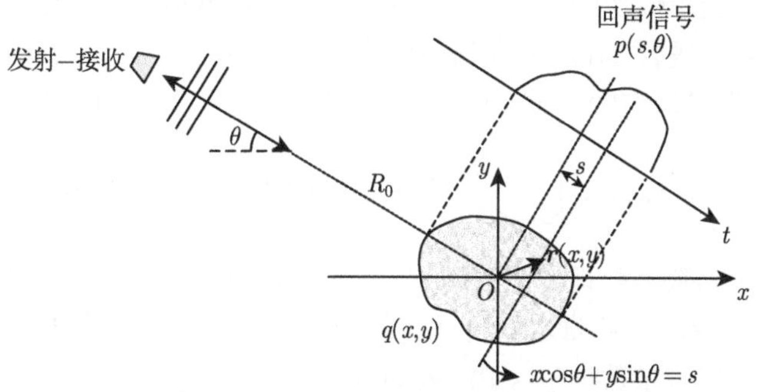

图 9.6.1 水中目标几何特征回声层析重建

$$p(s,\theta)=\int_{-\infty}^{\infty}\int_{-\infty}^{\infty}q(x,y)\delta(x\cos\theta+y\sin\theta-s)\mathrm{d}x\mathrm{d}y \tag{9.6.1}$$

此式建立了水中目标回声信号 $p(s,\theta)$ 与目标二维空间图像函数 $q(x,y)$ 的数学关系，文献中称为 Radon 变换[17]。由图 9.6.1 可以看到，$p(s,\theta)$ 是目标二维空间图像函数 $q(x,y)$ 沿 θ 方向的一维空间投影[17]。进行回声层析成像 (圆周合成孔径成像) 时，将目标绕中心 O 旋转一周，测量其在各个姿态角下的回声信号，也就是采集整个圆周上的投影。将 s 看作准时间变量 (仅差一常数)，对 $p(s,\theta)$ 作 Fourier 谱

分析，并利用 (9.6.1) 式得到

$$\begin{aligned}\tilde{p}(f_s,\theta) &= \int_{-\infty}^{\infty} p(s,\theta)\mathrm{e}^{-\mathrm{i}2\pi f_s s}\mathrm{d}s \\ &= \int_{-\infty}^{\infty}\int_{-\infty}^{\infty}\int_{-\infty}^{\infty} q(x,y)\,\delta(x\cos\theta + y\sin\theta - s)\,\mathrm{d}x\mathrm{d}y\mathrm{e}^{-\mathrm{i}2\pi f_s s}\mathrm{d}s \end{aligned} \tag{9.6.2}$$

其中，f_s 是与准时间变量 s 对应的频率。交换 (9.6.2) 式的积分次序，首先对变量 s 积分并利用 δ 函数的性质，得到

$$\tilde{p}(f_s,\theta) = \int_{-\infty}^{\infty}\int_{-\infty}^{\infty} q(x,y)\,\mathrm{e}^{-\mathrm{i}2\pi f_s(x\cos\theta + y\sin\theta)}\mathrm{d}x\mathrm{d}y \tag{9.6.3}$$

另一方面，对 $q(x,y)$ 作二维空间 Fourier 变换，得到

$$\tilde{q}(f_x,f_y) = \int_{-\infty}^{\infty}\int_{-\infty}^{\infty} q(x,y)\,\mathrm{e}^{-\mathrm{i}2\pi(f_x x + f_y y)}\mathrm{d}x\mathrm{d}y \tag{9.6.4}$$

令 $f_x = f_s\cos\theta$，$f_y = f_s\sin\theta$，代入 (9.6.4) 式，得到

$$\tilde{q}(f_s\cos\theta, f_s\sin\theta) = \tilde{p}(f_s,\theta) \tag{9.6.5}$$

(9.6.5) 式即为 Fourier 中心切片定理。此定理是回声层析重建的数学基础[19]。根据此定理进行回声层析成像的原理是：测量目标在不同入射角 (或姿态角)θ 下的回声信号 $p(s,\theta)$，对它进行 Fourier 变换得到谱函数 $\tilde{q}(f_x,f_y) = \tilde{q}(f_s\cos\theta, f_s\sin\theta)$，通过对 $\tilde{q}(f_x,f_y)$ 作二维空间 Fourier 逆变换，得到目标二维空间图像函数

$$q(x,y) = \int_{-\infty}^{\infty}\int_{-\infty}^{\infty} \tilde{q}(f_x,f_y)\,\mathrm{e}^{\mathrm{i}2\pi(f_x x + f_y y)}\mathrm{d}f_x\mathrm{d}f_y \tag{9.6.6}$$

下面结合实测数据处理说明应用 Fourier 中心切片定理对水中目标的外形特征进行重建的过程。首先，测量水中目标在各个姿态角下的回声数据。图 9.6.2(a) 是典型的水中目标回声测量数据 $p(s,\theta)$，被测目标为双层 Benchmark 潜艇 (图 7.2.6) 的 1/40 缩比模型。在测量过程中，被测目标布放深度为水中 2m，收–发合置换能器到目标中心距离为 10m，换能器的发射信号采用中心频率为 150kHz、带宽为 100kHz、脉冲宽度为 2ms 的线性调频信号 (LFM)。令被测目标模型正横、艏部和艉部的姿态角分别为 0°、90° 和 270°，目标在水池数控转台的控制下均速水平旋转 360°，同时以 2MHz 采样率同步采集被测目标在各个姿态角下的回声信号，将 $p(s,\theta)$ 按照 θ 从 0° 到 360° 的顺序排列，就得到距离 (时间)–角度回声分布图 9.6.2(a)，这是在各个姿态角下的一维回声结构特征，包括目标艏部、艉部及内壳肋板亮点随姿态角的连续变化过程。然后，由各个姿态角下的一维回声数据构造目标图像的二维空间谱。对图 9.6.2(a) 的每一列数据进行 Fourier 谱分析，得到回声数据的频率–角度谱

$\tilde{p}(f_s,\theta)$，如图 9.6.2(b) 所示。根据 Fourier 中心切片定理 (9.6.5) 式，目标图像的二维空间谱重构方法如图 9.6.3 所示，即按关系式 $f_x = f_s \cos\theta$ 和 $f_y = f_s \sin\theta$ 在二维空间谱平面上查找对应点，并把一维谱 $\tilde{p}(f_s,\theta)$ 对应到二维空间谱平面上水平夹角为 θ 的射线上。可以看出，经过重构得到的二维空间谱沿 f_x 轴和 f_y 轴不等间隔分布，为了应用快速 Fourier 变换，通过二维插值得到沿 f_x 轴和 f_y 轴均匀分布的二维空间谱。另一方面，若回声数据的角度有限或频率有限，则二维空间谱的典型结构为扇形圆环分布，如图 9.6.3 (b) 所示。由于试验中测量角度范围为 0° ~ 360°，而换能器的发射信号是带限的，即回声数据覆盖频率范围为 100~200kHz，经过重构得到的二维空间谱为圆环分布，如图 9.6.4(a) 所示。

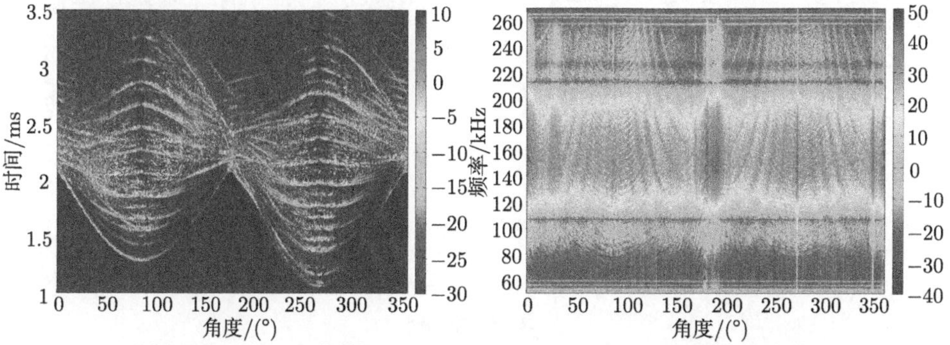

(a) 回声距离(时间)–角度数据　　(b) 回声频率–角度谱

图 9.6.2 实测水中目标回声时间–角度图及频率–角度谱 (后附彩图)

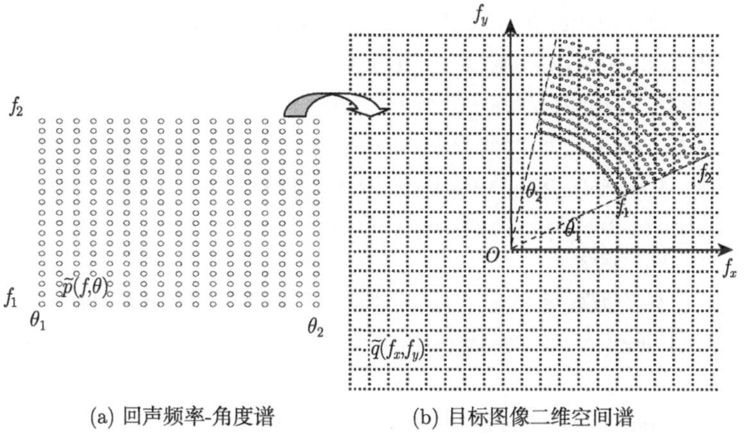

(a) 回声频率-角度谱　　(b) 目标图像二维空间谱

图 9.6.3 回声频率–角度谱重构目标图像二维空间谱

最后，通过二维快速 Fourier 逆变换计算 (9.6.6) 式，得到目标二维空间图像函数 $q(x,y)$，结果如图 9.6.4 (b) 所示。从目标外形特征重建结果图 9.6.4 (b) 可以得出如下基本结论：①重建结果恢复了目标的整体外形几何轮廓，如 Benchmark 潜艇 1/40 缩比模型的艏部、壳体及围壳的外形轮廓特征；②重建结果可以明显得到内层壳中分割舱段的大舱壁特征，但未能显示小环肋特征；③从层析成像结果得到的目标长度、宽度与被测目标模型一致。

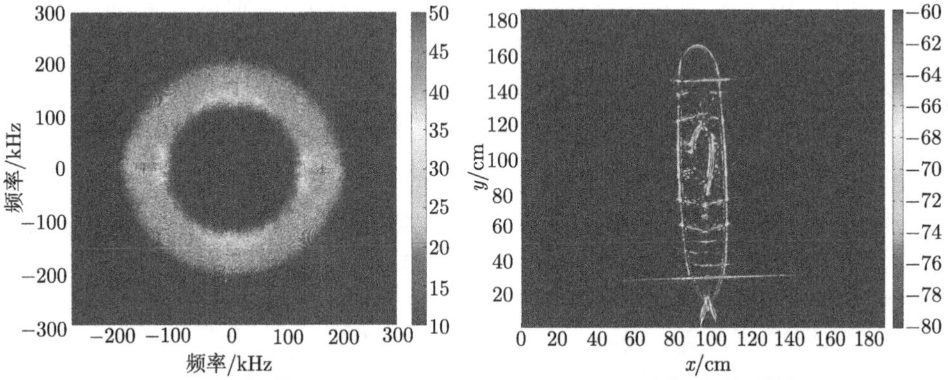

(a) 二维空间谱　　(b) 重建目标外形特征

图 9.6.4　实测水中目标二维空间谱及重建目标外形特征 (后附彩图)

参 考 文 献

[1] GJB6636—2008 舰艇缩比模型回声特性测试方法. 北京: 总装备部军标出版社, 2008

[2] 布列霍夫斯基赫 Л М. 分层介质中的波. 2 版. 杨训仁译. 北京: 科学出版社, 1985

[3] Bobber R J. 水中电声测量. 郑士杰译. 北京: 国防工业出版社, 1977

[4] Dragonette L R, Numrich S K, Frank L J. Calibration technique for acoustic scattering measurements. J. Acoust. Soc. Am., 1981, 69(4): 1186-1189

[5] Trevorrow M, Vagle S, Farmer D M. Acoustical measurements of microbubbles within ship wakes. J. Acoust. Soc. Am., 1994, 95(4): 1922-1930

[6] Anstee S. Use of spherical objects as calibrated minehunting sonar targets. DSTO-TN-0425, Australia, 2002

[7] 尤立克 R J. 水声原理. 洪申译. 3 版. 哈尔滨: 哈尔滨船舶工程学院出版社, 1990

[8] White A, Rosewell A W. The ARE full scale target strength measuring facility. UDT, 1991

[9] Cook J C. Target strength and echo stucture//Urban H G. Adaptive Methods in Underwater Acoustics. NATO ASI Series, 1985, 155-172

[10] Lew H. Broadband active sonar: Implications and constraints. DSTO-TR-0435, 1996

[11] 姜小荧, 安天思, 马忠成. 基于分数阶傅里叶变换的水中目标宽带回波精确提取. 应用声学, 2008, 27(2): 102-107

[12] 李建鲁, 范军, 汤渭霖. 水中简单形状目标回声的近远场过渡特性. 上海交通大学学报, 2001, 35(12): 1846-1850

[13] 范军, 李建鲁, 刘涛, 等. 水中复杂形状目标回声的过渡特性. 上海交通大学学报, 2002, 36(2): 161-164

[14] Houston B H, Bucaro J A, Photiadis D M. Broadband acoustic scattering from a ribbed shell. J. Acoust. Soc. Am., 1995, 98(5), Pt.1: 2851-2853

[15] Photiadis D M, Houston B H, Williams E C, et al. Resonant response of comllex shell structures. J. Acoust. Soc. Am., 2000, 108(3), Pt.1: 1027-1035

[16] 郑国垠, 范军, 汤渭霖. 充水有限长圆柱薄壳声散射：II. 实验. 声学学报, 2010, 35(1): 31-37

[17] Ferguson B G, Wyber R J. Application of acoustic reflection tomography to sonar imaging. J. Acoust. Soc. Am., 2005, 117(5): 2915-2928

[18] Plotnick D S, Marston P L, Marston T M, et al. Fast nearfield to farfield conversion algorithm for circular synthetic aperture sonar. J. Acoust. Soc. Am., 2014, 136(2): EL61-EL66

[19] 闫镔, 李磊. CT 图像重建算法. 北京: 科学出版社, 2014

《现代声学科学与技术丛书》已出版书目

(按出版时间排序)

1. 创新与和谐——中国声学进展	程建春、田静 等编	2008.08
2. 通信声学	J.布劳尔特 等编 李昌立 等译	2009.04
3. 非线性声学（第二版）	钱祖文 著	2009.08
4. 生物医学超声学	万明习 等编	2010.05
5. 城市声环境论	康健 著 戴根华 译	2011.01
6. 汉语语音合成——原理和技术	吕士楠、初敏、许洁萍、贺琳 著	2012.01
7. 声表面波材料与器件	潘峰 等编著	2012.05
8. 声学原理	程建春 著	2012.05
9. 声呐信号处理引论	李启虎 著	2012.06
10. 颗粒介质中的声传播及其应用	钱祖文 著	2012.06
11. 水声学（第二版）	汪德昭、尚尔昌 著	2013.06
12. 空间听觉 ——人类声定位的心理物理学	J.布劳尔特 著 戴根华、项宁 译 李晓东 校	2013.06
13. 工程噪声控制 ——理论和实践（第 4 版）	D. A. 比斯、C. H. 汉森 著 邱小军、于淼、刘嘉俊 译校	2013.10
14. 水下矢量声场理论与应用	杨德森 等著	2013.10
15. 声学测量与方法	吴胜举、张明铎 编著	2014.01
16. 医学超声基础	章东、郭霞生、马青玉、屠娟 编著	2014.03
17. 铁路噪声与振动 ——机理、模型和控制方法	David Thompson 著 中国铁道科学研究院节能 环保劳卫研究所 译	2014.05
18. 环境声的听觉感知与自动识别	陈克安 著	2014.06
19. 磁声成像技术 上册：超声检测式磁声成像	刘国强 著	2014.06
20. 声空化物理	陈伟中 著	2014.08
21. 主动声呐检测信息原理 ——上册：主动声呐信号和系统分析基础	朱埜 著	2014.12
22. 主动声呐检测信息原理 ——下册：主动声呐信道特性和系统优化原理	朱埜 著	2014.12
23. 人工听觉 ——新视野	曾凡钢 等编 平利川 等译 冯海泓 等校	2015.05

24. 磁声成像技术

下册：电磁检测式磁声成像　刘国强 著　2016.03

25. 传感器阵列超指向性原理及应用　杨益新、汪勇、何正耀、马远良 著　2018.01

26. 水中目标声散射　汤渭霖、范军、马忠成 著　2018.01